西天山晚古生代铁矿床
特征与成矿预测

张振亮　高永伟　王志华　谭文娟　冯选洁 等　著

科学出版社

北京

内 容 简 介

本书通过对西天山典型铁多金属矿床的解剖，建立了矿区火山活动、成矿时代、岩体侵入年龄谱系，总结出铁多金属矿床的成矿规律，查明铜、金、稀土、钴在铁矿石中的富集机制和赋存状态，确定成矿流体和成矿物质来源，探讨了火山或岩浆活动的成矿专属性，阐明了区域巨量金属堆积机理，建立起矿床模型，分析了区域找矿前景，提出了合理的矿床勘查部署建议。

本书可供从事矿床学、矿床地球化学、找矿勘查研究和应用的研究人员及相应专业学生参考。

图书在版编目(CIP)数据

西天山晚古生代铁矿床:特征与成矿预测 / 张振亮等著 . —北京:科学出版社,2017.6

ISBN 978-7-03-050036-6

Ⅰ.①西… Ⅱ.①张… Ⅲ.①天山–晚古生代–铁矿床–成矿特征–研究②天山–晚古生代–铁矿床–成矿预测–研究 Ⅳ.①P618.310.1

中国版本图书馆 CIP 数据核字(2015)第 230033 号

责任编辑：周 杰 / 责任校对：张凤琴
责任印制：肖 兴 / 封面设计：黄华斌 陈 敬

科 学 出 版 社出版
北京东黄城根北街 16 号
邮政编码：100717
http://www.sciencep.com

北京利丰雅高长城印刷有限公司印刷
科学出版社发行 各地新华书店经销
*
2017 年 6 月第 一 版 开本：787×1092 1/16
2017 年 6 月第一次印刷 印张：27 3/4
字数：658 000
定价：268.00 元
(如有印装质量问题，我社负责调换)

前　言

西天山位于新疆天山西段北部，处于中亚增生型造山带的西南缘，总体上呈向北和向南逆掩推覆的扇状三角形。该地区位于哈萨克斯坦-伊犁板块与准噶尔板块、塔里木板块的结合部位，是中亚成矿域的重要组成部分，具有独特而优越的成矿地质条件。目前，已先后发现有阿希（沙德铭等，2005；翟伟等，2006；张作衡等，2007a；Zhai et al.，2009）、伊尔曼德（翟伟等，1999）、京希（伊发源等，2004）、阿庇因的（贾斌等，2004）、博古图（赵晓波等，2014；陈克强等，2007）等陆相火山岩型小-大型金矿床，卡特巴阿苏斑岩-夕卡岩型超大型金矿床；达巴特（张作衡等，2006a，2009）、喇嘛苏（王核，2001；Zhang et al.，2008；张东阳等，2010）、莱历斯高尔（李华芹等，2006；朱明田等，2010；薛春纪等，2011）、肯等高尔、3571、哈勒尕提、阔库确科、色楞特果勒等斑岩-夕卡岩型铜多金属矿床，乔霍特海相火山岩型铜矿，奴拉赛和胜利等陆相火山岩型铜矿，菁布拉克与基性-超基性岩有关的铜镍矿（张作衡等，2006b，2007b）。此外还有众多锡矿（化）点、钨矿（化）点和铅锌矿（化）点。

新疆西天山铁矿勘查始于20世纪70年代，先后发现式可布台（或预须开普台）赤铁矿（覃志安和陈新邦，1999；莫江平，1999；袁涛，2003；卢宗柳等，2006）、莫托萨拉铁锰矿（袁涛，2003）、铁木里克赤铁矿、查岗诺尔磁铁矿、备战磁铁矿、阔拉萨依磁铁矿等矿床（点），后因全国经济调整而停止。进入21世纪后，随着经济的迅猛发展，国家对铁矿资源的需求越来越强烈，中国地质调查局和新疆地方政府重启了对铁矿资源的勘查与投资，查岗诺尔、备战、式可布台、阔拉萨依等矿床的铁矿石储量与资源量均大大增加，并先后发现智博、松湖、敦德、雾岭、尼新塔格-阿克萨依、塔尔塔格、波斯勒克等中-大型铁矿床，发现铁矿（化）点无数，使西天山铁矿石资源量迅速增加。截至2014年年底，西天山累计探获铁矿石资源量超过1800Mt，使西天山迅速成为新疆重要的大型铁矿开发基地，同时也是中国十大重要金属矿产资源接替基地之一。

良好的找矿前景和独特的成矿环境吸引了大批地学工作者的注意。国内外研究人员对区域大哈拉军山组火山岩及典型磁铁矿床做了大量的工作，提出了多个不同的认识。矿床成因类型上，先后提出过海相火山岩型（冯金星等，2010；汪帮耀等，2011a；王春龙等，2012；蒋宗胜等，2012a；陈毓川等，2008）、火山沉积型（单强等，2009）、夕卡岩型（洪为等，2012a，b，c；刘学良等，2014；葛松胜等，2014；张招崇等，2014）的观点；成矿构造背景方面则先后出现了大陆裂谷-地幔柱说（车自成等，1996；夏林圻等，2002，2004；Xia et al.，2004；董连慧等，2011）、活动大陆边缘和岛弧说（Windley et al.，1990；姜常义等，1995，1996；Gao et al.，1998，

2003；朱永峰等，2005；钱青等，2006；荆德龙等，2014；李大鹏等，2013）、大陆减薄拉张说（陈丹玲等，2001）等认识。整体来看，这些磁铁矿床（点）的研究还较为滞后，特别是近年来新发现的铁矿床，研究程度普遍偏低（仅有个别矿床研究较为深入），对矿床特征还缺乏系统、精细的研究。区域铁矿床的综合性研究也较为缺乏，导致其成矿环境和成矿规律认识不清，成矿机理、成矿过程还相当模糊。

基于此，项目组在国土资源部公益性行业科研专项课题"西天山阿吾拉勒铁铜多金属矿床综合研究"（课题编号 201211073-02）和中国地质调查局地质矿产调查评价项目"新疆重要成矿带及整装勘查区矿产勘查部署与潜力调查"（项目编号 12120113042900）联合资助下，通过系统总结西天山火山-岩浆型铁矿床的地质、地球化学特征，确定矿床成因，探讨火山岩、侵入岩与铁矿成矿的关系，阐述铁矿成矿机理和成矿过程，建立成矿模式和找矿模型，推动新疆尤其是西天山找矿勘查的新突破。

本书的研究目标为：以西天山晚古生代铁多金属矿床成矿作用和找矿潜力评价与找矿勘查区预测为目标，全面查明该类矿床在地质历史演化过程中的时空分布规律；从矿产资源组合、成矿流体和与成矿有关岩石的成岩时代和物质来源切入，查明铁铜金钴稀土等元素之间关系和成矿作用，建立铁多金属矿床模型，推动新疆铁多金属矿床找矿评价，建立成矿地球动力学模型。

全书共九章。第一章从火山-岩浆型铁矿的定义入手，全面介绍了该类型铁矿床的国内外研究现状，并指出目前研究的不足；第二章从地层、构造、岩浆岩和矿产等方面介绍了矿床区域地质背景；第三章首先介绍了西天山火山-岩浆型铁多金属矿分布情况，然后从矿区地质、矿体特征、矿石组成及结构构造、围岩蚀变、成矿期次划分等方面总结了西天山典型矿床地质特征，并与世界典型火山-岩浆型矿床进行对比；第四章通过矿区元素地球化学、同位素地球化学、年代学和流体包裹体研究，确定矿床成因，探讨铁矿形成过程；第五章首先总结了西天山主要火山岩地层的地质、地球化学特征，然后从成矿时代、成矿物质来源、成矿流体来源、成矿热动力等方面揭示了火山岩与铁成矿的关系；第六章首先介绍了西天山主要成矿期构造体系及其地质特征，然后分析构造控矿规律和构造控矿模式；第七章分析了西天山主要铁矿区花岗岩、基性侵入岩的岩性、地球化学和成因特征，讨论了侵入岩在成矿过程中的作用；第八章总结了矿床成因信息，建立了统一的成矿模型和动力学模型；第九章分析了西天山找矿潜力，提出合理的找矿标志和找矿模型，提交可供进一步工作的找矿靶区。

各章编写分工是：前言，张振亮；第一章，张振亮；第二章，张振亮、董福辰；第三章，张振亮、高永伟、王志华、谭文娟、冯选洁；第四章，张振亮、高永伟、王志华、谭文娟、冯选洁；第五章，张振亮、王志华；第六章，张振亮；第七章，张振亮、王志华；第八章，张振亮、董福辰；第九章，张振亮。全书由张振亮统一修改并定稿。

研究过程中得到中国地质调查局西安地质调查中心，中国地质科学院矿产资源研究所，新疆地矿局第三、七、十一地质大队和新疆有色地勘局物化探队、703 地质队各级领导的大力支持和帮助，同时得到中国科学院地球化学研究所黄智龙研究员、漆亮研究员的指导。除本书作者外，参加野外和室内研究工作的还有西安地质调查中心张照伟高工、姜寒冰工程师、燕州泉工程师、张江伟工程师，查岗诺尔铁矿、智博铁矿、敦德铁矿、备战铁矿、松湖铁矿、阔拉萨依铁矿地测科全体人员、长安大学资源学院刘艳荣高级工程师、龙井山硕士和成都理工大学王腾硕士、班建永硕士、刘鹏辉硕士、郭会其硕士。廊坊诚信地质服务有限公司、中国科学院地球化学研究所、中国科学院地质与地球物理研究所、北京离子探针中心、澳实分析检测有限公司广州分公司和中国地质科学院矿产资源研究所、西安地质调查中心、武汉地质调查中心、天津地质调查中心、核工业北京地质研究院完成了本次工作的样品处理和分析测试。中国科学院地球化学研究所黄智龙研究员、张乾研究员，长安大学姜常义教授、李永军教授，西安地质调查中心陈隽璐研究员、王涛研究员、高永宝高级工程师以及中国地质科学研究院矿产资源研究所张作衡研究员、杨富全研究员等以不同方式审阅过全书或部分章节，并提出了宝贵的修改意见。在此表示真诚的谢意！

感谢国土资源部、中国地质调查局资助的科研项目，有机会让中国地质科学研究院矿产资源研究所、西安地质调查中心和新疆大学密切合作，开展新疆西天山火山-岩浆型铁矿的研究。虽然本书由西安地质调查中心撰写，但所获的认识为三家单位共同的研究成果。

由于各种原因，书中的认识和解释难免有不妥之处，敬请批评指正。

张振亮　高永伟　王志华

2015 年 4 月 30 日

目 录

第一章 火山−岩浆型铁矿的研究现状

第一节 火山−岩浆型铁矿的定义、性质和划分类型

火山−岩浆型铁矿是指成矿作用直接或间接与火山活动或岩浆侵入活动有关、矿质主要或部分来自火山岩浆或侵入岩浆的铁矿床。严格来讲,火山−岩浆成矿作用并不是一种独立的成矿作用,它包括岩浆成矿作用、喷溢沉积成矿作用、气化−热液成矿作用、热泉成矿作用以及火山沉积成矿作用等。

火山−岩浆型铁矿床具有以下特点:①矿床位于火山、岩浆构造活动带内,矿区附近有同期的火山岩、次火山岩或侵入岩;②含矿介质复杂,有岩浆、喷气、热液及火山加热的海水、湖水等;③矿床产于地表或地下浅处,成矿温度高至1000℃,低至几十摄氏度;④矿体受火山机构控制明显;⑤矿石结构构造复杂多样,矿物成分以磁铁矿、赤铁矿为主,兼有少量镜铁矿、磁黄铁矿、黄铁矿、黄铜矿等。

按成矿作用可将与火山−岩浆作用有关的铁矿床分为以下4种类型。

1)矿浆喷溢型铁矿床:矿浆喷溢型矿床的形成与火山−次火山岩浆熔离或分异活动有关。当火山岩浆熔离或分异出不混熔的矿浆时,矿石呈矿浆流溢出并覆盖于早期熔岩之上,形成层状、席状铁矿体,矿石中具有大小不等的管状空洞和气泡,但空洞与气泡多被后期热液矿物(如方解石等)所充填。著名的实例是智利拉科磁铁矿−赤铁矿矿床,中国云南曼养赋存于细碧−角斑岩中的磁铁矿矿床亦属于此类型。中国宁芜地区玢岩铁矿床是偏碱性玄武−安山质岩浆在一定演化阶段的产物,由富铁的硅酸岩浆经分异作用沿断裂或火山口喷溢到地表而形成。矿石除具反映矿浆喷溢、流动、贯入、分凝的绳状、气孔−杏仁、流动条带、树枝、珠状等构造外,尚普遍可见角砾状构造(如姑山、梅山、皮岭、基鲁纳、大红山、十八台、安查斯等)(宋学信等,1981)。角砾状构造的存在,既可说明矿石是由足可支撑角砾的黏稠矿浆充填胶结而成,又可说明矿床是在近地表条件下形成的。矿石结构以粒状为主,少量交代结构。矿石矿物以磁铁矿、赤铁矿为主,少量黄铁矿、黄铜矿;脉石矿物主要为钠长石或石英,少量透辉石、方解石等矿物。

2)火山热液型铁矿床:火山热液是由火山岩浆上升时,压力、温度下降,火山岩、次火山岩挥发组分强烈析出分馏而成,部分可能混入地下水而形成混合热液。这种主要由火山岩浆提供矿质和部分从火山围岩淋滤矿质的含矿热液,沿适宜的构造上升,交代火山岩或充填于裂隙带中而形成的铁矿床,即为火山热液型铁矿床,在陆相、海相火山活动地带均有分布。

3)夕卡岩型铁矿床:由中浅成侵入体侵位于化学性质活泼的钙质岩石(碳酸盐

岩、钙质凝灰岩及钙质页岩等）而形成的铁矿床。矿床形成于岩体与围岩的接触带及其附近，以矿石品位高（全铁品位一般为40%～55%，大多属富矿）、易选、伴生元素多（常伴生 Cu、Au 等成矿元素）、经济价值大为特点，是我国富铁矿的最重要类型（其富矿占全国富铁矿总资源储量的60% 左右）（赵一鸣，2013）。与成矿有关的岩体为辉长岩及辉绿岩、闪长岩及二长岩、石英闪长岩及石英二长岩、花岗闪长岩及花岗岩，一般富碱质（多富 Na_2O）或偏碱性，规模多属中、小型。成矿深度一般在1～4.5km，蚀变及矿化的温度一般在200～800℃，主要矿化温度在400～500℃。矿体呈似层状、凸镜状、囊状、不规则状产于接触带的夕卡岩中，主要受接触带、断裂及层间破碎带、捕房体等构造控制，与围岩多呈渐变关系。矿石矿物以磁铁矿为主，可见赤铁矿、菱铁矿、镜铁矿、磁黄铁矿、黄铁矿、黄铜矿、锡石、闪锌矿、方铅矿等。脉石矿物为夕卡岩矿物组合，如石榴石、透辉石及钙铁辉石、方柱石、钠长石等。矿石具交代结构、交代残余结构、他形-半自形粒状结构，浸染状、条带状、斑杂状、角砾状、致密块状等构造。该类型矿床成矿的有利构造部位为不同地质时期的大陆边缘弧及岛弧、大陆边缘隆起中的凹陷带和与之相邻的拗陷带及裂谷。

4）岩浆分异型铁矿床：为由于岩浆的分异、结晶而富集形成的铁矿床。该类矿床中的成矿物质通常是岩浆本身含有的副矿物经高度富集而成，铁矿体基本产在岩浆岩体内，矿物成分较简单，矿石结构构造也与岩浆岩相似，矿体常产在岩体的边部或底部，但也有沿裂隙充填的，由块状矿石组成的富矿脉。与成矿有关的岩体通常为镁铁质侵入岩或中基性侵入岩。前者产出铁矿类型为铬铁矿型，赋矿围岩为镁铁质超基性岩，如方辉橄榄岩、二辉橄榄岩，分层状、豆荚状矿石；主要矿石构造为块状、豆荚状、浸染状和角砾状，结构以粒状为主；主要矿石矿物为铬铁矿、铂族矿物等，脉石矿物主要为尖晶石、橄榄石等，成矿有利部位为俯冲带上覆岩石圈（胡振兴等，2014），如西藏的罗布莎铁矿。后者产出铁矿类型为钒钛磁铁矿型，赋矿围岩为辉长岩、斜长岩；矿石矿物主要为钛铁矿、含钒钛磁铁矿和金红石，主要脉石矿物为斜长石、单斜辉石、橄榄石；矿石以块状、浸染状、流动状为主，结构以粒状、海绵陨铁状为主；成矿有利环境为地幔柱、陆内裂谷，如四川攀枝花市红格铁矿、新疆瓦吉里塔格铁矿等。

第二节　国内外研究现状

一、成矿物质组合和来源

一般认为，夕卡岩形成过程中，由于温度梯度和流体对流的影响，在侵入体和围岩之间形成双交代（Bowers et al.，1990；Einaudi et al.，1981；Meinert，1984；Meinert，1992）。大多数的夕卡岩存在近热源石榴石-辉石、远热源符山石的分带模式。早期夕卡岩矿物为无水高盐度组合，以石榴石和辉石为主，兼含少量磁铁矿；晚期则是以含水低盐度矿物组合为主，如绿帘石，绿泥石，角闪石等，含大量的黄铜矿、黄铁矿、磁铁矿、磁黄铁矿、方铅矿、闪锌矿、毒砂等矿物。夕卡岩矿化通常在夕卡岩形成之后，多数叠加在早期形成的夕卡岩矿物（石榴石-辉石）之上。夕卡岩矿化具有分带现象，规模大小不一，大的可以达一两百米，小的仅几厘米，不同的矿带具有不同的夕卡岩矿物组合（Ciobanu and Cook，2004）。夕卡岩型铁矿常与中基性岩浆活动有关，相关岩浆岩 SiO_2 含量平均值小于 60%（Meinert et al.，2005），如 British Columbia 西部的夕卡岩型铁矿（Meinert，1984）。成矿物质来源一般为中基性岩浆。Philpotts（1967）所做的闪长岩-磁铁矿-磷灰石系统的熔离实验证实了这点。

铁矿浆是特殊的岩浆，即形成铁矿石的岩浆（宋学信等，1981），可分为 4 种成因类型：结晶分异矿浆（形成早，与结晶、重力和动力作用有关）、熔离矿浆、晚期残余矿浆（形成晚，可能与熔离或结晶分异有关，富含水分和挥发分）、重熔矿浆或再生矿浆（由含铁岩系或矿石局部熔融形成的铁矿浆）。按成分则可分为：钠长（磷灰石）磁铁矿浆、磷灰石磁铁矿浆、磷灰透辉石磁铁矿浆、磷灰（石榴石）磁铁矿浆、磷灰石石英磁铁矿浆、石英磁铁矿浆、磁铁矿浆等。因此，铁矿石主要成分有磁铁矿、钠长石、磷灰石、透辉石和少量石榴石，偶含石英。磁铁矿来源，可分为玄武岩浆来源（如大红山、谢尔塔拉、安查斯铁矿）、安山岩浆来源（如姑山、梅山、洞卡、埃尔-罗梅罗尔、塞罗-梅卡多铁矿）、花岗岩浆来源、碱性岩浆来源、含铁岩系重熔来源（如智利拉科铁矿、瑞典基律纳铁矿）。就矿床工业意义而言，玄武岩浆来源与含铁岩系重熔来源的矿浆型铁矿床最为重要，其次是安山岩浆来源，花岗岩浆、碱性岩浆来源的矿浆型矿床工业意义最小。

铬铁矿矿床为典型岩浆矿床，分为层型（产于层状超镁铁质-镁铁质侵入体中）和蛇绿岩型（产于蛇绿岩中，以豆荚状铬铁矿为特征）两类。层型铬铁矿矿床（如 Bushveld 和 Stillwater）的形成被认为与大规模的熔体混合有关，即高温富镁铁质初始熔体与相对富铝富硅的低温残留熔体（经过初始橄榄石和尖晶石共同结晶后的熔体）混合，导致铬尖晶石的持续结晶沉淀，在重力分异等有利条件下堆晶成矿（Irvine，1977）。豆荚状铬铁矿产于蛇绿岩套壳幔边界附近的地幔橄榄岩中，与经历熔-岩反应后更加亏损的方辉橄榄岩，尤其是纯橄岩紧密共生（Zhou and Robinson，1994；Zhou et al.，1996，2001；Uysal et al.，2007；Caran et al.，2010；González-Jiménez et al.，2011），其形成与熔体-橄榄岩反应有关（Arai and Yurimoto，1995；Zhou et al.，1994；Zhou and Robinson，1997；Arai，1997）。矿石呈块状（层状矿体）、浸染状、豆荚状、角砾状构造（Robinson et al.，1997），结构基本均为自形粒状结构，主要矿石矿物为铬铁矿，脉石矿物为尖晶石、橄榄石。

赋存钒钛磁铁矿床的岩体大多是规模大或较大（>10km²）的层状岩体，如 Tellnes、Tio、攀枝花、白马、红格、太和、大庙等层状岩体（Charlier et al.，2006，2008；Zhou et al.，2005，2008；Pang et al.，2008；胡素芳等，2001；Shellnutt et al.，2007；刘红英等，2004）。规模较小且堆晶层理不发育的岩体，虽然也可以形成工业矿床，但其经济价值远不如大岩体中的矿床。这些岩体在时空上多与大规模大陆溢流玄武岩紧密伴生，其母岩浆多为高镁玄武质或苦橄质的，相关的岩浆型铁矿床与地幔柱活动直接相关（Pirajno，2009）。层状岩体中的钒钛磁铁矿矿体通常成层分布，矿体由不同比例的硅酸盐矿物（斜长石、辉石、橄榄石、磷灰石）和铁钛氧化物（磁铁矿和钛铁矿）组成的韵律条带组成，有时出现块状矿石（铁钛氧化物 >85%）。磁铁矿层可以发育在层状岩体的上部，如 Bushveld 杂岩体、Spet Iles 岩体和 Skaergaard 岩体的磁铁矿层（McBirney and Naslund，1990；Cawthorn and McCarthy，1980；Namur et al.，2010）；也可以发育在层状岩体的中下部，如攀西地区层状岩体中的磁铁矿层（Zhou et al.，2005；Shellnutt et al.，2009；Wang and Zhou，2013）。矿石呈块状、浸染状，结构基本均为自形粒状结构，主要矿石矿物为磁铁矿、钛铁矿，脉石矿物为斜长石、辉石、磷灰石和少量橄榄石。

火山热液型铁矿常与矿浆喷溢型铁矿伴生在一起，矿床多数为小型，少数为中型。矿体呈似层状、透镜状、脉状和不规则状，赋存于中性、中酸性、中基性火山碎屑岩内。成矿方式以交代为主、充填为辅。围岩蚀变强烈，有夕卡岩化、透辉石-阳起石化、硅化等。矿石矿物以磁铁矿为主。矿石多具交代状、浸染状构造，半自形粒状结构。矿石品位一般为 42% ~59%。矿床受火山机构的控制作用明显。在火山机构的不同部位，赋存有不同类型的铁矿床，如火山管道及爆发角砾岩筒内，赋存有次火山热液型磁铁矿床（卡克扎铁矿床）；火山口外围可形成火山气液型磁铁矿床（红云滩矿床）。

二、成矿流体

流体包裹体几乎在所有的夕卡岩矿物中都有分布，与夕卡岩成矿有关的流体盐度很高（在 35wt% ~60wt% NaCl^{equ}），特别是夕卡岩型铁矿中（Meinert，1992），流体盐度更高。随温度的降低，流体盐度也有下降的趋势。一般情况下，岩浆流体的 KCl>CaCl$_2$，但是高 CaCl$_2$ 的流体似乎与围岩更容易反应。夕卡岩形成温度变化很大。在接触交代形成的夕卡岩中，进变质作用阶段的温度可达 500 ~600℃，退变质作用阶段的温度可在 200℃ 以下。石榴石-辉石阶段熔融包裹体均一温度则在 750 ~1150℃（Fulignati et al.，2001；Zhao et al.，2003）。夕卡岩型铁矿床早-中期流体来源于与富 ^{18}O 大理岩交换后的岩浆水，晚期流体以岩浆水为主，有少量大气降水参与。夕卡岩形成之后的石英-硫化物阶段、石英-碳酸盐阶段，从早到晚流体中的大气降水逐渐增多。

矿浆型铁矿的形成主要与矿浆同火山岩浆的熔离有关，流体以矿浆熔体的形式存在，形成温度较高（一般>450℃，以>600℃为主，部分高达 1100℃）。在矿浆上侵的过程中，不可避免地与围岩发生反应，可能有少量围岩流体混入。

铬铁矿床中铬尖晶石常常具有含水硅酸盐包裹体（韭闪石、金云母等），具有较高含量的水分。这些水分在富铬熔体的迁移过程中扮演了搬运介质的重要角色（Matveevand Ballhaus，2002）。高含量水的存在促进了橄榄岩的部分熔融，也促进了辉石中 Cr 的释放，抑制了熔体中硅酸盐格架的形成（Edwards et al.，2000），使 Cr^{3+} 优先占据铬尖晶石八面体晶格位置，而不同成分的熔体混合（不混溶）则促进了富 Cr 熔体在富镁铁质区域聚集（Edwards，1995；Ballhaus，1998）。钒钛磁铁矿床中主要矿石矿物、脉石矿物中均含有较多的挥发分，且磁铁矿具有比单斜辉石和斜长石高得多的 CO$_2$ 和 H$_2$O 含量（Xing et al.，2012），说明这些挥发分在富铁钛熔体形成、迁移过程中可能扮演了较为重要的角色。斜长石中富含富 Fe 的熔融包裹体（Dong et al.，2013），磷灰石中发育富 Fe 和富 Si 的熔融包裹体（王坤等，2013），这些富 Fe、富 Si 熔体的成分与 Skaergaard 和 SeptIles 层状岩体以及实验岩石学获得的不混熔熔体成分非常类似（Dixon and Rutherford，1979；Jakobsen et al.，2005；Charlier et al.，2011），暗示熔体不混溶可能是铁质富集的一种机制。

火山活动主要通过火山射气、火山热液、火山物质成分的分解等方式来提供丰富的矿质来源。水蒸气一般为火山喷气中最主要的组成（李志浩，1994）。在许多火山喷气中水蒸气均占其容积的一半以上，高者甚至达到 99% 以上，其他还有 CO_2、CO、CH_4、H_2、SO_2、H_2S、HF、HCl、NH_3 等气体组分，但含量在不同的火山喷气中变化很大。喷气中除含各种气体组分和 Na、K、Ca、Mg 等常量元素外，还常有数量不等的微量元素，如 Cu、Zn、Pb、Ag、Ni、Ga、Bi、Sn、Mo、Ti 等，它们在火山喷气凝聚时沉淀下来。火山热液常携带不等量的阴、阳离子组分和各种气体，在适宜条件下可以形成许多如硅华、石灰华等沉淀物及含砷、锰和微量其他元素的褐铁矿矿床或铅、锌、汞、砷锑等矿床。其中分布最广的阳离子有：NH_4^+、Na^+、K^+、Mg^{2+}、Ca^{2+}、Fe^{2+}、Fe^{3+}、Al^{3+}，分布最广的阴离子有：F^-、Cl^-、Br^-、I^-、SO_4^{2-}、HSO_4^-、HCO_3^-、HPO_4^{2-}，各种弱电离的气体一般均呈溶解状态，如 H_2S、CO_2、CO、H_2、CH_4、N_2、O_2 等。热液的矿化度从数百 ppm[①] 至数万 ppm 不等。氢、氧同位素的结果表明，绝大部分的水均非岩浆来源，而是海水、雨水或它们与岩浆水的混合溶液。与此相似，火山喷气中的其他气体组分也并非都来自岩浆。

三、成矿时代

夕卡岩铁矿一般出现在寒武纪以后，前寒武纪夕卡岩型铁矿基本没有报道。就中国铁矿而言，夕卡岩型矿床一般以中生代（燕山期）为主，其次为晚古生代（华力西期）。

矿浆型铁矿床的成矿时代主要是晚元古代（17 亿~6 亿年），如基律纳铁矿；其次为中、新生代（晚侏罗世-更新世，部分为晚三叠世），如拉科铁矿、宁芜铁矿带；再次为二叠纪或石炭二叠纪，如新疆西天山备战、智博铁矿等；只有个别矿床属于早古生代。

不是所有的橄榄岩或蛇绿岩都能形成铬铁矿。据统计，中国产于蛇绿岩中的超基性岩体接近 9000 个，截至 2014 年年底共发现 60 余个铬铁矿区（姚培慧，1996；黄圭成等，2007；杨经绥等，2011；李军等，2012）。其中，豆荚状铬铁矿区主要分布在典型造山带蛇绿岩中，如中亚带（新疆萨尔托海、内蒙古贺根山、内蒙古索伦山等）、祁连-秦岭带（甘肃大道尔吉、青海玉石沟、陕西松树沟）、班公-怒江带（西藏东巧），雅鲁藏布带（西藏罗布莎）（Zhou and Bai，1992；鲍佩声等，1999），分别对应着古大

[①]　$1\text{ppm}=1\times10^{-6}$。

洋演化史上 4 个重要的构造域：古亚洲洋域、原特提斯洋域、中特提斯洋域、新特提斯洋域（Zhang et al., 2008b；Stampfli and Borel, 2002；Metcalfe, 2013），形成时代分别对应晚古生代（华力西期）、早古生代（加里东期）、早中生代（印支期）、晚中生代（燕山晚期）。当然，也不是所有的镁铁质岩石都赋存有钒钛磁铁矿。钒钛磁铁矿是特殊时期特殊地质运动的产物，主要与地幔柱活动有关，如中国峨眉山大火成岩省的晚二叠世（260~250Ma）和塔里木大火成岩省的早二叠世（300~290Ma）；其次为褶皱带内后碰撞伸展时期，如劳伦大陆的中元古代（1.5~1.3Ga，主要岩性组合为斜长岩–纹长二长岩–紫苏花岗岩–环斑花岗岩）、中国新疆的晚二叠世（250Ma）；另外还有克拉通内部拉张时期，如中国华北的早元古代（1.7Ga, Zhao et al., 2009）。

火山热液型铁矿床与矿浆型铁矿床紧密相随，其形成时代也与矿浆型铁矿基本一致。主要是晚元古代（17 亿~6 亿年）、中–新生代（晚侏罗世–更新世，部分为晚三叠世）和晚古生代（二叠纪或石炭纪），个别矿床属于早古生代。

四、火山作用与成矿的关系

没有证据表明，夕卡岩型铁矿床的形成与火山作用有关，尽管部分铁矿区存在不同性质的火山岩。

矿浆型铁矿与火山作用关系十分密切。矿区火山岩具有旋回清楚、分异良好、熔岩厚度巨大、爆发指数低、侵入深度浅和富含碱质（特别是富含钠质）的特点。控制铁矿床或铁矿体的构造为火山口、火山颈、火山穹窿、接触带、断裂和裂隙，部分矿床受隐蔽爆发角砾岩带控制，如中国姑山和十八台矿床。成矿母岩浆（或母岩）一般为偏碱性的原始玄武岩浆和玄武安山岩浆形成或衍生的细碧岩、角斑岩。矿石与围岩（细碧岩、角斑岩）成分具有同一性，主要矿物组合均为钠长石、磁铁矿、绿泥石，具有相同的来源。富铁矿石中常见细碧岩、角斑岩角砾，矿石与细碧岩、角斑岩的接触界限清晰、截然（段年高和苏良赫，1987）。成矿以喷溢、贯入、充填胶结的形式为主，交代现象一般不发育或发育在主成矿期后。铁矿石属于岩浆高度熔离后的矿浆产物，一般品位较富，矿石 TFe 含量为 30%~65%，平均在 60% 以上。主要矿石矿物为磁铁矿和赤铁矿，部分矿体可见黄铜矿、黄铁矿、磁黄铁矿以及自然金等，但多充填在磁铁矿晶格中，少量以金属细脉和金属网脉状裂隙的形式存在，黄铁矿中则见微量金和银的碲化物。脉石矿物主要为黑云母、方解石、石英、榍石、透辉石、滑石和钠长石等。部分矿区铁矿石中 P 含量较高（2%~5%），磁铁矿中见微小磷灰石晶体，如基律纳铁矿。

没有证据表明，岩浆型铁矿床（铬铁矿、钒钛磁铁矿）的形成与火山作用有关，尽管部分铁矿区存在少量火山岩。

火山热液型铁矿与火山作用关系密切。火山机构的不同部位赋存有不同类型的铁矿床和矿体形态（张成和丁天府，1984）。在火山管道及爆发角砾岩筒内，赋存有次火山热液型磁铁矿床，矿体呈筒状或柱状，如卡克扎铁矿床；火山口周围放射状、环状断裂中，赋存有次火山热液型赤铁矿、磁铁矿矿床，产于火山口周围环状断裂中的矿体呈半环状，产于放射状断裂的矿体呈脉状，如阿齐山一矿区；火山口外围可形成火山气液型磁铁矿，矿体呈似层状、透镜状，如红云滩矿床。在矿体周围，围岩蚀变广泛，既有高温的电气石化、阳起石化、石榴石化，又有中低温的绢云母化、绿帘石化等。围岩岩性对矿床的形成有一定控制作用，含矿火山碎屑岩以中基性、中性为主，如红云滩、阿齐山一矿、阿齐山四矿、百灵山、铁木里克、雅满苏铁矿床等；酸性火山碎屑岩一般成矿性不佳，目前还未发现代表性的矿床。含矿火山岩碱质一般偏高，并具有钠高、钾低的特点。

五、岩浆侵入与成矿的关系

夕卡岩型铁矿床的形成与侵入岩体有着密切的关系。铁矿体多数与岩体与围岩之间的块状石榴石夕卡岩紧密伴生，部分铁矿体在夕卡岩附近的灰岩中出现（Koděr et al.，1998）。矿体形态多样，有透镜状、扁豆状、似层状等，又或者沿着断层分布（Ciobanu and Cook，2004）。与成矿有关的岩体为辉长岩及辉绿岩、闪长岩及二长岩、石英闪长岩及石英二长岩、花岗闪长岩及花岗岩，一般富碱质（多富 Na_2O）或偏碱性，规模多属中、小型。成矿深度一般在 $1\sim4.5km$，蚀变及矿化的温度一般在 $200\sim800℃$，主要矿化温度在 $400\sim500℃$。

目前没有足够的证据表明矿浆型铁矿床的形成与岩浆侵入作用有关，尽管部分铁矿区存在不同性质的侵入岩（花岗岩、闪长岩、辉绿岩、辉长岩等）。虽然前人做过多种努力，但都没有获得满意的成果。

岩浆侵入与岩浆型铁矿床关系密切。与成矿有关的岩体通常为镁铁质侵入岩或中基性侵入岩。前者产出铁矿类型为铬铁矿型，赋矿围岩为镁铁质超基性岩，如方辉橄榄岩、二辉橄榄岩，分为层状、豆荚状矿石；矿石构造主要为块状、豆荚状、浸染状和角砾状，结构以自形粒状为主。后者产出铁矿类型为钒钛磁铁矿型，赋矿围岩可分为 3 种岩石组合：第一种为镁铁质–超镁铁质岩体，目前仅知红格岩体属此种类型，主要岩石类型为橄榄岩、橄辉岩、辉石岩、含长辉石岩、辉长岩；第二种岩体主要由镁铁质岩石组成，没有或仅有少量的超镁铁质岩石（橄榄岩、辉石岩），如攀枝花、白马、太和、尾亚、香山西等，主要岩石类型为橄榄辉长岩、橄长岩、辉长岩、淡色辉长岩、斜长岩等；第三种岩体为斜长岩、二长岩、紫苏花岗岩组合（AMC 组合），如 Tellnes、Tio 和大庙等（姜常义等，2011）。岩体中大量富集斜长石和单斜辉石，岩石普遍富 Fe、Ti、P、V 而贫 Si、Mg、Cr、Ni。矿石矿物主要为钛铁矿、含钒钛磁铁矿和金红石，是铁和钒的重要来源；矿石以块状、浸染状、流动状为主，结构以粒状、海绵陨铁状为主。由于 Cr 在斜长石中为强不相容元素（$D = 0.02\sim0.11$，Bindeman et al.，1998），在橄榄石中为弱不相容到相容元素（$D = 0.6\sim1.9$，Beattie，1994），在单斜辉石中为相容元素（$D = 3.8$，Hart and Dunn，1993），在磁铁矿中则为强相容元素（$D = 50\sim230$，Leeman et al.，1978），因此橄榄石和斜长石的分离结晶不会导致残余熔体明显亏损 Cr，但大量磁铁矿的分离结晶会使得残余熔体的 Cr 含量急剧降低，同时这种熔体中结晶出的单斜辉石的 Cr 含量也会非常低。如果单斜辉石含有非常低的 Cr，可能暗示了块状磁铁矿层的出现，如峨眉山大火成岩省中的攀枝花和红格层状侵入体（Pang et al.，2008，2009）。

在火山热液型铁矿区，除火山岩外，还有相当数量的次火山岩和浅成浸入岩分布，形成次火山岩-浅成浸入岩建造，主要岩性为：花岗斑岩、石英斑岩、霏细斑岩等。它们与火山岩同源，但成岩时期稍晚于火山岩，因此成分稍偏酸性。与成矿有关的次火山岩主要有闪长玢岩、石英斑岩、霏细斑岩、辉绿玢岩等，如磁海铁矿主要与辉绿玢岩有关（孟庆鹏等，2014）。

六、成矿构造背景

夕卡岩型铁矿床成矿的有利构造背景为不同地质时期的大陆边缘弧及岛弧，反映出与夕卡岩有关的铁矿床岩浆来源相对较深，成矿温度相对较高。稳定大陆内部的侵入岩总体相对富硅，含铁夕卡岩相对较少出现。

矿浆型铁矿床构造环境大致可以分为以下 4 种类型：①优地槽褶皱带型，即基鲁纳型（如瑞典基鲁纳铁矿，美国密苏里，苏联安查斯，布拉戈达特山铁矿，中国曼养铁矿、包日汗铁矿、黑鹰山铁矿、大红山铁矿）；②大陆边缘造山带型，即智利型（如智利拉科铁矿、埃尔-罗梅罗尔铁矿，墨西哥塞罗梅卡多屯铁矿，中国洞卡铁矿）；③深断裂带附近的断陷盆地型，即宁芜型（如中国宁芜铁矿、十八台铁矿，伊朗巴夫格铁矿）；④地盾或地轴上的深断裂带型，即罗得西亚型（罗得西亚布赫拉铁矿，苏联柯尔道夫斯克铁矿）。

铬铁矿其形成环境主要包括两类：一类为形成于大洋扩张脊（MORB 型），另一类形成于板块俯冲消减带上的岛弧及大陆边缘小洋盆等多种构造环境（SSZ 型）（Pearce et al.，1984，2008），其中以俯冲带环境为主（Shafaii Moghadam and Stern，2011；Hébert et al.，2012；Robertson，2012；Shafaii Moghadam et al.，2013）。形成钒钛磁铁矿床的构造环境主要有 3 种类型：①与地幔柱有关的大火成岩省，如攀枝花、太和、白马和红格 4 大矿床，隶属于峨眉暗色岩系（Zhou et al.，2005，2008；Pang et al.，2008）。另外，我国新疆的瓦基里塔格、普昌等矿床隶属于塔里木大火成岩省。②克拉通内部或边缘裂谷带或拉张环境，如大庙、黑山等矿床（杜维河和李国兴，2007；解广轰，2005）。③褶皱带内后碰撞伸展环境，如挪威 Rogaland 斜长岩省中的 Tellnes 矿床、加拿大魁北克 Havre-Saint-Pierre 斜长岩体中的 Tio 矿床（Charlier et al.，2006，2007）和我国的尾亚、香山西矿床（王玉往等，2006，2008）。

火山热液型矿床形成的构造环境与矿浆型铁矿床基本一致，也分为 4 个类型：①优地槽褶皱带型，如磁海铁矿、卡克扎铁矿床；②大陆边缘造山带型，如埃尔-罗梅罗尔铁矿；③深断裂带附近的陆内断陷盆地型，如中国宁芜式铁矿；④地盾或地轴上的深断裂型，如罗得西亚布赫拉铁矿。

七、成矿模型

夕卡岩型铁矿区一般发育碳酸盐岩、陆缘碎屑岩及膏盐层。这些岩石一般富含碳酸盐、石膏和石盐等成分。李延河等（2014）认为这些岩石，尤其是膏岩层可以为成矿提供大量的 Na^+、Cl^-、CO_3^{2-} 等矿化剂，使围岩发生钠长石化、方柱石化（氯化）和夕卡岩化等蚀变。因此，铁氧化物在磷、水、NaCl、氟等挥发分和盐类物质作用下，由于不混溶作用，硅酸盐熔体在岩浆房中发生熔离，形成铁矿浆，在构造有利部位充填形成矿浆型铁矿床。

尽管矿浆型铁矿成矿机制目前存在 3 种假说：热液交代说、矿浆说和沉积-喷流说（Parák et al.，1985）。但热液交代说不能说明矿石的熔浆结构以及矿体与围岩的突变关系，沉积-喷流说难以解释流体均一温度大多超过 600℃ 的事实及火山岩中富铁熔融包裹体的发现。越来越多的实验（Snyder，1993；Naslund，1983；Veksler et al.，2007，2008）证实，铁氧化物可以通过岩浆的分离结晶或液相不混溶形成，而磷、水、NaCl、氟等挥发分和盐类物质的存在，将促使岩浆氧逸度大幅度提升，从而使铁氧化物提前从岩浆中大规模形成，这为铁矿浆的存在提供了新的理论依据。火山岩中富铁-富硅熔融包裹体的发现进一步证实了上述实验结果（Philpotts，1967）。目前，智利拉科、瑞典 Kiruna 型铁矿和宁芜姑山、梅山及大冶部分矿体的矿浆成因已得到很多学者的认可（Park，1961；Nystroem et al.，1994；Henriquez et al.，2003；宋学信等，1981；翟裕生等，1982；林新多等，1984；Hou Tong et al.，2010）。矿浆说目前有岩浆分异结晶和不混溶熔体熔离之争。矿浆型铁矿区广泛发育钠质蚀变及铁矿体常发育在火山岩、次火山岩顶部的事实，难以得到岩浆分异结晶说的合理解释（Chou and Eugster，1977；储雪蕾等，1984），却可以从不混溶熔体熔离说中得到满意的结果。钠长石化不仅可发育在矿体底盘，在矿体的上部及围岩中也可大量发育（如西天山阿吾拉勒铁矿带），以钠长石斑晶的形式大量出现在火山熔岩、火山碎屑岩和铁矿体中，应是铁矿浆熔离前形成，并非火山-次火山活动晚期或期后热液蚀变的产物。从岩浆中熔离出来的矿浆，受比重和黏度影响，在挥发分的驱动下，沿火山通道上升至地表或海底，在火山熔岩、碎屑岩中形成高品位铁矿体。

研究表明（周二斌，2011），尖晶石二辉橄榄岩中两种辉石的不一致熔融和对铬尖晶石的改造，可以使铬大量从熔浆中析出。随部分熔融程度的增高，豆荚状铬铁矿总体向富 Cr、Mg 的方向演变，硅酸盐矿物则向更加富 Mg 的方向演变。上地幔浅部环境是形成铬铁矿富集的有利部位，铬铁矿及地幔橄榄岩中的超高压矿物指示着其最初应来自地幔深部。

与铬铁矿大规模形成出现在岩浆结晶作用早期不同，钒钛磁铁矿成矿一般出现在结晶作用的晚期。岩浆的结晶分异可能没有遵循 Bowen 分异趋势（Bowen，1928），而是遵循了 Fenner 分异趋势（Fenner，1929；Osborn，1959；徐义刚等，2003）。大多数学者将钒铁磁铁矿和钛磁铁矿的形成过程概括为：因岩浆自身富集 Fe、Ti、V，随着橄榄石、辉石、斜长石的不断分离结晶，演化的岩浆中 Fe、Ti、V 不断富集，Fe_2O_3/FeO 值和挥发分（H_2O、CO_2）活度不断增加，同时伴随温度的降低和 FO_2 的升高（Charlier et al.，2006，2007；Kolker，1982）。这种解释对浸染状和海绵陨铁状矿石较为实用，但块状矿石的形成可能有着其他的成因解释（Zhou et al.，2005；Robinson et al.，2004；Hertogen et al.，2002）。最近的研究表明，岩浆的不混溶过程可能是富铁熔体形成磁铁矿的重要过程（Dong et al.，2013；Wang and Zhou，2013；Zhou et al.，2013；王坤等，2013）。演化的玄武质岩浆经过岩浆不混熔作用可以形成与结晶相平衡共存的富 Si、富 Fe 两种熔体，这也得到了岩浆部分熔融实验的有力证实（Philpotts，1977，1982；Longhi，1998；Jakobsen et al.，2005；Charlier et al.，2011；桑祖南等，2002）。

水–岩反应实验（Tomasson，1972；Seifried，1977；Elderfield，1977）表明，加热海水可以淋滤出少量铁质。在参与水–岩反应的岩石体积有限（<100km³）的情况下，淋滤在加热海水中的铁质是非常有限的。这些铁质即使全部形成铁氧化物，其规模最多也是小型。因此，火山热液中的铁质可能更多来自于热液对围岩蚀变而造成的含铁矿物（辉石、橄榄石、角闪石等）的分解，这得到了高温实验的支持（巴甫洛夫，1970；Popp，1977），并且与火山热液型铁矿体中多发育透辉石化、阳起石化、绿帘石化和透闪石化等高温热液蚀变现象相吻合。铁质的卸载则主要在火山机构中进行，通过压力的骤然降低来实现。

第三节　火山–岩浆型铁矿成矿作用研究的不足

一、矿浆型铁矿的形成机制

大量的研究证实，矿浆型铁矿的形成主要与火山岩浆的熔离有关。但何种原因造成矿浆的熔离？岩浆的熔离以何种趋势演化？是 Bowen 趋势还是 Fenner 趋势？智利、瑞典等地区的矿浆型铁矿中多富含磷，而我国西天山矿浆型铁矿磷含量则远低于国外，是磷源区的差别还是有其他的原因？磷与铁矿浆有何关系？不管是国内还是国外，矿浆型铁矿石中均可见钠长石与磁铁矿共生，钠长石与磁铁矿有何关系？另外，前人（宋学信等，1981）的研究表明，矿浆型铁矿主要赋存于中基性火山碎屑岩中，矿区既有中性火山熔岩又有基性熔岩，但铁矿浆究竟是从玄武质岩浆还是安山质岩浆中熔离的？

二、不同类型玄武岩的形成机制及与钒钛磁铁矿的关系

大量地球化学数据表明，峨眉山玄武岩存在低钛和高钛之分，低钛和高钛玄武质岩浆分别与铜镍铂族元素硫化物矿化和钒钛磁铁矿化形成同期，存在着成因上的密切联系。低钛和高钛玄武岩具有不同的同位素地球化学组成，反映了不同的地幔熔融条件、源区不均一性和程度各异的热柱–岩石圈相互作用（张鸿翔，2009）。Xu 等（2001）认为，高钛和低钛玄武岩不是同一原始岩浆的结晶分异作用的产物，而是来自不同的源区，且具有不同的熔融机制，低钛玄武岩可能是地幔热柱轴部熔融的产物，而高钛玄武岩的母岩浆代表了热柱边部或消亡期地幔。上述观点与两类玄武岩同源的传统观点明显不同。另外，塔里木大火成岩省可能是我国又一个二叠纪地幔柱，目前发现有瓦吉里塔格、普昌等钒钛磁铁矿、稀土矿，其玄武岩是否也存在高钛和低钛之

分？玄武岩与钒钛磁铁矿、稀土矿的成因有何联系？玄武岩的源区判定和演化机制实际上制约着与其相关的不同矿化的过程，因此需要进一步的详细地球化学研究。

三、火山-岩浆型铁矿的成矿过程、条件和主要控制因素

矿浆喷溢型铁矿和火山热液型铁矿主要出现在火山碎屑岩中，中基性熔岩中也有分布；钒钛磁铁矿主要出现在基性-超基性岩体带内，与区域高 Ti 玄武岩区域重合，与岩浆结晶作用晚期的分异有关；铬铁矿则主要出现在岩浆结晶作用的早期；夕卡岩型铁矿主要分布于岩体与围岩之间的夕卡岩带中。上述事实说明，这些矿床对赋矿空间的选择有着较大的差异，但尚不明确是何种因素控制着火山-岩浆型铁矿床的形成及其空间分布，矿床的形成与大规模火山喷发或岩浆侵入活动的动力学过程关系也未知。钒钛磁铁矿的成因有可能是正常分离结晶或氧化物矿浆不混熔分离的结果，但是控制两个过程发生的主要因素目前均不清楚。夕卡岩型铁矿与中酸性岩浆的侵入活动有关，但铁如何从岩浆中分离出来也不明确。

四、寻找丢失的地幔柱玄武岩

峨眉山玄武岩的喷发与羌塘板块和扬子板块的离散基本同时，所以玄武岩漂洋过海分布于其他陆块的可能性也是存在的（张鸿翔，2009）。研究表明，地幔热柱作用的中心部位在峨眉山的西区，暗示西部可能还存在丢失的峨眉山玄武岩。地层学、同位素年代学和地球化学特征的对比分析表明，越南北部的"SongDa"地块、松潘-甘孜造山带、广西北部、成都和昆明以东、龙门山-小菁河断裂以北地区，分布有大量的晚二叠世以来形成的玄武岩。厘定这些玄武质岩石与峨眉山玄武岩之间的关系是恢复整个峨眉山地幔柱时空分布格局的关键，也有助于在目前地理上看似孤立的地质单元中发现类似攀枝花的超大型钒钛磁铁矿床。另外，越来越多的证据表明，塔里木二叠纪地幔柱可能存在。由于中新生代以来强烈的构造活动和沙尘暴活动，原有的地幔柱遗迹可能被破坏和掩埋，致使该地幔柱范围、地幔柱中心位置不明确，地幔柱的形成机制也无合理的解释。在该地幔柱的北部，哈拉达拉基性-超基性岩体中赋存有钒钛磁铁矿和少量铜镍矿化，形成时间与瓦吉里塔格岩体相近；在地幔柱东部，东天山觉罗塔格地区有一条著名的基性-超基性岩体带，同时也是我国著名的铜镍矿带，其形成时间也与瓦吉里塔格相近。厘清这些基性-超基性岩石与塔里木地幔柱之间的关系是恢复整个塔里木地幔柱时空分布格局的关键，也有助于大型-超大型钒钛磁铁矿床、稀土矿床和铜镍硫化物矿床的发现。

五、矿浆型铁矿与火山热液型铁矿的成因联系

矿浆型铁矿与火山热液型铁矿是紧密伴生的一对孪生兄弟，有矿浆型铁矿的地方一般都会有火山热液型铁矿，但地质学、同位素地球化学和元素地球化学数据表明，

两者在地球化学特征上存在明显的差别。除岩浆热液外，火山热液型铁矿成矿流体常显示有其他来源流体（地层水、海水、大气降水）的混入。另外，两者在矿体形态、矿石构造、蚀变特征及与围岩的关系等方面也存在明显的差异。这些差异，虽是两者在成因上的差别导致，但不可否认均与火山活动有关。目前，两者的内在联系如何，是否是同一旋回火山活动产物还不得而知。厘定两者之间的内在关系是建立火山岩型铁矿（包括矿浆喷溢型铁矿和火山热液型铁矿）时空格架的关键因素，有助于在火山岩区继续发现新的大型–超大型铁矿床。

第二章 区域地质特征

第一节 大地构造格架

西天山位于新疆天山西段北部，处于中亚增生型造山带的西南缘，总体上呈向北和向南逆掩推覆的扇状三角形。大地构造位置为哈萨克斯坦-伊犁板块与准噶尔板块、塔里木板块之结合部位。该地区经历了复杂的构造演化过程，包括古-中元古代泛大陆的增生与裂解、新元古代 Rodinia 超大陆的形成与裂解（左国朝等，2008；舒良树等，2001，2013）。早古生代进入多陆块、多岛洋演化阶段（左国朝等，2008；李曰俊等，2009），先后发生过向南、向北两次碰撞增生活动（Allen et al.，1992），早石炭世末增生造山结束（李永军等，2010；李曰俊等，2009），进入后碰撞演化阶段。

一、新疆西天山构造单元划分

按全国矿产资源潜力评价项目《地质构造研究工作技术要求》（以下简称"技术要求"），结合本项目野外调研情况，将新疆西天山大地构造划分为哈萨克斯坦-准噶尔板块（Ⅰ）和塔里木-华北板块（Ⅱ）两个一级大地构造单元，进一步又可划分为伊犁-伊赛克湖微板块、塔里木板块两个二级构造单元，9 个三级构造单元，同时划分出那拉提-红柳河缝合带（NHT）。具体划分见图 2-1 和表 2-1。

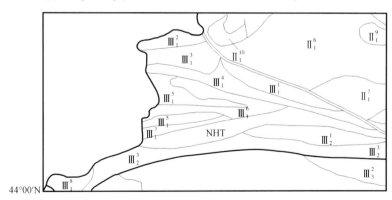

图 2-1　西天山三级构造单元区划

$Ⅲ_2$-塔里木板块；$Ⅲ_1$-伊犁-伊赛克湖微板块；$Ⅲ_1^1$-依连哈比尔尕晚古生代沟弧带；$Ⅲ_1^2$-阿拉套陆源盆地；
$Ⅲ_1^3$-赛里木微地块；$Ⅲ_1^4$-博罗科努古生代复合岛弧带；$Ⅲ_1^5$-伊犁中间板块；$Ⅲ_1^6$-阿吾阿勒—伊什基里克晚古生代火山弧-裂谷带；$Ⅲ_1^7$-那拉提早古生代岛弧带；NHT-那拉提-红柳河缝合带；$Ⅲ_2^1$-东阿莱-哈尔克山古生代沟弧带；$Ⅲ_2^3$-额尔宾晚古生代陆缘残余盆地

13

表 2-1　西天山构造区划

一级构造单元	二级构造单元	三级构造单元
哈萨克斯坦-准噶尔板块	$Ⅲ_1$伊犁-伊赛克湖微板块	依连哈比尔尕晚古生代沟弧带（$Ⅲ_1^1$）
		阿拉套陆源盆地（$Ⅲ_1^2$）
		赛里木微地块（$Ⅲ_1^3$）
		博罗科努古生代复合岛弧带（$Ⅲ_1^4$）
		伊犁中间板块（$Ⅲ_1^5$）
		阿吾阿勒-伊什基里克晚古生代火山弧-裂谷带（$Ⅲ_1^6$）
		那拉提早古生代岛弧带（$Ⅲ_1^7$）
NHT	那拉提-红柳河缝合带	那拉提-红柳河缝合带
塔里木-华北板块	$Ⅲ_2$塔里木板块	东阿莱-哈尔克山古生代沟弧带（$Ⅲ_2^1$）
		艾尔宾晚古生代陆缘残余盆地（$Ⅲ_2^3$）

二、新疆西天山构造单元特征

（一）哈萨克斯坦-准噶尔板块

哈萨克斯坦-准噶尔板块在西天山包括伊犁-伊赛克湖微板块 1 个二级构造单元。该二级构造单元又可划分出依连哈比尔尕晚古生代沟弧带、阿拉套晚古生代陆缘盆地、赛里木微地块、博罗科努早古生代岛弧-弧后带、伊犁中间地块、阿吾拉勒-伊什基里克晚古生代弧后-裂谷带等 7 个三级构造单元。

（1）依连哈比尔尕晚古生代沟弧带（$Ⅲ_1^1$）

该带沉积了被动陆缘环境下的中晚泥盆世火山复理石。早石炭世沙大王组不整合覆盖其上，为巨厚的双峰式火山岩和蛇绿岩。二叠系为陆相红色酸性火山岩和磨拉石沉积。该区侵入岩极少，构造活动十分强烈，蛇绿岩被肢解并构成了宽达 20km 的蛇绿混杂推覆岩席，叠瓦式推覆构造极为发育，山前的古生界推覆于盆地古近系之上。

（2）阿拉套晚古生代陆缘盆地（$Ⅲ_1^2$）

据邻国资料，该带是在新元古界基底之上，泥盆纪初开始拉张，为非岩浆型被动陆缘。新疆境内出露最老地层为上泥盆统深-半深海浊流沉积，属拉张后期产物。不整合其上的是石炭系碎屑岩-碳酸盐岩建造，晚石炭世固结，二叠系为断陷盆地的陆相火山-碎屑岩建造。侵入活动较发育，为造山后的花岗岩类，以产钨锡为特征。在该区南缘，出现一系列向南推覆的构造推覆体，迭置于古近系之上。

（3）赛里木地块（$Ⅲ_1^3$）

地块由古元古代的温泉群和长城系、蓟县系、青白口系和震旦系构成。

温泉群下部为各种片岩、片麻岩、条带状和眼球状混合岩组成。长城系以钙碱性火山岩为主，拉斑系列和碱性系列很少。蓟县系为含镁质较高的碳酸盐岩夹中基性火山岩。青白口系和震旦系具稳定型沉积特征，前者为浅海相镁质、硅质碳酸盐岩夹碎屑岩建造，后者不整合其上，为冰碛成因的碎屑岩。寒武-奥陶系为含磷岩系。中泥盆统-石炭系为碎屑岩-碳酸盐岩。二叠系下统为断陷盆地火山岩，上统为磨拉石。

该区侵入岩不发育。早元古代为混合岩-花岗岩建造，中元古代为与裂谷活动有关的辉长岩建造。华力西中、晚期花岗岩建造属造山后花岗岩类。

（4）博罗科努早古生代岛弧-弧后带（III_1^4）

该带下元古界构成基底，其上的稳定型盖层有震旦系冰碛砾岩，寒武系含磷岩系，下奥陶统陆源沉积岩。中奥陶世开始拉张，出现双峰式细碧角斑岩系和可可乃克蛇绿岩；奥陶纪末汇聚，被志留系不整合，转为复理石沉积，泥盆纪固结；石炭纪时，依连哈比尔洋盆向南俯冲，产生吐拉苏上叠断陷盆地，至二叠纪该区隆起为陆。

该带侵入岩十分发育，以华力西中期为主，次为早期和晚期及加里东期侵入体（"I"型）。华力西早期多为花岗岩类岩基，中晚期侵入岩都属钙碱性"S"型。

（5）伊犁中间地块（III_1^5）

伊犁中间地块大部分被中新生代沉积物覆盖，地球物理场显示为布格重力高值区，也具有平静而高背景的高磁区，背景磁场值达+100~150伽玛，反映了石炭系和中新生界之下广泛存在着前寒武纪基底。石炭系火山岩不整合在元古界上。

该区中元古代侵入岩为二长-钾长花岗岩。华力西中期为闪长岩-花岗岩建造，晚期为造山后花岗岩。

（6）阿吾拉勒-伊什基里克晚古生代火山弧-裂谷带（III_1^6）

早石炭世依连哈比尔洋盆向南俯冲，晚石炭世初转入汇聚，古天山洋闭合，并伴随有闪长岩-花岗闪长岩建造的岩基生成。早二叠世拉张，堆积了厚达上万米的碱性系列双峰式陆相火山岩，并有中深成-超浅成的辉长岩-花岗岩和碱性正长岩建造形成的小岩体和层状侵入体，形成了阿吾拉勒-伊什基里克二叠纪裂谷带。晚二叠世进入稳定陆内盆地沉积阶段。

（7）那拉提早古生代岛弧带（III_1^7）

西天山地区存在早古生代的洋盆（车自成等，1994；汤耀庆等，1995）。南侧南天山洋盆在志留纪中晚期开始向北部中天山板块之下俯冲碰撞（肖序常等，1992；李华芹等，1998），在经历了早古生代的演化之后，最终在早石炭世前封闭（高俊等，1997）。南天山蛇绿岩有两期：早期形成于震旦纪，晚期形成于志留纪，并且塔里木盆地西北缘震旦纪至石炭纪地层具有被动陆缘沉积岩系的特征（朱志新等，2006），表明南天山洋盆是在震旦纪打开，在石炭纪晚期闭合（李锦轶等，2006b，c）。那拉提山上志留统巴音布鲁克组岛弧型火山岩的发现也证实了南天山洋早古生代俯冲作用的存在（Gao et al.，1998），该俯冲作用一直延续到晚古生代（高俊等，2006；朱志新等，2006）。

（二）那拉提-红柳河缝合带

那拉提-红柳河缝合带（NHT）为哈萨克斯坦-准噶尔板块与塔里木板块间的缝合带。向西延入吉尔吉斯境内，北界为"尼古拉耶夫线"（那拉提北缘断裂），南界为阿特巴希断裂（那拉提南缘断裂），向东进入甘肃境内。

缝合带由晚志留世–早泥盆世蛇绿岩和中上元古代、奥陶–志留纪的混杂岩块组成。蛇绿岩带断续纵贯于长阿吾子–乌瓦门–榆树沟–红柳河一带，两端延伸出新疆境外。在西段那拉提–哈尔克山北坡形成双变质带，有蓝片岩、榴辉岩及低压高温变质带。蛇绿岩形成年代为晚奥陶世–早志留世，就位于晚志留世–早泥盆世。

（三）塔里木板块

包括东阿莱–哈尔克山古生代沟弧带、艾尔宾晚古生代残余盆地两个三级构造单元。

1）东阿莱–哈尔克山古生代沟弧带广泛发育塔里木边缘的陆棚–陆坡相奥陶–志留纪陆源碎屑岩–碳酸盐岩建造夹少量火山岩。在托木尔峰有元古代（729Ma）变质岩系。该带北缘出现晚志留–早泥盆世的长阿吾子–榆树沟蛇绿岩；在南缘出现米斯布拉克晚泥盆世–早石炭世蛇绿岩和复理石建造，在虎拉山出现以红柱石为代表的高温低压变质带。该区侵入活动十分微弱。

2）艾尔宾晚古生代残余盆地主要分布志留系和泥盆系，上志留–石炭系多为陆源碎屑岩–碳酸盐岩建造，在克孜尔塔格地区中酸性火山岩增多。侵入岩不甚发育，有华力西早中期的"S"型花岗岩类岩基。残余盆地变质程度较浅，志留–泥盆系以绿片岩相为主，石炭系未变质。

第二节 区域地层

区域内地层分布较为广泛，从前寒武系到第四系均有出露。

一、前寒武系

前寒武系（主要为下元古界温泉群、蓟县系等）分布于赛里木湖周缘（构造上隶属赛里木地块）、塔里木地块与伊犁微地块的结合部位（构造上隶属中天山地体），岩性主要为深变质岩系（二云斜长片麻岩、斜长角闪片岩、二云母片岩、角闪岩、大理岩和石英岩等）及浅海相碳酸盐岩（大理岩化灰岩、白云质硅质灰岩、灰岩、板岩等）（刘树文等，2004）。

（一）太古宇

西天山已知的太古宇主要分布于库鲁克塔格的辛格尔及其以南地区，库鲁克塔格的太古宇称为托格拉克布拉克杂岩，以钠长片麻岩、变质碎屑岩、花岗质岩石和混合岩类组成。研究表明，它实际上为太古宙表壳岩系的残留体，时代可能属晚太古宙。

（二）元古宇

元古宇构成天山陆壳基底的主体，在整个西天山地区都有分布。

1. 古元古界

出露于博尔塔拉河南岸、那拉提山、南木扎尔特河以及库鲁克塔格等地，分别称为温泉群、那拉提群、木扎尔特群和兴地塔格群，主要为一套由绿片岩相–角闪岩相斜长角闪岩、片岩和千枚岩、混合岩、片麻岩组成的变质岩系。

温泉群分布于博尔塔拉河南岸别珍套山北坡，沙尔陶勒盖也有少量分布，近东西向延伸。该群下未见底，上与长城系哈尔达坂群断层接触。温泉群变质年龄为1727Ma，母岩形成于2000～1700Ma，为早元古代。该群为一套变质岩，被大量花岗岩枝、中基性岩脉穿插，由于色调反差大，形成斑马状构造、肠状构造和莲花状构造，十分醒目。总厚1469～2207.3m，分为上下两个组：下组为一套变质碎屑岩夹碳酸盐岩沉积，岩性为灰–浅灰色脉状注入混合岩、灰白色条带状混合岩、暗灰色混合岩化黑云母石英片岩、灰色云母石英片岩、黄紫色含铁白云母二长变粒岩、片麻岩等，厚836.6～1575m；上组为一套变质碳酸盐岩及碎屑岩，岩石组合为灰白色和条带状大理岩、灰色斜长角闪岩、浅灰绿色二云母石英片岩、灰色肠状二云母斜长片麻岩等，厚632.3m。

南木扎尔特群仅出露于木扎尔特河谷下游。下部岩石主要有：灰色条带状、眼球状（含石榴石）二长片麻岩、斜长变粒岩、斜长片麻岩、（含石榴石）钾长片麻岩，夹少量长石石英浅粒岩、斜长浅粒岩、二长浅粒岩、钾长变粒岩；上部岩石主要有：灰色、绿灰色长英片岩、钠长片岩、石英千枚岩、绢云千枚岩，少量斜长角闪片岩、绿泥绢云母千枚岩。岩石年龄1909Ma（魏永峰等，2010）。

兴地塔格群分布于库鲁克塔格的兴地塔格一带，分上中下3个组：下组为一套中–深变质岩，主要岩性为灰、灰绿色云母斜长变粒岩、云母石英片岩、片麻岩、混合岩夹角闪片岩和变质砂岩，未见底，厚1936～3993m；中组整合覆于下组之上，为一套灰、黄褐色石英大理岩、条带状大理岩，局部夹少量碎屑岩，厚747.2m；上组整合于中组之上，主要岩性为灰色碎屑灰岩、灰绿色变质长石砂岩、细砾岩、英安质晶屑凝灰岩、蚀变英安岩、云母绿泥石绿帘石石英片岩、阳起石片岩、角闪斜长黝帘石黑云母片岩、二云二长片麻岩、大理岩，厚746～2553m。

那拉提岩群主要岩石类型为条带状黑云母斜长片麻岩、含石榴子石黑云斜长片麻岩、角闪黑云斜长片麻岩、石英斜长片麻岩、眼球状角闪黑云斜长片麻岩等，粒状鳞片变晶结构，片麻状、条带状、眼球状构造，局部呈似层状构造。硅化、钾化、黑云母化、绿泥石化、绿帘石化等较普遍，发育脉状、条带状、迷雾状同构造分异的长石–石英脉。变质矿物组合为绿帘石+黑云母+白云母+角闪石+斜长石+石英，属低角闪岩相，局部出现普通辉石、钾长石、夕线石等未完全退变的高角闪岩相变质矿物组合，二者无明显界线，主要出现在那拉提缝合带与中天山离散地块之间。

2. 中元古界

(1) 长城系

主要为一套绿片岩相-低角闪岩相绿片岩、片岩、板岩、千枚岩、碳酸盐岩、夹基性-中酸性火山岩和少量硅质岩组成，分布于阿拉套山、特克斯河以南、库鲁克塔格等地，分别称为哈尔达坂群、特克斯群、杨吉布拉克群。

哈尔达坂群分布于沃托格赛尔河以北别珍套山哈尔达坂一带，近东西向展布，构成复向斜核部，为一套碎屑岩夹少量碳酸盐岩。下未见底，上被中泥盆统汗吉尕组和下石炭统阿恰勒河组不整合覆盖。下部岩性为含黄铁矿粉砂质绢云母板岩、大理岩、斜长黑云阳起石岩、炭泥质硅质岩、长石砂岩等；上部为含砾粗砂岩、角岩化钙质粉砂质板岩、网脉状灰岩、绢云黑云母板岩、绢云母千枚岩、条带状大理岩等，大理岩中含叠层石碎片厚1300.4~2081m。哈尔达坂群向西碎屑岩增多，夹有硅质岩；向东碳酸盐岩增厚，碎屑岩已变成千枚岩或板岩，灰岩变为大理岩，大理岩中揉皱十分发育。

杨吉布拉克群仅见于琼塔格东北侧，除北西地段被第四系覆盖外，与周围地质体均为断层接触，未见顶底。该地层为一套浅海相灰、灰黑色变质长石石英砂岩、变质钙质长石石英砂岩、炭质粉砂岩、炭质含粉砂千枚岩，厚3258m。

特克斯群下部为一套浅变质碎屑岩，以片岩为主；上部以碳酸盐岩为主，夹少量碎屑岩，碳酸盐岩富含叠层石 *Gruneria* f. , *Kussiella* f. 。下部未见底，顶部与科克苏群呈假整合或局部不整合接触。厚度大于3075m。主要分布于特克斯、昭苏等县的哈雷克套山北坡哈拉军山一带。

(2) 蓟县系

分布于西天山博罗科努山和科克苏河东岸、库鲁克塔格等地区，分别称为库松木切克群和爱尔基干群，由一套岩性相对单一的浅变质碳酸盐岩-碎屑岩组成。

库松木切克群共有3处露头，分别位于赛里木湖西北的高山地区、库松木切克乌拉和博罗科努山西段的契尔格洼地。近东西向延伸。本群主要为一套浅海相碳酸盐岩夹硅质岩和碎屑岩，下未见底，上被上奥陶统呼独克达坂组不整合覆盖，分上下两组。下组主要为一套碳酸盐岩夹少量碎屑岩，富含叠层石化石，下未见底。赛里木湖以东地段，为一套灰-暗灰色大理岩化灰岩，含叠层石 *Conopton* sp. 、*Paraconophyton* sp. 、*Colonnella* sp. 等，厚99m。契尔格地段呈断块产出，岩相建造与前相似，产 *Osagia* sp. ，厚1248m。赛里木湖西北为深灰色厚层微晶灰岩、含白云石英大理岩夹钙质粉砂岩，厚200~1000m。上组以含镁质钙质碳酸盐岩为主，上部夹碎屑岩、硅质岩，下部多为泥质硅质灰岩，与下组断层接触。契尔格地区主要为灰岩、微晶灰岩和白云岩夹少量硅质岩和砂砾岩，产叠层石 *Colonuella* sp. 、*Conophytotz* sp. 、*Scopulimorpha* sp. ，厚1829m。赛里木湖以东，主要为一套灰色灰岩，顶部为石英岩，底部为碎屑岩，厚1494m。赛里木湖西北，为片理化灰岩、硅质灰岩、铁质灰岩和砂质灰岩夹粉砂岩，向西碎屑岩有增加趋势，厚3605m。

爱尔基干群分为下、中、上3个组。下组分布于琼塔格-尖山子南一带，北东向展布，未见底，为一套滨-浅海相沉积，厚3354~3458m；下部为云母斜长片麻岩、角闪斜长片麻岩、斜长角闪片岩、角闪岩、二长片麻岩等，所夹大理岩中产叠层石 *Stratifera* sp.；上部为条带状灰岩、微晶灰岩、变质含钙质长石砂岩和片岩等。中组分布于两岔口南西、黑山梁南北及琼塔格一带，与下段整合接触，未见顶；周围多被下震旦统贝义西组不整合超覆或呈断层接触，岩性为一套滨海–浅海相灰–深灰色变质细粒或条带状大理岩、变质泥晶粉晶细晶灰岩、碎屑灰岩和含燧石条带的碎屑灰岩以及变质硅质灰岩等，含叠层石 *Conophyton* sp.、*Stratifera* sp.、*Cryptozoon* sp.，厚 1735～2786m。上组仅见于铁矿湾附近，整合于中组之上，未见顶；为轻变质的岩屑长石砂岩、炭泥质和钙质粉砂岩、碎屑灰岩、硅质灰岩等，厚 3209m。

3. 新元古界

青白口纪末的塔里木运动，使准噶尔、塔里木地区发生大幅度海退，陆地面积增大。至震旦纪末的库鲁克塔格运动，再度发生较大规模的海侵，塔里木海基本得到全面恢复，仅铁克力克、满加尔、库鲁克塔格和准噶尔地区的巴里坤西部为陆地。受其影响，科古琴山、果子沟地区出现两期冰碛岩和因地壳拉张作用在其边缘地带产生的裂陷或拗陷，伴随有火山活动。库鲁克塔格地区现双峰式火山岩和冰碛岩分布。

（1）青白口系

出露在西天山博罗科努山和特克斯河以南、库鲁克塔格等地，分别称为开尔塔斯群、库什台群、帕尔岗塔格群，为一套浅变质碳酸盐岩–碎屑岩建造。

开尔塔斯群出露很广，西起赛里木湖洼地以西，向东经开尔塔斯、库松木切克河两岸，到科古琴河附近，为一套碳酸盐岩夹少量碎屑岩，可划分上下两组。下组集中分布于库松木切克山南坡和科古琴山北坡，与下伏库松木切克群呈断层接触；主要岩性为深灰–灰黑色炭质灰岩、泥质灰岩、灰质白云岩、大理岩及少量粗砂质炭质页岩，所含碎屑物质和炭质由西向东分别呈递减和递增趋势，可见水平及斜交层理，层面上多见含炭物质，厚 531～1430m。上组出露范围较大，广布于科古琴山山脊两侧，与下组整合接触；主要为一套灰–浅灰色角砾状灰岩、砂屑砾屑灰岩、中薄层灰岩、白云质灰岩和少量含钙硅质岩透镜体，厚 664～2402m。

库什台群主要由浅变质的碎屑岩及含叠层石白云岩、灰岩所组成，底部常具底砾岩及粗碎屑岩；中上部为含叠层石礁体或不稳定层的灰岩、泥质灰岩，其中常具鲕状或竹叶状构造。含叠层石，主要分布在新疆特克斯及昭苏县以西，哈雷克套山北坡，大、小哈拉军山北坡科克苏河谷一带。其下部与蓟县系科克苏群为假整合；上部为震旦系水泉组不整合覆盖。厚 611～952m。

帕尔岗塔格群主要分布在带状延伸的断陷带内，两侧被深大断裂限制。下部为巨厚的变质砾岩–粗砂岩互层夹千枚岩，砾石成分以片麻状蓝石英花岗岩、二长伟晶岩为主，并含有黑云斜长片麻岩和石英岩等下伏变质岩砾石。胶结物为变质的绿灰色粗砂。底砾岩的厚度超过 100m，向上过渡为含砾粗砂岩层。上部为白云岩和结晶灰岩（刘正宏和周裕文，1993）。

（2）震旦系

主要出露于西天山和西南天山科古琴山–果子沟、特克斯、库鲁克塔格等地，主要为滨海–浅海相及陆相碎屑岩、碳酸盐岩、冰碛岩及火山岩，构成前寒武纪基底的第一套盖层，主要以角度不整合覆于长城系、青白口系之上。

凯拉克提群呈北西西向沿科古琴山主脊地带展布，西部在赛里木湖洼地西南被断层切断，向东延伸至科古琴沟以东，为一套滨海–浅海相碎屑岩夹冰川碎屑沉积，含微古藻类，分为上下组。下组组成科古琴山复式向斜的两翼，为一套细碎屑岩沉积，与下伏青白口系开尔塔斯群不整合接触。赛里木湖东南科古琴山地段岩性为砾岩、泥质粉砂岩、含铁硅质砂岩、长石砂岩，具水平及斜交层理，颜色以灰紫色为主，间有灰黑色、暗灰色和灰绿色，厚360~867.7m。赛里木湖西南的肯达克塔斯一带，为一套冰碛岩，岩石组合为暗灰色片理化粉砂岩、褐灰色长石岩屑砂岩、灰色冰碛岩、灰紫、灰绿色冰川纹泥岩夹灰色粉砂质灰岩、细晶灰岩和粉砂质泥岩，厚707.5m。上组分布与下组相同，为一套正常滨海碎屑沉积夹大陆冰川碎屑沉积，与下伏下组整合接触，主要岩性为泥质粉砂岩、岩屑长石砂岩、泥岩夹冰碛岩，局部地段有白云质灰岩和泥灰岩，颜色以灰色、灰绿色为主，间有灰紫色。冰碛砾岩多以大透镜体产出，泥质粉砂岩中常具冰川纹泥的特点。见微古植物，厚353~629m。奥尔塔克苏上游一带为灰色冰碛岩、杂色岩屑砂岩和泥质粉砂岩等，厚42~269m。科古琴沟一带主要为灰绿、深灰色泥质粉砂岩夹薄层灰岩，厚104.7~254m。

库鲁克塔格一带震旦系出露比较完整，下统划分为贝义西组、照壁山组、阿勒通沟组、特瑞爱肯组，上统划分为扎摩克提组、育肯沟组、水泉组、汗格尔乔克组，以冰碛岩发育为主要特征，其中早震旦世可划分出两个冰期和一个间冰期。

贝义西组分布于大平台以西的龟背山附近，为一套酸性火山岩夹基性火山岩，上部夹正常碎屑岩，不整合于蓟县系爱尔基干群之上，局部被下奥陶统龟背山群不整合覆盖。主要岩性为灰、灰绿、灰黑、紫灰色、绢云母钙质板岩、霏细斑岩、石英斑岩、变质砂岩、变质泥质硅质岩、熔结晶屑玻屑火山灰凝灰岩、杏仁状细碧岩等（未见冰碛岩）。厚3843.3m。

照壁山组上部为灰黑色粉砂质泥岩，砂板岩及灰色长石石英砂岩为主，夹砂砾岩凸镜体；下部主要为灰、灰白色层状石英砂岩，偶夹薄层砂砾岩或粉砂质泥岩。平行不整合于阿勒通沟组之下，整合于贝义西组之上。岩石锆石 U-Pb 年龄（753±30）Ma（朱杰辰等，1987）。

阿勒通沟组主要由灰色、灰绿色及少量红褐色中–细砂岩、粉砂岩、粉砂质板岩和纹层状板岩所构成，分布较广。

特瑞爱肯组以灰、深灰及灰绿色块状杂砾岩（冰碛岩）为主，局部为灰紫色。杂砾岩无层理和分选，砾石大小混杂，砾石表面普遍见有擦痕、压坑、颤痕等。与下伏阿勒通沟组为整合过渡，二者常表现为相变界线，以厚块状冰碛岩（杂砾岩）出现作为特瑞爱肯组底界，分布广泛。

扎摩克提组是一套由灰、灰绿色粗砂岩（底部往往为岩屑砂岩）、中粒砂岩、细砂岩、粉砂岩及泥页岩组成的韵律式沉积（浊积岩），多具不完整的鲍马序列，粒级递变层理发育，底面普遍发育槽模、沟模、重荷模等底痕，水平纹层及变形层纹（扰动层）亦普遍可见，还可见少量丘状层理。本组含较丰富的微古植物，分布十分广泛。

育肯沟组主要由暗灰、灰绿色粉砂岩、粉砂质页岩、页岩（纹板岩）、钙质粉砂岩组成。本组整合（局部不整合）覆于扎摩克提组之上，其上覆水泉组又为整合连续过渡，广泛分布于新疆地区。

水泉组由碳酸盐岩和碎屑岩所组成并夹少量火山岩，含丰富的微古植物。顶部被汗格尔乔克组冰碛岩（杂砾岩）所不整合超覆；底界与育肯沟组为连续过渡。分布范围较广泛，西起库尔勒以东的西山口、阿勒通塔格，向东到西大山、兴地塔格及以南的牙尔当山、辛格尔塔格（中库鲁克塔格），一直向东延伸到鄯善县以南的玉勒衮布拉克一带。

汗格尔乔克组分布于琼塔格南侧，超覆不整合于爱尔基干群之上。为一套陆相粗碎屑岩沉积，主要岩性为紫灰、紫褐色砾岩、砂砾岩、长石砂岩、岩屑砂岩、泥质粉砂岩等，底部见有一层不稳定的冰碛砾岩，厚1417.8m。库鲁克塔格东段一般厚度仅9~25m。

二、古生界

下古生界（寒武系、奥陶系、志留系）分布范围较前寒武系有所扩大，主要分布于博罗科努山南缘、塔里木地块与伊犁微地块的结合部位，岩性由深海相灰岩、磷块岩、泥岩逐渐转变为半深海–浅海相碳酸盐岩、砂岩、泥岩，顶部夹中基性火山岩（熔岩+火山碎屑岩）；上古生界（泥盆系、石炭系、二叠系）分布最为广泛，在区域各大山系中广泛出露，岩性由浅海相碳酸盐岩–碎屑岩–中基性火山岩转变为二叠系陆相双峰式火山岩（基性+酸性）。

（一）下古生界

1. 寒武系

震旦纪末的库鲁克塔格运动，使海水进退频繁，总体为海侵范围扩大，准噶尔和塔里木区大部分陆地被海水淹没，使准噶尔海、南天山海、塔里木海、昆仑海成为相连为一体的海域。博乐岛、特克斯岛、巴伦台岛陆地面积明显萎缩，基本未见寒武纪露头。海水进退交替，在科古琴山、库鲁克塔格见有浅海陆棚相–台地相碳酸盐岩、碎屑岩、硅质岩沉积。

（1）科古琴山一带

下寒武统划分为磷矿沟组、霍城组，中寒武统划分为肯萨依组、阿合恰特组，上寒武统下部为将军沟组、上部为果子沟组，为一套浅海陆棚相碎屑岩、碳酸盐岩沉积，底部具含磷层。

磷矿沟组分布于西部肯达克塔斯达坂一带，为一套细碎屑岩，有4个含磷层，主要岩性为灰黑色和灰色含砾砂岩、钙质粉砂岩、长石岩屑砂岩、团块状粉晶砂屑灰岩等，夹4层磷块岩和含磷粉砂岩，厚43.7m。果子沟及其以东至阿合恰特等地，主要为一套浅海相灰–深灰色粉砂质硅质泥质岩夹团块状灰岩及含磷岩石，果子沟地区有5个含磷层，产三叶虫 *Redlichiids* 和腹足类 *Scenella* sp.，此外尚有软舌螺、海绵骨针、球松藻等，厚9.24～40.55m。科古琴达坂以北为黑色、深灰色粉砂质硅质岩夹团块状灰岩，底部为含磷砂岩或鲕状磷块岩和磷块砾岩，厚10～32.5m。

霍城组常和磷矿沟组相伴产出。与在果子沟和阿合恰特地区，二者为整合接触。岩性为一套浅海相浅灰色厚层块状介屑微晶灰岩，底部有一层厚0.1m左右的含磷砂岩或砂砾状磷块岩，厚0.75～2m。西部肯达克塔斯产三叶虫 *Kootenia* sp. 及帐篷螺 *Scenella*；中东部果子沟及其以东产三叶虫。

肯萨依组与下伏霍城组整合或沉积间断。下部岩性为含磷泥质硅质岩夹薄层生物灰岩；中部为黑色薄层硅质泥质岩及薄–中厚层灰岩，含三叶虫；上部为厚层岩屑砂岩夹粉砂质灰岩和团块状灰岩，含3个化石层。西部厚度17.4～18.2m；果子沟及其以东厚1.8～37.6m；科古琴达坂以北厚1.7～8m。

阿合恰特组与下伏肯萨依组整合接触，为一套浅海相碎屑岩夹碳酸盐岩，主要岩性为灰色、灰黑色薄层状、条带状硅质岩、硅质泥质岩、粉砂质泥质页岩夹薄层状及透镜状灰岩，厚3.8～13.6m。灰岩中产三叶虫和腕足类化石。

将军沟组与下伏阿合恰特组整合接触，为浅海相碎屑岩夹碳酸盐岩。西部肯达克塔斯及其以西地段，主要岩性为灰色砾状砂质灰岩、灰色灰绿色厚层块状岩屑砂岩，厚5.5m；果子沟至阿合恰特等地，主要为岩屑砂岩、粉砂岩夹灰岩，厚46.5～52.4m；东部科古琴达坂以北，岩性和西部相似，厚9～22m。本组富含三叶虫。

果子沟组与下伏将军沟组和上覆下奥陶统新二台组均为整合接触，为一套浅海相碳酸盐岩沉积，岩性为深灰、灰黑色薄–中厚层状灰岩夹泥质灰岩和泥质硅质岩，厚6.8～40m，富含三叶虫化石。

（2）库鲁克塔格

下寒武统划分为西山布拉克组和西大山组，中寒武统称为莫合尔山组，上寒武统称为突尔沙克塔格群，主要为一套深水陆棚相细碎屑岩–碳酸盐岩–硅质岩沉积，底部夹有火山岩并具含磷层。

西山布拉克组上部为黑色硅质岩；中部为火山岩；下部为硅质岩，常含磷矿层，厚度、品位不一，但层位稳定。与下伏汉格尔乔克组为平行不整合，与上覆西大山组整合接触。

西大山组仅分布于大平台以西黑山梁西南（6km²），与爱尔基干群（Jx）、震旦系和奥陶系均呈断层接触，为一套浅海相碳酸盐岩和硅质岩，岩石组合为灰色细晶粉晶和泥晶灰岩、灰黑色炭质钙质硅质岩和蚀变英安岩，含海绵骨针，厚825m。

莫合尔山组上部为灰岩夹竹叶状、砾状灰岩；下部为钙质泥岩，泥质灰岩夹燧石条带（下部层位向东，西侧均相变为砂质灰岩，角砾状灰岩，粉砂岩）。含三叶虫，古杯类，软舌螺，海绵骨针等。其中三叶虫由而上可分为11个带，斜坡相沉积。下与西大山组，上与突尔沙克塔格组均为整合接触，厚42～507m。

突尔沙克塔格群属晚寒武世至早奥陶世，分布于天山东部，为海相碳酸盐沉积，以深灰色薄层灰岩及厚层灰岩为主，夹泥灰岩、砾状和竹叶状灰岩，富含三叶虫。厚约302m，与下伏莫合尔山群呈整合接触。

2. 奥陶系

奥陶系的海陆分布与构造格局具有继承性发展和延续。早奥陶世属海侵阶段，海域继续扩大，陆地面积缩小，博乐岛、巴伦台岛被海水淹没。中奥陶世海槽发育于科古琴山−天格尔山−博格达山−巴里坤山一带。塔里木海退缩至库尔勒以西−柯坪−麦盖提−康西瓦一带，且多为滨（岸）海−浅海环境。因此，奥陶系分布范围较小，主要出露于博罗科努山、哈尔克、巴伦台一带，以博罗科努、库鲁克塔格等地出露最为完整。

博罗科努山奥陶系出露中、上奥陶统。中奥陶统奈楞格勒达坂群为中基性火山岩、火山碎屑岩夹灰岩凸镜体和沉积菱锰矿，下部为绿片岩、砂板岩和碳酸盐岩。在走向上与钙泥质粉砂、含粉砂硅质岩、硅质泥岩互为相变。含腕足类化石 *Rhyhchotrema* sp.。上出露厚 423～768m。上奥陶统呼独克达坂组上部为灰黑色块状灰岩，下部为灰色、灰白色中厚层状灰岩，富含珊瑚、三叶虫、腕足类、头足类及腹足类等，出露厚度为 254～2316m。

哈尔克山出露下奥陶统依南里克组。该地层下部为片麻岩、变粒岩、混合岩等夹少量大理岩，上部为变粒岩、石英岩、片岩与大理岩互层。含微古植物等化石。下未见底，上被伊契克巴什组整合覆盖，出露厚 2221m。巴伦台出露中奥陶统奈楞格勒达坂群，岩性同博罗科努山。

3. 志留系

志留系分布比较广泛，在南北天山及塔里木北缘都有分布，沉积建造类型多样，且厚度变化大。

（1）博罗科努地区

下志留统尼勒克河组下段主要分布于赛里木湖东南彼利克溪一带，向东断续延伸至契尔格洼地以南，果子沟以西也有小块分布，与下伏奈楞格勒达坂群不整合接触。主要为一套酸性、中酸性火山碎屑岩，局部见有中酸性熔岩，其中夹少量硅质岩和砂屑灰岩。岩石组合为灰紫、灰绿色安山质流纹质晶屑凝灰岩、安山质细火山角砾岩、钙质含砾沉凝灰岩、火山集块岩。下部出现钠长斑岩或角闪英安斑岩，底部有灰褐色砾岩；上部有时夹硅质岩或灰岩。厚804.7～931.4m。上段分布于博罗科努山南坡，北西西向延伸，与下段整合接触，为一套碎屑岩夹碳酸盐岩沉积。西部主要岩性为灰、深灰、灰绿色钙质岩屑砂岩、粉砂岩和泥质粉砂岩，下部有时出现钙质砾岩，中上部多出现砂泥质灰岩和硅质岩。厚236～771.6m。东部岩性为灰、灰绿色绢云母泥岩及泥质板岩、变泥质粉砂岩夹浅灰色结晶灰岩及少量安山玢岩、流纹质凝灰岩，产笔石，厚150～3852m。

中志留统基夫克组分布于精河以南尼勒克于赞（河）上游和西南部柯克区古尔沟首东北两地，呈断块产出，与下伏尼勒克河组呈断层接触。为一套海相碳酸盐岩。岩性为灰/灰黑色薄−中层状灰岩夹少量钙质粉砂岩和沉凝灰岩，富含珊瑚化石，厚

93.4～200m。

库菇尔组分布于精河南部奈楞格勒达坂附近、尼勒克于赞上游及其以东的西南库尔等地,与下伏中志留统基夫克组呈断层接触。主要岩性为灰绿色粉砂质泥岩和钙泥质粉砂岩夹火山灰沉凝灰岩和生屑灰岩团块,灰岩中产珊瑚 *Favosites.* sp. 和腕足 *Protochonetes* sp.、*Camarotoechia* sp. 等,厚250～1018.5m。

博罗霍洛山组分布于精河南部依列克达坂、可克库尔达坂和西南库尔等地,与下伏库菇尔组整合接触,为一套杂色碎屑岩。主要岩性为灰紫、灰绿色钙泥质粉砂岩和细粒岩屑砂岩夹含钙粉砂泥岩和粉砂质灰岩。含床板珊瑚 *Mesofavosites* sp.、*Palaeofavosites* sp.、*Zelophyllum* sp. 等,厚62.8～3183.5m。

(2) 哈尔克山

南天山地区哈尔克山分别为下-中志留统伊契克巴什组、上志留统科克铁克达坂组。

伊契克巴什组为一套灰白色,厚层状大理岩、片岩、含生物碎屑岩、灰岩,变质程度深浅不一,含珊瑚、层孔虫、腕足类等化石,分布于新疆南天山西部。

科克铁克达坂组为一套以灰黑色薄层灰岩为主的地层,夹碎屑岩、火山碎屑岩,含较丰富的层孔虫、珊瑚、腕足类等,下与伊契克巴什组整合接触,上和阿达康帕尔组不整合接触,厚307～1655m。

(二) 下古生界

下古生界普遍发育火山岩,但泥盆系、石炭系形成环境目前争议较大。

1. 泥盆系

(1) 博罗科努-依连哈比尔尕地区

中泥盆统汗吉尕组分布于别珍套山北坡、沙尔陶勒盖(即汗吉尕山)、精河县以南和托托河、古尔图河上游等地,为一套海相碎屑岩,与下伏下元古界温泉群和长城系哈尔达坂群不整合接触,分上、中、下三段。下段为灰紫色砾岩夹少量岩屑砂岩,厚117.5～180.4m。中段为灰、灰褐、黄褐色薄-中层岩屑长石砂岩、粉砂岩、钙泥质粉砂岩不均匀互层夹砾岩、生屑灰岩和层孔虫礁灰岩,富含珊瑚 *Keriophyllum* sp.、*Thamnopora* sp. 等,厚176～671.6m。上段为绿灰/褐灰、黄褐色薄-中层钙泥质粉砂岩、岩屑砂岩、含放射虫粉砂岩,含珊瑚和拟鳞木 *Lepidodendropsis* sp. 等,厚299.5～495m。汗吉尕组巴斯坎山隘为灰色砾岩、砂岩等,厚1793.4m;精河地区为海相碎屑岩夹火山岩,厚3095m。

中泥盆统拜辛德组分三段:下段为一套中-酸性火山灰凝灰岩,中段为一套轻变质细碎屑岩和含放射虫泥质硅质岩,上段为碳酸盐岩夹细碎屑岩,厚度分别为890.4m、337.4～2551m 和575.5m。

上泥盆统托斯库尔他乌组分布于别珍套山、沙尔陶勒盖、库松木契克东部以及喀拉他乌等地,与下伏汗吉尕组不整合接触。温泉东南分上、中、下 3 个段:下段为灰、灰绿、灰褐、黄褐等色调的钙泥质粉砂岩、长石岩屑砂岩/砾岩等，含斜方薄皮木 *Leptophloeum rhombicum*，厚 1494～1675m；中段为灰绿、灰褐、灰色粉砂岩、硅泥质粉砂岩和岩屑砂岩等，含亚鳞木 *Sublepidodendron* sp. 和斜方薄皮木，厚 768～1403m；上段为灰绿、灰紫等杂色泥质粉砂岩、含放射虫硅质泥质岩和硅质粉砂岩夹岩屑砂岩和凝灰岩等，厚 50～764m。本段巴斯坎山隘和赛里木湖为一套灰、灰绿、灰紫色碎屑岩夹灰岩和砾岩。巴斯坎山隘产斜方薄皮木和拟鳞木化石，厚度分别为 679.6～1389m 和 2088.4m。精河地区分为上、下两段：下段为灰、褐灰色块状砾岩、砂砾岩、砂岩夹紫红色凝灰质粉砂岩、流纹质细火山角砾岩，含植物 *Sublepidodendron mirabile*、*Lepidosigillaria* sp.，厚 1795m；上段中下部为灰褐色薄－中层粗岩屑砂岩、块状长石砂岩夹灰黑色薄层粉砂岩、砾岩和凝灰岩，含腕足 *Muclvspirlter* sp.、*Chonetes* sp. 等，厚 541.2～932.2m；中上部为灰色长石砂岩、泥质粉砂岩和含放射虫粉砂质泥岩夹泥质硅质岩，厚 3457m。阿拉套山南坡该组下段为一套复理石及浊流相沉积，岩性为含放射虫硅质岩、深灰色泥岩、岩屑砂岩、变质流纹质火山岩、灰绿色中－基性熔岩等，含拟鳞木化石，厚 923～2074.3m；上段为一套灰色砂岩，厚 869m。

（2）南天山地区

南天山泥盆系主要分布于哈尔克山、东阿赖及阔克沙勒岭、额尔宾山一带。

下泥盆统阿尔腾柯斯组分布于哈尔克山，下段为灰绿色粉砂岩夹灰岩及少量硅质岩，其底部夹玄武岩；上段为灰、灰白、深灰色结晶灰岩、瘤状灰岩夹凝灰质砂砾岩。下段含腕足类、苔藓虫、珊瑚等，上段含珊瑚及苔藓虫等化石。下段为浅海碳酸盐岩、火山岩及碎屑岩沉积。与下伏乌帕塔尔坎组为不整合接触，厚 1300～1335m。

下泥盆统阿克塔什组由灰色泥质细－粗砂岩、砾岩夹灰岩和浅褐、灰绿色角砾－晶屑岩屑凝灰岩、钠长斑岩、霏细斑岩及灰色结晶灰岩、大理岩化灰岩、千枚岩等组成，夹铁质细脉或小团块，千枚岩中含大量黄铁矿，含少量腕足类，顶、底多为断层接触，出露厚 1562～4343.9m。在阿克塔什出露较全，沿走向可相互相变，轻变质。

下泥盆统乌帕塔尔坎组为灰黑、灰绿色、紫红色千枚岩、片理化粉砂岩夹少量石英砂岩、石灰岩，含珊瑚、腕足类、三叶虫、等化石，整合于托格买提组之下，未见底，出露于阔克沙尔山南坡，出露厚度 800～3000m。

中泥盆统托格买提组是由灰－灰黑－灰紫色碳酸盐岩为主的石灰岩、结晶灰岩、大理岩、硅质泥岩。上段上部产珊瑚、腕足类化石，下部产珊瑚，出露于阔克沙尔山南坡，厚 350～1868m。

上泥盆统坦盖塔尔组为灰－灰黑色灰岩，鲕状生物灰岩，泥灰岩夹钙质粉砂岩、砂砾岩，富含石膏层，含腕足类、珊瑚等，厚 700～900m。

额尔宾山一带，上志留统－下泥盆统阿尔皮麦布拉克组为一套浅海陆棚相碳酸盐岩夹碎屑岩沉积。中泥盆统下部阿拉塔格组为碎屑岩夹碳酸盐岩组合，上部萨阿尔明组为碳酸盐岩。上泥盆统哈孜尔布拉克组为中酸性火山岩、碳酸盐岩、碎屑岩组合。

2. 石炭系

石炭系是西天山地区分布最为广泛的地层，在不同构造环境，形成完全不同的建造类型，岩相建造及厚度变化都非常大。总体来看，北天山地区以活动型火山岩组合为主，南天山以稳定型碎屑岩–碳酸盐岩沉积为主。

（1）博罗科努–依连哈比尔尕–阿吾拉勒地区及伊犁盆地

下石炭统分为大哈拉军山组和阿克沙克组；上石炭统划分为艾肯达坂组、也列莫顿组、东图津河组、伊什基里克组，为陆缘海相碎屑岩、火山碎屑岩、碳酸盐岩沉积。其中，大哈拉军山组是西天山磁铁矿、金矿的主要赋矿地层，阿克沙克组是铁锰矿的主要赋矿地层，伊什基里克组是赤铁矿的主要赋矿地层，艾肯达坂组是磁铁矿的重要赋矿地层。此外，在依连哈比尔尕山下石炭统称安集海组，上石炭统为沙大王组和巴音沟组，主要为一套蛇绿岩组合和复理石建造。

下石炭统大哈拉军山组主要为灰紫色、紫红色、灰绿色安山玢岩、流纹斑岩、霏细斑岩、英安斑岩及少量玄武玢岩及同质火山碎屑岩，夹少量砂岩、砾岩、凝灰质砂岩、灰岩、生物灰岩，含珊瑚、腕足类、蜓类等化石。与上覆阿克沙克组、下伏阿克牙子组、呼独克达坂组、库什台群均为不整合接触，厚 1041～3771.2m，广泛分布于博罗科努山、伊什基里克山、阿吾拉勒、伊犁盆地及那拉提山北坡。

下石炭统阿克沙克组以浅海相碳酸盐岩为主，夹陆源碎屑岩，由深灰色–灰色生物碎屑灰岩、鲕状灰岩、结晶灰岩、砂质灰岩、泥灰岩、砂质页岩、钙质页岩、钙质砂岩、粉砂岩、砾岩、凝灰质砂岩、砾岩、沉凝灰岩组成，含腕足类、珊瑚、蜓类、腹足类、三叶虫、苔藓虫等化石，上与伊什基里组、下与大哈拉军山组均为不整合接触，厚 300～9338m，广泛分布于伊什基里克山及巴伦台地区。

中上石炭统艾肯达坂组分布在喀什河断裂以南与那拉提断裂以北的区域内，呈东西向展布，全长约 55km，宽度 5～10km。地层总体走向为北西向，出露厚度 2203.5～2281.01m。与下伏地层下石炭统大哈拉军山组、上覆中二叠统铁木里克组均为断层接触。分为上、下两个岩性段。第 1 岩性段以火山熔岩为主，主要为中性的安山岩、辉石安山岩、角闪安山岩、基性安山玄武岩、细碧岩、玄武岩等，火山碎屑岩主要为安山质凝灰岩等，还有潜火山岩相辉绿岩、辉石安山玢岩、角闪安山玢岩等，火山熔岩中黄铁矿化比较普遍，厚度超过 1050.42m。第 2 岩性段以火山碎屑岩为主，主要为火山角砾岩、安山质凝灰岩、霏细岩（蚀变火山灰凝灰岩）等，夹透镜状铁质砂质砂屑泥晶灰岩、生物碎屑石灰岩、微晶白云岩等，在中部厚层泥晶生物碎屑灰岩中含海百合茎、轮状园园茎、单轴目海绵骨针、四轴目海绵骨针、六轴目海绵骨针等化石，厚度超过 1153.08m。

上石炭统伊什基里克组为一套海相喷发岩，主要岩性为灰绿–紫红色流纹斑岩、霏细斑岩、钠长斑岩、安山玢岩、玄武玢岩、英安斑岩及其同质火山灰碎屑岩、凝灰质碎屑岩，未见上覆地层，与下伏阿克沙克组不整合或整合接触，出露厚 326～9536m，广泛分布于阿吾拉勒、伊什基里克山。

（2）南天山地区

在南天山哈尔克山地区，下石炭统分为干草湖组、野云沟组，上石炭统分为卡拉苏组、阿依里河组、康克林组，皆为一套碎屑岩–碳酸盐岩沉积。在迈丹他乌、阔克莎勒岭地区，下石炭统称为巴什索贡组，岩性为灰岩、沥青灰岩、硅化灰岩，底部为砂岩、砾岩；上石炭统分为别根他乌组、阿衣里河组、喀拉治尔加群、康克林组，主要为碎屑岩及碳酸盐岩沉积，其中甘草湖组、野云沟组较为普遍。

甘草湖组岩性为砂岩、粗砂岩、砂砾岩偶夹火山碎屑岩，含腕足类、腹足类及珊瑚、菊石等化石，为滨海-浅海相沉积，上与野云沟组整合接触，下与泥盆系或元古宙片麻状花岗岩不整合接触，厚200~1100m。

野云沟组为灰岩、生物灰岩，偶夹少量碎屑岩，含珊瑚、腕足类、䗴类及海百合茎等化石，为滨海-浅海相沉积，上被克尔琴布拉克组整合覆盖，下与甘草湖组整合接触或超覆不整合于更老地层之上，厚293~1350m。

3. 二叠系

二叠纪总体是处于继承性稳定的抬升阶段，位于准噶尔、塔里木地区的准噶尔海、南天山海和塔里木海全面退却，形成无海域的统一大陆。早二叠世塔里木地区仍处在全面抬升阶段，塔里木海、南天山海向西退缩至轮台-柯坪-塔中-民丰一带，与南天山残留海相通，属大陆斜坡-半深海环境，具塌积和浊流沉积特征。晚二叠世塔里木海、南天山海全面向西退出塔里木地区，使其成为统一的陆地。

二叠纪天山进入板内活动初期，不同地区沉积特征差异较大。在西天山伊犁盆地及依连哈比尔尕山，二叠系主要为不整合于石炭系之上的磨拉石建造。下二叠统乌郎组下部为灰紫色中酸性凝灰熔岩、安山岩、安山玢岩夹玄武岩、流纹岩、霏细斑岩及火山角砾岩、凝灰砂岩、砂砾岩；上部为安山岩、玄武安山玢岩、流纹斑岩、石英霏细斑岩不均匀互层夹砂岩、凝灰砂岩、火山角砾岩。含植物化石，为一套陆相裂隙喷发岩，厚3455m。上二叠统下中部为晓山萨依组下部岩性为紫红色砾岩、砂砾岩、粗砂岩、长石砂岩等，上部为灰黄、灰色长石碎屑砂岩、粉砂岩、泥灰岩等，含植物、昆虫、叶肢介及孢粉等，为河流相碎屑沉积，厚2626m。哈米斯特组下部主要由层凝灰岩、火山角砾岩、集块岩组成；上部为橄榄玄武玢岩夹砂岩、泥灰岩、黑曜岩、流纹质凝灰岩；含双壳类、鱼类等化石，厚305~536m。上二叠统上部铁木里克组为一套紫色、紫红色、灰紫色碎屑岩，主要岩性为砂岩、岩屑砂岩、砾岩、细砂岩、粉砂岩，在下段下部含双壳类化石，为一套山麓河流相沉积，厚度700~3748m。

南天山二叠系分布很局限。哈尔克山及阔克沙勒岭地区，下二叠统下部为小提坎里克组，为一套陆相安山岩、安山质凝灰岩夹英安质晶屑凝灰岩；下二叠统上部为库尔干组，岩性为红色砂质泥岩、粉砂岩、细砂岩夹砂岩和炭质页岩。

三、中生界、新生界

中生界、新生界分布于各大山前盆地中，其中，侏罗系为陆相碎屑含煤建造，是西天山主要的含煤地层，新生界为冲坡积砾石和砂土。

（一）中生界

中生界以陆相沉积为主。

1. 三叠系

三叠纪具有早二叠世的继承性。二叠纪塔里木地区全面隆起为陆，与准噶尔连为一体，局部地段曾有短暂的海水侵退，海陆交替变迁，使大部盆地急剧沉降，范围增大，新生盆地增多。

下三叠统仓房沟群为一套紫红色夹灰绿色砾岩、砂岩、粉砂岩和泥岩，含植物、介形类、双桥类叶肢介及脊椎动物等化石，下与芨芨槽子群整合或不整合接触，上与小泉沟群整合过渡。自下而上包括泉子街组、梧桐沟组、锅底坑组、韭菜园组、烧房沟组，厚 859～1272m，主要分布于伊宁凹陷中。

上三叠统小泉沟群以浅灰黄、黄色、灰绿色粉砂岩、砂岩夹薄层砂砾岩为主，含 1～3 层炭质泥岩及薄煤线，下部以褐红、暗红色泥岩及粉砂岩夹黄绿色砂岩及砂砾岩层。该地层含菱铁质较多，主要在北部山前一带出露，属山麓相-河流相-湖泊相沉积，含芦木化石、叶肢介化石。地层厚度 650～780m，与下伏地层呈不整合接触，主要分布于伊宁凹陷中。

另外，塔里木盆地北缘地区也可见三叠系，由下往上划分为：下三叠统俄堆霍布拉克组、中三叠统克拉玛依组、上三叠统黄山街组、塔里奇克组，主要以河湖相碎屑岩为主，上部发育湖沼相细碎屑岩沉积。

2. 侏罗系

伴随侏罗纪早期的印支运动，使藏滇、扬子板块向北漂移，与塔里木板块碰合，使陆区进入了一个新的地质历史时期。

侏罗系分布范围较三叠系明显扩大。中-下侏罗统水西沟群平行不整合于小泉沟群之上，整合于头屯河组之下，为一套含煤岩系，包括下部八道湾组，中部三工河组，上部西山窑组，广布于伊犁盆地及山前。其中，西山窑组是区内主要的含煤层。艾维尔沟群代表一套不含煤的杂色碎屑岩系，自上而下包括 3 个组：喀拉扎组、齐古组、头屯河组。含植物、介形类等化石，整合或局部不整合于水溪沟群之上，厚 230～800m。

3. 白垩系

白垩纪早期燕山构造运动（火焰山运动），使全区总体处于继续上升状态。

南、北天山及伊犁盆地都为陆相沉积。北天山及伊犁盆地上白垩统东沟组以灰棕、灰红、砖红色砾岩为主，间夹红褐色砂质泥岩、砂岩、粉砂岩等。南天山下白垩统为喀普斯浪群，由河湖相及山麓相碎屑岩组成；上白垩统恰克马克其组主要是山麓相及河流相粗碎屑沉积。

（二）新生界

1. 古近系–新近系

西天山古近系–新近系发育齐全，主要分布于盆地及山前地区，为陆相碎屑沉积，中新统以后为磨拉石沉积。

2. 第四系

第四系广泛分布于西天山各盆地、河流两岸及山前地带等，沉积类型复杂，有冲洪积、残坡积、风积、湖积、化学沉积、冰积等各种成因类型。

第三节 区域构造

一、断裂

新疆天山断裂构造非常发育，按构造性质可分为逆冲及推覆断裂、走滑断裂、韧性剪切断裂等，但主要的断裂构造自古生代至中、新生代，具有长期演化、多期活动特点，在不同时期其构造性质变化比较大。

区内主要的断裂构造有尼勒克断裂、那拉提断裂、伊什基里克断裂、博罗科努断裂等，并发育了大量的褶皱和断层（李永军等，2010）。另外，长期的火山作用，形成了多个复杂的火山环形构造，控制了晚古生代火山作用和海相火山岩型铁矿的形成。

1. 艾比湖–阿其克库都克断裂带

艾比湖–阿其克库都克断裂带，即黄汲清先生所称的"天山主干断裂"，由艾比湖经依连哈比尔尕主脊北侧、胜利达坂、可可乃克与东天山阿其克库都克断裂相连。该断裂为准噶尔微型板块与伊犁–伊赛克湖微型板块的缝合线，在其西部博罗科努山分布有大规模的碰撞花岗岩链，哈希勒根达坂及库米什沟–干沟发育有镁铁岩–超镁铁岩。沿断裂带糜棱岩化发育，冰达坂一带韧性剪切带被确定有两期变形，首先是由南向北斜冲推覆剪切，而后形成水平右行走滑剪切（王润三等，1992）。尾亚一带韧剪带第一期为推覆与褶皱变形，第二期为走滑韧剪变形，第三期为脆性变性（马瑞士等，1997）。该断裂带变形达下部构造层次，并伴随深源物质沿断裂侵位，沿断裂带南侧断续出露前寒武纪变质岩系，布格重力异常图上表现为正负异常的分界线。该构造带在新构造运动阶段仍有活动，沿断裂发育有温泉、地震等。

2. 那拉提–乌瓦门–卡瓦布拉克断裂带

该断裂带由中天山南缘一系列大断裂组成，西与吉尔吉斯斯坦阿特巴什大断裂相连，在中国天山自西向东分别称为图拉苏–那拉提断裂、乌瓦门–卡瓦布拉克断裂、红柳河-白湖（甘肃）断裂。沿断裂带岩石变质程度深、变形期次多，韧性剪切带及线性构造发育，蛇绿岩、蓝片岩、构造混杂岩断续分布，是天山规模最为宏大的一条断裂带。许多专家认为，该断裂带即为塔里木坂块与哈萨克斯坦坂块的缝合带。该断裂带在古生代时以推覆韧剪作用为主，中生代时期演化为走滑性质。在天山西段那拉提山，断裂北侧出露元古宇及志留系变质岩系，南侧出露志留系碎屑岩-碳酸盐岩，北部显示为狭窄的强构造变形带，伴随条带状分布的碰撞型花岗岩，发育蛇绿岩及蓝闪石片岩带，沿断裂发育大规模的长阿吾子韧性剪切带，为左行平移走滑性质。在东天山红柳河-星星峡一带，也发育有元古代中高级变质岩，镁铁岩-超镁铁岩以构造岩块形式混杂在片岩、片麻岩中，发现有以红柱石-夕线石为代表的低压高温变质带（王赐银等，1994）。通过对乌瓦门-桑树园子一带该断裂带的研究认为（马瑞士，1997），该区经历了三期与碰撞造山推覆有关的韧性剪切事件，第一期与板块俯冲和碰撞作用有关，为从南向北的推覆剪切，第二期为造山期后的左旋走滑韧剪，第三期为造山期后从北向南滑脱伸展韧性变形。

3. 库尔勒断裂带

该断裂为塔里木地块与天山造山带的分界断裂，沿天山南麓呈北东东向延伸，西与乌恰断裂带相连，东经库尔勒延入库鲁克塔格，为一条总体向北倾的弧形断裂带，由北向南逆冲推覆。该断裂可能形成于晚元古代，并在古生代-中新代多次活动，沿走向它切割了侏罗系、白垩系及古近系-新近系。布格重力异常显示，断裂带为正负异常分界，梯度较大。航磁异常则表现为宽 20～30km 的断续异常带。

4. 巩乃斯断裂

该断裂位于阿吾拉勒山南麓山前地带，为伊宁-巩乃斯断陷盆地北缘的控制断裂，呈断续或斜列状展布，全长约 65km。总体走向近东西向，倾向北，倾角 75°，具逆冲性质。据铁木里克萨依附近钻井资料证实，泥盆系逆冲于晚更新世冲积砂砾石层之上（罗福忠等，2003）。现今该断裂仍在活动，形成断层陡崖。

在吐尔拱东山前的高阶地上可见长约 1km 由黄土构成的反向断层陡坎，陡坎高 2m，坡角 5°～8°，沿断层陡坎形成 10～20m 宽的沟槽，反映出断裂在晚更新世时期有过显著活动。

5. 尼勒克断裂

该断裂为岩石圈断裂，具压扭性，在该断裂的尼勒克附近，1812 年曾发生过 8 级地震（黄河源，1992；冯先岳，1990）。位于该断裂两侧台站 RLS 与 QRM 之间，壳幔界面存在着 6km 左右的跃变（李昱等，2007），两台站之间的断裂可能切穿了中上地壳。因此，该断裂为分割不同地质构造单元的区域性深大断裂（张玄杰等，2011）。

断裂北侧以志留系为主，分布有大面积的海西中、晚期花岗岩，如哈希勒根达坂附近黑云母花岗岩年龄为（286±0.8）Ma（夏林圻等，2007）。断裂南侧以上古生界石炭系为主，零星分布有海西晚期花岗岩、花岗闪长岩。

6. 伊什基里克断裂

断裂位于伊宁-巩乃斯断陷的南缘，构成伊什基里克山与伊宁盆地的南部界线，向西延伸出国境。总体走向近东西向，长约240km，倾向南，倾角50°~75°，具逆断层性质，由多条次级断层平行或斜列组成。该断裂是伊什基里克山铁、铜、金等矿床的控矿断裂。

7. 伊犁盆地北缘断裂

伊犁盆地北侧 NWW 断裂系，是一系列平行于科古琴山-博罗科努主构造线方向的断层，先期曾是张性阶梯状正断层，后主体变为自东北向南西的高角度叠瓦逆冲断层，具有反转构造特点，且现今具右行平移性质。

二、褶皱

李永军等（2008）将天山晚古生代构造活动划分为6期：伊犁运动、鄯善运动、特克斯运动、因卡尼运动、新源运动、尼勒克运动。伊犁运动发生在早石炭世末，结束了原来的岛弧环境（张良臣等，1985；成守德等，1986，1998；新疆维吾尔自治区地质矿产局，1993；李注苍等，2006；刘静等，2006；赵长缨等，2006；朱永峰等，2006），使阿克沙克组残余海不整合沉积于大哈拉军山组之上（新疆维吾尔自治区地质矿产局，1993，1999；高永利等，2006；朱永峰等，2006）。鄯善运动是天山晚古生代的主运动，发生于晚石炭世早期，造成伊连哈比尔尕小洋盆最终封闭而使塔里木板块与准噶尔板块碰撞缝合（张良臣等，1985；成守德等，1986，1998；李注苍等，2006；新疆维吾尔自治区地质矿产局，1993），从而形成阿拉套晚古生代陆缘盆地（成守德等，1998；新疆维吾尔自治区地质矿产局，1993）和阿吾拉勒-伊什基里克晚石炭世裂谷带（张良臣等，1985；新疆维吾尔自治区地质矿产局，1993；刘训，2005）。特克斯运动发生在晚石炭中期，使东图津河组残余海盆结束，形成山间、山前磨拉石堆积。因卡尼运动发生于晚石炭世末期，使新疆北部洋盆全部关闭，海退成陆，新疆北部进入陆内发展阶段（陈哲夫等，1991；黄河源等，1993），并于早-中二叠世形成阿吾拉勒-伊什基里克陆壳火山裂谷。早-中二叠世末的新源运动，则使大陆裂谷发展结束，进入以正断裂为主的断陷盆地（伸展构造）发展阶段（李锦轶等，2006a）。晚二叠世末期发生尼勒克运动，宣告华力西期结束（张良臣等，1985；尹赞勋，1978；曾亚参等，1983；黄河源等，1986，1993；陈正乐等，2006），进入中生代发展时期。

晚古生代构造运动与后期的新构造运动一起，对西天山地质地貌产生了巨大的影响，形成了众多宽缓的背斜、向斜和简单的单斜，如博罗科怒复背斜、哈尔克塔乌复背斜、巩乃斯复向斜、依连哈比尔尕复向斜、阿拉套复背斜、伊什基里克背斜、阿吾拉勒背斜、龙口向斜、智博单斜、敦德单斜构造等，并导致了一系列强烈褶皱的产生，如顶厚褶皱、平卧褶皱、不协调褶皱和层间强烈揉皱等。众多的矿床就位于这些褶皱中。

三、环形构造

环形构造，又称圆形构造，是地球和其他星球表面普遍存在的一种构造形式。在地壳中它以近圆形的构造环带为特征，通常在卫星影像上有明显表现。其成因具有多样性，它可能是地壳深部强烈的热动力冲压、旋扭作用的产物（具有明显的圆形、环形、弧形边界），如火山作用，也可能是地质历史早期陨石撞击的遗迹，还可能是侵入岩体的露头或隐伏边界。

西天山的环形构造主要是由火山活动造成的，在博罗科努、伊什基里克、阿吾拉勒、那拉提山均有分布。西天山是火山活动多发的地区，地质历史时期多次发生大规模的火山作用，尤其是晚古生代，形成了众多的破火山口。尽管破火山口在后续的火山活动中或以后的沉积作用下可能部分或全部被破坏和掩埋，但破火山口周围由于隆起而形成的环状断裂可以保存下来，并可从破火山构造边缘向外延伸几百米，记录了真实的火山活动历史。这些环状断裂，可以通过现代物探技术（如遥感影像、航空磁测）真实地反映出来，并得到了野外实地考察的验证，如西天山阿希金矿。

西天山阿希金矿地面高精度磁测结果显示，矿区存在一系列低值弱负磁异常区。异常区面积较小，（<1km^2），异常值为0~20nT。将这些弱负异常区正异常值用曲线连接起来，构成一个明显的环形构造（图2-2）。野外调研证明，该环形构造实际为一个环状的破火山口。

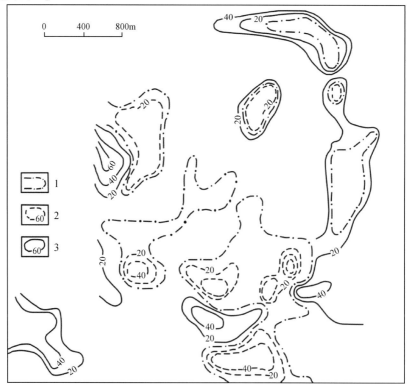

图 2-2 西天山阿希金矿高精度磁测异常（单位：nT）（沙德铭等，1999）

1-零值线；2-负值线；3-正值线

该破火山口近等轴状，周边以环状断裂为界，南北长 2.6km，东西宽 2.4km，面积约 6km²，地貌整体为一负地形态，四面高、中心低，呈漏斗状（沙德铭等，1999）。破火山口主体被潜火山岩相石英–角闪安山玢岩充填（图 2-3）。石英–角闪安山玢岩沿火山通道上升充填，并改造和破坏了火山颈，致使火山颈中英安质熔岩以角砾状集块熔岩残留体的形式存在，岩石流纹构造发育，流面近似直立。溢流相火山岩成层状产出于火山口附近，岩性为凝灰质角砾岩、角砾状熔岩、含火山弹角砾熔岩和粗碎屑岩。该破火山口的发展经历了两个阶段：早期为穹隆状火山形成阶段，形成以层状火山岩沿火山口中心展布的穹隆状火山锥；晚期为破火山口形成阶段，由于坍塌作用使火山口沿一定位置下陷，造成层状岩系对倾，潜火山岩相岩石上升充填就位，使破火山口构造清晰。

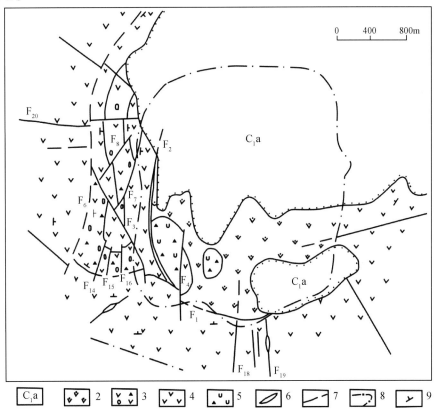

图 2-3　阿希金矿破火山口构造（沙德铭等，1999）

1-下石炭统阿恰勒河组沉积岩；2~5-下石炭统大哈拉军山组火山岩；2-安山玢岩；3-安山质含火山弹角砾岩；4-安山岩；5-安山质角砾状熔岩；6-含金石英脉；7-断裂；8-地磁正异常区界限；9-火山岩产状

第四节　岩　浆　岩

一、火山岩

区域上火山活动较频繁，喷发时代主要为海西期（泥盆纪、石炭纪、二叠纪），少量为加里东期（奥陶纪、志留纪）和前寒武纪。其中尤以石炭纪火山活动最为强烈，相应火山岩也最发育。喷发环境有海相，也有陆相。火山岩类型从基性、中性、酸性熔岩到火山碎屑岩均有；中心式和裂隙式喷发类型都有，爆发相和爆发沉积相、喷溢相和溢流相一应俱全。

（一）前寒武纪火山岩

西天山前寒武纪火山岩主要分布于库鲁克塔格、博罗科努山一带。库鲁克塔格前寒武纪火山岩有两期：一期为早元古代兴地塔格运动期，分布于大平台西北的两岔口和白戈坝以北地段，主要岩性为粗面岩、霏细斑岩、英安斑岩、英安岩、安山质英安岩、英安质晶屑凝灰岩等，以喷溢相为主，火山岩分布呈分散状，喷发类型为海相中心式喷发；另一期为早震旦世贝义西期，分布于大平台以西的小南洼以北和龟背山一带，岩性以酸性熔岩及酸性凝灰岩为主，夹细碧岩，岩石组合为灰紫色杏仁状玄武岩、灰黑色杏仁状细碧岩、深灰色霏细岩、暗紫红色流纹斑岩、淡灰绿色流纹质晶屑玻屑凝灰岩和流纹质含火山角砾弱熔结凝灰岩等，火山活动强度较大，具有酸性–基性–酸性的喷发过程，属海陆交互相的裂隙–中心式喷发。博罗科努山前寒武纪火山岩活动期为中元古代长城纪，分布于别珍套山沃托格赛尔河上游以北，火山活动微弱，地层中仅夹数层爆发–喷溢相火山碎屑岩和熔岩，呈透镜状零星分布，主要为浅褐灰色岩屑晶屑凝灰岩和英安斑岩。

（二）早古生代火山岩

早古生代火山岩主要分布于博罗科努山、哈尔克山–那拉提山一带。

博罗科努山早古生代火山岩可分为两期。早期形成中奥陶世奈楞格勒达坂群，主要分布于赛里木湖东南彼利克溪和科克萨依上游，精河以南给里次克达坂断裂以南也有少量分布。火山岩分布局限，近 EW 向延伸。赛里木湖东南、东部仅见爆发相火山灰凝灰岩，西部火山岩增多，岩性为紫灰色钙质凝灰质岩屑砂岩、灰紫色流纹岩、灰绿色安山玢岩等。精河以南火山活动具双模式火山岩套特征，岩性为暗紫色杏仁状玄武岩、暗绿色杏仁状玄武玢岩、暗紫色玄武质岩屑火山角砾岩和灰色霏细斑岩等，向东相变为火山碎屑岩和灰岩，属海相裂隙式喷发。晚期形成早志留世尼勒克河组，主要分布于伊犁盆地北缘大断裂以北，呈 NWW 向带状展布，底部为爆发相酸性凝灰岩、溢流相角闪英安斑岩，中部为中性细火山角砾岩、沉凝灰岩夹正常碎屑岩，顶部为酸性凝灰岩。阿希大沟以东为灰褐色钠长斑岩、灰绿色流纹质凝灰岩、紫褐色石英安山岩、集块岩、酸性细火山角砾岩、安山质晶屑火山灰凝灰岩等。

哈尔克山–那拉提山早古生代火山岩主要形成于晚志留世，为一套中基性火山岩（马中平等，2006；朱志新等，2006），构成巴音布鲁克组上段的主体。岩性主要为安山岩、安山玢岩、粗安岩、流纹岩及中基性火山碎屑岩，夹少量玄武岩，铷–锶同位素年龄为（408.1±11.7）Ma（刘运际等，2002）。火山岩的（Sr^{87}/Sr^{86}）$_i$ 值为 0.705 69±

0.000 12，来源于下地壳或上地幔。该套火山岩形成了乔霍特铜矿等众多火山岩型矿床（点）。

（三）晚古生代火山岩

晚古生代火山岩广泛分布于西天山地区，是该地区最主要的火山岩。泥盆纪、石炭纪、二叠纪均有火山活动。

泥盆纪火山岩主要分布于博罗科努山和哈尔克山一带。博罗科努泥盆纪火山岩主要分布于别珍套山西段、精河以南、阿拉套山南坡、温泉东南等地，形成时代为中、晚泥盆世。中泥盆世主要为一套中基性火山岩，岩性为杏仁状安山岩、玻屑熔结凝灰岩、玻屑凝灰岩、玄武岩、流纹质晶屑火山灰凝灰岩、玄武质岩屑凝灰岩等，呈透镜状或夹层分布于地层中，喷发类型属海底裂隙式–中心式喷发。晚泥盆世为中酸性火山岩，岩性主要为流纹质火山灰凝灰岩、沉凝灰岩，呈透镜状或夹层零星分布于碳酸盐岩中，火山活动较弱。哈尔克山零星分布，出露面积很小，主要为玄武岩–安山岩–流纹岩组合。

石炭纪火山岩最为广泛，广泛分布于西天山各大山系及伊犁盆地中（王博等，2006；夏林圻等，2008）。早石炭世火山岩以中性岩类（安山岩、粗面岩、粗面安山岩、英安岩及其相应火山碎屑岩）为主，基性（玄武岩、玄武质安山岩及火山碎屑岩）、酸性岩类（流纹岩、霏细岩及火山碎屑岩）较少，为海相裂隙–中心喷发，活动最为强烈。早石炭世是西天山磁铁、锰、金的主要最主要成矿期，强烈的火山活动形成了众多的金属矿床。晚石炭世火山活动也较为强烈，但规模较早石炭世要小。岩性以中酸性火山岩（流纹岩、安山岩、英安岩及火山碎屑岩）为主，少数地区以基性火山岩为主（莫托萨拉–古尔图河地区沙大王组）。喷发类型为浅海相裂隙式喷发为主，中心式喷发为辅。该时期是西天山赤铁矿的主要形成时期。

二叠纪火山岩主要分布于阿吾拉勒、伊什基里克山、阿拉套山–别珍套山和伊犁盆地等地。早二叠世火山岩为酸性熔岩、英安岩夹安山岩等，为陆相裂隙式喷发，活动较为强烈，该时期是西天山火山岩型铜银矿的主要活动时期，乌郎组火山岩成为最主要的赋矿岩石。晚二叠世火山活动明显减弱，规模远小于乌郎组，集中分布于伊犁盆地中，为一套中酸性火山岩，火山岩底部为凝灰岩、下部为流纹岩、中部为拉斑玄武岩、上部为安山质沉凝灰岩、安山质集块岩等，属陆相中心式喷发。

二、侵入岩

西天山侵入岩较为发育，从岩基、岩株到岩墙均有出露，呈近 EW 向、NW - SE 向带状分布，以中酸性岩体最为发育，侵入时代主要为加里东晚期和海西期。另外，元古代侵入岩也有分布。南北天山以石炭纪–二叠纪侵入岩为主，中天山出现较多的泥盆纪、早古生代侵入岩，同时也有石炭纪侵入岩存在。

（一）前寒武纪侵入岩

元古代主要分布在赛里木湖西北部，出露在博尔塔拉河南侧，巴斯坦山隘幅、温泉幅、赛里木湖幅均有发育，呈东西向条带状延伸，长达 90km，宽 2～10km。共由 8 个岩体组成，其中 7 个为浅肉红色片麻状二长花岗岩，1 个为深灰绿色辉长岩。另外，在拜城西北的木札尔特一带，分布有一套钾长花岗岩体，岩体年龄为 648Ma（中国科学院科学考察队，1998）。

（二）早古生代侵入岩

早古生代侵入岩以岩株状基性–超基性岩、中酸性岩为主，分布在昭苏、特克斯县、温泉县南部。基性–超基性岩以辉长岩、辉绿岩、橄榄岩为主，成岩年龄 434Ma（张作衡等，2007），酸性岩以花岗闪长岩、花岗岩、闪长岩为主，成岩年龄为 436Ma（韩宝福等，2004）。

中酸性侵入岩主要分布于那拉提山及哈都虎拉山南缘一带。那拉提山早古生代中酸性侵入岩主要分布在中西部，侵位于晚志留世及前寒武纪地层中。该地区早古生代可能存在两种侵入岩，一种是与板块俯冲有关的钙碱性花岗岩（杨天南等，2006；龙灵利等，2007），另一种是与同碰撞有关的偏铝和过铝的花岗岩（朱志新等，2006），还有后造山的富钾花岗岩（韩宝福等，2004）。其中，巴音布鲁克以东戈伦塔古什片麻状花岗岩锆石 U-Pb 年龄（421±11）Ma，呈东西向延伸，被后期紫红色细粒花岗岩侵入，为后造山花岗。拉尔墩达坂钾长花岗岩锆石 U-Pb 年龄（457±27）Ma，岩体呈北西西向长条状，出露长约 4km，宽度为 200～400m，岩性为钾长花岗岩（韩宝福等，2004）。新源林场志留纪侵入岩位于新源林场以东恰可布河南侧，岩性为二长花岗岩，呈岩株状产出，与晚古生代地层为断层接触，二长花岗岩体锆石 U-Pb 同位素年龄 428Ma（朱志新等，2006），为同碰撞花岗岩。昭苏南部的那拉提山比开花岗岩体，侵入于那拉提山西段南部古元古代变质岩系中，岩性主要为花岗岩和花岗闪长岩，锆石 U-Pb 年龄 479～401Ma，为与板块俯冲有关的花岗岩（龙灵利等，2007）。

库尔勒西部乌陆沟早古生代侵入岩岩性主要为片麻状花岗岩、片麻状二云花岗岩、片麻状黑云花岗岩等，岩体锆石 U-Pb 年龄为 490Ma（韩宝福等，2004）。库尔勒北部哈都虎拉山早古生代侵入岩岩性主要为中粒黑云母花岗岩，锆石同位素年龄为 435Ma（Hopson，et al.，1989）。这些中酸性侵入岩主要为富铝和富钾的花岗岩，与同碰撞和后造山有关。

另外，菁布拉克镁铁质–超镁铁质岩带由多个大小不等的侵入体组成，分布在那拉提山脊断裂，典型的层状侵入体分布于大断裂或次级断裂附近，由闪长岩、辉长岩、橄榄辉长岩、橄榄岩等岩相组成。辉石闪长岩锆石 SHRIMP U-Pb 年龄为（434.4±6.2）Ma，其形成与南天山洋向北与中天山板块的俯冲作用有关（张作衡等，2007）。

可以看出，西天山早古生代不仅存在大洋岩石圈板块的俯冲作用（杨天南等，

2006；朱永峰等，2006；高俊等，2006，2009；李锦铁等，2006），还可能存在小陆块的碰撞或大陆边缘的增生作用，伊犁地块南北缘和塔里木北缘可能在早古生代存在增生作用（朱志新等，2011）。

（三）晚古生代侵入岩

西天山晚古生代侵入岩发育，在各个山系中均有分布。

1. 泥盆纪侵入岩

泥盆纪花岗岩具有带状分布的特征（朱志新等，2011）。泥盆纪侵入岩主要分布于博罗科努山、依连哈比尔尕山、那拉提山和塔里木北缘，主要为一套与俯冲有关的钙碱性花岗岩，与同期的火山岩组成晚古生代早期活动陆缘岩浆岩带。

博罗科努、依连哈比尔尕山泥盆纪侵入岩主要位于西段别珍套山和博罗科努山一带。别珍套山泥盆纪侵入岩岩性以二长花岗岩、花岗闪长岩为主，侵入长城系特克斯岩群，铷-锶同位素年龄（386±5）Ma（新疆地矿局第二区域地质调查大队，2005）。博罗科努山呼斯特岩体侵入上志留统库茹尔组（S_3k），岩体岩性主要为二长花岗岩、花岗闪长岩和石英闪长岩，花岗闪长岩铷-锶同位素年龄为（350±4）Ma（新疆地矿局第七地质大队，2005年）。达瓦布拉克二长花岗岩体，岩性由二长花岗岩、花岗闪长岩组成，其中哈勒尕提段岩体侵位于上奥陶统呼独克达坂组，锆石 U-Pb 年龄为（367.3±2.2）Ma（高景刚等，2014），岩体锆石 U-Pb 年龄为（357.9±1.3）Ma（姜寒冰等，2014）。莱历斯高尔段岩体侵位于志留系上统博罗霍洛山组中，锆石 U-Pb 年龄为 350～346Ma（薛春纪等，2011）。

那拉提山泥盆纪侵入岩在东部主要发育于新源确鹿特达坂一带，西部主要分布于特克斯县泊仑干布拉克、昭苏县结特木萨依一带（朱志新等，2011）。其中，确鹿特达坂泥盆纪侵入岩主要分布于那拉提山主脊，侵入晚志留世、前寒武纪地层中，出露面积约 1000km²，岩体呈岩基状产出，岩性主要由闪长岩、石英闪长岩、花岗闪长岩、英云闪长岩、二长花岗岩、花岗岩及花岗斑岩组成，以二长花岗岩为主，闪长岩和花岗岩同位素年龄分别为 370Ma 和 366Ma（朱志新等，2006）。

塔里木北缘泥盆纪侵入岩分布于库车北色日牙克依拉克一带，侵位于前寒武纪地层中，呈岩基、岩枝状产出，岩性为闪长岩、花岗闪长岩、二长花岗岩形成时代为（387±8）Ma（朱志新等，2008）。

2. 石炭纪侵入岩

西天山石炭纪的侵入岩主要以偏铝和富铝的同碰撞花岗岩为主，尤以晚石炭世富铝的花岗岩发育（薛云兴等，2009）。

博罗科努、依连哈比尔尕山石炭纪侵入岩主要沿依连哈比尔尕山呈岩基带状分布，岩性主要为闪长岩，其次为石英闪长岩、花岗闪长岩、二长花岗岩和花岗岩等，从早至晚有从中性向酸性演化趋势。在岩体与围岩接触带附近，围岩普遍角岩化。岩体年

37

龄为308～283Ma（朱志新等，2006；韩宝福等，1998），为晚石炭世。

阿吾拉勒山石炭纪侵入岩主要分布于中东部地区（朱志新等，2011），岩石以辉长岩、闪长岩、斜长花岗岩、花岗闪长岩为主，主要以岩株形式侵入于上石炭统依什基里克组和下石炭统大哈拉军山组中，形成时代为331～313Ma（新疆地矿局第七地质大队，2005）。另外，笔者在查岗诺尔、备战、敦德铁矿区测得中酸性岩体锆石U-Pb年龄分别为326Ma、299Ma、301Ma，Zhang等（2012）测得智博矿区中酸性岩体年龄为320.3～294.5Ma，均为中晚石炭世产物。

那拉提山一带石炭纪侵入岩主要位于东部的额尔宾山，为同碰撞花岗岩，包括盲起苏、虎拉山岩体等（朱志新等，2011）。盲起苏侵入岩分布于额尔宾山中部地区，有巨大岩基及岩株出露于盲起苏至哈尔萨拉一带，近东西向展布。岩体侵入泥盆纪地层中，接触带围岩蚀变较强，发育角岩化、夕卡岩化、硅化、大理岩化等。岩性主要有中、细粒花岗闪长岩，中、粗粒花岗闪长岩，中、粗粒似斑状花岗闪长岩等，两个花岗闪长岩锆石U-Pb年龄分别为（296.9±5.4）Ma和（304.2±1.6）Ma（朱志新等，2008）。虎拉山侵入岩呈长条状岩基产出，侵入于前寒武纪结晶基底中，主要为一套酸性过铝质钙碱性花岗岩，具有壳源花岗岩特征，为同碰撞侵入岩。东部岩石主要为片麻状黑云花岗岩、片麻状似斑状黑云母斜长花岗岩、片麻状二云母花岗岩等；西部主要为片麻状二长花岗岩、片麻状钾长花岗岩，其中片麻状钾长花岗岩中锆石U-Pb年龄为337Ma（湖北省地质调查院，2005）。

另外，在小哈拉军山至伊什基里克山南缘一带有小面积基性-超基性岩体出露，如乔勒铁克西和苏鲁地区辉长岩。其中有一些小岩体沿大断裂产出，以琼阿乌孜岩体、布鲁斯台为代表，主要由辉橄岩、辉长岩组成，岩体年龄为317～314Ma（倪守斌等，1995；田亚洲等，2014），丘拉克特勒克岩体由辉长岩和辉绿岩组成（陈江峰等，1995），这些岩体为晚古生代洋陆俯冲产物。

3. 二叠纪侵入岩

西天山二叠纪花岗岩分布与石炭纪侵入岩基本一致，以富钾花岗岩为主，主要为后造山花岗岩，部分地区出露非造山"A"型花岗岩，如在阿吾拉勒山、伊什基里克山以及塔里木北缘一带（张招崇等，2009）。

依连哈比尔尕山巴音沟晚古生代侵入岩带侵入岩不发育。独山子南侵入岩岩性主要为偏碱性钾长花岗岩，锆石U-Pb年龄为316Ma，时代为晚石炭世，为后造山碱性花岗岩（Han et al.，2010）。另外，巴音沟产于蛇绿岩中的斜长花岗岩年龄为324.8Ma（徐学义等，2005），辉长岩年龄为344Ma（徐学义等，2006），代表了依连哈比尔尕洋（古天山洋）洋壳拉伸的年龄。

伊什基里克山侵入岩主体为二叠纪侵入岩，总体来说分布面积较少，岩性由老至新，有从中性向酸性和碱性的变化趋势，即由辉长岩—闪长岩—花岗闪长岩—二长花岗岩—二长岩—钾长花岗岩的演化趋势，主体以钾长花岗岩、二长花岗岩为主。侵入岩呈岩株、岩墙、岩脉状等出露，侵入的地层主要为石炭系和下二叠统（朱志新等，2011）。其岩体时代主要集中在317～264Ma，为晚石炭至早二叠世，个别至三叠纪

（新疆地矿局第十一地质大队，2005）。

阿吾拉勒山二叠纪侵入岩分布于山体中部，岩性为石英闪长岩、花岗闪长岩、二长花岗岩、钾长花岗岩等，其中以二长花岗岩和钾长花岗岩为主体，各岩体间为脉动接触或侵入关系，呈岩株侵入于上石炭统依什基里克组和下石炭统大哈拉军山组中，形成时代在283～220Ma（朱志新等，2005）。

那拉提山二叠纪侵入岩主要分布于东、西部。西部特克斯南一带二叠纪侵入岩岩性主要为石英闪长岩、英云闪长岩、花岗闪长岩、二长花岗岩、花岗岩等，花岗闪长岩锆石U-Pb法下交点年龄为（296±31）Ma（王世新等，2005）。新源林场一带二叠纪侵入岩体呈小岩株出露，主要由闪长岩、石英闪长岩、花岗闪长岩、二长花岗岩、花岗岩等组成，岩体侵入古生代地层和前寒武纪地层中，花岗岩钾氩年龄为288Ma（朱志新等，2005）。东部额尔宾山尔古提二叠纪中酸性侵入岩体呈近东西向展布的岩基产出，侵入于晚志留世陆源碎屑岩中，岩性为石英闪长岩、二长花岗岩，为一套壳源花岗岩，石英闪长岩Rb-Sr等时线年龄278.4Ma（新疆地矿局物化探队，1996）。

另外，在伊什基里克山中段的喀拉达拉见由浅色辉长岩、深色辉长岩、橄榄辉长岩和辉绿岩组成的基性岩体，侵位于下石炭统大哈拉军山组和上石炭统伊什基里克组火山岩中，岩体年龄为308～306Ma（薛云兴和朱永峰，2009；朱志敏等，2010），前人（薛云兴和朱永峰，2009）认为可能为塔里木地幔柱北延产物。

第五节 区域矿产

中国西天山是中亚成矿域的重要组成部分（万天丰，2013；朱永峰，2009），北邻哈萨克斯坦环巴尔喀什铜钼钨锡稀有金属成矿带，南接塔里木板块油气分布区，东连东天山-北山有色稀有黑色金属带，西接中亚"金腰带"，地理位置相当独特。该地区基底广泛分布，盖层发育齐全，构造活动和岩浆活动十分频繁，具有非常有利的成矿地质背景和成矿条件，形成了许多具有重要工业价值的矿产资源，如铜镍矿、钒钛磁铁矿、赤铁矿、磁铁矿、金矿、铜钼矿、铅锌矿、铀矿、铜银矿、铌钽矿、铁锰矿等金属矿产，磷、石墨、膨润土、石棉、黏土、石膏等非金属矿产，煤矿、石油、天然气、油页岩等化石燃料，具有地质条件多样、矿化类型多、矿种较齐全、矿产地多、成矿时代多、成矿带分布广的鲜明特征（张作衡等，2012）（图2-4）。截至2014年年底，西天山已发现矿产地300余处，包括金属和非金属矿，矿床近100个（其中大型-超大型矿床10余个）。其中，波孜果尔超大型铌钽矿是我国规模最大的铌钽矿，使我国铌钽探明储量翻了1～2番；卡特巴阿苏超大型金矿的发现，证实了中亚"金腰带"东延进入我国；伊犁盆地是我国重要的煤、铀矿资源的重要产地；阿吾拉勒已成为我国重要的铁生产基地；吐拉苏火山盆地成为新疆重要的金生产基地。

大、中、小型金属矿床、矿点、矿化点（铀矿不计算在内）遍布西天山各市、县，其中大型-超大型矿床9处（卡特巴阿苏金矿、波孜果尔铌钽矿、阿希金矿、智博铁矿、查岗诺尔铁矿、备战铁矿、敦德铁矿、尼新塔格-阿克萨依铁矿、博古图金矿），中型矿床8处（阔拉萨依铁矿、莫托沙拉铁锰矿、松湖铁矿、式可布台铁矿、塔尔塔格铁矿、哈勒嘎提铜铁矿、乔霍特铜矿、大西沟铁磷矿），小型矿床、矿点、矿化点200余处。累计探明铅锌金属储量约100万t、金180t、铁矿石18亿t、铜100万t、铌钽34万t，同时仍具有良好的找矿前景。该地区金属矿床具有以下基本特征。

1）矿床明显受区内东西向、北西向断裂带控制，许多矿床、矿点和矿化点都分布于这两组断裂带上或其附近，如阿吾拉勒山具有西铜东铁的成矿特征。几乎所有的矿床均位于北西向尼勒克断裂和东西向巩乃斯断裂之间，受这两组断裂的联合控制。伊什基里克山铜、铁、锰、金矿受东西向伊什基里克断裂的控制，卡特巴阿苏金矿、乔霍特铜矿、莫托沙拉铁锰矿受东西向那拉提断裂的控制。

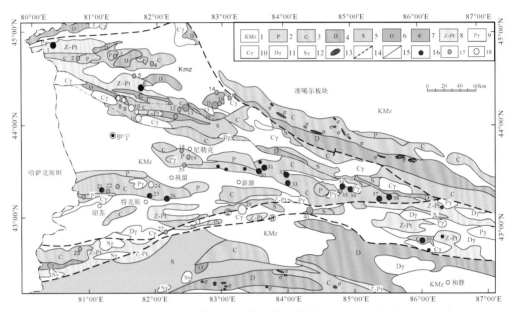

图 2-4　西天山区域地质矿产（张作衡等，2012，有改动）

1-中-新生界；2-二叠系；3-石炭系；4-泥盆系；5-志留系；6-奥陶系；7-寒武系；8-前寒武系；9-二叠纪花岗岩；10-石炭纪花岗岩；11-泥盆纪花岗岩；12-志留纪花岗岩；13-镁铁质–超镁铁质岩；14-主要断裂；15-地质界线；16-铁矿；17-铜（镍、钼）矿；18-金矿；19-铅锌矿

矿床（点）名称：1-托克赛铅锌矿；2-喇嘛苏铅锌矿；3-达巴特铜矿；4-科克赛铜钼金矿；5-喇嘛萨依铜矿；6-四台铅锌矿；7-伊尔曼德金矿；8-京希金矿；9-阿希金矿；10-阿庇因地金矿；11-塔吾尔别克金矿；12-冬吐劲铜钼矿；13-阔库确科铜铅矿；14-3571铜矿；15-哈勒尕提铜矿；16-莱历斯高尔铜钼矿；17-肯登高尔铜钼矿；18-奴拉赛铜矿；19-群吉萨依铜矿；20-109铜矿；21-昭苏铁锰矿；22-小洪纳海铜矿；23-卡拉盖雷铜钴矿；24-博古图金矿；25-波斯勒克赤铁矿；26-阔拉萨伏铁矿；27-菁布拉克铜镍矿；28-泥牙子铁克协协金矿；29-卡特巴阿苏金矿；30-式可布台铁矿；31-松湖铁矿；32-尼新塔格–阿克萨依铁矿；33-塔尔塔格格铁矿；34-查岗诺尔铁矿；35-胜利铜矿；36-智博铁矿；37-敦德铁矿；38-备战铁矿；39-莫托萨拉铁锰矿；40-乔霍特铜矿

断裂：①-依连哈比尔尕断裂；②-尼古拉耶夫线–那拉提北坡断裂；③-长阿吾子–乌瓦门断裂

2）绝大多数矿床、矿点和矿化点内岩浆岩广泛出露，岩性以中基性火山岩、中酸性侵入岩为主，如阿吾拉勒铁铜矿带、伊什基里克铁铜矿带、那拉提金铜矿带、博罗科怒金铜钼矿带。个别以基性–超基性侵入岩为主，如菁布拉克铜镍矿、哈拉达拉钒钛磁铁矿。极少数矿区内无岩浆岩发育，如托克赛、四台铅锌矿，但矿区外围有岩浆岩

发育。

3）容矿岩性多元化，但同一矿种容矿岩性具有相似性。铁矿主要赋存于石炭纪火山岩、火山碎屑岩中，赋矿地层为大哈拉军山组、阿克沙克组、艾肯达坂组、伊什基里克组。铜主要形成于中酸性侵入岩与海相碳酸盐岩中，如哈勒尕提、莱历斯高尔、阔库确科等，少数赋存于火山岩中（乔霍特、奴拉赛、109 等），主要为上志留统巴音布鲁克组和下二叠统乌郎组。铅锌主要赋存于前寒武系碳酸盐岩中。金则主要位于火山盆地的次火山岩中（阿希、博古图、京希、伊尔曼德），少数位于中酸性岩体中（卡特巴阿苏、泥牙子铁克协），赋矿地层为大哈拉军山组。

4）成矿时代多样化。铁主要形成于晚古生代石炭纪，如伊什基里克、阿吾拉勒铁矿带，少量形成于前寒武纪，如库鲁克塔格托克然布拉克、阿斯廷然布拉克铁矿，形成时间（1949±12）Ma（董连慧等，2012），为晚太古代至古元古代，大西沟、奥尔塘、卡乌留克等铁磷矿形成于新元古代（曹晓峰，2012）。铜主要形成于早石炭世，如哈勒尕提（姜寒冰等，2014；高景刚等，2014）、莱历斯高尔（李华芹等，2006）等，少数形成于中晚二叠世，如奴拉赛铜矿（张贺等，2012）、圆头山铜矿、109 铜矿等，个别形成于晚志留世（乔霍特铜矿，王志良等，2004）和元古代（大平梁铜矿，曹晓峰等，2010）。金矿主要形成于早石炭世，如阿希、伊尔曼德、博古图、敦德、大山口（陈富文和李华芹，2004）等，少数形成于晚二叠世-早三叠世，如卡特巴阿苏、泥牙子铁克协、查汗萨拉（陈富文和李华芹，2004）等，个别形成于元古代，如大小金沟金矿（杨天奇，1992；王江涛，2003）。铅锌主要形成于前寒武纪，如托克赛（成勇，2013）、四台等，少量形成于晚古生代，如敦德等。铌钽主要形成于中晚石炭世，如波孜果尔（刘春花等，2014）。钒钛则往往形成于早二叠世，如哈拉达拉（薛云兴和朱永峰，2009）等。

5）矿区围岩蚀变具有多样化。西天山火山岩型矿床主要蚀变为绿帘石化、钠长石化，其次为透辉石化、绿泥石化、绢云母化和少量方解石化，如智博和查岗诺尔铁矿。斑岩型矿床主要蚀变为绢云母化、绿泥石化、硅化、黄钾铁矾化和碳酸盐化，少量褐铁矿化、孔雀石化，如莱历斯高尔铜钼矿。夕卡岩型矿床主要为夕卡岩化、绿帘石化、硅化，少量方解石化、绿泥石化和绢云母化，无钠长石化，如无哈勒尕提、阔库确科铜多金属矿等。岩浆分异型矿床主要为绿帘石化和钠长石化，如哈拉达拉钒钛磁铁矿和菁布拉克铜镍矿。捷克利型铅锌矿则蚀变较弱，见少量碳酸盐化，如四台、托克赛铅锌矿。

6）同一矿区成矿元素多。铁矿中往往伴生有铜（式可布台、阔拉萨依）、金（敦德、备战）、锌（敦德）、钒钛（哈拉达拉）、钴（松湖），铜矿中常伴生有铁（哈勒尕提、阔库确科）、铅锌（阔库确科、哈勒尕提）、钼（莱历斯高尔、肯登高尔、3571 和喇嘛苏）、钴（卡拉盖雷），金矿往往伴生有铜（卡特巴阿苏），镍矿则伴生有铜（菁布拉克）。

第三章 西天山火山-岩浆型铁矿地质特征

第一节 火山-岩浆型铁矿分布特征

新疆西天山是我国火山-岩浆型铁矿的重要产地，也是中国十大重要金属矿产资源接替基地之一。迄今为止，已相继发现了查岗诺尔、备战、智博、敦德、松湖、阔拉萨依、雾岭、尼新塔格-阿克萨依、塔尔塔格、式可布台、波斯勒克、铁木里克、莫托沙拉等数十个晚古生代铁矿床及大西沟等前寒武纪铁矿床，累计探获铁矿石资源量超过 18 亿 t，引起了国内外地学工作者的广泛关注。

按地域划分，阿吾拉勒山是发现铁矿最多的地区，探明铁矿石资源量也最多（约 16.5 亿 t，占西天山铁矿石总探明资源量的 91.7%）；其次为巴伦台-库鲁克塔格地区，已发现莫托沙拉、大西沟等铁矿，探明铁矿石资源量 1.1 亿 t，占 3.2%；再次为伊什基里克山，探明资源量约 50Mt；最后为博罗科努山，已发现哈勒尕提、阔库确科等矽卡岩型铜铁矿，探明资源量约 20Mt。那拉提山仅见零星铁矿出露，如巴音布鲁克铁矿等，规模以小型矿床和矿点为主。

按主要矿石矿物划分，铁矿床（点）可分为磁铁、赤铁、铁锰矿床（点）。磁铁矿床是主要铁矿类型，以数量多、储量大为特点。西天山近年来铁矿重大找矿突破多与此类矿床有关（Zhang et al.，2014），如查岗诺尔、智博（Duan et al.，2014）、敦德（Jiang et al.，2014）、备战、雾岭（段士刚等，2014）、塔尔塔格、阿克萨依（郑仁乔等，2014）、大西沟等，主要分布于阿吾拉勒山东段，伊什基里克、库鲁克塔格、博罗科努西段也有分布。赤铁矿床（点）较多，但多以小型为主，中型矿床仅式可布台、莫托沙拉，常伴生有锰矿（锰矿规模可到中型，如莫托沙拉），主要分布于阿吾拉勒中西段、伊什基里克中段和巴伦台地区。其中，波斯勒克赤铁矿床为近年来的找矿突破。

磁铁矿床（点）赋矿地层主要有两个：一是下石炭统大哈拉军山组，二是中上石炭统艾肯达坂组，但赋矿岩性均为安山质熔岩、火山碎屑岩。另外，库鲁克塔格新元古代基性-超基性岩体、伊什基里克哈拉达拉基性岩体赋存有岩浆分异型铁磷矿，博罗科努晚泥盆世-早石炭世中酸性侵入岩与不同时代碳酸盐岩的接触带上赋存矽卡岩型铁矿。所有的磁铁矿床均与航磁异常或磁法异常对应较好，异常强度高，分带性明显。火山活动与成矿关系密切，磁铁矿床在遥感影像图中均位于火山环形构造中。目前已在多个矿区发现火山通道口，如阔拉萨依、敦德、尼新塔格、查岗诺尔、智博，铁矿体即位于火山口附近或火山通道的环状断裂、裂隙中。矿区普遍发育绿帘石化、钾化和透辉石化，部分矿区绿帘石化与铁矿化关系密切，绿帘石脉中常见浸染状、脉状磁铁矿伴随，如塔尔塔格。主要矿石矿物均为磁铁矿，少量赤铁矿、黄铁矿、黄铜矿、磁黄铁矿等。但就矿石品位而言，下石炭统大哈拉军山组中磁铁矿床远高于艾肯达坂组以及基性–超基性岩体中铁矿床（点）。

赤铁矿床（点）赋矿地层主要有两个：一是下石炭统阿克沙克组，二是上石炭统伊什基里克组。两套地层赋矿岩性有所不同：阿克沙克组赋矿岩性为凝灰质粉砂岩、砂岩夹结晶灰岩，为滨海相；伊什基里克组为安山质熔岩、中酸性火山碎屑岩夹粉砂岩、绢云母片岩、绢云母千枚岩。在该类型矿床中，均可见赤铁矿与红色碧玉岩（即铁碧玉）呈条带状互层分布，是火山–沉积作用有力的证据。赤铁矿床（点）与航磁异常或磁法异常对应不明显，波斯勒克矿区磁异常对应深部哈拉达拉岩体分异的磁铁矿体，并非赤铁矿体。火山活动与成矿关系密切，矿床在遥感影像图中也位于火山环形构造中。目前已在多个矿区发现火山通道口，如式可布台、波斯勒克等，铁矿体即位于火山口附近。矿区普遍发育褐铁矿化、硅化和绿泥石化。硅化与铁矿化关系密切，硅化脉常与赤铁矿层互层，如波斯勒克。主要矿石矿物均为赤铁矿和菱锰矿，少量磁铁矿、黄铁矿、黄铜矿、黑锰矿等，脉石矿物主要为石英、碧玉岩、绢云母等，少量重晶石、硬石膏、绿泥石等。矿石品位很高，全铁平均品位在 40% 以上，富铁矿石占总矿石量的 50% 以上，甚至可达 70%。其中，伊什基里克组中赤铁矿床品位（56.66%，袁涛，2003）要高于阿克沙克组（48.95%，邵青红等，2011）。

第二节　磁铁矿床

一、查岗诺尔

1. 矿区地质特征

1.1　磁场特征

在 1:5 万高精度航磁图上，查岗诺尔铁矿区对应 191 异常（图 3-1）。该异常位于正背景场中，在航磁 ΔT 剖面平面图上呈尖峰状，异常曲线尖锐，梯度陡，强度大，形态规则，两翼近于对称，最大幅值高达 1215nT。在 ΔT 等值线平面图上显示为规则的圆形，其界限清楚，范围约 9km^2，显示出引起磁异常的磁性体具有很强的磁性。该异常在 ΔT 化极上延 1km 等值线平面图中仍有明显反映，说明了该磁性体磁性强向下延深较大（张玄杰等，2012）。

1.2　地层

查岗诺尔铁矿区出露的地层较为简单，主要为石炭系大哈拉军山组和伊什基里克组以及第四系。大哈拉军山组主要分布在矿区的西南部，少量出露于矿区的东北翼，伊什基里克组主要分布在矿区的东南部。矿床赋存于大哈拉军山组中–上部的火山碎屑岩和火山熔岩中，以安山质晶屑岩屑凝灰岩为主，局部夹透镜状大理岩，偶见玄武岩、粗面安山岩和流纹岩等。

大哈拉军山组（C_1d）是查岗诺尔铁矿的主要赋矿层位，在矿区内发育第二岩性段和第三岩性段。第二岩性段（C_1d^b）出露厚度 1127m，早期以中性含细角砾凝灰岩、

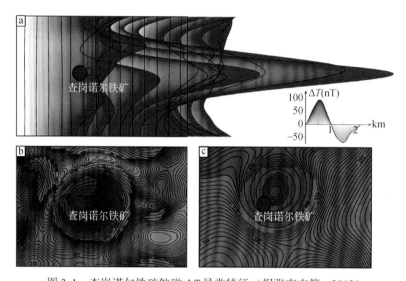

图 3-1 查岗诺尔铁矿航磁 ΔT 异常特征（据张玄杰等，2012）

（a）航磁 ΔT 剖面平面图；（b）航磁 ΔT 等值线平面图；（c）航磁 ΔT 化极上延 1km 等值线平面图

晶屑凝灰岩夹基-中性熔岩为主，晚期以碳酸盐岩沉积为主夹少量火山碎屑岩。该段分为三层：第一层（C_1d^{b-1}）集中分布于查汗乌苏谷地两侧；第二层（C_1d^{b-2}）主要分布于查岗诺尔矿区中部、北部；第三层（C_1d^{b-3}）分布于查岗诺尔矿区 F_2 断层以南，Fe Ⅱ号矿体以南亦有少量分布。第三岩性段（C_1d^c）出露厚度 450m，分为二层：第一层（C_1d^{c-1}）出露在 F_2 断层以南，主要分布于查岗诺尔矿区中部，岩石主要为灰绿色、深绿色安山质（含）火山角砾晶屑凝灰岩、安山质火山灰凝灰岩、安山岩、凝灰质火山角砾岩夹辉绿玢岩、大理岩（被蚀变岩石所取代）；第二层（C_1d^{c-2}）在矿区东部有少量出露，岩性主要由绿色、深绿色流纹质（角砾）熔岩、层状流纹质熔结凝灰岩、流纹岩、淡红色英安岩和英安质晶屑凝灰岩组成。

伊什基里克组（C_2y）上部主要为紫红色、灰绿色安山质凝灰角砾岩、含角砾晶屑岩屑凝灰岩、火山角砾岩；下部以安山质晶屑岩屑凝灰岩、钠长斑岩质晶屑凝灰岩为主，夹火山灰凝灰岩，绿泥石、绿帘石化发育。

第四系为未固结的松散堆积物，按成因类型划分为以下 3 个基本单元：①上更新统-全新统（Q_{3-4}）冲积洪积物，主要由次棱角状-半浑圆状的花岗质砾石、各类火山岩砾石、砂及部分河漫滩相黏土组成；②上更新统-全新统（Q_{3-4}）坡积残积物，主要由尖棱角状火山岩碎石及冰水沉积的泥、沙等组成；③中更新统-全新统（Q_{2-4}）冰碛物，多由巨大花岗岩漂砾等组成古冰川堆积物。

1.3 构造

矿区构造主要由下石炭统大哈拉军山组和上石炭统所组成的破火山口和断裂构成，构造基本形态除受区域性南北挤压应力的影响外，又受火山机构的制约。因而，各种构造形迹更为复杂（冯金星等，2010）。

火山穹隆构造：位于矿区中部，北以断裂 F_2 毗邻，东以断裂 F_8 相邻，穹隆中心由下石炭统大哈拉军山组海相中酸性火山碎屑岩夹碳酸盐岩建造组成，边缘由中石炭统伊什基里克组海陆交互相之中酸性火山碎屑岩夹碎屑岩和碳酸盐岩建造。岩层向周边倾斜，近中心部位产状较陡，倾角20°~40°，边部产状较缓，倾角10°~20°。火山穹隆两侧断裂破碎带上岩石均见有强烈的蚀变及矿化，并形成Fe_1、Fe_2、Fe_3等工业矿体。穹隆中心有M4磁异常，平面图上异常长轴方向为近南北向。显然，该构造部位为运矿、容矿的较有利场所。

断裂：早期断裂多与区域古火山构造密切相关，而后产生了一系列北西向压扭性断裂及其派生的次一级断裂，这些断裂对古破火山构造及其所控岩体、矿体等具明显的切割破坏。矿区断裂主要为北西向，该断裂按先后主次又可分为两组，一组为与主干断裂平行的北西向断裂，另一组为其派生的次一级近东西向断裂。F_1、F_2、F_3、F_6、F_7等断裂均属该断裂，其中以F_1、F_2规模较大，为横贯全区的断裂。F_1断裂分布于矿区北部，向两侧延出矿区，在矿区内出露约4km，宽200~300m，走向295°。断层沿线普遍见到岩石强烈挤压破碎现象，多呈碎斑至糜棱岩状，并切割石炭系地层，控制了斜长花岗岩岩体的分布，但并未见与矿区相同的磁铁矿化及有关蚀变围岩特征，非成矿控制构造，为成矿后断裂。F_2断裂分布于矿区北部，横贯全区，长约3600m，断层走向275°~280°，为近东西向。断裂附近岩石破碎，有大量石英细脉、方解石脉充填。断裂为分隔中石炭伊什基里克组与下石炭统大哈拉军山组的分界断裂，未切割蚀变矿化带。

断裂裂隙：多见于查汗乌苏以西地区，走向为10°~350°，近南北向展布，延伸小于200m，为小型断裂裂隙。

1.4 岩浆及火山活动

冯金星等（2010）将矿区侵入岩大体分为两类：一类为与石炭纪火山活动紧密相关的浅成侵入杂岩和酸性中深成侵入体；另一类为二叠纪脉岩、正长岩、钾长花岗岩和辉长岩等。前一类侵入体与石炭纪火山岩的分布具一致性，并多受火山构造控制，而后一类侵入体则明显受研究区性北西向断裂所控制。

1）浅成侵入杂岩：主要见于查岗诺尔Ⅱ号矿体矿体附近，其规模较小，呈小岩株、岩枝、岩墙状。主要岩性为辉石闪长玢岩、闪长玢岩、花岗闪长岩等。岩体多为不规则状小岩株。岩体穿切石炭纪地层，岩体顶部围岩为基-中性火山碎屑岩，普遍强烈蚀变。

2）闪长玢岩、辉石闪长玢岩：岩石为灰黑色、灰绿色，斑状或变余斑状结构，块状构造。斑晶为中性斜长石，含量45%~50%，粒径为2~3mm，自形板状。角闪石、辉石斑晶含量为30%~40%。基质由中性斜长石微晶及细粒状角闪石、辉石等暗色矿物组成。岩石中长石多已绢云母化、绿泥石化，暗色矿物多已阳起石化、绿帘石化，仅保留部分角闪石、辉石的晶体外形。

3）花岗闪长岩：浅灰-肉红色，斑状结构，块状构造。斑晶斜长石含量为35%~50%，多已钾化。角闪石斑晶含量为10%~15%。石英斑晶含量为5%~10%，具溶蚀现象。基质为长英质（30%~50%）及少量微粒-细粒状角闪石、透辉石等暗色矿物。磁铁矿、榍石等副矿物少量（1%~3%）。岩体内部亦多已强烈蚀变。

45

4）中深成侵入体：规模较大，多呈岩株-岩基状，分为斜长花岗岩、花岗斑岩两类。

5）斜长花岗岩（γ_4^{3b}）：岩石为肉红色、灰黄色，中、细粒花岗结构，部分为似斑状结构，块状构造。岩石主要由斜长石（45%～50%）、钾长石（10%～15%）、石英（20%～25%）、角闪石（5%～7%）和黑云母（2%～4%）组成。副矿物为磁铁矿、磷灰石、楣石等，含量为1%～2%。岩石中角闪石和黑云母呈团块状集合体，并且二者大部分已蚀变为绿帘石、绿泥石等。岩体呈岩株状分布于矿区东北部，与上石炭统为侵入接触。沿岩体外接触带，上石炭统火山碎屑岩及熔岩多发生绿泥石化、碳酸盐化、绢云母化等，但一般不强烈。侵入时代晚于区内成矿期，沿其内外接触带数米未见磁铁矿化。

6）花岗斑岩：岩石呈肉红色，压碎结构，块状构造。主要分布于查岗诺尔矿区Ⅲ号矿体以北，呈半月形侵入体，其出露面积仅约200m²，围岩为绿帘石阳起石岩及Fe3矿体，侵入活动晚于成矿。

7）岩脉：常密集成群出现，分布于下、上石炭统火山岩地层之内，多沿前期火山构造-放射状断裂、裂隙充填，产状陡倾，倾角多大于70°。脉体规模较小，多数为宽0.5～2m，长数十米至百余米。主要由辉绿玢岩、闪长玢岩、闪斜煌斑岩、辉闪斜煌岩等岩脉组成。

8）辉绿玢岩：灰绿色，斑状结构或辉绿结构，块状构造。斜长石斑晶含量为45%～50%，单斜辉石斑晶含量为30%～45%。副矿物为磷灰石（1%～2%）和普通角闪石（2%～3%）。在查岗诺尔矿区，不同部位岩石的蚀变程度不同。蚀变较强者，斜长石斑晶大部分被绢云母化，单斜辉石斑晶强烈阳起石化和透辉石化。

9）辉闪斜煌岩：灰褐色，煌斑结构，块状构造。角闪石斑晶含量为20%～25%，单斜辉石斑晶为10%～15%，斜长石斑晶为10%～15%。基质含量为40%～45%，主要为斜长石，副矿物为磁铁矿（2%～3%）。角闪石斑晶和单斜辉石斑晶有轻微的绿泥石化，而斜长石斑晶大部分绿泥石化和碳酸盐化。

10）闪长玢岩：灰白色，斑状结构，块状构造。斜长石斑晶含量15%～20%，钾长石斑晶含量<5%，角闪石斑晶含量10%～15%，隐晶基质45%～50%，磁铁矿含量4%～5%。斜长石斑晶全自形聚片双晶发育，主要为中性斜长石（强烈绢云母化），钾长石全部熔融，并被绿帘石和绿泥石及白云母交代，角闪石斑晶大部分被绿泥石和绿帘石交代，岩石基质以隐晶质为主，轻微重结晶，部分被高岭土交代。

2. 矿体特征

2.1　矿体产出特征

铁矿赋存于下石炭统大哈拉军山组第三亚组第一段灰绿色安山质火山碎屑岩和安山岩中。以擦汗乌苏河为界，分为东（Fe1）、西（Fe2）两个矿带，二者隔河遥相对应，相距约1.5km（图3-2）。在大约7km²的矿区范围内，出露具有一定规模的矿体20余处。工业矿体有6个，以Fe1矿体为主矿体。

FeI矿体位于南北向断裂F_8和F_{10}之间，平面上总体呈NE-SW向，矿体中部微向东

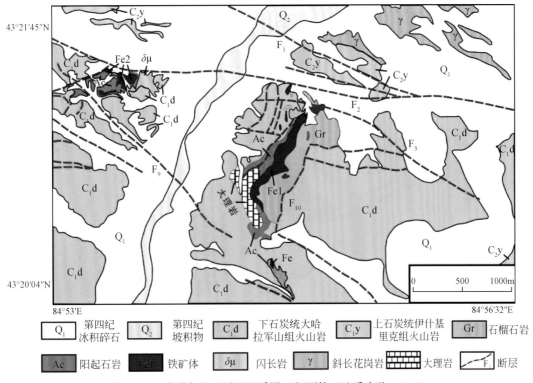

图3-2　查岗诺尔矿区平面地质图（新疆第三地质大队，2011）

南凸出并显著膨大，向北被第四系覆盖，向南逐渐尖灭，且南段明显凹向西北，矿体长约2900m，总体向东倾，倾向为105°~153°，倾角15°~36°，局部水平产出，或稍微向北倾，占矿石总资源量的95%以上。矿体底板的大理岩的倾向大致为95°~101°，倾角15°~23°，单工程见矿厚度最大为218m，最小3.65m，平均厚度为64.2m。矿石品位最高64.2%，最低20.2%，平均品位为35.6%。矿体形态比较规则，呈层状、似层状、透镜状展布（图3-3）。矿体顶板为安山质凝灰岩，底板为透镜状大理岩，由顶板到底板，自上而下发育安山质凝灰岩、石榴石化凝灰岩、石榴石化阳起石化凝灰岩、磁铁矿体、石榴石化阳起石化凝灰岩、石榴石化凝灰岩、绿泥石化绿帘石化安山岩及大理岩。与大理岩接触的上覆安山岩发育少量的磁铁矿化。

Fe2矿体位于查汗乌苏河西侧，F_2断裂以南、F_9断裂东翼，主要由两个矿体组成，即Fe2-1和Fe2-2矿体。矿体在表面呈椭圆状（Fe2-1）或条带状（Fe2-2），矿体标高3160~3300m。矿体顶板为石榴石，底板为绿帘石化安山质凝灰岩或阳起石。矿体厚度最大为79.47m，最小8.7m，平均厚45m。矿体中部高两侧低，剖面上矿体呈锥形，在深部矿体尖灭，矿体倾向北西，倾角30°~37°。单工程TFe品位最小19%，最大64.01%；TFe（全铁）平均品位为39.79%，MFe（磁铁）平均品位为31.9%。与Fe1矿体相比，Fe2矿体周围出露面积较大花岗闪长岩侵入体，而且辉绿岩脉也较为发育。从矿石质量来看，具有深部厚、品位低和浅部窄、品位较高的特征。自上而下，Fe2矿体依次为铁矿体或石榴石化夕卡岩、绿帘石化-阳起石化安山质凝灰岩、磁铁矿化安山

47

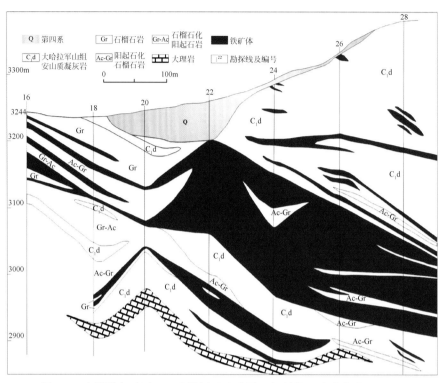

图 3-3　查岗诺尔矿区 Fe1 矿带剖面地质图（新疆第三地质大队，2011）

岩、安山质凝灰岩。蚀变组合和蚀变矿物比较简单，仅有阳起石、绿帘石、绿泥石、石榴石、磁铁矿等。

2.2　矿石特征

2.2.1　矿石构造

矿石构造较为复杂，有角砾状、斑点状、斑杂状、块状、浸染状、脉状、网脉状，其中浸染状、角砾状、块状或致密块状构造较为普遍。

1）浸染状矿石：分为稀疏浸染状和稠密浸染状两种，主要表现为黄铁矿浸染状，分布于磁铁矿石中。

2）角砾状矿石：角砾状矿石可以分为两种，一种是细粒磁铁矿呈角砾状，粒径大小不一，被石榴石、阳起石或晚期粗粒磁铁矿所胶结，有的棱角具有圆化特征，有的棱角分明；另一种是安山质岩屑、石榴石等为角砾，被晚期磁铁矿胶结。

3）斑点状矿石：主要表现为石榴石、绿帘石等在磁铁矿中呈斑点状、星点状，粒径较小（1mm 左右）。

4）脉状矿石：表现为磁铁矿在安山质碎屑岩中呈条带状、脉状分布，与火山岩接触界限非常清晰，无明显的过渡。

2.2.2　矿石结构

矿石结构以他形–半自形粒状结构、半自形–自形粒状结构（磁铁矿呈他形粒状或半自形粒状）为主，交代结构（磁铁矿交代石榴石，在石榴石中呈细小乳滴状，部分石榴石处在核部）、填隙结构（他形磁铁矿充填于粒状石榴石的周围缝隙中）、包含结构（粒状的磁铁矿处于核部，其外侧为环状的赤铁矿，而黄铜矿则包裹二者）、共生边结构（磁铁矿与石榴石的边界平整）等次之。在安山质凝灰岩与磁铁矿体的接触带产出的蚀变岩则具有交代残余结构，出现透辉石、放射状的阳起石及不规则状的斜长石等。

2.3　围岩蚀变

矿区内广泛发育石榴石化、阳起石化、透辉石化、钠长石化、绿帘石化、绿泥石化以及碳酸盐岩化等围岩蚀变。这些蚀变多与火山热液有关，其中石榴石、透辉石为高温热液蚀变，绿帘石化为中温热液蚀变，碳酸盐岩化为低温热液蚀变。钠长石化、绿泥石化较为复杂。

1）石榴石化：在矿体周围呈脉状、条带状发育或在矿体内部呈团块状分布。矿区至少可以区分出两期石榴石化：早期石榴石为土黄色、褐黄色，晶形细小（石榴石颗粒<0.2mm），呈纤维状，多分布在矿体内部，呈团块状，与细粒磁铁矿共存；晚期石榴石呈褐色、红褐色，晶形完整、粒径粗大，可达 0.2~2cm，具有环带结构，多分布在矿体上部，呈脉状，环带状分布。

2）透辉石化：呈脉状分布于石榴石化外侧或围岩（安山岩、安山质晶屑凝灰岩）中，一般不与矿体接触。

3）绿帘石化：呈脉状分布于铁矿体周围、内部或围岩（安山岩、安山质晶屑凝灰岩）内部，平面、剖面上均呈线性分布，一般不与石榴石化、透辉石化伴生。

4）绿泥石化：在矿区以两种形式出现。一种与绿帘石化伴生，呈脉状分布，颜色为浅灰绿色，与低温热液蚀变有关；另一种呈面状分布于火山岩尤其是凝灰岩中，颜色为灰绿色，为火山熔浆、火山喷发物与海水相互作用的产物。

5）钠长石化：在西天山各铁矿区普遍出现，也以两种形式出现。一种在火山岩中钠长石呈晶体、晶屑出现，可能与火山熔浆中钠长石的结晶有关，形成温度很高；另一种呈脉状、条带状分布于火山岩中，隐晶质结构，与火山熔浆、火山喷发物与海水相互作用有关。

6）碳酸盐岩化：以方解石细脉穿插于或切断磁铁矿体、火山岩及上述各种蚀变体中，是晚期低温成矿流体活动的遗迹。

7）大理岩化：位于断裂带附近，呈带状分布，为区域动力变质作用产物。

2.4　成矿阶段划分

通过野外及室内镜下观察，根据矿物共生组合及相互穿插关系，将金属成矿作用过程划分为 3 期（矿浆期、火山热液期和表生期）7 个阶段。

1）矿浆喷溢成矿期：①矿浆喷溢沉积成矿阶段。火山活动间隙期由磁铁矿组成的矿浆自火山通道口涌出，顺火山斜坡下泄至海底低洼地段（期间可能有部分铁矿浆由海底潮汐活动带至远离火山口地段），或沿火山环状（放射状）断裂充填，形成磁铁矿体。该期矿体矿石主要为致密块状铁矿石，少量条带状铁矿石，局部见流动构造。②矿浆通道溢流成矿阶段。矿浆喷溢沉积成矿阶段后期，由于火山通道口的坍塌封闭，使矿浆上升喷溢受阻，矿浆流开始沿通道内裂隙、断裂充填，形成筒状铁矿体。

2）火山热液充填期：①阳起石–绿帘石–磁铁矿阶段。形成磁铁矿、赤铁矿等金属矿物以及绿帘石、阳起石等非金属矿物。该阶段形成角砾状、脉状及浸染状矿石，叠加于矿浆期矿石之上。②方解石–磁铁矿阶段。以磁铁矿、方解石的大量发育为特征。磁铁矿具有较好的晶形，呈粗晶自形粒状分布，方解石呈脉状、团块状分布于磁铁矿周围。③钾长石–黄铁矿阶段。主要形成钾长石、黄铁矿。黄铁矿呈浸染状、不连续细脉状发育。④方解石–绿泥石–硫化物阶段。主要形成方解石、绿泥石、黄铁矿、磁黄铁矿、（钴）毒砂，为金的主要成矿阶段。该阶段热液活动早形成浸染状大量毒砂、磁黄铁矿、黄铁矿等硫化物，发育于脉状、团块状方解石中。其中，金主要赋存于毒砂的粒间及晶格缺陷中。

3）表生氧化期：受成矿后构造作用影响，矿体抬升至地表进入氧化环境，形成褐铁矿为主的氧化矿物，并见少量孔雀石、铜蓝等。

二、敦德

1. 矿区地质特征

1.1 磁场特征

敦德铁矿位于智博冰川磁铁矿与和静县备战铁矿之间。在航磁图上，铁矿表现为正异常带边缘孤立的升高正异常。在剖面平面图上，连续 4 条测线反映明显，异常呈尖峰状，曲线尖锐，梯度陡，强度大，最大幅值 710nT，北侧伴生负值（郑广如等，2011）。在 ΔT 等值线平面图上呈很典型的南正北负异常，范围约为 2.5km×2.5km（图3-4）。该磁性体磁性强，向下具有一定的延伸，推断此异常是由具一定规模的铁矿引起。

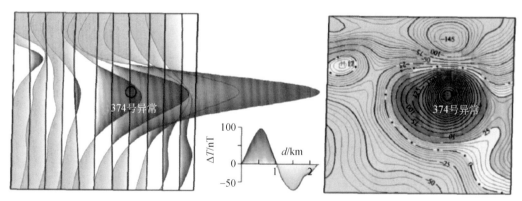

图3-4　374 号航磁 ΔT 异常剖面平面（左）、等值线平面（右）特征（郑广如等，2011）

对该航磁异常体进行地面高精度磁测，以 1000nT 为异常下限，发现三处磁异常，分别编号为 2008–C–敦–1、2008–C–敦–2、2008–C–敦–3 三处磁异常。2008–C–敦–1磁异常呈北西–南东向，长 60m，宽 30m，异常最高强度 2331nT，出露地层为石炭系大哈拉军山组第三段（$C_1 d^c$），主要岩性为灰褐色、浅灰绿色玄武质凝灰岩，内有 Fe1 磁铁矿体。2008-C-敦-2磁异常呈北西-南东向，长100m，宽40m，异常最高强度7718nT，地表被第四系残坡积物覆盖，由凝灰岩、花岗岩及少量磁铁矿碎石堆积而成，经钻孔验证为Fe2磁铁矿体。2008-C-敦-3磁异常呈北东东-南西西向，长1030m，宽480m，异常最高强度8472nT，异常分带特征明显，梯度变化较均匀，为预查区最主要的磁异常。异常区周边基岩出露区地层为石炭系大哈拉军山组第三段（C_1d^c），主要岩性为灰褐色、浅灰绿色玄武质凝灰岩，地表见有Fe3磁铁矿体，下部赋存有火山通道相隐伏铁矿体。

1.2　地层

敦德铁矿矿区出露地层为下石炭统大哈拉军山组第三段（C_1d^c），其余为大面积冰川堆积物、冰水堆积物和残坡积物。

大哈拉军山组第三段（C_1d^c）岩性主要为玄武质凝灰岩、安山岩、安山质凝灰岩、火山集块岩、火山角砾岩，少量为大理岩、灰岩。地层产状南倾，走向北东南西方向。该地层内明显发育火山角砾岩筒，冰川内见火山通道口，通道口附近由巨大的凝灰岩角砾。另外，在3912、3788平硐内见火山角砾岩筒（图3-5）。平硐内观察结果表明，火山角砾岩筒北倾，直径在500m左右。筒内角砾磨圆度差，以棱角状、次棱角状为主，角砾外围见明显的熔浆胶结边。角砾成分较为复杂，以玄武质凝灰岩、安山质凝灰岩为主，少量为安山岩，粒径大多在20cm以上，最大可达3.5m。种种迹象表明，该火山角砾岩筒为一坍塌的火山通道。

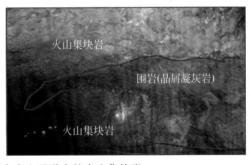

图3-5　敦德铁矿3912平硐内火山通道中的火山集块岩

第四系冰川堆积物、冰水堆积物主要分布在矿区北部和东北部。冰水堆积物分布于矿区基岩露头处陡坎下方或平缓低凹处，主要由尖棱角状火山岩碎石及冰水沉积的泥、砂等组成，高5~20m。冰川堆积物主要分布于高山处，长年不化。

第四系残坡积物分布于山坡两侧及光沟谷中，由凝灰岩、花岗岩及少量磁铁矿碎石堆积而成，砾径大小不等，一般0.05~0.15m，个别达0.3m，上部较细，下部较粗，覆盖于基岩之上。

1.3　构造

矿区构造较为简单，主要为单斜构造。矿区出露的地层为大哈拉军山组的一套玄武质凝灰岩，走向南西西-北东东向，倾向北-北北西，倾角中等（50°~75°）。矿区断裂构造不发育，从矿区3788、3912平硐施工情况看，深部均未见大的断层，局部发育次级小断层，对矿体破坏作用不大。

1.4 岩浆活动

矿区内岩浆岩主要为中粗粒钾长花岗斑岩，出露于矿区西部及西南部，呈北西-南东向条带状分布，与大哈拉军山组火山岩为侵入接触关系。岩石呈肉红色的中、细粒花岗结构，块状构造。主要由钾长石40%～50%，斜长石20%～30%，石英15%～30%，黑云母5%～10%等组成。其中暗色矿物角闪石多已蚀变为绿帘石、绿泥石等。副矿物为榍石、磁铁矿、白钛石等。

岩体边缘具有明显的热液蚀变，可见明显的绿泥石化、绢云母化、硅化、方解石化和萤石化（图3-6），并具有蚀变分带现象。硅化-绢云母化带内分布明显的浸染状、脉状黄铜矿-闪锌矿-黄铁矿，方解石脉附近见黄铜矿脉。需要特别说明的是，岩体形成时间晚于火山岩，也晚于铁矿化时间。

图3-6　敦德铁矿钾长花岗斑岩中萤石脉

2. 矿体特征

2.1 矿体产出特征

敦德铁矿产于下石炭统大哈拉军山组外接触带浅灰绿色玄武质凝灰岩中。目前已圈定铁矿体7条，并单独圈定出锌矿体两条。矿区西部3个铁矿体（编号为Fe1、Fe2、Fe3）出露地表，东部4个铁矿体为隐伏矿体（图3-7）。矿体一般呈板状、大透镜状、不规则状、条带状，长度一般为56～931m，厚度为2～100m。

西部铁矿体总体走向呈北东-南西向，矿体产状北西倾，倾角55°～70°。Fe1矿体见于矿区西部，长约53m，宽约10m，走向256°，大部分为残坡积覆盖，基岩只在东西两侧断续出露。据物探磁测资料，矿体南倾，倾角较缓。铁矿石品位最高为TFe 32.55%，最低为TFe 22.21%，平均品位为25.23%，属于贫铁矿体。Fe2矿体见于矿区中部，长约70m，宽约15m，走向355°，西倾，倾角60°～70°，呈透镜状，南窄北宽，基岩出露较好，其内可见凝灰岩透镜体。磁铁矿体赋存于灰绿色玄武质凝灰岩中，矿体呈似层状、透镜状产出，顶底板均为灰黑色绿帘石-阳起石化玄武质凝灰岩。铁矿石品位最高为 TFe 33.11%，最低为 TFe 20.04%，平均品位为 26.77%，属于贫铁矿体。Fe3 矿体见于矿区中东部，地表露头长度约 2m，宽约 1.5m，四周全被第四系坡积物所覆盖。钻探表明，磁铁矿体赋存于灰绿色玄武质凝灰岩中，矿体呈似层状、透镜状产出，顶底板均为灰黑色绿帘石-阳起石化玄武质凝灰岩。

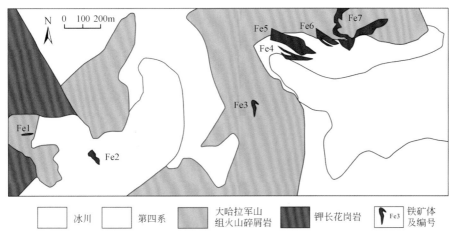

图 3-7　敦德铁矿 3788 中段平面地质图（新疆地矿局第三地质大队，2011）

东部 4 条铁矿体均向北陡倾，产状 355°～15°∠52°～75°，为矿区的主要铁矿体，均位于火山通道内。矿体剖面呈筒状（图 3-8），中段平面图上呈不规则状，厚 1.7～41.25m，为浸染状、致密块状矿体。磁铁矿体赋存于火山通道中灰绿色玄武质晶屑凝灰岩和火山集块岩内，顶、底板主要为灰黑色绿帘石-阳起石化凝灰岩，少量为火山集块岩。铁矿体 TFe 一般为 20%～65%，MFe 一般为 15%～60%，伴生锌品位为 0.5%～5.3%。

两条独立锌矿体总体走向为北东-南西向，矿体产状北西倾，倾角为 25°～35°。矿体位于花岗岩体与玄武质晶屑凝灰岩的接触部位，赋矿岩性为玄武质晶屑凝灰岩。矿体呈脉状、透镜体状展布，在地表没有出露，为深部隐伏矿体。矿体中锌平均品位分别为 1.98% 和 1.00%。

目前，已获得铁矿石资源量 $2.18×10^8$ t，锌金属资源量 $161×10^4$ t，金资源量 50t（新疆地矿局第三地质大队，2014）。

2.2　矿石特征

（1）矿石结构构造

矿石结构较为复杂（魏梦元等，2013）。主要结构为他形-半自形、自形粒状结构、他形不规则状结构、交代结构、包裹结构，其次为纤维状、纤片状、呈叶状、鳞片状、放射状集合体、叶片状集合体。磁铁矿、黄铁矿多呈半自形-自形粒状结构。矿石主要结构由结晶较早或结晶能力强的矿物形成，主要表现为粒状磁铁矿、黄铁矿晶形介于自形和半自形间，部分磁铁矿为自形晶，部分为半自形晶。磁铁矿晶体为五角十二面体，粒径为 0.01～3mm。

磁铁矿与方解石脉接触部位见巨粒五角十二面体磁铁矿晶体，单晶体粒径为 5～

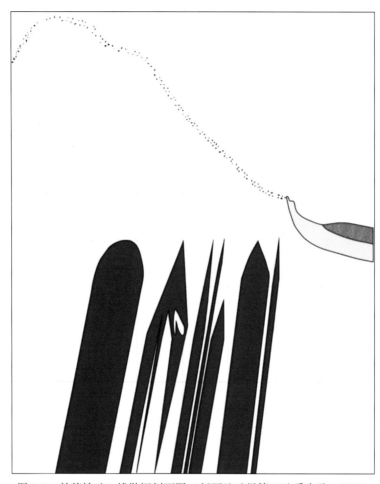

图 3-8　敦德铁矿 8 线勘探剖面图（新疆地矿局第三地质大队，2011）

500mm（图 3-9）。除磁铁矿外，部分黄铁矿、磁黄铁矿、黄铜矿、闪锌矿、赤铁矿、方铅矿等矿物晶粒多呈他形–半自形粒状结构。大多闪锌矿及部分黄铁矿具他形不规则状结构。交代结构主要为褐铁矿沿黄铁矿边缘交代黄铁矿。包裹结构主要为闪锌矿、磁铁矿相互包裹，磁铁矿、闪锌矿包裹黄铁矿、磁黄铁矿、黄铜矿等。部分粒状磁铁矿分布在纤维状、纤片状、叶状、鳞片状、放射状、叶片状集合体蛇纹石中，有的则沿裂纹呈线分布在蛇纹石中。

区内矿石主要构造为稠密浸染状、块状、斑杂状、星点状、条带状、稀疏浸染状构造，其次为不均匀浸染条带状、网脉状、细脉状、角砾状构造。

（2）矿物成分

敦德铁矿床矿石的原生金属矿物主要为磁铁矿、闪锌矿，其次为斜方砷铁矿、磁黄铁矿、黄铁矿、黄铜矿、毒砂、赤铁矿，还有痕量的方铅矿。脉石矿物主要为钙铝–钙铁榴石、透辉石、绿帘石、绿泥石、方解石、磷灰石，另有少量的铁韭闪石、石英和云母。地表有褐铁矿、孔雀石、蓝铜矿等氧化物。主要矿物成分如下。

图 3-9 敦德铁矿自形巨粒磁铁矿

磁铁矿：铁矿石中的主要金属矿物，呈半自形-自形粒状，粒径 0.01 ~ 0.9mm，部分可达 0.5m，呈浸染状、块状分布，一般与方解石共生，部分可与闪锌矿、黄铁矿、毒砂等连生，但金属硫化物一般呈浸染状、脉状分布于磁铁矿周围，粒径及自形程度也远小于磁铁矿。

磁黄铁矿：多呈细脉状沿磁铁矿裂隙分布。

黄铁矿：多呈浸染状、脉状分布于磁铁矿周围的方解石脉中，或分布于锌矿体中，少量黄铁矿沿磁铁矿裂隙呈细脉状分布。

闪锌矿：与脉石矿物（方解石、石英、绿泥石等）、磁铁矿、磁黄铁矿、（钴）毒砂、黄铜矿和黄铁矿关系密切（图 3-10）。分布形式主要有两种：其一为他形粒状、不规则状，粒径 0.01 ~ 0.2mm，呈浸染状、星散状、脉状分布于锌矿石中，多包裹磁黄铁矿、黄铜矿，形成包含结构，部分与黄铁矿规则连生；其二主要与磁铁矿呈规则-半规则连生，接触界线光滑平直，部分闪锌矿沿磁铁矿粒间空隙、边缘和裂隙分布，偶尔见闪锌矿包裹磁铁矿、黄铁矿现象。

图 3-10 闪锌矿呈星散-脉状分布于方解石脉（左图）和呈浸染状分布于铁矿体裂隙内（右图）

毒砂、钴毒砂：多呈他形-半自形粒状、柱状分布，粒径 0.02 ~ 0.25mm，多于砷钴矿共生，是金的主要载体。

方解石：主要的脉石矿物，多呈他形粒状和不规则状分布，粒径 0.05 ~ 2.5mm。金属硫化物多呈浸染状、星点状分布其中。

55

（3）铁、锌、金的赋存状态

铁：主要以氧化物的形式赋存于磁铁矿和赤铁矿中，其次以铁硫化物的形式存在于黄铁矿、磁黄铁矿、黄铜矿中。

锌：主要以锌硫化物的形式存在于闪锌矿中，其次以类质同象的形式存在于黄铜矿、黄铁矿和磁黄铁矿中。

金：显微镜下主要以包裹金为主，占 68.96%；其次是粒间金，占 17.30%；裂隙金占 13.74%。包裹金主要表现为银金矿包裹于毒砂、钴毒砂和砷钴矿中，多呈不规则状、条状、粒状等；其次包裹于方解石中。粒间金主要为银金矿位于钴毒砂、砷钴矿粒间，多呈不规则状。另外方解石和钴毒砂晶粒间也有银金矿分布。裂隙金主要表现为银金矿呈不规则状、麦粒状、三角形等分布于脉石矿物与岩石裂隙间（刘通和丁海波，2013）。

2.3 围岩蚀变

围岩蚀变在敦德铁锌矿区广泛发育。蚀变主要有硅化、石榴子石化、方解石化、绿泥石化、绿帘石化、蛇纹石化、阳起石化、钾长石化、萤石化、绢云母化、褐铁矿化、角斑岩化、钠长石化。

矿区火山岩普遍发育角斑岩化或石英角斑岩化，尤其是在凝灰岩、玄武质安山岩中。在铁矿石中也可见角斑岩化，后期矿化、蚀变均切穿角斑岩。角斑岩化呈白色或无色，硬度大，呈团块状、团斑状分布，为海水与海相火山岩反应的产物，前人多视之为硅化。

硅化主要发育于岩体附近的矿体与围岩中，呈脉状发育，与金属硫化物矿化关系密切，愈接近锌矿体，蚀变愈强。硅化常与绢云母化一起，成为锌矿化、铜矿化的指示现象。萤石化发育于岩体内部，是岩浆热液低温蚀变的产物。绿泥石化在火山岩、岩体及锌矿体中广泛发育，也为低温热液蚀变的产物。

方解石化分布较为广泛，主要呈脉状分布于灰岩、大理岩、花岗斑岩、凝灰岩中，与锌金矿化关系十分密切。有的呈团块状、网脉状分布于铁矿体中，为火山热液结晶的产物。

钠长石化主要分布于火山岩和铁矿体中，以钠长石斑晶或条带的形式存在，形成时间明显早于火山岩和铁矿体。

石榴子石化在矿体顶底板及夹石中广泛分布，局部形成石榴子石岩。阳起石化、钾长石化在矿体近矿围岩与夹石中分布，呈脉状分布。阳起石化、蛇纹石化分布于夹石与铁矿化蚀变岩中，与辉石、橄榄石的蚀变有关，蛇纹石化在矿体中部和底部较发育。

2.4 成矿期、成矿阶段

通过野外及室内镜下观察，根据矿物共生组合及相互穿插关系，将金属成矿作用过程划分为 4 期（矿浆期、火山热液期、岩浆热液期和表生期），其中与铁有关的为矿浆期、火山热液期，与金有关的为火山热液期，与锌有关的为岩浆热液期。

矿浆期：①矿浆喷溢沉积成矿阶段。火山活动间隙期由磁铁矿组成的矿浆自火山通道口涌出，顺火山斜坡下泄至海底低洼地段（期间可能有部分铁矿浆由海底潮汐活动带至远离火山口地段），或沿火山环状（放射状）断裂充填，形成磁铁矿体，如Fe1、Fe2磁铁矿体。该期矿体矿石主要为致密块状铁矿石，少量条带状铁矿石，局部见流动构造。②矿浆通道溢流成矿阶段。矿浆喷溢沉积成矿阶段后期，由于火山通道口的坍塌封闭，使矿浆上升喷溢受阻，矿浆流开始沿通道内裂隙、断裂充填，形成筒状铁矿体。

火山热液期：①阳起石-绿帘石-磁铁矿阶段。形成磁铁矿、赤铁矿等金属矿物以及绿帘石、阳起石等非金属矿物。该阶段形成角砾状、脉状及浸染状矿石，叠加于矿浆期矿石之上。②方解石-磁铁矿阶段。以磁铁矿、方解石的大量发育为特征。磁铁矿具有较好的晶形，呈粗晶自形粒状分布，方解石呈脉状、团块状分布于磁铁矿周围。③钾长石-黄铁矿阶段。主要形成钾长石、黄铁矿。黄铁矿呈浸染状、不连续细脉状发育。④方解石-绿泥石-硫化物阶段。主要形成方解石、绿泥石、黄铁矿、磁黄铁矿、（钴）毒砂，为金的主要成矿阶段。该阶段热液活动早期形成浸染状大量毒砂、磁黄铁矿、黄铁矿等硫化物，晚期发育脉状、团块状方解石。其中金主要赋存于（钴）毒砂的粒间及晶格缺陷中。

岩浆热液期：该成矿期主要为锌成矿期，包括3个成矿阶段。①硅化-绢云母化-硫化物成矿阶段，主要形成石英、绢云母、钾长石和黄铜矿、闪锌矿、方铅矿、磁黄铁矿、黄铁矿等硫化物，金属硫化物呈脉状、浸染状分布于岩体、碳酸盐岩及晶屑凝灰岩中。②方解石化-绿泥石化-闪锌矿成矿阶段，主要形成方解石、绿泥石、闪锌矿、方铅矿，闪锌矿主要呈脉状或浸染状分布于火山岩中，或叠加在铁矿体之上。③萤石化成矿阶段，该阶段以形成大量萤石为特征，为成矿末期残余热液矿化阶段，主要形成萤石、黄铁矿和少量方解石，萤石以脉状分布为特征。

表生期：受成矿后构造作用影响，矿体抬升至地表进入氧化环境，形成褐铁矿为主的氧化矿物，并见少量孔雀石、铜蓝等。

三、松湖

1. 矿区地质特征

1.1 地面高磁特征

矿区沿矿体走向发育一明显的线性磁异常体（图3-11）。异常体总体走向与矿体走向一致，平面上位于矿体的南侧，该异常体长度与矿体长度相当，长分别约为435m和100m。异常强度西强东弱，最大值近11 200nT，一般为3000～5500nT。矿体北部及北侧附近表现为极低的负磁异常带，带宽近20m。该带北侧磁场强度迅速恢复至背景场强度。矿体中南部及南侧附近则表现为强度较高的正磁异常带。剖面上，异常均为单峰异常。矿体南侧为低缓的正磁异常区（强度很低），场强较为平稳。总体而言，矿体南侧的磁场强度较北侧的磁场强度略高。

1.2 地层

矿区出露地层主要为下石炭统大哈拉军山组第二岩性段和第四系。大哈拉军山组

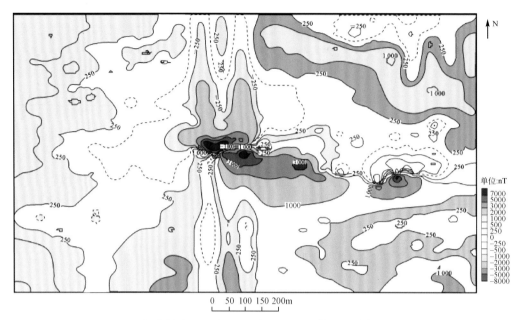

图3-11　松湖铁矿△T平面图（新疆地矿局第七地质大队，2011）

第二岩性段为一套火山碎屑岩-碳酸盐岩组合（图3-12）。火山碎屑岩包括凝灰质砂岩、岩屑晶屑凝灰岩、含角砾岩屑晶屑凝灰岩、晶屑熔结凝灰岩等。碳酸盐岩主要以夹层的形式分布于火山碎屑岩中，岩性包括灰岩、钙质粉砂岩和砂屑灰岩。另外，还有少量紫红色、灰紫色火山熔岩。

　　岩屑晶屑凝灰岩：在矿区内最为发育，按成分可分为安山质和英安质两类。安山质岩屑晶屑凝灰岩中晶屑主要为斜长石和钾长石，岩屑以安山质为主。英安质岩屑晶屑凝灰岩中钾长石晶屑含量增至20%，石英晶屑含量约为25%，岩屑成分以安山质、英安质为主。

　　凝灰质砂岩：呈紫红色或灰绿色，细砂-粉砂状结构，块状构造，局部发育粒序层理。主要由火山细碎屑物与凝灰质、泥质胶结物组成，细碎屑物按粒度分为细砂屑（约60%）和粉砂屑（15%），以呈浑圆状、次圆状或次棱角状的长石为主，含少量安山质、英安质岩屑以及铁质碎屑。

　　含角砾岩屑晶屑凝灰岩：紫红色-灰紫色，晶屑结构，角砾状-块状构造。角砾含量20%左右，呈暗红色、灰紫色、灰绿色，形态为棱角状、次棱角状、次圆状或不规则状，粒径2～20mm，少数可达40～50mm。岩屑以安山质为主，晶屑主要由斜长石和石英组成，含量约为40%。

　　晶屑熔结凝灰岩：紫红色-灰紫色，晶屑结构，块状构造，主要由晶屑、塑性玻屑及火山玻璃组成。晶屑主要为呈自形-半自形粒状的钾长石，含量可达30%～40%。斜长石晶屑含量约为15%，粒度0.15～2mm，简单双晶发育。塑性玻屑含量为30%～40%，呈条带状、流动状分布，发育假流纹构造。

　　灰岩-钙质粉砂岩：相间分布构成韵律层。灰岩呈灰白色，粉晶-鲕粒结构，主要

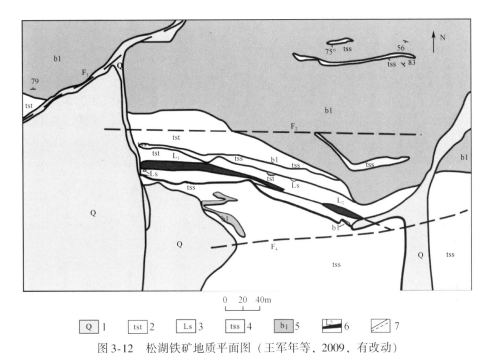

图 3-12　松湖铁矿地质平面图（王军年等，2009，有改动）

1-第四系；2-灰绿色凝灰岩；3-灰岩、钙质粉砂岩、砂岩；4-晶屑凝灰岩；5-紫红色、灰紫色火山熔岩；
6-矿体；7-实测及推测断层

由粉晶方解石（50%）、鲕粒（30% ～40%）及少量火山碎屑物组成。钙质粉砂岩呈紫红色，粉砂状结构，主要由火山碎屑物（约60%）与钙质胶结物组成。其中，火山碎屑物主要由粉砂级的岩屑组成，胶结物以泥晶方解石为主。

砂屑灰岩：呈透镜状发育于凝灰质砂岩中，平行层理发育。灰绿色，砂状结构，砂屑主要为棱角及次棱角状长石晶屑及安山质岩屑，胶结物为亮晶方解石。

安山岩：紫红色，斑状结构，块状构造。斑晶主要由钾长石、斜长石组成，基质以长石微晶和细火山灰为主，钾长石局部高岭土化，斜长石发生钠黝帘石化，少量角闪石发生绿帘石化。

英安岩：灰白色，斑状结构，块状构造。斑晶以斜长石、石英为主，有时含少量角闪石；斜长石斑晶多呈板状，有时发育环带结构，少量角闪石斑晶呈六边形，具有环带结构，边部发生绿泥石化。基质为霏细结构，主要为细粒长石、石英等，含少量磁铁矿颗粒。

流纹岩：暗红色，灰紫色，斑状结构，块状构造。斑晶含量为25% ～30%，以斜长石为主。基质由隐晶质和长石、石英微晶组成，发育流纹状构造，少量磁铁矿微晶分布于基质中。

1.3　构造

矿区总体表现为单斜构造，褶皱不发育，断裂构造和节理裂隙发育。F_3断裂带发育于矿体附近，宽30～50m，产状为110°∠60°～80°，具韧性剪切性质，可见明显的眼球状构造，岩石破碎呈细粒。在矿区采坑内，可明显看到主矿体位于断裂带内，并受断裂带控制。另外，在矿体以西发育北东向断裂，对铁矿体有破坏作用，但沿断裂两侧见明显的碳酸盐岩细（网）脉、石英细脉、黄铁矿脉和褐铁矿化、绿泥石化、孔雀石化。黄铁矿呈自形粗大晶体，具有明显的裂纹，裂纹内见黄铜矿细脉。该黄铁矿应为成矿后含钴黄铁矿（单强等，2009）。

除上述断裂外，矿区内还有几条推测断裂。F_1断裂位于矿体以西，为区域性尼勒克断裂的次级断裂，规模较大，可能具压扭性质。F_2断裂位于矿体北侧，断裂带宽近10m，走向近东西，横贯全矿区，总体向北倾，倾角近直立；带内岩石较为破碎，未见矿化蚀变。F_4断裂位于矿体南侧，北东东向，规模不清。这几条断裂与铁矿关系尚不明确，可能为导矿构造。

1.4 岩浆活动

矿区地表无侵入岩出露，但矿区南部钻孔中见花岗闪长岩发育。该岩体在钻孔中侵入于凝灰岩和铁矿体中，对矿体有破坏作用，为成矿后岩体。

2. 矿体特征

2.1 矿体产出特征

在松湖铁矿地表圈定4个主要矿体，与矿区西部3个矿体连在一起，均为L1矿体。L1矿体与围岩呈整合接触，与围岩接触界线十分清晰且产状一致（图3-13）。底板为灰绿色晶屑凝灰岩，局部可见含砂微晶粉晶生物碎屑灰岩。岩石裂隙发育。晶屑凝灰岩中火山碎屑总含量为40%~50%，粒度为0.02mm×1mm~0.25mm×1mm。底板蚀变以硅化、绿泥石化和碳酸盐化为主，顶板为灰紫色晶屑凝灰岩。火山碎屑含量为25%~30%，粒度为0.005×0.05mm~0.02×0.02mm。

图3-13 松湖铁矿L1矿体

L1矿体为矿区主矿体，储量占矿区总储量的90%以上。该矿体形态似层状、透镜状，近EW-NWW向展布，延长约800m，中西部较厚，向两端逐渐变薄，产状较陡，总体产状为180°~212°∠75°~84°。矿体延深可达710m，发育膨大收缩、分枝复合、尖灭等现象。厚度介于0.86~57.68m，平均厚度为20.70m。

2.2 矿石特征

（1）矿石结构构造

矿石主要为稠密浸染状、致密块状构造，少数为条带状、角砾状和脉状构造。结构主要为他形-半自形粒状结构，少数矿石中自形粒状、板状、交代、碎裂及重结晶结构发育。新鲜铁矿石呈灰黑色，局部夹黄褐色条带。矿石中全铁含量为 22.23% ~ 54.18%，平均为 46.09%。按主要构造划分，可分为以下几类矿石。

1）块状磁铁矿石：为最主要富铁矿石，分布于矿体中部及顶、底板附近。呈铁黑色-钢灰色，块状构造，主要由磁铁矿组成（70% ~ 80%），其次为黄铁矿、赤铁矿、方解石、石英以及绿泥石。磁铁矿镜下呈深灰色或淡棕色，形态为半自形-他形粒状，碎裂及重结晶结构发育，粒径一般为 0.05 ~ 0.1mm。

2）条带状铁矿石：主要位于矿体中上部及顶板附近，由呈条带状相间分布的钾长石、绿泥石和磁铁矿组成。磁铁矿含量约 40%，呈自形-半自形粒状，发育碎裂及重结晶结构，粒径 0.05 ~ 0.15mm。钾长石与绿泥石呈宽 3 ~ 5cm 的条带状分布。

3）团块状铁矿石：发育于矿体深部围岩中。主要由磁铁矿、赤铁矿、黄铜矿、黄铁矿组成。磁铁矿主要呈斑点状、团块状分布于凝灰质围岩中，含量为 20% ~ 30%，呈深灰色，自形-半自形粒状。赤铁矿呈细脉状或浸染状分布，沿边部对磁铁矿进行交代，发育板状自形晶及放射状集合体。黄铜矿主要呈宽 1 ~ 3cm 的不规则脉状，胶结并沿边部交代早期磁铁矿与黄铁矿。黄铁矿含量较少，主要呈浸染状分布。

（2）矿石矿物组成

矿石中矿物组成较为复杂，矿石矿物主要为磁铁矿，其次为赤铁矿、黄铁矿、黄铜矿。

矿石中磁铁矿粒径 0.02mm ~ 0.04mm，主要以两种形式产出：①呈致密状集合体，晶粒相互紧密镶嵌，内部包含的杂质矿物极少；②呈浸染状沿脉石矿物粒间分布。根据浸染的密集程度，又可进一步分为稠密浸染状、中等稠密浸染状和稀疏浸染状等不同类型。其中，稠密浸染状部位发育的磁铁矿的体积含量常在 70% 以上。稀疏浸染状磁铁矿分散程度较高，其体积含量多小于 30%。矿石中磁铁矿的产出以第一形式为主，二者矿物含量比大致为 80：20，呈浸染状产出的磁铁矿多见于致密状集合体的边缘或相邻部位。

赤铁矿呈不规则状，一般沿磁铁矿晶面、边缘或裂隙交代，粒度不一。

褐铁矿分布较为零星，常呈团块状或细脉状集合体沿磁铁矿粒间或裂隙充填交代，同时亦见于脉石中。部分褐铁矿形态较为规则，可能由黄铁矿等金属硫化物氧化而来。

松湖铁矿金属硫化物主要为黄铁矿和黄铜矿，二者矿物含量比大致为 60：40。其中，黄铁矿多呈半自形或不规则粒状沿磁铁矿粒间分布，少数呈细脉状、网格状交代磁铁矿，粒度 0.20 ~ 0.05mm。黄铜矿分布不均匀，亦常呈不规则粒状集合体见于磁铁矿粒间，部分则呈浸染状嵌布在脉石中。沿黄铜矿边缘常见铜蓝交代，交代强烈者，黄铜矿仅呈细小的残余零星分布在铜蓝中，铜矿物的粒度变化范围与黄铁矿基本一致。

脉石矿物主要为钾长石、绿泥石、阳起石、绿帘石、方解石，其次为钠长石、磷灰石等。其中，石榴石为粒状，粒度一般为 0.3 ~ 0.6mm，个别粗者可至 1mm，部分被磁铁矿交代。阳起石和透闪石均为柱状、针状，二者可呈逐渐过渡的关系。部分石榴石、阳起石已发生不同程度的绿泥石化。

2.3 围岩蚀变

围岩蚀变主要类型为钾长石化、绿泥石化、方解石化、黄铁矿化、黄铜矿化、赤铁矿化、阳起石化、绿帘石化等。其中，与铁矿化有关的蚀变主要为绿帘石化、钾化、阳起石化和赤铁矿化。与钴、铜矿化有关的蚀变为方解石化、绿泥石化、黄铁矿化、黄铜矿化。

不同矿化有关的蚀变在空间上并没有混杂在一起，也不具有分带性。与钴、铜矿化有关的蚀变往往沿切断矿体的 NE 向断裂分布，或在铁矿体外围沿与 F_3 平行的断层分布，具有明显的黄钾铁矾化（图 3-14）。与铁矿化有关的蚀变主要分布于矿体中或矿体周围的围岩裂隙中，呈脉状分布。

图 3-14　L1 矿体外围断层破碎带中的黄钾铁矾化

2.4 成矿期、成矿阶段及矿物生成顺序

通过野外及室内镜下观察，根据矿物共生组合及相互穿插关系，将金属成矿作用过程划分为 3 期（矿浆喷溢成矿期、火山热液充填期和表生氧化期），其中与铁有关的为矿浆期、火山热液期。

矿浆喷溢成矿期：火山活动间隙期由磁铁矿组成的矿浆自火山通道口涌出，顺火山斜坡下泄至海底低洼地段（期间可能有部分铁矿浆由海底潮汐活动带至远离火山口地段），或沿火山环状（放射状）断裂充填，形成磁铁矿体。F_3 断裂可能为火山环状（放射状）断裂，松湖铁矿矿体为环状（放射状）断裂内铁矿体。该期矿体矿石主要为致密块状铁矿石，少量条带状铁矿石。

火山热液充填期：①阳起石-绿帘石-磁铁矿阶段。形成磁铁矿、赤铁矿等金属矿物以及绿帘石、阳起石等非金属矿物。该阶段形成角砾状、脉状及浸染状矿石，叠加于早期条带状、矿石之上。②石英-赤铁矿（镜铁矿）阶段。以赤铁矿（镜铁矿）的大量发育为特征，其他矿物包括石英、绿泥石等。赤铁矿呈团块状、浸染状分布，结晶程度较好，呈自形的板状或片状，集合体呈放射状。③钾长石-黄铁矿阶段。主要形成钾长石、黄铁矿。黄铁矿呈浸染状、不连续细脉状发育。④方解石-绿泥石-硫化物阶段。主要形成方解石、绿泥石、钴黄铁矿及黄铜矿，该阶段热液活动早期形成脉状黄铁矿及黄铜矿化，与呈团块状或不连续脉状的石英密切共生。该阶段晚期形成浸染状黄铁矿与黄铜矿，发育于顺层产出的方解石脉中。

表生氧化期：受成矿后构造作用影响，矿体抬升至地表进入氧化环境，形成褐铁矿为主的氧化矿物，并见少量孔雀石、铜蓝等。

四、阔拉萨依

1. 矿区地质特征

1.1　地层

矿区出露地层主要为下石炭统大哈拉军山组（C_1d）、阿克沙克组（C_1a）及第四系（Q）。

大哈拉军山组在矿区内广泛出露，为一套海相火山喷发-沉积碎屑岩夹海相碳酸盐岩建造。按其岩性特征可划分为 5 个岩性段：第一岩性段为一套海相沉积碳酸盐岩建造，岩性为灰白色厚层结晶灰岩、灰白色富含生物化石薄层灰岩；第二岩性段为一套海相沉积-火山碎屑岩建造，主要岩性为灰黑色凝灰质粉砂岩、灰绿色凝灰岩、灰绿色安山质火山角砾岩及少量青灰色灰岩；第三岩性段主要由灰褐色玄武质安山岩、灰绿色玄武岩、灰绿色火山集块岩、灰黑色凝灰岩、青灰色灰岩组成，为一套基性火山爆发-喷溢-沉积形成的火山岩系，是阔拉萨依矿区的主要赋矿层位，磁铁矿体主要赋存于凝灰岩和火山集块岩中；第四岩性段主要出露于矿区南部，岩性以灰绿色玄武质安山岩、灰黑色火山碎屑岩及灰褐色火山角砾岩为主；第五岩性段为一套酸性火山岩系，位于矿区南部，以大面积发育的高岭土化为特征，主要由紫红色流纹岩、流纹斑岩、灰褐色火山角砾岩组成。

阿克沙克组主要分布在矿区北部，岩性主要为灰黑色凝灰质砂岩、灰褐色凝灰质火山角砾岩、灰绿色安山玢岩及青灰色灰岩，与下伏大哈拉军山组不整合接触。

第四系主要为冲积坡积物，见于沟谷中。

1.2　构造

受伊什基里克山南麓深大断裂影响，在矿区内发育一系列的次级断裂。走向主要呈北西和北东向，少量为东西向。断裂构造控制了矿区火山岩的分布和发育。此外，矿区内也可见少量褶皱构造，地层中常出现揉皱变形现象。

1.3　岩浆及火山活动

矿区内侵入岩不太发育，未见较大规模的岩浆侵入体，仅在矿区南部大哈拉军山组火山岩地层中发育呈小岩株、岩枝状侵入的中基性脉岩及次火山岩，总体呈北东走向。岩性主要为花岗闪长岩、石英闪长玢岩、辉长闪长玢岩等。此外，矿区内普遍见较晚期侵入的辉绿岩脉，规模较小。矿区内火山活动强烈，火山岩发育。在矿区西部实测地质剖面上共识别出火山旋回（火山集块岩–火山碎屑岩–火山熔岩）4个，显示矿区火山作用强烈而频繁，火山活动具有韵律性。同时，在矿区采矿平硐中，矿体下盘发现大量火山集块岩，是火山通道（火山角砾岩筒）内的产物。矿区磁铁矿体的分布受到角砾岩筒的控制，矿体产出于火山通道内或通道周围的火山断裂内，表明矿化与火山作用具有密切的关系。

2. 矿体特征

2.1 矿体产出特征

阔拉萨依铁矿区目前已探明的铁矿石资源量达到中型，共发现隐伏矿体4个。其中，3个为铁矿体，分布于矿区西部，编号分别为Ⅰ、Ⅱ、Ⅲ号矿体（图3-15）。东部独立发育锌矿体，规模较小。

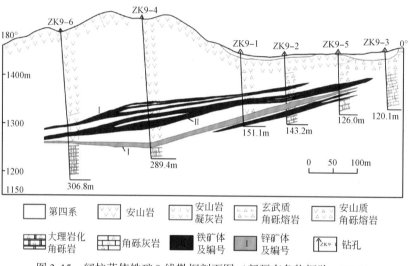

图3-15　阔拉萨依铁矿9线勘探剖面图（新疆有色物探队，2011）

Ⅰ号磁铁矿体位于矿区东北方向，产于含角砾安山质凝灰岩中，矿体呈层状，走向控制长约300m，延深360m。矿体厚1.75～13.33m，平均厚6.69m，西段及南段矿体厚度较大，向北东矿体变薄。矿体向南缓倾。矿体全铁（TFe）品位29.41%～63.99%，平均44.66%，以致密块状或角砾状矿石为主。

Ⅱ号磁铁矿体产于灰褐色火山角砾岩或安山质凝灰岩中，位于Ⅰ号矿体下部，矿体呈层状及脉状，南倾，倾角约10°。走向控制长约410m，延深700m。矿体平均厚13.79m，矿体TFe品位25.14%～45.12%，平均34.46%。

Ⅲ号矿体产于含火山角砾岩、含角砾安山质凝灰岩与角砾状灰岩之间，位于Ⅱ号矿体下部。矿体受火山机构内的断裂或裂隙控制，呈脉状，向南缓倾（图3-16）。走向控制长约510m，延深300m。矿体平均厚10m，全铁品位29.53%～35.48%，平均31.82%。矿石呈角砾状，角砾为磨圆度较好的重结晶方解石，由自形程度较好的细粒磁铁矿胶结。

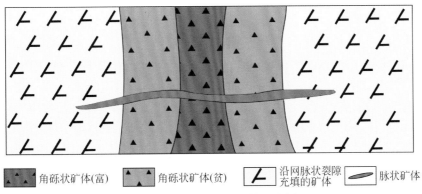

角砾状矿体(富) ▲ 角砾状矿体(贫) 沿网脉状裂隙充填的矿体 脉状矿体

图 3-16 阔拉萨依Ⅲ号矿体坑道剖面

2.2 矿石特征

2.2.1 矿石成分

阔拉萨依铁矿的矿石类型主要为磁铁矿石，另外还有锌矿石、铜矿石。

磁铁矿石中金属矿物主要为磁铁矿，其次为黄铁矿、赤铁矿、褐铁矿等，偶见黄铜矿、磁黄铁矿。非金属矿物主要为方解石、绿帘石、绿泥石、绢云母等，其次为石榴石及透辉石。

锌矿石中金属矿物主要为闪锌矿、黄铁矿、磁黄铁矿，其次为方铅矿等，偶见黄铜矿。非金属矿物主要为方解石、石英、绢云母等。

铜矿石中金属矿物主要为黄铜矿、黄铁矿，其次为闪锌矿、方铅矿等，偶见磁铁矿。非金属矿物主要为方解石、石英、绢云母、透辉石等。

2.2.2 矿石构造

矿石构造较为复杂，有角砾状、块状、浸染状、脉状、网脉状。其中，浸染状、角砾状、块状或致密块状构造较为普遍（图 3-17）。

(a)角砾状矿石 (b)块状矿石

图 3-17 阔拉萨依主要铁矿石类型

1）浸染状矿石：分为稀疏浸染状和稠密浸染状两种，主要表现为黄铁矿浸染状分布于块状磁铁矿石中。

2）角砾状矿石：主要表现为围岩（主要为大理岩、灰岩，少量晶屑凝灰岩）角砾被晚期粗粒磁铁矿胶结，矿石中有时有团块状方解石晶体。

3）块状矿石：一般分为块状和致密块状两种构造。前者磁铁矿颗粒以细粒为主，叠加有细脉状黄铁矿和粗粒磁铁矿，以该类型矿石组成的矿体为层状、透镜状。后者磁铁矿颗粒较粗，伴有少量方解石和黄铁矿，以该类型矿石组成的矿体为脉状，与方解石脉伴生，位于断层附近。

4）脉状矿石：表现为磁铁矿在安山质晶屑凝灰岩中呈条带状、脉状分布，与火山岩接触界限非常清晰，无明显的过渡。

2.2.3　矿石结构

阔拉萨依铁矿矿石结构以他形–半自形粒状结构、半自形–自形粒状结构（磁铁矿呈他形粒状或半自形粒状）为主，其次为交代结构（磁铁矿交代方解石，在方解石中呈细小乳滴状）、包含结构（粒状磁铁矿处于核部，其外侧为环状的赤铁矿）。在安山质凝灰岩与磁铁矿体的接触带产出的蚀变岩则具有交代残余结构，出现透辉石、放射状的阳起石及不规则状的斜长石等。

2.3　围岩蚀变

矿区内广泛发育透辉石化、钠长石化、绿帘石化、绿泥石化以及碳酸盐岩化等围岩蚀变。这些蚀变多与火山热液有关。其中，透辉石为高温热液蚀变、绿帘石化为中温热液蚀变，碳酸盐岩化为低温热液蚀变。钠长石化、绿泥石化较为复杂。

1）透辉石化：呈脉状分布于围岩（安山岩、安山质晶屑凝灰岩）中，一般不与矿体接触。

2）绿帘石化：呈脉状分布于铁矿体周围、内部或围岩（安山岩、安山质晶屑凝灰岩）内部，平面、剖面上均呈线性分布，一般不与石榴石化、透辉石化伴生。

3）绿泥石化：在矿区以两种形式出现，一种与绿帘石化伴生，呈脉状分布，颜色为浅灰绿色，与低温热液蚀变有关；另一种呈面状分布于火山岩，尤其是凝灰岩中，颜色为灰绿色，为火山熔浆、火山喷发物与海水相互作用的产物。

4）钠长石化：以两种形式出现，一种在火山岩中呈晶体、晶屑出现，可能与火山熔浆中钠长石的结晶有关，形成温度很高；另一种呈脉状、条带状分布于火山岩中，隐晶质结构，与火山熔浆、火山喷发物与海水相互作用有关。

5）碳酸盐岩化：以方解石细脉穿插于或切断磁铁矿体、火山岩及上述各种蚀变体中，是晚期低温成矿流体活动的遗迹。

2.4　成矿期、成矿阶段

通过野外及室内镜下观察，根据矿物共生组合及相互穿插关系，将金属成矿作用过程划分为4期（矿浆期、火山热液期、岩浆热液期和表生期）7个阶段，其中与铁有关的为矿浆期、火山热液期，与锌、铜有关的为岩浆热液期。

矿浆喷期：火山活动间隙期由磁铁矿组成的矿浆自火山通道口涌出，顺火山斜坡下泄至海底低洼地段（期间可能有部分铁矿浆由海底潮汐活动带至远离火山口地段），或沿火山环状（放射状）断裂充填，形成磁铁矿体。该期矿体矿石主要为致密块状铁矿石。目前该阶段矿体仅在矿区发现少量残余。

火山热液期：①方解石-磁铁矿阶段。以磁铁矿、方解石的大量发育为特征，磁铁矿具有较好的晶形，呈粗晶自形粒状分布，方解石呈脉状、团块状分布于磁铁矿周围。该阶段矿体为筒状、脉状。②钾长石-黄铁矿阶段。主要形成钾长石、黄铁矿，黄铁矿呈浸染状、不连续细脉状发育。③方解石-绿泥石-硫化物阶段。主要形成方解石、绿泥石、黄铁矿、磁黄铁矿。该阶段热液活动形成呈浸染状分布的大量黄铁矿、磁黄铁矿等硫化物，发育于脉状方解石中，或呈脉状分布于磁铁矿体中。

岩浆热液期：该成矿期主要为锌、铜成矿期，包括两个成矿阶段。①硅化-绢云母化-硫化物成矿阶段，主要形成石英、绢云母、钾长石和黄铜矿、闪锌矿、方铅矿、磁黄铁矿、黄铁矿等硫化物。金属硫化物呈脉状、浸染状分布于岩体、碳酸盐岩及晶屑凝灰岩中。②方解石化-绿泥石化-闪锌矿成矿阶段。主要形成方解石、绿泥石、闪锌矿、方铅矿。闪锌矿主要呈方解石-绿泥石-闪锌矿脉或浸染状闪锌矿分布于火山岩中，或叠加在铁矿体之上。

表生期：受成矿后构造作用影响，矿体抬升至地表进入氧化环境，形成褐铁矿为主的氧化矿物，并见少量孔雀石、铜蓝等。

第三节 赤铁矿床

一、式可布台

1. 矿区地质特征

1.1 地层

式可布台铁矿位于新疆伊犁哈萨克自治州新源县东北开普台村北部。矿区内主要出露上石炭统伊什基里克组和第四系（图3-18）。伊什基里克组从下至上可分为4个岩性段：第一岩性段主要以中酸性火山岩、中酸性火山碎屑岩、浅变质千枚岩、板岩、片岩、绢云母化片岩为主，并含有少量泥灰岩夹层，为式可布台铁矿的主要赋矿围岩；第二岩性段为层状安山质火山角砾岩、凝灰岩以及安山岩，为少量热液裂隙充填型磁铁矿的赋矿层位；第三岩性段为层状安山质火山角砾岩、层状粗安质火山角砾岩、层状凝灰岩和沉凝灰岩、粗安岩以及安山岩，底部为巨厚层砂砾岩和次圆状复成分火山角砾岩；第四岩性段为层状安山质凝灰岩、层状粗安质凝灰岩、层状安山质角砾岩、层状粗安质火山角砾岩以及层状火山角砾岩，底部为厚层次圆状火山角砾岩。此外，矿区中部沿EW向发育有一条含金黄铁矿化硅化角砾岩带。

其中，伊什基里克组第一岩性段普遍经历了韧性-脆性变形作用，形成片理化安山岩、片理化凝灰岩、千枚状流纹斑岩-绢云母千枚岩、白云石英片岩，片理（糜棱面理）发育。

1.2 构造

矿区断裂构造相当发育。根据各断裂之间的切穿关系，判断出由早到晚分别发育

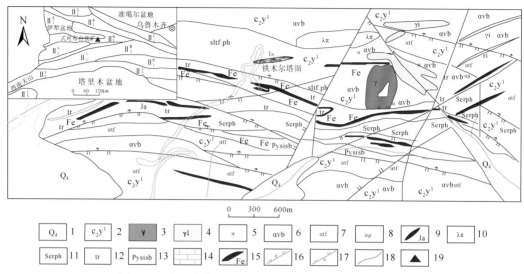

图 3-18　式可布台铁矿区地质平面图（刘学良等，2013）

1-第四系；2-依什基里克组一段；3-方解石质灰岩；4-辉长岩；5-细晶石英二长岩；6-安山岩；

7-安山质火山角砾岩；8-安山质凝灰岩；9-含铁碧玉岩；10-浅石英斑岩；11-绢云母千枚岩；

12-蚀变破裂岩；13-黄铁矿化硅化角砾岩；14-铁矿层；15-正断层；16-逆断层；

17-地质界线；18-潜安山玢岩；19-矿床位置

II_1^1-依连哈比尔尕晚古生代沟弧带；II_1^2-阿拉套陆缘盆地；II_1^3-博乐中间地块；II_1^4-博罗

霍古生代叠加岛弧带；II_1^5-伊犁中间地块；II_1^6-阿吾拉勒—伊什基里克晚古生代弧后盆地；

II_1^7-那拉提早古生代岛弧带；II_1^8-哈乐克—巴仑台早古生代沟弧带；II_1^9-萨阿尔明—库米

什古生代沟弧带；II_1^3-柯枰古生代前陆盆地；II_2^3-南天山晚古生代陆缘盆地

近 EW 向、NW-NWW 向以及 NE-NEE 向三组断裂。早期近 EW 向逆断层占主导地位并延伸至矿区外，在平面上呈平行排列，倾角变化大，47°～80°都有发育，总体上向西呈变缓趋势。中期 NW-NWW 向断裂切穿早期 EW 向断裂，主要为逆断层和张扭性断层，倾角较陡，约为 70°。晚期 NE-NEE 向断裂主要为一组横贯矿区南北的逆断层，切穿近 EW 向、NW-NWW 向断裂，其倾角较陡，约为 80°，在其东部有一小型平行的张性扭压断层，倾角稍缓，约为 60°。区域上平行分布的近 EW 向逆断层向北延伸在走向上有向东靠近的趋势。此外，NW 向断裂向 NW 方向延伸压扭性断层更为发育，暗示矿区经历过一个由 SW 向 NE 挤压的地质运动。

矿区褶皱以式可布台向斜为主，其余的小褶皱都是次级褶曲。

1.3　岩浆活动

矿区内侵入岩较为发育，主要以岩株、岩脉的形式出露。

岩体主要发育于矿区的南部和东南部，形成时代包括早石炭世、晚石炭世和早二叠世（陈杰等，2013）。早石炭世岩体岩性主要为中细粒辉长岩体，年龄为 331Ma，分布于矿区东南部；晚石炭世岩体岩性主要为中细粒花岗闪长岩，年龄为 313Ma，分布于矿区南部和东南部；早二叠世岩体岩性为中粒二长花岗岩体，年龄为 281Ma，分布于矿区东南部。这些岩体均被后期断层错动和破坏过。

岩脉岩性主要有石英二长斑岩和辉绿玢岩两种。石英二长斑岩脉有两条，一条分布于矿区中部，长约 1.2km，走向近 EW。另一条位于矿区东南部花岗闪长岩体中，走向 NW，被断层所错断。辉绿玢岩脉也有两条，分布于矿区南部，年龄均为 212Ma，走向近 EW，一条长约 2.6km，另一条长约 1.6km 并被 NE 走向逆断层错断。

尽管矿区岩体和岩脉比较发育，但是它们和铁矿的形成没有直接的关系。

2. 矿体特征

2.1 矿体产出特征

铁矿体赋存于上石炭统伊什基里克组第一岩性段中，与第二岩性段为断层接触，南部则被晚石炭世侵入岩所切。赋矿岩性组合为基性-中性-酸性岩海相火山喷发-沉积建造，局部为碳酸盐岩-化学沉积建造。矿区全长约 4km，宽约 1.3km，可分为中、东、西 3 个矿段（刘学良等，2013；贺飞等，2013；陈杰等，2013）。

中矿段为矿区主矿段，近 EW 向延伸，东西长约 1.3km，宽约 100m（图 3-19），共有 14 层 29 个矿体，其中 3 层矿体较厚。矿体在深部倾角变陡，倾角 40°~60°，倾向 350°~20°。矿体形态规则，主要呈层状、似层状和透镜状顺层产出于围岩中，其中含有大量的层状铁碧玉以及层状重晶石夹层。在平面上，矿体向东、西延伸，并逐渐变薄直至尖灭，空间上向深部矿体厚度减小，铁碧玉夹层逐渐增多。单个矿体长 100~400m，最长 900m，厚 2~5m，最厚 41m。钻探工程控制矿体斜深 200~300m，最大达 430.08m。

西矿段近 NW 向延伸，含碧玉赤铁矿层。矿体形态呈层状、似层状，以凸镜状产出，矿石构造呈条带状、层状。各矿层产出严格受层位制约，产状与围岩一致。矿层直接围岩为绿泥石片岩、绢云石英片岩、千枚岩，含铁层安山质晶屑凝灰岩、板状安山质晶屑凝灰岩、方解石质灰岩和火山集块岩，围岩中含大量黄铁矿。矿层中见黄铁矿、黄铜矿，地表孔雀石、铜蓝沿裂隙充填呈细脉状。该矿段分为南、北两个带共 4 个铁矿体，最大矿带厚 60m，最大单矿体厚 26m。北带长约 300m，宽 5~20m，含两层铁矿体；南带长约 400m，宽约 20m，含两层铁矿体。

东矿段长约 1.2km，含 7 个铁矿体。矿体呈近 NE 向延伸，呈薄层状，单矿体长 100~200m，厚 3~5m，矿体倾向 0°~20°、倾角 50°。其中，东矿段北矿带钻孔中块状黄铜矿与赤铁矿相间出现，向深部可能过渡为铜矿体，S 品位约 26.6%，Cu 品位为 0.98%。

矿区全部矿体全铁平均品位为 56.66%，最高可至 66.7%。其中，富铁矿石约占 70%。整体上主矿段最富，东矿段次之，西矿段较贫。矿石杂质含量较低，平均硫含量为 0.278%，二氧化硅多为 5%~10%，磷的含量一般小于 0.05%。

另外，部分矿体和围岩中发育大量石英脉，少量石英脉中发育有结晶较好的镜铁矿（陈杰等，2013）。

2.2 矿石特征

矿石一般呈钢灰色、赤红色，条痕呈樱红色，大部具金属光泽。矿石构造较为简单，主要有块状构造、条带状构造和纹层状构造，以块状矿石为主。块状赤铁矿石主

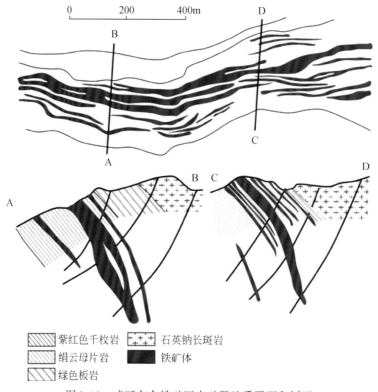

图 3-19　式可布台铁矿区中矿段地质平面和剖面

要分布于层状、脉状矿体中，一般不与铁碧玉互层，基本上由赤铁矿组成，品位较富 [图 3-20（a）]。在层状、透镜状、似层状矿体中，部分赤铁矿与铁碧玉和重晶石呈互层形成条带状矿石 [图 3-20（b）]，少量赤铁矿和黄铁矿、重晶石呈互层形成纹层状矿石、同心层状矿石 [图 3-20（c）、（d）]，或呈脉状分布于铁碧玉中 [图 3-20（b）]。镜铁矿和主要和重晶石呈互层形成条带状矿石，少量镜铁矿呈脉状分布于赤铁矿中。

　　矿石结构主要以鲕状、胶状、充填和交代结构（赤铁矿交代早期黄铁矿形成）为主，此外还有穿插结构（脉状鳞片状镜铁矿穿插早期赤铁矿铁碧玉脉、铁碧玉脉形成）、包含结构（铁碧玉捕获早期自形柱状赤铁矿形成）、骸晶结构（他形赤铁矿、黄铜矿以及不规则状重晶石从黄铁矿中心交代形成）。

　　式可布台铁矿矿物组成较为简单。矿石矿物主要为赤铁矿，次为镜铁矿和磁铁矿，此外还有少量的菱铁矿、黄铁矿、蓝铜矿、黄铜矿和软锰矿以及微量的方铅矿。

　　赤铁矿是矿床中主要的含铁矿物，其矿物结构复杂，主要有 4 类（陈杰等，2013）：第一类粒径为 $50\sim90\mu m$，细粒自形到半自形长柱状；第二类粒径多小于 $5\mu m$，细粒自形到半自形长柱状，常和少量他形粒状铁碧玉形成赤铁矿脉，或者无规则分布于碧玉之中；第三类结晶较差，常形成块状矿石，或和他形不规则铁碧玉形成赤铁矿铁碧玉脉；第四类结晶较好，粒径变化较大，为板柱状颗粒，部分晶体具有韧性变形痕迹。镜铁矿为矿床中的次要含铁矿物，镜下光学特征与赤铁矿一致，但较赤铁矿结

图 3-20 式可布台铁矿主要矿石构造

（a）脉状赤铁矿体沿火山集块岩裂隙发育，矿石呈块状构造；（b）在凝灰岩中的层状赤铁矿体，赤铁矿与铁碧玉组成条状状构造；（c）、（d）赤铁矿与铁碧玉组成同心层纹状构造

晶更好，常呈片状、鳞片状分布，部分镜铁矿呈细脉状分布于赤铁矿中，并切穿早期赤铁矿铁碧玉条带以及铁碧玉条带。菱铁矿为矿床中少量的含铁矿物，镜下见明显的分异现象，矿物晶形较差，具有明显的充填结构。部分菱铁矿呈网脉状浸染状晶形较好的赤铁矿，或者沿着赤铁矿晶体边界生长。一些菱铁矿中含有细粒他形粒状黄铜矿，并且沿着裂隙颜色加深，可能与 Mn 含量增加有关。黄铁矿镜下主要分两种产出方式：一类为自形粒状结构，矿物颗粒内部常见他形粒状赤铁矿和重晶石；另一类为他形破布状黄铁矿，被赤铁矿、黄铜矿以及重晶石交代。方铅矿、软锰矿、黄铜矿含量很少。其中，方铅矿形状不规则，粒径小，仅在黄铁矿颗粒内部以交代形式产出。软锰矿呈不规则状分布于铁碧玉、重晶石中。黄铜矿形状不规则，粒径小，主要分布于菱铁矿中或者沿着黄铁矿颗粒内部裂隙以交代形式产出，为热液充填结晶产物。

脉石矿物主要为铁碧玉、绢云母、绿泥石、石英和重晶石。铁碧玉和重晶石是海相沉积的常见矿物。铁碧玉常和赤铁矿形成条带状矿石顺层分布于围岩中，铁碧玉条带中常见大量重晶石细脉。另外，少量重晶石还与镜铁矿组成重晶石-镜铁矿脉发育于层状赤铁矿体中。它们的出现，代表了式可布台铁矿形成时为海相沉积环境。

2.3 围岩蚀变

矿体围岩普遍受区域变质作用和海水-岩石反应，蚀变比较发育，主要有绿泥石化和绢云母化。此外还有微弱的方解石化、重晶石化、绿帘石化、硅化等。

2.4 成矿期、成矿阶段及矿物生成顺序

根据矿体的特征及矿石组构、矿物类型，结合矿物颗粒之间的交代、充填、切穿关系，将式可布台矿床分为3个成矿期（矿浆喷溢成矿期、火山热液充填期和表生氧化期）7个成矿阶段。

矿浆喷溢成矿期：①火山喷气成矿阶段。火山经历大规模剧烈爆发后，相对喷发微弱，以火山气液为主，其中含有大量成矿物质与挥发份，经漂移落入热海水中，沉积形成一定规模的含矿物质层。②矿浆喷溢成矿阶段。火山活动间隙期由赤铁矿、硅质胶体组成的矿浆自火山通道口涌出，顺火山斜坡下泄，流至海底低洼地段（期间可能有部分铁矿浆由海底潮汐活动带至远离火山口地段），因沉积环境不稳定，形成多层赤铁矿与铁碧玉、重晶石组合矿层。③海底沉积阶段。即菱铁矿-软锰矿形成阶段，随着火山作用物质的加入，热的海水与火山沉积物发生反应，形成新物质。菱铁矿、软锰矿、菱锰矿等以他形不规则状充填于早期赤铁矿颗粒之间，为胶体化学沉积成因。部分 Cu^{2+}、Pb^{2+}、Zn^{2+}、Fe^{2+} 等亲硫离子与海水中的 S^{2-} 结合，形成细粒或胶体状黄铁矿、黄铜矿、闪锌矿等，充填于赤铁矿颗粒间。此阶段矿物具有明显的鲕状、豆状等沉积构造。

火山热液充填期：①石英-镜铁矿成矿阶段。形成大量石英-镜铁矿脉以及石英脉并伴随部分赤铁矿的重结晶作用，脉体切穿地层和矿体，形成时间上明显晚于矿浆喷溢成矿期矿体。其中，镜铁矿脉、重晶石-镜铁矿脉多见于矿体中，石英脉、石英镜铁矿脉常见于围岩中。②金属硫化物成矿阶段。火山热液晚期，大量金属硫化物（以黄铁矿为主，黄铜矿、方铅矿、闪锌矿等较少）沿断层、岩石和矿体裂隙充填，形成金属硫化物脉。③金矿化阶段。后期的热液沿途萃取围岩中的金，在断层中卸载，形成含金石英-黄铁矿脉。

表生氧化期：受成矿后构造作用影响，矿体抬升至地表进入氧化环境，形成褐铁矿为主的氧化矿物，并见少量孔雀石、铜蓝等。

二、波斯勒克

1. 矿区地质特征

1.1 地层

矿区出露的地层主要为上石炭统伊什基里克组（C_2y）、下石炭统阿克沙克组（C_1a）及第四系（Q_4）。

（1）上石炭统伊什基里克组（C_2y）

为矿区的主要含矿地层，由一套中酸性喷发岩和碎屑岩组成。下部为凝灰质砾岩、砾岩、砂岩、粗砂岩，上部为安山岩、英安岩、玄武安山岩、凝灰岩等，以角度不整合或平行不整合盖在阿克沙克组（C_1a）之上。

安山岩：肉红色-紫红，褐红色，斑状结构，块状构造。斑晶为斜长石，半自形-自形，板状，柱状等，灰白色，一般含量不均匀，可见少量暗色矿物斑晶，基质为隐

晶质。岩石具绿泥石化，局部褐铁矿化强烈。

玄武安山（玢）岩：灰褐–深灰色，斑状结构，块状构造，气孔、杏仁构造。斑晶主要为斜长石，少量角闪石、黑云母等。斜长石少量，板状，柱状，石英呈颗粒状，基质为隐晶质。岩石中可见杏仁体，粒度变化较大，杏仁体呈椭圆状，粒径一般为 0.2 ~ 8mm，成分为方解石等。岩石碳酸盐化强烈，裂隙面褐铁矿化较强，可见少量碳酸盐岩细脉，脉宽为 3 ~ 50mm，岩石非常破碎，小裂隙发育。岩层产状 305° ~ 350° ∠70° ~ 80°。

玄武质凝灰岩：青灰–灰绿色，凝灰结构，块状构造。岩石由火山碎屑物及少量暗色矿物组成，火山碎屑物主要为极少量晶屑和火山灰等。晶屑成分为石英，少量，分布极不均匀，颗粒状，胶结物为火山灰。岩石普遍具绿泥石化、绿帘石化，岩石风化强烈。岩层产状 150° ~ 170° ∠48° ~ 63°。

安山质凝灰岩：灰褐色，凝灰结构，块状构造。岩石主要由火山碎屑物及少量安山质角砾组成，角砾呈次棱角状，大小不均匀，10 ~ 20mm，成分为安山质、长英质等，岩石具绿泥石化。岩层产状 320° ∠65°。

粗面岩：灰白色–浅灰绿色，斑状结构，块状构造。斑晶主要为透长石、斜长石，基质为隐晶质。岩层产状 44° ∠63°。

英安岩：肉红色–褐红色，斑状结构，块状构造。斑晶主要为钾长石，少量斜长石及暗色矿物，基质为隐晶质。岩石中石英细网脉较为发育，脉宽为 1 ~ 5mm，岩石硅化较强，局部裂隙面褐铁矿化强烈。可见少量碳酸盐脉，岩层产状 305° ~ 355° ∠52° ~ 85°。

（2）下石炭统阿克沙克组（C_1a）

分布于伊什基里克组北部，为一套正常沉积的陆–浅海相碎屑岩和浅海相碳酸盐岩，角度不整合于大哈拉军山组之上。岩性主要为砂岩、粉砂岩、砂砾岩等。

砂岩：浅黄色–浅肉红色，中–细粒结构，块状构造，层状构造。岩石主要由砂质及岩石碎屑等组成，砂质不均匀，粒度为 0.5 ~ 0.05mm，碎屑物主要为长石、石英，硅质胶结，岩石具弱绿泥石化。岩层产状 150° ~ 190° ∠38° ~ 46°。

砂砾岩：灰褐色，砾状结构，块状构造，层状构造。岩石主要由砂质、砾石及胶结物组成，砾石成分为安山质、凝灰质、玄武质，磨圆度较好，分选性差。砾石粒径为 0.5 ~ 200mm。岩层产状 40° ∠35°。

（3）第四系（Q_4）

分布于山涧洼地及河谷中，主要为黄土、沙土、腐殖土等。

1.2　构造

矿区构造以 NE-NEE 向断裂为主，为矿区最为重要的断裂构造。长延伸约 1km，倾向南东，倾角 50° ~ 75°。该断裂具有明显的控矿作用，矿区内目前所见铁矿体均产在该构造之中。

NE-NEE 向断裂在矿区主要发育有两条（F_1 ~ F_2），平行分布，是区域东西向断裂的次一级构造，均有铁矿化显示。其中 F_1 断裂带延长大于 800m，宽 2 ~ 20m，总体北西倾，倾角 55° ~ 80°。断裂带内岩石极破碎，蚀变强烈，以褐铁矿化、绿泥石化、碳酸盐岩化为主。该组断裂严格控制了Ⅰ号铁矿化带的分布及其Ⅰ-1、Ⅰ-2等矿体的规模、形态、产状变化，是该区主要的控矿容矿构造。

F$_2$断裂带位于F$_1$北东侧约100m处，与F$_1$平行展布，延长大于400m，宽5～37m，产状302°～345°∠45°～70°，上盘倾角缓，下盘较陡。断裂带内分布赤铁矿、磁铁矿等，岩石破碎，蚀变以褐铁矿化、绿泥石化、碳酸盐岩化为主。F$_2$断裂空间上控制了Ⅱ号铁矿化带及Ⅱ号矿体群的产出。

南北向断裂为成矿后构造，矿区比较发育，多为规模较小的破碎带，截切北西向构造，但断距不大，沿破碎带无明显成矿物质的带入和带出。

1.3 岩浆活动

构造区内出现少量的辉绿岩、辉长岩、闪长岩，呈脉状或透镜体状产出，侵入地层为下石炭统阿克沙克组或上石炭统伊什基里克组。岩性主要为辉绿岩，其间有辉长岩脉顺假层理贯入，倾向70°，倾角25°。

2. 矿体特征

2.1 矿体产出特征

矿区可划分出Ⅰ、Ⅱ两个铁矿带。

Ⅰ矿带总长度约700m，平均厚度4.31m，平均品位24.82%，主要为赤铁矿带。总体倾向320°，倾角75°～80°。

Ⅱ矿带主要为磁铁矿带，可分为7个铁矿体，其中Ⅱ-4、Ⅱ-5、Ⅱ-6、Ⅱ-7矿体均为盲矿体。Ⅱ-1矿体地表控制长200m，平均宽5.90m，平均铁品位21.02%，最高品位26.80%，以磁铁矿、赤铁矿为主，地表氧化较强，形成褐铁矿。Ⅱ-2矿体单工程控制长约100m，宽1.70m，铁品位23.05%，以磁铁矿、赤铁矿为主。Ⅱ-3矿体地表单工程控制长100m，深部由ZK001控制，宽1.95m，平均铁品位20.50%，最高品位21.48%，主要为赤铁矿。Ⅱ-4矿体厚18.00m，平均铁品位27.27%，最高品位38.72%，矿体为赤铁矿夹角砾状磁铁矿，顶底板岩性均为玄武安山玢岩。Ⅱ-5矿体厚20.51m，平均铁品位32.05%，最高铁品位51.40%；矿石为致密块状磁铁矿，强磁性，局部分布角砾状磁铁矿，赋矿岩性为辉绿岩。Ⅱ-6矿体厚6.00m，平均铁品位27.7%，最高品位36.42%，矿石为致密块状磁铁矿，赋矿岩性为辉绿岩。Ⅱ-7矿体厚8.00m，平均铁品位31.10%，最高品位35.85%，为致密块状磁铁矿体，赋矿岩性为辉绿岩。

2.2 矿石特征

按主要矿石矿物划分，波斯勒克铁矿矿石可分为赤铁矿石和磁铁矿石两类（图3-21）。

赤铁矿石呈微状–细粒结构，条带状构造、块状构造，主要有用元素为Fe。主要矿石矿物为赤铁矿，少量为磁铁矿；脉石矿物为方解石、重晶石。条带状构造矿石主要由细粒赤铁矿、脉状、条带状方解石和重晶石组成矿–脉石矿物互层。

磁铁矿石呈细粒粒状结构，块状构造，局部角砾状、脉状构造，主要有用元素为Fe、V、Ti。主要矿石矿物为磁铁矿，含少量赤铁矿、黄铁矿、黄铜矿，可见次生矿物褐铁矿、孔雀石；脉石矿物主要为石英、绿泥石、绿帘石、斜长石、钾长石、绢云母、方解石等。黄铁矿在矿石中呈半自形粒状、不等粒、浸染状分布，局部呈粒状集合体细脉状分布，多分布于磁铁矿表面，具微裂纹，少量轻度碎裂，个别有轻度褐铁矿化。黄铜矿在磁铁矿石中呈他形-定向拉长的粒状，0.1~2.2mm，呈浸染状、平行的微脉、短脉状分布，晶粒边缘已褐铁矿化，与微粒黄铁矿聚集共生。

(a)条带状赤铁矿石 　　　　　(b)块状磁铁矿石

图3-21 波斯勒克铁矿区矿石条带状赤铁矿石、块状磁铁矿石

2.3 围岩蚀变

赤铁矿体与围岩（玄武安山玢岩）接触部位蚀变较弱，主要为重晶石化、方解石化和弱孔雀石化。磁铁矿体附近围岩蚀变较强，主要为绿帘石化、绿泥石化、碳酸盐岩化等。

2.4 成矿期、成矿阶段及矿物生成顺序

从Ⅱ-4矿体中角砾状磁铁矿石侵入赤铁矿体来看，赤铁矿体形成要早于磁铁矿体。因此，矿区成矿基本可分为两期：早期为赤铁矿成矿期，在中酸性火山熔岩中形成赤铁矿体；晚期为磁铁矿成矿期，在侵入于火山岩的基性岩脉中沿断裂、断层形成，后期岩浆热液再沿断裂、断层上升，形成黄铁矿、黄铜矿。

第四节　钒钛磁铁矿点

一、哈拉达拉矿区地质特征

1. 地层

哈拉达拉基性岩体位于特克斯县城东北部约15km处的哈拉达拉乡附近。岩体顺层侵入早石炭世阿克沙克组和晚石炭世伊什基里克组之间（图3-22）。

大哈拉军山组分布在岩体北部，地层走向近东西，产状南陡北缓，按其岩性特征由上至下可分为5个岩性段，矿区出露第三岩性段，岩性以基性-中性及酸性火山岩为

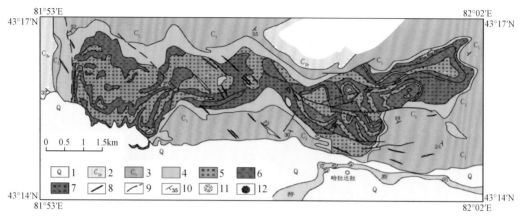

图 3-22 哈拉达拉岩体地质平面图（龙灵利等，2012，有改动）

1-第四系；2-上石炭统伊什基里克组杂色凝灰质砂砾岩；3-下石炭统（上部阿克沙克组、下部大哈拉军山组）火山岩、火山凝灰岩夹砂岩、灰岩；4-辉绿岩；5-中粒辉长岩；6-橄长岩；7-橄榄辉长岩；8-钠长斑岩脉；9-断层；10-产状；11-铜镍矿化点；12-钒钛磁铁矿化点

主，包括灰黑色玄武岩、玄武质安山岩、沉火山角砾岩、玄武质火山集块岩、玄武质凝灰岩，与上覆地层为角度不整合接触。

阿克萨克组主要分布于岩体北部、东南部和南部，为构成哈拉达拉向斜核部的地层，下部为一套正常沉积的碎屑岩夹凝灰质砂岩、泥质灰岩、火山集块熔岩、沉凝灰岩；上部为碳酸盐岩，灰色灰岩，含大量腕足类化石，与下部呈整合过渡关系。

伊什基里克组主要分布于岩体东、西两侧，由一套中酸性喷发岩和碎屑岩组成，下部为凝灰质砾岩、砂岩，上部为中性、中酸性熔岩，与下伏下石炭统大哈拉军山组、阿克沙克组角度不整合接触。

2. 构造

哈拉达拉地区褶皱不发育，但断裂较为发育。断裂有4组：第一组走向为NW向，分布于岩体的中西部；第二组走向NS向，分布于岩体西部；第三组分布于岩体东部，走向近EW向，与NW向断裂相连，应为NW向断裂的分支断裂；第四组分布于岩体南部，走向为NNE向，规模很小，长500~1000m。

这些断裂规模均较小，长500~4000m，宽0.5~20m，倾角较大（60°~75°）。除NNE向断裂外，其余均为岩体间断裂，为EW向区域断裂带-伊什基里克断裂带的次级断裂。部分NW向断裂内可见钒钛磁铁矿化和绿帘石化，与铁成矿关系密切。

3. 岩浆及火山活动

哈拉达拉岩体大部分位于特克斯河北岸、伊什基里克山南麓，是西天山地区出露面积较大的层状基性超基性岩体。该岩体地表平面形态为不规则舌状，东西长约13km，南北宽2~3km，出露面积近30km²（林锦富等，1996）。按其在平面上膨大和收缩的情况，可分为西段、中段和东段三部分：西段为岩体膨大部位，最大宽度可达

3.3km；中段岩体宽度有所变窄，最大宽度约为 2.5km；东段为岩体收缩部位宽度为 1.7~0.9km。岩体侵入早石炭世阿克沙克组和晚石炭世伊什基里克组之间（图 3-22），与围岩主要为顺层侵入接触关系，局部见斜切接触（张云孝等，2000）。

岩体原生流动构造发育，显示出层状分异的特点。流面构造产多为倾向 N 或 NW，倾角为 14°~45°，与接触围岩产状基本一致。但岩体西段从东到西流面产状由倾向 NW 逐渐转为倾向 S，倾角变化较大，为 14°~57°；岩体中段 1392m 标高山头附近，流面构造的产状围绕山头外倾斜，倾角为 14°~30°。

岩体岩性主要为辉长岩、橄榄辉长岩、橄长岩和少量辉绿岩组成。各岩性特征如下：

辉长岩：灰黑色，辉长-辉绿结构，主要由斜长石（45%~50%）、单斜辉石（35%~40%）、磁铁矿（3%~5%）和金云母（3%~5%）组成。除少量样品具有斜长石的堆晶外，岩石具有典型的辉长-辉绿结构。具斜长石堆晶体的辉长岩含大量单斜辉石和金云母等堆晶间隙矿物。具辉长-辉绿结构的辉长岩矿物粒度普遍较小，结晶程度较差。单斜辉石既可呈辉长结构与斜长石共生，也能以辉绿结构的形式充填到斜长石的格架中。岩石有一定程度的蚀变，大部分斜长石形成钠黝帘石化和绢云母化；单斜辉石相对比较新鲜，局部有绿泥石化，少量单斜辉石被角闪石交代；金云母边部多被绿泥石交代。

橄长岩：灰绿色，粗粒结构，主要组成矿物为橄榄石（30%~35%）、斜长石（45%~55%）和辉石（包括斜方辉石和单斜辉石 3%~6%）以及少量磁铁矿（3%~5%）、角闪石和金云母。岩石具典型的堆晶结构，堆晶矿物为橄榄石和斜长石。橄榄石颗粒之间见明显的三联点堆晶，堆晶间隙矿物含量低于 10%。除少量辉石与橄榄石镶嵌共生外，斜方辉石、单斜辉石、角闪石、金云母以及磁铁矿均为堆晶间隙矿物。橄榄石沿裂理发生蛇纹石化，橄榄石包裹斜长石的现象比较普遍。斜长石自形程度较高，多呈长条状和板状（1~5mm），一些粗大斜长石包裹着橄榄石。斜长石多发生弱绢云母化和钠长石化。橄榄石和斜长石之间多呈镶嵌共生结构。

橄榄辉长岩：灰黑色、黑色，粗粒结构。岩石主要由橄榄石、斜长石、单斜辉石、斜方辉石以及少量角闪石、金云母和磁铁矿组成。不同岩石样品中矿物相对百分含量变化较大，如斜长石 30%~50%，橄榄石 20%~40%，单斜辉石+斜方辉石 5%~25%。橄榄石越多，斜长石和辉石含量就越少。角闪石、金云母以及不透明矿物的含量（5%~10%）变化不大。岩石具有典型堆晶结构，堆晶体为橄榄石和斜长石，堆晶间隙矿物含量变化很大（5%~30%）。橄榄石和斜长石之间能够相互包裹，表明二者结晶时间相近。辉石、金云母以及角闪石主要是以形状不规则的堆晶间隙矿物存在，粒度变化范围较大，可从 1~3mm 变化到 1cm 以上。该岩石类型的次生蚀变程度较轻，其中，斜长石有少量的绢云母化和钠黝帘石化。橄榄石堆晶体边部有少量的蛇纹石化。

辉绿岩：主要分布在岩体边部，与辉长岩呈渐变过渡关系，粒度从细粒辉绿岩变为中细粒的辉绿辉长岩到粗粒的辉长岩。主要由斜长石和单斜辉石组成，含微量不透明矿物，偶见角闪石和黑云母。岩石因矿物不同粒度颗粒聚集，呈条带状，具似斑状结构、辉绿结构。斑晶（20%~25%）主要由斜长石（5%~10%，3~8mm）和辉石

（10% ～ 20%，3～5mm）组成，辉石具含长结构；基质具似辉绿结构、交织结构，主要由斜长石（含量约50%，大多0.2～2mm板条状斜长石交织搭成格架，其他矿物充填其中；<0.2mm的斜长石呈结合体，呈带状分布或填充于矿物间隙；常见绢云母化）和辉石（约20%，0.1～1mm，常绿泥石化）以及少量磁铁矿组成。

因此，岩体中最早结晶的斜长石、橄榄石及少量斜方辉石和单斜辉石通过堆晶过程形成橄长岩和橄榄辉长岩，部分残余熔体形成橄长岩和橄榄辉长岩中的堆晶间隙矿物，主要残余熔体结晶形成了具辉长–辉绿结构的辉长岩。

二、哈拉达拉矿体特征

1. 矿体产出特征

钒钛磁铁矿主要呈脉状、浸染状赋存于橄榄辉长岩中（图3-23）。目前共发现铁矿体、矿化体5条，均位于岩体内断层、断裂破碎带中，呈脉状分布。矿体呈NW向、EW向分布，长度不大，长20～300m，宽0.5～12m。矿体与围岩呈整合接触，顶底板均为橄榄辉长岩，与围岩接触界线十分清晰且产状一致。

图3-23 哈拉达拉钒钛磁铁矿体

2. 矿石特征

矿石主要为致密块状构造、细脉状构造，少数为稠密浸染状、稀疏浸染状构造；结构主要为自形–半自形粒状结构，少数矿石中交代、碎裂及重结晶结构发育。新鲜铁矿石呈灰黑色，局部夹白色细脉。矿石中全铁含量为13.16% ～ 40.22%，平均为16.09%。按主要构造划分，可分为以下几类矿石。

块状磁铁矿石：为最主要的富铁矿石，分布于矿体中部及顶、底板附近。呈铁黑色–钢灰色，块状构造，主要由磁铁矿组成（70% ～ 80%），其次为辉石以及绿帘石。磁铁矿镜下呈深灰色或淡棕色，形态为半自形–自形粒状，粒径一般为0.5～5.0mm（图3-24）。

图 3-24　块状钒钛磁铁矿石

网脉状铁矿石：主要位于矿体围岩夹层附近，由呈细网脉状分布的方解石和磁铁矿组成。磁铁矿含量约 40%，呈自形–半自形粒状，发育碎裂结构，粒径 0.15～1.0mm。方解石呈宽 0.1～5cm 的细脉状分布。

浸染状铁矿石：发育于矿体顶、底板附近，主要由磁铁矿、赤铁矿等组成。磁铁矿主要呈浸染状分布于辉长岩中，含量为 10%～20%，呈深灰色，自形–半自形粒状；赤铁矿呈细脉状或浸染状分布，沿边部对磁铁矿进行交代。

矿石中矿物组成较为简单，矿石矿物主要为磁铁矿、钛铁矿，其次为赤铁矿、黄铁矿、磁黄铁矿。

矿石中磁铁矿粒径 0.5～10mm，主要以两种形式产出：①呈致密状集合体，晶粒相互紧密镶嵌，内部包含的杂质矿物极少。②呈浸染状沿脉石矿物粒间分布。根据浸染的密集程度，又可进一步分为稠密浸染状和稀疏浸染状等不同类型，以前者为主，而且呈浸染状产出的磁铁矿多见于致密状集合体的边缘或相邻部位。

赤铁矿呈不规则状，一般沿磁铁矿晶面、边缘或裂隙交代，粒度不一。

黄铁矿多呈半自形或不规则粒状沿磁铁矿粒间分布，少数呈细脉状、网格状交代磁铁矿，粒度 0.5～0.1mm。磁黄铁矿分布不均匀，亦常呈不规则粒状集合体分布于磁铁矿粒间，部分则呈浸染状嵌布在脉石中。

脉石矿物主要为绿泥石、绿帘石、方解石，其次为钠长石。绿帘石为黄绿色，呈脉状、稠密浸染状分布于矿体中或矿体周围，几乎与磁铁矿同时形成。绿泥石则呈细脉状分布于矿体附近。方解石为细小网脉状分布于矿石中，形成时间晚于磁铁矿。

3. 围岩蚀变

围岩蚀变主要类型为方解石化、绿帘石化、黝帘石化、绿泥石化、蛇纹石化、绢云母化等。其中，与铁矿化有关的蚀变主要为绿帘石化、方解石化。这两种蚀变常与铁矿体共生在一起，位于矿体与围岩接触带附近，或位于矿体内部。绿泥石化则位于绿帘石化附近，或岩体蚀变矿物周围。黝帘石化、蛇纹石化和绢云母化则位于蚀变橄榄石、辉石、长石外围或矿物裂隙中。与不同矿化有关的蚀变在空间上并没有混杂在一起，也不具有分带性。

4. 成矿期、成矿阶段及矿物生成顺序

通过野外及室内镜下观察，根据矿物共生组合及相互穿插关系，将金属成矿作用过程划分为两期。

岩浆分异结晶成矿期：分异结晶作用形成的磁铁矿、钛铁矿沿岩体内断层、断裂上升，形成磁铁矿−辉石脉，并伴随绿帘石化和钠长石化。

火山热液充填期：①阳起石−绿帘石−磁铁矿阶段，形成磁铁矿、赤铁矿等金属矿物以及绿帘石、阳起石等非金属矿物。该阶段形成脉状及浸染状矿石，叠加于早期块状矿石之上；②方解石−绿泥石−硫化物阶段，主要形成方解石、绿泥石、黄铁矿及磁黄铁矿。

第四章 西天山火山–岩浆型铁矿地球化学特征

第一节 磁铁矿床

一、查岗诺尔

1. 元素地球化学

1.1 主量元素

查岗诺尔铁矿采取火山岩样品 7 件，加上冯金星等（2010）、蒋宗胜等（2012）测试样品，共计 38 件，岩石化学定名分别为玄武岩、粗面玄武岩、玄武质粗面安山岩、粗面安山岩、粗面岩、粗面英安岩、安山岩、英安岩和流纹岩，为基性–中性–酸性连续岩石变化系列，以中–基性火山岩为主，局部可见角斑岩。在 SiO_2-K_2O 图上，绝大部分落入高钾钙碱性系列和钾玄岩系列（图 4-1）。在玄武岩 AFM 图上（图 4-2），大部分样品落入钙碱性系列，少量落入拉斑系列。

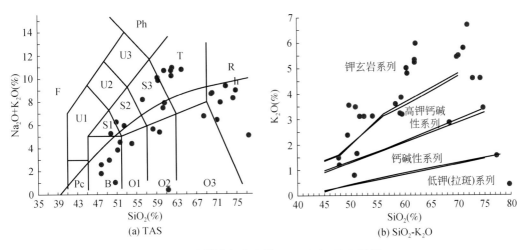

图 4-1 查岗诺尔火山岩 TAS、SiO_2-K_2O 图解

其中，基性熔岩 SiO_2 含量为 47.68% ~ 53.98%，平均 50.50%；TiO_2 含量为 0.49% ~ 2.26%，平均 1.10%，属低钛玄武岩系列；Al_2O_3 含量为 7.74% ~ 17.29%，平均 13.97%，其中部分样品>16%，属高铝玄武岩；MgO 含量为 8.02% ~ 16.19%，平均

12.00%；TFeO 为 6.53%～20.99%，平均 11.63%，高铁、低铁玄武岩均有；CaO 含量为 5.32%～12.64%，平均 8.20%；Na₂O+K₂O 含量为 1.01%～5.93%，平均 3.85%；Na₂O/K₂O 值为 0.23～1.31，平均 0.62。

中性熔岩 SiO₂ 含量为 56.18%～61.95%，平均 59.63%；TiO₂ 含量为 0.57%～1.18%，平均 0.93%；Al₂O₃ 含量为 13.64%～21.26%，平均 17.03%，大部分样品 >16%，属高铝安山岩；MgO 含量为 1.74%～12.52%，平均 5.81%；TFeO 为 6.18%～9.56%，平均 7.09%；CaO 含量为 1.91%～4.85%，平均 3.45%；Na₂O+K₂O 含量为 0.36%～10.20%，平均 7.21%；Na₂O/K₂O 值为 0.11～2.89，平均 1.10。

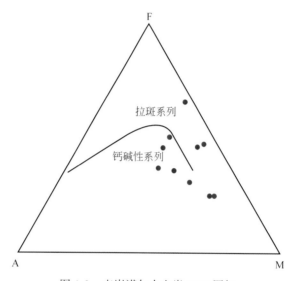

图 4-2　查岗诺尔火山岩 FAM 图解

酸性火山熔岩（流纹岩和英安岩）SiO₂ 含量为 60.44%～79.79%（平均 69.88%）；TiO₂ 含量为 0.14%～0.69%（平均 0.45%）；Al₂O₃ 含量为 10.93%～18.40%（平均 14.66%）；MgO 含量为 0.39%～5.23%（平均 2.11%）；TFeO 为 1.10%～5.477%（平均 3.16%）；CaO 含量为 0.06%～3.18%（平均 1.57%）；Na₂O+K₂O 含量为 4.79%～10.88%（平均 8.41%）；Na₂O/K₂O 值为 0.01～9.95（平均 1.54）。

主量元素的哈克图解（图 4-3）显示，CaO、MgO、TiO₂、TFeO、P₂O₅ 均随 SiO₂ 含量的增加而减少，并在 SiO₂=50% 左右出现拐点；Al₂O₃、K₂O 呈现先增后减的趋势；Na₂O 随 SiO₂ 含量的增加有两个演化趋势：一个为增加趋势，另一个为减小趋势，暗示岩浆演化较为复杂。在岩浆演化过程中，SiO₂=50% 左右可能有橄榄石、辉石矿物的堆晶现象存在。

花岗闪长岩 SiO₂ 含量为 64.25%～69.34%（平均 66.79%）；TiO₂ 含量为 0.43%～0.56%（平均 0.49%）；Al₂O₃ 含量为 14.69%～14.92%（平均 14.81%）；MgO 含量为 2.50%～6.20%（平均 3.45%）；TFeO 为 3.82%～7.14%（平均 5.48%）；CaO 含量为 1.55%～2.94%（平均 2.25%）；Na₂O+K₂O 含量为 5.31%～7.12%（平均 6.22%）；Na₂O/K₂O 值为 0.84～1.57（平均 1.20%）。在 C/MF-A/MF 图解 [图 4-4（a）] 上，

花岗闪长岩落入变质泥岩、变质砂岩、基性熔岩部分熔融的交界区域，表明岩体来源较为复杂，基性熔岩、基底地层可能均有贡献。在花岗岩 ACF 图解 [图 4-4 (b)] 上，查岗诺尔花岗闪长岩全落入 S 型花岗岩区域，暗示岩体可能形成于造山作用的初始阶段。

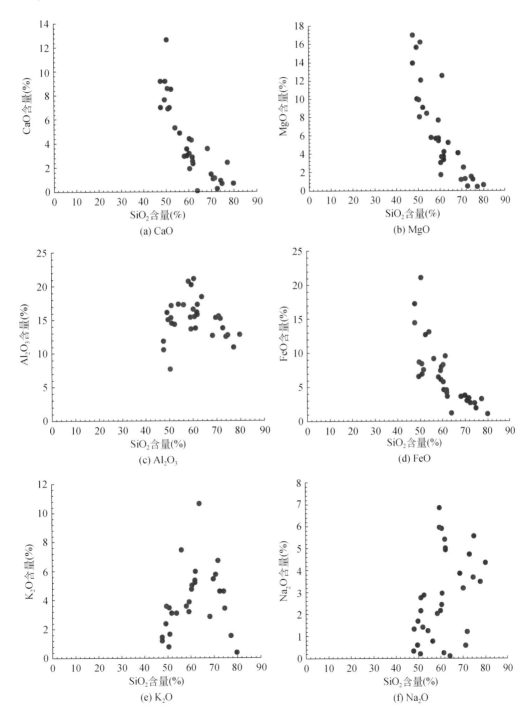

(a) CaO

(b) MgO

(c) Al_2O_3

(d) FeO

(e) K_2O

(f) Na_2O

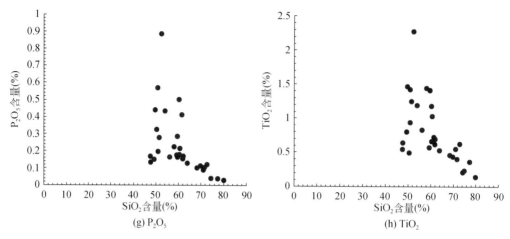

图 4-3　查岗诺尔火山岩哈克图解

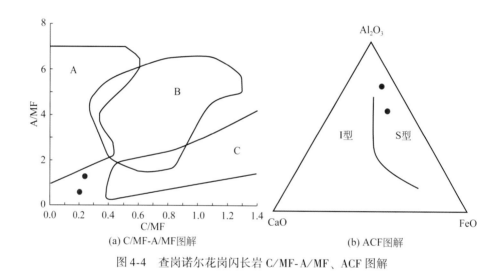

图 4-4　查岗诺尔花岗闪长岩 C/MF-A/MF、ACF 图解

1.2　微量及稀土元素

样品分析工作在中国科学院地球化学研究所矿床地球化学国家重点实验室完成，采用酸溶法，分析仪器为等离子质谱 X-series，执行标准为 DZ/T 0223—2001，分析误差小于 5%，检测限为 0.05×10^{-6}。稀土元素球粒陨石标准采用文献（McDonough and Sun，1995）的标准，Eu 异常采用 $\delta Eu = (Eu)_N / \sqrt{[(Sm)_N \times (Gd)_N]}$。

火山熔岩（玄武岩、安山岩、流纹岩、英安岩）的不相容元素原始地幔标准化图上 [图 4-5（a）] 可以看出，Rb、Th、U、K、Pb、Dy、Y 7 种元素小幅度相对富集；Nb、Ta、La、Ce、P、Ti 适度亏损，Lu 显著亏损。除了上述相对亏损或富集的元素外，样品其余元素的原始地幔标准化比值介于 5~90。总体上，配分曲线平滑，曲线形态一致。在元素比值上，玄武岩、中性熔岩、酸性熔岩具有较为明显的差别。玄武岩 Zr/Nb 值 18.35~27.60（平均 23.96）、Ta/Hf 值 0.07~0.15（平均 0.11）、Th/Ta 值 3.85~

10.45（平均6.52）、Zr/Hf 值32.28～44.17（平均35.93）、Ba/Zr 值0.44～17.46（平均5.00）、Ba/Ce 值0.47～29.72（平均9.62）、Zr/Ce 值0.04～6.07（平均2.75）、K/Ta 值10 141～54 973（平均31 423）、Ta/Yb 值0.08～0.28（平均0.15）、Ba/La 值0.85～124.51（平均28.35）；中性熔岩 Zr/Nb 值18.68～25.08（平均22.66）、Ta/Hf 值0.10～0.15（平均0.13）、Th/Ta 值6.16～14.09（平均10.32）、Zr/Hf 值32.70～39.67（平均35.19）、Ba/Zr 值0.62～10.91（平均5.00）、Ba/Ce 值1.52～75.87（平均27.82）、Zr/Ce 值2.89～8.25（平均4.85）、K/Ta 值3733～163 029（平均50 387）、Ta/Yb 值0.01～0.26（平均0.14）、Ba/La 值3.07～180.97（平均67.06）。酸性熔岩 Zr/Nb 值11.63～26.08（平均24.32）、Ta/Hf 值0.06～0.25（平均0.14）、Th/Ta 值6.56～24.04（平均12.91）、Zr/Hf 值25.63～36.89（平均32.91）、Ba/Zr 值1.14～15.69（平均5.79）、Ba/Ce 值7.31～150.23（平均47.22）、Zr/Ce 值1.70～35.76（平均12.65）、K/Ta 值44 956～126 839（平均75 412）、Ta/Yb 值0.01～0.36（平均0.18）、Ba/La 值1.20～275.96（平均112.74）。

基性熔岩 $\sum$ REE =（32.81～180.09）$\times 10^{-6}$（平均 105.80×10^{-6}），其中 LREE =（24.77～169.08）$\times 10^{-6}$（平均 95.71×10^{-6}），HREE =（4.54～14.44）$\times 10^{-6}$（平均 10.09×10^{-6}）；δEu = 0.06～0.11（平均0.08），$(La/Yb)_N$ 值为1.15～10.31（平均6.61），$(La/Sm)_N$ 值为0.88～4.75（平均2.23），$(Gd/Yb)_N$ 值为0.86～4.23（平均2.04）。轻稀土元素和重稀土元素之间的分馏程度较强（LREE/HREE 值为3.08～18.34，平均10.15），轻稀土元素内部分馏程度中等，重稀土元素内部分馏程度较弱。从球粒陨石标准化稀土元素配分曲线图上［图4-5（b）］可看出，配分曲线均为缓慢右倾的轻稀土富集型，有强负 Eu 异常。熔岩 Dy/Yb 值1.22～2.85（平均1.85），小于2.5，为尖晶石二辉橄榄岩部分熔融形成。

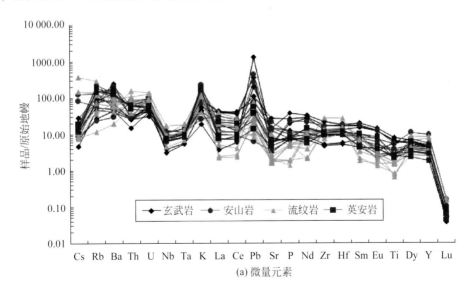

(a) 微量元素

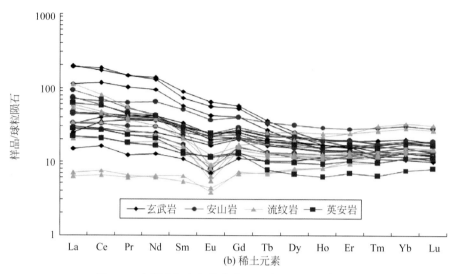

(b) 稀土元素

图 4-5 查岗诺尔火山熔岩微量元素、稀土元素图解

中性熔岩 $\sum$ REE = （51.05～130.97）$\times 10^{-6}$（平均 84.61×10^{-6}），其中 LREE = （41.51～109.54）$\times 10^{-6}$（平均 72.10×10^{-6}），HREE = （8.52～21.43）$\times 10^{-6}$（平均 12.51×10^{-6}）；δEu = 0.05～0.10（平均 0.08），(La/Yb)$_N$ 值为 1.79～6.87（平均 3.24），(La/Sm)$_N$ 值为 1.40～3.69（平均 1.97），(Gd/Yb)$_N$ 值为 1.02～1.79（平均 1.40）。轻稀土元素和重稀土元素之间的分馏程度较强（LREE/HREE 值为 4.35～11.58，平均6.08），轻稀土元素内部分馏程度中等，重稀土元素内部分馏程度较弱。从球粒陨石标准化稀土元素配分曲线图上可看出，配分曲线均为缓慢右倾的轻稀土富集型，有强负 Eu 异常。

酸性熔岩 $\sum$ REE = （18.91～115.48）$\times 10^{-6}$（平均 56.08×10^{-6}），其中 LREE = （11.80～105.84）$\times 10^{-6}$（平均 46.58×10^{-6}），HREE = （5.00～18.27）$\times 10^{-6}$（平均 9.50×10^{-6}）；δEu = 0.03～0.69（平均 0.13），(La/Yb)$_N$ 值为 0.45～7.00（平均 2.50），(La/Sm)$_N$ 值为 0.67～5.31（平均 2.05），(Gd/Yb)$_N$ 值为 0.50～1.66（平均 0.98）。轻稀土元素和重稀土元素之间的分馏程度较强（LREE/HREE 值为 1.63～10.98，平均5.14），轻稀土元素内部分馏程度中等，重稀土元素内部分馏程度较弱。从球粒陨石标准化稀土元素配分曲线图上可看出，配分曲线均为缓慢右倾的轻稀土富集型，有强负Eu 异常。

花岗岩 $\sum$ REE = （93.34～105.68）$\times 10^{-6}$（平均 99.51×10^{-6}），其中 LREE = （81.83～91.09）$\times 10^{-6}$（平均 86.46×10^{-6}），HREE = （11.51～44.59）$\times 10^{-6}$（平均 13.05×10^{-6}）；δEu = 0.06～0.70（平均 0.38），(La/Yb)$_N$ 值为 3.40～4.63（平均 4.01），(La/Sm)$_N$ 值为 2.38～2.91（平均 2.65），(Gd/Yb)$_N$ 值为 1.19～1.22（平均 1.20）。轻稀土元素和重稀土元素之间的分馏程度较强（LREE/HREE 值为 6.24～7.11，平均 6.68），轻稀土元素内部分馏程度中等，重稀土元素内部分馏程度较弱。从球粒陨石标准化稀土元素配分曲线图上 ［图 4-6（b）］可看出，配分曲线均为缓慢右

倾的轻稀土富集型，样品显示强负 Eu 异常。不相容元素在原始地幔标准化图上表现为 Rb、U、K、Pb、Dy 元素小幅度相对富集，Ba、Nb、Sr、Ti 适度亏损，Lu 显著亏损 [图4-6（b）]。除上述相对亏损或富集的元素外，样品其余元素的原始地幔标准化比值介于 6～110。总体上，配分曲线平滑，曲线形态一致。在元素比值上，玄武岩与酸性熔岩具有较为明显的差别。

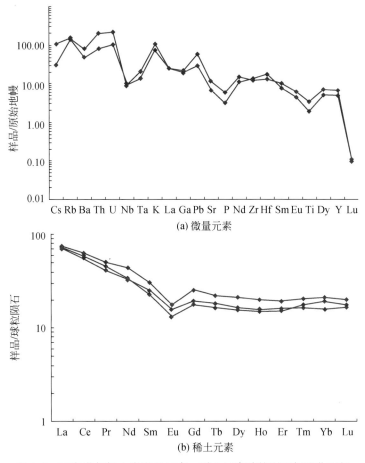

(a) 微量元素

(b) 稀土元素

图4-6　查岗诺尔侵入岩微量元素、稀土元素球粒陨石标准化图解

矿石可以分为明显的两类（表4-1，图4-7、图4-8）。第一类矿石具有明显低的微量、稀土元素含量，微量元素蛛网图上 U、Pb、Zr、Hf、Y 等元素相对富集，Ba、Nb、Sr、La、Ti、Lu 相对亏损，稀土元素具有弱的 Eu 负异常，轻、重稀土分馏较弱。第二类矿石具有明显高的微量元素、稀土元素含量，其元素含量比第一类矿石高 1～2 个数量级；微量元素蛛网图上，U、Pb、Eu、Y 等元素相对富集，Ba、Nb、Sr、La、Ti、Lu 相对亏损，稀土元素具有弱的 Eu 正异常，轻稀土、重稀土元素分馏较为明显。

表 4-1　查岗诺尔铁矿石微量稀土元素含量　　　　（单位：×10^{-6}）

样品	CG-02	CG-03	CG-04	CG-11	ZK407-2	11Cg-41	11CG-29	11CG-18	11Cg-40
Cs	0.08	0.36	1.67	0.36	6.85	3.50	0.63	0.17	0.54
Rb	0.6	1.5	5.8	1.3	151.0	75.5	1.8	1.3	3.1
Ba	2.9	7.7	9.0	6.3	60	20	5.4	3.5	10
Th	0.61	0.99	1.40	1.24	0.5	0.7	1.39	0.14	0.9
U	1.01	4.73	2.70	3.57	0.8	0.7	3.13	0.20	0.6
Nb	0.3	1.7	0.9	1.7	0.8	1.4	1.8	0.4	1.3
Ta	0.1	0.1	0.1	0.1	0.11	0.10	0.3	0.1	0.08
Pb	2.4	6.9	12.6	52.1	0.6	1.4	43.3	6.2	2.6
Sr	21.0	17.3	14.5	12.1	410	230	9.2	6.3	150
Zr	15	20	26	29	0.6	0.2	32	5	0.3
Hf	0.6	0.6	0.8	0.8	0.2	0.1	0.8	0.2	0.4
Y	2.7	13.4	8.8	13.8	0.1	0.1	11.4	0.5	0.1
La	1.0	3.3	1.7	2.8	0.7	0.7	2.2	0.5	1.8
Ce	2.2	9.8	4.8	7.5	2.0	1.6	7.3	0.5	3.5
Pr	0.32	1.36	0.76	1.26	0.2	0.2	1.27	0.03	0.4
Nd	1.4	5.3	3.4	6.8	0.8	0.9	5.5	0.1	1.7
Sm	0.28	1.12	0.73	1.73	0.2	0.1	1.26	0.03	0.4
Eu	0.19	0.65	0.37	0.78	0.1	0.1	0.59	0.03	0.1
Gd	0.32	1.45	0.86	1.84	0.1	0.1	1.30	0.05	0.4
Tb	0.04	0.28	0.17	0.29	0.1	0.1	0.20	0.01	0.1
Dy	0.28	1.60	0.80	1.62	0.1	0.2	1.32	0.05	0.4
Ho	0.06	0.38	0.20	0.35	0.1	0.1	0.30	0.01	0.1
Er	0.18	1.08	0.54	1.06	0.1	0.2	0.92	0.03	0.2
Tm	0.02	0.16	0.08	0.15	0.1	0.1	0.14	0.01	0.1
Yb	0.18	1.06	0.51	1.05	0.1	0.2	0.81	0.06	0.2
Lu	0.03	0.15	0.08	0.15	0.1	0.1	0.11	0.01	0.1

样品	11Cg-13	11CG-30	11CG-31	11CG-32	11Cg-21	12Cg-14	12Cg-15	12Cg-18	12Cg-20
Cs	1.11	0.03	0.53	0.16	0.68	0.05	0.19	0.16	0.28
Rb	3.7	0.4	1.1	3.2	88.0	0.4	1.6	1.1	1.4
Ba	10	3.9	3.5	10.4	620	10	10	10	10
Th	1.4	0.65	0.37	0.85	7.5	0.9	5.5	0.5	0.2
U	0.7	0.49	0.91	1.03	2.0	0.3	6.0	0.4	0.2
Nb	1.0	0.5	0.6	1.3	4.7	0.4	3.8	1.7	0.3
Ta	0.09	0.2	0.2	0.3	0.44	0.07	0.27	0.11	0.05
Pb	18.8	84.1	24.2	23.4	3.1	296	14.0	11.5	100.0

续表

样品	11Cg-13	11CG-30	11CG-31	11CG-32	11Cg-21	12Cg-14	12Cg-15	12Cg-18	12Cg-20
Sr	640	12.5	25.1	9.3	380	12.4	154.0	17.3	8.6
Zr	2.5	18	12	47	2.5	15.3	82.4	18.7	9.0
Hf	0.2	0.6	0.4	1.1	3.8	0.6	2.2	0.5	0.2
Y	0.1	1.9	3.6	2.2	0.4	0.9	21.2	15.4	2.8
La	0.5	0.6	0.9	0.7	18.4				
Ce	0.7	0.9	1.7	1.0	34.5				
Pr	0.1	0.14	0.24	0.14	3.9				
Nd	0.5	0.7	1.0	0.5	16.2				
Sm	0.2	0.18	0.25	0.16	3.8				
Eu	0.1	0.08	0.08	0.04	0.9				
Gd	0.5	0.18	0.23	0.18	3.4				
Tb	0.1	0.04	0.06	0.03	0.6				
Dy	0.9	0.21	0.38	0.21	3.7				
Ho	0.2	0.04	0.10	0.05	0.8				
Er	0.9	0.10	0.35	0.20	2.4				
Tm	0.1	0.02	0.08	0.03	0.4				
Yb	0.9	0.14	0.47	0.24	2.3				
Lu	0.1	0.01	0.07	0.03	0.4				

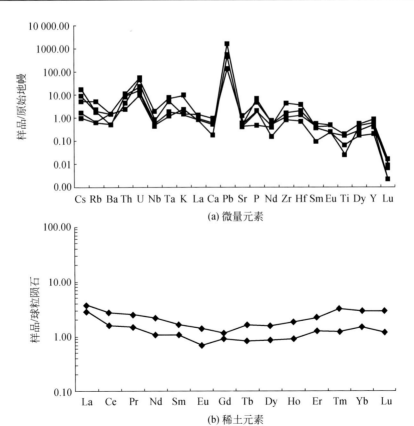

图 4-7　查岗诺尔矿浆期部分矿石微量元素、稀土元素球粒陨石标准化图解

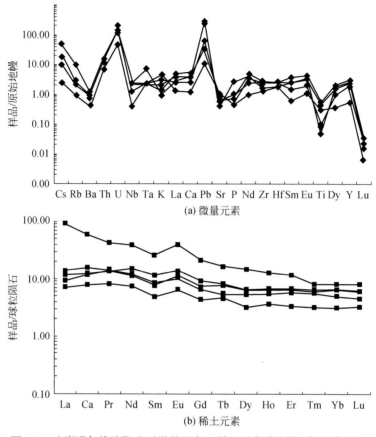

图4-8 查岗诺尔热液期矿石微量元素、稀土元素球粒陨石标准化图解

1.3 主要成矿元素赋存状态

铁：主要以氧化物的形式赋存于磁铁矿、褐铁矿和赤铁矿中，其次以铁硫化物的形式存在于黄铁矿、磁黄铁矿、黄铜矿、辉钼矿中（表4-2、图4-9），另外石榴石、氟磷灰石等矿物中也有微量铁存在。其中，铁在磁铁矿、赤铁矿、黄铁矿、黄铜矿、褐铁矿、磁黄铁矿、石榴石中以主量元素的形式占据矿物晶格，在辉钼矿、氟磷灰石等矿物中则以类质同象的形式占据矿物晶格。

表4-2 查岗诺尔铁矿主要矿物电子探针分析结果

点号	元素	质量比（%）	面积比（%）	原子比（%）	元素	质量比（%）	面积比（%）	原子比（%）
0048	As	0.027	0.027	0.0143	Se	0.069	0.068	0.0350
	Fe	46.700	46.322	33.3246	Sb	0.081	0.080	0.0267
	S	53.155	52.725	66.0766	Co	0.745	0.739	0.5038
	Ni	0.023	0.023	0.0159	Au	0.0015	0.0015	0.0031

续表

点号	元素	质量比(%)	面积比(%)	原子比(%)	元素	质量比(%)	面积比(%)	原子比(%)
0049	Na_2O	0.064	0.067	0.0369	Al_2O_3	0.073	0.077	0.0257
	SiO_2	0.631	0.665	0.1885	MgO	0.023	0.024	0.0103
	SrO	0.048	0.051	0.083	FeO	93.354	98.327	23.3076
	Cr_2O_3	0.492	0.518	0.1162	MnO	0.133	0.140	0.0335
	CoO	0.104	0.110	0.0249	V_2O_5	0.020	0.021	0.0048
0050	As	0.034	0.037	0.0262	Se	0.010	0.011	0.0075
	Fe	11.323	12.308	11.6699	Sb	0.057	0.062	0.0269
	Zn	0.120	0.130	0.1053	Mo	46.715	50.780	28.0267
	S	33.400	36.306	59.9652	Co	0.039	0.042	0.0388
	Ni	0.047	0.051	0.0465	Te	0.060	0.065	0.0270
	Au	0.169	0.184	0.0495	Ag	0.021	0.023	0.0110
0035	Na_2O	0.029	0.030	0.0098	Al_2O_3	8.355	8.503	1.6893
	SiO_2	36.271	36.936	6.2219	SrO	0.246	0.251	0.0245
	CaO	33.179	33.787	6.0985	TiO_2	0.038	0.039	0.0048
	FeO	19.110	19.460	2.7415	K_2O	0.016	0.016	0.0034
	Cr_2O_3	0.037	0.038	0.0050	MnO	0.911	0.928	0.1323
	V_2O_5	0.008	0.008	0.0011				

图4-9　查岗诺尔主要矿物分布形式

锌：主要以锌硫化物的形式存在于闪锌矿中，其次以类质同象的形式存在于黄铜矿、辉钼矿和磁黄铁矿中。

金：主要以银金矿的形式存在于黄铁矿、辉钼矿、磁黄铁矿的晶格、粒间、裂隙中，形成包裹金、裂隙金、粒间金。

稀土元素：主要赋存于磷钇矿和氟碳铈矿中，其次存在于方钍石、硅钍石中。其中，在磷钇矿和氟碳铈矿中稀土以主量元素的形式占据矿物晶格，在方钍石、硅钍石等矿物中则以类质同象的形式占据矿物晶格。

2. 同位素地球化学

2.1 Fe同位素

查岗诺尔铁矿的11个磁铁矿样品$\delta^{56}Fe$值分布范围为0.039‰～0.276‰，平均值为0.111‰。早阶段矿浆期（图4-10）的矿石样品较热液期的$\delta^{56}Fe$值更接近0值，与火成岩（图4-11）较为一致。热液期铁同位素分布范围为0.094‰～0.276‰，稍大于矿浆期磁铁矿。

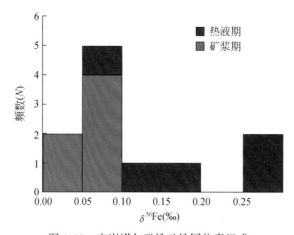

图4-10 查岗诺尔磁铁矿铁同位素组成

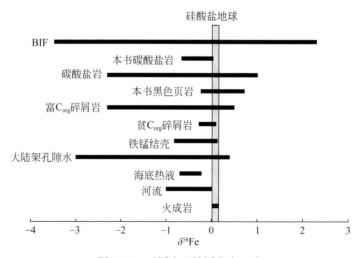

图4-11 不同岩石铁同位素组成

2.2 O同位素

磁铁矿中O同位素分布较广，$\delta^{18}O$分布范围为2.0‰～11.0‰（图4-12），与典型幔源氧同位素范围（3.0‰～8.0‰，主要集中于4.0‰～6.0‰）有所差别，主要集中于5.0‰～9.0‰，表明磁铁矿中的氧主要来自地幔。

2.3 S同位素

矿区黄铁矿硫同位素分布范围较广，介于−3‰～6.2‰（图4-13），同位素直方图

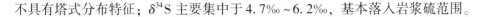

不具有塔式分布特征；$\delta^{34}S$ 主要集中于 4.7‰~6.2‰，基本落入岩浆硫范围。

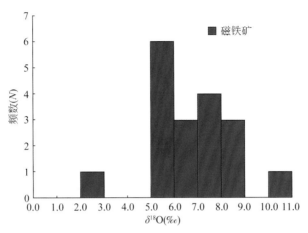

图 4-12　查岗诺尔磁铁矿氧同位素组成

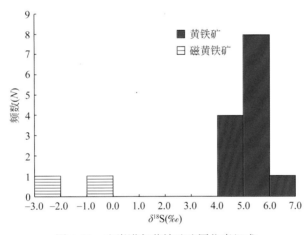

图 4-13　查岗诺尔黄铁矿硫同位素组成

2.4　Sr、Nd、Pb 同位素

样品测试在核工业北京地质研究院进行。对测试结果进行成矿年龄校正，获得 Sr、Nd、Pb 同位素参数后投影于不同参数图解中。黄铁矿形成时间与磁铁矿相差不大，属同一构造旋回、同一岩浆活动产物，形成环境相同。

查岗诺尔铁矿床主要矿石矿物（磁铁矿、黄铁矿、黄铜矿）铅同位素较为分散，$^{206}Pb/^{204}Pb$ 为 15.451~18.379（平均 16.736），$^{207}Pb/^{204}Pb$ 为 15.397~15.954（平均 15.553），$^{208}Pb/^{204}Pb$ 为 37.641~38.302（平均 37.947）。在铅同位素组成图（图 4-14）上，基本落入壳幔混合区和造山带区，主要落入两区结合部位。另外，黄铁矿 $^{207}Pb/^{204}Pb$ 与 $^{206}Pb/^{204}Pb$ 表现为较好的单一线性关系，暗示来源较为均一；磁铁矿 $^{207}Pb/^{204}Pb$ 与 $^{206}Pb/^{204}Pb$ 则呈现双线性关系，表明其并非单一来源，而可能具有两个不同的来源。

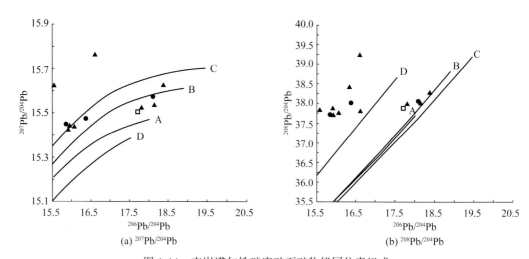

图 4-14 查岗诺尔铁矿床矿石矿物铅同位素组成

A-地幔；B-造山带；C-上地壳；D-下地壳

黑色三角代表磁铁矿，黑色圆点代表黄铁矿，空心方块代表黄铜矿，下同

锶钕同位素较为均一。主要矿石矿物（磁铁矿、黄铁矿）$^{87}Sr/^{86}Sr$ 为 $0.7047 \sim 0.7091$（平均 0.7060），$^{143}Nd/^{144}Nd$ 值为 $0.5119 \sim 0.5124$（平均 0.5121），显示出较好的同源性。

3. 包裹体温度和成矿年代学

3.1 爆裂温度

采集矿区内不同期次的磁铁矿矿石，挑选单矿物，进行单矿物高温爆裂温度测试，实验在中国科学院地质与地球物理研究所进行。

600℃以下矿物爆裂温度图谱（图 4-15）显示，查岗诺尔铁矿磁铁矿形成具有多期多阶段特点。在 600℃以下，磁铁矿形成可分为两个阶段：第一阶段磁铁矿形成于450 ~ 470℃；第二阶段磁铁矿形成于 390℃左右。其中，粗粒磁铁矿中仅见 390℃爆裂温度，细粒磁铁矿主要爆裂温度为 445℃、468℃，暗示不同粒径的磁铁矿具有不同的形成阶段和成因。

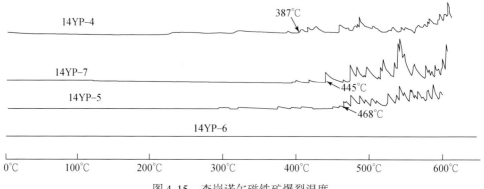

图 4-15 查岗诺尔磁铁矿爆裂温度

3.2 火山岩 SHRIMP 锆石 U-Pb 定年

样品采自矿区 I 矿段 3100 平硐，岩性为灰绿色安山质晶屑凝灰岩。岩石经破碎分离后，在显微镜下挑纯，纯度达到 99% 以上，锆石挑选在河北省廊坊市诚信地质服务有限公司进行。样品制靶在中国科学院地质与地球物理研究所离子探针实验室完成，制备方法参照宋彪等（2002）的学术成果。先对锆石进行透射光、反射光以及阴极发光（CL）照相，在此基础上选择合适的锆石进行定年测试。锆石 SHRIMP U-Pb 分析在北京离子探针中心 SHRIMP II 上完成。Compston 等（1984，1992）及 Williams 等（1987，1998）在一系列论文中详细说明了 SHRIMP U-Th-Pb 的测年的工作原理和分析流程。简平等（2003）介绍了北京 SHRIMP II 的工作条件、分析流程，并概略地介绍了 SHRIMP U-Pb 数据处理和评价的方法，读者可以参考。

从凝灰岩中分离出来的锆石呈浅褐色，透明，晶体细小，呈长柱状、针状，长度为 $50 \sim 100 \mu m$；在阴极发光图像上，锆石具有生长环带，部分锆石的震荡生长环带明显，为岩浆锆石。本次测试锆石共 15 颗。其中，4 颗锆石 Th/U 值介于 $0.56 \sim 0.87$，具有岩浆锆石的特点（Rubatto，2002），U、Th 含量分别为 $207 \times 10^{-6} \sim 455 \times 10^{-6}$、$127 \times 10^{-6} \sim 309 \times 10^{-6}$，锆石 SHRIMP 年龄在 $331.4 \sim 327.8 Ma$，变化范围很小；U-Pb 等时线年龄为（329.9 ± 3.7）Ma（MSWD=0.20，图 4-16），加权平均年龄也为（329.9 ± 3.7）Ma［MSWD=0.20，图 4-17（a）］，代表了矿区早期火山作用时间。3 颗锆石 Th/U 值介于 $0.53 \sim 0.66$，为岩浆锆石，U、Th 含量分别为 $75 \times 10^{-6} \sim 725 \times 10^{-6}$、$44 \times 10^{-6} \sim 430 \times 10^{-6}$，锆石 SHRIMP 年龄为 $307.8 \sim 299.5 Ma$，变化范围很小；U-Pb 等时线年龄为（303 ± 11）Ma（MSWD=1.50，图 4-16），加权平均年龄也为（329.9 ± 11）Ma［MSWD=0.20，图 4-17（b）］，代表了矿区晚期火山作用时间。1 颗锆石 Th/U 值为 0.68，为岩浆锆石，U、Th 含量分别为 133×10^{-6}、90×10^{-6}，锆石 SHRIMP 年龄为 342.4Ma，代

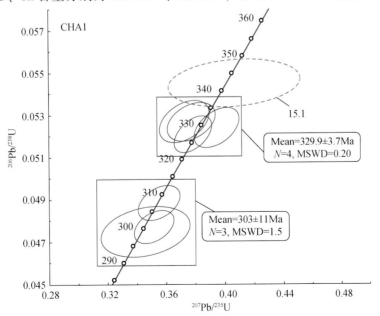

图 4-16 查岗诺尔火山岩 SHRIMP 锆石 U-Pb 等时线年龄

表了矿区火山初期作用时间。3 颗锆石 Th/U 值介于 0.36 ~ 0.50，U、Th 含量分别为 380×10^{-6} ~ 595×10^{-6}、138×10^{-6} ~ 295×10^{-6}，锆石 SHRIMP 年龄分别为 448.2Ma、400.0Ma、393.6Ma，大于地层年龄，为继承锆石；4 颗锆石 Th/U 值介于 0.53 ~ 0.92，U、Th 含量分别为 488×10^{-6} ~ 730×10^{-6}、270×10^{-6} ~ 670×10^{-6}，锆石 SHRIMP 年龄分别为 135.0Ma、128.8Ma、130.3Ma、137.1Ma，远小于地层年龄，为热液锆石，指示了后期构造活动时间。

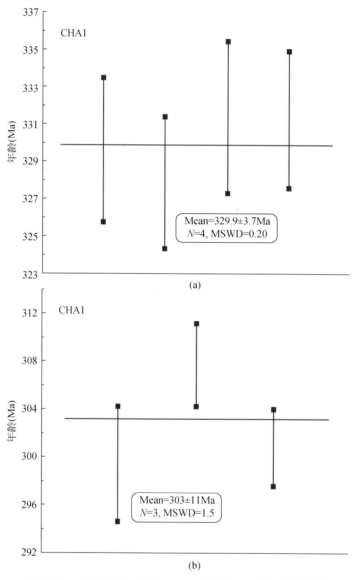

图 4-17　查岗诺尔火山岩 SHRIMP 锆石 U-Pb 加权平均年龄

3.3　花岗闪长岩 LA-ICP-MS 锆石 U-Pb 定年

对矿区花岗闪长岩样品进行锆石单矿物分选，在双目镜下挑纯，挑选出 100 粒以上锆石。锆石挑选在河北省廊坊市诚信地质服务有限公司进行。样品制靶在中国科学院地质与地球物理研究所离子探针实验室完成，制备方法参照宋彪等（2002）学术成果。先对锆石进行透射光、反射光以及阴极发光（CL）照相，在此基础上选择合适的锆石进行定年测试。锆石 U-Pb 年龄测试在中国地质科学院成矿过程实验室 LA-ICP-MS 仪器上完成，并对锆石稀土含量进行同步测定。激光剥蚀束斑为 $32\mu m$，采用 He 作为剥蚀物质的载气，参考物质为美国国家标准技术协会研制的人工合成硅酸盐玻璃 NIST610，锆石 U-Pb 年龄的测定采用国际标准锆石 91500 作为外标矫正方法，每隔 5 个分析点测一次标准，保证标准和样品的仪器条件完全一致。在样品测试过程中每隔 20 个测点分析一次 NIST610，以 ^{29}Si 为内标，测定锆石中的 U、Th、Pb 的含量。分析方法及仪器参数见文献（Yuan et al.，2004）。锆石 U-Th-Pb 比值和元素分析数据采用 ICPMS DataCal 程序（Liu et al.，2008），谐和图及年龄计算利用 Isoplot 3.0 程序（Ludwig，2003）。以下同。

光学显微镜及 CL 图像表明，所挑选锆石晶形较完好，主要呈四方双锥状、长柱状、板柱状，个别为短柱状。透射光下为无色或浅黄色，晶体轮廓清晰，晶面多数光滑，部分锆石颗粒发育裂隙。锆石长度大于 $100\mu m$，长宽比在 $1:1.5 \sim 3:1$，少量呈浑圆状。阴极发光图像显示发育有清晰的岩浆震荡环带。

本书分析锆石样品 20 个，其中 1 个废点。19 个锆石的 U、Th 含量较高，分别可达 $43.15\times10^{-6} \sim 140.11\times10^{-6}$ 和 $96.3\times10^{-6} \sim 208.07\times10^{-6}$。锆石具有较为均一的 Th/U 值（$0.45 \sim 0.77$），大部分值在 $0.50 \sim 0.60$。锆石稀土元素总量 $>400\times10^{-6}$，大部分在 $500\times10^{-6} \sim 1000\times10^{-6}$；锆石配分模式（图 4-18）均具有轻稀土亏损、重稀土逐步富集、

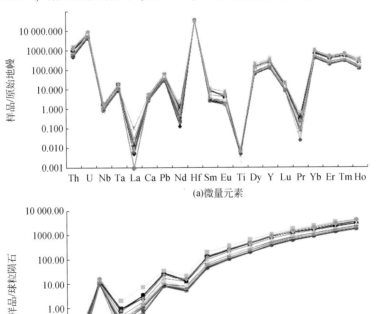

图 4-18 查岗诺尔花岗闪长岩锆石微量元素、稀土元素配分模式

强 Ce 正异常和 Eu 负异常、轻稀土和重稀土内部分异明显的特点，为典型的岩浆锆石，其中两个锆石为继承锆石，来自火山岩。

17 个锆石 SHRIMP 年龄在 330.9 ~ 316.6Ma，变化范围很小；U-Pb 等时线年龄为（325.9±1.4）Ma［MSWD = 2.40，图 4-19（a）］，加权平均也为（325.9±2.7）Ma［MSWD = 0.81，图 4-19（b）］，代表了矿区花岗闪长岩形成时间。

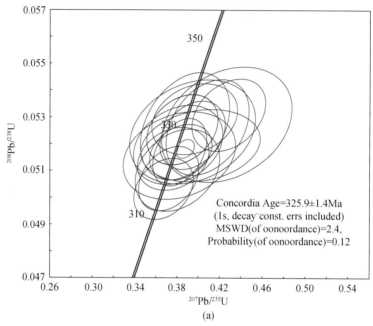

(a)

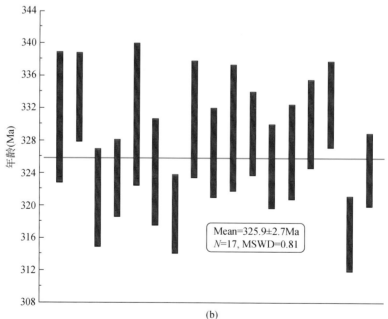

(b)

图 4-19　查岗诺尔花岗闪长岩 LA-ICP-MS 锆石 U-Pb 年龄

3.4 磁铁矿 Re-Os 等时线年龄

Re-Os 同位素分析在中国科学院地球化学研究所矿床地球化学国家重点实验室进行。实验参照 Qi 等（2010）的方法，分析步骤简述如下：准确称取 3~5g 的磁铁矿粉末于卡洛斯管中，在冰水浴中加入适量的 ^{185}Re，^{190}Os 稀释剂及逆王水，于 200℃ 分解 24h。开管后采用原位蒸馏法进行 Os 的蒸馏，为了克服克劳斯效应（Frei et al.，1998），在蒸馏过程中先加入约 5ml H_2O_2 以提高 Os 的蒸馏效率。蒸出的 OsO_4 用 1.6ml 5% HCl 吸收，吸收液直接用于质谱测试。将蒸馏后的残余溶液转移至 50ml 烧杯中蒸干，转化为 2MolL-1HCl 介质后用阴离子交换树脂（Bio-RadAG1-X8，200~400 目）进行 Re 的分离（Qi et al.，2007）。由于溶液中大量的 Fe^{3+} 严重影响过柱效率，将溶液稀释到足够大的体积将降低此影响（黄小文等，2012）。最后含 Re 溶液用 5% HNO_3 定容至 2~3ml，待测。Re 和 Os 采用 PEELANDRC-eICP-mS 进行测试，Re 和 Os 全流程空白分别为 $6.4×10^{-12}$g 和 $2×10^{-12}$g。在含 Re 和 Os 待测溶液中加入适量的 Ir 溶液，按照 Schoenberg 等（2000）的方法进行质量歧视校正。分析结果的绝对不确定度（2σ）为分析过程中的所有误差传递所得，包括称量误差、质谱测定误差，空白校正误差及稀释剂校正误差等。分析结果由辉钼矿标样 HLP 和 JDC 监控，测定结果与推荐值基本一致（Qi et al.，2010）。

查岗诺尔矿床磁铁矿样品采自矿区 I 矿段 3100 平硐，磁铁矿粗、细粒均有。磁铁矿的 ^{187}Re、^{187}Os 含量变化较大，分别为 0.561~11.018ppb[①] 和 0.0030~0.0637ppb。采用 ISOPLOT 程序（Ludwig，2003）对 5 个磁铁矿样品的 $^{187}Re/^{188}Os$ 及 $^{187}Os/^{188}Os$ 值进行等时线投图，并考虑误差相关系数（rho）（Ludwig，1980），得到的等时线年龄为（337+12/-22）Ma（MSWD=0.16）[图 4-20（a）]，加权平均年龄为 336Ma（MSWD=1.30）[图 4-20（b）]。等时线的加权平均方差 MSWD 值与期望值（Wendt and Carl，1991）非常相近，而且低 Re/Os 值样品也落在等时线上，说明等时线年龄是可信的。

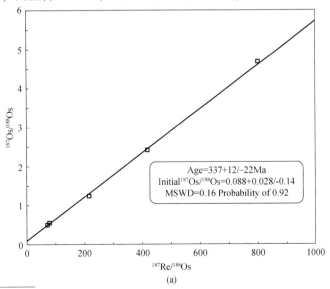

(a)

---

① 1ppb=$1×10^{-9}$。

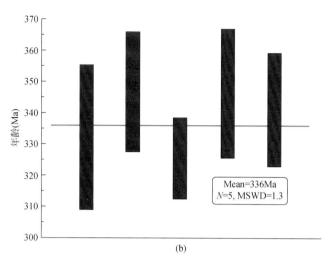

图 4-20　查岗诺尔磁铁矿 Re-Os 等时线和加权平均年龄

4. 成因分析

4.1　成矿类型

查岗诺尔铁矿的成因认识有 4 种：①火山岩型铁矿床（徐祖芳，1984）；②火山（喷气）沉积改造型矿床（王庆明等，2001）；③夕卡岩型矿床（田敬全等，2009）；④以安山岩岩浆为母岩浆的岩浆矿床（主要）和热液矿床（次要）的复合型矿床（冯金星等，2010；汪邦耀等，2011a）。不管哪种认识，都不可否认火山作用对成矿的贡献。前人（袁家铮，1990）在研究铁矿床成因实验时，常用磷灰石来代表挥发分组分，实验结果证明磷灰石等挥发分的增加能够起到降低磁铁矿的结晶温度（Frietsch et al.，1995），如使 1400℃ 下降至 800~1000℃，以利于磁铁矿从不混溶的熔体中富集成"铁矿浆"（李九玲等，1986）。梅山、基鲁纳、拉科等典型的岩浆型铁矿中出现的溢流状磁铁矿、气孔构造、晶洞构造也佐证铁矿浆中存在大量的挥发分。但这些铁矿均是与陆相火山岩相关的铁矿床，所有与矿浆型铁矿有关的实验和认识都是建立在陆相火山岩喷发的基础上，且铁矿石中大量气孔构造、晶洞构造并不是矿浆在不混熔时形成，而是在铁矿浆接近陆地地表时喷溢和爆破时所形成。查岗诺尔是一个与海相火山岩相关的铁矿床，火山岩中细碧岩化、角斑岩化相当普遍。与陆相火山岩相关的铁矿床不同的是，除细碧岩化、角斑岩化、绿帘石化普遍外，海相火山岩中气孔、晶洞的大小较陆相火山岩中的要小，火山弹也不发育。这些特征可能与海水的压力、海水–岩石相互作用及海水降温作用对岩石的影响有关。因此，在研究与海相火山岩相关的铁矿床时，应充分考虑海水对成矿作用的影响，不能盲目全盘照搬陆相火山岩铁矿的特征和认识。

但不可否认，富碱（尤其 $Na_2O > K_2O$）的中–基性火山岩有利于火山岩型铁矿的形成，是与海相、陆相火山岩相关铁矿床的共同认识（Henriquez et al.，1978；Nyström et al.，1994；Frietsch et al.，1995）。前文已述，查岗诺尔矿区中基性熔岩以富碱（$Na_2O > K_2O$）为主，对形成铁矿有利。矿区磁铁矿有两类，第一类磁铁矿具有弱 Eu 负异常，与火山熔岩的 Eu 负异常相似。Eu 负异常常被用来指示岩石/矿物形成的氧化-还原环境，磁铁矿、火山熔岩的 Eu 负异常暗示两者具有相同的氧化-还原环境。另外，Zr 与 Nb 和 Hf、Sm 与 Nd、Dy 与 Yb 具有相似的元素化学特征，其比值在熔浆不会随矿物的分离结晶而改变，因此可用来判断其来源。第一类矿石具有与火山熔岩相近的 Zr/Nb（矿石为 12.50 ~ 36.16，平均 24.49；基性熔岩为 18.35 ~ 27.60，平均 23.76；中性熔岩为 18.68 ~ 25.08，平均 22.66；酸性熔岩 11.63 ~ 26.08，平均 24.32）、Zr/Hf（矿石为 25 ~ 40，平均 33.55；基性熔岩为 25.63 ~ 36.89，平均 32.91；中性熔岩为 32.28 ~ 44.17，平均 35.93；酸性熔岩 32.70 ~ 39.67，平均 35.19）、Sm/Nd（矿石为 0.05 ~ 0.32，平均 0.22；基性熔岩为 0.02 ~ 0.28，平均 0.20；中性熔岩为 0.18 ~ 0.26，平均 0.24；酸性熔岩 0.17 ~ 0.33，平均 0.25）、Dy/Yb（矿石为 0.81 ~ 1.63，平均 1.20；基性熔岩为 1.22 ~ 2.85，平均 1.85；中性熔岩、酸性熔岩 <2.0）值，表明这类矿石直接来源于火山熔岩。第二类矿石具有正 Eu 异常，与火山熔岩明显不同，且 Zr/Nb（0.23 ~ 50.00，平均 14.12）、Zr/Hf（0.46 ~ 37.45，平均 19.00）、Sm/Nd（0.01 ~ 0.25，平均 0.11）值明显小于熔岩，暗示第二类铁矿石在形成环境上与熔岩有所差别，除熔岩外，还可能有其他来源的贡献。

磁铁矿 600℃ 以下爆裂温度分为两个阶段，相应温度分别为 450 ~ 470℃、390℃。李秉伦（1983）对宁芜陆相火山岩型铁矿带的研究表明，磁铁矿爆裂温度 >450℃ 属矿浆型，330 ~ 400℃ 基本属火山热液型。可以看出，查岗诺尔矿区矿浆型、火山热液型磁铁矿均有分布，属矿浆型-火山热液叠加型。其中粗粒磁铁矿爆裂温度 ≤400℃，属火山热液型磁铁矿；细粒磁铁矿爆裂温度 ≥450℃，为矿浆型。其次，磁铁矿成矿年龄为 336Ma，大于花岗闪长岩形成年龄（325.9Ma）但小于火山岩年龄（342.4Ma），也表明铁矿的形成与花岗岩无关，而可能与火山岩相关，与花岗闪长岩侵入于矿体且矿体位于火山岩中事实相符。另外，Fe 同位素特征显示，矿区磁铁矿 Fe 同位素分布范围与火山岩较为一致，而与其他岩性（碳酸盐岩、碎屑岩、页岩）明显不一致，暗示磁铁矿中 Fe 元素主要来自火山岩浆；磁铁矿 O 同位素分布范围较广，但主要落入玄武岩氧同位素范围（李铁军，2013），但也有其他来源 O 的加入，与花岗岩、碳酸盐岩有较大差别。考虑到矿区仅见火山岩和碳酸盐岩的事实，其他来源 O 只可能来自于碳酸盐岩。黄铁矿 S 同位素也显示了碳酸盐岩来源信息。

因此，磁铁矿形成至少有两期：第一期磁铁矿来自于火山岩浆的分异结晶，颗粒较细；第二期磁铁矿来自于萃取了围岩成矿物质的火山热液，颗粒较粗。

查岗诺尔铁矿安山质围岩虽然富碱，但磷含量却十分低（P_2O_5 平均 0.3%，冯金星等，2010），磁铁矿中的 P_2O_5 含量（平均 <0.10%）低于陆相矿浆型铁矿（梅山铁矿 P_2O_5 平均 0.37%，袁家铮，1990；基鲁纳铁矿 P_2O_5 含量 0.02% ~ 5.2%），矿石中气孔、晶洞构造较少，暗示原始铁矿浆挥发分含量要较陆相火山岩型铁矿低。另外，矿石中 Ti 含量偏低，<0.5%，远小于陆相矿浆型铁矿的 2.0%，矿石中出溶的钛铁矿含量明显偏低，暗示矿区铁矿浆形成温度并不很高，故前人（洪为等，2012）质疑矿浆型铁矿的可能性。但笔者认为这也与海水有关。由于海水与海底岩石亲密接触，能轻易沿海底断裂、岩石裂隙、孔隙下渗，但可下渗的深度目前不详。参考陆地地表水下渗深

度，海水下渗深度暂定为 5000～10 000m。上升的火山熔浆在海水下渗带与海水相遇，其温度必然大大降低。由于温度降低和海水的加入，火山熔浆在局部区域内等压降温分异，形成铁矿浆和残余火山熔浆，同时 P、Cl、F 等亲气元素更多地进入海水中，形成海底热液。受温度影响，Ti、V 等亲氧元素从熔浆中析出而与铁结合的速率受到影响，从而更多地残留于残余火山熔浆中。因此，矿浆中挥发分、Ti 含量偏低。

4.2 成矿过程

综上所述，查岗诺尔铁矿成矿过程为：早石炭世晚期，矿区及周围发生大规模海底火山作用。①火山活动间隙期由磁铁矿组成的矿浆自火山通道口涌出，顺火山斜坡下泄至海底低洼地段（期间可能有部分铁矿浆由潮汐带至远离火山口的地段），或沿火山环状（放射状）断裂充填，形成磁铁矿体。②由于火山通道口的坍塌封闭，使矿浆上升喷溢受阻，矿浆流开始沿通道内裂隙、断裂充填，形成脉状铁矿体。火山活动晚期，由火山岩浆分异出的火山热液在上升过程中沿途交代周围岩石（碳酸盐岩、火山岩），并在火山通道及附近断裂、岩石裂隙内卸载、淀积，形成火山热液型铁矿体，叠加于矿浆期矿石之上，伴随大量围岩蚀变和金属硫化物［黄铁矿、黄铜矿、磁黄铁矿、（钴）毒砂］，伴生金即赋存于（钴）毒砂、黄铁矿等矿物的粒间及晶格缺陷中。黄铜矿形成矿化体，在 I 矿段中呈脉状（方解石–黄铁矿脉）、浸染状分布于安山质晶屑凝灰岩中，矿化体并不连续，部分矿化体切穿铁矿体。

二、敦德

1. 元素地球化学

1.1 主量元素

敦德铁矿共采取样品 7 件，岩石化学定名分别为玄武岩、英安岩和流纹岩。在 SiO_2-K_2O 图（图 4-21）和 AFM 图上（图 4-22），这 7 件样品中有 6 件属于钙碱性系列，1 件属于拉斑系列。

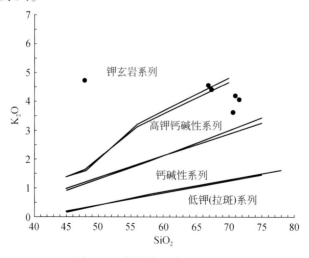

图 4-21 敦德火山岩 SiO_2-K_2O

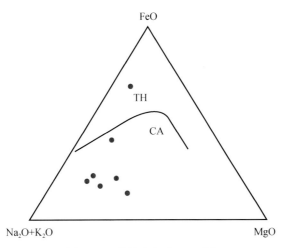

图 4-22　敦德火山岩 AFM 图

玄武岩中，SiO_2 含量为 47.88%；TiO_2 含量为 1.26%，属低钛玄武岩系列；Al_2O_3 含量为 21.26%，>16%，属高铝玄武岩；MgO 含量为 2.60%；TFeO 为 20.78%，属高铁玄武岩；CaO 含量为 4.66%；Na_2O+K_2O 含量为 6.83%；NaO/K_2O 值为 0.45。

酸性火山熔岩（流纹岩和英安岩）中 SiO_2 含量为 66.91%～82.06%（平均 71.58%）；TiO_2 含量为 0.533%～0.69%（平均 0.46%）；Al_2O_3 含量为 7.75%～16.18%（平均 13.91%），其中 1 个样品含量超过 16%；MgO 含量为 1.16%～4.97%（平均 2.55%）；TFeO 为 1.97%～3.46%（平均 2.54%）；CaO 含量为 0.50%～1.41%（平均 0.81%）；Na_2O+K_2O 含量为 3.71%～7.66%（平均 6.66%）；Na_2O/K_2O 值为 0.43～1.31（平均 0.85）。

主量元素的哈克图解（图 4-23）显示，CaO、MgO、K_2O、TiO_2、Al_2O_3、TFeO、P_2O_5 均随 SiO_2 含量的增加而减少，Na_2O 随 SiO_2 含量的增加而增加，岩浆早期演化过程中有橄榄石、辉石矿物的堆晶现象存在，晚期演化过程中可能有斜长石在源区的残留。但从酸性火山岩样品来看，样品具有高 Sr、高 Yb（Sr>100×10^{-6}，Yb 平均值>3.43×10^{-6}）的特征，也暗示源区可能有斜长石的残留。

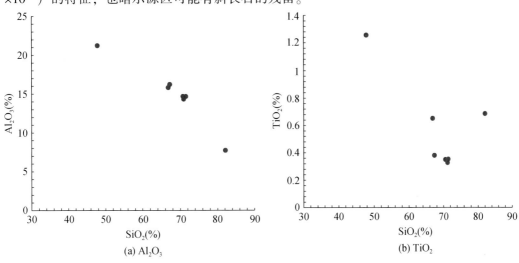

(a) Al_2O_3

(b) TiO_2

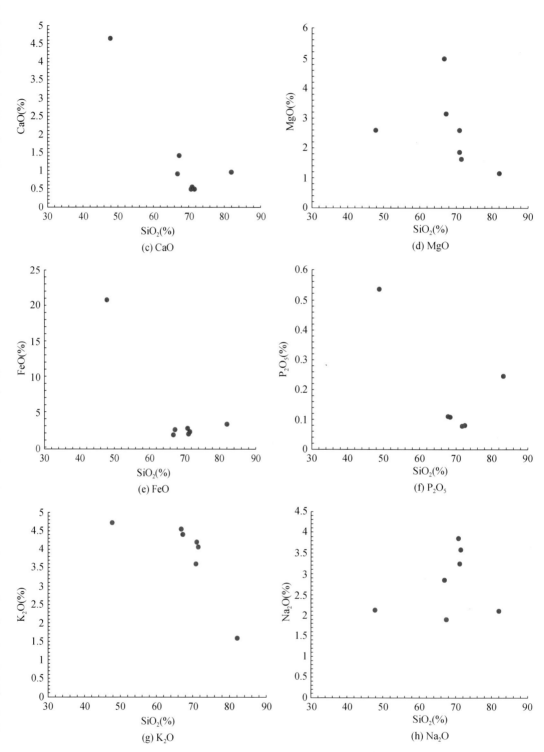

图 4-23　敦德火山岩哈克图解

在花岗岩 ACF 图解 [图 4-24 (a)] 上，敦德花岗岩全落入"S"型花岗岩区域，暗示花岗岩形成于造山阶段。在 C/MF-A/MF 图解 [图 4-24 (b)] 上，花岗岩落入变质泥岩部分熔融区域，表明花岗岩可能来源于基底地层的部分熔融。

花岗岩（图 4-25）中 SiO_2 含量为 74.47% ~ 78.28%（平均 76.37%）；TiO_2 含量为 0.06% ~ 0.28%（平均 0.15%）；Al_2O_3 含量为 9.58% ~ 12.89%（平均 11.76%）；MgO 含量为 0.13% ~ 1.13%（平均 0.78%）；TFeO 为 0.82% ~ 2.32%（平均 1.74%）；CaO 含量为 0.02% ~ 0.29%（平均 0.15%）；Na_2O+K_2O 含量为 4.43% ~ 8.66%（平均 6.69%）；Na_2O/K_2O 值为 0.78 ~ 2.35（平均 1.62%）。CaO、Na_2O、K_2O、TiO_2、Al_2O_3 均随 SiO_2 含量的增加而减少，TFeO 随 SiO_2 含量的增加而增加，岩浆演化过程中可能有斜长石在源区的残留。但从样品来看，样品具有高 Sr、高 Yb（$Sr>100\times10^{-6}$，Yb 平均值 $>3.43\times10^{-6}$）的特征，也暗示源区可能有斜长石的残留。

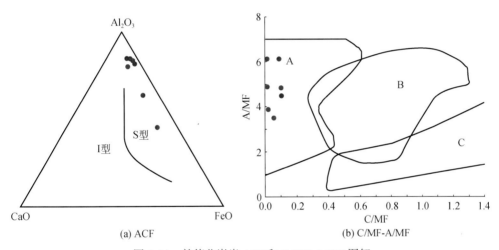

图 4-24 敦德花岗岩 ACF 和 C/MF-A/MF 图解

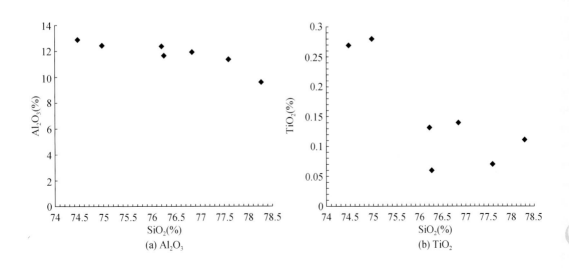

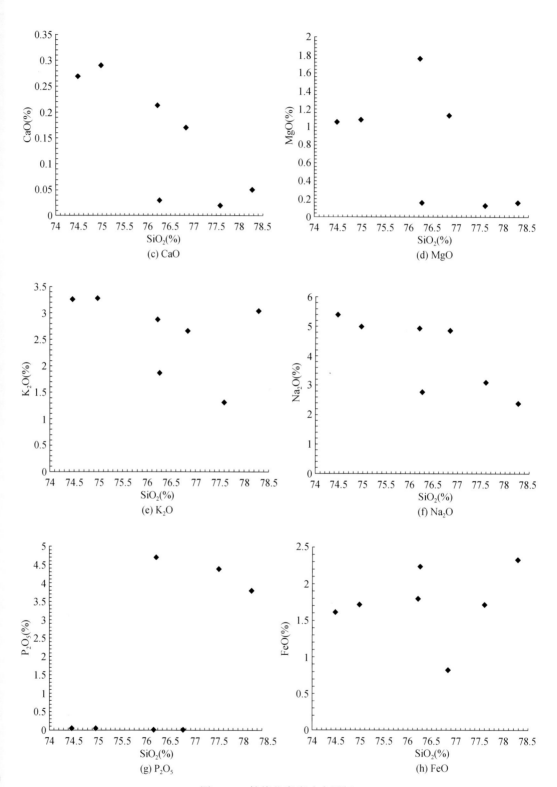

图 4-25　敦德花岗岩哈克图解

1.2 微量及稀土元素

在火山熔岩（玄武岩、流纹岩、英安岩）的不相容元素原始地幔标准化图上（图4-26）可以看出，Rb、Th、U、K、Pb、Dy、Y 7 种元素小幅度相对富集；P 在酸性熔岩表现为相对亏损，在玄武岩为相对富集；Nb、Ta、La、Ce、Sr、Ti 适度亏损，Lu 显著亏损；除了上述相对亏损或富集的元素外，样品其余元素的原始地幔标准化比值介于 10~100。总体上，配分曲线平滑，曲线形态一致。在元素比值上，玄武岩与酸性熔岩具有较为明显的差别。玄武岩 Zr/Nb 值为 18.86、Ta/Hf 值为 0.18、Th/Ta 值为 5.17、Zr/Hf 值为 38.82、Ba/Zr 值为 5.82、Ba/Ce 值为 11.89、Zr/Ce 值为 2.04、K/Ta 值为 55 043、Ta/Yb 值为 0.11、Ba/La 值为 22.99；酸性熔岩 Zr/Nb 值为 27.43~33.67（平均31.37）、Ta/Hf 值为 0.09~0.12（平均0.10）、Th/Ta 值为 10.11~22.40（平均19.19）、Zr/Hf 值为 34.36~36.90（平均35.36）、Ba/Zr 值为 1.94~3.53（平均2.97）、Ba/Ce 值为 12.64~19.08（平均15.91）、Zr/Ce 值为 3.94~7.67（平均5.38）、K/Ta 值为 53 604~72 984（平均57 219）、Ta/Yb 值为 0.21~0.36（平均0.25）、Ba/La 值为 23.26~37.50（平均32.02）。

酸性熔岩 $\sum$REE 为（61.13~82.00）$\times 10^{-6}$（平均 72.37×10^{-6}），其中 LREE 为（57.15~73.20）$\times 10^{-6}$（平均 65.32×10^{-6}），HREE 为（3.89~10.40）$\times 10^{-6}$（平均 8.05×10^{-6}）；δEu 为 0.54~0.97（平均0.76），$(La/Yb)_N$ 值为 3.20~12.17（平均6.03），$(La/Sm)_N$ 值为 1.98~4.22（平均3.42），$(Gd/Yb)_N$ 值为 0.95~1.88（平均1.26）。轻稀土元素和重稀土元素之间的分馏程度较强（LREE/HREE 值为 6.27~14.36，平均8.86），轻稀土元素内部分馏程度中等，重稀土元素内部分馏程度较弱。从球粒陨石标准化的稀土元素配分曲线图上（图4-26）可看出，配分曲线均为缓慢右倾的轻稀土富集型，有弱的负 Eu 异常。

熔岩 Dy/Yb 值为 1.32~1.95（平均1.50），<2.5，为尖晶石二辉橄榄岩部分熔融形成。玄武岩 $\sum$REE 为 89.81×10^{-6}，其中 LREE 为 79.02×10^{-6}，HREE 为 10.79×10^{-6}；δEu 为 1.07，$(La/Yb)_N$ 值为 5.04，$(La/Sm)_N$ 值为 2.59，$(Gd/Yb)_N$ 值为 1.40。轻稀土元素和重稀土元素之间的分馏程度较强（LREE/HREE 值为 7.32），轻稀土元素内部分馏程度中等，重稀土元素内部分馏程度较弱。从球粒陨石标准化的稀土元素配分曲线图上（图4-26）可看出，配分曲线均为缓慢右倾的轻稀土富集型，无 Eu 异常。熔岩 Dy/Yb 值为 1.69（平均1.84），<2.5，为尖晶石二辉橄榄岩部分熔融形成。

花岗岩 $\sum$REE 为（182.68~275.31）$\times 10^{-6}$（平均 237.28×10^{-6}），其中 LREE 为（170.31~236.12）$\times 10^{-6}$（平均 207.83×10^{-6}），HREE 为（12.37~39.26）$\times 10^{-6}$（平均 29.45×10^{-6}）；δEu 为 0.03~0.87（平均0.32），$(La/Yb)_N$ 值为 3.62~10.15（平均5.75），$(La/Sm)_N$ 值为 3.42~4.14（平均3.61），$(Gd/Yb)_N$ 值为 0.67~2.09（平均1.12）。轻稀土元素和重稀土元素之间的分馏程度较强（LREE/HREE 值为 6.01~13.77，平均8.61），轻稀土元素内部分馏程度中等，重稀土元素内部分馏程度较弱。从球粒陨石标准化的稀土元素配分曲线图上（图4-26）可看出，配分曲线均为缓慢右倾的轻稀土富集型，样品显示强负 Eu 异常至弱 Eu 异常。Dy/Yb 值为 1.13~2.01（平均1.48）。不相容元素在原始地幔标准化图上表现为 Rb、Th、U、K、Pb、P、Dy、Y 8

种元素小幅度相对富集，Nb、Ta、La、Ce、Sr、Ti 适度亏损，Lu 显著亏损（图4-26）。除了上述相对亏损或富集的元素外，样品其余元素的原始地幔标准化比值介于 10～100。总体上，配分曲线平滑，曲线形态一致。在元素比值上，玄武岩与酸性熔岩具有较为明显的差别。Zr/Nb 值为 5.38～11.60（平均9.75）、Ta/Hf 值为 0.05～0.27（平均0.18）、Th/Ta 值为 4.08～42.36（平均30.03）、Zr/Hf 值为 21.83～43.71（平均28.00）、Ba/Zr 值为 0.68～1.87（平均1.07）、Ba/Ce 值为 0.79～5.42（平均2.10）、Zr/Ce 值为 1.15～2.90（平均1.64）、K/Ta 值为 15 973～59 053（平均27 271）、Ta/Yb 值为 0.14～0.17（平均0.15）、Ba/La 值为 1.75～11.71（平均4.54）。

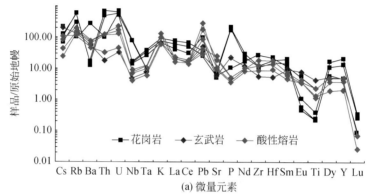

(a) 微量元素

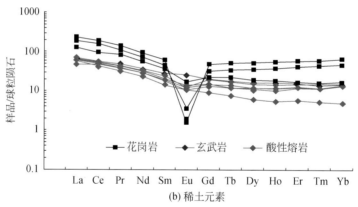

(b) 稀土元素

图4-26　敦德铁矿围岩微量、稀土元素配分曲线

矿石可以分为明显的两类（表4-3，图4-27）。第一类矿石具有明显低的微量、稀土元素含量，微量元素蛛网图上显示 Nb、Pb、Zr、Hf、Eu 等元素相对富集，K、Ce、Sm、Lu 相对亏损，稀土元素具有弱的 Eu 正异常，轻稀土、重稀土分馏明显。第二类矿石具有明显高的微量元素、稀土元素含量，其元素含量比第一类矿石高 1～2 个数量级；微量元素蛛网图上显示 U、La、Pb、Sm、Dy、Y 等元素相对富集，Rb、K、Sr、Zr、Hf、Ti、Lu 相对亏损，稀土元素具有弱的 Eu 负异常，轻稀土、重稀土分馏较为明显。葛松胜等（2014）的数据也表现出类似的规律。

表4-3 敦德铁矿石微量、稀土元素含量　　　　（单位：×10⁻⁶）

样品	Cs	Rb	Ba	Th	U	Nb	Ta	Pb	Sr
DD12-1	0.05	0.1	10	0.2	0.1	15.9	0.43	48.7	34.9
DD12-2	0.05	0.1	10	0.2	0.1	20.2	0.37	5.3	10.6
DD12-4	0.49	0.4	10	1.2	3.1	3.1	0.15	5.2	30.1
DD12-5	0.05	0.1	10	2.9	7.4	0.9	0.12	41.2	136.5
DD12-6	0.09	0.2	10	0.2	0.3	1.2	0.06	5.7	29.2
DD12-7	0.06	0.2	10	0.2	0.2	1.1	0.07	6.1	28.5
12DD-14	0.05	0.1	10	0.2	0.9	1.1	0.08	4.4	96.4
12DD-15	0.08	0.1	10	1.4	0.7	1.8	0.11	91.5	12.7

样品	Zr	Hf	Y	La	Ce	Pr	Nd	Sm	Eu
DD12-1	10.7	0.2	1.2	4.4	5.2	0.41	1.1	0.15	0.03
DD12-2	7.0	0.1	0.1	0.8	0.9	0.06	0.2	0.03	0.03
DD12-4	27.8	0.6	1.3	119.5	177.0	13.80	33.6	2.38	0.59
DD12-5	6.1	0.1	9.8	149.5	172.5	13.75	39.4	5.09	0.55
DD12-6	16.8	0.5	9.0	23.7	24.7	1.70	4.4	0.77	0.23
DD12-7	16.2	0.3	17.3	46.7	46.3	2.89	6.6	0.94	0.27
12DD-14	21.9	0.4	2.6	30.1	33.3	2.61	7.1	0.89	0.12
12DD-15	14.3	0.3	13.7	141.5	138.5	9.70	26.4	3.60	1.02

样品	Gd	Tb	Dy	Ho	Er	Tm	Yb	Lu	
DD12-1	0.15	0.02	0.10	0.02	0.05	0.01	0.05	0.01	
DD12-2	0.05	0.01	0.05	0.01	0.03	0.01	0.03	0.01	
DD12-4	0.94	0.11	0.45	0.06	0.14	0.02	0.10	0.01	
DD12-5	3.67	0.49	2.29	0.39	0.90	0.14	0.70	0.08	
DD12-6	1.08	0.19	1.37	0.31	0.86	0.12	0.90	0.13	
DD12-7	1.39	0.31	2.48	0.56	1.75	0.29	1.79	0.32	
12DD-14	0.72	0.10	0.56	0.10	0.28	0.03	0.23	0.05	
12DD-15	3.08	0.47	2.49	0.53	1.41	0.18	1.07	0.15	

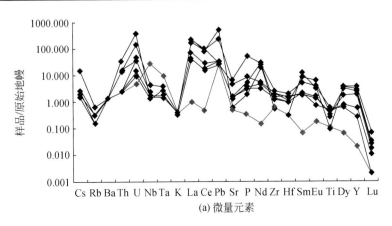

(a) 微量元素

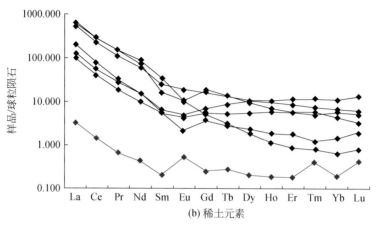

(b) 稀土元素

图 4-27　敦德铁矿矿石微量、稀土元素配分曲线

1.3　主要成矿元素赋存状态

铁：主要以氧化物的形式赋存于磁铁矿和赤铁矿中，其次以铁硫化物的形式存在于黄铁矿、磁黄铁矿、黄铜矿中，另外方钍石、硅钍石、钴辉锑矿、氟磷灰石等矿物中也有微量铁存在（图 4-28，表 4-4）。其中铁在磁铁矿、赤铁矿、黄铁矿、黄铜矿、磁黄铁矿中以主量元素的形式占据矿物晶格，在方钍石、硅钍石、钴辉锑矿、氟磷灰石等矿物中则以类质同象的形式占据矿物晶格。

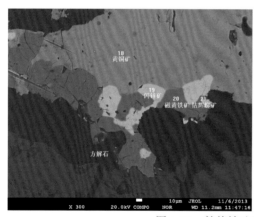 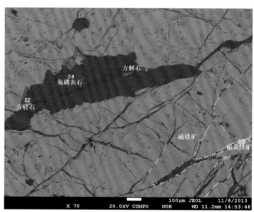

图 4-28　敦德铁矿石主要矿物分布形式

表 4-4　敦德铁矿主要矿物电子探针分析结果

点号	元素	质量比(%)	面积比(%)	原子比(%)	元素	质量比(%)	面积比(%)	原子比(%)
0018	Se	0.013	0.013	0.0078	Fe	30.252	30.715	25.1616
	Cu	33.112	33.618	24.203	Sb	0.045	0.046	0.0170
	Zn	0.158	0.160	0.1125	S	34.803	35.335	50.4256
	Co	0.063	0.064	0.0498	Ni	0.007	0.007	0.0057
	Au	0.017	0.017	0.0041	Ag	0.018	0.018	0.0016
	Mn	0.006	0.006	0.0054				

续表

点号	元素	质量比(%)	面积比(%)	原子比(%)	元素	质量比(%)	面积比(%)	原子比(%)
0019	As	0.117	0.117	0.0747	Sr	0.007	0.007	0.0041
	Fe	7.862	7.867	6.7588	Cu	0.233	0.233	0.1759
	Zn	57.749	57.749	42.412	S	33.497	33.520	50.1665
	Co	0.05	0.05	0.0409	Ni	0.005	0.005	0.0039
	Mn	0.411	0.411	0.359				
0022	SiO$_2$	0.054	0.054	0.0023	FeO	0.463	0.461	0.0164
	Ce$_2$O$_3$	1.16	1.155	0.018	PbO	0.864	0.857	0.0098
	ThO	97.874	97.472	0.9711				
0023	As	0.003	0.003	0.0016	Fe	59.645	60.350	46.8039
	Sb	0.071	0.072	0.0255	Pb	0.155	0.157	0.0328
	S	38.766	39.224	52.9929	Co	0.153	0.155	0.114
	Ni	0.039	0.039	0.0293				

锌：主要以锌硫化物的形式存在于闪锌矿中，其次以类质同象的形式存在于黄铜矿、黄铁矿和磁黄铁矿中。

金：显微镜下主要以包裹金为主，占68.96%；其次是粒间金，占17.30%；裂隙金占13.74%。包裹金表现为银金矿主要包裹于毒砂、钴毒砂、黄铁矿和砷钴矿中，多呈不规则状、条状、粒状等；其次包裹于方解石中。粒间金主要为银金矿位于钴毒砂、砷钴矿粒间，多呈不规则状；另外，方解石、钴毒砂粒间也有银金矿分布。裂隙金主要表现为银金矿呈不规则状、麦粒状、三角形等分布于岩石裂隙或褐铁矿于岩石裂隙间、脉石矿物与岩石裂隙间（刘通和丁海波，2013）。

稀土元素：主要赋存于磷钇矿和氟碳铈矿中，其次存在于方钍石、硅钍石、氟磷灰石中。其中，在磷钇矿和氟碳铈矿中的稀土以主量元素的形式占据矿物晶格，在方钍石、硅钍石、氟磷灰石等矿物中则以类质同象的形式占据矿物晶格。

2. 同位素地球化学

2.1 Fe 同位素

敦德矿区磁铁矿 Fe 同位素较为均一（图 4-29），δ^{56}Fe 分布范围在 $-0.20‰$ ～

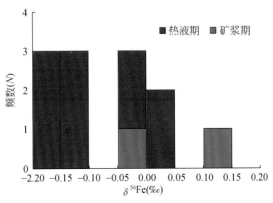

图 4-29　敦德铁矿磁铁矿 Fe 同位素分布

0.15‰，与火山岩铁同位素分布范围一致。其中，热液期磁铁矿与矿浆期磁铁矿（具体划分依据见后文）稍有差别，矿浆期磁铁矿 $\delta^{56}Fe$ 主要分布于 $-0.05‰ \sim 0.15‰$，热液期磁铁矿 $\delta^{56}Fe$ 主要分布于 $-0.20‰ \sim 0.05‰$。

2.2　O 同位素

磁铁矿 O 同位素分布较为分散，$\delta^{18}O$ 分布范围为 $2.0‰ \sim 11.0‰$（图 4-30），与典型幔源氧同位素范围（$3.0‰ \sim 8.0‰$，主要集中于 $4.0‰ \sim 6.0‰$）有所不同。这表明磁铁矿中的氧除源自地幔外，还可能有其他来源的氧加入。

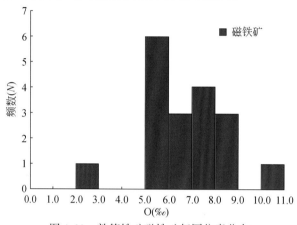

图 4-30　敦德铁矿磁铁矿氧同位素分布

3. 流体包裹体温度和成矿年代学

3.1　爆裂温度和均一温度

600℃ 以下矿物爆裂温度图谱（图 4-31）显示，敦德铁矿磁铁矿形成具有多期多阶段特点。在 600℃ 以下，磁铁矿形成可分为 3 个阶段：第三阶段磁铁矿形成于 450℃ 左右；第二阶段磁铁矿形成于 390℃ 左右；第三阶段磁铁矿形成于 330℃ 左右。其中，粗粒磁铁矿中仅见 330℃、390℃，叠加有粗粒磁铁矿的细粒磁铁矿主要爆裂温度为 390℃、450℃。

透明、半透明矿物流体包裹体均一温度（图 4-32）则显示了中低温热液的特点。石英脉中流体包裹体均一温度分布于 $170 \sim 330℃$，主要集中于 $190 \sim 290℃$，为中低温热液产物；方解石脉中流体包裹体均一温度分布于 $170 \sim 330℃$，主要集中于 $210 \sim 290℃$，也为中低温热液产物；闪锌矿流体包裹体均一温度分布于 $170 \sim 350℃$，主要集中于 $230 \sim 310℃$，为中温热液产物。即使经过压力校正，透明、半透明矿物形成温度（$200 \sim 400℃$）仍然低于磁铁矿高温阶段形成温度，表明这些矿物可能具有与磁铁矿不同的来源。

3.2　花岗岩 LA-ICP-MS 锆石 U-Pb 定年

光学显微镜及 CL 图像表明，所挑选锆石晶形较完好，主要呈四方双锥状、长柱状、板柱状，个别为短柱状。透射光下为无色或浅黄色，晶体轮廓清晰，晶面多数光滑，部分锆石颗粒发育裂隙。锆石长度大于 $100\mu m$，长宽比在 $1 : 1.5 \sim 3 : 1$，少量呈浑圆状。阴极发光图像显示发育有清晰的岩浆震荡环带。

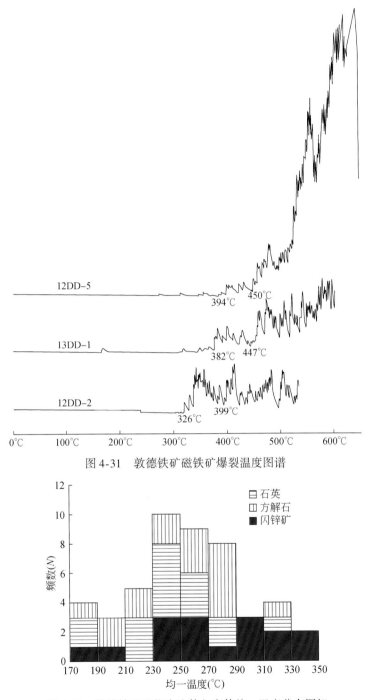

图 4-31 敦德铁矿磁铁矿爆裂温度图谱

图 4-32 敦德铁矿矿物中流体包裹体均一温度分布图解

本书分析锆石样品 20 个。锆石的 U、Th 含量较高，分别可达 97×10^{-6} 和 443×10^{-6}。锆石具有较为均一的 Th/U 值（0.41 ~ 0.58），大部分在 0.41 ~ 0.50。锆石稀土元素总量 $>400\times10^{-6}$，大部分在 600×10^{-6} ~ 700×10^{-6}；除 3 个样品外，其余锆石配分模式

（图4-33）均具有轻稀土亏损、重稀土逐步富集、强 Ce 正异常和 Eu 负异常、轻稀土和重稀土内部分异明显的特点，为典型的岩浆锆石。3 个锆石具有微弱的 Ce 正异常、强 Eu 负异常、轻稀土富集和分异不明显、重稀土分异明显的特点，为热液锆石。

17 个分析点在（310～293）Ma（图4-34），其等时线年龄为（300.8±1.0）Ma，加权平均值为（300.7±2.0）Ma，其中有几个点偏离谐和线，这可能是由于不同程度的普通 Pb 的贡献，或者是结晶后 U 和 Pb 同位素增加或丢失有关。

3.3 磁铁矿 Re-Os 等时线年龄

敦德矿床磁铁矿的 Re、Os 含量变化较大，分别为 0.59～16.09ppb 和 0.003～0.083ppb。采用 ISOPLOT 程序（Ludwig，2003）对 7 个磁铁矿样品的 $^{187}Re/^{188}Os$ 及 $^{187}Os/^{188}Os$ 值进行

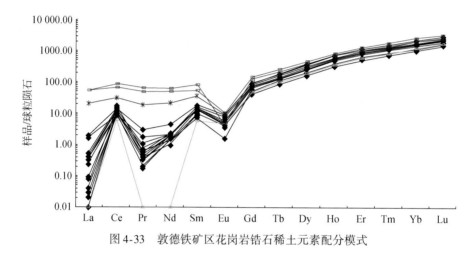

图4-33　敦德铁矿区花岗岩锆石稀土元素配分模式

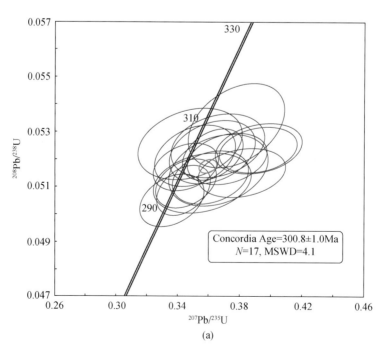

Concordia Age=300.8±1.0Ma
N=17, MSWD=4.1

(a)

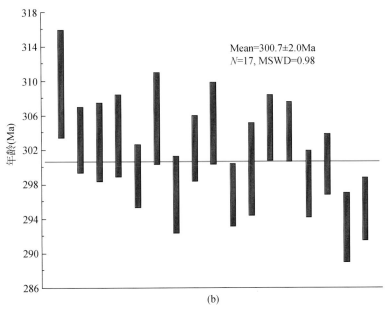

图 4-34　敦德铁矿区花岗岩锆石年龄

等时线投图，并考虑误差相关系数（Ludwig，1980），得到的等时线年龄为（315+13/−15）Ma（MSWD=0.0038）［图 4-35（a）］，加权平均年龄为 314.7Ma（MSWD=0.51）［图 4-35（b）］。等时线的加权平均方差 MSWD 值与期望值（Wendt and Carl，1991）非常相近，而且低 Re/Os 值样品也落在等时线上，说明等时线年龄是可信的。

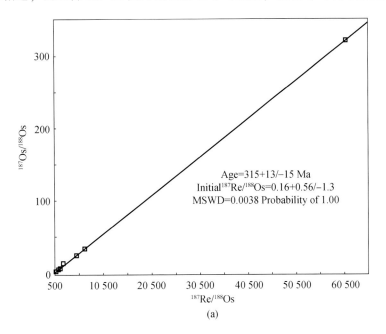

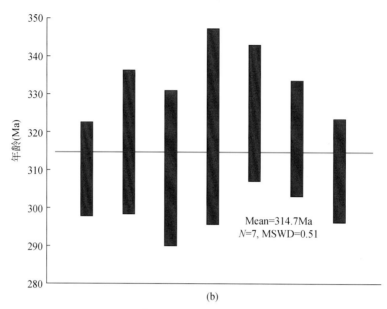

图4-35　敦德铁矿区磁铁矿Re-Os年龄

4. 成因分析

4.1　成矿类型

前人将敦德矿区磁铁矿石可分为浸染状、块状、条带状三类（表4-5）。根据野外观察和对比，本书将磁铁矿石分为浸染状、块状、脉状［段士刚等（2013）称之为条带状］三类，其中浸染状矿石又可分为稀疏浸染状、稠密浸染状矿石。

段士刚等（2013）原位分析结果表明，敦德铁矿磁铁矿可以分为明显两类：一类为块状、稠密浸染状矿石中的磁铁矿，矿物颗粒较细；另一类为稀疏浸染状、脉状矿石中的磁铁矿，矿物颗粒较粗；两类磁铁矿在 Mn、Si、Ca、Na、V、K、Pb、Ba、Sr、Ni、Sb、Cu 含量上具有明显的差别（图4-36）。块状、稠密浸染状磁铁矿中 Mn 含量明显高于稀疏浸染状、脉状磁铁矿，为后者的 2～4 倍；Si、Ca、Na、V、K、Pb、Ba、Sr、Ni、Sb、Cu 含量明显晚于后者，为后者的 1/220～1/6。两者在元素与铁关系图（图4-37）上，也分为泾渭分明的两类。这些特征表明，敦德铁矿区磁铁矿应存在两期成矿作用，与铁矿石微量、稀土元素分析结果相同。元素原位分析标准化图谱显示，两类磁铁矿具有相似的配分模式，暗示两者具有相似的成矿物质来源。

前文已述，磁铁矿 600℃ 以下爆裂温度分为 3 个阶段，相应温度分别为 450℃、390℃、330℃。李秉伦（1983）对宁芜陆相火山岩型铁矿带的研究表明，磁铁矿爆裂温度 >450℃ 属矿浆型，330～400℃ 基本属火山热液型。可以看出，敦德矿区矿浆型、火山热液型磁铁矿均有分布，属矿浆型–火山热液叠加型。其中粗粒磁铁矿爆裂温度 ≤400℃，属火山热液型磁铁矿。Fe 同位素特征显示，矿区磁铁矿 Fe 同位素分布范围与火山岩较为一致，而与其他岩性（碳酸盐岩、碎屑岩、页岩）明显不一致，暗示磁铁

表4-5　敦德铁矿区磁铁矿原位分析数据

（单位：×10⁻⁶）

矿石描述	细粒浸染状矿石（样品DD-13）					中-细粒稠密浸染状矿石（样品DD-81）					磁铁矿-夕卡岩条带状矿石（样品DD-98）			磁铁矿-方解石条带状矿石（样品DD-142）					中-粗粒块状矿石（样品DD-75）			
	1	2	3	4	平均	1	2	3	4	平均	1	2	平均	1	2	3	4	平均	1	2	3	平均
Fe	755 749	755 873	756 451	760 487	757 590	739 589	748 711	740 943	745 241	743 621	746 476	750 695	747 011	748 061	745 775	746 626	727 917	734 622	738 735	733 083	728 529	737 197	732 936
Al	6 710	6 107	6 242	4 617	5 919	12 577	7 481	9 093	6 906	9 014	9 912	6 557	8 111	8 193	8 777	7 653	16 061	14 972	11 866	14 445	14 212	11 793	13 483
Mn	4 550	3 420	4 376	3 519	3 966	13 344	11 530	16 060	13 745	13 670	6 626	6 773	7 326	6 908	6 008	6 008	12 703	8 746	8 366	14 615	16 086	13 601	14 767
Mg	1 314	1 481	1 271	839	1 226	2 682	2 678	3 843	2 571	2 944	3 246	2 830	4 267	3 448	3 817	3 034	5 319	5 382	4 388	3 566	4 938	3 964	4 156
Ti	1 526	874	1 568	1 387	1 339	268	335	277	1 598	620	575	634	1 254	821	302	1 546	518	1 015	845	1 026	2 242	942	1 403
Zn	335	455	599	284	418	1 989	1 413	1 789	1 524	1 679	1 346	733	566	882	1 044	589	1 507	1 566	1 177	2 858	2 572	2 725	2 718
Si	bdl	2 636	1 238	1 376	1 750	221	460	bdl	276	319	1 461	1 196	1 586	1 414	2 255	2 771	1 800	1 107	1 983	bdl	160	285	223
Ca	731	760	477	475	611	13	101	55	85	64	885	1 620	259	921	1 308	1 211	489	126	784	15	5	54	25
Na	224	146	171	231	193	4	12	6	23	11	31	492	165	229	471	413	347	117	337	7	8	24	13
V	144	83	124	127	120	72	86	76	76	78	122	84	264	157	128	72	149	203	138	79	99	66	81
K	138	73	125	91	107	bdl	6	bdl	16	11	18	662	49	243	517	272	173	63	256	bdl	bdl	5	5
Cr	40.5	76.8	51.7	82.8	63	2	20.4	1.7	1065	272.3	8.3	11.1	8.4	9.3	25.3	300.7	13	30	92.3	9.2	33.9	1.4	14.8
Ni	23.1	15.7	18.5	16.5	18.5	4.4	6.9	4.8	5.8	5.5	6.2	12	5.7	8	14.8	11.9	18.5	12	14.3	8.7	bdl	3.8	6.3
Co	20.5	14.8	34.1	14.1	20.9	14.5	21.4	18	16.4	17.6	17	18.5	19.5	18.3	10.8	9.1	23.7	15.5	14.8	7.9	8.2	8.6	8.2
Zr	18.5	21.9	30	19.3	22.4	18.5	22.3	15.8	14.8	17.9	23.8	35.6	29.6	29.7	48.5	24.2	59.6	48.8	45.3	61.7	75.1	54.7	63.8
Pb	13.67	2.32	12.67	10.24	9.73	0.15	0.12	0.07	0.35	0.17	0.11	11.52	0.24	3.96	16.69	4.77	4.88	1.99	7.08	0.06	0.07	0.24	0.12
Ga	8.43	5.51	7.21	5.59	6.69	2.49	3.56	2.56	3.02	2.91	6.19	5.47	5.85	5.84	5.41	12.95	5.58	5.35	7.32	6.34	7.57	4.64	6.18
Ba	6.34	2.74	5.59	4.24	4.73	0.34	0.09	0.1	0.52	0.26	0.31	11.22	1.18	4.24	9.28	4.58	4.62	1.82	5.08	0.26	bdl	0.17	0.22
Sn	6.27	3.16	9.13	4.41	5.74	10.41	11.25	17.33	8.8	11.95	8.99	9.63	11.86	10.16	15.49	9.56	19.2	14.22	14.62	14.87	18.98	14.27	16.04
Sr	4.74	4.89	6.65	5.26	5.39	0.15	0.55	0.08	0.47	0.31	1.19	12.1	5.36	6.22	14.51	9.69	4.55	2.01	7.69	bdl	0.14	0.16	0.15
Sb	2.33	2.57	4.93	2.97	3.2	0.27	0.56	0.42	2.65	0.98	1.92	3.05	5.48	3.48	11.76	5.59	3.56	3.24	6.04	0.33	1.31	0.49	0.71
Nb	2.09	3.29	4.31	3.01	3.18	3.42	4.41	4.44	4.13	4.1	5.32	6.36	4.23	5.3	12.17	4.75	12.35	10.05	9.83	3.4	3.85	2.36	3.2
Cu	1.79	5.03	2.07	1.36	2.56	0.05	0.12	bdl	0.1	0.09	0.44	0.08	0.47	0.33	0.83	0.69	0.7	0.79	0.75	bdl	0.24	0.19	0.1
Sc	1.42	1.26	1.47	1.44	1.4	1.37	1.52	1.22	0.97	1.27	1.37	1.6	2.09	1.69	2.61	2.22	3.64	3.3	2.94	4.96	5.94	4.01	4.97
U	0.07	0.06	0.27	0.09	0.12	2.42	0.02	bdl	0.01	0.82	0.01	0.01	0.03	0.02	0.03	0.04	0.04	0.03	0.04	0.04	0	0.02	0.02
Hf	0.55	0.6	1.69	0.85	0.92	0.24	0.31	0.8	0.8	0.41	0.51	0.5	0.78	0.6	0.06	1	0.95	0.71	0.68	1.84	1.69	0.88	1.47
Ta	0.05	0.13	0.19	0.13	0.13	0.15	0.25	0.23	0.23	0.22	0.35	0.75	0.45	0.52	0.17	0.22	0.25	0.22	0.22	0.19	0.18	0.18	0.23

注：据段士刚等，2013

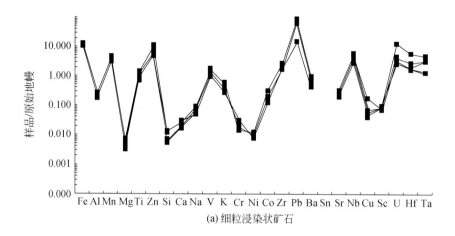

(a) 细粒浸染状矿石

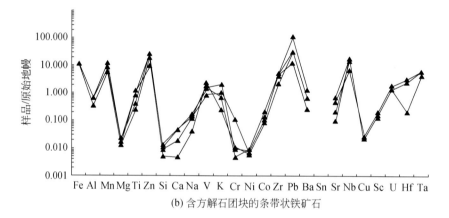

(b) 含方解石团块的条带状铁矿石

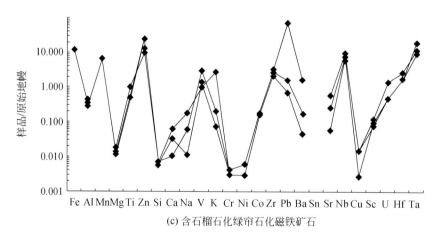

(c) 含石榴石化绿帘石化磁铁矿石

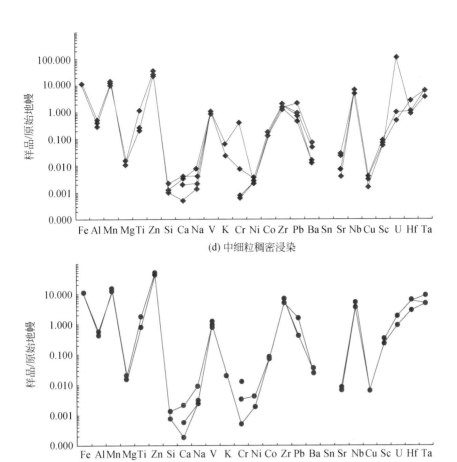

图 4-36　敦德铁矿区磁铁矿元素原位分析标准化图谱（段士刚等，2013）

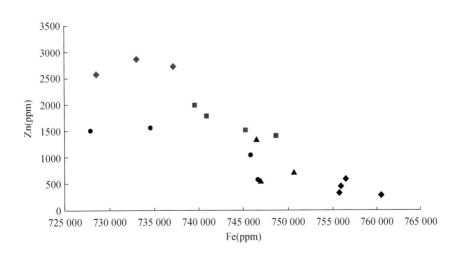

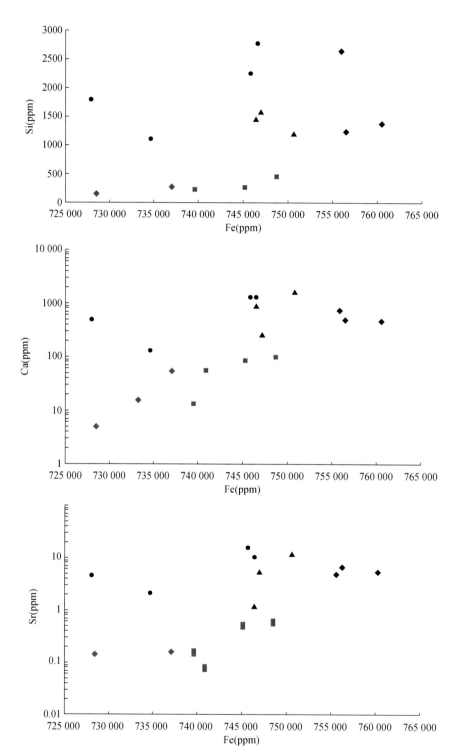

图 4-37 敦德铁矿区磁铁矿不同微量元素与铁关系（段士刚等，2013）
黑色圆点代表细粒浸染状磁铁矿；黑色三角形代表磁铁矿-夕卡岩条带中磁铁矿；黑色菱形磁铁矿条带中磁铁矿；
红色菱形代表中细粒稠密浸染状磁铁矿；红色方块代表中粗粒块状磁铁矿

矿中 Fe 元素主要来自火山岩浆。磁铁矿 O 同位素分布范围较广，但主要落入玄武岩氧同位素范围（李铁军，2013），但也有其他来源氧的加入，与花岗岩、碳酸盐岩有较大差别。敦德铁矿区及外围出露岩性主要为火山岩，次为碳酸盐岩和花岗岩。野外观察表明，花岗岩及与围岩接触带中并无铁矿化，暗示大量磁铁矿形成与花岗岩无关。另外，磁铁矿成矿年龄为 315Ma，大于花岗岩形成年龄（301Ma），也表明铁矿的形成与花岗岩无关。因此，磁铁矿中的氧除来自火山岩外，还有少量碳酸盐岩的贡献。

矿区方解石、石英、闪锌矿形成温度为 200～400℃。其中，方解石以脉状、条带状形式存在于磁铁矿体、锌矿体及花岗岩、凝灰岩中，组成方解石团块、方解石脉、方解石-黄铁矿脉、方解石-黄铁矿-磁黄铁矿-毒砂脉、方解石-闪锌矿脉，形成温度范围较宽，表明方解石与铁矿化、锌矿化、金矿化有关，为火山热液、岩浆热液产物；石英则以脉状分布于花岗岩中，组成石英-黄铜矿脉、石英-闪锌矿脉，为岩浆热液产物；闪锌矿以脉状、浸染状、条带状形式存在于磁铁矿体、锌矿体及花岗岩、凝灰岩中，组成方解石-闪锌矿脉、石英-闪锌矿脉，为岩浆热液产物。

4.2　成矿过程

前文已述，粗粒磁铁矿为火山热液产物。含粗粒磁铁矿的铁矿体主要位于火山通道内，呈筒状，是矿区的主要矿体，其储量占矿区探明储量的 80% 以上；矿石主要为致密块状、稠密浸染状，少数呈脉状、团块状，磁铁矿晶形较为完整，颗粒粗大。含细粒磁铁矿的铁矿体形成于火山通道附近的火山断裂、裂隙及火山洼地内，部分地段矿体被粗粒磁铁矿呈稠密浸染状叠加或呈脉状穿插，是矿区的次要矿体；矿石呈稀疏浸染状、细粒致密块状、条带状、脉状，磁铁矿颗粒较细。这些特征暗示细粒磁铁矿早于粗粒磁铁矿形成，为矿浆型磁铁矿。独立锌矿体呈脉状、透镜状分布于花岗岩体外接触带的凝灰岩中，部分地段闪锌矿脉切穿磁铁矿体，矿石呈脉状、浸染状；伴生锌矿体分布于筒状铁矿体下部，叠加于铁矿体之上，矿石呈浸染状、团块状、脉状，闪锌矿等金属硫化物在铁矿体中定向分布（图 4-38），表明锌矿体晚于粗粒磁铁矿形成。

因此，敦德铁矿成矿过程为：早石炭世晚期，敦德矿区发生大规模海底火山作用。火山活动间隙期由磁铁矿组成的矿浆自火山通道口涌出，顺火山斜坡下泄至海底低洼地段（期间可能有部分铁矿浆由潮汐带至远离火山口的地段），或沿火山环状（放射状）断裂充填，形成磁铁矿体。随后由于火山通道口的坍塌封闭，矿浆上升喷溢受阻，矿浆流开始沿通道内裂隙、断裂充填，形成脉状铁矿体；火山活动晚期，由火山岩浆分异出的火山热液在上升过程中沿途交代周围岩石（碳酸盐岩、火山岩），并在火山通道及附近断裂、岩石裂隙内卸载、淀积，形成火山热液型铁矿体，叠加于矿浆期矿石之上，伴随大量围岩蚀变和金属硫化物［黄铁矿、磁黄铁矿、（钴）毒砂］，伴生金即赋存于（钴）毒砂等矿物的粒间及晶格缺陷中。火山活动结束后，铁矿成矿作用陷入沉寂期，中酸性岩浆侵入活动开始活跃，并分异出大量岩浆热液。这些热液从岩体及围岩中萃取了大量成矿物质，并伴随强烈的热液蚀变，最后在岩体外接触带（凝灰岩）中沉淀，形成锌矿体。部分锌矿体叠加在铁矿体之上。

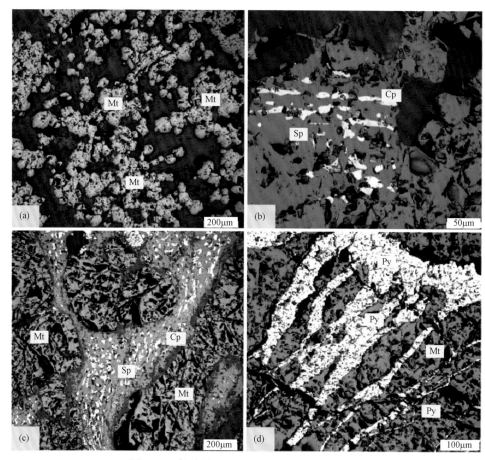

图 4-38　敦德铁矿区矿石（李大鹏等，2013）

（a）浸染状磁铁矿矿石，半自形磁铁矿晶体呈星点状分布于脉石矿物中（反射光）；（b）浸染状矿石中的闪锌矿与黄铜矿共生，黄铜矿呈脉状穿插于闪锌矿中（反射光）；（c）致密块状矿石中的磁铁矿被闪锌矿脉穿插，闪锌矿中包含星点状的黄铜矿（反射光）；（d）致密块状矿石中的磁铁矿被黄铁矿脉穿插（反射光）

三、松湖

1. 元素地球化学

1.1　主量元素

松湖铁矿共采取样品 7 件，另外收集单强等（2009）分析样品 10 件，其中花岗岩样品 2 件，15 件火山岩样品化学定名分别为粗面安山岩、粗面岩、粗面英安岩、英安岩和碧玄岩（图 4-39）。在 SiO_2-K_2O 图（图 4-40）和 AFM 图上（图 4-41），这些火山岩样品中主要属于钙碱性系列，少量属于钾玄岩系列。

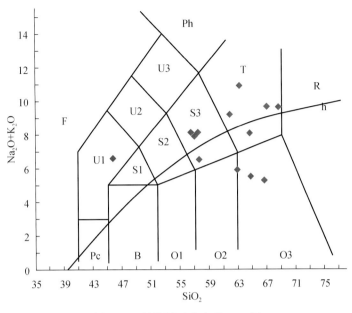

图 4-39　松湖铁矿火山岩 TAS 图

其中，基性火山岩 SiO_2 含量为 45.98%；TiO_2 含量为 0.46%，属低钛玄武岩系列；Al_2O_3 含量为 12.84%；MgO 含量为 14.41%；TFeO 为 4.78%，属低铁玄武岩；CaO 含量为 2.75%；Na_2O+K_2O 含量为 6.57%；Na_2O/K_2O 值为 2.30。

中性火山熔岩（粗面岩、粗面安山岩）SiO_2 含量为 56.41% ~ 64.74%（平均 60.62%）；TiO_2 含量为 0.61% ~ 0.91%（平均 0.79%）；Al_2O_3 含量为 16.58% ~ 18.06%（平均 17.19%）；MgO 含量为 1.04% ~ 5.79%（平均 2.22%）；TFeO 为 4.56% ~ 9.81%（平均 7.51%）；CaO 含量为 0.97% ~ 4.79%（平均 2.90%）；Na_2O+K_2O 含量为 5.50% ~ 10.88%（平均 7.80%）；Na_2O/K_2O 值为 0.14 ~ 2.98（平均 1.03）。

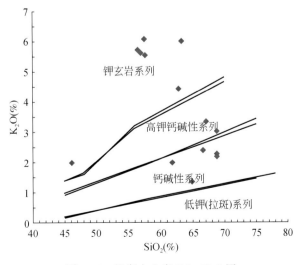

图 4-40　松湖火山岩 SiO_2-K_2O 图

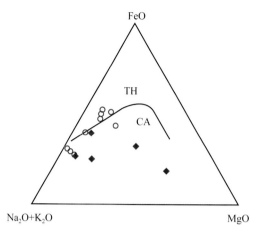

图 4-41　松湖火山岩 AFM 图

红色菱形方块代表本次测试样品，红色空心圆代表单强等（2009）的样品。下同。

酸性火山熔岩（粗面英安岩和英安岩）SiO_2 含量为 66.59% ~ 68.66%（平均 67.90%）；TiO_2 含量为 0.52% ~ 0.85%（平均 0.60%）；Al_2O_3 含量为 14.67% ~ 15.99%（平均 15.00%）；MgO 含量为 1.16% ~ 4.97%（平均 2.55%）；TFeO 为 1.97% ~ 3.46%（平均 2.54%）；CaO 含量为 0.50% ~ 1.41%（平均 0.81%）；Na_2O+K_2O 含量为 3.71% ~ 7.66%（平均 8.77%）；Na_2O/K_2O 比值为 0.43 ~ 1.31（平均 0.85）。

火山岩主量元素的哈克图解（图 4-42）显示，TiO_2、TFeO、MgO、K_2O、Al_2O_3、P_2O_5 均随 SiO_2 含量的增加而减少，但基性火山岩除外；CaO、Na_2O 含量随 SiO_2 变化在 SiO_2 = 68% 左右出现最低点，表明岩浆晚期演化过程中可能有斜长石在源区的残留。

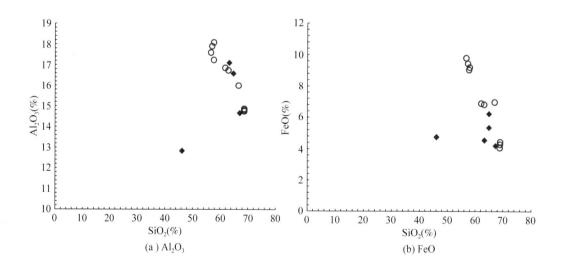

(a) Al_2O_3　　　　　　　　　　　　　　(b) FeO

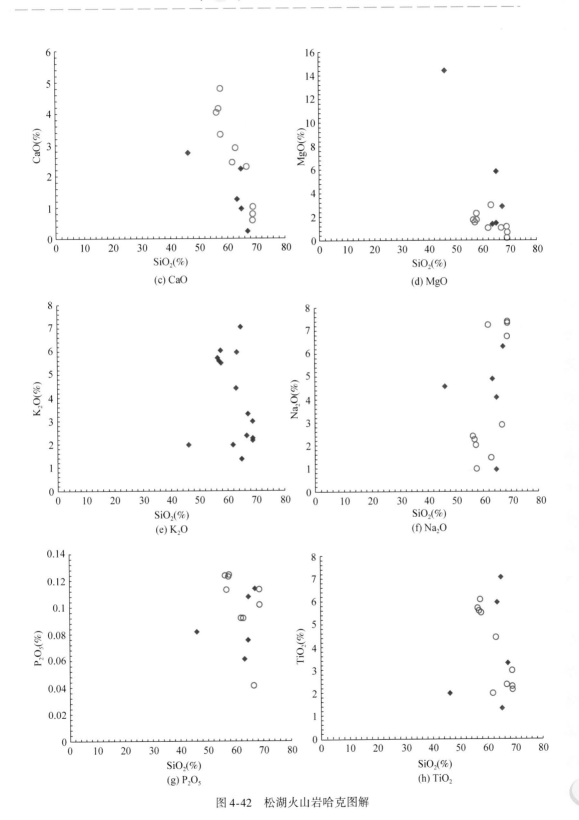

图 4-42 松湖火山岩哈克图解

花岗岩 SiO_2 含量为 69.39% ~ 69.56%（平均 69.47%）；TiO_2 含量为 0.36% ~ 0.37%（平均 0.36%）；Al_2O_3 含量为 14.39% ~ 14.55%（平均 14.47%）；MgO 含量为 1.42% ~ 1.72%（平均 1.57%）；TFeO 为 3.64% ~ 4.18%（平均 3.91%）；CaO 含量为 0.97% ~ 1.00%（平均 0.98%）；$Na_2O + K_2O$ 含量为 8.64% ~ 8.94%（平均 8.79%）；Na_2O/K_2O 值为 0.94 ~ 1.13（平均 1.04）。样品具有低 Sr、低 Yb（Sr<100× 10^{-6}，Yb 平均值<$3.43×10^{-6}$）的特征，也暗示源区可能无斜长石的残留。

1.2 微量及稀土元素

火山熔岩（玄武岩、安山岩）的不相容元素原始地幔标准化图上（图4-43）可以看出，Rb、U、K、Pb、Nd、Hf、Eu、Dy 8 种元素小幅度相对富集；Ba、Nb、Ta、La、Sr、Zr、Sm、Ti 表现为适度亏损，Lu 显著亏损。除了上述相对亏损或富集的元素外，样品其余元素的原始地幔标准化比值介于 8 ~ 120。总体上，配分曲线平滑，曲线形态一致。在元素比值上，玄武岩与酸性熔岩具有较为明显的差别。玄武岩 Zr/Nb 值为 3.95、Ta/Hf 值为 0.004、Th/Ta 值为 10.63、Zr/Hf 值为 0.17、Ba/Zr 值为 44.55、Ba/Ce 值为 20.66、Zr/Ce 值为 0.46、K/Ta 值为 93 559、Ta/Yb 值为 0.19、Ba/La 值为 41.58；中性熔岩 Zr/Nb 值为 2.35 ~ 17.84（平均 9.99）、Ta/Hf 值为 0.004 ~ 0.16（平

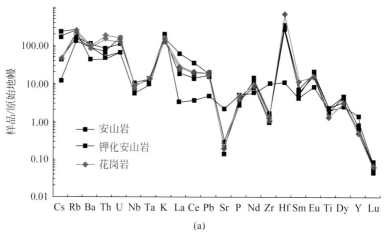

(a)

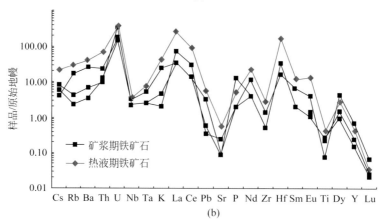

(b)

图 4-43 松湖铁矿岩石、矿石微量元素配分曲线

均 0.08）、Th/Ta 值为 7.59 ~ 12.46（平均 10.57）、Zr/Hf 值为 0.10 ~ 34.00（平均 16.82）、Ba/Zr 值为 2.42 ~ 33.40（平均 17.74）、Ba/Ce 值为 5.00 ~ 125.58（平均 38.1）、Zr/Ce 值为 0.30 ~ 18.45（平均 5.31）、K/Ta 值为 26 324 ~ 89 530（平均 68 773）、Ta/Yb 值为 0.14 ~ 0.38（平均 0.24）、Ba/La 值为 7.24 ~ 352.17（平均 99.21）。

基性熔岩 ∑REE 为 86.46×10^{-6}，其中 LREE 为 77.21×10^{-6}，HREE 为 9.25×10^{-6}；δEu 为 0.97，(La/Yb)$_N$ 值为 5.31，(La/Sm)$_N$ 值为 2.84，(Gd/Yb)$_N$ 值为 1.24；轻稀土元素和重稀土元素之间的分馏程度较强（LREE/HREE 值为 8.35），轻稀土元素内部分馏程度中等，重稀土元素内部分馏程度较弱；在球粒陨石标准化的稀土元素配分曲线图上为缓慢右倾的轻稀土富集型，无 Eu 异常。熔岩 Dy/Yb 值为 1.55，小于 2.5，为尖晶石二辉橄榄岩部分熔融形成。中性熔岩 ∑REE 为（40.40 ~ 149.93）×10^{-6}（平均 94.49×10^{-6}），其中 LREE 为（34.50 ~ 139.51）×10^{-6}（平均 86.16×10^{-6}），HREE 为（5.90 ~ 10.42）×10^{-6}（平均 8.33×10^{-6}）；δEu 为 0.68 ~ 0.96（平均 0.81），(La/Yb)$_N$ 值为 2.99 ~ 12.75（平均 8.39），(La/Sm)$_N$ 值为 2.29 ~ 8.48（平均 5.39），(Gd/Yb)$_N$ 值为 0.97 ~ 1.29（平均 1.10）；轻稀土元素和重稀土元素之间的分馏程度较强

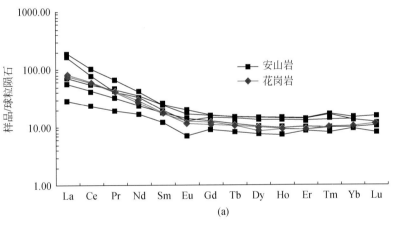

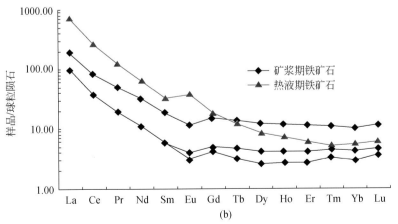

图 4-44　松湖铁矿岩石、矿石稀土元素配分曲线

（LREE/HREE 值为 5.85 ~ 13.39，平均 9.71），轻稀土元素内部分馏程度中等，重稀土元素内部分馏程度较弱。从球粒陨石标准化的稀土元素配分曲线图上（图 4-44）可看出，配分曲线均为缓慢右倾的轻稀土富集型，具有弱的 Eu 负异常至无异常。熔岩 Dy/Yb 值为 1.27 ~ 1.67（平均 1.49）。

花岗岩 $\sum$REE 为（83.54 ~ 85.06）$\times 10^{-6}$（平均 84.30$\times 10^{-6}$），其中 LREE 为（76.73 ~ 78.20）$\times 10^{-6}$（平均 77.47$\times 10^{-6}$），HREE 为（6.81 ~ 6.86）$\times 10^{-6}$（平均 6.84$\times 10^{-6}$）；δEu 为 0.80 ~ 0.86（平均 0.83），$(La/Yb)_N$ 值为 7.19 ~ 7.86（平均 7.53），$(La/Sm)_N$ 值为 4.28 ~ 4.47（平均 4.37），$(Gd/Yb)_N$ 值为 1.10 ~ 1.22（平均 1.16）。轻稀土元素和重稀土元素之间的分馏程度较强（LREE/HREE 值为 11.27 ~ 11.40，平均 11.33），轻稀土元素内部分馏程度中等，重稀土元素内部分馏程度较弱。配分曲线为缓慢右倾的轻稀土富集型，样品显示弱 Eu 异常。Dy/Yb 值为 1.28 ~ 1.43（平均 1.36）。不相容元素在原始地幔标准化图上表现为 Rb、U、K、Pb、Nd、Hf、Eu、Dy 8 种元素小幅度相对富集；Th、Nb、Ta、La、Sr、Zr、Sm、Ti 表现为适度亏损，Lu 显著亏损（图 4-43）。除了上述相对亏损或富集的元素外，样品其余元素的原始地幔标准化比值介于 8 ~ 40。总体上，配分曲线平滑，曲线形态一致。在元素比值上，玄武岩与酸性熔岩具有较为明显的差别。Zr/Nb 值为 2.11 ~ 2.16（平均 2.13）、Ta/Hf 值为 0.003、Th/Ta 值为 21.92 ~ 26.67（平均 24.29）、Zr/Hf 值为 0.05 ~ 0.06（平均 0.06）、Ba/Zr 值为 50.99 ~ 55.04（平均 53.02）、Ba/Ce 值为 16.64 ~ 19.56（平均 18.05）、Zr/Ce 值为 0.32 ~ 0.36（平均 0.34）、K/Ta 值为 56 979 ~ 63 479（平均 60 229）、Ta/Yb 值为 0.35 ~ 0.36（平均 0.36）、Ba/La 值为 32.30 ~ 39.231（平均 35.77）。

矿石可以分为明显的两类（表 4-6，图 4-43、图 4-44）。第一类矿石具有明显低的微量元素、稀土元素含量，微量元素蛛网图上 U、La、Nd、Hf、Dy 等元素相对富集，Nb、Sr、Zr、Ti、Lu 相对亏损，稀土元素具有弱的 Eu 负异常，轻稀土、重稀土分馏明显。第二类矿石具有明显高的微量元素、稀土元素含量，其元素含量比第一类矿石高 1 ~ 2 个数量级；微量元素蛛网图上 U、La、Nd、Hf、Eu、Dy 等元素相对富集，Nb、Sr、Zr、Sm、Ti、Lu 相对亏损，稀土元素具有弱的 Eu 正异常，轻稀土、重稀土分馏较为明显。

表 4-6 松湖铁矿石微量元素、稀土元素含量　　　　　　　　（单位：$\times 10^{-6}$）

样品	Cs	Rb	Ba	Th	U	Nb	Ta	Sr	Zr
12SH-5-2	0.64	17.6	280	5.60	8.05	2.1	0.3	11.25	29.9
12SH-5-1	0.24	2.4	44.5	0.76	7.05	1.5	0.1	1.75	5.0
12SH-20	0.13	10.1	163.5	1.84	2.88	2.1	0.2	1.73	5.0
12SH-23	0.18	1.4	21.1	0.95	3.37	1.6	0.1	4.66	14.6
样品	Hf	Y	La	Ce	Pr	Nd	Sm	Eu	Gd
12SH-5-2	50	2.05	173.0	160.0	11.25	29.9	4.88	2.17	3.59
12SH-5-1	9	1.00	22.5	23.0	1.75	5.0	0.82	0.22	0.97

续表

样品	Hf	Y	La	Ce	Pr	Nd	Sm	Eu	Gd
12SH-20	10	0.64	22.9	23.0	1.73	5.0	0.84	0.17	0.81
12SH-23	5	2.94	44.6	50.8	4.66	14.6	2.78	0.63	2.98

样品	Tb	Dy	Ho	Er	Tm	Yb	Lu
12SH-5-2	0.44	2.05	0.40	0.96	0.13	0.90	0.15
12SH-5-1	0.17	1.00	0.23	0.65	0.11	0.69	0.11
12SH-20	0.11	0.64	0.15	0.41	0.08	0.46	0.09
12SH-23	0.48	2.94	0.65	1.78	0.27	1.62	0.28

1.3　主要成矿元素赋存状态

铁：主要以氧化物的形式赋存于磁铁矿和赤铁矿中，其次以铁硫化物的形式存在于黄铁矿、磁黄铁矿中，另外氟磷灰石等矿物中也有微量铁存在。其中铁在磁铁矿、赤铁矿、黄铁矿、磁黄铁矿中以主量元素的形式占据矿物晶格，在氟磷灰石等矿物中则以类质同象的形式占据矿物晶格。

锌：主要以锌硫化物的形式存在于闪锌矿中，其次以类质同象的形式存在于黄铁矿和磁黄铁矿中。

稀土元素：主要赋存于磷钇矿和氟碳铈矿中，其次存在于氟磷灰石中。其中，在磷钇矿和氟碳铈矿中稀土以主量元素的形式占据矿物晶格，在氟磷灰石等矿物中则以类质同象的形式占据矿物晶格。

2. 同位素地球化学

2.1　Fe 同位素

松湖矿区磁铁矿 Fe 同位素较为均一（图 4-45），δ^{56}Fe 分布范围在 0.10‰ ~ 0.35‰，与火山岩铁同位素分布范围一致。其中，热液期磁铁矿与（具体划分依据见

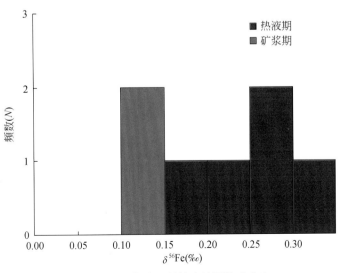

图 4-45　松湖矿区磁铁矿铁同位素分布

后文）稍有差别，矿浆期磁铁矿 $\delta^{56}Fe$ 主要分布于 0.10‰左右，热液期磁铁矿 $\delta^{56}Fe$ 主要分布于 0.15‰ ~ 0.35‰。

2.2 O 同位素

磁铁矿 O 同位素分布较为集中，$\delta^{18}O$ 分布范围在 1.0‰ ~ 5.0‰（图 4-46），与典型幔源氧同位素范围（3.0‰ ~ 8.0‰，主要集中于 4.0‰ ~ 6.0‰）相同。这表明磁铁矿中的氧主要来自地幔。

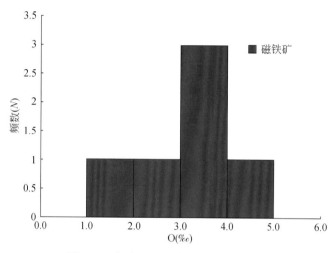

图 4-46　松湖矿区磁铁矿氧同位素分布

2.3 S 同位素

黄铁矿样品采自矿区露天采场，共计 10 块样品。单矿物挑选由廊坊市诚信地质服务有限公司完成，测试在核工业北京地质研究所分析测试研究中心完成。将黄铁矿单矿物和氧化亚铜按一定比例（1∶10）研磨至 200 目左右，并混合均匀，在真空达 2.0× 10^{-2}Pa 状态下加热，进行氧化反应（温度 980℃），生成 SO_2 气体。真空条件下，用冷冻法收集 SO_2 气体，并用 MaT-251 气体同位素质谱分析硫同位素组成，测量结果以 CDT 为标准，记为 $\delta^{34}S_{V\text{-}CDT}$，分析精度优于±0.02‰。硫化物参考标准为 GBW-04414 硫化银标准。

黄铁矿 S 同位素分布较为集中，$\delta^{34}S$ 分布范围在 -5.0‰ ~ 2.0‰（图 4-47），极差为 7.0‰，平均值具有变化范围窄、极差值小的特征。

2.4 Sr、Nd、Pb 同位素

样品测试在核工业北京地质研究院进行。对测试结果进行成矿年龄校正，获得 Sr、Nd、Pb 同位素参数后投影于不同参数图解中。黄铁矿形成时间与磁铁矿相差不大，属同一构造旋回、同一岩浆活动产物，形成环境相同。

除个别点外（$^{206}Pb/^{204}Pb$ = 19.764，$^{207}Pb/^{204}Pb$ = 16.597，$^{208}Pb/^{204}Pb$ = 38.330），松湖铁矿床主要矿石矿物（磁铁矿、黄铁矿）铅同位素较为均一，$^{206}Pb/^{204}Pb$ 值为 18.164 ~ 18.676（平均 18.497），$^{207}Pb/^{204}Pb$ 值为 15.545 ~ 16.104（平均 15.667），$^{208}Pb/^{204}Pb$ 值为 37.961 ~ 38.543（平均 38.199）。在铅同位素组成图（图 4-48）上，基本落入壳幔

混合区和造山带区，主要落入两区结合部位。另外，无论是黄铁矿还是磁铁矿，$^{207}Pb/^{204}Pb$ 值与 $^{206}Pb/^{204}Pb$ 值均表现为较好的线性关系。

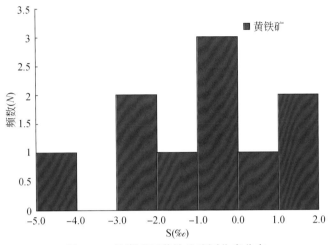

图 4-47 松湖矿区黄铁矿硫同位素分布

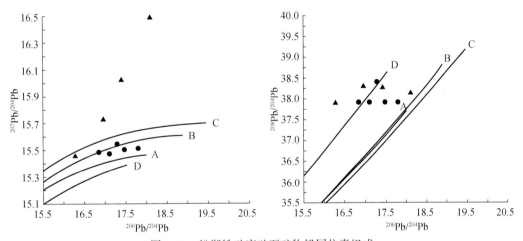

图 4-48 松湖铁矿床矿石矿物铅同位素组成

A-地幔；B-造山带；C-上地壳；D-下地壳；黑色三角代表磁铁矿，黑色圆点代表黄铁矿，以下同

锶钕同位素较为均一。主要矿石矿物（磁铁矿、黄铁矿）$^{87}Sr/^{86}Sr$ 值为 $0.7070 \sim 0.7096$（平均 0.7085），$^{143}Nd/^{144}Nd$ 值为 $0.5123 \sim 0.5124$（平均 0.5124），显示出较好的同源性。

3. 成矿年代学

3.1 火山岩 SHRIMP 锆石 U-Pb 定年

从安山岩中分离出来的锆石呈浅褐色，透明，晶体细小，呈长柱状、针状，长度小于 $300\mu m$，单形 ｛110｝、｛111｝发育；在阴极发光图像上，锆石具有生长环带，部分锆石的震荡生长环带明显，为岩浆锆石。14 颗锆石 SHRIMP 年龄在 $337 \sim 317$Ma，变化范围很小；U-Pb 等时线年龄为 (323.9 ± 1.9) Ma（MSWD = 0.76）［图 4-49 （a）］，加

131

权平均也为（323.9±1.9）Ma（MSWD＝0.76）［图4-49（b）］。两颗锆石年龄偏离谐和
线，可能是与结晶后 U 和 Pb 同位素增加或丢失有关。

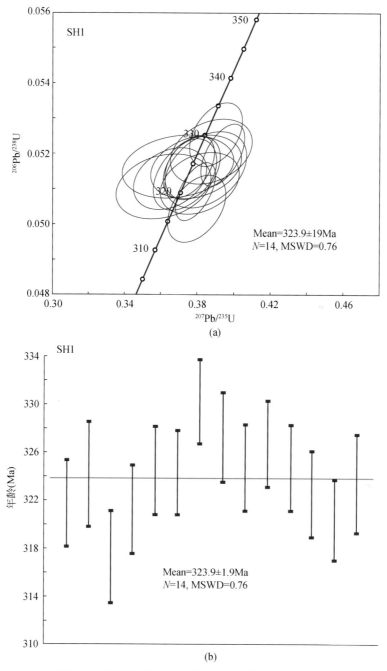

(a)

(b)

图 4-49　松湖铁矿床安山岩 SHRIMP 锆石 U-Pb 年龄

3.2　磁铁矿 Re-Os 等时线年龄

松湖矿床磁铁矿的 Re、OsRe 含量变化较大，分别为 0.51 ~ 31.11ppb 和

0.003~0.168ppb。采用 ISOPLOT 程序（Ludwig，2003）对 6 个磁铁矿样品的^{187}Re/^{188}Os 及^{187}Os/^{188}Os 值进行等时线投图，并考虑误差相关系数（Ludwig，1980），得到的等时线年龄为（330+17/-27）Ma（MSWD=0.20）[图 4-50（b）]，加权平均年龄为 331.2Ma（MSWD=1.30）[图 4-50（a）]。等时线的加权平均方差 MSWD 值与期望值（Wendt and Carl，1991）非常相近，而且低 Re/Os 值样品也落在等时线上，说明等时线年龄是可信的。

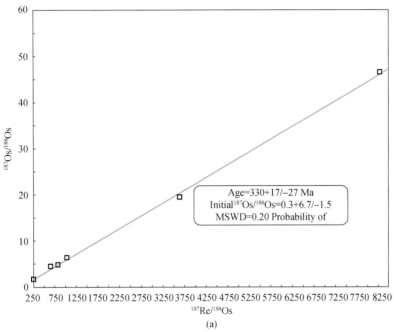

(a)

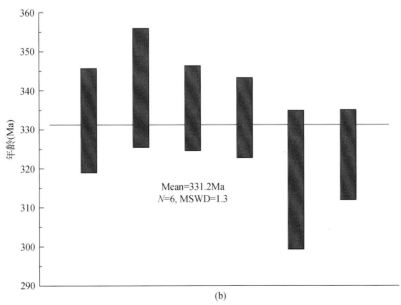

(b)

图 4-50　松湖铁矿区磁铁矿 Re-Os 年龄

4. 成因分析

4.1 成矿类型

Fe 同位素特征显示，矿区磁铁矿 Fe 同位素分布范围与火山岩较为一致，而与其他岩性（碳酸盐岩、碎屑岩、页岩）明显不一致，暗示磁铁矿中 Fe 元素主要来自火山岩浆。磁铁矿 O 同位素分布范围较小，落入玄武岩氧同位素范围（李铁军，2013），与花岗岩、碳酸盐岩有较大差别。磁铁矿可能来源于火山作用。

另外，磁铁矿成矿年龄为 330Ma，大于安山岩形成年龄（324Ma），考虑到测试方法不同，这个年龄差距可以接受。矿石矿物（磁铁矿、黄铁矿）样品 $(^{87}Sr/^{86}Sr)_i$ 介于 0.699～0.705；$\varepsilon_{Nd}(t)$ 值变化于 –0.1～+5.9，整体为低 $\varepsilon_{Nd}(t)$，表明其来源于较为富集的地幔（图 4-51）。在 $(^{87}Sr/^{86}Sr)_i$-$\varepsilon_{Nd}(t)$ 协变图上，矿石矿物 Sr、Nd 同位素主体落入岛弧火山岩区，各样品点有向富 Sr 方向偏移的趋势，暗示矿石矿物 Sr、Nd 同位素主体来源于岛弧火山岩外，还有地壳物质的贡献。但黄铁矿、磁铁矿的 $\varepsilon_{Nd}(t)$ 和 $(^{87}Sr/^{86}Sr)_i$ 值有所差别，在 $(^{87}Sr/^{86}Sr)_i$-$\varepsilon_{Nd}(t)$ 协变图上明显分为不同的两群，暗示两者在成因上的差异。

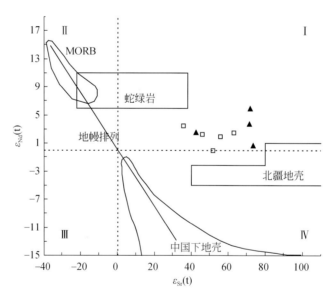

图 4-51　松湖铁矿黄铁矿、磁铁矿 Sr、Nd 同位素组成

黑色三角代表磁铁矿，方块代表黄铁矿，以下同

通过研究与成矿关系密切的硫化物或矿石硫化物的硫同位素组成变化可以了解矿床中硫的来源（张理刚，1985；Ohmoto，1986；Ohmoto and Goldhaber，1997）。一般认为岩浆矿床（如 Cu-Ni 矿床）具有幔源成因，其 $\delta^{34}S$ 值通常在 0‰附近。岩浆热液矿床中硫化物的 $\delta^{34}S$ 值介于 –3‰～1‰，而硫酸盐 $\delta^{34}S$ 值变化较大（8‰～15‰；Hoefs，2009）。夕卡岩型矿床的硫源比较单一，显示地壳深部硫来源的特征，岩浆型、斑岩型矿床的硫同位素组成更接近陨石硫值，而沉积型矿床则具有硫同位素分布弥散度较大，硫源相对复杂或来自地壳等主要特征（赵一鸣，2012）。密西西比河型矿床的形成与盆地

卤水密切相关，$\delta^{34}S$ 值通常分布于两个区间，即 $-5‰ \sim 15‰$ 和 $>20‰$。火山岩型块状硫化物矿床（VMS）$\delta^{34}S$ 值一般大于 $0‰$，接近现代海水硫酸盐，SEDEX 型矿床 $\delta^{34}S$ 值则比 VMS 矿床的范围要宽的多（Hoefs，2009）。

矿区内未出现重晶石等硫酸盐矿物，硫化物矿物在含硫矿物中占绝对优势，而硫化物中以黄铁矿为主，只有微量的黄铜矿。黄铁矿的 $\delta^{34}S$ 值应与热液或岩浆总 $\delta^{34}S$ 值相近，可近似代表热液或岩浆的总硫值（方耀奎等，1992）。松湖铁矿床黄铁矿的 $\delta^{34}S$ 值的介于 $-5.0‰ \sim 2.0‰$，极差为 $7.0‰$，平均值具有变化范围窄、极差值小的特征，与岩浆-热液矿床的 $\delta^{34}S$ 范围一致。因此，松湖铁矿床硫同位素组成与岩浆热液成因矿床的硫同位素一致，硫主要来源于深源岩浆。

单强等（2009）的研究表明，尽管松湖铁矿黄铁矿 Co、Ni 含量有所不同，但在 Co/Ni-Co 图上均落入岩浆热液范围，为岩浆热液成因，黄铁矿化与磁铁矿化为不同地质作用的产物，与本书观点相同。

4.2　成矿过程及成矿模式

前文已述，磁铁矿来源于火山作用，黄铁矿为岩浆热液产物，具有不同的成因。野外观察发现，黄铁矿主要呈浸染状分布于磁铁矿体中，形成时间明显晚于磁铁矿。

因此，松湖铁矿成矿过程为：早石炭世晚期，松湖矿区发生大规模海底火山作用。火山活动间隙期由磁铁矿组成的矿浆自火山通道口涌出，顺火山斜坡下泄至海底低洼地段（期间可能有部分铁矿浆由海底潮汐活动带至远离火山口地段），或沿火山环状（放射状）断裂充填，形成磁铁矿体。目前所见矿体即为沿火山环状（放射状）断裂充填产物。随后由于火山通道口的坍塌封闭，使矿浆上升喷溢受阻，矿浆流开始沿通道内的裂隙、断裂充填，形成脉状铁矿体。目前该阶段铁矿体并未在矿区发现。火山活动晚期，由火山岩浆分异出的火山热液在上升过程中沿途交代周围岩石（碳酸盐岩、火山岩），并在火山通道及附近断裂、岩石裂隙内卸载、淀积，形成火山热液型铁矿体，叠加于矿浆期矿石之上。热液晚期，伴随有大量围岩蚀变和金属硫化物［黄铁矿、磁黄铁矿、（钴）黄铁矿、黄铜矿］，形成浸染状黄铁矿，叠加于铁矿体边缘及断层、裂隙附近。

四、阔拉萨依

1. 元素地球化学

用于元素分析的 12 个火山岩样品均采自于阔拉萨依铁矿赋矿围岩，其中 8 件样品为火山熔岩，4 件样品为火山碎屑岩。主量元素分析在澳实分析检测（广州）有限公司矿物实验室采用 X 射线荧光光谱方法（XRF）分析完成，分析精度和准确度优于 5%。微量元素和稀土元素测试在澳实分析检测（广州）有限公司矿物实验室完成，分析仪器为美国 PerkinElmer 公司生产的 Elan 9000 电感耦合等离子体质谱仪，分析精度和准确度优于 10%。

1.1　主量元素

样品分析结果见表 4-7。火山岩的 SiO_2 含量变化范围较大，介于 $43.9\% \sim 60.8\%$，

表 4-7 阔拉萨依铁矿火山岩主量（wt%）和微量（×10⁻⁶）元素分析结果

样品号	12KL-18	12KL-1	XW-1	XW-2	13KL-9	12KL-17	12KL-19-1	12KL-19-2	KL-1	12KL-15	13KL-6	12KL-14
				火山熔岩						火山碎屑岩		
SiO_2	51.90	47.80	45.00	45.00	49.60	47.40	46.20	43.90	55.20	56.30	53.50	60.8
TiO_2	0.74	0.91	1.26	1.20	1.16	1.08	0.93	0.91	0.93	0.90	1.47	0.58
Al_2O_3	19.32	18.35	16.85	17.10	15.02	18.35	19.09	19.02	15.85	15.65	16.33	15.30
$Fe_2O_3^T$	7.23	9.44	10.13	10.20	9.82	11.09	7.86	7.76	8.65	8.21	11.09	8.04
MnO	0.18	0.39	0.12	0.13	0.15	0.15	0.18	0.19	0.15	0.15	0.08	0.03
MgO	3.76	5.32	8.51	8.36	2.28	4.88	3.99	4.35	2.70	2.13	1.69	0.50
CaO	3.14	4.83	6.15	5.97	7.41	3.31	10.61	12.30	3.98	3.69	3.56	1.01
Na_2O	5.75	4.61	4.22	4.24	4.76	5.36	2.08	2.04	4.73	4.47	5.59	5.03
K_2O	2.41	1.56	0.54	0.60	0.63	1.20	0.94	1.04	1.68	1.74	1.45	3.69
P_2O_5	0.32	0.29	0.17	0.16	0.48	0.47	0.24	0.24	0.34	0.33	0.84	0.24
LOI	4.08	4.52	6.08	6.22	7.62	4.95	6.44	7.13	4.76	4.30	3.24	3.53
全岩	98.83	98.02	99.03	99.18	98.93	98.24	98.56	98.88	98.97	97.87	98.84	98.75
Cd	0.07	1.28	0.08	0.05	0.05	0.03	0.07	0.04	0.04	0.03	0.04	0.03
Co	10.70	30.60	45.50	44.40	23.30	30.70	28.60	32.50	19.40	19.20	19.30	5.3
Ni	2.30	11.10	118.50	117.00	8.60	19.20	22.40	24.30	7.40	7.70	4.40	2.4
Cr	4.00	7.00	72.00	65.00	4.00	18.00	21.00	20.00	10.00	10.00	2.00	4
Ga	26.10	18.80	17.00	18.35	16.30	19.95	20.20	20.90	19.70	18.90	16.90	11.75
Sc	14.20	32.60	29.20	27.00	24.80	26.30	35.30	35.50	20.90	21.60	30.70	11.8
V	70.00	294.00	171.00	168.00	183.00	255.00	289.00	293.00	154.00	157.00	184.00	67
Sr	373.00	707.00	533.00	698.00	382.00	436.00	533.00	532.00	484.00	290.00	591.00	501
Cr	10.00	10.00	100.00	90.00	10.00	30.00	30.00	30.00	20.00	20.00	10.00	10
Cs	1.62	1.50	9.14	8.89	6.23	6.32	3.11	5.02	2.50	3.03	12.05	2.32
Rb	66.20	47.90	15.30	16.80	22.70	50.20	15.70	23.50	52.30	52.00	52.50	109.5
Ba	593.00	1245.00	87.30	83.90	104.50	245.00	279.00	264.00	428.00	381.00	262.00	921
Th	11.40	3.49	0.44	0.39	5.14	1.56	2.19	2.08	4.87	4.82	6.51	8.43

续表

样品号	12KL-18	12KL-1	XW-1	XW-2	13KL-9	12KL-17	12KL-19-1	12KL-19-2	KL-1	12KL-15	13KL-6	12KL-14
			火山熔岩							火山碎屑岩		
U	3.09	1.14	0.21	0.18	1.68	0.66	0.74	0.60	1.38	1.81	1.94	2.71
Nb	11.50	2.70	1.90	1.70	8.40	4.40	2.80	2.70	7.10	6.70	11.00	8.6
Ta	0.90	0.30	0.30	0.20	0.60	0.30	0.30	0.30	0.50	0.50	0.70	0.7
Y	35.50	18.10	22.30	20.40	33.60	20.30	17.00	17.00	24.90	22.90	41.60	19.2
Zr	251.00	54.00	89.00	82.00	172.00	66.00	56.00	56.00	148.00	135.00	214.00	193
Hf	6.10	1.40	2.20	2.00	4.30	1.50	1.50	1.40	3.60	3.10	5.00	4.7
La	16.50	20.20	5.30	4.80	31.60	17.80	11.50	11.80	20.10	20.30	33.40	10.6
Ce	37.70	34.10	14.00	12.70	65.40	35.80	24.00	24.50	41.40	40.90	72.70	23.3
Pr	5.16	4.86	2.17	2.03	8.31	4.62	3.19	3.18	5.42	5.38	9.59	3.18
Nd	21.30	17.30	10.20	9.60	32.00	18.80	13.00	13.10	21.20	21.00	38.60	12.3
Sm	5.34	3.76	3.10	2.79	6.92	4.16	3.35	3.05	4.61	4.48	8.52	2.80
Eu	2.00	1.06	1.21	1.11	1.50	1.56	1.18	1.20	1.34	1.32	1.58	1.01
Gd	5.99	3.80	3.77	3.54	6.74	3.96	3.34	3.33	4.39	4.46	8.45	2.91
Tb	0.89	0.54	0.60	0.57	0.97	0.59	0.50	0.49	0.67	0.67	1.23	0.49
Dy	5.42	3.08	3.83	3.44	5.50	3.29	2.80	2.89	4.11	3.82	7.24	3.07
Ho	1.24	0.67	0.82	0.77	1.18	0.69	0.63	0.63	0.89	0.84	1.50	0.68
Er	3.83	1.99	2.43	2.31	3.52	2.01	1.87	1.84	2.61	2.46	4.33	2.15
Tm	0.57	0.27	0.35	0.31	0.52	0.25	0.28	0.26	0.39	0.35	0.64	0.35
Yb	3.51	1.55	2.14	1.97	2.99	1.67	1.67	1.66	2.50	2.26	3.77	2.27
Lu	0.61	0.28	0.33	0.32	0.49	0.28	0.26	0.26	0.41	0.37	0.63	0.39
∑REE	110.06	93.46	50.25	46.26	167.64	95.48	67.57	68.19	110.04	108.61	192.18	65.50
LREE	88.00	81.28	35.98	33.03	145.73	82.74	56.22	56.83	94.07	93.38	164.39	53.19
HREE	22.06	12.18	14.27	13.23	21.91	12.74	11.35	11.36	15.97	15.23	27.79	12.31
δEu	1.08	0.85	1.08	1.08	0.66	1.16	1.07	1.15	0.90	0.89	0.56	1.07
(La/Yb)$_N$	3.37	9.35	1.78	1.75	7.58	7.65	4.94	5.10	5.77	6.44	6.35	3.35

注：(La/Yb)$_N$ 为球粒陨石标准化值，标准化值引自（Sun and mcDonough,1989）；$\delta Eu = w(Eu)_N / [(1/2)(w(SM)_N + w(Gd)_N)]$

平均为 50.21%。Al_2O_3 含量较高，变化于 15.02%~19.32%，平均为 17.18%。全碱（Na_2O+K_2O）含量为 3.02%~8.72%。Na_2O/K_2O 介于 1.36~7.81，属钠质火山岩。岩石里特曼指数 δ [$\delta=(K_2O+Na_2O)2/(SiO_2-43\%)$] 在 2.85~11.7。大部分样品 δ 位于 3.3~9.9，部分样品 LOI 较高，岩石蚀变较强，导致 K、Na 等活泼元素含量升高，样品岩石总体上属于碱性岩。

在火山岩 TAS 图解 [图 4-52（a）] 上，样品落入碱性、钙碱性系列均有，岩石定名为玄武岩、粗面玄武岩、粗面安山岩、玄武质粗面安山岩。在 SiO_2-K_2O 图 [图 4-52（b）] 上，样品均落入钾玄岩系列。在主量元素 Harker 图解（图 4-53）上，随岩浆的演化，部分火山岩主量元素（MgO、TiO_2、Al_2O_3、CaO）呈现降低的趋势；K_2O、Na_2O、P_2O_5 呈现升高的趋势；FeO 则为先升高后降低，在 $SiO_2=51\%$ 左右出现最大，说明岩浆演化过程中可能经历了橄榄石、单斜辉石、角闪石、斜长石和磁铁矿的分离结晶作用，其中磁铁矿可能为大规模结晶。

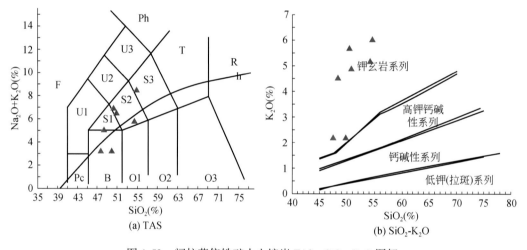

图 4-52　阔拉萨依铁矿火山熔岩 TAS、SiO_2-K_2O 图解

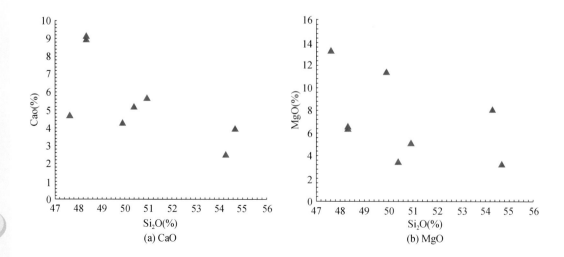

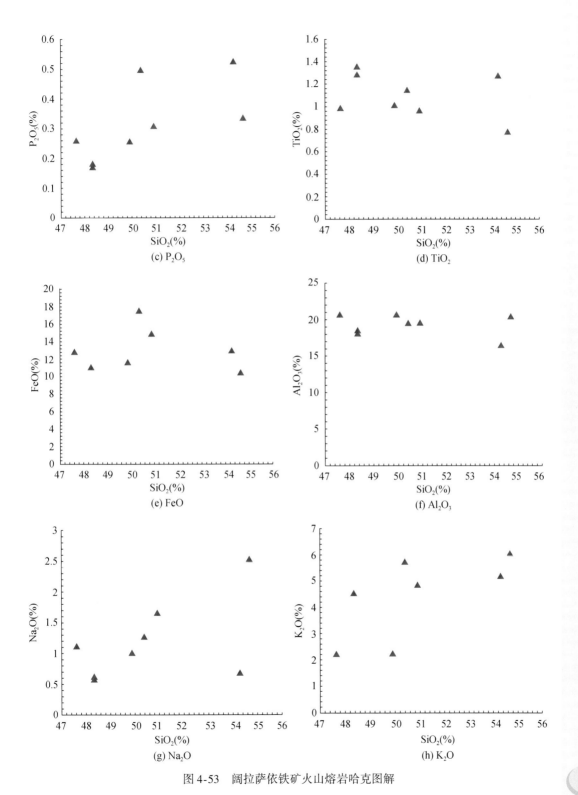

图 4-53　阔拉萨依铁矿火山熔岩哈克图解

1.2 微量元素

阔拉萨依铁矿火山熔岩为基性熔岩，所采样品野外定名分别为玄武岩、玄武安山质岩和钠长斑岩（室内定名为细碧岩化玄武岩）。样品稀土总量（∑REE）在 $46.26×10^{-6}$ ～ $192.18×10^{-6}$，平均为 $97.94×10^{-6}$。轻稀土总量（LREE）介于 $33.03×10^{-6}$ ～ $164.39×10^{-6}$，平均为 $82.07×10^{-6}$。重稀土总量（HREE）介于 $11.35×10^{-6}$ ～ $27.79×10^{-6}$，平均为 $15.87×10^{-6}$。轻稀土元素和重稀土元素之间的分馏程度较强（LREE/HREE 值为 3.77 ～ 10.15，平均 7.30）。样品相对富集轻稀土，$(La/Yb)_N$ 值为 1.66 ～ 8.85，平均为 4.91，为缓慢右倾的轻稀土富集型上（图 4-54）；轻稀土元素内部分馏程度中等，$(La/Sm)_N$ 值为 1.07 ～ 3.35，平均为 2.19；重稀土元素内部分馏程度较弱，$(Gd/Yb)_N$ 值为 1.38 ～ 1.98，平均为 1.65；样品 δEu = 0.56 ～ 1.17，具有负–弱正铕异常。熔岩 Dy/Yb 值为 1.54 ～ 1.99（平均 1.79），小于 2.5，为尖晶石二辉橄榄岩部分熔融形成。

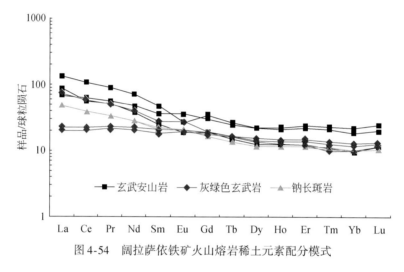

图 4-54　阔拉萨依铁矿火山熔岩稀土元素配分模式

从火山熔岩（玄武岩、玄武质安山岩、钠长斑岩）不相容元素原始地幔标准化图上（图 4-55）可以看出，U、K、Pb、Dy 4 种元素小幅度相对富集；Nb、Ta、Ti 表现为适度亏损（钠长斑岩适度亏损 Rb、Th），Lu 显著亏损；除了上述相对亏损或富集的元素外，样品其余元素的原始地幔标准化比值介于 8 ～ 110。总体上，配分曲线平滑，曲线形态一致。在元素比值上，玄武岩、玄武质安山岩、钠长斑岩较为一致。玄武岩 Zr/Nb 值为 15.00 ～ 48.24（平均 26.64）、Ta/Hf 值为 0.10 ～ 0.21（平均 0.17）、Th/Ta 值为 1.47 ～ 12.67（平均 6.96）、Zr/Hf 值为 37.33 ～ 41.15（平均 40.31）、Ba/Zr 值为 0.61 ～ 4.98（平均 2.59）、Ba/Ce 值为 1.60 ～ 15.73（平均 7.88）、Zr/Ce 值为 1.58 ～ 6.66（平均 3.77）、K/Ta 值为 8713 ～ 43149（平均 25234）、Ta/Yb 值为 0.10 ～ 0.26（平均 0.18）、Ba/La 值为 3.31 ～ 35.94（平均 17.47）。

角砾状磁铁矿石稀土总量为（175.37 ～ 348.63）$×10^{-6}$，平均为 $241.09×10^{-6}$；轻稀土总量介于（171.21 ～ 345.64）$×10^{-6}$，平均为 $238.26×10^{-6}$；重稀土总量介于（0.88 ～ 4.26）$×10^{-6}$，平均为 $2.83×10^{-6}$，轻稀土元素和重稀土元素之间分馏程度很强（LREE/HREE 值为 41.16 ～ 235.02，平均为 116.73）；样品相对富集轻稀土，（La/

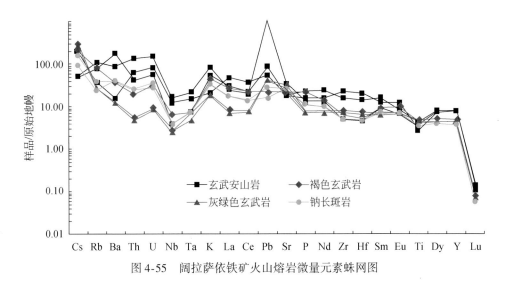

图 4-55　阔拉萨依铁矿火山熔岩微量元素蛛网图

Yb)$_N$ 值为 42.12~235.42，平均 136.57，为陡立右倾的轻稀土富集型（图 4-56）；轻稀土元素内部分馏程度中等，(La/Sm)$_N$ 值为 13.38~190.18，平均为 74.62；重稀土元素内部分馏程度较弱，(Gd/Yb)$_N$ 值为 0.70~1.57，平均为 1.26；样品 δEu=1.80~3.45，具有强正铕异常。脉状磁铁矿石稀土总量为（66.34~117.34）×10^{-6}，平均为 89.18×10^{-6}；轻稀土总量介于（66.03~115.64）×10^{-6}，平均为 88.23×10^{-6}；重稀土总量介于（0.31~1.70）×10^{-6}，平均为 0.94×10^{-6}，轻稀土元素和重稀土元素之间的分馏程度很强（LREE/HREE 值为 68.02~213.00，平均为 127.43）；样品相对富集轻稀土，(La/Yb)$_N$ 为 89.95~327.21，平均为 217.05，为陡立右倾的轻稀土富集型；轻稀土元素内部分馏程度中等，(La/Sm)$_N$ 值为 16.41~85.94，平均为 40.67；重稀土元素内部分馏程度较弱，(Gd/Yb)$_N$ 值为 1.89~6.92，平均为 3.62；样品 δEu=1.15~3.56，具有强正铕异常。黄铜矿-黄铁矿脉稀土总量在 106.64×10^{-6}，轻稀土总量介于 106.47×10^{-6}，重稀土总量介于 0.17×10^{-6}，轻稀土元素和重稀土元素之间的分馏程度很强（LREE/HREE 比值为 626.29）；样品相对富集轻稀土，(La/Yb)$_N$ 值为 906.90，为陡立右倾的轻稀土富集型；轻稀土元素内部分馏程度中等，(La/Sm)$_N$ 值为 151.58；重稀土元素内部分馏程度较弱，(Gd/Yb)$_N$ 值为 1.42；样品 δEu=2.70，具有强正铕异常。方解石-黄铁矿脉稀土总量在 375.16×10^{-6}，轻稀土总量为 372.72×10^{-6}，重稀土总量为 2.44×10^{-6}，轻稀土元素和重稀土元素之间的分馏程度很强（LREE/HREE 值为 153.12）；样品相对富集轻稀土，(La/Yb)$_N$ 值为 587.88，为陡立右倾的轻稀土富集型；轻稀土元素内部分馏程度中等，(La/Sm)$_N$ 值为 95.58；重稀土元素内部分馏程度较强，(Gd/Yb)$_N$ 值为 5.17；样品 δEu=1.29，具有强正铕异常。可以看出，这些不同类型矿石具有较为一致的配分模式。

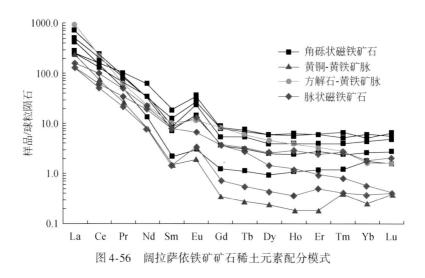

图 4-56　阔拉萨依铁矿矿石稀土元素配分模式

　　不同类型矿石也具有较为一致的微量元素配分模式。在不相容元素原始地幔标准化图上（表 4-8，图 4-57），这些矿石 U、La、Pb、Nd、Eu、Y 6 种元素小幅度相对富集；Rb、Ba、Nb、K、Sr、Ti 表现为适度亏损，Lu 显著亏损；除了上述相对亏损或富集的元素外，样品其余元素的原始地幔标准化比值介于 1～110。总体上，配分曲线平滑，曲线形态一致。

表 4-8　阔拉萨依铁矿石微量、稀土元素含量　　　　　（单位：×10⁻⁶）

样品	Cs	Rb	Ba	Th	U	Nb	Ta	Pb	Sr
12KL-12-1	5.59	7.3	85.3	1.81	4.19	1.9	0.3	7.8	89.7
12KL-20	0.05	0.2	17	0.34	2.22	1.6	0.1	83.4	23.6
12KL-2	3.75	3.5	6.3	1.76	3.78	3.1	0.2	14.7	65.8
13KL-20-1	0.15	0.4	3.5	3.98	5.03	3.2	0.2	5.4	58.1
13KL-22	0.47	1.1	12.3	1.09	3.22	4.8	0.1	8.3	23.2
12KL-7-1	0.15	0.8	11.6	0.11	0.20	0.2	0.1	8.0	107.5
13KL-8	2.02	2.6	16.2	2.39	4.74	2.6	0.2	16.3	70.8
13KL-26	0.09	0.3	4.2	0.46	1.73	5.1	0.3	4.6	29.8
13KL-23	0.66	0.4	5.4	0.96	2.19	2.6	0.1	5.6	22.8
洞石-5	2.28	1.2	12.8	0.86	2.74	1.8	0.1	18.3	45.4
样品	Zr	Hf	Y	La	Ce	Pr	Nd	Sm	Eu
12KL-12-1	44	1.0	7.2	171.5	147.5	8.22	14.7	1.32	1.34
12KL-20	7	0.2	2.7	100.5	94.5	4.87	6.2	0.33	0.17
12KL-2	51	1.2	9.6	63.7	80.6	6.15	15.7	1.84	1.61
13KL-20-1	61	1.4	10.6	58.9	98.1	9.74	28.5	2.75	2.02
13KL-22	3	0.2	0.5	53.4	46.6	2.47	3.6	0.22	0.11

续表

样品	Zr	Hf	Y	La	Ce	Pr	Nd	Sm	Eu
12KL-7-1	3	0.2	8.8	225	129.0	5.73	10.2	1.47	0.66
13KL-8	21	0.5	4.8	115.5	124.5	7.96	15.3	1.08	0.86
13KL-26	9	0.2	1.9	31.0	37.9	3.12	8.7	1.18	0.36
13KL-23	5	0.2	0.9	28.9	31.0	1.98	3.6	0.21	0.20
洞石-5	17	0.4	5.6	38.4	60.2	4.54	9.8	1.22	0.74

样品	Gd	Tb	Dy	Ho	Er	Tm	Yb	Lu	
12KL-12-1	1.06	0.19	0.99	0.22	0.65	0.10	0.72	0.12	
12KL-20	0.25	0.04	0.23	0.06	0.19	0.03	0.29	0.04	
12KL-2	1.61	0.25	1.49	0.31	0.95	0.17	0.83	0.16	
13KL-20-1	1.73	0.26	1.48	0.34	0.96	0.13	0.95	0.14	
13KL-22	0.07	0.01	0.06	0.01	0.03	0.01	0.04	0.01	
12KL-7-1	1.66	0.22	1.12	0.21	0.52	0.07	0.26	0.04	
13KL-8	0.70	0.11	0.62	0.13	0.44	0.06	0.41	0.07	
13KL-26	0.77	0.10	0.37	0.07	0.16	0.02	0.09	0.01	
13KL-23	0.14	0.02	0.11	0.02	0.08	0.01	0.06	0.01	
洞石-5	0.74	0.12	0.64	0.15	0.38	0.07	0.29	0.05	

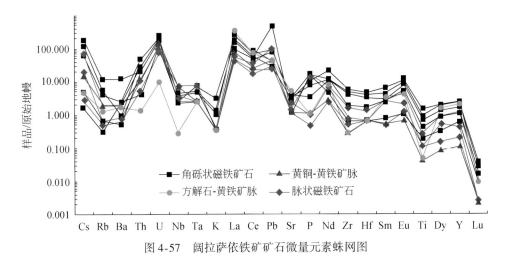

图4-57　阔拉萨依铁矿矿石微量元素蛛网图

1.3　主要成矿元素赋存状态

铁：主要以氧化物的形式赋存于磁铁矿和赤铁矿中，其次以铁硫化物、硅酸盐的形式存在于黄铁矿、闪锌矿、石榴石、透辉石中，另外氟磷灰石等矿物中也有微量铁存在。其中铁在磁铁矿、赤铁矿、黄铁矿、石榴石、透辉石中以主量元素的形式占据矿物晶格，在氟磷灰石、闪锌矿等矿物中则以类质同象的形式占据矿物晶格（图4-58、表4-9）。

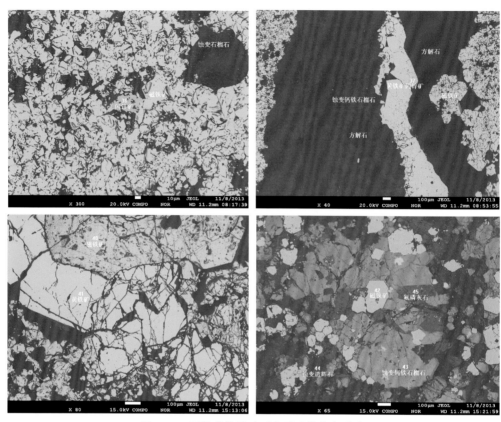

图 4-58　阔拉萨依铁矿石主要矿物分布形式

锌：主要以锌硫化物的形式存在于闪锌矿中。

稀土元素：主要赋存于磷钇矿和氟碳铈矿中，以主量元素的形式占据矿物晶格。

金：主要以银金矿的形式存在于黄铁矿的裂隙和晶格缺陷中。

表 4-9　阔拉萨依铁矿主要矿物电子探针分析结果

点号	元素	质量比(%)	体积比(%)	原子比(%)	元素	质量比(%)	体积比(%)	原子比(%)
036	Se	0.028	0.028	0.0174	Fe	8.81	8.89	7.6808
	Zn	57.699	58.224	42.9784	Pb	0.092	0.093	0.0217
	S	32.451	32.746	49.2864	Co	0.011	0.011	0.0094
	Ni	0.007	0.007	0.0060				
041	Se	0.031	0.031	0.0154	Fe	46.507	46.407	33.2440
	Cu	0.011	0.011	0.0071	Pb	0.020	0.020	0.0038
	S	53.531	53.416	66.6591	Co	0.085	0.085	0.0575
	Ni	0.013	0.013	0.0087	Te	0.006	0.006	0.0019
	Au	0.012	0.012	0.0025				

续表

点号	元素	质量比(%)	体积比(%)	原子比(%)	元素	质量比(%)	体积比(%)	原子比(%)
042	Na_2O	0.064	0.067	0.0367	Al_2O_3	0.562	0.587	0.1964
	SiO_2	0.181	0.189	0.0536	MgO	0.299	0.312	0.1318
	FeO	93.957	98.165	23.2783	K_2O	0.001	0.001	0.0006
	Cr_2O_3	0.080	0.084	0.0187	MnO	0.461	0.482	0.1157
	CoO	0.108	0.113	0.0258				
043	Al_2O_3	0.015	0.016	0.0033	SiO_2	33.834	34.942	6.3218
	MgO	0.932	0.964	0.2597	SrO	0.290	0.300	0.0315
	CaO	32.156	33.247	6.4381	FeO	28.377	29.340	4.4344
	Cr_2O_3	0.141	0.146	0.0208	MnO	0.667	0.690	0.1055
	CoO	0.167	0.173	0.025	NiO	0.075	0.078	0.0113
	V_2O_5	0.065	0.067	0.0098				
045	F	4.265	4.154	0.9896	P_2O_5	42.777	41.667	2.8969
	CaO	55.257	53.823	4.7355	Cl	0.025	0.024	0.032
	FeO	0.204	0.199	0.0136	CuO	0.069	0.067	0.041
	MnO	0.067	0.065	0.0045				

2. 同位素地球化学

2.1 Fe 同位素

阔拉萨依矿区磁铁矿 Fe 同位素较为均一（图 4-59），$\delta^{56}Fe$ 分布范围在 $-0.05‰ \sim 0.25‰$，与火山岩铁同位素分布范围一致。

2.2 O 同位素

磁铁矿 O 同位素分布较为集中，$\delta^{18}O$ 分布范围在 $8.0‰ \sim 11.0‰$（图 4-60），与典型幔源氧同位素范围（$3.0‰ \sim 8.0‰$，主要集中于 $4.0‰ \sim 6.0‰$）不同，表明矿区磁铁矿中的氧并非主要来自地幔。

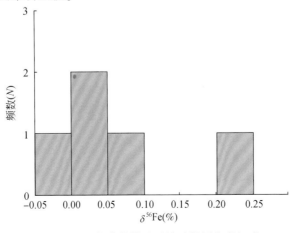

图 4-59 阔拉萨依铁矿磁铁矿铁同位素组成

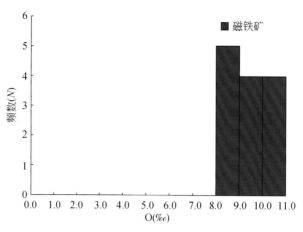

图4-60 阔拉萨依铁矿磁铁矿氧同位素组成

2.3 Sr、Nd、Pb 同位素

阔拉萨依铁矿床主要矿石矿物（磁铁矿、黄铁矿）铅同位素较为均一，磁铁矿 $^{206}Pb/^{204}Pb$ 值为 16.960 ~ 17.826（平均为 17.393），$^{207}Pb/^{204}Pb$ 值为 15.499 ~ 15.558（平均为 15.528），$^{208}Pb/^{204}Pb$ 值为 38.043 ~ 38.125（平均为 38.084）；黄铁矿 $^{206}Pb/^{204}Pb$ 值为 18.237，$^{207}Pb/^{204}Pb$ 值为 15.557，$^{208}Pb/^{204}Pb$ 值为 38.098。在铅同位素组成图（图4-61）上，基本落入壳幔混合区和造山带区，主要落入两区结合部位。

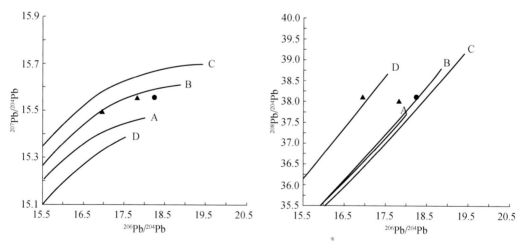

图4-61 松湖铁矿床矿石矿物铅同位素组成
A-地幔；B-造山带；C-上地壳；D-下地壳

锶钕同位素较为均一。主要矿石矿物（磁铁矿、黄铁矿）$^{87}Sr/^{86}Sr$ 值为 0.7075 ~ 0.7078（平均为 0.7076），$^{143}Nd/^{144}Nd$ 值为 0.5121 ~ 0.5123（平均为 0.5122），显示出较好的同源性。

3. 流体包裹体温度和成矿年代学

3.1　爆裂温度

600℃以下矿物爆裂温度图谱（图4-62）显示，阔拉萨依铁矿磁铁矿的形成具有多期多阶段特点。在600℃以下，磁铁矿形成可分为6个阶段：第一阶段磁铁矿形成于580℃左右；第二阶段磁铁矿形成于520℃左右；第三阶段磁铁矿形成于500℃左右；第四阶段磁铁矿形成于440℃左右；第五阶段磁铁矿形成于400℃左右；第六阶段磁铁矿形成于350℃左右。其中，580℃、520℃、500℃仅见于混有粗粒磁铁矿的细粒磁铁矿中，粗粒磁铁矿的爆裂温度主要为400℃、350℃。

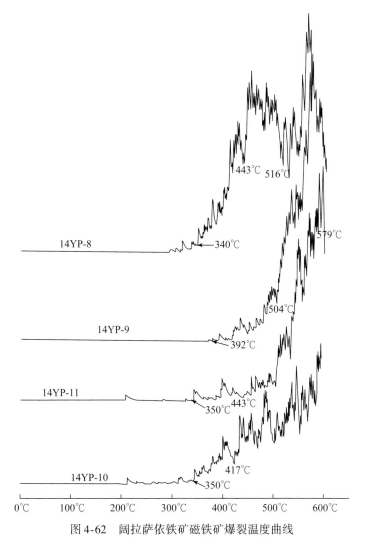

图4-62　阔拉萨依铁矿磁铁矿爆裂温度曲线

3.2　磁铁矿Re-Os等时线年龄

阔拉萨依矿床磁铁矿的 ^{187}Re、^{187}Os、^{187}Re 含量较为均一，分别为 1.129 ~ 1.368ppb

和 0.0056 ~ 0.0077ppb。采用 ISOPLOT 程序 （Ludwig，2003） 对 5 个磁铁矿样品的
^{187}Re/188Os 及^{187}Os/^{188}Os 值进行等时线投图，并考虑误差相关系数 （Ludwig，1980），
得到的等时线年龄为 （313+14/-10） Ma （MSWD=0.022） ［图 4-63 （a）］，加权平均
年龄为 314Ma （MSWD=2.90） ［图 4-63 （b）］。等时线的加权平均方差 MSWD 值与期
望值 （Wendt and Carl，1991） 非常相近，而且低 Re/Os 值样品也落在等时线上，说明
等时线年龄是可信的。

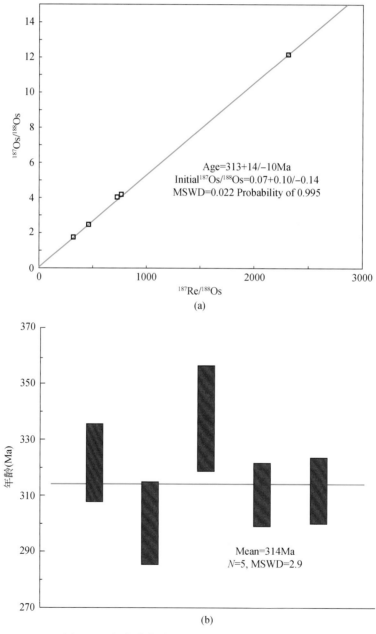

图 4-63　阔拉萨依铁矿磁铁矿 Re-Os 等时线年龄

4. 成因分析

4.1 成矿类型

磁铁矿成矿年龄为 314Ma，小于火山岩形成年龄。矿石矿物（磁铁矿、黄铁矿）样品 $(^{87}Sr/^{86}Sr)_i$ 介于 0.7075～0.7078；ε_{Nd}（t）值变化于 –2.5～0.7，整体为低 ε_{Nd}（t），表明其来源于较为富集的地幔（图 4-64）。在 $(^{87}Sr/^{86}Sr)_i$-ε_{Nd}（t）协变图上，矿石矿物 Sr、Nd 同位素主体落入岛弧火山岩区，各样品点有向富 Sr 方向偏移的趋势，暗示矿石矿物 Sr、Nd 同位素主体来源于岛弧火山岩外，可能还有地壳物质的贡献。黄铁矿、磁铁矿的 ε_{Nd}（t）和 $(^{87}Sr/^{86}Sr)_i$ 值较为一致，暗示两者在成因上可能一致。

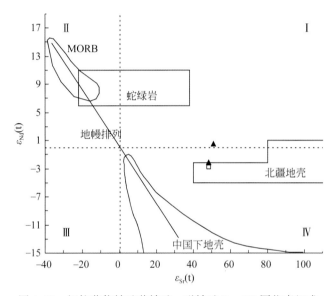

图 4-64 阔拉萨依铁矿黄铁矿、磁铁矿 Sr、Nd 同位素组成

矿石矿物、脉石矿物微量元素、稀土元素配分模式（图 4-65）表明，不同类型矿石中的磁铁矿具有相同的配分模式，但与方解石有所不同，磁铁矿与方解石成因上有所不同，但不同类型中的磁铁矿成因可能一致。

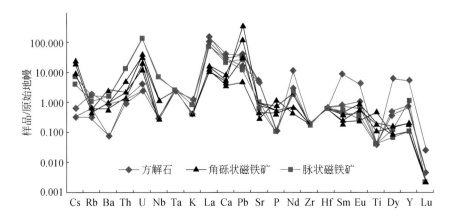

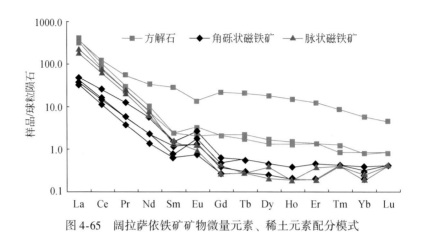

图4-65　阔拉萨依铁矿矿物微量元素、稀土元素配分模式

Fe同位素特征显示，矿区磁铁矿Fe同位素分布范围与火山岩较为一致，而与其他岩性（碳酸盐岩、碎屑岩、页岩）明显不一致，暗示磁铁矿中的Fe元素主要来自火山岩浆。磁铁矿O同位素分布范围较小，与玄武岩、花岗岩、碳酸盐岩均有较大差别，不可能为单一来源。考虑到矿区出露岩性主要为玄武岩和碳酸盐岩，花岗岩较少，与磁铁矿体相距也较远（>4km），结合磁铁矿爆裂温度较高的特征，基本可排除岩浆热液的可能。因此，磁铁矿中的氧可能来源于火山岩浆热液，热液中除幔源氧之外，还有从碳酸盐岩中萃取的地层氧。

前已述及，600℃以下爆裂温度显示，矿区磁铁矿形成于中高温阶段。其中，440℃以下爆裂温度主要赋存于粗粒磁铁矿中，为火山热液成因，在矿区占据绝大多数；450℃以上赋存于细粒磁铁矿中，为矿浆成因（李秉伦，1983），在矿区为极少数。因此，矿区磁铁矿主体成因为火山热液成因，矿床类型为火山热液型。

4.2　成矿过程及成矿模式

根据野外观察和对比，阔拉萨依矿区铁矿体位于火山通道、火山环状断裂内，呈筒状、脉状；矿石主要为致密块状、稠密浸染状，少数呈脉状、团块状，磁铁矿晶形较为完整，颗粒粗大。含细粒磁铁矿的铁矿体赋存于通道附近的火山断裂、裂隙内，呈脉状，细粒磁铁矿基本被稠密浸染状粗粒磁铁矿叠加和包裹；矿石呈稀疏浸染状、致密块状，磁铁矿颗粒粗、细均有。这些特征暗示细粒磁铁矿早于粗粒磁铁矿形成，为矿浆型磁铁矿。由粗粒磁铁矿组成的铁矿体赋存于通道内及附近的火山断裂、裂隙内，呈筒状、脉状（图4-66）；矿石主要为致密块状、角砾状，磁铁矿晶形较为完整，颗粒粗大；脉状粗粒磁铁矿体与方解石脉连在一起，方解石晚于粗粒磁铁矿形成；筒状矿体中粗粒磁铁矿胶结大理岩、灰岩角砾，或与团块状方解石共生，众多粗大方解石连在一起形成椭圆形、圆形团块，粗粒磁铁矿形成时间晚于碳酸盐岩但稍早于团块状方解石（为同一期次产物）。可以看出，主要矿物的生成顺序为：细粒磁铁矿——粗粒磁铁矿——方解石。

独立锌矿体呈脉状、透镜状分布于花岗岩体外接触带的凝灰岩中，矿石呈脉状、浸染状；伴生锌矿体分布于筒状铁矿体下部，叠加于铁矿体之上，矿石呈浸染状、团块状、脉状，闪锌矿等金属硫化物在铁矿体中定向分布，表明锌矿体晚于粗粒磁铁矿形成。

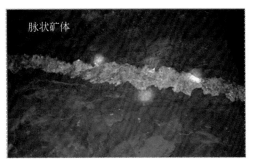

图4-66　阔拉萨依铁筒状、脉状矿体

因此，阔拉萨依铁矿成矿过程为：早石炭世晚期，特克斯地区发生大规模海底火山作用。火山活动间隙期由磁铁矿组成的矿浆自火山通道口涌出，顺火山斜坡下泄至海底低洼地段（期间可能有部分铁矿浆由海底潮汐活动带至远离火山口的地段），或沿火山环状（放射状）断裂充填，形成磁铁矿体。随后由于火山通道口的坍塌封闭，使矿浆上升喷溢受阻，矿浆流开始沿通道内裂隙、断裂充填，形成筒状铁矿体；火山活动晚期，由火山岩浆分异出的火山热液在上升过程中沿途交代周围岩石（碳酸盐岩、火山岩），并在火山通道及附近断裂、岩石裂隙内卸载、淀积，形成筒状、脉状火山热液型铁矿体，叠加于矿浆期矿石之上，伴随大量方解石和金属硫化物（黄铁矿、磁黄铁矿、毒砂）形成。火山活动结束后，铁矿成矿作用陷入沉寂期，中酸性岩浆侵入活动开始活跃，并分异出大量岩浆热液。这些热液从岩体及围岩中萃取了大量成矿物质，并伴随强烈的热液蚀变，最后在岩体外接触带（凝灰岩）中沉淀，形成锌矿体。部分锌矿化叠加在铁矿体之上。

第二节　赤铁矿床

一、式可布台

1. 元素地球化学

1.1　主量元素

火山岩的SiO_2含量变化范围较大，介于49.15%～72.81%，平均为62.33%。Al_2O_3含量较高，介于9.35%～17.08%，平均为14.48%。全碱（Na_2O+K_2O）含量为2.71%～8.88%。Na_2O/K_2O介于0.53～28.88，属钠质火山岩。在火山岩TAS图解［图4-67（a）］上，样品主要落入钙碱性系列，岩石定名为玄武岩、粗面玄武岩、粗面安山岩、英安岩、粗面岩、粗面英安岩、流纹岩。在SiO_2-K_2O图［图4-67（b）］上，样品分布较为分散，钾玄岩、钙碱性、拉斑系列均有。在主量元素Harker图解（图4-68）上，随岩浆的演化，大部分火山岩主量元素（MgO、TiO_2、P_2O_5、K_2O、Al_2O_3、FeO、CaO）呈现降低的趋势，Na_2O呈现升高的趋势，说明岩浆演化过程中可能经历了橄榄石、单斜辉石、角闪石、斜长石和磁铁矿的分离结晶作用。但由于样品数量太少，尚

151

不足以说明矿区赤铁矿的大规模形成与此有关。

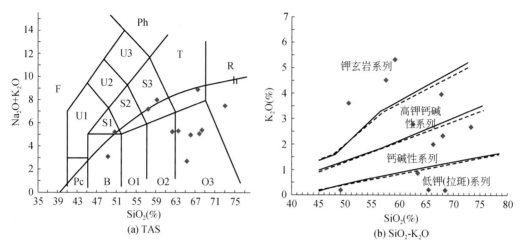

图 4-67　式可布台铁矿火山熔岩 TAS、SiO_2-K_2O 图解

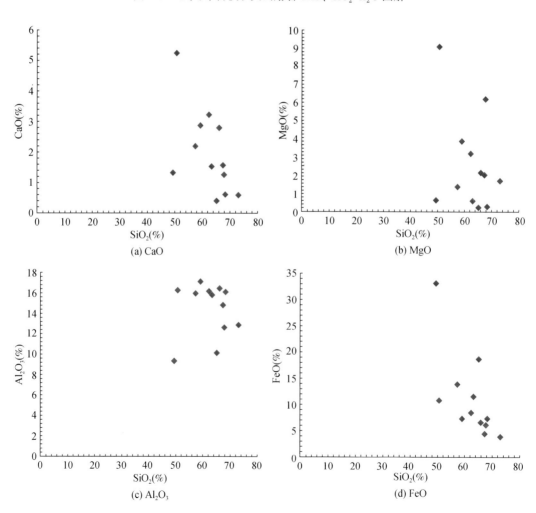

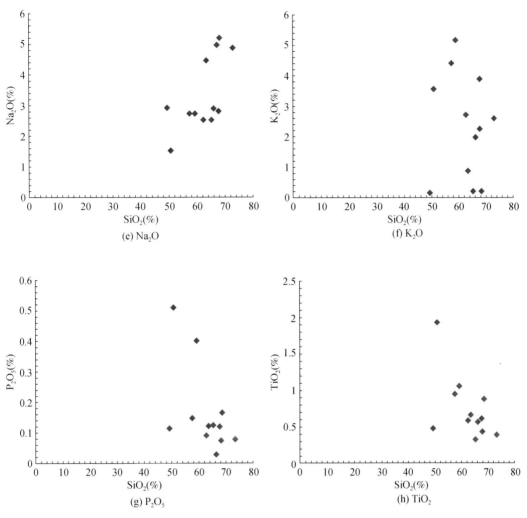

图 4-68　式可布台铁矿火山熔岩哈克图解

1.2　微量及稀土元素

对式可布台铁矿火山熔岩野外定名分别为玄武岩、玄武质安山岩和安山岩、英安岩、流纹岩。样品稀土总量为 $48.26\times10^{-6} \sim 426.04\times10^{-6}$，平均为 157.35×10^{-6}。轻稀土总量为 $39.81\times10^{-6} \sim 410.30\times10^{-6}$，平均为 142.69×10^{-6}。重稀土总量介于 $8.45\times10^{-6} \sim 22.56\times10^{-6}$，平均为 14.66×10^{-6}，轻稀土元素和重稀土元素之间的分馏程度较强（LREE/HREE 值为 $4.71 \sim 26.07$，平均为 10.03）。样品相对富集轻稀土，$(La/Yb)_N$ 值为 $1.92 \sim 29.00$，平均为 8.06，为缓慢右倾的轻稀土富集型 [图 4-69（a）]；轻稀土元素内部分馏程度中等，$(La/Sm)_N$ 值为 $1.35 \sim 4.62$，平均为 2.92；重稀土元素内部分馏程度较弱，$(Gd/Yb)_N$ 值为 $0.67 \sim 3.55$，平均为 1.61；样品 $\delta Eu = 0.56 \sim 1.44$，具有负-弱正 E_u 异常。基性熔岩 Dy/Yb 值为 $1.43 \sim 2.20$（平均为 1.82），小于 2.5，为尖晶石二辉橄榄岩部分熔融形成。

153

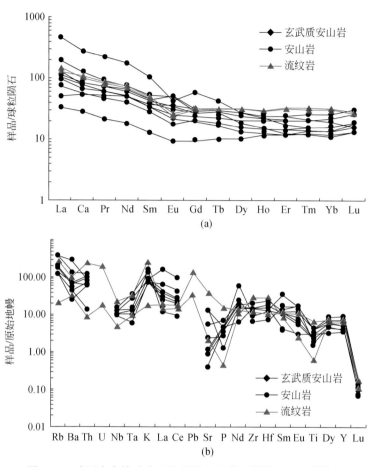

图 4-69　式可布台铁矿火山熔岩稀土元素、微量元素配分模式

从火山熔岩（玄武质安山岩、安山岩、流纹岩）不相容元素原始地幔标准化图上
[图 4-69（b）] 可以看出，U、K、Pb、Zr、Hf、Dy 元素小幅度相对富集；Nb、Ta、
La、Ce、P、Ti 表现为适度亏损，Lu 显著亏损；除了上述相对亏损或富集的元素外，
样品其余元素的原始地幔标准化比值介于 2～120。总体上，配分曲线平滑，曲线形态
一致。基性熔岩 Zr/Nb 值为 16.11～16.84（平均为 16.48）、Ta/Hf 值为 0.11、Th/Ta
值为 2.14、Zr/Hf 值为 25.30～32.58（平均为 28.94）、Ba/Zr 值为 2.21、Ba/Ce 值为
6.77、Zr/Ce 值为 3.06、K/Ta 值为 41786、Ta/Yb 值为 0.16～0.29（平均为 0.23）、
Ba/La 值为 12.63。中性熔岩 Zr/Nb 值为 11.01～20.84（平均为 15.67）、Ta/Hf 值为
0.08～0.28（平均为 0.17）、Th/Ta 值为 6.22～19.23（平均为 12.18）、Zr/Hf 值为
28.72～37.32（平均为 32.07）、Ba/Zr 值为 1.44～8.75（平均为 4.63）、Ba/Ce 值为
1.00～58.51（平均为 22.18）、Zr/Ce 值为 0.70～9.47（平均为 3.92）、K/Ta 值为 20
275～83 846（平均为 44 650）、Ta/Yb 值为 0.14～0.68（平均为 0.30）、Ba/La 值为
1.54～164.71（平均为 51.71）。酸性熔岩 Zr/Nb 值为 16.86～17.43（平均为 17.15）、
Ta/Hf 值为 0.12～0.16（平均为 0.14）、Th/Ta 值为 1.90～15.07（平均为 9.95）、Zr/

Hf 值为 33.22 ~ 34.41（平均为 33.82）、Ba/Zr 值为 1.72 ~ 2.14（平均为 1.93）、Ba/Ce 值为 7.51 ~ 25.18（平均为 16.34）、Zr/Ce 值为 4.35 ~ 11.78（平均为 8.06）、K/Ta 值为 11 202 ~ 48 305（平均为 29 754）、Ta/Yb 值为 0.16 ~ 0.22（平均为 0.19）、Ba/La 值为 18.31 ~ 68.81（平均为 43.56）。

式可布台围岩（千枚岩、板岩）样品的稀土总量在 90.10×10^{-6} ~ 245.39×10^{-6}，平均为 167.75×10^{-6}；轻稀土总量介于 73.42×10^{-6} ~ 223.72×10^{-6}，平均为 148.57×10^{-6}；重稀土总量介于 16.68×10^{-6} ~ 21.67×10^{-6}，平均为 19.18×10^{-6}；轻稀土元素和重稀土元素之间的分馏程度较强（LREE/HREE 值为 4.40 ~ 10.32，平均为 7.36）；样品相对富集轻稀土，$(La/Yb)_N$ 值为 2.09 ~ 5.92，平均为 4.01，为缓慢右倾的轻稀土富集型上 [图 4-70（a）]；轻稀土元素内部分馏程度中等，$(La/Sm)_N$ 值为 1.68 ~ 2.90，平均 2.29；重稀土元素内部分馏程度较弱，$(Gd/Yb)_N$ 值为 1.02 ~ 1.21，平均 1.12；样品 $\delta Eu = 0.89 ~ 1.25$，具有弱负−弱正 Eu 异常。在微量元素原始地幔标准化图上 [图 4-70（b）]，Rb、U、K、Pb、Dy 元素小幅度相对富集；Nb、Ta、Sr、Ti 表现为适度亏损，Lu 显著亏损；除了上述相对亏损或富集的元素外，样品其余元素的原始地幔标准化比值介于 8 ~ 80。总体上，不同岩性样品间配分曲线平滑，曲线形态一致。

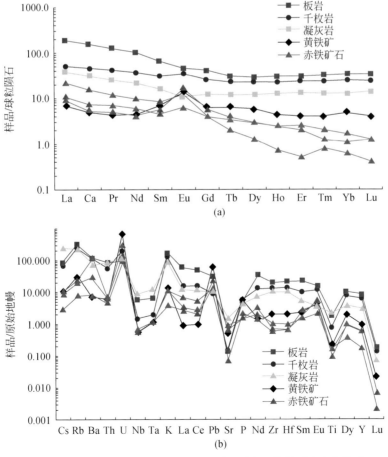

图 4-70　式可布台铁矿沉积岩和矿石稀土元素、微量元素配分模式

式可布台赤铁矿石稀土元素含量远低于围岩与火山岩（表4-10）。样品稀土总量为 12.27×10^{-6} ~ 23.43×10^{-6}，平均为16.58×10^{-6}；轻稀土总量介于10.76×10^{-6} ~22.81×10^{-6}，平均为15.30×10^{-6}；重稀土总量介于0.62×10^{-6} ~1.72×10^{-6}，平均为1.28×10^{-6}；轻稀土元素和重稀土元素之间的分馏程度较强（LREE/HREE值为7.13~36.79，平均为17.03）；样品相对富集轻稀土，$(La/Yb)_N$值为6.79~35.32，平均为16.97，为缓慢右倾的轻稀土富集型上［图4-70（a）］；轻稀土元素内部分馏程度中等，$(La/Sm)_N$值为1.70~2.62，平均为2.26；重稀土元素内部分馏程度中等，$(Gd/Yb)_N$值为2.36~6.39，平均为4.79；样品δEu = 1.55~3.17，具有明显正Eu异常。在不相容元素原始地幔标准化图上［图4-70（b）］，Ba、Rb、U、K、Pb、Dy、P、Eu元素小幅度相对富集；Nb、Ta、Sr、Ti表现为适度亏损，Lu显著亏损。总体上，配分曲线平滑，曲线形态一致。

表4-10　式可布台铁矿石微量、稀土元素含量 （单位：×10^{-6}）

样品	Cs	Rb	Ba	Th	U	Nb	Ta	Pb	Sr
12SK-3	0.35	19.5	50	0.5	13.3	0.4	0.05	12.7	10.7
12SK-4	0.27	13.1	200	0.5	3.1	0.4	0.05	2.4	17.6
12SK-7	0.33	14.8	770	0.6	2.2	0.4	0.05	2.7	14.0
12SK-8	0.10	4.8	60	0.4	6.9	0.4	0.05	4.1	1.5
样品	Zr	Hf	Y	La	Ce	Pr	Nd	Sm	Eu
12SK-3	22.8	0.6	4.5	1.7	3.0	0.40	2.0	1.00	0.79
12SK-4	7.8	0.2	0.8	5.2	9.4	1.08	4.4	1.24	0.70
12SK-7	11.6	0.3	2.7	2.6	4.6	0.65	2.7	0.66	0.36
12SK-8	6.5	0.2	2.6	2.2	3.3	0.44	1.9	0.81	0.99
样品	Gd	Tb	Dy	Ho	Er	Tm	Yb	Lu	
12SK-3	1.27	0.23	1.44	0.24	0.64	0.10	0.78	0.10	
12SK-4	0.79	0.07	0.30	0.04	0.08	0.02	0.10	0.01	
12SK-7	0.76	0.12	0.73	0.13	0.40	0.05	0.26	0.03	
12SK-8	1.12	0.14	0.69	0.13	0.32	0.03	0.17	0.03	

1.3　主要成矿元素赋存状态

铁：主要以氧化物的形式赋存于赤铁矿、褐铁矿中，其次以铁硫化物、硅酸盐的形式存在于黄铁矿、黄铜矿、斜方硫砷铜矿、硅铀矿中，另外软锰矿、重晶石等矿物中也有微量铁存在。其中铁在褐铁矿、赤铁矿、黄铁矿、黄铜矿中以主量元素的形式占据矿物晶格，在斜方硫砷铜矿、硅铀矿、软锰矿、重晶石等矿物中则以类质同象的形式占据矿物晶格（图4-71、表4-11）。

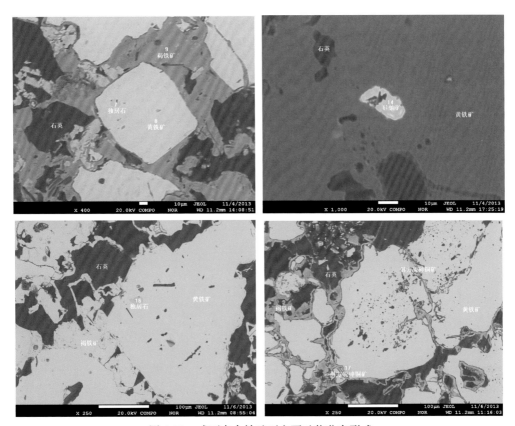

图 4-71　式可布台铁矿石主要矿物分布形式

表 4-11　阔拉萨依铁矿主要矿物电子探针分析结果

点号	元素	质量比（%）	体积比（%）	原子比（%）	元素	质量比（%）	体积比（%）	原子比（%）
0011	AS	0.003	0.003	0.0017	Fe	37.132	37.449	28.7943
	Cu	18.759	18.919	12.7840	S	43.233	43.602	58.4009
	Co	0.027	0.027	0.0200				
0012	SrO	0.084	0.083	0.0018	CaO	0.014	0.014	0.0006
	FeO	1.414	1.401	0.0450	BaO	64.445	63.857	0.9600
	SO_3	34.964	34.645	0.9976				
0013	Fe	46.852	46.503	33.3315	S	53.741	53.341	66.6029
	Cu	0.071	0.070	0.0482	Au	0.086	0.085	0.0174
0014	Al_2O_3	0.635	0.682	0.0431	Y_2O_3	0.966	1.038	0.0296
	SiO_2	8.512	9.143	0.5480	MgO	0.102	0.110	0.0088
	CaO	0.111	0.119	0.0069	TiO_2	8.143	8.746	0.3745
	FeO	3.124	3.355	0.1746	Ce_2O_3	0.063	0.068	0.0013
	PbO	0.418	0.449	0.0065	UO_2	71.029	76.291	0.9235

续表

点号	元素	质量比(%)	体积比(%)	原子比(%)	元素	质量比(%)	体积比(%)	原子比(%)
0016	CaO	6.806	6.907	0.2810	La$_2$O$_3$	13.395	13.594	0.1904
	Ce$_2$O$_3$	22.486	22.820	0.3172	Pr$_2$O$_3$	6.325	6.419	0.0888
	Nd$_2$O$_3$	13.247	13.444	0.1823	Sm$_2$O$_3$	6.030	6.120	0.0801
	P$_2$O$_5$	29.689	30.130	0.9684	Dy$_2$O$_3$	0.309	0.314	0.0038
	ThO$_2$	0.249	0.253	0.0022				
0058	Na$_2$O	0.561	0.744	0.4104	Al$_2$O$_3$	0.054	0.072	0.0241
	SiO$_2$	0.074	0.098	0.0280	SrO	0.086	0.118	0.0189
	CaO	0.092	0.112	0.0371	FeO	0.518	0.687	0.1637
	CuO	0.005	0.007	0.0013	K$_2$O	2.529	3.352	1.2179
	Cr$_2$O$_3$	0.036	0.048	0.0108	MnO	71.404	94.648	22.8314
	CoO	0.083	0.110	0.0251				
0059	Na$_2$O	0.026	0.028	0.0155	Al$_2$O$_3$	0.055	0.060	0.0201
	SiO$_2$	0.050	0.055	0.0156	MgO	0.015	0.016	0.0069
	SrO	0.013	0.014	0.0024	TiO$_2$	0.001	0.001	0.0003
	FeO	91.361	99.638	23.8685	Cr$_2$O$_3$	0.077	0.084	0.0190
	CoO	0.095	0.104	0.0239				

锌：主要以硫化物的形式存在于斜方硫砷铜矿中，以类质同象的形式占据矿物晶格。

稀土元素：主要赋存于独居石和硅铀矿中，以主量元素的形式占据矿物晶格。

金、银：主要以银金矿的形式存在于黄铁矿、斜方硫砷铜矿的裂隙和晶格缺陷中。

2. 同位素地球化学

前人（陈毓川等，2008；陈杰等，2014）对矿区黄铁矿进行过详细的硫同位素研究，具体数据见表4-12。

表4-12　式可布台硫同位素组成

序号	样品号	矿物	$\delta^{34}_{Sr\text{-}CDT}$	来源
1	SK154	黄铁矿	6.3	陈杰等（2013）
2	SK157	黄铁矿	6.5	
3	13SK23	黄铁矿	3.3	
4	13SK24	黄铁矿	−4.5	
5	13SK25	黄铁矿	−4.4	
6	—	黄铁矿	−6.1	陈毓川等（2008）
7	—	黄铁矿	−3.7	
8	—	黄铁矿	−4.6	
9	—	黄铁矿	−5.7	
10	—	重晶石	12.9	

δ^{34}S 值分布广，9 个黄铁矿样品中有 6 个呈现负值，分布范围为 $-6.1‰ \sim -3.7‰$，其余 3 件黄铁矿样品均为正值，分别为 6.3‰、6.5‰ 以及 3.3‰，总 δ^{34}S 值平均为 1.44‰。硫同位素组成直方图上不具有塔式分布特征，硫酸盐矿物 δ^{34}S 值明显高于硫化物（图 4-72），暗示硫同位素经历了分馏作用。

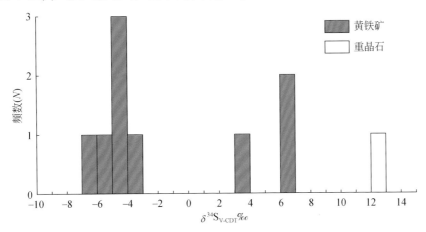

图 4-72　式可布台铁矿硫同位素直方图

3. 成因分析

3.1　成矿类型

赤铁矿石具有弱正铕异常、Ba 相对富集、P-Eu（P、Nd、Zr、Hf、Sm、Eu）弱亏损的特征，明显不同于围岩（板岩、千枚岩）的弱正负异常、Ba 相对亏损、P-Eu（P、Nd、Zr、Hf、Sm、Eu）弱富集的特征，暗示矿石不可能来自围岩。火山岩浆上升过程中受地壳混染作用影响而造成岩浆的不均一性，部分安山岩具有与赤铁矿石相同的弱正 Eu 异常、Ba 相对富集、P-Eu（P、Nd、Zr、Hf、Sm、Eu）大凹地特征，表明铁矿石可能来源于火山岩浆。式可布台铁矿矿体呈层状、似层状以及透镜状顺层产出，受地层层位控制，矿体与围岩同步褶曲，具有沉积型矿床的特征。矿体中出现大量铁碧玉和重晶石条带，矿石中蚀变矿物不发育，与海底火山喷流沉积矿床较为相似，如甘肃镜铁山铁矿（薛春纪等，1997）。另外，海相火山弹的研究表明（王曰伦和王凤桐，1980），火山弹中 Fe_2O_3 含量很高（表 4-13），也暗示铁矿石来源于海底火山作用。

表 4-13　式可布台铁矿火山弹化学成分分析结果

样号	ω（B）/%										
	SiO_2	Al_2O_3	Fe_2O_3	FeO	TiO_2	CaO	MgO	K_2O	Na_2O	MnO	P_2O_5
781017	10.99	2.47	64.08	0.36	0.12	1.62	2.79	0.9	0.01	6.3	0.06

注：据王曰伦和王凤桐，1980

式可布台铁矿硫同位素值范围分布较广，黄铁矿样品的 δ^{34}S 主要分布在 $-6.1‰ \sim$ 6.5‰，重晶石样品具有较高的 δ^{34}S 为 12.9‰，与黄铁矿的差异较大。黄铁矿 δ^{34}S 明显分为两群：一群集中于-6.1‰ ~ -3.7‰，呈塔式分布；另一群分布于3.3‰ ~ 6.3‰。两群黄铁矿 δ^{34}S 具有明显不同的分布范围和分布特征，暗示黄铁矿形成具有至少两种成因。起源于岩浆的热液 δ^{34}S 主要集中于0‰附近（郑永飞和陈江峰，2000）；沉积岩 δ^{34}S 具有较大分布范围，为-40‰ ~ 50‰（郑永飞和陈江峰，2000）；而晚古生代全球大洋平均硫酸盐的 δ^{34}S 约为14‰（Holser et al.，1996）；磁铁矿化花岗岩的 δ^{34}S 为1.6‰ ~ 4.0‰（Ishihara and Sasaki，1989），普通花岗岩的 δ^{34}S 为-2‰ ~ 10‰（Hoefs，2009），暗示第二类黄铁矿可能来源于岩浆热液。Zheng 等（1991）在密西西比河铅锌矿研究中发现重晶石和黄铁矿之间存在明显的同位素分馏导致重晶石具有高 δ^{34}S 值，而黄铁矿具有低 δ^{34}S 值（White，2000）。因此，尽管式可布台铁矿第一类黄铁矿 δ^{34}S 与上述硫储库的 δ^{34}S 有一定的差异，但考虑到硫酸盐矿物和硫化物之间的硫同位素分馏作用，有来源于沉积岩的可能。另外，陈杰等（2014）对式可布台矿区黄铁矿的研究表明，黄铁矿 Co/Ni 值>1，主要集中在10附近。在 Co/Ni 值图中大部分样品落在与火山、热液成因有关的区域内（图4-73），表明黄铁矿的形成与火山热液活动关系密切。

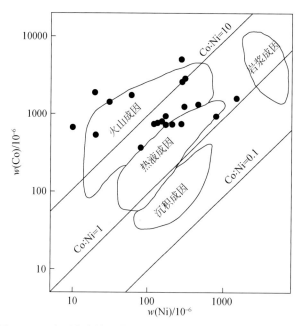

图 4-73　式可布台铁矿黄铁矿 Co-Ni 图解（陈杰等，2013）

3.2　成矿过程及成矿模式

前文已述，铁矿石的形成与海底火山喷发伴随的铁矿浆喷溢有关，黄铁矿则与火山热液有关。块状、纹层状等不同矿石构造可能与铁矿浆喷流速度和水体环境有一定的联系，重晶石、铁碧玉、黄铁矿以及赤铁矿等交替出现暗示成矿环境的周期性变化。

因此，式可布台铁矿成矿过程为：晚石炭世早期，式可布台地区发生大规模海底中酸性火山作用。火山活动间隙期由赤铁矿组成的矿浆自火山通道口涌出，顺火山斜坡下泄至海底低洼地段（期间可能有部分铁矿浆由海底潮汐活动带至远离火山口的地段），或沿火山环状（放射状）断裂充填，形成赤铁矿体。由于矿浆和火山喷发的周期性，铁矿体与重晶石、铁碧玉交替出现，形成海底喷溢型铁矿床独特的含矿韵律层。勘探表明，该期矿体是矿区的主要铁矿体。随后由于火山通道口的坍塌封闭，矿浆上升喷溢受阻，矿浆流开始沿通道内裂隙、断裂充填，形成筒状铁矿体。火山活动晚期，由火山岩浆分异出的火山热液在上升过程中沿途交代周围岩石（砂岩、火山岩），并在火山通道及附近的断裂、岩石裂隙内卸载、淀积，形成筒状、脉状火山热液型铁矿体，并伴随大量方解石和金属硫化物（黄铁矿、磁黄铁矿、毒砂）的形成。

二、波斯勒克

1. 元素地球化学

1.1 主量元素

火山岩的 SiO_2 含量变化范围较大，介于 47.70% ~ 79.37%，平均为 67.53%。Al_2O_3 含量较高，介于 10.12% ~ 17.74%，平均为 13.11%。全碱（Na_2O+K_2O）含量为 5.92% ~ 9.66%。Na_2O/K_2O 介于 0.01 ~ 5.82，属钾质火山岩。

1.2 微量及稀土元素

波斯勒克铁矿火山熔岩野外定名分别为玄武岩、流纹岩。样品稀土总量为 81.79×10^{-6} ~ 130.62×10^{-6}，平均为 73.15×10^{-6}。轻稀土总量为 64.88×10^{-6} ~ 410.30×10^{-6}，平均为 51.09×10^{-6}。重稀土总量为 8.45×10^{-6} ~ 22.56×10^{-6}，平均为 18.41×10^{-6}，轻稀土元素和重稀土元素之间的分馏程度较强（LREE/HREE 值为 3.84 ~ 5.15，平均为 4.58）。样品相对富集轻稀土，$(La/Yb)_N$ 值为 1.92 ~ 29.00，平均为 8.06，为缓慢右倾的轻稀土富集型 [图4-74（b）]；轻稀土元素内部分馏程度中等，$(La/Sm)_N$ 值为 1.58 ~ 1.69，平均为 1.61；重稀土元素内部分馏程度较弱，$(Gd/Yb)_N$ 值为 0.65 ~ 1.45，平均为 0.98；样品 $\delta Eu = 0.24$ ~ 0.33，具有强负 Eu 异常。基性熔岩 Dy/Yb 值为 0.99 ~ 1.71（平均为 1.32），小于 2.5。

从不相容元素原始地幔标准化图上 [图4-74（a）] 可以看出，火山熔岩配分曲线平滑，曲线形态一致。玄武岩具有 U、Ta、Pb、Zr、Hf、Dy 元素小幅度相对富集和 Rb、Ba、Nb、K、P、Ti、Lu 适度亏损；Zr/Nb 值为 16.91、Ta/Hf 值为 0.16、Th/Ta 值为 12.89、Zr/Hf 值为 35.00、Ba/Zr 值为 0.07、Ba/Ce 值为 0.42、Zr/Ce 值为 6.17、K/Ta 值为 2960、Ta/Yb 值为 0.25、Ba/La 值为 1.21。流纹岩具有 Rb、Th、U、K、Pb、Zr、Hf、Dy 元素小幅度相对富集和 Ba、Nb、Ta、La、P、Ti、Lu 适度亏损；Zr/Nb 值为 19.46 ~ 38.33（平均为 28.90）、Ta/Hf 值为 0.12 ~ 0.15（平均为 0.14）、Th/Ta 值为 1.90 ~ 15.07（平均为 8.49）、Zr/Hf 值为 34.95 ~ 41.82（平均为 38.38）、Ba/Zr 值为 1.72 ~ 2.14（平均为 1.93）、Ba/Ce 值为 7.51 ~ 25.18（平均为 16.34）、Zr/Ce 值为 4.35 ~ 11.78（平均为 8.06）、K/Ta 值为 11 202 ~ 48 305（平均为 29 754）、Ta/Yb 值为 0.12 ~ 0.29（平均为 0.21）、Ba/La 值为 18.31 ~ 68.81（平均为 43.56）。

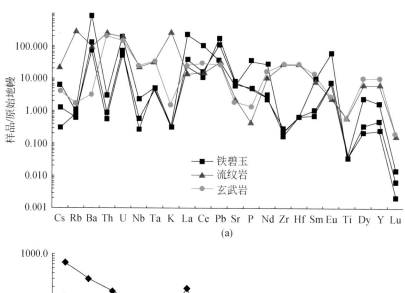

图 4-74　波斯勒克围岩微量元素、稀土元素配分模式

　　赤铁矿石稀土元素含量远低于围岩与火山岩（表 4-14）。样品稀土总量为 $13.72 \times 10^{-6} \sim 183.01 \times 10^{-6}$，平均为 108.36×10^{-6}；轻稀土总量为 $11.47 \times 10^{-6} \sim 180.92 \times 10^{-6}$，平均为 103.91×10^{-6}；重稀土总量为 $0.51 \times 10^{-6} \sim 25.25 \times 10^{-6}$，平均为 4.45×10^{-6}；轻稀土元素和重稀土元素之间的分馏程度较强（LREE/HREE 值为 $4.66 \sim 211.52$，平均为 87.11）；样品相对富集轻稀土，$(La/Yb)_N$ 值为 $2.33 \sim 376.46$，平均为 129.21，为右倾的轻稀土富集型上 [图 4-75（a）]；轻稀土元素内部分馏程度中等，$(La/Sm)_N$ 值为 $1.88 \sim 53.08$，平均为 20.74；重稀土元素内部分馏程度中等，$(Gd/Yb)_N$ 值为 $0.98 \sim 4.08$，平均为 2.54；样品 $\delta Eu = 0.21 \sim 20.43$，具有明显的负–正 Eu 异常。在不相容元素原始地幔标准化图上 [图 4-75（b）]，条带状矿石具有 Ba、U、Ta、La、P、Nd、Dy、Eu 元素小幅度富集和 Nb、Th、Nb、K、Pb、Zr、Ti、Lu 适度亏损；块状矿石具有 Th、U、Pb、Dy 元素小幅度富集和 Ba、Nb、K、Sr、Ti、Lu 适度亏损；角砾状矿石具有 Rb、U、Pb、Eu、Dy 元素小幅度富集和 Ba、Nb、Ta、Sr、Ti、Lu 适度亏损。总体上，配分曲线平滑，曲线形态一致。

表 4-14　波斯勒克铁矿石微量、稀土元素含量　　（单位：×10^{-6}）

样品	Cs	Rb	Ba	Th	U	Nb	Ta	Pb	Sr
12BS-1	0.05	0.2	2680	0.2	11.3	1.7	0.05	1.6	186.0
12BS-2	0.05	0.3	2210	0.2	0.5	0.8	0.05	0.5	189.0
12BS-3	0.07	0.4	480	0.2	2.4	0.9	0.05	0.9	166.0
12BS-9	0.05	0.2	3790	0.2	0.6	0.6	0.05	1.1	203
12BS-10	0.10	1.8	20	13.9	2.6	10.3	0.79	21.1	55.1
13BS-8	0.01	0.2	16.0	0.12	1.21	1.1	0.3	2.0	119.0
13BS-1	1.25	0.6	3.1	0.18	0.52	0.2	0.2	10.0	11.8
13BS-6	0.01	0.2	1160	0.05	1.82	0.2	0.2	2.6	177.0
13BS-17	0.10	6.9	62.2	0.29	1.89	2.6	0.2	7.7	61.6
13BS-16	0.24	13.9	100.5	1.34	0.98	3.5	0.3	7.1	71.0
样品	Zr	Hf	Y	La	Ce	Pr	Nd	Sm	Eu
12BS-1	0.6	0.1	1.4	66.5	77.3	5.59	12.4	0.92	4.59
12BS-2	1.7	0.1	3.6	67.1	78.2	6.09	17.3	1.97	6.00
12BS-3	0.5	0.1	1.1	44.6	55.5	4.04	9.7	0.85	3.33
12BS-9	1.8	0.1	4.0	72.1	76.4	6.28	17.5	2.32	4.98
12BS-10	166.5	5.2	42.7	20.1	49.7	6.50	27.2	6.68	0.48
13BS-8	5	0.2	2.1	24.9	33.6	2.51	6.8	0.80	1.72
13BS-1	3	0.2	11.9	3.5	3.1	0.72	2.3	0.53	0.42
13BS-6	2	0.2	1.4	20.4	21.9	1.54	3.2	0.24	1.08
13BS-17	25	0.6	12.3	25.5	38.0	3.93	12.9	2.42	1.03
13BS-16	38	0.9	13.6	13.9	25.7	3.30	11.0	2.35	0.83
样品	Gd	Tb	Dy	Ho	Er	Tm	Yb	Lu	
12BS-1	0.51	0.08	0.23	0.05	0.12	0.01	0.12	0.01	
12BS-2	1.31	0.17	0.96	0.14	0.39	0.05	0.26	0.04	
12BS-3	0.43	0.05	0.26	0.03	0.11	0.01	0.09	0.01	
12BS-9	1.34	0.16	0.84	0.17	0.50	0.05	0.32	0.05	
12BS-10	7.08	1.29	8.71	1.88	5.70	0.88	5.87	0.92	
13BS-8	0.51	0.07	0.34	0.07	0.20	0.03	0.16	0.02	
13BS-1	0.90	0.14	0.85	0.22	0.55	0.07	0.36	0.06	
13BS-6	0.20	0.02	0.18	0.04	0.11	0.01	0.13	0.01	
13BS-17	2.40	0.33	1.78	0.40	1.00	0.14	0.82	0.11	
13BS-16	2.10	0.35	2.17	0.45	1.23	0.18	1.14	0.17	

1.3　主要成矿元素赋存状态

铁：主要以氧化物的形式赋存于赤铁矿、褐铁矿中，其次以铁硫化物、硅酸盐的形式存在于黄铁矿、黄铜矿中，另外重晶石中也有微量铁存在。其中铁在褐铁矿、赤

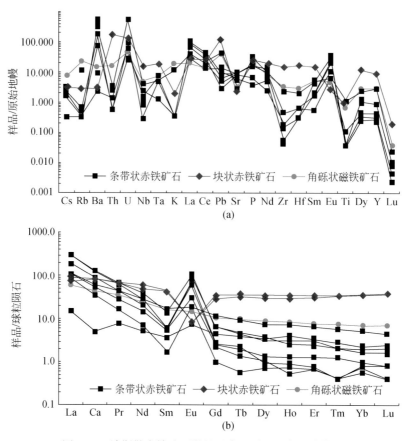

图 4-75　波斯勒克铁矿石微量元素、稀土元素配分模式

铁矿、黄铁矿、黄铜矿中以主量元素的形式占据矿物晶格，在重晶石等矿物中则以类质同象的形式占据矿物晶格。

稀土元素：主要赋存于独居石和硅铀矿中，以主量元素的形式占据矿物晶格。

金、银：主要以银金矿的形式存在于黄铁矿的裂隙和晶格缺陷中。

2. 同位素地球化学

2.1　Fe、O 同位素

阔拉萨依矿区赤铁矿 Fe 同位素较为均一，两个样品 $\delta^{56}Fe$ 分别为 0.132‰、0.152‰，与火山岩铁同位素分布范围一致。

赤铁矿 $\delta^{18}O$ 为 5.8‰，与幔源氧较为一致。

2.2　Sr、Nd、Pb 同位素

波斯勒克铁矿床黄铁矿铅同位素较为均一，黄铁矿 $^{206}Pb/^{204}Pb$ 值为 16.018~17.737（平均为 16.991），$^{207}Pb/^{204}Pb$ 值为 15.411~15.491（平均为 15.452），$^{208}Pb/^{204}Pb$ 值为 37.756~37.849（平均为 37.815）。在铅同位素组成图（图 4-76）上，基本落入壳幔混合区和造山带区，主要落入两区结合部位。

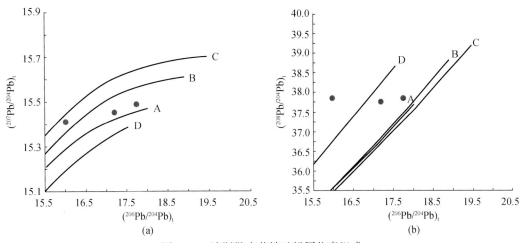

图 4-76 波斯勒克黄铁矿铅同位素组成

A-地幔；B-造山带；C-上地壳；D-下地壳

锶钕同位素较为均一。黄铁矿 $^{87}Sr/^{86}Sr$ 值为 0.7066～0.7079（平均为 0.7073），$^{143}Nd/^{144}Nd$ 为 0.5117～0.5119（平均为 0.5118），显示出较好的同源性。

3. 成因分析

3.1 成矿类型

黄铁矿样品 $(^{87}Sr/^{86}Sr)_i$ 值介于 0.7066～0.7079；$\varepsilon_{Nd}(t)$ 值变化于 -9.9～-5.5，整体为低 $\varepsilon_{Nd}(t)$，表明其来源于较为富集的地幔。在 $(^{87}Sr/^{86}Sr)_i$-$\varepsilon_{Nd}(t)$ 协变图（图 4-77）上，矿物 Sr、Nd 同位素主体落入地幔与地壳结合部位，各样品点有向富 Sr 方向偏移的趋势，暗示矿物 Sr、Nd 同位素除地幔外，可能还有地壳物质的贡献。

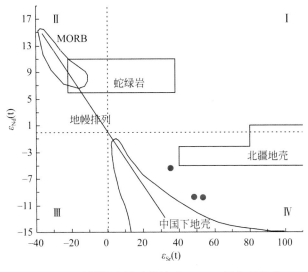

图 4-77 波斯勒克铁矿黄铁矿 Sr、Nd 同位素组成

Fe 同位素特征显示，矿区赤铁矿 Fe 同位素分布范围与火山岩较为一致，而与其他岩性（碳酸盐岩、碎屑岩、页岩）明显不一致，暗示磁铁矿中 Fe 元素主要来自火山岩浆；O 同位素与玄武岩范围一致，暗示赤铁矿中的氧主要来源于地幔。

矿区铁矿体呈层状、似层状以及透镜状顺层产出，受地层层位控制，矿体与围岩同步褶曲，具有沉积型矿床的特征。矿体中出现大量铁碧玉和重晶石条带，组成铁矿石-铁碧玉-重晶石条带，矿石中蚀变矿物不发育，与海底火山喷流沉积矿床较为相似。微量元素、稀土元素配分模式显示，块状赤铁矿石与玄武岩较为一致，具有相似的元素地球化学特征，表明块状赤铁矿石来自火山熔浆；条带状矿石具有与块状赤铁矿石、玄武岩不一致的元素配分模式，但部分元素比值与块状赤铁矿石、玄武岩相近，暗示条带状矿石可能也来自火山岩浆，后期受到沉积环境的影响。因此，条带状矿石为矿浆喷溢后重新胶结沉积而成。

3.2　成矿过程及成矿模式

前文已述，铁矿石的形成与海底火山喷发伴随的铁矿浆喷溢有关，黄铁矿则与火山热液有关。块状、纹层状等不同矿石构造可能与铁矿浆喷流速度和水体环境有一定的联系，重晶石、铁碧玉、黄铁矿以及赤铁矿等交替出现暗示成矿环境的周期性变化。

因此，波斯勒克铁矿成矿过程为：晚石炭世早期，特克斯地区发生大规模海底中酸性火山作用。火山活动间隙期由赤铁矿组成的矿浆自火山通道口涌出，顺火山斜坡下泄至海底低洼地段（期间可能有部分铁矿浆由海底潮汐活动带至远离火山口的地段），或沿火山环状（放射状）断裂充填，形成赤铁矿体。由于矿浆和火山喷发的周期性，铁矿体与重晶石、铁碧玉交替出现并重新胶结，形成海底喷溢型铁矿床独特的含矿韵律层。勘探表明，该期矿体是矿区的主要铁矿体。随后由于火山通道口的坍塌封闭，矿浆上升喷溢受阻，矿浆流开始沿通道内裂隙、断裂充填，形成筒状铁矿体；火山活动晚期，由火山岩浆分异出的火山热液在上升过程中沿途交代周围岩石（砂岩、火山岩），并在火山通道及附近的断裂、岩石裂隙内卸载、淀积，形成筒状、脉状火山热液型铁矿体，并伴随大量方解石和金属硫化物（黄铁矿、磁黄铁矿、毒砂）形成。目前，该类矿体在矿区没有发现。

第三节　钒钛磁铁矿点

1. 元素地球化学

1.1　主量元素

哈拉达拉侵入岩 SiO_2 含量为 41.92% ～ 50.90%（平均为 47.31%）；TiO_2 含量为 0.31% ～ 2.17%（平均为 1.05%），总体属低钛系列；Al_2O_3 含量为 8.07% ～ 26.57%（平均为 16.86%），MgO 含量为 4.60% ～ 24.08%（平均为 10.51%）；TFeO 为 3.85% ～ 17.66%（平均为 11.01%）；CaO 含量为 5.99% ～ 15.94%（平均为 10.33%）；Na_2O+ K_2O 含量为 0.98% ～ 5.09%（平均为 2.87%）；Na_2O/K_2O 值为 0.43 ～ 28.33（平均为

6.73）；TFeO/MgO 值为 0.62～2.84（平均为 1.21）。

　　在 SiO_2-Na_2O+K_2O 深成岩图解（图 4-78）上，矿区侵入岩主要落入亚碱性系列，岩石定名主要为亚碱性辉长岩，少量碱性辉长岩、橄榄辉长岩，个别副长石辉长岩，表明侵入岩为基性侵入岩，为深成侵入岩。在 FAM 图解（图 4-79）上，侵入岩样品落入钙碱性、拉斑系列区域均有，暗示岩体形成环境较为复杂。

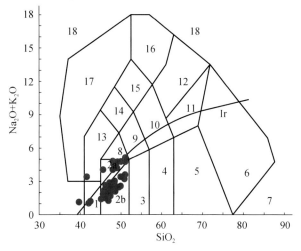

图 4-78　哈拉达拉钒钛磁铁矿岩体 SiO_2-Na_2O+K_2O 图解

Ir-Irvine 分界线，上方为碱性，下方为亚碱性

1-橄榄辉长岩；2a-碱性辉长岩；2b-亚碱性辉长岩；3-辉长闪长岩；4-闪长岩；5-花岗闪长岩；6-花岗岩；
7-硅英岩；8-二长辉长岩；9-二长闪长岩；10-二长岩；11-石英二长岩；12-正长岩；13-副长石辉长岩；
14-副长石二长闪长岩；15-副长石二长正长岩；16-副长正长岩；17-副长深成岩；18-霓方钠岩/磷霞岩/
粗白榴岩除个人数据外，其余数据来自贺鹏丽等（2013）、朱志敏等（2010）、薛云兴等（2009）

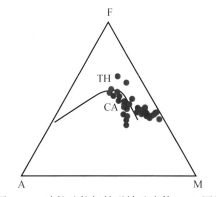

图 4-79　哈拉达拉钒钛磁铁矿岩体 AFM 图解

　　矿石中 TFeO 含量最高，为 81.90%～88.09%（平均为 85.00%）；TiO_2 含量较高，为 1.77%～2.96%（平均为 2.36%），与前人（黄秋岳和朱永峰，2012；林锦富和邓燕华，1996）在镜下发现钛铁矿从磁铁矿中出溶的事实相符。其他主量元素均偏低，SiO_2 含量为 0.53%～2.88%（平均为 1.71%）；Al_2O_3 含量为 0.42%～1.77%（平均为 1.08%），MgO 含量为 0.62%～1.47%（平均为 1.05%）；CaO 含量为 0.97%～2.19%

（平均为 1.58%）；Na_2O+K_2O 含量为 0.02%；Na_2O/K_2O 值约为 1。

1.2 微量及稀土元素

哈拉达拉侵入岩中 Ba、U、K、Pb、Sr 5 种元素小幅度相对富集，Rb、Th、Nb、Ta、Pr、P、Nd 适度亏损，Lu 显著亏损。除了上述相对亏损或富集的元素外，样品其余元素的原始地幔标准化比值介于 30～80。总体上，配分曲线平滑，曲线形态基本一致。Zr/Nb 值为 10.90～103.83，平均为 32.60；Ta/Hf 值为 0.02～0.12，平均为 0.08；Th/Ta 值为 0.25～8.82，平均为 2.13；Zr/Hf 值为 30.31～45.51，平均为 38.23；Ba/Zr 值为 0.54～8.08，平均为 2.11；Ba/Ce 值为 6.06～14.14，平均为 10.77；Zr/Ce 值为 2.26～14.62，平均为 6.71；K/Ta 值为 8539～88 944，平均为 35 832；Ta/Yb 值为 0.04～0.13，平均为 0.09；Ba/La 值为 14.90～39.35，平均为 24.77。

哈拉达拉岩体 $\sum REE = (12.92 \sim 51.10) \times 10^{-6}$（平均为 31.97×10^{-6}），其中 $LREE = (9.83 \sim 51.05) \times 10^{-6}$（平均为 25.90×10^{-6}），$HREE = (2.36 \sim 12.56) \times 10^{-6}$（平均为 6.07×10^{-6}）；$\delta Eu = 0.91 \sim 2.20$（平均为 1.31），$(La/Yb)_N$ 值为 1.27～2.98（平均为 2.20），$(La/Sm)_N$ 值为 0.98～1.63（平均 1.33），$(Gd/Yb)_N$ 值为 0.92～1.61（平均为 1.28）。轻稀土元素和重稀土元素之间的分馏程度较强（LREE/HREE 值为 3.13～5.57，平均为 4.39），轻稀土元素内部分馏程度较弱，重稀土元素内部分馏程度较弱。稀土元素配分曲线为缓慢右倾的轻稀土轻微富集型，有弱的正 Eu 异常至无异常。Dy/Yb 值为 1.49～2.09（平均为 1.80），小于 2.5，为尖晶石二辉橄榄岩部分熔融形成。

哈拉达拉矿石中 U、Ta、Pb、Ti、Y 5 种元素小幅度相对富集，Rb、K、Nb、Sr、P、Eu、Dy 适度亏损，Lu 显著亏损（表 4-15）。除了上述相对亏损或富集的元素外，样品其余元素的原始地幔标准化比值介于 0.5～5.0。总体上，配分曲线平滑，曲线形态基本一致。稀土元素总量为 $(4.63 \sim 22.95) \times 10^{-6}$（平均为 13.79×10^{-6}），其中轻稀土元素总量为 $(3.82 \sim 20.98) \times 10^{-6}$（平均为 12.40×10^{-6}），重稀土元素总量为 $(0.81 \sim 1.97) \times 10^{-6}$（平均为 1.39×10^{-6}）；$\delta Eu = 0.88 \sim 0.95$（平均为 0.91），$(La/Yb)_N$ 值为 2.97～11.32（平均 7.15），$(La/Sm)_N$ 值为 1.56～3.03（平均为 2.30），$(Gd/Yb)_N$ 值为 1.77～3.10（平均为 2.44）。轻稀土元素和重稀土元素之间的分馏程度较强（LREE/HREE 值为 4.72～10.65，平均为 7.68），轻稀土元素内部分馏程度较弱，重稀土元素内部分馏程度较弱。稀土元素配分曲线为缓慢右倾的轻稀土轻微富集型，有弱的负 Eu 异常。

表 4-15 哈拉达拉铁矿石微量元素、稀土元素含量 （单位：$\times 10^{-6}$）

样品	Cs	Rb	Ba	Th	U	Nb	Ta	Pb	Sr
TKS-3-1	0.18	0.7	18.5	0.59	0.62	1.6	0.3	0.8	9.7
TKS-3-2	0.05	0.3	4.0	0.18	0.16	0.2	0.2	0.6	10.7

样品	Zr	Hf	Y	La	Ce	Pr	Nd	Sm	Eu
TKS-3-1	27	0.6	7.1	5.0	9.1	0.96	3.4	1.03	0.34
TKS-3-2	12	0.2	2.1	0.7	1.3	0.20	0.9	0.28	0.09

样品	Gd	Tb	Dy	Ho	Er	Tm	Yb	Lu
TKS-3-1	1.15	0.17	0.69	0.16	0.51	0.08	0.30	0.06
TKS-3-2	0.35	0.06	0.28	0.06	0.20	0.02	0.16	0.03

1.3 主要成矿元素赋存状态

铁：主要以氧化物的形式赋存于磁铁矿、钛铁矿中，其次以硅酸盐的形式存在于单斜辉石、黑云母、角闪石（黄秋岳和朱永峰，2012）中，以主量元素的形式占据矿物晶格。

钛：主要以氧化物的形式赋存于磁铁矿、钛铁矿中，其次以硅酸盐的形式存在于单斜辉石、黑云母、角闪石中，在钛铁矿中以主量元素的形式占据矿物晶格，在磁铁矿、单斜辉石、黑云母、角闪石中以类质同象的形式占据矿物晶格。

金：主要以银金矿的形式存在于方解石（黄秋岳和朱永峰，2012）的裂隙中。

2. 成因分析

2.1 成矿类型

虽然基性侵入岩和铁矿石在稀土元素总量及 δEu 上有较大的差距（图4-80），但 LREE/HREE（基性侵入岩为 3.13 ~ 5.57，平均为 4.39；铁矿石为 4.72 ~ 10.65，平均为 7.68）、$(La/Yb)_N$（基性侵入岩为 1.27 ~ 2.98，平均为 2.20；铁矿石为 2.97 ~ 11.32，平均为 7.15）、$(La/Sm)_N$（基性侵入岩为 0.98 ~ 1.63，平均为 1.33；铁矿石为 1.56 ~ 3.03，平均为 2.30）、$(Gd/Yb)_N$（基性侵入岩为 0.92 ~ 1.61，平均为 1.28；铁矿石为 1.77 ~ 3.10，平均为 2.44）值较为接近，均表现为轻重稀土分馏明显、轻重稀土内部分馏较弱、轻稀土总量大于重稀土、配分模式均为轻稀土富集右倾型等，暗示铁矿化可能与基性岩浆侵位有关。

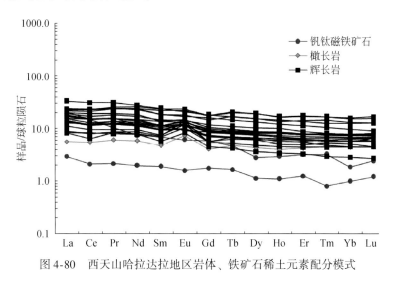

图 4-80 西天山哈拉达拉地区岩体、铁矿石稀土元素配分模式

另外，铁矿石和基性侵入岩在 Zr/Y（前者为 3.08 ~ 5.71，平均为 4.76；后者为 1.48 ~ 7.31，平均为 4.36，稍高于原始地幔，与下地壳相近）、Nb/U（前者为 2.58 ~ 5.00，平均为 3.79；后者为 6.97 ~ 47.50，平均为 21.25，均低于 N-MORB 和原始地幔）、Ce/Pb（前者为 2.17 ~ 11.38，平均为 6.77；后者为 1.38 ~ 10.76，平均为 5.47，均位于原始地幔与地壳之间）值较为接近，表明铁可能主要来自岩体。野外观察结果

表明，岩体中有众多小裂隙和小断层，裂隙、断层中可以清晰地看到磁铁矿-辉石脉充填其中，也暗示铁主要来自岩体。

在微量元素地球化学特征上（图4-81），铁矿石明显富集高场强元素（U、Ta、Ti、Pb）、亏损大离子亲石元素（K、Ba、Rb），明显不同于辉长岩和橄长岩，显示两者的不同。暗示除岩体外，矿石中铁可能还有地壳的贡献。

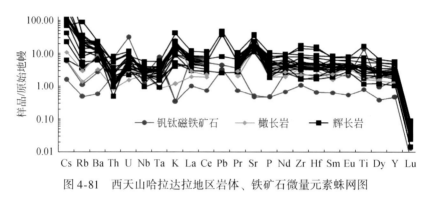

图4-81　西天山哈拉达拉地区岩体、铁矿石微量元素蛛网图

因此，西天山基性侵入岩与铁成矿作用也有着密切的关系，磁铁矿可能来自于橄榄辉长岩的分离结晶。

2.2　成矿过程及成矿模式

综上所述，哈拉达拉钒钛磁铁矿点成矿过程为：晚石炭世，西天山特克斯-昭苏一带进入陆内发展阶段（构造背景讨论具体见第7章），残余俯冲板片脱水交代原始地幔，形成富集地幔。富集地幔经过10%~20%部分熔融形成哈拉达拉母岩浆（薛云兴和朱永峰，2009）。母岩浆早期结晶的橄榄石和斜长石通过堆晶作用形成橄长岩和橄榄辉长岩，剩余岩浆结晶形成辉长岩。母岩浆的分异结晶作用可能经历多次，后期的岩浆分异形成了钒钛磁铁矿体，这与野外所观察到的磁铁矿体沿辉长岩体内裂隙、断层上升交代而不是呈悬垂体位于岩体下方相符。前人（黄秋岳和朱永峰，2012；贺鹏丽等，2013）的研究也证实了笔者的推测。

第五章 晚古生代大规模火山作用 与铁成矿的关系

第一节 火山岩地质与岩性特征

晚古生代火山岩广泛分布于西天山地区，是该地区最主要的火山岩。

一、泥盆纪

1. 岩石组合

泥盆纪火山岩主要分布于博罗科努山和哈尔克山-额尔宾山一带。不同地区，岩性及岩石组合均有所差异。

额尔宾山火山岩主要分布于南部的开都河两侧，层位上可分下部中基性火山岩组合及上部中酸性火山岩组合（刘振涛等，2008）。下部中基性火山岩，岩石组合为橄榄玄武岩、玄武岩、杏仁状玄武岩、安山岩、玄武质火山角砾岩、玄武质凝灰岩、安山质凝灰岩、凝灰质砂岩等，总厚4459m，主要分布于开都河北岸，呈近NW向带状展布，开都河南侧也有少量分布，幸福牧场一带可划出11个喷发韵律。下部以喷发-沉积作用为主，火山活动经历了从早到晚由弱至强的过程。上部以喷发作用为主，主要分布于开都河南侧，北侧有少量分布，岩石组合主要为酸性熔结凝灰岩、酸性凝灰岩等，总厚1201m，由早至晚熔结凝灰岩增多。

于赞组分布于博罗科努山中段尼勒克-新源一带，分为3段。有4个火山爆发-喷溢构成的火山旋回，其中第四个火山旋回不完整，岩石类型以中-酸性火山熔岩及同质火山碎屑岩为主。各旋回中，以英安质熔结晶屑玻屑凝灰岩开始，向上演化为英安岩-流纹岩。下部火山旋回以喷发-喷溢相为特色，而第四个火山旋回见火山角砾，有爆发相的特色（金朝，2010）。

2. 岩相学

对于额尔宾山火山岩，刘振涛等（2008）无详细的岩相学描述，这里暂不叙述。于赞组火山岩岩相学描述来自金朝（2010）的相关学术研究。

辉石安山岩：灰紫色，斑状结构，基质为隐晶质结构，杏仁状构造。斑晶含量为4%~7%，其中板条状中长石，粒径0.5mm×1.5mm；辉石半自形，大小0.4mm×0.6mm。杏仁孔椭圆形。基质中有中长石、普通辉石、绿泥石，以长石、普通辉石为主；副矿物有磁铁矿和榍石。

安山岩：灰褐紫色，斑状结构，基质为交织结构，杏仁状构造。斑晶含量为3%～5%，其中角闪石为针柱状，粒径（0.1～0.2）mm×1.5mm；斜长石（0.1～0.2）mm×（1～5）mm；基质中中长石为板条状，在长石间分布着细小粒状辉石、磁铁矿和方解石，岩石中见一细小的杏仁孔，由葡萄石充填。

安山质英安岩：斑状结构、基质球粒结构、球粒包含微晶结构，块状构造。与安山岩相比，岩石中斑晶数量明显减少，尤其是石英。基质中长英质矿物呈放射状球粒，数量多且其间有细小的绢云母、长英质矿物分布。蚀变矿物为绢云母、方解石。

英安斑岩：浅灰褐色，斑状结构，球粒包含结构，块状构造。斑晶含量为3%～8%，主要为半自形板条状更长石-中长石和少量柱状角闪石，偶见石英斑晶。基质由石英、角闪石和斜长石组成，含少量磁铁矿。

英安岩：斑状结构、基质交织结构，杏仁状构造、块状构造。岩石中斑晶斜长石含量为1%～5%，呈板条状、蚀圆状被少量的绢云母、方解石所替代，常具环带结构。石英呈蚀圆状、港湾状。暗色矿物斑晶长柱状，强烈的暗化被绿泥石替代，少数具角闪石的形态。基质中微晶斜长石含量为60%～65%，具明显的定向排列，强烈暗化的暗色矿物长柱状与斜长石平行排列。微晶间分布方解石、绢云母、白钛石、赤铁矿等。

流纹岩：变余斑状结构，基质包含微晶结构，流纹构造。岩石中斑晶长石含量为5%～15%，板条状，已部分被绢云母所替代，其形态完整。基质中他形粒状，石英含量为50%～55%，大小不一，不规则状互相镶嵌；长石含量为35%～40%，已完全被绢云母替代，形态依然清楚。赤磁铁矿呈自形-他形粒状、浸染状分布，局部由石英、绢云母、长英质矿物构成变余霏细结构。基质中绢云母总的含量为25%。

英安质熔结晶玻屑凝灰岩：晶屑塑变玻屑凝灰结构，假流纹构造。岩石由塑变玻屑所构成，呈压扁拉长的条纹状，粒度大小不一，并具有较明显的定向排列，熔结特征明显，含量为65%，显示较清楚的假流纹构造。它们绕过晶屑被少量细小的绢云母、绿泥石、长英质矿物所替代。晶屑粒度大小不一，形状不规则。岩屑不规则状，分布较少。蚀变矿物主要为绢云母、绿泥石、方解石。

岩屑晶屑凝灰岩：灰褐色，凝灰结构，块状构造。晶屑为形状不规则大小不等的更长石，见少量安山岩岩屑。填隙物由火山灰组成。

流纹质含角砾岩屑晶屑凝灰岩：角砾晶屑玻屑凝灰结构，角砾斑杂构造。岩石中碎屑的粒度大小不等，大于2mm的火山角砾占30%～40%，主要由岩屑构成。晶屑不规则状，成分由斜长石、石英、少量绿泥石、暗色矿物构成，均匀分布。暗色矿物斑晶具角闪石解理，被石英、白云石等替代，形态依然清晰。玻屑被霏细状长英质矿物、绢云母等替代。岩屑不规则状，主要由火山角砾构成。蚀变矿物为绢云母、方解石。

二、石炭纪

石炭系火山岩最为广泛，大哈拉军山组、阿克沙克组、艾肯达坂组和伊什基里克组均有分布。

（一）大哈拉军山组

1. 岩性

大哈拉军山组火山岩岩性较为复杂，主要包括玄武岩、安山岩、英安岩-流纹岩等火山熔岩，以及中酸性的火山碎屑岩，具有多个火山喷发旋回（茹艳娇，2012）。但在不同地区，岩性组合均有所不同。该套火山岩是西天山磁铁矿床（点）的主要富矿岩石，如松湖、阔拉萨依、备战、敦德、查岗诺尔、尼新塔格、智博等铁矿床。

北带的博罗科努大哈拉军山组火山岩地区西部以玄武安山质、安山质岩石为主，向东安山质岩石逐渐较少，英安质与流纹质岩石明显增多。尼勒克水泥厂地区下部为浅灰色的英安质玻屑凝灰岩、英安质含角砾凝灰岩；中部为浅灰色、紫红色、浅肉红色的流纹质凝灰岩与流纹岩；上部为紫红色、浅灰色英安质含角砾凝灰岩。其岩石组合主体为一套中酸性的火山熔岩与火山碎屑岩。

阿吾拉勒地区则以独库公路为界，公路以西以安山质和英安质岩石为主，含有少量的流纹质；以东以玄武质、安山质岩石为主，含有少量的英安质和流纹质。玉希莫勒盖地区主要是一套以安山质（粗面质）-英安质（粗面质）火山熔岩和火山碎屑岩为主的火山岩建造（茹艳娇，2012）；而查岗诺尔、备战、敦德、智博等铁矿区为玄武质-安山质火山熔岩和火山碎屑岩为主的火山岩建造，夹少量流纹岩和英安岩。

伊什基里克山-那拉提山一带则以中基性火山岩为主。科克苏河地区大哈拉军山组底部为一套正常碎屑沉积，中下部岩性由下向上依次为灰黄色砾岩（砾石成分以灰岩为主）—灰绿色含砾粗砂岩（基质、角砾均为火山岩）—紫红色流纹质玻屑凝灰熔岩—绿色粗砂岩（基质、角砾均为火山岩）—薄层灰色钙质粉砂岩（基质、角砾均为火山岩）—薄层青灰色泥质灰岩；中上部岩石组合主体为一套玄武质安山岩与安山岩、杏仁状安山岩，夹有少量正常沉积岩。乌孙山西段下部为安山岩、杏仁状安山岩与英安岩的韵律，向上为一套正常沉积，为凝灰质砂岩与砂岩；中部为辉石安山岩与砂岩；上部为肉红色流纹岩与英安岩，向上变为安山岩与安山质凝灰岩，夹薄层玄武岩，体现了一个从中性—酸性—中酸性—中性喷发的地层序列（茹艳娇，2012）。

2. 岩相学

玄武岩：呈灰黑色-灰绿色，块状构造。根据岩石结构可分为斑状玄武岩和无斑玄武岩两种。斑状玄武岩具有斑状结构，斑晶含量为10%~40%；斑晶主要矿物成分在不同地区有所不同。科克苏河地区玄武岩斑晶主要为辉石，并有少量斜长石；伊宁-特克斯公路玄武岩主要为基性斜长石，有时可见角闪石或辉石斑晶；新源县城南部这两种玄武岩均有；昭苏北部则以斜长石为主，含少量辉石和橄榄石。斜长石斑晶呈自形长条状，大小为1mm×0.2mm~2mm×5mm，略呈定向排列，常具冷凝边，发育卡钠复合双晶，普遍钠黝帘石化、碳酸盐化；辉石常呈自形短柱状、粒状，粒度常分两类，一类粒长0.5mm~1mm，常呈聚斑，边部有铁质析出，具有绿泥石化蚀变；另一类粒长

1.5mm～5mm，常呈单体，有时边部强烈破碎，发育简单双晶，有时蚀变为绿泥石小颗粒。基质主要由斜长石（50%）、辉石（5%～20%）和铁质矿物（5%～10%）组成，含少量火山玻璃，构成间粒结构；基质如全为玻璃质，含有较少针状斜长石，构成玻基结构；基质主要由斜长石（30%～40%）、火山玻璃（35%）、磁铁矿（5%）组成时，细长板状斜长石间隙充填火山玻璃、磁铁矿小颗粒，构成间隐结构。斑状玄武岩中常含少量不规则气孔、圆粒杏仁体，总含量为3%～5%，气孔具环带结构，其内充填玻璃质或方解石、石英，具绿泥石化蚀变特征。无斑玄武岩主要发育于昭苏北部冷库一带，普遍结晶程度比较好，主要由斜长石（50%～65%）、单斜辉石（20%～30%）、磁铁矿（5%～10%）组成，有时含有橄榄石（5%～10%），构成间粒结构或填间结构。斜长石呈自形的长板条状细晶，粒度一般在0.25mm×0.05mm～1mm×0.15mm（长宽比为5：1～7：1），发育聚片双晶、卡钠复合双晶，有时绿帘石化；斜长石格架之间充填单斜辉石或橄榄石小晶体，形成间粒结构。辉石常呈他形，不规则状、粒状，大小不均一。岩石中有时含橄榄石，粒度小，有铁质析出。此外，该类玄武岩中气孔较多，含量达10%～20%，呈不规则状，有时连通。

玄武质安山岩：出现在火山岩层的下部，中部和上部出露比较少。岩石呈浅灰绿色、灰紫色-灰黑色，斑状结构，块状构造。斑晶以斜长石（15%～25%）为主，含有少量的角闪石（5%～8%）和单斜辉石（5%～20%）。斜长石斑晶呈自形长板状、宽板状，最大可达1.4mm×2.2mm，发育聚片双晶，有时具环带结构，常被碳酸盐不同程度交代，具弱的绢云母化。斜长石斑晶有时包裹角闪石晶体，呈嵌晶结构。单斜辉石呈自形短柱状，粒度为0.5mm×0.3mm。辉石呈聚斑时多发生阳起石化、绿泥石化。基质由微晶长石和暗色矿物、少量火山玻璃以及铁质矿物组成，呈交织结构，局部长石微晶具有定向-半定向排列，其间充填有火山玻璃、铁质矿物，有时也充填辉石微晶，显示了由交织结构向间粒-间隐结构过度的特征。岩石整体上具有碳酸盐化、绿泥石化蚀变。

杏仁状安山岩：灰绿色、灰紫色，斑状结构，块状构造。斑晶含量为35%～40%，主要由斜长石（20%～25%）和辉石（15%～20%）组成。斜长石呈宽板状，普遍熔蚀圆化，粒度长宽比在1：1～1：2，发育环带，具弱的绿帘石化、黏土化蚀变。辉石呈自形短柱状、粒状，普遍较小，个别达4mm×3mm，被碳酸盐交代。基质含量40%左右，由斜长石、火山玻璃组成，构成交织结构。有时基质中含有凝灰质（20%左右），主要为安山岩岩屑和火山灰。杏仁状安山岩中含有杏仁体（10%）、角砾（3%）。杏仁体大小0.5mm～3mm，成分多为方解石。角砾成分多为安山岩。

安山质集块角砾凝灰岩：呈紫红色，凝灰质结构。晶屑含量为30%～40%，主要由斜长石和角闪石组成，其余为绿泥石化的暗色矿物。岩屑含量为15%～20%，成分主要为玄武质、安山质，粒度多达角砾级，其中1/3达到集块级，构成集块角砾结构。其余被火山灰所胶结。

安山质角砾凝灰岩：岩石呈青灰色，具凝灰质结构、角砾凝灰结构。岩石由岩屑、晶屑石英、长石和火山灰组成，石英晶屑具熔蚀现象，粒径0.1mm～0.2mm，含量为10%；长石晶屑呈不规则棱角状，发生绢云母化和方解石化，粒径0.3mm～0.5mm，

174

含量为20%；岩屑成分为安山岩，含量为30%，其中15%达角砾级。碎屑间由大量火山灰胶结组成，发生绿泥石化，含量为40%。磁铁矿物少量，含量<1%。

安山质岩屑凝灰岩：呈灰绿色，凝灰结构，层状构造。岩石主体由岩屑组成，含量为65%~70%，其中包括安山岩岩屑（45%~50%）、凝灰岩岩屑（20%）。晶屑含量为5%~9%，主要为斜长石（5%~8%），含极少量石英（<1%）。其余为火山灰物质胶结。岩屑为安山岩，呈棱角状，粒度大小为0.1mm~1mm，斜长石晶屑呈棱角状，边部熔蚀，被碳酸盐不同程度交代，有时可见聚片双晶、卡钠复合双晶。岩石整体上碳酸盐化强烈。安山质晶屑凝灰熔岩呈暗朱红色，凝灰质结构，熔岩胶结。晶屑含量为40%~50%。其中斜长石为30%~40%，呈自形–他形的宽板状、棱角状，大小为0.3mm×0.2mm~2mm×0.7mm，多发生钠黝帘石化，有时熔蚀，略显定向性；辉石含量为10%~15%，多发生绿泥石化。有时含有少量岩屑（2%），成分多为凝灰岩，其内可见石英与斜长石微晶，多被压扁拉长。其余被安山质熔岩胶结，基质呈玻基交织结构，总含量为55%~60%，其中含有许多次生石英小颗粒（10%~15%）。

安山质晶屑凝灰岩：具有凝灰结构，层状构造。晶屑含量为40%~60%，其中包括斜长石晶屑（30%~50%）、石英晶屑（1%~2%）、黑云母晶屑（2%~10%）。斜长石晶屑普遍碳酸盐化，有时可见聚片双晶、卡钠复合双晶。黑云母晶屑呈片状，具有暗化、扭折现象，个别发生绿泥石化。岩石中有时含有少量岩屑（3%~10%），成分为安山岩，大小0.3mm~1mm，个别达角砾级。其余为细的火山灰物质胶结，含量为30%左右。总体上，岩石具有不同程度的绿泥石化、碳酸盐化。

英安岩：呈紫红色–灰紫色，斑状结构，块状构造、流动构造（如备战、查岗诺尔、智博铁矿区）。斑晶含量为25%~35%，其中斜长石15%，石英3%，暗色矿物（角闪石和黑云母）共10%~20%。斜长石斑晶呈自形宽板状、长板状，粒度大小为0.4mm×0.2mm~1.2mm×1mm，发育双晶和环带，具有熔蚀圆化现象。石英斑晶熔蚀结构发育，具窄的熔蚀边。暗色矿物角闪石、黑云母呈片状、针状，已暗化，具黑的暗化边。基质主要由斜长石和石英微晶（50%~55%）、火山玻璃（15%~20%）组成，其次含有少量凝灰质（10%~15%），构成玻晶交织结构。有时岩石中含有少量角砾，大小2mm~3mm，个别达8mm，成分有流纹岩、英安岩、凝灰岩。

英安质晶屑凝灰岩：呈浅灰色、紫红色，凝灰结构。岩石由晶屑、岩屑、胶结物火山灰组成，有时以玻屑（含量达50%）为主。晶屑为斜长石（15%~60%）、石英（3%~8%）、黑云母（3%~10%）。岩屑为中酸性火山岩或同质的火山碎屑岩，含量为5%~20%，有时以角砾级为主，个别达集块级，具塑性拉长现象。胶结物为细粒的火山灰，含量为20%~60%，多已重结晶为微粒长英质矿物。斜长石和石英晶屑熔蚀强烈，有时斜长石发生绢云母化；黑云母常暗化，具有扭折现象。有时凝灰岩以玻屑为主，含量为50%，其余为晶屑、岩屑和火山灰。玻屑具塑性拉长现象，出现假流纹构造。

流纹岩：呈肉红色，斑状结构，块状构造。斑晶主要由石英（5%~20%）、斜长石（3%~10%）、钾长石（3%~5%）、黑云母（3%~5%）组成。石英呈不规则状粒状，粒径0.2mm~0.5mm，发育熔蚀结构。斜长石呈自形宽板状，大小为0.5mm×0.3mm~

2mm×0.8mm，熔蚀强烈，有时绢云母化。钾长石呈自形宽板状、截面近正方形，具熔蚀圆化或重结晶形成的净边，略显定向排列。黑云母呈长片状、针状，大小不一，具暗化和或扭折现象。基质为长英质玻璃，含量为60%～80%，多脱玻化形成长石和石英细小微晶，具有霏细结构。有时流纹岩还具有流纹构造，伊宁-特克斯地区的流纹岩，显示出斑晶与长英质基质呈条带状成分分层；新源县城南的流纹岩，表现为粒径为0.1mm～0.2mm的长英质球粒呈定向、条带状相间排列（茹艳娇，2012）。部分地区流纹岩含有火山碎屑物，其中角砾含量为5%～10%，粒径为2mm～3mm，成分多为流纹质、凝灰质；其次含有长石与石英晶屑，含量为20%～25%。

流纹质含角砾晶屑凝灰岩：呈灰红色，凝灰结构。晶屑含量为30%，其中斜长石占10%，钾长石占5%，石英占15%左右。岩屑含量为10%～15%，其中角砾级的占2/3，成分为流纹岩、凝灰岩。其余被长英质火山灰所胶结（茹艳娇，2012）。

（二）阿克沙克组

下石炭统阿克沙克组主要为生物碎屑岩夹碳酸盐岩组合（熊绍云等，2011）。火山岩主要分布于依连哈比尔尕山尼勒克北-巴伦台段、伊什基里克山南部及那拉提山西段，岩性主要为碧玉岩、安山岩及火山凝灰岩，产赤铁矿和沉积型锰矿（覃志安和陈新邦，1999；姚国龙等，2000）。邱广森（1990）曾将那拉提北部的C_{1-2}地层也划归为阿克沙克组，但该套地层以粗面岩、粗面安山岩及流纹岩为主，火山碎屑岩较少，产磁铁矿，其岩性组合和赋存矿床特征均与阿克沙克组有明显的差异，本书将其划为中上石炭统艾肯达坂组。

安山岩：灰褐紫色，斑状结构，基质为交织结构，杏仁状构造。斑晶含量为2%～7%，其中角闪石为针柱状，粒径（0.1～0.3）mm×1.2mm；斜长石粒径（0.1～0.2）mm×（1～3）mm；基质中中长石为板条状，在长石间分布着细小粒状辉石和方解石，岩石中见少量细小的杏仁孔，由葡萄石充填。

流纹质晶屑凝灰岩：晶屑玻屑凝灰结构，斑状构造。晶屑不规则状，由斜长石、石英和少量暗色矿物构成，均匀分布。暗色矿物斑晶具角闪石解理，被石英、白云石石等替代。玻屑被霏细状长英质矿物、绢云母等替代。岩屑少量，主要由安山岩构成。蚀变矿物为绢云母、方解石。

碧玉岩：实际为流纹岩。变余斑状结构，基质包含微晶结构，流纹构造。岩石中斑晶长石含量为5%～15%，板条状，已部分被绢云母所替代，其形态完整。基质中他形粒状，石英含量为50%～55%，大小不一，不规则状互相镶嵌；长石含量为35%～40%，已完全被绢云母替代，形态依然清晰。赤磁铁矿呈自形-他形粒状、浸染状分布，局部由石英、绢云母、长英质矿物构成变余霏细结构。基质中绢云母总的含量为25%。

（三）艾肯达坂组

该组火山岩广泛分布于阿吾拉勒山南坡及巩乃斯河南侧那拉提山东段一带，以角度不整合覆盖于大哈拉军山组之上，其下为二叠纪火山岩。火山岩以喷溢相熔岩类为主，夹有爆发沉落相火山碎屑岩和喷发沉积相火山碎屑岩，出现化学沉积相石灰岩和硅质岩，同时有潜火山岩相辉绿岩、辉石安山玢岩、角闪安山玢岩。其中，下部以火山熔岩（安山岩、粗面安山岩、辉石安山岩、角闪安山岩、安山玄武岩、细碧岩、玄武岩）为主，夹少量安山质凝灰岩，并有粗面岩、粗面安山玢岩、辉绿岩、辉石安山玢岩、角闪安山玢岩等潜火山岩相岩石出现，厚度>1050.42m。上部以火山碎屑岩为主，如火山角砾岩、安山质凝灰岩、霏细岩（蚀变火山灰凝灰岩）等，夹透镜状铁质砂质砂屑泥晶灰岩、生物碎屑石灰岩、微晶白云岩等，厚度>1153.08m。该套火山岩产磁铁矿床（点）、铜矿点，是西天山磁铁矿的重要赋矿岩石，如阿克萨依、塔尔塔格大型磁铁矿床即产于该套火山岩中。

目前，该套火山岩时代争议较大，陈衍景等（2004a，b）、罗勇等（2010）将之划分为二叠纪，姬红星等（2007）认为属于晚石炭世。但朱永峰等（2005）对拉尔墩达坂地区该套火山岩中粗面安山岩进行的 SHRIMP 年代学测试表明，应属于晚石炭世[（312.8±4.2）Ma]。结合岩石组合、岩性、年龄和矿产特征，笔者认为应属于晚石炭世。

玄武岩：岩石呈深绿色、灰绿色，具斑状结构、交织结构，可见气孔（充填绿泥石）和杏仁构造。橄榄石、辉石和斜长石构成斑晶，橄榄石粒度为 0.25mm～1.0mm，一般为 0.40mm，含量为 3%～5%；斜长石双晶纹较宽，为拉长石，粒度为 0.23～0.46mm，一般为 0.35mm，含量为 1%～2%；辉石斑晶呈自形短柱状，粒度为 0.7mm×0.5mm，个别可达 1mm×0.8mm。基质由斜长石（含量为 50%）、普通辉石（35%～40%）和磁铁矿（5%）组成。磁铁矿粒度为 0.02～0.14mm，一般为 0.05mm。岩石蛇纹石化、磁铁矿化和绿帘石化较强。杏仁体主要由绿泥石、绿帘石、方解石组成。

玄武粗安岩：灰褐色，斑状结构，杏仁状构造。斑晶主要由斜长石和辉石组成。其中，普通辉石含量为 5%～8%，自形短柱状，粒度为 0.22～1.26mm，一般为0.61mm；斜长石含量为 5%～6%，双晶纹较宽，为基性斜长石，粒度为 0.23～1.1mm，一般为 0.69mm。基质由角闪石、斜长石、辉石和磁铁矿组成。普通角闪石含量为40%～50%，长柱状，粒度为 0.03～0.5mm，一般为 0.3mm；斜长石含量为35%～38%，自形半自形长板状，粒度为 0.08～0.33mm，一般为 0.17mm；磁铁矿含量为 2%～3%，自形半自形粒状，分布在角闪石和斜长石的颗粒中，粒度为 0.02～0.09mm，一般为 0.04mm。

细碧岩：灰绿色，间粒结构、块状构造。斑晶较少（3%～5%），成分主要为钠长石。基质由钠长石、绿泥石、绿帘石、赤铁矿和玉髓组成，钠长石与暗色矿物含量相近。

粗安岩：灰白色、灰绿色，斑状结构，杏仁状构造。斑晶主要为普通角闪石和斜长石，普通角闪石斑晶较斜长石斑晶小，粒度一般为 0.8mm×0.4mm，呈自形柱状，具暗化边。长石斑晶为自形板状，粒度一般为 1.2mm×0.6mm，大多数核部已发生绢云母化和黝帘石化，小晶粒边部可见熔蚀现象。除此之外，还见有少量石英斑晶（2%～5%）和普通辉石斑晶（约 5%）。基质主要由大量斜长石和少许石英组成，其粒间有绿泥石、角闪石、绿帘石和磁铁矿出现。蚀变现象以绿泥石化、绿帘石化、磁铁矿化为特征。

粗面质熔结凝灰岩：由碎屑和基质两部分组成。晶屑是碎屑的主体，有时可以见到脱玻化的浆屑。晶屑以钾长石和钠长石为主，含有少量的磁铁矿及已蚀变为绿泥石的暗色矿物，在岩石中晶屑含量大约为15%；岩屑呈团块状、长条状形式出现，岩屑具有典型的斑状结构，斑晶主要为钾长石和钠长石，其成分与晶屑中钾长石和钠长石相同；浆屑含量和岩屑含量相近，不超过10%，已脱玻化，为隐晶质集合体，具霏细结构。粗面质熔结凝灰岩的基质主要由长石、火山玻璃（已脱玻化）和磁铁矿组成。

（四）伊什基里克组

该组火山岩广泛分布于阿吾拉勒山南坡及伊什基里克山一带，由一套中酸性喷发岩和碎屑岩组成，下部为凝灰质砾岩、砾岩、砂岩、粗砂岩，上部为安山岩、英安岩、玄武质安山岩、凝灰岩等，以角度不整合或平行不整合覆盖在阿克沙克组（伊什基里克山）或艾肯达坂组（阿吾拉勒山南坡）之上，是西天山赤铁矿床（点）的重要赋矿岩石类型，如式可布台、波斯勒克等。

安山岩：肉红色－紫红、褐红色，斑状结构，块状构造。斑晶为斜长石，半自形－自形，板状、柱状等，灰白色，一般含量不均匀，其次可见少量暗色矿物斑晶，基质为隐晶质。岩石具绿泥石化、局部褐铁矿化强烈。

玄武质安山（玢）岩：灰褐－深灰色，斑状结构，块状构造，气孔、杏仁构造。斑晶主要为斜长石，少量角闪石、黑云母等。斜长石少量，板状、柱状，石英呈颗粒状，基质为隐晶质。岩石中可见杏仁体，粒度变化较大，杏仁体呈椭圆状，粒径一般在0.2～8mm，含量约为5%，成分为方解石等。岩石碳酸盐岩化强烈，裂隙面褐铁矿化较强，可见少量碳酸盐岩细脉，脉宽在3～50mm，岩石非常破碎，小裂隙发育。

粗面岩：灰白色－浅灰绿色，斑状结构，块状构造。斑晶主要为透长石、斜长石，基质为隐晶质。

英安岩：肉红色－褐红色，斑状结构，块状构造。斑晶主要为钾长石，少量斜长石及暗色矿物，基质为隐晶质。岩石中石英细网脉较为发育，脉宽在1～5mm，岩石硅化较强，局部裂隙面褐铁矿化强烈。可见少量碳酸盐岩脉。

英安质凝灰岩：青灰－灰绿色，凝灰结构，块状构造。岩石由火山碎屑物及少量暗色矿物组成，火山碎屑物主要为极少量晶屑和火山灰等。晶屑成分为石英，少量，分布极不均匀，颗粒状，胶结物为火山灰。岩石普遍具绿泥石化，绿帘石化，岩石风化强烈。

安山质凝灰岩：灰褐色，凝灰结构，块状构造。岩石主要为火山碎屑物及少量安山质角砾组成，角砾呈次棱角状，大小不均匀，在10～20mm，成分为安山质、长英质等，岩石具绿泥石化。

三、二叠纪

二叠纪火山岩较为广泛，乌郎组（P_1w）、塔尔得套组（P_1t），晓山萨伊组（P_2x）、哈米斯特组（P_2h）和塔姆其萨伊组（P_2t）均见分布。但规模要较石炭纪小（图 5-1）。这里仅叙述乌郎组、塔尔得套组和哈米斯特组。

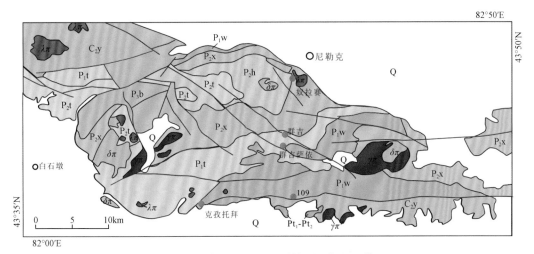

图 5-1　新疆阿吾拉勒山西段地质简图（据赵军等，2013）

Q-第四系；P_3b-上二叠统巴斯尔干组；P_2t-中二叠统塔姆其萨伊组；P_2h-中二叠统哈米提特组；P_2x-中二叠统晓山萨伊组；P_1t-下二叠统塔尔得套组；P_1w-下二叠统乌郎组；C_2y-上石炭统伊什基里克组；Pt_1-Pt_2-长城系特克斯群；$\lambda\pi$-石英钠长斑岩；$\gamma\pi$-花岗斑岩；$\delta\pi$-闪长玢岩

（一）乌郎组

该套火山岩主要分布于阿吾拉勒山西段。火山岩以喷溢相熔岩类为主，夹有爆发沉落相火山碎屑岩和喷发沉积相火山碎屑岩。喷溢相火山岩的岩石类型有碱玄岩、玄武岩、安山岩、英安岩、碱性流纹岩。其中，酸性熔岩和基性熔岩占主体，约占熔岩的 90%，中性熔岩较少，为典型的双峰式火山岩。爆发相火山岩呈夹层产于中下部沉积岩中，主要有火山角砾岩、晶屑玻屑凝灰岩、熔结火山角砾玻屑凝灰岩。局部地段见潜火山岩，流纹斑岩呈脉状沿层理方向侵入中下部的沉积层中（潘明臣等，2011；叶海敏等，2013；赵军等，2013；陈根文等，2015）。

碱玄岩、玄武岩：呈夹层分布于中下部碎屑岩中，岩石呈灰黑色、灰绿色，斑状结构，块状构造、杏仁状构造。碱玄岩斑晶含量约 20%，由斜长石、普通辉石和角闪石组成。其中，以斜长石为主，半自形板状，双晶发育，大小为 0.2mm×（0.5~3）mm；普通辉石少量，粒状，黑云母化，粒径为 0.4~0.8mm；角闪石粒度为 0.3~2.5mm，一般为 0.6mm，含量为 1%~5%；基质为间粒结构，由斜长石、普通辉石及磁铁矿组成。橄榄玄武岩斑晶主要由斜长石和橄榄石组成，斜长石粒度为 0.5~2mm，一般为 1mm，含

179

量为 5%；橄榄石粒度为 0.25～1.5mm，含量为 1%～3%。基质由斜长石、辉石、橄榄石、磁铁矿等组成，以斜长石、辉石为主，岩石蛇纹石化。

玄武质安山岩：呈似层状或透镜状产于中下部碎屑岩中，延伸较远，较为稳定。岩石新鲜面为绿灰色，无斑和少斑结构，局部气孔杏仁状构造。斑晶含量小于 5%，成分为斜长石，半自形板状，大小为（0.2～1）mm×（0.3～2）mm。基质为玻晶交织结构，由斜长石、玻璃质、暗色矿物组成。斜长石为 80%～85%，半自形板状，大小为 0.01mm×（0.04～0.2）mm，大致平行定向排列，其间分布玻璃质和暗色矿物，玻璃质已脱玻蚀变为绿泥石、碳酸盐、长英质集合体，暗色矿物已蚀变为碳酸盐集合体。杏仁体略呈定向排列，细长条状，大小（1～2）mm×（2～15）mm，内充填绿泥石、石英、蛋白石等。

英安岩：深灰色，斑状结构。斑晶含量为 5%，主要为斜长石，半自形板状，大小多为（0.2～0.4）mm×（0.4～0.8）mm，轻微泥化；偶见石英斑晶，浑圆状。基质具包含微晶结构，潜晶状石英为主晶，内包含微晶状斜长石客晶。

碱性流纹岩：主要矿物成分为歪长石、钠长石、磁铁矿等。岩石具斑状结构、显微嵌晶结构，杏仁构造、流纹构造。歪长石构成斑晶，粒度为 0.3～1.7mm，一般为 0.6mm，具格子双晶，含量为 3%～5%。基质由歪长石（含量为 15%～25%）、钠长石（5%～10%）、磁铁矿（1%）、锆石（1%）等组成，歪长石粒度为 0.03～0.15mm；钠长石粒度为 0.05～0.1mm；磁铁矿粒度为 0.02mm；锆石粒度为 0.03～0.05mm。

钠长粗面岩：斑状结构、玻晶交织结构，杏仁构造。斜长石和辉石构成斑晶，以斜长石为主。其中，斜长石粒度 0.1～0.8mm，一般为 0.5mm，含量为 4%～19%；辉石粒度 0.15～0.4mm，含量为 1%。基质由斜长石、玻璃质和少量磁铁矿组成。

玄武粗安岩：岩石具斑状结构、玻晶交织结构，杏仁状构造。斜长石和普通角闪石构成斑晶，以斜长石为主。其中，斜长石斑晶为 0.3～2mm，一般为 0.7mm，含量为 25%～40%。普通角闪石粒度为 0.1～0.5mm，含量为 1%～2%。基质由斜长石（含量为 40%～55%）、辉石（5%～15%）及磁铁矿（1%）等组成。

粗安质熔结凝灰岩：斑状结构、玻基交织结构，块状构造。岩屑、晶屑、玻屑均较发育，其中岩屑主要有玄武质和安山质，晶屑为主要斜长石。安山质岩屑含量为 8%，斑状结构，基质为交织结构，粒度为 0.5～1mm。玄武质岩屑含量为 2%，定向排列，两端撕裂状，粒度为 0.5～4mm。斜长石晶屑含量为 10%，粒度为 0.4～1mm。玻屑含量为 78%，定向排列，长径为 0.05～0.15mm。岩石具弱绢云母化和绿泥石化。

（二）塔尔得套组

塔尔得套组火山岩分布于阿吾拉勒山西段，由基性火山岩与酸性火山岩呈韵律状分布（陈根文等，2015）。从下到上该组地层可分为 5 个岩性段：①砂砾岩玄武岩段（P_1t_1），由紫色凝灰质砂岩、粉砂岩、砾岩、玄武岩组成，最大厚度 250m，分布在塔尔得套-包尔斯达坂一带；②下部钾质流纹斑岩段（P_1t_2），由灰紫色巨厚层状钾质流纹岩、含角砾熔岩、凝灰质细砂岩组成；③下部玄武岩段（P_1t_3）由玄武岩及凝灰质砂岩组成；④上部钾质流纹斑岩段（P_1t_4），由暗紫红色流纹斑岩、流纹岩及角砾岩组成；⑤上部玄武质安山岩（P_1t_5），由灰紫色、暗灰绿色玄武质安山岩组成，夹凝灰岩、角砾状凝灰岩及凝灰质砂岩。

玄武岩：主要有两种，一种为灰绿色，具拉斑玄武结构，位于下部；另一种为灰褐色，具斑状结构，局部发育杏仁状构造。两者矿物组分相似，但斑状结构玄武岩中可见极少量橄榄石斑晶。主要矿物组分包括基性斜长石（70%～80%）、辉石（20%～25%）、磁铁矿（3%～5%）。斜长石呈长板状，少量宽板状，粒径为0.5～4mm，弱水云母化。辉石晶形不完整，粒径<0.5mm，磁铁矿呈半自形-他形粒状，粒径为0.02～0.1mm。岩石较新鲜。

玄武质安山岩：灰褐色、灰绿色，无斑和少斑结构，局部气孔杏仁状构造。斑晶含量小于5%，成分为斜长石，半自形板状，大小为（0.2～1）mm×（0.3～2）mm。基质为玻晶交织结构，由斜长石、玻璃质、暗色矿物组成。斜长石大致平行定向排列，其间分布玻璃质和暗色矿物。岩石见绿泥石化、碳酸盐岩化。杏仁体略呈定向排列，细长条状，大小（1～2）mm×（2～15）mm，内充填绿泥石、石英、蛋白石等。

碱性流纹岩：灰紫色。主要矿物成分为歪长石、钠长石、石英等。岩石具斑状结构、显微嵌晶结构、杏仁状构造、流纹状构造。斑晶主要由石英和歪长石构成，其中歪长石斑晶0.2～2.0mm，一般为0.5mm，具格子双晶，含量为5%；石英斑晶占5%～10%。基质由歪长石（含量为15%～25%）、钠长石（5%～10%）、石英（30%～40%）、火山玻璃（10%～25%）组成，可见少量磁铁矿、锆石。

流纹质含角砾晶屑凝灰岩：呈灰紫色，凝灰结构，块状构造。晶屑含量为25%，其中斜长石占10%，钾长石占5%，石英占10%左右。岩屑含量为15%～25%，其中角砾级的占2/3，成分为流纹岩、凝灰岩。基质主要为长英质火山灰。

（三）哈米斯特组

中二叠世火山岩也以双峰式发育为特点（宋志瑞等，2005），陆相中心式喷发，活动强度远小于早二叠世，集中分布于伊犁盆地和阿吾拉勒西段。哈米斯特组下部火山岩主要由层凝灰岩、火山角砾岩、集块岩组成，上部由橄榄玄武玢岩、黑曜岩、流纹质凝灰岩组成。

橄榄玄武（玢）岩：灰绿色，斑状结构，致密块状构造。斑晶主要由斜长石和橄榄石组成，斜长石粒度为0.5～2mm，一般为1mm，含量为10%～15%；橄榄石粒度为0.25～1.5mm，含量为2%～5%。基质由斜长石、辉石、橄榄石、磁铁矿等组成，以斜长石、辉石为主。岩石蛇纹石化。

黑曜岩：黑色或黑褐色。致密块状，块状构造，玻璃光泽明显，具贝壳状断口。除含少量斑晶（3%～5%）、雏晶（5%）外，几乎全由玻璃质组成。

流纹质凝灰岩：呈灰紫色，凝灰结构，块状构造。晶屑含量约20%，其中斜长石占12%，石英占8%左右。岩屑含量为5%～10%，其中角砾级较少。基质主要为长英质火山灰。

第二节 火山岩地球化学特征

一、晚泥盆世

1. 主量元素

晚泥盆世火山岩样品来自李永军等（2012）和刘振涛等（2008），均为火山熔岩。其中，基性火山岩7件、中性火山岩3件、酸性火山岩12件。TAS图（图5-2）显示，这22件样品均属于亚碱性系列，岩石化学定名分别为玄武岩、玄武质安山岩、英安岩和流纹岩。将玄武岩和玄武质安山岩样品投于AFM图上（图5-3），有两件玄武岩样品呈拉斑系列的演化趋势，其余样品均呈钙碱性系列演化趋势。在 $K_2O\text{-}Na_2O$ 图中，所有样品点均落入钠质系列区域（图5-3）。

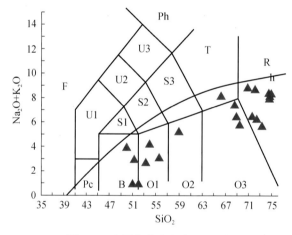

图5-2 晚泥盆世火山岩TAS图

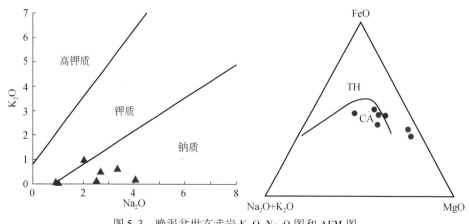

图5-3 晚泥盆世玄武岩 $K_2O\text{-}Na_2O$ 图和AFM图

从附表六、附表七可知，基性火山熔岩 SiO_2 含量为 49.82% ~ 55.43%（平均为 52.33%）；TiO_2 含量为 0.32% ~ 0.91%（平均 0.64%），属低钛玄武岩系列；Al_2O_3 含量为 12.82% ~ 21.12%（平均为 16.14%），其中 4 个样品含量超过 16%，属高铝玄武岩，岩石中存在斜长石堆晶，与镜下所观察的玄武岩存在大量斜长石斑晶相吻合；MgO 含量为 3.43% ~ 11.10%（平均为 7.65%），其中两个样品高于 8.0%，属高镁玄武岩；$TFeO$ 为 6.44% ~ 9.06%（平均为 7.91%）；CaO 含量为 8.67% ~ 14.34%（平均为 11.68%），暗示玄武岩中存在斜长石斑晶；Na_2O+K_2O 含量为 0.99% ~ 4.25%（平均为 2.74%）；Na_2O/K_2O 值为 1.96 ~ 20.37（平均为 10.36）。

中性火山熔岩 SiO_2 含量为 58.81% ~ 68.64%（平均为 64.50%）；TiO_2 含量为 0.55% ~ 1.20%（平均为 0.83%）；Al_2O_3 含量为 15.85% ~ 16.90%（平均为 16.54%），其中两个样品含量超过 16%，属高铝英安岩，岩石中存在斜长石堆晶，镜下观察英安岩中存在大量斜长石斑晶；MgO 含量为 0.47% ~ 6.64%（平均为 2.93%）；$TFeO$ 为 3.55% ~ 8.37%（平均为 5.64%）；CaO 含量为 1.87% ~ 1.91%（平均为 1.90%）；Na_2O+K_2O 含量为 5.26% ~ 8.15%（平均为 6.94%）；Na_2O/K_2O 值为 0.75 ~ 4.21（平均为 1.95）。

酸性火山熔岩 SiO_2 含量为 68.72% ~ 76.78%（平均为 72.73%）；TiO_2 含量为 0.15% ~ 0.55%（平均为 0.28%）；Al_2O_3 含量为 12.17% ~ 15.82%（平均为 14.13%）；MgO 含量为 0.13% ~ 1.83%（平均为 0.56%）；$TFeO$ 为 1.89% ~ 4.13%（平均为 3.18%）；CaO 含量为 0.23% ~ 2.30%（平均为 1.31%）；Na_2O+K_2O 含量为 5.72% ~ 8.90%（平均为 7.42%）；Na_2O/K_2O 值为 0.66 ~ 1.22（平均为 0.45）。

主量元素的哈克图解（图 5-4）显示，CaO、MgO 随 SiO_2 含量的增加而减少，K_2O 随 SiO_2 含量的增加而增加，TiO_2、Al_2O_3、Na_2O、$TFeO$、P_2O_5 均随 SiO_2 含量增加而出现先增后减的现象。由于样品数量较少，且采自两个不同的地区，上述哈克图解尚无法说明岩浆演化过程中是否有斜长石、钛磁铁矿、磷灰石等矿物的分离结晶或部分熔融过程中这些矿物在源区有残留。但从尼勒克北火山岩样品来看，样品具有低 Sr 高 Yb（$Sr<100\times10^{-6}$，Yb 平均值$>3.43\times10^{-6}$）的特征，暗示源区可能有斜长石和角闪石的残留（李永军等，2012）。

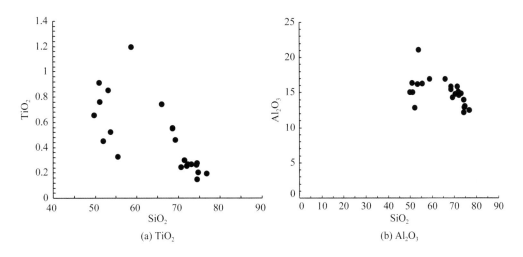

(a) TiO_2　　　　　　　　　　　　　　　　(b) Al_2O_3

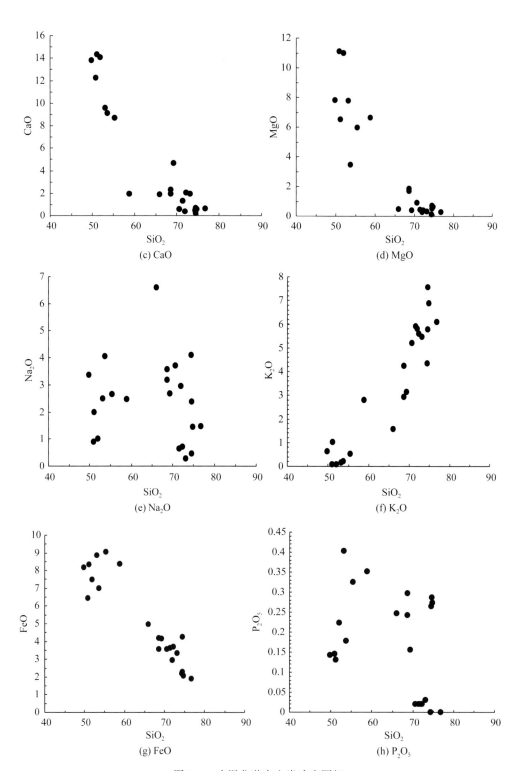

图 5-4　晚泥盆世火山岩哈克图解

2. 微量元素

中性熔岩的不相容元素原始地幔标准化图上（图5-5）可以看出，Rb、Th、K、Dy 4种元素小幅度相对富集，Nb、Ta、Ba、Ti适度亏损，Lu显著亏损。除了上述相对亏损或富集的元素外，样品其余元素的原始地幔标准化比值介于8～30。总体上，配分曲线平滑，曲线形态一致。Zr/Nb值平均为13.73；Ta/Hf值为0.2；Th/Ta值为3.97；Zr/Hf值为38.8；Ba/Zr值为1.81；Ba/Ce值为8.88；Zr/Ce值为4.91；K/Ta值为14 755；Ta/Yb值为0.45；Ba/La值为14.59。

从酸性火山熔岩的不相容元素原始地幔标准化图上（图5-5）可以看出，Rb、Th、K、Hf 4种元素有小幅度的相对富集，Nb、Ta、Ba适度亏损，Sr、P、Ti、Lu显著亏损。除了上述相对亏损或富集的元素外，样品其余元素的原始地幔标准化比值介于10～80。总体上，配分曲线相对平滑，曲线形态一致。Zr/Nb值为7.50～8.68，平均为7.90；Ta/Hf值为0.26～0.34，平均为0.28；Th/Ta值为3.53～9.50，平均为7.78；Zr/Hf值为23.46～37.75，平均为26.42；Ba/Zr值为1.66～2.99，平均为2.53；Ba/Ce值为6.72～17.80，平均为10.42；Zr/Ce值为3.26～5.96，平均为5.01；K/Ta值为133 29～21 749，平均为14 855；Ta/Yb值为0.71～1.29，平均为0.87；Ba/La值为12.56～33.77，平均为20.21。

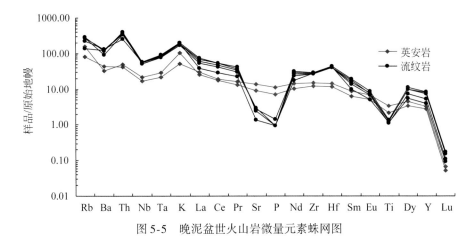

图5-5　晚泥盆世火山岩微量元素蛛网图

3. 稀土元素

基性火山熔岩的 $\sum REE = (58.45 \sim 75.46) \times 10^{-6}$（平均为$68.14 \times 10^{-6}$），其中 $LREE = (51.60 \sim 68.72) \times 10^{-6}$（平均为$61.14 \times 10^{-6}$），$HREE = (6.66 \sim 7.76) \times 10^{-6}$（平均为$7.00 \times 10^{-6}$）；$\delta Eu = 0.80 \sim 1.22$（平均为0.94），$(La/Yb)_N$值为$5.65 \sim 8.58$（平均为7.28），$(La/Sm)_N$值为$3.30 \sim 47.77$（平均为14.94），$(Gd/Yb)_N$值为$0.46 \sim 1.74$（平均为1.27）。轻稀土元素和重稀土元素之间的分馏程度较强（LREE/HREE值为7.53～10.20，平均为8.77），轻稀土元素内部分馏程度中等，重稀土元素内部分馏程度较弱。从球粒陨石标准化的稀土元素配分曲线图上（图5-6）可看出，配分曲线均

为缓慢右倾的轻稀土富集型，有弱的负 Eu 异常。熔岩 Dy/Yb 值为 1.73 ~ 2.1（平均为 1.84），小于 2.5，为尖晶石二辉橄榄岩部分熔融形成。

中性火山熔岩 $\sum REE = （70.82 ~ 170.67）\times 10^{-6}$（平均为 112.89×10^{-6}），其中 $LREE = （62.84 ~ 162.01）\times 10^{-6}$（平均为 104.34×10^{-6}），$HREE = （7.98 ~ 9.01）\times 10^{-6}$（平均为 8.55×10^{-6}）；$\delta Eu = 0.87 ~ 1.22$（平均为 1.07），$(La/Yb)_N$ 值为 4.64 ~ 10.17（平均为 7.36），$(La/Sm)_N$ 值为 2.29 ~ 4.64（平均为 3.43），$(Gd/Yb)_N$ 值为 0.97 ~ 1.74（平均为 1.31）。轻稀土元素和重稀土元素之间的分馏程度较强（LREE/HREE 值为 7.87 ~ 18.71，平均为 12.12），轻稀土元素内部分馏程度中等，重稀土元素内部分馏程度较弱。从球粒陨石标准化的稀土元素配分曲线图上（图 5-6）可看出，配分曲线均为缓慢右倾的轻稀土富集型，大部分样品显示弱负 Eu 异常至无异常，个别为正异常。熔岩 Dy/Yb 值为 1.49 ~ 1.72（平均为 1.63）。

酸性火山熔岩 $\sum REE = （80.66 ~ 241.76）\times 10^{-6}$（平均为 160.81×10^{-6}），其中 $LREE = （73.65 ~ 206.76）\times 10^{-6}$（平均为 146.92×10^{-6}），$HREE = （7.01 ~ 22.81）\times 10^{-6}$（平均为 13.89×10^{-6}）；$\delta Eu = 0.47 ~ 0.99$（平均为 0.68），$(La/Yb)_N$ 值为 3.99 ~ 17.41（平均为 7.68），$(La/Sm)_N$ 值为 3.07 ~ 5.10（平均为 3.85），$(Gd/Yb)_N$ 值为 0.43 ~ 1.72（平均为 1.33）。轻稀土元素和重稀土元素之间的分馏程度较强（LREE/HREE 值为 6.02 ~ 21.48，平均为 11.31），轻稀土元素内部分馏程度中等，重稀土元素内部分馏程度较弱。从球粒陨石标准化的稀土元素配分曲线图上（图 5-6）可看出，配分曲线均为缓慢右倾的轻稀土富集型，样品显示弱负 Eu 异常至无异常，熔岩 Dy/Yb 值为 0.93 ~ 1.98，平均为 1.55）。

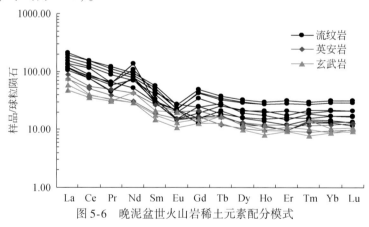

图 5-6　晚泥盆世火山岩稀土元素配分模式

二、早石炭世

1. 主量元素

除项目测试外，本研究还收集了冯金星等（2010）、钱青（2006）、朱永峰等（2005，2006b）和测试结果，共计 144 件，均为火山熔岩。其中，基性火山岩 72 件、中性火山岩47件、酸性火山岩25件。TAS图（图5-7）显示，这144件样品大部分均属于亚碱性火山岩系列，岩石化学定名分别为玄武岩、玄武质安山岩、英安岩和流纹岩；小部分属于碱性火山岩系列，岩石化学定名分别为粗面玄武岩、碱玄岩、玄武质粗面安山岩、粗面安山岩、粗面岩和粗面英安岩。将基性熔岩样品投于AFM图上（图5-8），拉斑玄武岩、钙碱性玄武岩几乎各占一半。在K_2O-Na_2O图中，大半样品落入钠质系列区域，其余落入钾质和高钾质玄武岩区域（图5-8）。这些特征表明，早石炭世火山岩类型较为复杂。

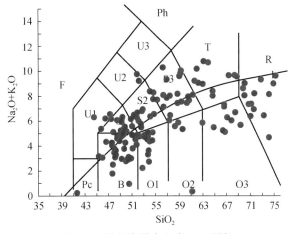

图5-7　早石炭世火山岩TAS图解

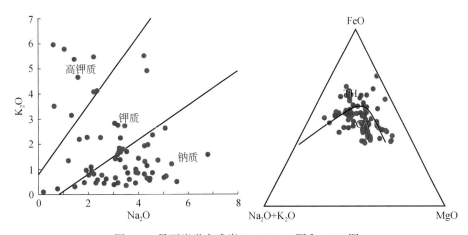

图5-8　早石炭世玄武岩K_2O-Na_2O图和AFM图

从表5-1～表5-3可知，基性火山熔岩SiO_2含量为41.55%～55.7%（平均为50.33%）；TiO_2含量为0.49%～3.31%（平均为1.42%），总体属低钛玄武岩系列，但少量样品>3.0%，为高钛玄武岩；Al_2O_3含量为7.74%～19.93%（平均为16.25%），其中含量>16%样品超过一半，高铝玄武岩、正常玄武岩同时并存，高铝玄武岩石中存在斜长石斑晶；MgO含量为2.42%～13.47%（平均为6.08%），其中18个样品高于8.0%，属高镁玄武岩；$TFeO$为6.53%～20.99%（平均为11.53%）；CaO含量为 0.87% ~ 19.15%（平均为 8.58%），暗示玄武岩中存在斜长石斑晶；Na_2O+K_2O 含量为 0.27% ~ 9.75%（平均为 4.89%）；Na_2O/K_2O 值为 0.10 ~ 10.30（平均为 3.26）。

中性火山熔岩 SiO_2 含量为 53.86% ~ 73.37%（平均为 61.04%）；TiO_2 含量为 0.21% ~ 2.43%（平均为 0.79%）；Al_2O_3 含量为 10.74% ~ 21.06%（平均为 16.26%），高铝安山岩和正常安山岩并存，岩石中可能存在斜长石堆晶，镜下观察英安岩中存在大量斜长石斑晶；MgO 含量为 0.06% ~ 9.75%（平均为 3.24%）；TFeO 为 1.17% ~ 13.45%（平均为 6.75%）；CaO 含量为 1.04% ~ 11.93%（平均为 4.73%）；Na_2O+K_2O 含量为 0.36% ~ 10.88%（平均为 7.40%）；Na_2O/K_2O 值为 0.35 ~ 93.36（平均为 5.36）。

酸性火山熔岩 SiO_2 含量为 66.73% ~ 93.68%（平均为 73.34%）；TiO_2 含量为 0.01% ~ 0.69%（平均为 0.36%）；Al_2O_3 含量为 0.32% ~ 15.78%（平均为 12.95%）；MgO 含量为 0.02% ~ 3.57%（平均为 1.17%）；TFeO 为 0.45% ~ 4.97%（平均为 3.07%）；CaO 含量为 0.17% ~ 7.66%（平均为 2.34%）；Na_2O+K_2O 含量为 0.04% ~ 9.63%（平均为 6.81%）；Na_2O/K_2O 值为 0.10 ~ 115.6（平均为 4.75）。

主量元素的哈克图解（图 5-9）显示，CaO、MgO、TiO_2、TFeO、P_2O_5 随 SiO_2 含量的增加而减少；K_2O 随 SiO_2 含量的增加而增加；Na_2O 则显示"团块"式地先增长后降低；Al_2O_3 均随 SiO_2 含量增加而出现先增后减的现象，暗示可能有含铝矿物的分离结晶或部分熔融或同化等现象发生。CaO、MgO、TiO_2、TFeO、P_2O_5 在岩浆演化的过程中均在 SiO_2 = 50% 左右发生含量降低减缓的现象，Na_2O 也是在 SiO_2 = 50% 左右发生增加变为减小的现象，同时玄武岩样品总体具有高 Sr 低 Yb（Sr > $200×10^{-6}$，Yb 平均值 < $2.0×10^{-6}$）的特征，暗示这些特征不可能是少量矿物在源区发生残留引起的，而可能是岩浆演化过程中发生了大规模分离结晶引起的。结合镜下玄武岩中斑晶以钠长石为主而橄榄石较少、磁铁矿以斑晶和基质的形式大量出现、多数辉石斑晶有熔蚀现象发生，表明 SiO_2 = 50% 左右岩浆中可能发生了橄榄石、辉石的熔蚀和钛磁铁矿、磷灰石、钠长石、角闪石的分离结晶。

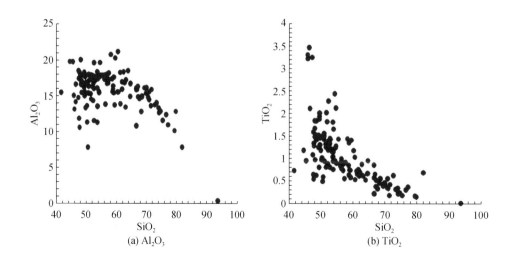

(a) Al_2O_3 (b) TiO_2

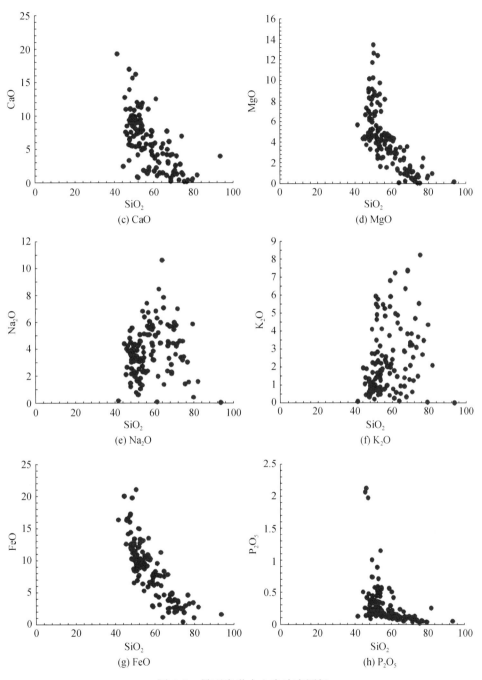

图 5-9　早石炭世火山岩哈克图解

2. 微量元素

从基性熔岩的不相容元素原始地幔标准化图上（图 5-10）可以看出，Rb、Ba、U、K 4 种元素小幅度相对富集，Pb 显著富集，Th、Nb、Ta、Sr、Ti 适度亏损，Lu 显著亏损。除了上述相对亏损或富集的元素外，样品其余元素的原始地幔标准化比值介于 3～10。总体上，配分曲线平滑，曲线形态基本一致。Zr/Nb 值为 5.38～51.69，平均为 24.83；Ta/Hf 值为 0.02～0.35，平均为 0.13；Th/Ta 值为 1.47～36.62，平均为 9.09；Zr/Hf 值为 31.13～52.14，平均为 37.68；Ba/Zr 值为 0.30～30.89，平均为 4.45；Ba/Ce 值为 0.86～118.38，平均为 15.54；Zr/Ce 值为 1.05～10，平均为 3.84；K/Ta 值为 5316～124 468，平均为 39 208；Ta/Yb 值为 0.03～0.49，平均为 0.19；Ba/La 值为 2.09～241.81，平均为 38.54。

中性熔岩的不相容元素原始地幔标准化图上（图 5-10），Rb、U、K、Sr 4 种元素小幅度相对富集，Pb 显著富集，Th、Nb、Ta、La、Ce、Pr、P、Ti 适度亏损，Lu 显著亏损。除了上述相对亏损或富集的元素外，样品其余元素的原始地幔标准化比值介于 8～40。总体上，配分曲线平滑，曲线形态基本一致。Zr/Nb 值为 2.35～33.67，平均为 21.22；Ta/Hf 值为 0.09～0.29，平均为 0.13；Th/Ta 值为 3.68～20.77，平均为 11.64；Zr/Hf 值为 0.10～42.92，平均为 33.03；Ba/Zr 值为 0.15～33.40，平均为

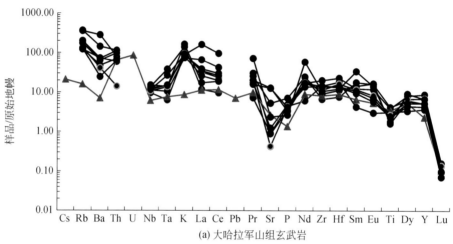

(a) 大哈拉军山组玄武岩

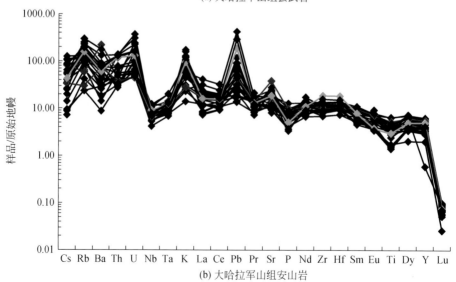

(b) 大哈拉军山组安山岩

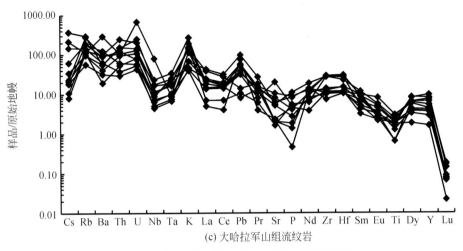

(c) 大哈拉军山组流纹岩

图 5-10　西天山早石炭世火山岩微量元素蛛网图

4.95；Ba/Ce 值为 0.47 ~ 158.33，平均为 27.39；Zr/Ce 值为 0.30 ~ 28.87，平均为 6.42；K/Ta 值为 625 ~ 163 029，平均为 50 459；Ta/Yb 值为 0.11 ~ 0.40，平均为 0.21；Ba/La 值为 1.2 ~ 400，平均为 71.32。

从酸性火山熔岩的不相容元素原始地幔标准化图上（图 5-10）可以看出，Rb、U、K、Pb、Zr、Hf、Dy 7 种元素有小幅度的相对富集，Nb、Ta、La、Ce、P、Ti 适度亏损，Lu 显著亏损。除了上述相对亏损或富集的元素外，样品其余元素的原始地幔标准化比值介于 10 ~ 30。总体上，配分曲线相对平滑，曲线形态基本一致。Zr/Nb 值为 0.46 ~ 35.99，平均为 20.48；Ta/Hf 值为 0.02 ~ 1.73，平均为 0.20；Th/Ta 值为 1.10 ~ 25.03，平均为 13.35；Zr/Hf 值为 0.09 ~ 43.71，平均为 30.78；Ba/Zr 值为 0.07 ~ 30.77，平均为 4.49；Ba/Ce 值为 0.42 ~ 150.23，平均为 27.74；Zr/Ce 值为 0.23 ~ 35.76，平均为 8.90；K/Ta 值为 830 ~ 119 099，平均为 43 501；Ta/Yb 值为 0.06 ~ 1.11，平均为 0.28；Ba/La 值为 1.21 ~ 275.96，平均为 69.00。

3. 稀土元素

基性火山熔岩的 $\sum$REE =（177.5 ~ 1526.0）$\times 10^{-6}$（平均为 553.66×10^{-6}），其中 LREE =（96.80 ~ 1143.5）$\times 10^{-6}$（平均为 421.23×10^{-6}），HREE =（45.7 ~ 382.5）$\times 10^{-6}$（平均为 132.43×10^{-6}）；δEu = 0.38 ~ 1.22（平均为 0.92），（La/Yb）$_N$ 值为 0.63 ~ 15.31（平均为 5.89），（La/Sm）$_N$ 值为 0.50 ~ 9.03（平均为 2.30），（Gd/Yb）$_N$ 值为 0.80 ~ 6.68（平均为 1.73）。轻稀土元素和重稀土元素之间的分馏程度中等（LREE/HREE 值为 1.20 ~ 12.66，平均为 3.30），轻稀土元素内部分馏程度中等，重稀土元素内部分馏程度较弱。从球粒陨石标准化的稀土元素配分曲线图上（图 5-11）可看出，配分曲线均为缓慢右倾的轻稀土富集型，有弱的负 Eu 异常至异常不明显。熔岩 Dy/Yb 值为 1.22 ~ 3.56（平均为 1.88），小于 2.5，为尖晶石二辉橄榄岩部分熔融形成。

中性火山熔岩 $\sum$REE =（27.60 ~ 194.8）$\times 10^{-6}$（平均为 81.39×10^{-6}），其中 LREE

= （18.4～177.2）×10^{-6}（平均为70.73×10^{-6}），HREE =（5.9～21.4）×10^{-6}（平均为10.66×10^{-6}）；δEu=0.30～1.41（平均为0.80），(La/Yb)$_N$值为0.28～15.86（平均为4.49），(La/Sm)$_N$值为0.38～8.48（平均为2.54），(Gd/Yb)$_N$值为0.63～3.71（平均为1.31）。轻稀土元素和重稀土元素之间的分馏程度中等（LREE/HREE值为1.79～19.34，平均为7.05），轻稀土元素内部分馏程度中等，重稀土元素内部分馏程度较弱。从球粒陨石标准化的稀土元素配分曲线图上（图5-11）可看出，配分曲线均为缓慢右倾的轻稀土富集型，大部分样品显示弱负Eu异常至异常不明显，个别为正异常。熔岩Dy/Yb值为1.06～2.51（平均为1.60）。

酸性火山熔岩∑REE=（18.9～292.1）×10^{-6}（平均为82.51×10^{-6}），其中LREE=（711.8～266.3）×10^{-6}（平均为71.62×10^{-6}），HREE=（0.44～25.81）×10^{-6}（平均为10.88×10^{-6}）；δEu=0.24～1.00（平均为0.67），(La/Yb)$_N$值为0.56～8.84（平均为4.21），(La/Sm)$_N$值为0.67～5.31（平均为2.62），(Gd/Yb)$_N$值为0.52～2.33（平均为1.12）。轻稀土元素和重稀土元素之间的分馏程度中等（LREE/HREE值为1.77～14.40，平均为6.95），轻稀土元素内部分馏程度中等，重稀土元素内部分馏程度较弱。从球粒陨石标准化的稀土元素配分曲线图上（图5-11）可看出，配分曲线均为缓慢右倾的轻稀土富集型，样品显示弱负Eu异常至无异常，熔岩Dy/Yb值为0.88～2.08平均为1.41）。

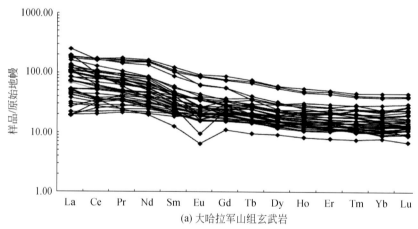

(a) 大哈拉军山组玄武岩

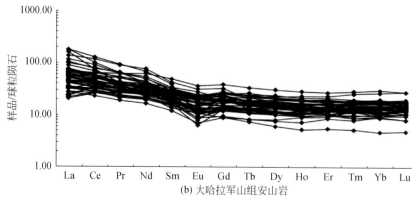

(b) 大哈拉军山组安山岩

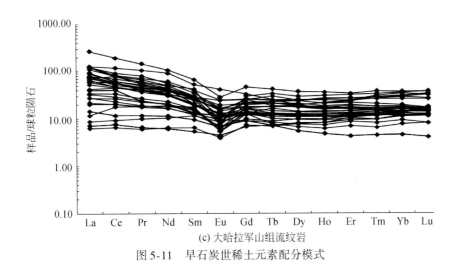

(c) 大哈拉军山组流纹岩

图 5-11　早石炭世稀土元素配分模式

三、晚石炭世

1. 主量元素

在采集的两个伊什基里克组火山岩样品基础上，还收集了阿克萨依铁矿围岩（郑仁乔等，2014）、式可布台铁矿围岩（李潇林斌等，2014），共计 14 件，均为火山熔岩。其中基性火山岩 4 件、中性火山岩 8 件、酸性火山岩两件。TAS 图（图 5-12）显示，这 14 件样品绝大部分均属于亚碱性火山岩系列，岩石化学定名分别为玄武岩、安山岩、英安岩和流纹岩；小部分属于碱性火山岩系列，岩石化学定名分别为玄武质粗面安山岩、粗面安山岩。将基性熔岩样品投于 AFM 图上（图 5-13），均落入钙碱性玄武岩系列范围。在 K_2O-Na_2O 图中，3 个样品落入钠质系列区域，1 个落入钾质玄武岩区域（图 5-13）。这些特征表明，晚石炭世火山岩主要为钙碱性火山岩。

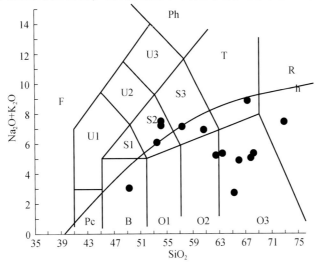

图 5-12　晚石炭世火山岩 TAS 图解

193

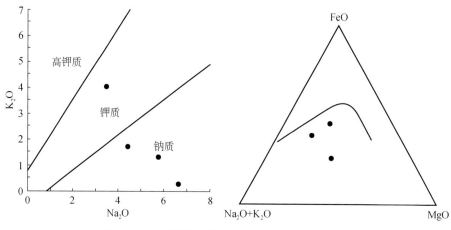

图 5-13　晚石炭世玄武岩 K_2O-Na_2O 图和 AFM 图

从表 5-1～表 5-3 可知，艾肯达坂组基性火山熔岩 SiO_2 含量为 53.48%～54.03%（平均为 53.84%，3 个样品，以下同）；TiO_2 含量为 0.81%～2.75%（平均为 1.38%），总体属低钛玄武岩系列；Al_2O_3 含量为 15.77%～19.06%（平均为 17.48%），其中两个样品>16%，另外一个样品接近 16%（15.77%），属高铝玄武岩，岩石中存在斜长石斑晶；MgO 含量为 4.76%～6.02%（平均为 5.21%）；TFeO 为 4.43%～10.13%（平均为 7.40%）；CaO 含量为 3.93%～6.86%（平均为 5.56%）；Na_2O+K_2O 含量为 6.16%～7.49%（平均为 6.92%）；Na_2O/K_2O 值为 0.86～24.04（平均为 7.94）。伊什基里克组基性火山熔岩只有 1 个样品，SiO_2 含量为 49.15%；TiO_2 含量为 0.47%；Al_2O_3 含量为 9.31%；MgO 含量为 0.60%；TFeO 为 33.03%（可能含铁矿石）；CaO 含量为 3.48%；Na_2O+K_2O 含量为 3.05%；Na_2O/K_2O 值为 22。

艾肯达坂组中性火山熔岩只有 1 个，SiO_2 含量为 60.6%；TiO_2 含量为 1.02%；Al_2O_3 含量为 18.16%，为高铝安山岩，岩石中可能存在斜长石堆晶，镜下观察英安岩中存在大量斜长石斑晶；MgO 含量为 2.73%；TFeO 为 5.96%；CaO 含量为 3.48%；Na_2O+K_2O 含量为 6.91%；Na_2O/K_2O 值为 24.04。伊什基里克组中性火山熔岩有 7 个，SiO_2 含量为 57.23%～68.07%（平均为 64.18%）；TiO_2 含量为 0.33%～0.94%（平均为 0.63%）；Al_2O_3 含量为 10.16%～16.19%（平均为 14.79%），其中 3 个样品>16%，为高铝安山岩，岩石中可能存在斜长石堆晶，镜下观察英安岩中存在大量斜长石斑晶；MgO 含量为 0.23%～6.16%（平均为 2.00%）；TFeO 为 6.11%～18.68%（平均为 10.45%）；CaO 含量为 0.40%～3.21%（平均为 1.71%）；Na_2O+K_2O 含量为 2.71%～5.36%（平均为 2.00%）；Na_2O/K_2O 值为 0.94～28.11（平均为 9.86）。

艾肯达坂组无酸性火山岩分析样品。伊什基里克组酸性火山熔岩 SiO_2 含量为 67.22%～71.81%（平均为 70.01%）；TiO_2 含量为 0.39%～0.61%（平均为 0.50%）；Al_2O_3 含量为 12.92%～14.82%（平均为 13.87%）；MgO 含量为 0.59%～1.57%（平均为 1.08%）；TFeO 为 3.80%～4.44%（平均为 4.11%）；CaO 含量为 1.69%～2.01%（平均为 1.85%）；Na_2O+K_2O 含量为 7.48%～8.88%（平均为 8.18%）；Na_2O/K_2O 值

表5-1　西天山晚古生代火山岩主量元素特征

时代		晚泥盆世			早石炭世			晚石炭世 艾肯达坂组			晚石炭世 伊什基里克组			早二叠世		
岩性		基性火山岩	中性火山岩	酸性火山岩	基性火山岩	中性火山岩	酸性火山岩	基性火山岩	中性火山岩	酸性火山岩	基性火山岩	中性火山岩	酸性火山岩	基性火山岩	中性火山岩	酸性火山岩
TiO_2	范围	0.32~0.91	0.55~1.2	0.15~0.55	0.49~3.31	0.21~2.43	0.01~0.69	0.81~2.75	1.02		0.47	0.33~0.94	0.39~0.61	0.44~2.08	0.17~2.20	0.13~0.93
	平均	0.64	0.83	0.29	1.42	0.79	0.36	1.38	1.02		0.47	0.63	0.5	1.4	1.13	0.33
	样数	7	7	12	72	47	25	4	1		1	7	2	42	12	16
P_2O_5	范围	0.13~0.40	0.24~0.35	0.02~0.30	0.08~0.73	0.06~0.56	0.01~0.25	0.03~1.30	0.13		0.11	0.07~0.15	0.08~0.12	0.18~0.99	0.02~1.07	0.01~0.07
	平均	0.22	0.28	0.14	0.41	0.18	0.08	0.51	0.13		0.11	0.11	0.1	0.57	0.47	0.05
	样数	7	3	10	72	47	25	4	1		1	7	2	42	12	16
Al_2O_3	范围	12.82~21.12	15.85~16.90	12.17~15.82	7.74~19.93	10.74~21.06	0.32~15.78	15.77~19.06	18.16		9.31	10.16~16.19	12.92~14.82	14.65~18.66	10.45~17.21	11.55~17.22
	平均	16.14	16.54	14.13	16.25	16.26	12.95	17.48	18.16		9.31	14.79	13.87	16.39	15.09	13.24
	样数	7	3	12	72	47	25	4	1		1	7	2	42	12	16
FeOT	范围	6.44~9.06	3.55~8.37	1.89~4.23	6.53~20.99	1.17~13.45	0.45~4.97	4.43~10.13	5.96		33.03	6.11~18.68	3.80~4.44	3.80~12.73	1.99~12.07	0.84~11.67
	平均	7.91	5.64	3.18	11.53	6.75	3.07	7.4	5.96		33.03	10.45	4.11	10.56	7.73	3.11
	样数	7	3	12	72	47	25	4	1		1	7	2	42	12	16
FeOT/MgO	范围	0.58~2.04	1.26~10.53	2.28~17.33	0.71~6.16	0.64~18.88	1.02~146.4	0.74~2.18	2.18		55.36	2.62~82.05	2.82~6.44	1.50~11.16	2.01~44.92	2.21~107.65
	平均	1.18	4.63	7.89	2.25	3.29	10.41	1.73	2.18		55.36	27.16	4.63	2.48	11.08	37.63
	样数	7	3	12	72	47	25	4	1		1	5	2	42	12	16

续表

时代		晚泥盆世			早石炭世			晚石炭世						早二叠世		
								艾肯达坂组			伊什基里克组					
岩性		基性火山岩	中性火山岩	酸性火山岩	基性火山岩	中性火山岩	酸性火山岩	基性火山岩	中性火山岩	酸性火山岩	基性火山岩	中性火山岩	酸性火山岩	基性火山岩	中性火山岩	酸性火山岩
Na_2O+K_2O	范围	0.99~4.25	5.26~8.15	5.72~8.9	0.27~9.75	0.36~10.88	0.04~9.63	6.16~7.49	6.91		3.05	2.71~5.36	7.48~8.88	3.95~8.71	4.34~10.13	5.44~10.29
	平均	2.74	6.94	7.42	4.89	7.4	6.81	6.92	6.91		3.05	4.7	8.18	6.57	7.94	9.09
	样数	7	3	12	72	47	25	4	1		1	5	2	42	12	16
Na_2O/K_2O	范围	1.96~20.37	0.75~4.21	0.06~1.22	0.10~10.30	0.35~93.36	0.10~115.6	0.86~24.04	24.04		22	0.94~28.11	0.53~0.78	0.64~36.87	0.88~4.17	0.07~1.62
	平均	10.36	1.95	0.45	3.26	5.46	4.75	7.94	24.04		22	9.86	0.66	3.24	1.6	0.65
	样数	7	3	12	72	47	25	4	1		1	5	2	42	12	16
$TFeO/CaO$	范围	0.53~1.05	1.86~4.38	0.89~18.75	0.42~19.69	0.22~7.65	0.06~23.64	0.65~2.58	1.71		24.91	2.36~12.92	2.21~2.25	0.84~4.43	1.17~4.99	0.48~32.5
	平均	0.71	2.97	4.75	1.99	2.54	4.75	1.62	1.71		24.91	14.55	2.23	1.75	2.39	7.78
	样数	7	3	12	72	47	25	4	1		1	5	2	42	12	16
$TFeO/Na_2O$	范围	1.73~7.17	0.76~3.38	0.53~12.5	1.47~91.84	0.11~102.89	0.14~51.67	0.90~2.07	0.9		11.32	1.53~7.40	1.14~1.46	1.04~3.90	0.65~3.90	0.46~3.47
	平均	4.28	1.75	3.47	5.84	3.74	3.07	1.5	0.9		11.32	3.42	1.3	2.42	1.86	1.18
	样数	7	3	12	72	47	25	4	1		1	5	2	42	12	16

表5-2　西天山晚古生代火山岩微量元素特征

时代		晚泥盆世			早石炭世			晚石炭世 艾肯达坂组			晚石炭世 伊什基里克组			早二叠世		
岩性		基性火山岩	中性火山岩	酸性火山岩	基性火山岩	中性火山岩	酸性火山岩	基性火山岩	中性火山岩	酸性火山岩	基性火山岩	中性火山岩	酸性火山岩	基性火山岩	中性火山岩	酸性火山岩
Zr/Nb	范围		13.73	7.50~8.68	5.38~51.69	2.35~33.67	0.46~35.99	14.34~31.38	21.08		16.84	11.01~20.84	16.86~17.43	13.27~43.28	22.81~48.0	15.58~30.85
	平均		13.73	7.9	24.83	21.22	20.48	22.67	21.08		16.84	15.93	17.15	26.85	28.57	26.76
	样数		1	6	51	50	26	4	1		1	7	2	42	12	16
Ta/Hf	范围		0.2	0.26~0.34	0.02~0.35	0.09~0.29	0.02~1.73	0.54~25.64	0.11		0.11	0.08~0.28	0.11~0.16	0.06~0.17	0.06~0.14	0.08~0.3
	平均		0.2	0.28	0.13	0.13	0.2	11.04	0.11		0.11	0.17	0.13	0.1	0.1	0.13
	样数		1	6	52	48	28	4	1		1	7	2	42	12	16
Th/Ta	范围		3.97	3.53~9.50	1.47~36.62	3.68~20.77	1.10~25.03	2.24~17.84	17.84		2.14	4.92~19.23	14.73~21.88	1.42~20.68	6.47~33.91	5.21~23.94
	平均		3.97	7.78	9.09	11.64	13.35	11.86	17.84		2.14	12.18	18.3	9.42	15.9	13.95
	样数		1	6	52	50	28	4	1		1	7	2	42	12	16
Zr/Hf	范围		38.8	23.46~37.75	31.13~52.14	0.1~42.92	0.09~43.71	33.08~43.76	33.37		25.3	29.14~37.32	33.22~34.41	18.96~53.21	26.89~51.33	27.81~50.55
	平均		38.8	26.42	37.68	33.03	30.78	35.96	33.37		25.3	32.35	33.82	40.23	37.79	41.19
	样数		1	6	52	50	26	4	1		1	7	2	42	12	16
Ba/Zr	范围		1.81	1.66~2.99	0.30~30.89	0.15~33.40	0.07~30.77	0.10~0.19	0.54		2.21	1.44~8.75	3.62~4.67	0.23~8.82	1.91~13.93	0.45~7.86
	平均		1.81	2.53	4.45	4.95	4.49	0.13	0.54		2.21	4.63	4.14	3.85	3.65	2.66
	样数		1	6	52	50	28	4	1		1	7	2	42	12	16

续表

岩性		晚泥盆世 基性火山岩	晚泥盆世 中性火山岩	晚泥盆世 酸性火山岩	早石炭世 基性火山岩	早石炭世 中性火山岩	早石炭世 酸性火山岩	晚石炭世 艾青达坂组 基性火山岩	晚石炭世 艾青达坂组 中性火山岩	晚石炭世 艾青达坂组 酸性火山岩	晚石炭世 伊什基里克组 基性火山岩	晚石炭世 伊什基里克组 中性火山岩	晚石炭世 伊什基里克组 酸性火山岩	早二叠世 基性火山岩	早二叠世 中性火山岩	早二叠世 酸性火山岩
Ba/Ce	范围		8.88	6.72~17.80	0.86~118.38	0.47~158.33	0.42~150.23	2.39~69.73	2.39		6.77	1.0~58.5	12.65~18.77	0.80~42.1	7.42~40.76	2.97~252.55
	平均		8.88	10.42	15.54	27.39	27.74	25.36	2.39		6.77	22.18	15.71	12.08	18.43	41.35
	样数		1	6	52	50	28	4	1		1	7	2	42	12	16
Zr/Ce	范围		4.91	3.26~5.96	1.05~10	0.30~28.87	0.23~35.76	1.49~4.47	4.47		3.06	0.7~9.47	3.49~4.02	1.79~7.21	2.93~11.88	2.75~32.12
	平均		4.91	5.01	3.84	6.42	8.9	2.64	4.47		3.06	3.92	3.76	3.54	5.8	101.6
	样数		1	6	52	50	28	4	1		1	7	2	42	12	16
K/Ta	范围		14 755	13 329~21 749	5 316~124 468	625~163 029	830~119 099	6 960~165 957	6 960		41 786	20 275~83 846	36 812~51 654	3 819~106 172	19 370~16 623	17 162~95 928
	平均		14 755	14 855	39 208	50 459	43 501	57 747	6 960		41 786	44 650	44 233	49 017	59 722	49 968
	样数		1	6	52	7	28	4	1		1	7	2	42	12	16
Ta/Yb	范围		0.45	0.71~1.29	0.03~0.49	0.11~0.40	0.06~1.11	0.08~0.53	0.11		0.16	0.14~0.68	0.16~0.22	0.08~0.55	0.09~0.61	0.09~0.55
	平均		0.45	0.87	0.19	0.21	0.28	0.21	0.11		0.16	0.31	0.19	0.19	0.18	0.24
	样数		1	6	51	50	26	4	1		1	7	2	42	12	16
Pb/Ce	范围				0.03~22.64	0.05~2.54	0.05~1.26	0.06~0.29	0.06					0.15~0.36	0.11~0.26	
	平均				1.01	0.44	0.39	0.15	0.06					0.25	0.2	
	样品				47	50	24	4	1					4	4	
Ba/La	范围		14.59	12.56~33.77	2.09~241.81	1.2~400	1.21~275.96	6.37~150.87	6.37		12.63	1.54~164.71	23.13~38.99	1.91~108.8	17.77~100.89	6.13~528.02
	平均		14.59	20.21	38.54	71.32	69	56.9	6.37		12.63	51.71	31.06	28.37	42.35	85.89
	样数		1	6	52	50	28	4	1		1	7	2	42	12	16

表 5-3　西天山晚古生代火山岩微量元素特征

参数	统计	晚泥盆世			早石炭世			晚石炭世（艾肯达坂组）			晚石炭世（伊什基里克组）			早二叠世		
		基性火山岩	中性火山岩	酸性火山岩	基性火山岩	中性火山岩	酸性火山岩	基性火山岩	中性火山岩	酸性火山岩	基性火山岩	中性火山岩	酸性火山岩	基性火山岩	中性火山岩	酸性火山岩
δEu	范围	0.8~4.21	0.87~1.22	0.47~0.99	0.38~1.22	0.30~1.41	0.24~1.0	0.87~1.00	0.85			0.56~1.44	0.62~0.69	0.64~1.10	0.59~1.12	0.09~0.83
	平均	1.72	1.07	0.68	0.92	0.8	0.67	0.94	0.85			0.94	0.655	0.91	0.85	0.39
	样数	4	3	12	62	52	36	4	1			8	2	42	12	16
δCe	范围	0.78~0.89	0.85~0.97	0.88~1.22	0.60~1.11	0.91~1.22	0.88~1.34	1.03~1.11	1.09			0.88~1.06	0.95~0.99	0.97~1.24	0.77~1.05	0.75~1.11
	平均	0.84	0.91	1.02	0.91	1.01	1.03	1.08	1.09			0.96	0.97	1.01	1	0.97
	样数	4	3	12	62	52	36	4	1			8	2	42	12	16
$(La/Yb)_N$	范围	5.65~8.58	4.64~10.17	3.99~17.41	0.63~15.31	0.28~15.86	0.56~8.84	1.88~15.72	1.88			1.92~29.0	4.18~4.82	1.47~13.93	2.24~4.33	0.48~7.58
	平均	7.28	7.36	7.68	5.89	4.49	4.21	6.7	1.88			9.39	4.5	6.97	3.31	3.67
	样数	4	3	12	62	52	36	4	1			8	2	42	12	16
$(La/Sm)_N$	范围	3.3~47.77	2.29~4.64	3.07~5.10	0.50~9.03	0.38~8.48	0.67~5.31	1.64~2.86	1.64			1.35~4.62	2.75~3.15	0.86~3.78	1.52~3.54	1.34~6.10
	平均	14.94	3.43	3.85	2.3	2.54	2.62	2.35	1.64			2.95	2.95	2.33	1.95	3.05
	样数	4	3	12	62	52	36	4	1			8	2	42	12	16
$(Gd/Lu)_N$	范围	0.56~1.73	1.07~1.67	0.05~2.04	0.80~6.68	0.59~4.09	0.49~2.72	0.94~4.56	0.94			0.56~3.06	1.13~1.16	1.19~3.35	0.99~1.92	0.50~1.75
	平均	1.29	1.32	1.35	1.73	1.34	1.17	2.1	0.94			1.52	1.14	1.96	1.45	0.91
	样数	4	3	12	62	52	36	4	1			8	2	42	12	16
$(Gd/Yb)_N$	范围	0.46~1.74	0.97~1.74	0.43~1.72	0.86~4.85	0.63~3.71	0.52~2.33	1.01~4.36	1.01			0.67~2.88	1~1.02	1.19~3.45	0.98~1.88	0.47~1.38
	平均	1.27	1.31	1.33	1.68	1.31	1.12	2.12	1.01			1.78	1.01	1.92	1.45	0.93
	样数	4	3	12	62	52	36	4	1			8	2	42	12	16

续表

参数	统计	晚泥盆世 基性火山岩	晚泥盆世 中性火山岩	晚泥盆世 酸性火山岩	早石炭世 基性火山岩	早石炭世 中性火山岩	早石炭世 酸性火山岩	晚石炭世 艾肯达坂组 基性火山岩	晚石炭世 艾肯达坂组 中性火山岩	晚石炭世 艾肯达坂组 酸性火山岩	晚石炭世 伊什基里克组 基性火山岩	晚石炭世 伊什基里克组 中性火山岩	晚石炭世 伊什基里克组 酸性火山岩	早二叠世 基性火山岩	早二叠世 中性火山岩	早二叠世 酸性火山岩
LREE	范围	51.6~68.7	62.8~162.0	73.7~206.8	96.8~1143.5	18.4~177.2	11.8~266.3	190.2~981.9	50.48			39.8~410.3	151.9~152.6	41.6~241.7	42.2~169.1	17.3~224.1
	平均	61.1	104.3	146.9	421.23	70.73	71.62	428.82	50.48			143.64	152.24	149.45	103.79	131.26
	样数	4	3	12	62	52	36	4	1			8	2	42	12	16
HREE	范围	6.66~7.76	7.98~9.01	7.01~22.81	45.7~382.5	5.9~21.4	0.44~25.8	87.6~124.7	11.39			8.5~17.9	21.9~22.6	8.4~21.4	5.3~27.7	9.2~35.4
	平均	7.00	8.55	13.89	132.43	10.66	10.88	109.52	11.39			12.39	22.24	14.33	17.07	20.48
	样数	4	3	12	62	52	36	4	1			8	2	42	12	16
REE	范围	58.5~75.5	70.8~170.7	80.7~241.8	177.5~1526.0	27.6~194.8	18.9~292.1	310.9~1106.5	61.87			48.3~426.0	173.8~175.2	53.3~256.2	47.7~192.3	29.6~253.9
	平均	68.14	112.89	160.8	553.66	81.39	82.51	538.33	61.87			156.03	174.47	163.78	120.86	151.74
	样数	4	3	12	62	52	36	4	1			8	2	42	12	16
LREE/HREE	范围	7.53~10.2	7.87~18.71	6.02~21.48	1.2~12.66	1.79~19.34	1.77~14.40	1.69~7.88	4.43			4.71~26.07	6.76~6.93	3.55~17.84	4.79~8.03	1.33~10.98
	平均	8.77	12.12	11.31	3.3	7.05	6.95	3.72	4.43			11.33	6.85	10.73	6.22	6.33
	样数	4	3	12	62	52	36	4	1			8	2	42	12	16
Dy/Yb	范围	1.73~2.10	1.49~1.72	0.93~1.98	1.22~3.56	1.06~2.51	0.88~2.08	1.49~3.03	1.4			1.09~2.62	1.56~1.59	1.47~2.69		
	平均	1.84	1.63	1.55	1.88	1.6	1.41	1.9	1.4			1.8	1.57	1.97		
	样数	4	3	12	62	52	36	4	1			8	2	42		
Nb/La	范围		0.59	0.87~1.47	0.11~1.94	0.09~3.05	0.18~3.99	0.13~0.56	0.56			0.07~1.22	0.38~0.48	0.13~0.62	0.24~0.79	0.24~3.99
	平均		0.59	1.00	0.45	0.65	1.01	0.31	0.56			0.48	0.43	0.32	0.45	0.95
	样数		1	12	51	52	36	4	1			8	2	42	12	16
Ti/V	范围				16.42~190.8			23.22~53.27						20.51~404.32		
	平均				41.14			43.25						65.21		
	样数				38			4						42		

为 0.53 ~ 0.78（平均为 0.66）。

主量元素的哈克图解（图 5-14）显示，CaO、MgO、TiO_2、TFeO、P_2O_5 随 SiO_2 含量的增加而减少；K_2O 随 SiO_2 含量的增加而增加；Na_2O 则显示"团块"式地先增长后降低；Al_2O_3 均随 SiO_2 含量增加而出现先增后减的现象，暗示可能有含铝矿物的分离结晶或部分熔融或同化等现象发生。CaO、MgO、TiO_2、TFeO、P_2O 在岩浆演化的过程中均在 $SiO_2 = 54\%$ 左右发生含量降低减缓的现象，Na_2O 也是在 $SiO_2 = 54\%$ 左右发生增加变

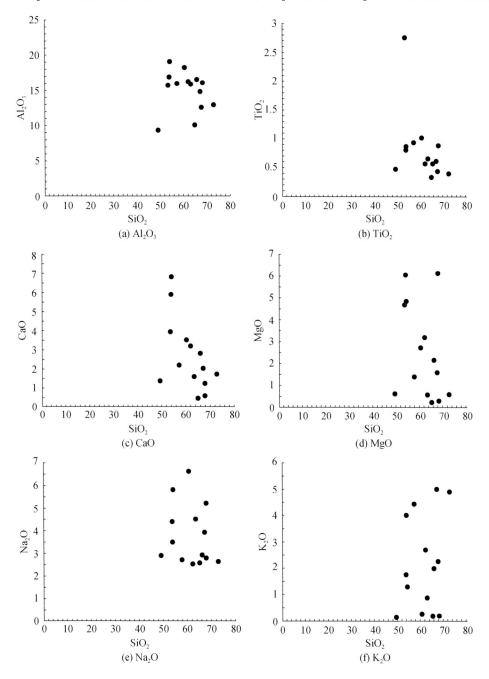

(a) Al_2O_3

(b) TiO_2

(c) CaO

(d) MgO

(e) Na_2O

(f) K_2O

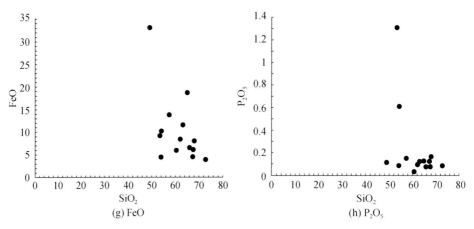

图 5-14　晚石炭世火山岩哈克图解

为减小的现象，同时玄武岩样品总体具有高 Sr 低 Yb（Sr>200×10^{-6}，Yb 平均值<2.5 ×10^{-6}）的特征，暗示这些特征不可能是少量矿物在源区发生残留引起的，而可能是岩浆演化过程中发生了大规模分离结晶引起的。结合镜下玄武质安山岩中斑晶以钠长石为主而橄榄石较少、磁铁矿以斑晶和基质的形式大量出现、多数辉石斑晶有熔蚀现象发生，表明 SiO$_2$=54% 左右岩浆中可能发生了橄榄石、辉石的熔蚀和钛磁铁矿、磷灰石、钠长石、角闪石的分离结晶。

2. 微量元素

从基性熔岩的不相容元素原始地幔标准化图上（图 5-15）可以看出，Ba、U、K、Pb 4 种元素小幅度相对富集，Rb、Th、Nb、Ta、P、Ti 适度亏损，Sr、Lu 显著亏损。除了上述相对亏损或富集的元素外，样品其余元素的原始地幔标准化比值介于 10～40。总体上，配分曲线平滑，曲线形态基本一致。艾肯达坂组 Zr/Nb 值为 14.34～31.38，平均为 22.67；Ta/Hf 值为 0.54～25.64，平均为 11.04；Th/Ta 值为 2.24～17.84，平均为 11.86；Zr/Hf 值为 33.08～43.76，平均为 35.96；Ba/Zr 值为 0.10～0.19，平均为 0.13；Ba/Ce 值为 2.39～69.73，平均为 25.36；Zr/Ce 值为 1.49～4.47，平均为 2.64；K/Ta 值为 6960～165957，平均 57747；Ta/Yb 值为 0.08～0.53，平均为 0.21；Ba/La 值为 6.37～150.87，平均为 56.9。伊什基里克组 Zr/Nb 值为 16.84；Ta/Hf 值为 0.11；Th/Ta 值为 2.14；Zr/Hf 值为 25.3；Ba/Zr 值为 2.21；Ba/Ce 值为 6.77；Zr/Ce 值为 3.06；K/Ta 值为 41786；Ta/Yb 值为 0.16；Ba/La 值为 12.63。

在中性熔岩的不相容元素原始地幔标准化图上（图 5-15），K、Nd、Dy、Y 4 种元素小幅度相对富集，Nb、Ta、Sr、P、Ti、Pb 适度亏损，Lu 显著亏损。除了上述相对亏损或富集的元素外，样品其余元素的原始地幔标准化比值介于 10～50。总体上，配分曲线平滑，曲线形态基本一致。艾肯达坂组 Zr/Nb 值为 21.08；Ta/Hf 值为 0.11；Th/Ta 值为 17.84；Zr/Hf 值为 33.37；Ba/Zr 值为 0.54；Ba/Ce 值为 2.39；Zr/Ce 值为 4.47；K/Ta 值为 6960；Ta/Yb 值为 0.11；Ba/La 值为 6.37。伊什基里克组 Zr/Nb 值为 11.01～20.84，平均为 15.93；Ta/Hf 值为 0.08～0.28，平均为 0.17；Th/Ta 值为 4.92～

19.23，平均为 12.18；Zr/Hf 值为 29.14 ~ 37.32，平均为 32.35；Ba/Zr 值为 1.44 ~ 8.75，平均为 4.63；Ba/Ce 值为 1.00 ~ 58.50，平均为 22.18；Zr/Ce 值为 0.70 ~ 9.47，平均为 3.92；K/Ta 值为 20 275 ~ 83 846，平均为 44 650；Ta/Yb 值为 0.14 ~ 0.68，平均为 0.31；Ba/La 值为 1.54 ~ 164.71，平均为 51.71。

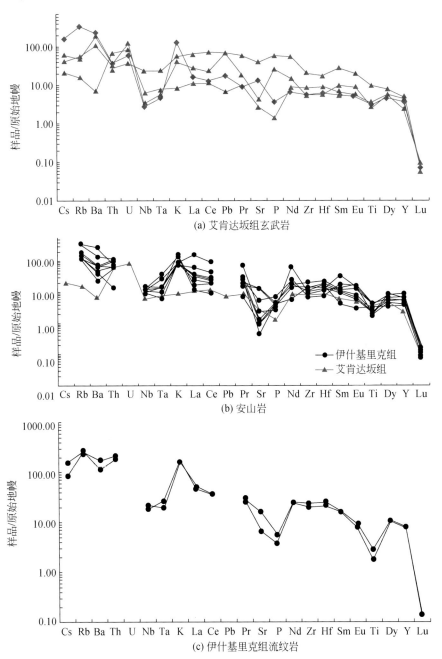

(a) 艾肯达坂组玄武岩

(b) 安山岩

(c) 伊什基里克组流纹岩

图 5-15　晚石炭世火山岩微量元素蛛网图

从酸性火山熔岩的不相容元素原始地幔标准化图上（图 5-15）可以看出，伊什基里克组 Rb、Th、K、Nd、Dy 5 种元素有小幅度的相对富集，Ba、Nb、Ta、P、Ti 适度亏损，Lu 显著亏损。除了上述相对亏损或富集的元素外，样品其余元素的原始地幔标准化比值介于 20 ~ 100。总体上，配分曲线相对平滑，曲线形态基本一致。Zr/Nb 值为 16.86 ~ 17.43，平均为 17.15；Ta/Hf 值为 0.11 ~ 0.16，平均为 0.13；Th/Ta 值为 14.73 ~ 21.88，平均为 18.30；Zr/Hf 值为 33.22 ~ 34.41，平均为 33.82；Ba/Zr 值为 3.62 ~ 4.67，平均为 4.14；Ba/Ce 值为 12.65 ~ 18.77，平均为 15.71；Zr/Ce 值为 3.49 ~ 4.02，平均为 3.76；K/Ta 值为 36 812 ~ 51 654，平均为 44 233；Ta/Yb 值为 0.16 ~ 0.22，平均为 0.19；Ba/La 值为 23.13 ~ 38.99，平均为 31.06。

3. 稀土元素

艾肯达坂组基性火山熔岩的 $\sum REE = (310.9 \sim 1106.5) \times 10^{-6}$（平均为 538.33×10^{-6}），其中 $LREE = (190.2 \sim 981.9) \times 10^{-6}$（平均为 428.82×10^{-6}），$HREE = (87.6 \sim 124.7) \times 10^{-6}$（平均为 132.43×10^{-6}）；$\delta Eu = 0.87 \sim 1.00$（平均为 0.94），$(La/Yb)_N$ 值为 1.88 ~ 15.72（平均为 6.70），$(La/Sm)_N$ 值为 1.64 ~ 2.86（平均为 2.35），$(Gd/Yb)_N$ 值为 1.01 ~ 4.36（平均为 2.12）。轻稀土元素和重稀土元素之间的分馏程度中等（LREE/HREE 值为 1.69 ~ 7.88，平均为 3.72），轻稀土元素内部分馏程度中等，重稀土元素内部分馏程度较弱；从球粒陨石标准化的稀土元素配分曲线图上（图 5-16）可看出，配分曲线均为缓慢右倾的轻稀土富集型，异常不明显；熔岩 Dy/Yb 值为 1.49 ~ 3.03（平均为 1.90），小于 2.5，为尖晶石二辉橄榄岩部分熔融形成；Ti/V 值为 23.22 ~ 53.27，平均为 43.25。伊什基里克组基性火山熔岩 $\sum REE = (119.28 \sim 145.98) \times 10^{-6}$（平均为 32.67×10^{-6}），其中 $LREE = (104.5 \sim 129.01) \times 10^{-6}$（平均为 116.76×10^{-6}），$HREE = (14.78 \sim 16.97) \times 10^{-6}$（平均为 15.88×10^{-6}）；$\delta Eu = 0.85 \sim 0.94$（平均为 0.90），$(La/Yb)_N$ 值为 4.35 ~ 5.72（平均为 5.03），$(La/Sm)_N$ 值为 2.41 ~ 2.69（平均为 2.55），$(Gd/Yb)_N$ 值为 1.11 ~ 1.62（平均为 1.37）。轻稀土元素和重稀土元素之间的分馏程度明显（LREE/HREE 值为 7.07 ~ 7.60，平均为 7.34），轻稀土元素内部分馏程度中等，重稀土元素内部分馏程度较弱；从球粒陨石标准化的稀土元素配分曲线图上（图 5-16）可看出，配分曲线均为缓慢右倾的轻稀土富集型，异常不明显；熔岩 Dy/Yb 值为 1.43 ~ 2.20（平均为 1.82），小于 2.5，为尖晶石二辉橄榄岩部分熔融形成；Ti/V 值为 41.19。

艾肯达坂组中性火山熔岩只有 1 个样品，$\sum REE = 61.87 \times 10^{-6}$，其中 $LREE = 50.48 \times 10^{-6}$，$HREE = 11.39 \times 10^{-6}$；$\delta Eu = 0.85$，$(La/Yb)_N$ 比值为 1.88，$(La/Sm)_N$ 值为 1.64，$(Gd/Yb)_N$ 值为 1.01。轻稀土元素和重稀土元素之间的分馏程度中等（LREE/HREE 值为 4.43），轻稀土元素内部分馏程度较弱，重稀土元素内部几乎无分馏；从球粒陨石标准化的稀土元素配分曲线图上（图 5-16）可看出，配分曲线均为缓慢右倾的轻稀土富集型，样品显示异常不明显。伊什基里克组中性火山熔岩 $\sum REE = (48.3 \sim 426.0) \times 10^{-6}$（平均为 156.03×10^{-6}），其中 $LREE = (39.8 \sim 410.3) \times 10^{-6}$（平均为 143.64×10^{-6}），$HREE = (8.5 \sim 17.9) \times 10^{-6}$（平均为 12.39×10^{-6}）；$\delta Eu = 0.56 \sim 1.44$（平均为 0.94），$(La/Yb)_N$ 值为 1.92 ~ 29.0（平均为 9.39），$(La/Sm)_N$ 值为 1.35 ~ 4.62（平均为 2.95），$(Gd/Yb)_N$

值为 0.67 ~ 2.88（平均为 1.78）。轻稀土元素和重稀土元素之间的分馏程度较强（LREE/HREE 值为 4.71 ~ 26.07，平均为 11.33），轻稀土元素内部分馏程度中等，重稀土元素内部分馏程度较弱；从球粒陨石标准化的稀土元素配分曲线图上（图 5-16）可看出，配分曲线均为缓慢右倾的轻稀土富集型，样品显示弱负 Eu 异常至弱正异常。

　　艾肯达坂组酸性火山岩样品没有进行测试。伊什基里克组酸性火山熔岩 $\sum$REE = （173.8 ~ 175.2）×10^{-6}（平均为 174.47×10^{-6}），其中 LREE = （151.9 ~ 152.6）×10^{-6}（平均为 152.24×10^{-6}），HREE = （21.9 ~ 22.6）×10^{-6}（平均为 22.24×10^{-6}）；δEu = 0.62 ~ 0.69（平均为 0.66），(La/Yb)$_N$值为 4.18 ~ 4.82（平均为 4.50），(La/Sm)$_N$值为 2.75 ~ 3.15（平均为 2.95），(Gd/Yb)$_N$值为 1.00 ~ 1.02（平均为 1.01）。轻稀土元素和重稀土元素之间的分馏程度较强（LREE/HREE 值为 6.76 ~ 6.93，平均为 6.85），轻稀土元素内部分馏程度中等，重稀土元素内部无分馏；从球粒陨石标准化的稀土元素配分曲线图上（图 5-16）可看出，配分曲线均为缓慢右倾的轻稀土富集型，样品显示弱负 Eu 异常。

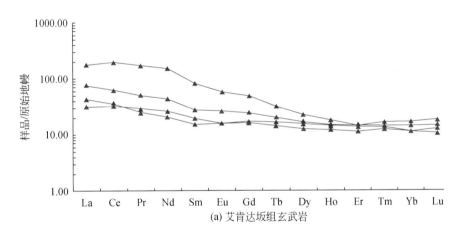

(a) 艾肯达坂组玄武岩

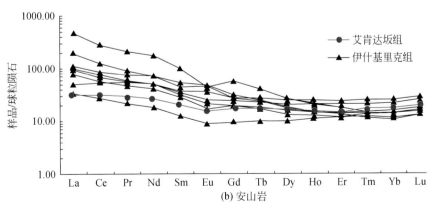

(b) 安山岩

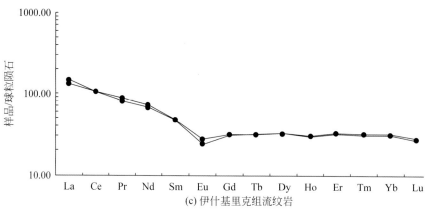

(c) 伊什基里克组流纹岩

图 5-16　晚石炭世火山岩稀土元素配分模式

四、早二叠世

1. 主量元素

早二叠世火山岩样品来自赵军等（2013）、叶海敏等（2013）和陈根文等（2015）的相关文献，包括哈米斯特组、乌郎组、塔尔得套组，均为火山熔岩。其中基性火山岩42件、中性火山岩12件、酸性火山岩16件，共计70件。TAS 图（图5-17）显示，这70件样品大部分属于碱性火山岩系列，岩石化学定名分别为粗面玄武岩、玄武质粗面安山岩、粗面安山岩、粗面岩和粗面英安岩；小部分属于亚碱性火山岩系列，岩石化学定名分别为玄武岩、英安岩和流纹岩；为典型的双峰式火山岩。将玄武岩、粗面玄武岩和玄武质粗面安山岩样品投于 AFM 图上（图5-18），大部分样品落入钙碱性系列，少量落入拉斑系列。在 K_2O-Na_2O 图中，钠质、钾质系列样品几乎各占一半（图5-18）。

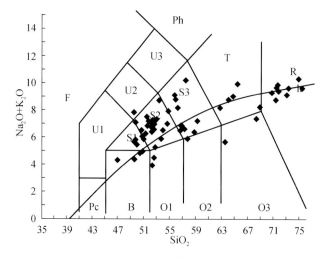

图 5-17　西天山早二叠世火山岩 TAS 图解

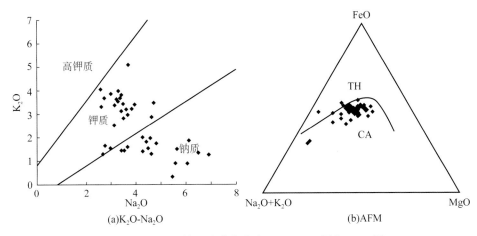

图 5-18 西天山早二叠世玄武岩 K_2O-Na_2O 图和 AFM 图

从表 5-1、表 5-2、表 5-3 可知,基性火山熔岩 SiO_2 含量为 49.34% ~ 57.60% (平均 53.60%);TiO_2 含量为 0.44% ~ 2.08% (平均 1.40%),总体属低钛玄武岩系列;Al_2O_3 含量为 4.65% ~ 18.66% (平均 16.39%),42 个样品中有 29 个样品 >16%,高铝玄武岩和正常玄武岩并存,高铝玄武岩中存在斜长石堆晶;MgO 含量为 0.79% ~ 7.18% (平均 4.24%);TFeO 为 3.80% ~ 12.73% (平均 10.56%);CaO 含量为 1.60% ~ 12.34% (平均 6.63%);Na_2O+K_2O 含量为 3.95% ~ 8.71% (平均 6.57%);Na_2O/K_2O 值为 0.64 ~ 36.87 (平均 3.24)。

中性火山熔岩 SiO_2 含量为 57.04% ~ 65.42% (平均 60.72%);TiO_2 含量为 0.17% ~ 2.20% (平均 1.13%);Al_2O_3 含量为 10.45% ~ 17.98% (平均 15.09%),其中 3 个样品 >16%,为高铝安山岩,岩石中可能存在斜长石堆晶,镜下观察英安岩中存在大量斜长石斑晶;MgO 含量为 0.10% ~ 6.29% (平均 2.04%);TFeO 为 3.80% ~ 12.73% (平均 10.56%);CaO 含量为 0.42% ~ 9.36% (平均 4.18%);Na_2O+K_2O 含量为 4.34% ~ 10.13% (平均 7.94%);Na_2O/K_2O 值为 0.88 ~ 4.17 (平均 1.60)。

酸性火山熔岩 SiO_2 含量为 68.23% ~ 80.05% (平均 77.37%);TiO_2 含量为 0.13% ~ 0.54% (平均 0.30%);Al_2O_3 含量为 10.45% ~ 15.96% (平均 13.15%);MgO 含量为 0.02% ~ 1.07% (平均 0.29%);TFeO 为 0.84% ~ 11.67% (平均 3.11%);CaO 含量为 0.08% ~ 2.87% (平均 0.92%);Na_2O+K_2O 含量为 5.44% ~ 10.29% (平均 9.09%);Na_2O/K_2O 值为 0.07 ~ 1.62 (平均 0.65)。

主量元素的哈克图解 (图 5-19) 显示,Al_2O_3、CaO、MgO、TiO_2、TFeO、P_2O_5 随 SiO_2 含量的增加而减少;K_2O 随 SiO_2 含量的增加而增加;Na_2O 则显示线性的先增长后降低 (变化点 SiO_2=60%),镜下观察显示中酸性火山岩中均存在大量钠长石斑晶,暗示岩浆演化到中酸性成分时可能有钠长石等含钠矿物的分离结晶。Al_2O_3 虽随岩浆演化而降低,但也在 SiO_2=60% 出现拐点,降低趋势减缓,从侧面证明了钠长石的分离结晶。同时,玄武岩样品总体具有高 Sr、高 Yb ($Sr>200\times10^{-6}$,Yb 平均值 $>2.0\times10^{-6}$) 的特征,暗示这些特征不可能是少量矿物在源区发生残留引起的,而可能是由岩浆演

207

化过程中发生的大规模钠长石分离结晶引起的。

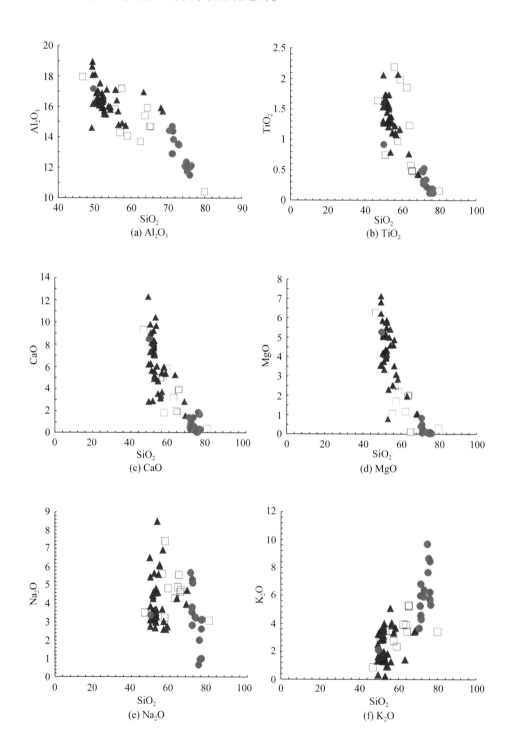

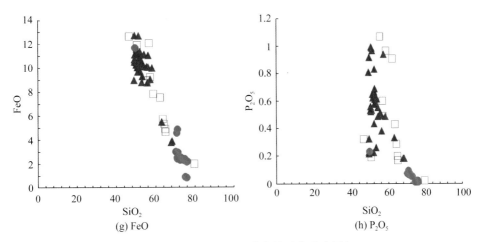

图 5-19　西天山早二叠世主量元素哈克图解

红色三角代表基性熔岩，白色方块代表中性熔岩，蓝色圆代表酸性熔岩

2. 微量元素

从基性熔岩的不相容元素原始地幔标准化图上（图 5-20）可以看出，Ba、U、K、Pb 4 种元素小幅度相对富集，Th、Nb、Ta、Sr、Ti 适度亏损，Lu 显著亏损。除了上述相对亏损或富集的元素外，样品其余元素的原始地幔标准化比值介于 20～50。总体上，配分曲线平滑，曲线形态基本一致。Zr/Nb 值为 13.27～43.28，平均 26.85；Ta/Hf 值为 0.06～0.17，平均 0.10；Th/Ta 值为 1.42～20.68，平均 9.42；Zr/Hf 值为 18.96～53.21，平均 40.23；Ba/Zr 值为 0.23～8.82，平均 3.85；Ba/Ce 值为 0.80～42.10，平均 12.08；Zr/Ce 值为 1.79～7.21，平均 3.54；K/Ta 值为 2 819～106 172，平均 49 017；Ta/Yb 值为 0.08～0.55，平均 0.19；Ba/La 值为 1.91～108.80，平均 28.37。

通过中性熔岩的不相容元素原始地幔标准化图（图 5-20）可以看出，Rb、U、K、Pb、P 5 种元素小幅度相对富集，Cs、Th、Ba、Nb、Ta、Sr、Ti 适度亏损，Lu 显著亏损。除了上述相对亏损或富集的元素外，样品其余元素的原始地幔标准化比值介于 6～20。总体上，配分曲线平滑，曲线形态基本一致。Zr/Nb 值为 22.81～48.00，平均 28.57；Ta/Hf 值为 0.06～0.14，平均 0.10；Th/Ta 值为 6.47～33.91，平均 15.90；Zr/Hf 值为 26.89～51.33，平均 37.79；Ba/Zr 值为 1.91～13.93，平均 3.65；Ba/Ce 值为 7.42～40.76，平均 18.43；Zr/Ce 值为 2.93～11.88，平均 5.80；K/Ta 值为 19 370～166 230，平均 59 722；Ta/Yb 值为 0.09～0.61，平均 0.21；Ba/La 值为 17.77～100.89，平均 42.35。

通过酸性火山熔岩的不相容元素原始地幔标准化图（图 5-20）可以看出，Rb、U、K、Zr、Hf、Dy 7 种元素有小幅度的相对富集，Cs、Ba、Nb、Ta、P、Ti 适度亏损，Lu 显著亏损。除了上述相对亏损或富集的元素外，样品其余元素的原始地幔标准化比值介于 20～40。总体上，配分曲线相对平滑，曲线形态基本一致。Zr/Nb 值为 15.58～30.85，平均 26.76；Ta/Hf 值为 0.08～0.30，平均 0.13；Th/Ta 值为 5.21～23.94，平均 13.95；Zr/Hf 值为 27.81～50.55，平均 41.19；Ba/Zr 值为 0.45～7.86，平均 2.66；Ba/Ce 值为 2.97～252.55，平均 41.35；Zr/Ce 值为 2.75～32.12，平均 10.16；K/Ta

值为 17 162 ~ 95 928，平均 49 968；Ta/Yb 值为 0.09 ~ 0.55，平均 0.24；Ba/La 值为 6.13 ~ 528.02，平均 85.89。

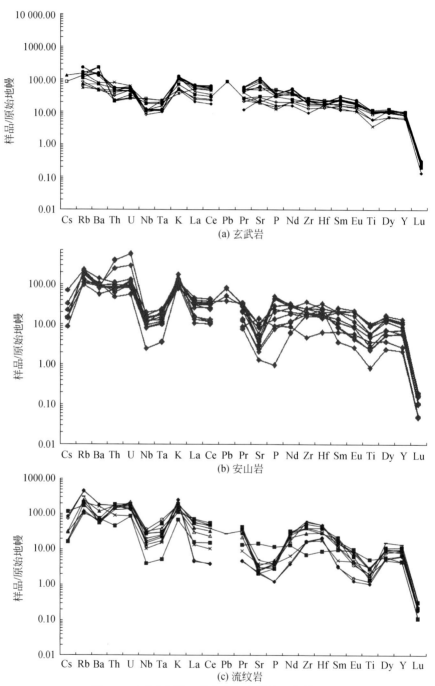

图 5-20　西天山早二叠世火山岩微量元素蛛网图

3. 稀土元素

基性火山熔岩的 $\sum REE = （53.3 \sim 256.2）\times 10^{-6}$（平均 163.78×10^{-6}），其中 $LREE =$ $（41.6 \sim 241.7）\times 10^{-6}$（平均 149.45×10^{-6}），$HREE = （8.4 \sim 21.4）\times 10^{-6}$（平均 14.33×10^{-6}）；$\delta Eu = 0.64 \sim 1.10$（平均 0.91），$(La/Yb)_N$ 值为 $1.47 \sim 13.93$（平均 6.97），$(La/Sm)_N$ 值为 $0.86 \sim 3.78$（平均 2.33），$(Gd/Yb)_N$ 值为 $1.19 \sim 3.45$（平均 1.92）。轻稀土元素和重稀土元素之间的分馏程度较强（LREE/HREE 值为 $3.55 \sim 17.84$，平均 10.73），轻稀土元素内部分馏程度较弱，重稀土元素内部分馏程度较弱。从球粒陨石标准化的稀土元素配分曲线图上（图 5-21）可看出，配分曲线均为缓慢右倾的轻稀土富集型，有弱的负 Eu 异常～异常不明显。熔岩 Dy/Yb 值为 $1.47 \sim 2.69$（平均 1.97），小于 2.5，为尖晶石二辉橄榄岩部分熔融形成。

中性火山熔岩 $\sum REE = （47.7 \sim 192.3）\times 10^{-6}$（平均 120.86×10^{-6}），其中 $LREE =$ $（42.2 \sim 169.1）\times 10^{-6}$（平均 103.79×10^{-6}），$HREE = （5.3 \sim 27.7）\times 10^{-6}$（平均 17.07×10^{-6}）；$\delta Eu = 0.59 \sim 1.12$（平均 0.85），$(La/Yb)_N$ 值为 $2.24 \sim 4.33$（平均 3.31），$(La/Sm)_N$ 值为 $1.52 \sim 3.54$（平均 1.95），$(Gd/Yb)_N$ 值为 $0.98 \sim 1.88$（平均 1.45）。轻稀土元素和重稀土元素之间的分馏程度较强（LREE/HREE 值为 $4.79 \sim 8.03$，平均 6.22），轻稀土元素内部分馏程度较弱，重稀土元素内部分馏程度较弱。从球粒陨石标准化的稀土元素配分曲线图上（图 5-21）可看出，配分曲线均为缓慢右倾的轻稀土富集型，显示弱负 Eu 异常～异常不明显。

酸性火山熔岩 $\sum REE = （29.6 \sim 253.9）\times 10^{-6}$（平均 151.74×10^{-6}），其中 $LREE =$ $（17.3 \sim 224.1）\times 10^{-6}$（平均 131.26×10^{-6}），$HREE = （9.2 \sim 35.4）\times 10^{-6}$（平均 20.48×10^{-6}）；$\delta Eu = 0.09 \sim 0.83$（平均 0.39），$(La/Yb)_N$ 值为 $0.48 \sim 7.58$（平均 3.67），$(La/Sm)_N$ 值为 $1.34 \sim 6.10$（平均 3.05），$(Gd/Yb)_N$ 值为 $0.47 \sim 1.38$（平均 0.93）。轻稀土元素和重稀土元素之间的分馏程度中等（LREE/HREE 值为 $1.33 \sim 10.98$，平均 6.33），轻稀土元素内部分馏程度中等，重稀土元素内部无明显分馏。从球粒陨石标准化的稀土元素配分曲线图上（图 5-21）可看出，配分曲线均为缓慢右倾的轻稀土富集型，样品显示较强的负 Eu 异常。

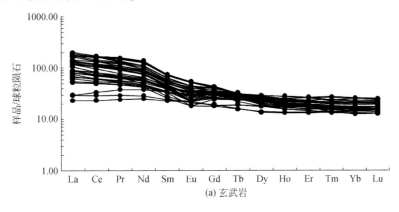

(a) 玄武岩

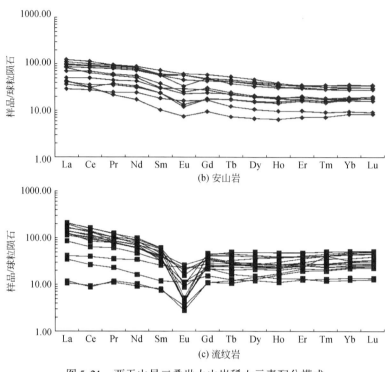

图 5-21　西天山早二叠世火山岩稀土元素配分模式

第三节　火山岩形成地质背景

一、成岩时代

泥盆纪火山岩年龄数据仅收集到一个，为 370～364Ma，为晚泥盆世产物（表5-4）。

表5-4　西天山晚古生代火山岩形成时间一览表

采样位置	岩石名称	测试方法	年龄（Ma）	资料来源	地理位置
备战铁矿	C_1d 英安岩	锆石 LA-ICP-MS U-Pb	329.1±1.0	孙吉明等（2012）	阿吾拉勒东段
	C_1d 火山岩	锆石 LA-ICP-MS U-Pb	316.1± 2.2	李大鹏等（2013）	阿吾拉勒东段
	C_1d 流纹岩	锆石 SHRIMP U-Pb	300.4±2.2	本书	阿吾拉勒东段
	C_1d 钠长斑岩	锆石 SHRIMP U-Pb	308.7±2.1	本书	阿吾拉勒东段
	C_1d 凝灰岩	锆石 SHRIMP U-Pb	303.0±2.1	本书	阿吾拉勒东段
查岗诺尔铁矿	C_1d 类夕卡岩	石榴石 Sm-Nd 法	316.8±6.7	洪为等（2012c）	阿吾拉勒东段
	C_1d 流纹岩	锆石 LA-ICP-MS U-Pb	321.2±1.3	冯金星等（2010）	阿吾拉勒东段
	C_1d 凝灰岩	锆石 SHRIMP U-Pb	329.9±3.7	本书	阿吾拉勒东段
			303±11		
松湖铁矿	C_1d 安山岩	锆石 SHRIMP U-Pb	323.9±1.9	本书	阿吾拉勒西段

续表

采样位置	岩石名称	测试方法	年龄（Ma）	资料来源	地理位置
智博铁矿	C_1d 安山岩	锆石 SHRIMP U-Pb	310.0±3.0	本书	阿吾拉勒东段
	C_1d 英安岩	锆石 SHRIMP U-Pb	307.0±3.0	本书	阿吾拉勒东段
	C_1d 钠长斑岩	锆石 SHRIMP U-Pb	336.0±4.0	本书	阿吾拉勒东段
敦德铁锌矿	C_1d 英安岩	锆石 LA-ICP-MS U-Pb	316.0±1.7	Duan 等（2014）	阿吾拉勒东段
阔拉萨依铁矿	C_1d 英安岩	锆石 LA-ICP-MS U-Pb	353.3±3.5	张芳荣等（2009）	乌孙山中段
尼勒克北	D_3y 流纹岩	锆石 LA-ICP-MS U-Pb	364~370	李永军等（2012）	博罗科努山
科克苏河	C_1d 玄武安山岩	锆石 LA-ICP-MS U-Pb	358.9±2.3	李婷等，2012	那拉提西段
特克斯	C_1d 安山岩	锆石 LA-ICP-MS U-Pb	353.9±6.5	茹艳娇等（2012）	乌孙山中段
特克斯	C_1d 安山质凝灰岩	锆石 LA-ICP-MS U-Pb	356.1±4.4		乌孙山中段
特克斯	C_1d 流纹质凝灰岩	锆石 LA-ICP-MS U-Pb	353.3±3.5	张芳荣等（2009）	乌孙山
特克斯	C_1d 英安岩	锆石 LA-ICP-MS U-Pb	344±6		乌孙山
加曼台金矿	C_1d 英安岩	锆石 LA-ICP-MS U-Pb	354.0±1.3	白建科等（2011）	昭苏南部
塔吾尔别克金矿	C_1d 安山岩	锆石 LA-ICP-MS U-Pb	347.2±1.6	唐功建等（2009）	吐拉苏盆地
阿希金矿	C_1d 安山岩	SHRIMP 锆石 U-Pb	363.2±5.7	翟伟等（2006）	吐拉苏盆地
群吉萨依铜矿	P_1w 火山岩	全岩 Rb-Sr	298±7	李华芹等（1997）	阿吾拉勒西段
博乐	P_1w 安山岩	全岩 Rb-Sr	282.5±2.5	潘明臣等（2011）	科古琴山
拉尔墩达坂	$C_{1-2}ak$	SHRIMP 锆石 U-Pb	312.8±4.2	朱永峰等（2005）	那拉提东段
新源城南	C_1d 玄武岩	SHRIMP 锆石 U-Pb	353.7±4.5	朱永峰等（2005）	那拉提东段
特克斯	C_1d 安山岩	全岩 Rb-Sr	351±2	刘静（2007）	乌孙山
式可布台铁矿	C_2y 火山岩	锆石 LA-ICP-MS U-Pb	301±1	李潇林斌等（2014）	阿吾拉勒西段
			313±2		

　　早石炭世大哈拉军山组是一套海相火山熔岩–火山碎屑岩组合，各地火山岩年龄明显不一致，具有西老东新的特点（表5-4）。伊犁地块北部博罗科努地区的火山岩形成年龄介于 363~347Ma，为晚泥盆世末到早石炭世早期；阿吾拉勒西部年龄为 354Ma，为早石炭世早起；阿吾拉勒东段年龄为 336Ma~303Ma，为早石炭世中期到晚石炭世；由西往东呈现出明显时代变新的趋势。茹艳娇等（2012）将之归结为东西部火山岩岩石组合的差异。虽然东西部火山岩在岩性组合是存在明显的不同（西部出露岩石以中酸性火山岩为主，东部以中基性火山岩为主），但根据岩石演化规律，火山岩喷发不可能先形成中酸性岩，而是以基性–中性–酸性演化，因此应该从天山洋关闭的方向（是由西向东关闭还是瞬间关闭）和区域动力学背景上考虑。另外，伊犁地块南部的火山岩其形成年龄为 368~333Ma，属晚泥盆世晚期到早石炭世中期（茹艳娇等，2012）；乌孙山（伊什基里克山）火山岩形成年龄为 357~344Ma，属于早石炭世早期。火山岩年龄存在巨大的差别，可达 60Ma。

　　早石炭世阿克沙克组没有年龄数据发表。

　　中晚石炭世艾肯达坂组火山岩形成年龄为 313Ma，为晚石炭世产物；伊什基里克组火山岩形成年龄为 313～301Ma，属晚石炭世晚期；乌郎组火山岩年龄为 298～283Ma，属早二叠世早期产物。

二、地质背景

1. 晚泥盆世

不同环境花岗岩/酸性火山岩的微量元素地球化学特征存在明显的不同，但它们的化学成分基本上是由源区成分控制的（Forster et al.，1997），因此可采用元素比值对岩浆源区性质进行判别。地球化学性质相近的不相容元素 Nb/Ta 为 11.18～12.86，平均 11.78，接近于上地壳的相应值（11.4，Taylor and Mclenann，1985），而偏离原始地幔相应值（17.8，McDonough and Sun，1995）较大。另外，岩石中 Cr 和 Ni 的含量极低（分别为 $1.16×10^{-6}～46.38×10^{-6}$，$0.05×10^{-6}～24.19×10^{-6}$），进一步说明岩浆体系没有地幔组分的参与。Ti/Zr 及 Ti/Y 值变化较大（分别为 4.95～25.79，43.7～295.5），大多数分别小于 20 和 100，表明其为壳源岩浆系列，这与较低的 Rb/Nb 值（2.42～6.5，平均值为 4.32，上地壳平均值为 4.5）相吻合。另外，流纹岩富集 K、Rb、Th 等大离子亲石元素和 LREE，具有显著的 Ba、Nb、Ta、P、Ti 负异常，相对较高 Th/Ta 值（3.54～9.5）和较低的 Ta/Yb 值（0.45～1.29），暗示其可能形成于大陆地壳上（即陆缘岛弧带）（李永军等，2012）。在 Rb-（Y+Nb）图（图5-22）中样品基本落入岛弧区域，在 Y-Sr/Y 图上（图略）全部样品进入岛弧火山岩区域，暗示泥盆纪火山岩形成于大陆边缘弧环境。但低 Zr/Nb 值为（7.50～8.68）与低 Ba/Th 值为（21.33～52.59）暗示火山岩岩浆源区受俯冲带流体影响，但影响并不显著。高 Th/Ce 值为（0.13～0.43）则显示出洋底沉积物的加入对火山岩成分产生了极大的影响。

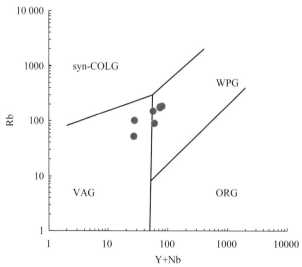

图5-22　晚泥盆世流纹斑岩 Rb-（Y+Nb）图解

VAG-火山弧花岗岩；ORG-洋脊花岗岩；WPG-板内花岗岩；Syn-COLG-同碰撞花岗岩

2. 早石炭世

从样品测试结果来看，早石炭世火山岩类型较为复杂。钙碱性和拉斑玄武岩几乎各占一半；高铝（Al_2O_3>16%）玄武岩占玄武岩总数的 65% 左右；高镁玄武岩（MgO>8%）约占 20%；富 Nb 玄武岩［Nb ≥ $3.85×10^{-6}$，$(La/Nb)_{Pm}$<2.0］、高镁安山岩（MgO>8%）也有一定的比例。不同类型的玄武岩与高镁安山岩杂在一起，暗示火山岩环境可能为岛弧。

不同的微量元素地球化学特征反映不同构造环境的玄武岩，可用来判别玄武岩的形成环境（Rollinson，1993）。早石炭世火山岩具有富集大离子亲石元素（LILE，Rb、Ba、K）、相对亏损高场强元素（HFSE，Nb、Ta、Ti）的特征，但 Zr、Hf 亏损不明显。玄武岩 Th/Ta 值（1.47～36.62，平均9.09）、Th/Nb 值（0.16～3.00，平均0.62）较高，并具有高的 K/Ta 值（5316～124 468，平均 39 208），表明岩浆可能来源于俯冲流体交代的地幔源区（Wilson，1989；Pearce and Peate，1995；Elliott et al.，1997）；玄武岩 Ba/Th 值（23.28～1043.9，平均203.64）总体偏小（<350），暗示俯冲带流体对岩浆源区的影响并不显著。另外，在不同的判别图解中，玄武岩落入了不同的构造环境范围。例如，在玄武岩 2Nb-Zr/4-Y 图（图5-23）、Ti/100-Zr-Y 图（图5-24）、Hf/3-Th-Ta 图（图5-25）中，主要落入到岛弧玄武岩或活动陆缘范围；在玄武岩 Zr/Y-Zr 图解（图5-26）中，落入到活动陆缘（continental arc）或板内玄武岩（WPA，within-plate basalt）范围；在 V-Ti 图（图5-27）中，主要落入到洋脊玄武岩范围。玄武岩、安山岩、流纹岩 Zr 含量均>$100×10^{-6}$，玄武岩 Zr/Y 为 2.23～13.48（平均5.70），高于MORB，原因可能为岩浆上升过程中混染了部分陆壳物质。朱永峰等（2006）在拉尔墩达坂检测到了两颗太古宙锆石，年龄分别为 2546Ma、2478Ma；笔者在智博铁矿火山岩

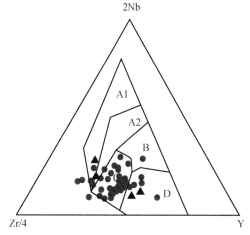

图 5-23 石炭纪玄武岩 2Nb-Zr/4-Y 图

A1+A2-板内碱性玄武岩；A2+C-板内拉斑玄武岩；B-P 型洋脊玄武岩；D-正常洋脊玄武岩；C+D-火山弧玄武岩。以下同。红色圆代表早石炭世玄武岩；紫色三角代表晚石炭世玄武岩，以下同

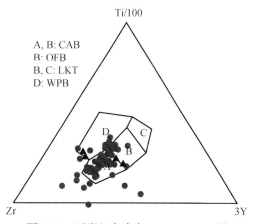

A, B: CAB
B: OFB
B, C: LKT
D: WPB

图 5-24 石炭纪玄武岩 Ti/100-Zr-3Y 图

CAB-钙碱性玄武岩；OFB-洋中脊玄武岩；LKT-低钾（岛弧）拉斑玄武岩；WPB-板内玄武岩。以下同

中检测到1724Ma的早元古代锆石，在备战铁矿也检测到2771Ma的太古宙锆石，暗示岩浆上升过程中捕获了基底的陆壳锆石，导致了火山岩Zr含量和Zr/Y值增加，使区域玄武岩在Zr/Y-Zr图中呈现板内玄武岩特征。但该"板内玄武岩"非地幔柱活动形成的洋岛玄武岩、大陆溢流玄武岩，他们之间有着本质的区别。区域玄武岩Th/Ce值（0.02～0.59，平均0.09）变化较大，但高于OIB、MORB；流纹岩Th/Ce值（0.06～1.89，平均0.45）远高于OIB、MORB，也高于大陆地壳平均值，显示出洋底沉积物对火山岩岩浆成分的影响效果，尤其是中酸性火山岩。

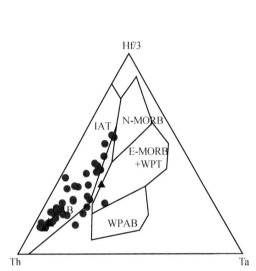

图5-25　石炭纪玄武岩Hf/3-Th-Ta图

IAT-岛弧拉斑系列；CAB-钙碱性玄武岩；N-MORB-正常型洋脊玄武岩；E-MORB-异常型洋脊玄武岩；WPT-板内拉斑玄武岩；WPAB-板内玄武岩。以下同

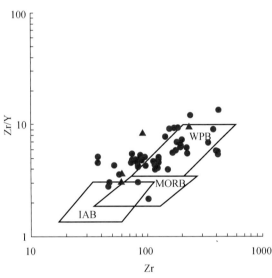

图5-26　石炭纪玄武岩Zr/Y-Zr图

WPB：板内玄武岩；MORB-洋中脊玄武岩；IAB-岛弧玄武岩。以下同

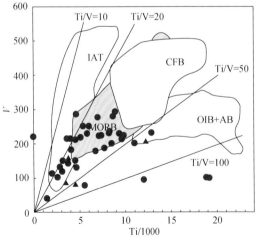

图5-27　石炭纪玄武岩V-Ti图

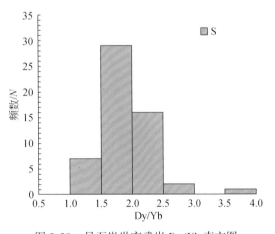

图5-28　早石炭世玄武岩Dy/Yb直方图

由于Nb和U具有相似的总分配系数（Hofmann，1988；Sun and McDonough，

1989），导致 Nb 和 U 在地幔部分熔融过程中分异不明显，熔体中 Nb/U 值与源岩相近，因此该比值可以反映岩浆源区的地球化学特征。N-MORB，E-MORB 和原始地幔中 Nb/U 比值分别约为 50、6 和 34（郭璇和朱永峰，2006）。在西天山玄武岩原始地幔标准化图解中，U 相对 Th 轻微富集，相对 Nb 强烈富集。玄武岩样品 Nb/U 值为 0.40～24.01（平均为 7.30），低于 MORB 和下地壳。U 在流体中活动性较强（Peace and Parkinson，1993），在板片脱水作用过程中主要进入地幔，而 Nb 则主要残留在俯冲板片中。因此，低 Nb/U 比可能是俯冲带流体交代地幔的结果。

上已述及，西天山玄武岩样品在原始地幔标准化（图 5-10）图上出现明显 Pb 峰。Pb 在玄武岩体系中的分配系数比较大（White，2002），但在地幔中不相容性较弱，熔体中富集的 Pb 不可能由部分熔融引起。玄武岩样品的 Ce/Pb 值为 0.11～39.20（平均为 9.03），低于大洋中脊玄武岩（≈25）和原始地幔（≈10）（郭璇和朱永峰，2006）。Pb 在板片脱水产生的流体中具有较强的活动性。实验数据表明（Brenan et al.，1995a，b；Keppler，1996；Ayers，1998），来自俯冲板片的流体中 Ce/Pb 值小于 0.1。因此，玄武岩的低 Ce/Pb 值可能也反映了俯冲板片流体交代地幔的地球化学特征。

基于此，本书认为西天山广泛分布的早石炭世火山岩形成环境应为古天山洋向伊犁–中天山地块俯冲所形成的火山岛弧，与朱永峰等（2005）的观点一致。

3. 晚石炭世

晚石炭世火山岩具有富集大离子亲石元素（LILE，Ba、K、U、Pb）、相对亏损高场强元素（HFSE，Nb、Ta、P、Ti）的特征，但 Zr、Hf 亏损不明显。玄武岩 Th/Ta（2.24～17.84，平均为 11.86）、Th/Nb（0.14～1.45，平均为 1.00）值较高，并具有高的 K/Ta（6960～165 957，平均为 57 747）值，显示出岩浆可能来源于俯冲流体交代的地幔源区（Wilson，1989；Pearce and Peate，1995；Elliott et al.，1997）或地壳混染的地幔源区；玄武岩 Ba/Th（8.92～593.18，平均为 352.38）>350，暗示俯冲带流体对岩浆源区的影响较为显著。另外，在不同的判别图解中，玄武岩落入了不同的构造环境范围。例如，在玄武岩玄武岩 2Nb-Zr/4-Y 图（图 5-23）、Ti/100-Zr-Y 图（图 5-24）中落入板内碱性玄武岩和洋脊玄武岩范围，在 Hf/3-Th-Ta 图（图 5-25）、Zr/Y-Zr 图解（图 5-26）和 V-Ti 图（图 5-27）中，落入活动陆缘（continental arc）或板内玄武岩（WPA，within-plate basalt）范围。安山岩、流纹岩 Zr 含量均>100×10^{-6}，但玄武岩含量较低（59.5×10^{-6}～228×10^{-6}，<100×10^{-6}样品超过半数），玄武岩 Zr/Y 值为 3.13～9.83（平均为 6.34），高于 MORB，表明岩浆上升过程中混染了较多陆壳物质，尤其是岩浆演化后期。笔者在波斯勒克铁矿火山岩中检测到多颗 600～750Ma 的继承锆石，暗示岩浆上升过程中捕获了伊犁地块前寒武纪基底的陆壳锆石，导致了火山岩 Zr 含量和 Zr/Y 比值增加。区域玄武岩 Th/Ce 值（0.02～0.27，平均为 0.11）变化较大，稍高于 OIB、MORB 和大陆地壳；但安山岩（0.17～0.27，平均为 0.23）、流纹岩（0.03～0.57，平均为 0.21）远高于 OIB、MORB 和大陆地壳平均值，显示出洋底沉积物对火山岩岩浆成分的影响效果，尤其是中酸性火山岩。

在西天山晚石炭世玄武岩原始地幔标准化图解中，U 相对 Th 轻微富集，相对 Nb

强烈富集。玄武岩样品 Nb/U 值为 0.97 ~ 21.20（平均为 6.54），低于 N-MORB 和原始地幔，与 E-MORB 相当。U 在流体中活动性较强（Peace and Parkinson，1993），在板片脱水作用过程中主要进入地幔，而 Nb 则主要残留在俯冲板片中。低 Nb/U 比可能是俯冲带流体交代地幔的结果。晚石炭世玄武岩样品的 Ce/Pb 比值为 3.43 ~ 15.73（平均为 8.93），低于大洋中脊玄武岩（≈25），与原始地幔（≈10）较为接近，可能反映了俯冲板片流体对地幔的轻微交代作用。

晚石炭世流纹岩 Nb/Ta 值为 8.77 ~ 19.53，平均为 14.76，大于上地壳的相应值（11.4，Taylor and Mclenann，1985），低于原始地幔相应值（17.8，McDonough and Sun，1995）。另外，岩石中 Cr 含量极低（分别为 9.1×10^{-6}，13.7×10^{-6}），说明岩浆体系没有地幔组分的参与。Ti/Zr 及 Ti/Y 值变化较大（分别为 3.25 ~ 14.00，45.79 ~ 97.99），大多数分别小于 20 和 100，表明其为壳源岩浆系列；Rb/Nb 值（2.31 ~ 13.16，平均值为 9.64），稍高于上地壳平均值，但远高于原始地幔平均值，暗示有俯冲流体的加入。另外，流纹岩富集 K、Rb、Th 等大离子亲石元素和 LREE，具有显著的 Ba、Nb、Ta、P、Ti 负异常，相对较高 Th/Ta 值（10.30 ~ 22.14）和较低的 Ta/Yb 值（0.11 ~ 0.23），暗示其可能形成于大陆地壳基础上（即陆缘岛弧带）（李永军等，2012）。在 Rb-Hf-Ta 图解（图 5-29）上，样品基本落入同碰撞环境的花岗岩区域；在 Rb-（Y+Nb）图（图 5-30）中样品基本落入火山弧区域，在 Y-Sr/Y 图上（图略）全部样品进入岛弧火山岩区域，暗示晚石炭世火山岩形成于同碰撞环境下的大陆边缘弧。另外，依连哈比尔尕洋和南天山洋分别关闭于 325 ~ 316Ma、320 ~ 300Ma（后述），也证实了西天山晚石炭世处于同碰撞环境。

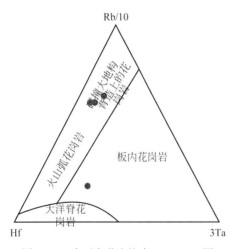

图 5-29 晚石炭世流纹岩 Rb-Hf-Ta 图

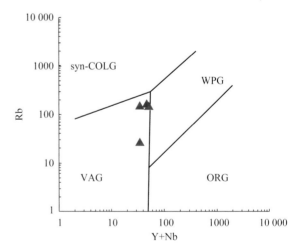

图 5-30 晚石炭世流纹岩 Rb-（Y+Nb）图解

基于此，本书认为西天山晚石炭世火山岩形成环境应为依连哈比尔尕残余洋盆闭合后形成的陆缘火山弧。

4. 早二叠世

前已述及，早二叠世火山岩以双峰式发育为特征；火山岩以碱性火山岩为主，兼有少量亚碱性火山岩，在 AFM 图上几乎所有样品落入钙碱性系列，少量落入拉斑系列；在玄武岩 Ta/Yb-Ce/Yb 图（图 5-31）上，样品落入钙碱性和钾玄质玄武岩系列区，并有超过半数的样品为高铝玄武岩，缺乏高镁玄武岩和富铌玄武岩，显示出与晚泥盆世、早石炭世与晚石炭世火山岩的不同。高铝玄武岩 $Mg^{\#}<50$，普遍在 $30\sim50$，$Ni<80\times10^{-6}$，$Cr>100\times10^{-6}$，暗示岩石由经历了广泛的橄榄石、辉石结晶分离作用的原始岩浆演化而来。

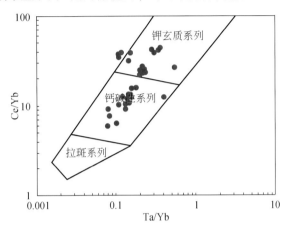

图 5-31　早二叠世玄武岩 Ta/Yb-Ce/Yb 图

早二叠世火山岩具有富集大离子亲石元素（LILE、U、Ba、K、Pb）、相对亏损高场强元素（HFSE、Th、Nb、Ta、Ti）和少量亲石元素（Sr）的特征，但 Zr、Hf 亏损不明显。玄武岩 Th/Ta（$1.96\sim20.68$，平均为 9.42）、Th/Nb（$0.10\sim1.39$，平均为 0.63）值较高，并具有高的 K/Ta（$2819\sim106\,172$，平均为 49\,017）值，玄武岩 Ba/Th（$21.86\sim1389.63$，平均为 267.33）值总体偏小，暗示俯冲带流体虽对岩浆源区有影响，但影响并不显著；这些元素比值的高值可能与地壳物质的混染有关。另外，在不同的判别图解中，玄武岩虽落入了不同的构造环境范围，但总体为板内环境。例如，在玄武岩 2Nb-Zr/4-Y 图（图 5-32）、Ti/100-Zr-Y 图（图 5-33）中，主要落入板内拉

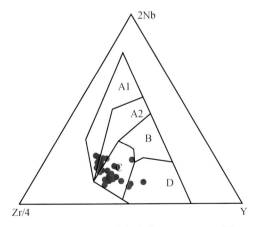

图 5-32　早二叠世玄武岩 2Nb-Zr/4-Y 图

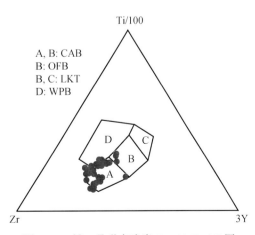

图 5-33　早二叠世玄武岩 Ti/100-Zr-3Y 图

班玄武岩范围；在玄武岩 Zr/Y-Zr 图解（图 5-34）中，落入板内玄武岩（WPA，within-plate basalt）范围；在 V-Ti 图（图 5-35）中，主要落入洋脊玄武岩范围，部分样品 Ti/V 值>100。

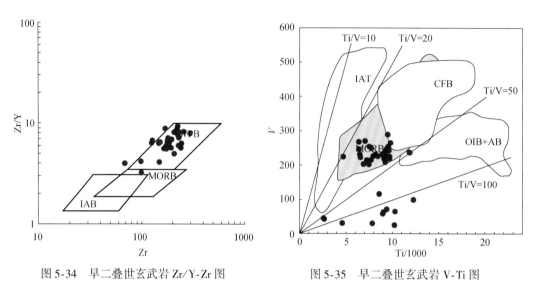

图 5-34　早二叠世玄武岩 Zr/Y-Zr 图　　　　图 5-35　早二叠世玄武岩 V-Ti 图

　　双峰式火山岩中，流纹岩 ΣREE、LREE、LREE/HREE、(La/Yb) N、Nb/Ta 值均比玄武岩低，而 Zr/Hf 值高于玄武岩，暗示流纹岩可能来自地壳的重熔作用（李昌年，1992）。基底重熔产生的大量岩浆将会阻隔底侵玄武岩浆上升（Huppert et al.，1988），两种岩浆端元在其接触界面附近发生一定的混合和物质交换作用（谢昕等，2003），导致部分地壳物质加入到玄武岩浆导致其亏损 Nb、Ta 和 Ti，而少量玄武岩浆加入到酸性岩浆中形成少量玄武安山岩浆。李华芹等（1998）测得奴拉赛矿区玄武岩具有高的 $^{87}Sr/^{86}Sr$ 值（0.7067~0.7089）和较高的 ε_{Nd}（t）值（3.5~5.8）。$^{206}Pb/^{204}Pb$ 值为 18.106~18.155（赵军等，2012），表明玄武岩浆可能来源于弱亏损地幔，或者来源于亏损地幔但受到了地壳物质混染（Zindler et al.，1986；Sun et al.，1989）。玄武岩、安山岩、流纹岩 Zr 含量均>100×10⁻⁶，玄武岩 Zr/Y 值为 3.15~9.39（平均 6.58），高于 MORB，稍低于地壳平均值，表明岩浆上升过程中的确混染了部分陆壳物质。

　　区域玄武岩 Th/Ce（0.01~0.28，平均为 0.08）值变化较大，稍高于 OIB、MORB，与地壳平均值较为接近；流纹岩 Th/Ce（0.13~2.88，平均为 0.45）值远高于 OIB、MORB，也高于大陆地壳平均值，显示出岩浆演化后期受到了洋底沉积物的影响，这个影响可能来源于拆离俯冲洋壳板片的脱水作用。玄武岩样品的 Ce/Pb 值为 0.77~6.08（平均为 2.89），低于 MORB（≈25）和原始地幔（≈10）（郭璇和朱永峰，2006），与下地壳较为接近。但由于火山岩主要来自亏损地幔而非地壳，低 Ce/Pb 值不是由地壳混染引起，而可能同样反映了拆离俯冲板片流体交代地幔的地球化学特征。另外，玄武岩样品 Nb/U 值为 2.25~24.14（平均为 9.27），低于 MORB 和下地壳，也为拆离俯冲板片流体交代地幔的结果。

　　在 Rb-(Y+Nb) 图（图 5-36）中样品落入板内花岗岩和洋脊花岗岩区域，在 Nb-Yi

图（图5-37）上基本落入板内花岗岩区域，在Y-Sr/Y图上（图略）全部样品进入板内花岗岩区域，暗示早二叠世火山岩形成于板内环境。

基于此，本书认为西天山广泛分布的早二叠世火山岩形成环境应为陆内拉张环境，但是否与地幔柱有关，本书暂不讨论。

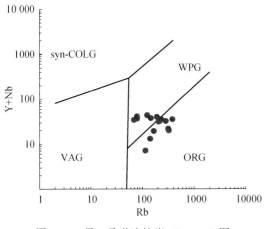
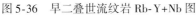
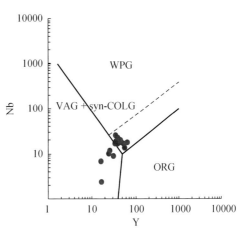

图 5-36　早二叠世流纹岩 Rb-Y+Nb 图　　　　图 5-37　早二叠世流纹岩 Nb-Yi 图

三、残余洋盆的关闭时间

20世纪80年代初期，增生和拼贴的概念被引入增生造山带的研究（Coney et al.，1980；Jones et al.，1983）中。增生，即单个的或复合的地体与大陆碰撞和焊接；拼贴，即在地体增生到大陆边缘上之前，单个的地体互相连接成统一地体。确定地体拼贴或增生的时限主要有3种标志（Jones et al.，1983；Schermer et al.，1984），但以已经拼贴或增生的地体被继承盆地的超覆岩系所覆盖或被花岗质侵入体所焊接等两种标志最为有效（Dickinson，2008），侵入体与地体的关系称为"钉合"（pluton stitching）。这类侵入体是地体拼贴或增生之后侵入到地体边界之中的，还可以大致同时出现在相邻的地体之中，它们限定了地体拼贴或增生的时间上限，因而具有特殊的构造年代学意义。由于这类侵入体的作用就像钉书钉的作用一样，因此在后来的文献中被称为stitching pluton，韩宝福等（2010）建议将其译作"钉合岩体"。

钉合岩体具有重要的大地构造意义，如作为增生造山事件的时间上限（Dickinson，2008）与卷入造山作用的最年轻岩石一起给予增生造山事件严格限定（Reese et al.，2000）。在中爱达荷（Fleck and Criss，1985）、南阿帕拉契亚（Mittwede，1988）、北阿帕拉契亚（van Staal et al.，1998）和澳大利亚拉克伦造山带（Gray and Foster，1997），钉合岩体为限定拼贴、增生和碰撞事件的时间上限提供了非常重要的年代学依据。此外，钉合岩体或具有钉合岩体构造意义的岩脉还能够为断裂活动（Glen and Vanden berg，1987）或者褶皱作用（张继恩等，2009）提供上限时间约束。

巴音沟早石炭世蛇绿混杂岩（325Ma）（徐学义等，2005）和硅质岩中法门阶牙形石以及早石炭世放射虫等化石（肖序常等，1992）的发现，证实了伊连哈比尔尕洋在早石炭世依然存在，但关于它何时关闭目前仍存在较大的争议。利用钉合岩体则可较好地解决这个问题。乌苏县城南的四棵树岩体规模较大，出露面积达到200km²，由闪长岩、花岗闪长岩和花岗岩等多种岩性组成（韩宝福等，2010）。岩体西侧为莫托沟蛇绿岩，东侧是巴音沟蛇绿岩，南侧则有蛇绿岩质超镁铁岩产出。除被断层切割之外，岩体内部没有变形和变质的迹象，是一个钉合岩体。岩体中心部位花岗闪长岩的锆石U-Pb年龄限定北天山蛇绿混杂岩带在316Ma之前形成。因此，基本限定北天山蛇绿混杂岩形成时代为早–晚石炭世，即介于325～316Ma（Han et al.，2010）。

长期以来，南天山被认为是晚古生代造山带，但近年来有学者认为南天山一直到三叠纪才发生碰撞造山（Li et al.，2002，2005；李曰俊等，2002，2005；Zhang et al.，2007；Xiao et al.，2008，2009）。但是，支撑该观点的两个关键放射虫化石其可靠性受到质疑（舒良树等，2007；Gao et al.，2009），南天山是三叠纪碰撞造山带的认识还有需要其他地质证据的支持。南天山蛇绿混杂岩尽管分布较为分散，但仍在巴雷公地区找到了其存在的证据（王超等，2007a）。该地区北部出露变长石石英砂岩和蛇纹石化橄榄岩，向南为泥灰岩、砂岩、辉绿辉长岩、玄武岩和硅质岩等，辉绿辉长岩、玄武岩和硅质岩在剖面南段重复出现，硅质岩中除含有 Albaillella sp. cf. albaillela excelsaIshiga，Kito and IMoto 外，其他放射虫化石组合的时代为早石炭世（Li et al.，2005；李曰俊等，2005）。另外，蛇绿混杂岩南部、东部被无明显变形变质的后碰撞花岗岩体侵入，其中南部岩体锆石 U-Pb 年龄为273Ma（王超等，2007b），表明巴雷公蛇绿混杂岩在273Ma之前就已经构造侵位。后碰撞花岗岩在中天山和南天山毗邻区域大量出现，为钉合岩体，呈面状分布，时代最老的岩体把南天山洋闭合时间限定在300Ma之前。因此，南天山洋闭合事件一定发生在蛇绿混杂岩中可靠的早石炭世放射虫化石之后和最老的钉合岩体侵位之前，即晚石炭世期间，推测在320～300Ma（韩宝福等，2010）。这个推测，被地质事实和榴辉岩中锆石变质边的 U-Pb 年龄（319Ma）（Su et al.，2010）所证实，也被取样自流经中国西天山高压–超高压变质岩带的4条重要河流的碎屑锆石 U-Pb 年龄研究结果所支持（Ren et al.，2010）。

第四节　晚古生代火山活动与成矿的关系

前文已述，西天山晚古生代铁多金属矿成矿作用主要与石炭纪火山作用有关，涉及早石炭世大哈拉军山组和阿克沙克组、中晚石炭世艾肯达坂组和晚石炭世伊什基里克组两个世代4个火山期的火山作用。铁矿成矿作用与火山作用存在如下关系。

一、火山岩与铁矿体在空间上的亲缘性

几乎所有铁矿区（哈拉达拉除外）火山岩都相当发育。西天山大部分磁铁矿区火山岩为下石炭统大哈拉军山组中基性火山岩，岩性主要为安山岩、英安岩、钠长斑岩、凝灰岩、火山角砾岩及少量玄武岩和流纹岩，如智博、查岗诺尔、松湖、备战、阔拉

萨依、尼新塔格等铁矿区。小部分铁矿区火山岩为中上石炭统艾肯达坂组中基性火山岩，岩性为玄武质粗面安山岩、粗面安山岩、流纹岩、霏细岩、英安岩及凝灰岩、火山角砾岩（包括火山集块岩），如阿克萨依、塔尔塔格。赤铁矿区主要为上石炭统伊什基里克组火山岩，岩性主要为安山岩、英安岩、流纹岩和凝灰岩、火山角砾岩及少量玄武岩，如波斯勒克等；部分为浅海相碎屑岩和硅质岩，但部分碎屑岩原岩为火山碎屑岩，硅质岩为火山成因，如莫托沙拉、式可布台。

铁矿体主要赋存于火山凝灰岩或火山成因的碎屑岩中，部分赋存于火山熔岩（安山岩、流纹岩）中。矿体与围岩接触界限清晰，无明显蚀变与过渡现象，呈层状、似层状，时间上明显晚于同期火山岩（熔岩、碎屑岩）；部分矿体与凝灰岩呈侵入接触关系，呈脉状、浸染状，产状普遍较陡，明显受火山机构内断裂、裂隙所控制，时间上也晚于火山岩，为（次）火山热液活动产物。不论哪种形式，铁矿体顶、底板均为火山岩或与火山岩有关的碎屑岩，显示了两者在空间上的亲缘关系。

二、形成时代上的一致性

备战铁矿英安岩、英安质钠长斑岩、流纹岩年龄分别为329Ma、309Ma、300Ma，从中性到酸性火山岩年龄逐渐变小，显示出岩浆分异的特征。铁矿体位于火山凝灰岩中，形成时间应晚于凝灰岩，与熔岩相近或稍晚于熔岩。花岗岩形成（299Ma）晚于火山岩，与火山岩、矿体均为侵入接触关系，为成矿后侵入体。故铁矿体形成时间应为329～300Ma。

查岗诺尔铁矿熔岩由于采样地点或层位及测试单位不同，岩石年龄存在一定差异。但类夕卡岩为火山热液产物，形成时间晚于同期熔岩。2号铁矿带中花岗闪长岩与铁矿体为侵入接触关系，地表可见明显的侵入界限，岩体中见铅锌、铜矿化，形成时间也应晚于熔岩、凝灰岩与矿体。因此，本次测试的凝灰岩、花岗岩年龄基本代表了其真实年龄，也显示出矿区火山作用的多期性。而铁矿石中磁铁矿（336±8）Ma的Re-Os等时线年龄（表5-5），考虑到精度与误差问题，也可以接受，其真实值应在330～325Ma。松湖铁矿的磁铁矿Re-Os等时线年龄为314Ma，小于的火山岩年龄（323±1.9）Ma，与铁矿体赋存于火山岩中的事实相符。

智博铁矿熔岩由于采样地点不同，岩石年龄存在一定差异。安山岩、流纹岩均为中矿段隧道口样品，属同一期，年龄较小，为310～307Ma，代表晚期火山活动时间。钠长斑岩为中矿段40线钻孔深部样品，与上述岩石不属同一岩层，其年龄（336Ma）代表了矿区早期火山活动时间。矿区花岗岩同样有两期（Zhang et al.，2012）：早期花岗岩切穿铁矿体，形成时间为（320.3±2.5）Ma，形成环境为与大洋板块俯冲有关的活动大陆边缘岛弧环境；晚期花岗岩分别切穿矿体和火山岩，形成时间分别为295Ma、304Ma，为后碰撞花岗岩；闪长岩侵入于大哈拉军山组火山岩地层中，形成时间为319Ma，形成环境为岛弧环境。铁矿体早于花岗岩形成，其年龄为336～320Ma。

表5-5　西天山主要铁矿床成矿时间

矿床名称	岩石名称	测试方法	年龄/Ma	资料来源	采样位置
查岗诺尔	铁矿石	磁铁矿 Re-Os	336±8	本书	I 矿带 3100 平硐
松湖	铁矿石	磁铁矿 Re-Os	314±14	本书	1 矿体
敦德	铁矿石	磁铁矿 Re-Os	316±10	本书	3912 平硐 8 穿脉
阔拉萨依	铁矿石	磁铁矿 Re-Os	319±12	本书	平硐

　　敦德铁矿英安岩年龄为（316±10）Ma，代表了成矿前熔岩形成时间；花岗岩年龄为 300~295Ma，岩石具有明显的铜、铅锌矿化，代表了成矿后中酸性岩浆侵入时间；磁铁矿年龄为316Ma，代表了真实的矿石形成时间。阔拉萨依铁矿只有两个年龄样品，英安岩、磁铁矿年龄分别为320Ma、319Ma，基本代表了矿区熔岩、铁矿体形成时间。

　　从上述年龄分析来看，西天山主要磁铁矿床由西到东（松湖、查岗诺尔、智博、敦德、备战），火山岩年龄由老变新，这可能与当时古天山洋关闭方向有关。磁铁矿形成年龄稍微晚于火山熔岩，但要早于中酸性侵入岩。这个规律表明，铁矿体不可能来自中酸性岩浆侵入，但可能与火山活动有关。

　　另外，从不多的年龄数据来看，铁矿石形成时间虽晚于火山岩，但差距不大，约在10Ma以内，说明火山岩与成矿作用具有较好的一致性。

三、物质来源上的相似性

　　从第三章、第四章的研究中可知，不管是哪个铁矿床的哪种类型矿体，其磁铁矿的铁同位素 $\delta^{56}Fe$ 均在 -0.2‰ ~ 0.3‰，集中分布在0‰左右，分布范围较窄，与火山岩铁同位素范围较为一致，而与碳酸盐岩、海底热流、碎屑岩等有着较大的差别。

　　从磁铁矿氧同位素的分布（图5-38）来看，$\delta^{18}O$ 主要分布于 1.0‰ ~ 11.0‰。其中，查岗诺尔铁矿床、备战铁矿床、松湖铁矿床范围较窄，为 1.0‰ ~ 6.0‰；阔拉萨依为 8.0‰ ~ 11.0‰，范围也较窄；敦德铁矿床范围较宽，在 2.0‰ ~ 11.0‰。一般来说，幔源氧同位素一般在 4.5‰ ~ 6.5‰（储雪蕾等，1999；夏群科等，2001），正常海相碳酸盐、海水和大气降水的氧同位素分别在 25‰ ~ 30‰、-1‰ ~ 1‰、-50‰ ~ -5‰（查向平，2010）。上述铁矿床赋矿地层底部均为海相碳酸盐岩。可以看出，查岗诺尔、备战、松湖铁矿床磁铁矿中氧主要来自地幔，与区域大规模的火山作用有关。敦德、阔拉萨依铁矿磁铁矿的氧除来自地幔外，还受到了地层碳酸盐岩中氧的混染，但两者混染的程度有所不同，敦德铁矿氧同位素较为分散，混染程度较低，阔拉萨依氧同位素较为集中。这可能与两者的矿石类型有关，敦德铁矿矿浆型铁矿石、热液型铁矿均有存在，阔拉萨依铁矿目前仅发现火山热液型铁矿石。

　　不管是铁同位素还是氧同位素，磁铁矿在组成上均与火山岩有着密切的联系，暗示磁铁矿主要来自火山作用。

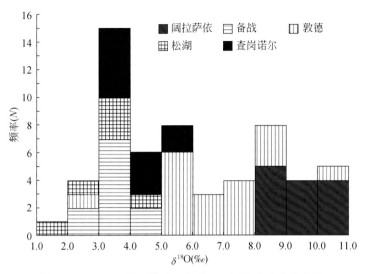

图 5-38　西天山主要铁矿区磁铁矿氧同位素分布直方图

四、形成温度的继承性

西天山主要铁矿床铁氧化物形成温度较高（图 5-39、图 5-40）。从磁铁矿中流体包

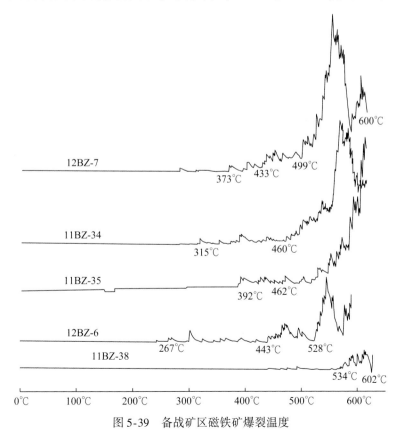

图 5-39　备战矿区磁铁矿爆裂温度

225

裹体在600℃以下的爆裂情况来看，磁铁矿除热液期形成温度较低（260~440℃）外，其他阶段形成温度均较高。野外的观察结果表明，热液型磁铁矿（260~440℃）主要与火山期后热液的上侵有关，在备战、智博铁矿区为少数，但在阔拉萨依占据优势地位；矿浆型磁铁矿（>450℃）主要与含铁矿浆在近海底温度压力骤降条件下的快速结晶堆积的结果，在备战、智博铁矿区占据多数。李秉伦（1983）在研究宁芜铁矿带时，将爆裂温度在450~850℃的磁铁矿定为矿浆型，而将330~440℃的磁铁矿定为热液型，与笔者观点较为一致。

无论哪种类型，磁铁矿在成因上均与火山岩有着密切的关系（具体见下文），形成温度均低于火山岩，具有一定的继承性。

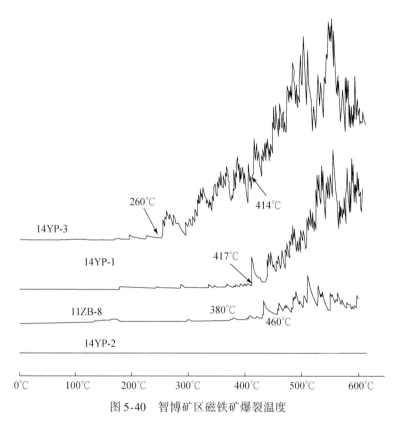

图 5-40　智博矿区磁铁矿爆裂温度

五、构造地质背景的一致性

磁铁矿铅同位素的 $\Delta\gamma$-$\Delta\beta$ 成因分类图解（图5-41）显示，西天山主要磁铁矿床磁铁矿基本落入由上地壳与地幔混合组成的俯冲带铅范围，主要与岩浆作用有关。磁铁矿形成可能与地幔流体、地壳的混染有关。矿石 μ 基本较为均一，在9.43~11.28，绝大多数在9.50左右。

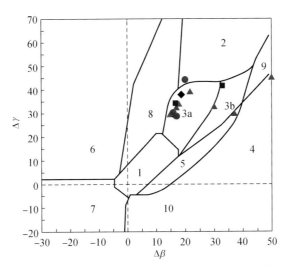

图 5-41　西天山主要铁矿床磁铁矿铅同位素组成（朱炳泉等，1998）

1-地幔源铅；2-上地壳铅；3-上地壳与地幔混合的俯冲带铅（3a-岩浆作用；3b-沉积作用）；4-化学沉积型铅；
5-海底热水作用铅；6-中深变质作用铅；7-深变质下地壳铅；8-造山带铅；9-古老页岩上地壳铅；10-退变质铅
红色三角代表查岗诺尔矿床；褐色方块代表松湖铁矿；黑色圆代表备战铁矿，黑色菱形方块代表阔拉萨依
铁矿。图 5-42 同

如图 5-42 所示，西天山主要铁矿区磁铁矿 ε_{Sr} (t) 介于 4.2～51.6，绝大多数在 20～40；ε_{Nd} (t) 值变化于 -2.7～+5.0，整体为低 ε_{Nd} (t)，表明其来源于较为富集的地幔。在 ε_{Sr} (t)-ε_{Nd} (t) 协变图上，矿石矿物 Sr、Nd 同位素主体落入地幔系列区，与岛弧火山岩较为一致。各样品点有向富 Sr 方向偏移的趋势，暗示矿石矿物 Sr、Nd 同位素主体来源于岛弧火山岩外，还有地壳物质的贡献。

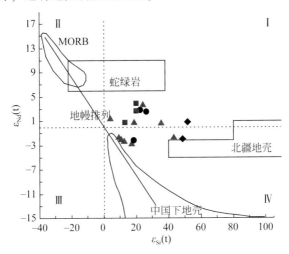

图 5-42　西天山主要磁铁矿床磁铁矿锶-钕同位素组成（朱炳泉等，1998）

六、岩浆演化的特殊性

前文已述，早石炭世火山岩哈克图中岩浆演化在 $SiO_2 = 50\%$ 左右出现拐点，暗示钛磁铁矿、磷灰石、钠长石、角闪石在此处的大量分离结晶和部分橄榄石、辉石的熔蚀出现。

早石炭世火山岩 $Mg^\#$ 值与组分图解（图 5-43）显示，岩浆演化过程中出现了明显的分异现象：一组岩浆向着高 Si 和低 Fe、Ti、Ca 的趋势演化，呈 Bowen 演化趋势；另一组岩浆向着低 Si 和高 Fe、Ti、Ca 的趋势演化，呈 Fenner 演化趋势。这种岩浆分异现象在峨眉山地幔柱中也曾出现过（徐义刚等，2003）。可以看出，Fenner 演化趋势是促使岩浆富集铁氧化物的主要原因。前人（彭头平等，2005）曾将 Fenner 趋势成因总结为 3 个：①普通洋脊型玄武质岩浆简单的分离结晶作用；②低压条件下俯冲板片的大比例部分熔融；③地幔柱头前锋富铁组分（Fe-rich streak sin Mantle plume starting-heads）的部分熔融。早石炭世，西天山整体处于火山岛弧环境，火山岩 Fenner 趋势的出现可能与俯冲板片的大比例部分熔融或俯冲带流体交代的上覆地幔楔的部分熔融（Leybourne et al.，1999）有关。高的热流和年轻洋壳的快速俯冲可导致这种部分不熔融。

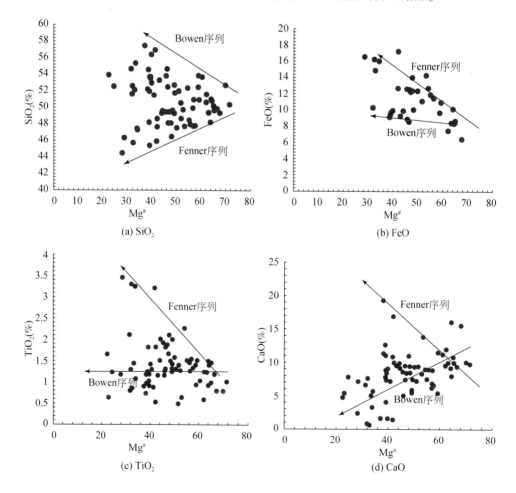

(a) SiO_2

(b) FeO

(c) TiO_2

(d) CaO

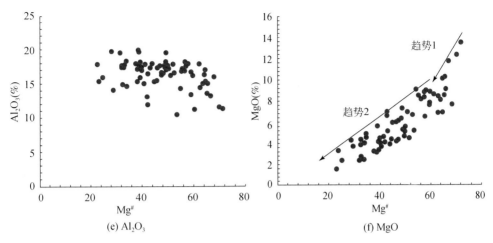

(e) Al_2O_3 　　　　　　　　　　(f) MgO

图 5-43　西天山早石炭世火山岩 $Mg^\#$ 值与各组分图解

从前述的岩石元素地球化学特征可以看出，西天山早石炭世玄武岩、安山岩中碱含量较高，w（Na_2O+K_2O）为 5%～9%，且 w（Na_2O）>w（K_2O）；挥发分为 1%～6%。火山岩具有较高的 Ba/Nb（3.22～206.78，绝大部分在 20 以上）、Sr/Th（6.71～1600，绝大部分在 30 以上）、Ba/Th（2.49～500，绝大部分在 40 以上）值和较低的 Th/Ce 值（0.03～1.12，大部分在 0.36 以下），与受俯冲带流体交代的火山岩一致。同时，早石炭世火山岩形成环境为碰撞俯冲环境，有理由认为西天山早石炭世火山岩源区受到了俯冲带流体的交代作用。因此，西天山中基性火山岩中两类不同分异趋势的存在，主要与俯冲带流体交代地幔楔有关。流体的加入，不仅可使岩浆产生不混溶现象，也可降低熔体的温度，加速铁氧化物在熔体中的结晶，并促使橄榄石、辉石的熔蚀分解。其反应式如下：

$3CaFeSi_2O_6$（辉石）$+Na_2O+Al_2O_3\longrightarrow 3FeO+2NaAlSi_3O_8$（钠长石）$+3CaO$

$6CaFeSi_2O_6$（辉石）$+2Na_2O+2Al_2O_3+O_2\longrightarrow 2Fe_3O_4+4NaAlSi_3O_8$（钠长石）$+6CaO$

$6Fe_2SiO_4$（橄榄石）$+Na_2O+Al_2O_3\longrightarrow 12FeO+2NaAlSi_3O_8$（钠长石）

$3Fe_2SiO_4$（橄榄石）$+Na_2O+Al_2O_3+O_2\longrightarrow 2Fe_3O_4+2NaAlSi_3O_8$（钠长石）

这个推测，也与镜下所观察到的玄武岩、玄武质安山岩中橄榄石、辉石被磁铁矿、钛磁铁矿熔蚀取代相吻合。另外，在智博等矿区的铁矿石中发现有钠长石、尖晶石斑晶与磁铁矿晶体共存（图 5-44），暗示磁铁矿与部分钠长石可能同时形成，这也与上述推测一致。

综上所述，火山岩与铁成矿作用有着密切的关系，至少部分磁铁矿是从火山岩分异的矿浆中结晶的。

图 5-44　智博铁矿区含钠长石斑晶的铁矿石

第六章 构造与成矿的关系

第一节 构造体系

一、构造特征及构造型式

1. 构造特征

西天山构造较为复杂（图6-1），EW、NW-SE、NWW-SEE、NE-SW向断裂均有发育。其中，最为明显的断裂构造走向为NWW向，是区内主要的深大断裂，如博罗科努–阿其克库都克断裂F_1（即艾比湖–阿其克库都克断裂，为天山主干断裂）、尼勒克断裂F_2和阿吾拉勒南缘断裂F_5、F_{11}。F_1断裂为超岩石圈断裂，为压性断裂，是划分准噶尔–北天山褶皱系与天山褶皱系的界线断裂；南侧为区域航磁负背景场，出露地层以下石炭统为主，岩性主要为灰、深灰色碳酸盐岩，各种细碎屑岩、凝灰质砂砾岩、沉凝灰岩等，并有大面积的晚古生代侵入岩体出露；北侧为区域性升高的正背景场（费鼎，1986），出露地层以中泥盆统为主，岩性主要为灰绿、灰紫色凝灰岩、硅质岩及正常沉积的碎屑岩夹中酸性火山岩，基本上无侵入岩出露。F_2断裂实际为阿吾拉勒北缘断裂，与F_5、F_{11}断裂（阿吾拉勒南缘断裂，常被认为是巩乃斯断裂）一起，共同组成NWW向断裂带，控制了阿吾拉勒山晚古生代火山岩、侵入岩及矿床的发育，并西延出境，东部则消失于中天山巴伦台附近。F_2断裂也为岩石圈断裂，具压扭性质；断裂北侧以志留系为主，分布有大面积的海西中–晚期花岗岩；南侧以上古生界石炭系火山岩为主，零星分布有海西晚期花岗岩、花岗闪长岩。F_5、F_{11}断裂实际为同一条断裂，具压扭性质；断裂北侧主要出露晚古生代石炭系、二叠系火山岩，南侧主要出露中新生代地层。

EW向断裂非常发育。该向断裂基本上为区域的深大断裂，如F_3、F_8、F_6、F_7和伊什基里克断裂（图6-1中未出现）。F_3、F_8断裂为那拉提断裂的北缘和南缘断裂，共同组成那拉提–乌瓦门EW向断裂带，向西与中亚尼古拉耶夫线连接，向东进入东天山并最终延入蒙古国境内，控制了那拉提晚古生代岩浆活动及矿产分布。F_3断裂为岩石圈断裂，具压扭性质；北侧主要出露石炭纪火山岩，分布有少量前寒武纪变质岩、早古生代侵入岩和二叠纪花岗岩；南侧出露大面积的石炭纪花岗岩，分布有少量志留系、前寒武系岩石及早古生代侵入岩。F_8断裂也为岩石圈断裂，具压扭性质；北侧有大面积的石炭纪花岗岩出露；南侧主要为志留系、前寒武系和中新生代地层。F_6、F_7断裂实际为巩乃斯断陷盆地的北缘和南缘断裂，具有逆冲性质，控制了盆地的沉积与发展，长度不大，只有 60~100km，现今仍在活动（见前文所述），将拉尔墩断裂错开近 5km，与阿吾拉勒晚古生代金属成矿作用无关。断陷盆地内主要沉积了中新生代陆源碎屑岩，北、南两侧均为晚古生代火山岩和少量侵入岩。伊什基里克断裂为伊什基里克山与伊宁凹陷的界线断裂，向西延进入哈萨克斯坦国境内，具有压扭性质；北侧为晚古生代石炭系－二叠系火山岩、碳酸盐岩，南侧为伊犁盆地昭苏－特克斯凹陷中新生代陆源碎屑沉积岩。

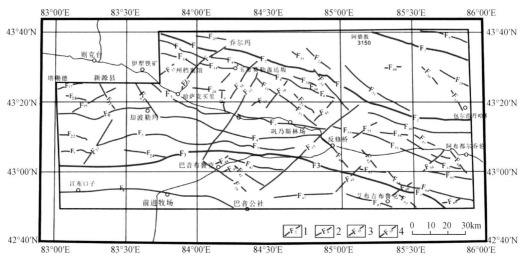

图 6-1　西天山东段构造（张玄杰等，2012）

1-深大断裂；2-大断裂；3-一般断裂；4-推测断裂

此外，NE 向、NW 向断裂也在区内分布十分广泛，如 F_{12}（拉尔墩断裂）、F_{13} 断裂（反修桥断裂）。区内主要的深大断裂（如尼勒克断裂、阿吾拉勒南缘断裂、那拉提北缘断裂）往往被北西向或北东向断裂错断。这些方向的断裂，不仅改变了区域地貌，而且也使得区域背景场发生了一定程度的变化。

2. 构造型式

在区域多期次构造作用下，西天山形成了两种构造型式："多字型"构造型式和"阶梯状"构造型式。

1）"多字型"构造型式：地质体沿一组 NWW 向压扭性断裂带分布，并与 NE 向张（扭）性断裂构成斜列式"多字型"构造型式。这是西天山阿吾拉勒地区普遍的构造型式，表现出西天山构造运动的特殊性，也是不同期次构造运动共同作用的产物。

2）"阶梯状"构造型式：地质体因受 NWW 向或 EW 向压扭性断裂带等间距、等深距控制的综合效应，在剖面上呈现"阶梯状"的构造型式。这在阿吾拉勒东段和伊什基里克东段表现较为突出。在阿吾拉勒东段主要表现为在 NWW 向断裂带上 NE 向断裂等间距排列，而在伊什基里克东段则表现为在 EW 向断裂带上 NW 向断裂近似等间距排列。这是一种独特的构造规律，是断裂构造在平面和剖面上等间距性控制的结果。

二、构造体系演化

李永军等（2008）对西天山晚古生代以来的构造演化进行了详细的描述，概括为6次运动。

1）早石炭世末的伊犁运动，结束了原来的岛弧环境（张良臣等，1985；成守德等，1986，1998；李注苍等，2006；朱永峰等，2006），并造成阿克沙克组残余海不整合沉积于大哈拉军山组之上（新疆维吾尔自治区地质矿产局，1999；高永利等，2006；朱永峰等，2006），并形成艾肯达坂组中基性火山岩。

2）晚石炭世早期，发生的鄯善运动标志着伊连哈比尔尕小洋盆的残余海发展阶段结束，即伊连哈比尔尕有限洋盆的最终封闭而使得塔里木板块与准噶尔板块碰撞缝合（张良臣等，1985；成守德等，1986，1998；李注苍等，2006），在赛里木湖陆缘拉伸出现阿拉套晚古生代陆缘盆地（成守德等，1998；新疆维吾尔自治区地质矿产局，1993）；在伊犁地块的边缘拉伸产生阿吾拉勒-伊什基里克裂谷带（张良臣等，1985；刘训，2005），形成伊什基里克组双峰式裂谷火山岩系。

3）晚石炭中期发生的特克斯运动，标志着东图津河组残余海盆的结束，形成了褶皱回返过程中的巨厚山间、山前磨拉石堆积。

4）晚石炭世末的因尼卡拉运动完成了新疆北部的洋陆转换，洋壳全部封闭，海退成陆，形成了科古琴山组磨拉石建造，西天山由此进入陆内发展阶段（陈哲夫等，1991；黄河源等，1993）。

5）早-中二叠世，西天山地区整体处于后碰撞的松弛拉张期，使伊犁地块拉伸再现陆壳火山裂谷，在伊什基里克山、阿吾拉勒西段产生二叠纪裂谷，形成下-中二叠统乌郎组和塔尔得套组，发育双峰式火山岩系，并有较多的偏碱性花岗岩的侵入（张良臣等，1985；黄河源等，1993；李永军等，2007a，b）。

6）早-中二叠世末的新源运动，使大陆裂谷发展终止，进入以正断裂为主的断陷盆地（伸展构造）发展的新阶段（李锦轶等，2006a）。晚二叠世造山带上升剥蚀，在盆地堆积磨拉石，形成晓山萨依组河湖相碎屑岩沉积，末期发生尼勒克运动，宣告华力西期结束（张良臣等，1985；陈正乐等，2006）。

第二节 晚古生代构造与成矿的关系

构造是成矿过程中控制一定区域内地质体间耦合关系的主导因素，是成矿流体运移及其成岩成矿的重要驱动力，也是矿体最终定位的场所，与成岩、成矿和流体运移构成了密切联系的有机体系（翟裕生，1996）。

一、矿田构造体系

1. 查岗诺尔–智博矿田

上文已述，查岗诺尔、智博铁矿共处于一个大型的火山机构内，两者直线距离18km。其构造体系如下。

1.1 火山穹隆构造

查岗诺尔、智博铁矿区均存在火山穹隆构造。

查岗诺尔火山穹隆位于矿区东部，北以断裂 F_2 毗邻，东以断裂 F_8 相邻。目前已在其东部发现一火山通道口。穹隆中心由下石炭统大哈拉军山组海相中酸性火山碎屑岩夹碳酸盐建造组成，边缘由中石炭统伊什基里克组海陆交互相的中酸性火山碎屑岩夹碎屑岩和碳酸盐建造。岩层向周边倾斜，近中心部位产状较陡，倾角为 $40° \sim 20°$，边部产状较缓，倾角为 $20° \sim 10°$。火山穹隆两侧断裂破碎带上岩石均见有强烈的蚀变及矿化，并形成 Fe_1、Fe_2、Fe_3 等工业矿体。穹隆中心为运矿、容矿较有利的场所，有明显的 M_4 磁异常，2012 年见厚大铁矿体。

智博火山穹隆位于矿区东矿段东北部，目前已在其东部发现一火山通道口，通道口附近见磁铁矿体和铜矿化体。穹隆中心由花岗闪长岩和大哈拉军山组中基性火山熔岩组成，边缘由下石炭统大哈拉军山组火山碎屑岩组成。岩层向周边倾斜，近中心部位产状较陡，倾角为 $30° \sim 50°$，边部产状较缓，倾角为 $20° \sim 10°$。穹隆内有放射状小断层和断裂发育，岩心显示这些小断层和断裂被磁铁矿化。火山穹隆两侧断裂破碎带上岩石均见有强烈的蚀变及矿化，并形成 Fe、Cu 等工业矿体。

1.2 断裂

智博铁矿构造多为冰川覆盖而难以观察。本书叙述查岗诺尔铁矿区断裂构造。

矿区断裂主要为 NWW 向，该断裂按先后主次又可分为两组：一组为与主干断裂平行的 NWW 向断裂；另一组为其派生的次一级近东西向断裂。F_1、F_2、F_3、F_6、F_7 等断裂均属该断裂，其中以 F_1、F_2 规模较大，为横贯全区的断裂，现分述如下。

1) F_1 断裂：分布于矿区北部，向西延伸至雾岭铁矿一带，向东则延至智博铁矿。该断裂在矿区内出露约4km，走向 $295°$。由于断层沿线大面积覆盖及露头的严重挤压破碎，故断层确切性质尚不清。断层沿线普遍见到岩石强烈挤压破碎现象，多呈碎斑至糜棱岩状。该断裂破碎带宽为 $200 \sim 300m$。沿 F_1 断裂破碎带见有大量 γ_4^3 岩体侵入，未见有磁铁矿化及有关蚀变围岩特征。该断裂可能为导矿构造。

2) F_2 断裂：分布于矿区北部，横贯全区，全长约 3600m。断层走向为 $275° \sim 280°$，为近东西向，与 F_1 断裂呈锐角相交（$15° \sim 20°$），断层面产状为 $5° \sim 10° \angle 85°$。断裂附近岩石破碎，所形成的破碎带较宽，有大量石英细脉、方解石脉充填。断裂自地表向下所控制的倾角约为 $81°$。断层面为北倾，北盘相对为下降盘。它是分隔中石炭伊什基里克组与下石炭统大哈拉军山组的分界断裂。同时也约束 Fe1 主矿体向北部的延伸。但未对 Fe1 矿体构成破坏。

F_2 以南 F_3、F_4、F_5、F_6 等小型断裂均与 F_2 断裂近似，走向为 270°～280°，断裂延伸 300～1000m，切割矿体、蚀变带及脉岩，因其规模甚小，对矿体并未构成严重破坏。

3）断裂裂隙：查汗乌苏以西 Fe2-1、Fe2-2 矿体附近，多见一组近南北向小型断裂裂隙，其走向多为 10°～350°，该组断裂特点亦为规模小、延伸短（小于 200m），对 Fe_2、Fe_3 矿体并未构成明显破坏。

2. 阿克萨依-尼新塔格-松湖矿田

2.1 火山穹隆构造

从前人（裴云婧，2013）对阿克萨依铁矿的描述来看，矿区火山岩可分为爆发相、喷溢相、喷发-沉积相、潜火山岩相，在岩石走向上呈条带状、透镜状产出，东矿段发育于次火山岩中，暗示矿区存在火山穹隆构造，部分矿体赋存于火山穹隆中。尼新塔格主要铁矿体赋存于爆发相、喷溢相的火山角砾岩、火山集块岩、凝灰岩和安山岩中，磁铁矿浆屑胶结火山岩（荆德龙等，2014），同样暗示矿区本身就是一个火山通道口，矿体赋存于火山通道及通道附近的火山裂隙中。

2.2 断裂

阿克萨依铁矿区构造格局以强烈发育的断裂构造为主，褶皱现象微弱，整体上与区域构造线方向基本一致。断裂以北西向、近东西向的断层为主干断裂构造，次有北东向的次级断层，具有一定的成生联系和继承性。F_1 断裂分布于矿区北部，沿 NWW 方向贯穿全区，形成宽 5～10m 的黄褐色破碎带（褪色带），断层性质为逆冲断层，产状为 5°∠63°～80°。该断裂是重要的导矿构造，严格控制矿（化）体边界。F_2 分布于矿区南部，沿北西西-东西向贯穿全区，见宽 3～8m 的片理化、糜棱岩化带，断层性质为逆冲断层，产状为 355°∠82°。F_3 分布于矿区西北部，沿北东-南西方向延伸、交汇于 F_1 断裂上，形成有宽 3～5m 的片理化、碎裂岩带，断层性质为逆断层，产状为 169°∠72°，为 F_1 断裂构造的次级断裂，属成矿期构造。F_4 断裂分布于矿区西北角，沿东西方向延伸，东段交汇于 F_1 断裂上，形成有宽 1～3m 的片理化、碎裂岩带，断层性质为逆断层，产状为 2°∠60°，为 F_1 断裂构造的次级断裂，属成矿期构造。可以看出，F_1、F_2 断裂是矿区主干断裂，与区域性深大断裂构造（尼勒克断裂）同期同方向，是矿区的导矿构造，也可能是矿区及周围岩浆（阔尔库岩体）上升的通道。次级断层 F_3、F_4 为主干断层派生的次级断裂构造，对矿体有一定的控制作用。

尼新塔格矿区褶皱构造不明显，主要发育有 NWW 向、EW 向、NE 向 3 组断裂构造，以 NWW 向为主，次为 EW 向断裂。NWW、EW 向断裂规模相对较大，对区内岩层、岩体的展布有一定的控制作用，断裂破碎带中矿化蚀变较为发育。NE 向断裂为次一级断裂，发育于矿体边部及内部，规模相对较小，多属 NWW 向断裂构造的次级断层，表现为正断层的特征。另外，NW 向以及近 SN 向断裂构造与矿体呈大角度相交并穿切矿体，由于断距较小，对矿体的完整性和连续性影响不大。

3. 备战-敦德矿田

备战矿区南部熔结凝灰岩，东部火山集块岩及磁铁矿浆胶结安山岩的发现，表明备战矿区也存在火山穹隆构造。根据熔结凝灰岩的流动构造指示方向（EW 向）、主矿体走向（NW-SE 向，矿体由北西向南东方向延深）及辉长岩、辉绿岩大量出现于矿区东部和南部的事实，该穹隆构造应位于矿区南东方向。敦德矿区主要铁矿体本身位于火山通道内，与火山机构有着密切的联系。

两矿区在阿吾拉勒主干断裂南部，均发育有一条或多条同向（NWW-NW 向）断裂。这些断裂纵贯全矿区，形成宽 3～8m 的黄褐色破碎带（褪色带），倾向北，倾角为 60°～80°，为高角度逆冲断裂，是矿区重要的导矿构造，严格控制矿（化）体边界和岩浆活动范围。EW 向断裂走向为 255°～270°，倾向北，倾角为 63°～82°，呈直线及波状，断层破碎带宽数米至数十米。北北东断裂规模不大，长一般 4～5km。断裂倾向多为南东，倾角为 70°～85°，构造角砾发育，气液活动明显、蚀变强烈，是火山热液运输的通道。

4. 阔拉萨依矿田

该矿区位于伊什基里克褶皱断裂带中，伊什基里克断裂（F_{12}）及昭苏-特克斯北断裂（F_{13}）是影响矿区的两条主要断裂构造。在矿区，上述两大断裂的次级东西向断裂十分发育，主要为 F_3、F_4、F_1 和 F_2 断裂。该组断裂控制了矿区内的岩性分布，同时也导致矿区火山喷发活动。其中 F_3、F_4 断裂是矿区下切较深，活动时间最长的断裂，矿区 3 个火山喷发中心均沿 F_3、F_4 断裂展布，并在高磁异常中有清晰反映，同时它又控制了矿区下石炭统大哈拉军山组、阿克沙克组的分布。

矿区也发育两类断裂组：一类是走向北东及北西向的两组断层，另一类是以矿区西部高磁异常为中心呈放射状产出的小断裂组。北东向与北西向断裂相互交切并错断了东西向断裂，形成时间上较东西向断裂晚。以高磁异常为中心呈放射状产出的小断裂组属于火山机构断裂，形成时间上较北东及北西向断层早。部分脉岩展布也充填于火山环状、放射状断裂构造中。

野外观察的结果表明，矿区整体为一外高内凹的环形，环形中心为火山喷溢相玄武质安山岩和火山塌陷相火山集块岩、火山角砾岩，外围为火山沉积相安山质凝灰岩及放射状分布的火山集块岩、安山质和流纹质熔岩。矿体实际就位于火山通道内，沿火山环状断裂分布。这些都暗示矿区实际就是一个火山穹隆，火山岩、铁矿体均受矿山穹隆的控制。

5. 波斯勒克矿田

矿区构造以 NE-NEE 向断裂为主，为矿区最重要的断裂构造。长延伸约 1km，倾向南东，倾角为 50°～75°。该断裂具有明显的控矿作用，矿区内目前所见铁矿体均产在该构造之中。该组构造的多期次活动有可能为成矿元素的富集和迁移提供热流通道。

NE-NEE 向断裂在矿区主要发育有两条（F_1、F_2），平行分布，是区域东西向断裂的次一级构造，均有铁矿化显示。其中 F_1 断裂带延长大于 800m，宽 2～20m，总体北西倾，倾角为 55°～80°。断裂带内岩石极破碎，蚀变强烈，以褐铁矿化、绿泥石化、碳酸盐化为主。该组断裂严格控制了 I 号铁矿化带的分布及其 Fe I -1、Fe I -2 等矿体的规模、形态、产状变化，是本区主要的控矿容矿构造。

F_2 断裂带位于 F_1 断裂北东侧约 100m 处，与 F_1 平行展布，延长大于 400m，宽 5~37m，产状为 302°~345°∠45°~70°，上盘倾角缓，下盘较陡。断裂带内分布赤铁矿、磁铁矿等，岩石破碎，蚀变以褐铁矿化、绿泥石化、碳酸盐化为主。F_2 断裂空间上控制了 II 号铁矿化带及 II 号矿体群的产出。

南北向断裂为成矿后的构造，矿区比较发育，多为规模较小的破碎带，切穿北西向构造，但断距不大，沿破碎带无明显成矿物质的带入和带出。

二、构造控矿特征

1. 阶梯状构造控矿

前人（孙家骢，1988；翟裕生和林新多，1993；韩润生，2003）对构造与成矿的关系进行了较为详细的描述，总结为以下几个方面：①区域构造是矿床形成的有利地质背景；②构造动力是成矿流体运移的重要驱动力，构造活动中释放的能量可为成矿作用提供能源；③断裂构造常为成矿流体的主要通道，也常是矿床（体）就位的主要场所；④不同类型的构造发生不同的成矿方式，从而形成不同类型的矿床（体）；⑤构造活动的多期次、多阶段是热液矿床成矿的多期、多阶段的重要原因；⑥成矿流体的状态及其物理化学条件常因构造状态的改变而发生变化；⑦构造是形成各种规模矿化分带、矿体（垂直）分带、矿床分带及区域分带和矿床（体）等间距分布的重要控制因素；⑧构造既可控制矿源层的形成，同时又可对矿源层起改造作用，使成矿物质活化、迁移、富集形成成矿流体；⑨成矿后的构造既可以破坏已成矿体的连续性与稳定性，也可以使一些类型的矿体局部变富、变厚；⑩构造作用常伴随流体侧分泌作用、构造热驱动作用、动力分异作用、压溶作用等，对成矿流体的形成、迁移和成矿具有重要意义。

西天山晚古生代铁矿所在区域及矿区构造活动强烈，具多期多阶段性，矿体定位空间及其形态严格受构造控制，因而构造与成矿作用具有密切的成因联系。这主要体现在区域构造对成矿的控制作用。矿田构造分析表明，西天山阿吾拉勒铁矿主要受 NWW 向、NE 向断裂的联合控制，矿体位于这两组断裂的结合部位；备战-查岗诺尔段相邻磁铁矿床的间距约为 20km，式可布台-铁木里克段相邻赤铁矿床间距为 18km，应为 EW 向断裂在晚古生代构造作用下等距离斜切主干断裂的结果。伊什基里克铁矿则受 EW、NE 向断裂的联合控制，矿体形成于这两组断裂的交汇部位。阔拉萨依、波斯勒克两矿区相聚约 22km。在矿区，NE 向断裂实际为区域大断裂（NWW、EW）的次级断裂，规模都不大。

研究表明，西天山尼勒克、阿吾拉勒南缘断裂、伊什基里克断裂均为区域性深大控岩、控矿断裂。尼勒克断裂东起阿吾拉勒山古伦沟附近，向 NWW-EW 方向延伸，依次经过备战矿田、敦德矿田、智博矿田、查岗诺尔矿田、尼新塔格-阿克萨依矿田、松湖矿田、阿希矿田，由吐拉苏火山盆地南缘山进入哈萨克斯坦境内，全长超过500km；沿断裂发育有许多大、中、小型铁、金、铜矿床和矿化点，如备战、智博、敦德、查岗诺尔、松湖、尼新塔格–阿克萨依等铁矿床和阿希、伊尔曼德等金矿床，与区域化探、航磁显示的沿断裂带容矿层异常基本吻合。阿吾拉勒南缘断裂古伦沟东起阿吾拉勒山古伦沟附近，向NWW方向延伸，依次经过艾肯达坂南缘、巩乃斯林场、哈萨克买里、式可布台、铁木力克，由109铜矿向西与尼勒克断裂汇成一支，全长约250km；沿该断裂北侧发育众多中小型铁、铜矿床和矿化点，如塔尔塔格、式可布台、铁木力克等铁矿床和109等铜矿床，与阿吾拉勒南缘化探、航磁显示的沿断裂带容矿层异常基本吻合。伊什基里克断裂东起巩留县城南部，向西经过特克斯、昭苏，最后进入哈萨克斯坦境内，中国境内长约160km；沿断裂带发育众多大、中、小型铁、金、铜矿床和矿化点，如阔拉萨依铁矿、波斯勒克铁矿、可可达铜矿、博古图金矿等，与区域沿断裂化探、航磁显示异常基本吻合。

这3条断裂为西天山主要铁矿的成矿提供了十分有利的地质背景，控制了西天山主要的铁矿床分布，其中阶梯状构造控制了NWW向、EW向斜列式展布的铁矿带。这3条断裂都是长期继承发展演化的岩石圈断裂，由一系列近乎直立的逆冲断裂组成，断裂带为强烈铁矿化、透镜体化和糜棱岩、碎斑岩、碎粒岩化破碎带，曾发生了左行、逆冲及拉伸等活动，明显具有多期活动特点，控制了断裂带两侧地层、构造及火成岩的发育；并与次级断裂–NE向断裂一起，在主断裂附近组成阶梯状构造，控制了断裂附近的铁矿、金矿和铜矿。据统计，这3条断裂附近新发现的铁矿占西天山铁矿储量的90%左右，金矿占50%，铜矿占40%。

2. 火山穹隆控矿

从矿田构造的分析来看，几乎所有的矿田均存在火山穹隆构造。

智博火山机构在磁场图上呈长轴为北西向的椭圆形，椭圆形的外环由强度中等的串珠状正磁异常组成，这些异常在南北两侧较为连续，东西两侧连续性较差，在正磁异常环外侧，是断续分布的负磁异常；正磁异常环内侧以负磁异常为主，在靠近椭圆中心分布有数个幅值极大的正磁异常。该环形构造边界清晰，被火山环形断裂所围限。环形构造的外环由串珠状正磁异常组成。环形构造内分布有数个幅值较大的正磁异常。智博冰川铁矿矿体即位于该环形构造中幅值极大的正磁异常上。在卫星遥感影像图（图6-2）上该环形构造特征也十分明显，也表现为一巨大的环形，与航磁反映的环形构造十分吻合，同时在巨环内部套合着数个小型的环状构造，在环形内部可见脑纹状影像花纹，这些小环形构造可能代表着发育在巨大环形构造内部的不同旋回的火山机构体。巨环东南部深灰、灰黑色影像体为火山岩，西北部浅灰色影像体为中酸性侵入体，与野外观察较为一致。该火山构造在地表上表现为一隆起，环形构造内部地形陡峻，海拔高，最高点可达4400多米，与环形构造外围高差可达1000多米，为正向构造。

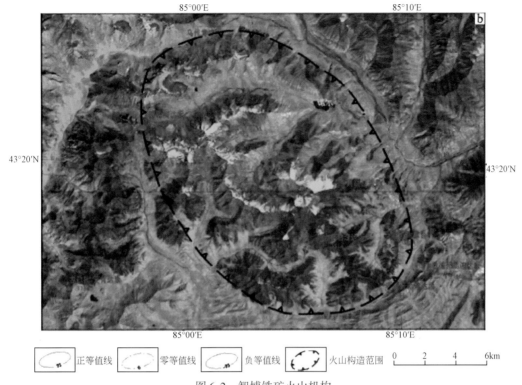

| | 正等值线 | | 零等值线 | | 负等值线 | | 火山构造范围 | 0 2 4 6km |

图6-2 智博铁矿火山机构

阔拉萨依矿区本身就是一个火山口,目前已找到通道口3个(新疆有色物探队,2012),矿体位于其中一个火山通道内。该火山机构在区域1:5万航磁异常图上也表现为一环状异常,内侧以负磁异常为主,中心则为幅值极大的正磁异常。在TEM拟断面图(图6-3)上,推断铁矿体IP1-8、IP1-10位于断面的中心;两边为具有不同电阻率的块体,块体电阻率明显高于矿体;上部则被低电阻的岩层所覆盖。野外调研表明,矿体赋矿岩石为含角砾的安山质凝灰岩与火山集块岩,岩石见明显的绿帘石化、碳酸盐化和钾化,这可能是导致岩石/矿石电阻率较低的原因;上部被具有较低电阻率的安山质、玄武质凝灰岩所覆盖;两边为电阻率较高的火山熔岩(玄武岩、玄武安山岩、安山玢岩)及少量无蚀变火山角砾岩、火山集块岩。图6-3展示是一个火山机构剖面图,中间低电阻区域实际为一个塌陷的火山通道,矿体就位于塌陷的火山通道内。由1:1000地质剖面图(图6-4)显示,矿区曾存在多期喷溢-沉积事件。

上述事例说明,火山穹隆构造与矿床关系相当密切。火山穹隆代表了火山岩浆长期活动的中心地带,是岩浆热液或地热体系活跃的场所,也是热液、熔浆(岩浆或矿浆)上升的通道,同时也是构造脆弱地带。火山穹隆是良好的储矿和导矿构造,不仅有利于地热体系的活动,也有利于矿液、矿浆的卸载。西天山绝大部分铁矿体赋存部位与火山穹隆有关,它们或赋存于火山通道(敦德、阔拉萨依、尼新塔格)内,或位于火山环状断裂、放射状断裂(松湖、塔尔塔格)内,或溢流于通道口附近的洼地(查岗诺尔、智博、备战等)中。但火山穹隆构造也受区域构造的影响,位于主干断裂

239

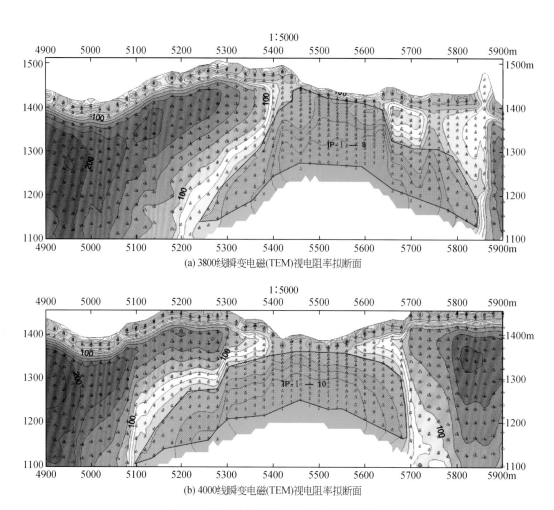

图 6-3　阔拉萨依矿区 TEM 视电阻率拟断面

IP1-8、IP 1-10 为矿体层

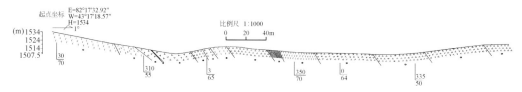

图 6-4　阔拉萨依矿区东部 1：1000 地质剖面

与次级断裂的交汇部位，即构造节点上。构造节点有规律及（近似）等间距出现，实际上也是区域地球动力学有规律反映的一个体现。西天山铁矿在阿吾拉勒、伊什基里克地区（近似）等间距出现的事实，可能代表的是西天山古天山洋盆、特克斯洋盆关闭过程中由西向东、等间距的海底火山喷溢成矿事件，同时也可能反映了洋盆由西向东逐渐关闭的过程。至于阿吾拉勒磁铁矿主矿体（喷溢矿体）均位于火山口西侧，可能与由东向西的洋流活动有关。

三、构造控矿模式

综合以上特征，本区构造控矿规律主要表现以下几方面。

1）铁矿体分布于西天山早石炭世、晚石炭世 NWW、EW 向断裂带的火山凝灰岩、陆源浅变质碎屑岩中，部分产于受 NWW、EW 向断裂及次级 NE 向断裂控制的火山穹隆中。

2）在剖面上，矿体呈雁列式分布于 NWW、EW 向层间压扭性断裂带中，显示出主矿体向南东方向侧伏的特点；在平面上，矿体受"阶梯状"构造的严格控制。

3）NWW、EW 向构造带是西天山铁矿区最主要的成矿构造体系。

4）矿床大致呈等间距排列，表现出具强弱构造的分带规律。

5）从区域、矿田、矿区、矿床到矿体，分别受到不同级别的构造控制，呈现构造的挨次控制关系。NWW、EW 向断裂及派生的火山穹隆构造为区域深部熔体/流体上升的主要通道，是矿床主要的导矿构造和容矿构造；NWW、EW 向断裂派生的 NE 向断裂为矿床的主要配矿构造。

可以看出，尼勒克深断裂带、阿吾拉勒南缘断裂带和伊什基里克断裂带为形成深源成矿熔体/流体提供了有利的成矿地质背景；NWW、EW 向压扭性断裂及派生的火山穹隆构造为含矿熔体/流体贯入提供了通道和储存空间，是主要的导矿构造和容矿构造，并直接控制了矿体的形态和产状，为矿床的主要容矿构造；NE 向断裂主要表现为配矿构造。NWW、EW 向构造带是西天山铁矿最主要的成矿构造体系，容矿地层、含矿断裂与矿体呈"三位一体"。这充分说明了西天山铁矿床（点）的形成和分布严格受构造控制。

第七章 侵入岩与成矿的关系

第一节 中酸性侵入岩

一、岩性组合与岩相学特征

西天山晚古生代侵入岩较为发育，在各个时代均有分布。

（一）泥盆纪

1. 岩性组合

泥盆纪花岗岩具有带状分布的特征（朱志新等，2011），主要分布于博罗科努山、那拉提山、伊什基里克山特克斯一带，为一套与俯冲有关的钙碱性花岗岩，与同期的火山岩组成晚古生代早期活动陆缘岩浆弧。

博罗科努山泥盆纪侵入岩主要分布于北部，呈带状分布，包括达瓦布拉克岩体、肯阿夏岩基、喇嘛苏岩体、阔库确科岩体和乌拉斯台岩体，另外还有别珍套山的一个小岩体（新疆地矿局第二区域地质调查大队，2005）。达瓦布拉克岩体分布于达瓦布拉克-当本第一个达坂一带，地处博罗科努岛弧带北段边缘地段；岩体呈不规则岩株状产出，出露面积约30km²；主要由中-细粒黑云母二长花岗岩（南部）、花岗闪长岩（北部）组成；围岩蚀变极为明显，但宽窄不一，由几十米到几百米不等。肯阿夏岩基呈不规则椭圆状分布于博罗科努岛弧带南缘近伊犁地块处，近EW向展布，面积大于300km²；岩浆多期侵入特征明显，侵入界线清楚。早期侵入的花岗闪长岩呈浅肉红色，边缘多被华力西中期第二侵入次的二长花岗岩侵入；花岗闪长岩中局部见规模较小的浅灰绿色石英闪长岩。晚期侵入体出露面积约200km²，岩性以中细粒二长花岗岩为主，间或出现正长花岗岩、花岗斑岩（图7-1）和中粗粒二长花岗岩，北部边缘出现肉红色似斑状二长花岗岩。岩体蚀变明显，见夕卡岩化、绿泥石化和硅化现象，蚀变带宽几米至几十米不等。喇嘛苏岩体呈北北西向展布，主要岩石类型为石英二长闪长岩、花岗闪长斑岩和英云闪长斑岩，还有少量晚期中基性脉岩。

那拉提山泥盆纪侵入岩在东部主要发育于新源南确鹿特达坂一带，出露面积约1000km²，岩体呈岩基状产出，岩性主要由闪长岩、石英闪长岩、花岗闪长岩、英云闪长岩、二长花岗岩、花岗岩及花岗斑岩组成，以二长花岗岩为主。另外，在特克斯县泊仑干布拉克、昭苏县结特木萨依一带也有泥盆纪侵入岩发育（朱志新等，2011）。

图 7-1 肯阿夏岩基花岗岩岩性特征

2. 岩相学

从野外证据来看，泥盆纪主要发育两期花岗岩类岩浆活动：早期为浅灰色中细粒花岗闪长岩，晚期主要是浅肉红色中细粒二长花岗岩，两者接触关系清晰［图 7-2（c）］，肉红色中细粒二长花岗岩呈细脉插入到早期花岗闪长岩中［图 7-2（d）］。现按其岩性分述如下。

二长花岗岩：浅肉红色，中-细粒花岗结构，块状构造。岩石主要由斜长石（35%~50%）、钾长石（25%~35%）、黑云母（1%~11%）、石英（21%~28%）、角闪石（0%~10%）等组成。副矿物以磁铁矿、磷灰石、锆石、黄铁矿最常见，含量为微-少量，偶见榍石。

花岗闪长岩：暗肉红色、浅灰绿色、他形-半自形粒状结构，似斑状构造。斑晶由石英、斜长石、钾长石、黑云母、角闪石组成。石英斑晶呈自形-半自形粒状，可见熔蚀现象，大小为 0.25~1.25mm，含量为 15%~30%；斜长石斑晶呈自形板状，聚片双晶发育，多数发生绢云母化，大小为 0.25mm×0.5mm~2mm×2.5mm，含量为 30%~58%；钾长石呈他形粒状，高岭土化严重，含量为 10%~15%；黑云母呈自形片状，呈浅黄-深褐色多色性，部分黑云母发育绿泥石化，大小为 0.25mm×0.5mm~0.5mm×1.5mm，含量为 5%~19%；角闪石为 1%~15%，粒径为 0.20mm×1.2mm~0.6mm×1.5mm。副矿物以磁铁矿、磷灰石、锆石、黄铁矿最常见，含量为微-少量，偶见榍石。基质含量约 20%，成分主要为长英质隐晶质。

闪长玢岩：呈零星分布，以岩脉的形式穿插于花岗闪长岩体中。岩脉规模不大，灰绿色、灰色，斑状结构，基质具半自形粒状结构，块状构造。岩石由中长石、蚀变暗色矿物及少量副矿物组成。

石英二长闪长岩呈不等粒花岗结构，主要矿物有斜长石、石英、钾长石、角闪石。斜长石呈自形-半自形板状，可见聚片双晶、环带，大多绢云母化、高岭土化，大小为 0.25mm×0.5mm~1.25mm×2.5mm，含量约为 60%；石英呈他形粒状，大小为 0.5~2mm，含量约为 10%；钾长石多数黏土化，呈他形粒状分布于自形斜长石粒间，含量约为 15%；角闪石为无色-浅绿多色性，干涉色一级黄、二级紫红，正中突起，可见简

图 7-2　哈勒尕提铁铜多金属矿区花岗岩类照片

（a）花岗闪长岩顶部大理岩顶垂体；（b）花岗闪长岩与大理岩侵入界线（推测）；（c）二长花岗岩与花岗
闪长岩侵入界线；（d）二长花岗岩晚于花岗闪长岩证据；（e）二长花岗岩露头；（f）坑道内花岗闪长岩；
（g）花岗闪长岩镜下照片；（h）二长花岗岩镜下照片

单双晶，部分角闪石发育绿泥石化，含量约为 10%。副矿物主要有绿泥石、榍石。

英云闪长斑岩具有与花岗闪长斑岩相似的结构特征和矿物组成，不同之处在于英
云闪长斑岩具有更高的斜长石含量。

（二）早石炭世

1. 岩性组合

西天山早石炭世侵入岩主要以偏铝和富铝的同碰撞花岗岩为主，与同期的火山岩
组成火山岩浆弧。主要呈片状分布于阿吾拉勒阔尔库、伊什基里克山特克斯达坂、那
拉提缝合带一带，以宽大岩基的形式存在；那拉提达格特（朱涛等，2012）、博罗科努
山呼斯特、吐拉苏盆地西缘别伊特萨依、依连哈比尔尕山巴音沟和阿吾拉勒智博、查
岗诺尔、松湖等矿区也有零星分布，以小岩体的形式出露。

　　阿吾拉勒阔尔库岩基呈带状出露于阿吾拉勒山脊及北坡，在尼新塔格-阿克萨依铁矿附近，分为两个序列。赛肯都鲁早石炭世序列和早二叠世阔尔库序列。赛肯都鲁序列主要为深灰-灰色细粒（石英）闪长岩-中细粒花岗闪长岩组合，局部见有少量暗灰色辉长岩和辉长闪长岩。巩留-特克斯达坂以北岩基呈东西向展布，面积约180km²，可分为两个序列：库勒萨依早石炭世序列和其那尔萨依早二叠世序列。库勒萨依序列被其那尔萨依序列隔开，总体呈捕房体状包裹于其那尔萨依序列中，岩性为石英闪长玢岩和花岗闪长斑岩（杨俊泉等，2009）。那拉提岩基位于那拉提微地块中东部，呈东西向展布，长约180km，宽10~20km，面积>2000km²，侵入于南部的中天山南缘构造带和北部的前寒武纪基底中；岩体南部主要是花岗质糜棱岩，为中天山南缘大型韧性剪切带的组成部分，岩石类型为二长花岗岩和花岗闪长岩；北部岩体位于恰布河地区，以二长花岗岩和花岗闪长岩为主，其中二长花岗岩侵入于花岗闪长岩中。虎拉山侵入岩呈长条状岩基产出，侵入于前寒武纪结晶基底中，主要为一套酸性过铝质钙碱性花岗岩，具有壳源花岗岩特征，为同碰撞侵入岩；东部岩石主要为片麻状黑云花岗岩、片麻状似斑状黑云母斜长花岗岩、片麻状二云母花岗岩等；西部主要为片麻状二长花岗岩、片麻状钾长花岗岩。另外，巴音沟蛇绿岩中发育斜长花岗岩、辉长岩，代表了依连哈比尔尕洋（古天山洋）洋壳拉伸时岩浆的上侵。呼斯特岩体分布在塞里克底达坂-绍乌尔可果勒达坂一带，出露在蒙马拉勒复背斜的核部附近，呈宽约8km、长约35km的不规则带状分布，长轴为NWW向，岩体主要岩性为灰白-浅肉红色花岗闪长岩，岩体东部出现细粒二长花岗岩，西部出现中-细粒二长花岗岩及钾长花岗岩。

　　智博早石炭世岩体出露于矿区北部，以岩体、岩脉的形式出现，岩性以花岗岩、闪长岩为主。查岗诺尔早石炭世岩体出露于矿区北部和西部，以小岩株、岩枝、岩墙的形式存在，岩性以辉石闪长玢岩、闪长玢岩、石英闪长玢岩、花岗闪长岩、花岗斑岩。松湖岩体则出露于矿区东部，以小岩株的形式存在，岩性以花岗斑岩为主。别伊特萨依岩体位于博罗科努山吐拉苏火山盆地西缘，为浅成小岩体，出露面积约5km²，总体走向为NWW向，长达4.5km，宽为300~1500m，岩性以花岗闪长斑岩为主。

2. 岩相学

　　（辉石）闪长岩：灰白色、灰黑色、灰绿色，半自形粒状结构或斑状结构，块状构造。粒状结构岩石主要由斜长石（40%~45%）、角闪石（35%~40%）、单斜辉石（5%~10%）和黑云母（3%~5%）组成。斜长石呈自形-半自形板柱状分布，角闪石呈半自形柱状，单斜辉石为半自形粒状。斑状结构闪长岩斑晶为中性斜长石，含量为45%~50%，粒径为2~3mm，自形板状。角闪石、辉石斑晶含量为30%~40%。基质由中性斜长石微晶及细粒状角闪石、辉石等暗色矿物组成。岩石蚀变强烈，以绿帘石化、阳起石化和绿泥石化为主。绿帘石化由斜长石的钙质析出形成，阳起石化和绿泥石化则主要是角闪石、单斜辉石和黑云母蚀变形成，部分岩石中长石多已绢云母化绿泥石化。

石英闪长（玢）岩：浅灰-肉红色，半自形粒状结构、蚀变碎裂结构或斑状结构，块状构造。粒状结构岩石主要由斜长石（45%～50%）、石英（15%～20%）、角闪石（20%～25%）、钾长石（5%～10%）和黑云母（5%～10%）组成。斜长石和钾长石呈自形-半自形板柱状，斜长石自形程度好于钾长石；角闪石和黑云母呈自形-半自形柱状、片状分布；石英呈他形充填于斜长石、钾长石、角闪石、黑云母等矿物之间；岩石局部较为破碎，斜长石和钾长石呈碎粒结构，石英有韧性变形和重结晶。斑状结构岩石斑晶斜长石含量为35%～50%，多已钾化；角闪石斑晶含量为10%～15%；石英斑晶含量为5%～10%，具溶蚀现象；基质为长英质（30%～50%）及少量微粒-细粒状角闪石、透辉石等暗色矿物。磁铁矿、榍石等副矿物少量（1%～3%）。岩石蚀变强烈，角闪石阳起石化和绿泥石化，黑云母强烈绿泥石化。斜长石强烈钠黝帘石化，钾长石普遍高岭土化。

花岗闪长岩：规模较大，多呈岩株-岩基状。灰白色、浅灰白色，半自形粒状结构、花岗结构，块状构造。岩石主要由斜长石（40%～45%）、石英（20%～25%）、角闪石（10%～15%）、钾长石（10%～15%）和黑云母（5%～8%）组成。斜长石为半自形-自形板状分布，石英和钾长石充填于斜长石之间。角闪石和黑云母以集合团块状出现。岩石有强烈的蚀变，斜长石绢云母化，角闪石强烈绿帘石化和绿泥石化，黑云母普遍绿泥石化。

花岗闪长斑岩：岩石斑状结构，块状构造，基质具半自形粒状结构。主要斑晶为斜长石、石英、黑云母、角闪石。斜长石斑晶半自形板状，含量约20%，粒度0.5×1～1×2mm，成分为中-更长石，次生绢云母化；石英斑晶半自形粒状，含量为15%，粒度0.5～1.5mm，具熔蚀港湾外形；黑云母斑晶呈片状，含量为10%，粒度0.5×1～0.3×1.5mm；角闪石斑晶呈半自形针柱状，含量为5%，粒度0.3×0.5～0.3×1.5mm，被方解石及绿泥石交代。基质主要为：斜长石，半自形粒状，含量34%，粒度0.03～0.05mm；石英，他形粒状，含量为10%，粒度0.03～0.1mm，分布在斜长石粒间；黑云母，片状，含量为5%，粒度0.02～0.2mm，分布于长英质间。此外，基质中还分布有微量半自形粒状磁铁矿及锆石。

二长花岗岩：呈岩株、岩基状产出，中粗粒-中细粒文象结构，块状构造。岩石主要由钾长石、斜长石、石英和黑云母组成。斜长石半自形板状，粒径0.3～2.2mm，聚片双晶发育，普遍具中度绢云母化、泥化，受应力作用双晶纹变曲变形，含量为15%；钾长石他形粒状，粒径0.4～3.5mm，具条纹结构，为条纹长石，轻度泥化，含量约30%；石英他形粒状，粒径0.7～4.2mm，强波状消光，表面干净，含量约20%。副矿物为榍石、锆石和磁铁矿等。岩石受应力作用碎裂岩化，沿破碎带分布有被碾碎的岩粉和少量绢云母集合体，含量为10%。

钾长花岗岩：呈岩株状、脉状产出。岩石为肉红色、灰黄色，中、细粒花岗结构，部分为似斑状结构，块状构造。岩石主要由斜长石（45%～50%）、钾长石（10%～15%）、石英（20%～25%）、角闪石（5%～7%）和黑云母（2%～4%）组成。副矿物为磁铁矿、磷灰石、榍石等，含量为1%～2%。岩石中角闪石和黑云母呈团块状集合体，并且二者大部分已蚀变为绿帘石、绿泥石等。

花岗斑岩：呈小岩株产出。岩石呈肉红色，压碎结构，块状构造。岩石主要由石英（20%~30%）、钾长石（45%~50%）、斜长石（5%~10%）和角闪石（3%~5%）组成。副矿物为榍石（2%~3%）和磁铁矿（1%~2%）等。岩石受后期热液蚀变强烈，岩石普遍已钾化、透辉石化。

（三）晚石炭世

1. 岩性组合

西天山晚石炭世的侵入岩主要以偏铝和富铝的同碰撞花岗岩或后造山花岗岩为主，呈片状分布于博罗科努山北段、阿吾拉勒西段一带，以宽大岩基的形式存在；阿吾拉勒东段备战矿区、敦德矿区、雾岭矿区、智博矿区，玉希莫勒盖达坂和额尔宾山盲起苏地区，依连哈比尔尕山巴音沟、伊什基里克山科库萨依也有零星分布，以小岩体的形式出露。

博罗科努北段晚石炭世中酸性侵入岩出露较多，主要分布于沙特达坂、奈楞格勒达坂、霍依塔斯、苏勒铁列克、埃姆劲、肯登高尔、纳林果勒、果子沟等地。沙特达坂岩体出露于博罗科努岛弧带北侧，岩体岩性主要为中-粗粒似斑状二长花岗岩（图7-3），北部分布有中粒似斑状黑云母二长花岗岩，西部出现中-细粒钾长花岗岩，岩体与围岩接触带上见夕卡岩化、大理岩，局部地段热液蚀变岩发生明显破碎。奈楞格勒达坂岩体群位于东南奈楞格勒达坂附近，单个岩体面积小于0.06km^2，呈不规则岩枝状分布，岩体岩性主要为似斑状-斑状花岗闪长岩、细粒花岗闪长岩，在各岩体的外围，还发育有辉绿岩脉、闪长玢岩脉、钠长斑岩脉及花岗斑岩脉等；该岩体群是莱历斯高尔-3571矿田铜钼矿成矿母岩。霍依塔斯岩体分布于博罗科努NW部霍依塔斯一带，岩体呈不规则岩基产出，岩性为肉红色-浅肉红色中-细粒二长花岗岩，具有一定的岩性分带：岩体边缘相为似斑状二长花岗岩，中心相为中-细粒二长花岗岩。苏勒铁列克岩体分布于博罗科努山苏勒铁列克南，紧邻博罗科努南坡大断裂，岩性主要为中-粗粒钾长花岗岩，南部出现细粒二长花岗岩。埃姆劲岩体分布于博罗科努山乌吐劲河及埃姆劲河上游，呈岩基状产出，并呈不规则状做NW-SE向展布，出露面积约350km^2；具岩相分带特征，中间相出露广，岩石主要为浅肉红色、浅灰肉红色中粗粒或中粒黑云母二长花岗岩[图7-4（a）]；边缘相空间分布范围较小，岩石主要以灰白色-浅灰色中粒似斑状黑云母二长花岗岩和浅肉红色细-中粒花岗岩为主[图7-4（b）]；围岩蚀变带明显，角岩化、硅化、绿泥石化、绢云母化和绿帘石化普遍发育。纳林果勒岩体出露于博罗科努山克提果勒-纳林果勒一带，呈岩基状产出，在平面上为一不规则的椭圆形，并呈NW-SE向展布，出露面积约300km^2，岩性为中-粗粒黑云母二长花岗岩，边缘地段岩石粒度多为中-细粒；另外在岩体边缘地段尚可见有中-细粒花岗闪长岩出露，与黑云母二长花岗岩呈渐变过渡关系。果子沟岩体分布于赛里木湖东南侧果子沟至彼利克溪能巴斯一带，呈岩基状产出，在平面上为不规则的椭圆形，NW-SE向展布，出露面积约300km^2；岩体主体岩性为肉红色中粗粒二长花岗岩，边缘地段出现中细粒二长花岗岩，局部地段钾长石含量增多可达正长花岗岩。岩体蚀变带明显，多有大理岩化和夕卡岩化，并见铅、锌、银等富集成矿。北达巴特岩体位于火山穹隆的中心（王核等，2000），呈 NWW 向椭圆形展布，长轴约为 1800m，短轴为 200～500m，地表出露面积约为 0.6km² （尹意求等，2006）。

图 7-3　沙特达坂岩体侵入界线及岩性特征

图 7-4　埃姆劲岩体花岗岩岩性特征

阿吾拉勒西段侵入岩广泛发育，均为浅成和超浅成相，规模较小，呈岩枝、小岩株、岩床、岩颈和岩脉产出，多为酸性岩类，中性岩次之（赵军，2013）。主要岩性包括闪长岩类、石英钠长斑岩、正长斑岩和花岗斑岩类。莫斯早特岩体面积为 1.6km²，包括东、西两个岩体，岩性均为石英二长斑岩。巴斯尔干岩群由 4 个岩体组成，岩体出露面积均较小，小于 1km²，呈岩株、岩枝状，岩性均为石英二长斑岩；岩体外围发育较多酸性岩脉，以花岗斑岩和石英正长斑岩为主。乌郎达坂岩体为一产于火山穹隆的杂岩体，中部以闪长岩为主，少量辉绿岩，外部为似斑状花岗闪长岩。前两者被后者侵入，接触处见 1m 左右的混染岩带。似斑状花岗闪长岩呈椭圆状，长 9.5km，宽 4km，面积约 22km²。黑山头（东）岩群由多个小岩体组成，规模都很小，岩石类型差异较大，主要包括石英闪长岩、灰白色花岗斑岩、肉红色细粒花岗岩。圆头山岩体为一火山穹隆，平面呈椭圆形，长轴方向为北东向。穹隆中心为黑云母花岗斑岩，局部发育少量绿帘石、绿泥石和碳酸盐岩化，宽 1～3m。

科库萨依岩体呈岩瘤状、岩脉状产出，平面上呈不规则长条状、次圆或次椭圆形态，岩性为石英正长斑岩，与围岩呈侵入接触关系，岩体中含有较多的呈次棱角状火山岩围岩捕虏体（程春华等，2010）。肯等高尔矿区侵入岩为侵位于上石炭统东图津河组灰岩中的晚石炭世浅灰白色花岗闪长岩体，接触面向外陡倾，平面形态为不规则的波状弯曲，矿区内共见有 3 个岩体，出露面积较小，不到 0.1km² （贾志业等，2011）。智博早石炭世岩体出露于矿区北部，以岩体、岩脉的形式出现，岩性以花岗岩、闪长岩为主。备战矿区中酸性侵入岩发育于矿区南部，以岩株、岩脉的形式出现，岩性主要为钾长花岗岩、钾长花岗斑岩、闪长玢岩（郑勇等，2014）。雾岭闪长岩体位于查岗诺尔铁矿西侧约 8km 处，呈单式岩株状侵入于大哈拉军山组火山碎屑岩中。玉希莫勒盖岩体位于玉希莫勒达坂中部，出露面积约 21km²，呈北西向带状展布，宽 230 ~ 600m，与围岩呈侵入接触，主要岩性为石英闪长岩，并见英云闪长岩，岩体外接触带有角岩化、绿泥石化和褪色化（牛贺才等，2010）。额尔宾山盲起苏侵入岩分布于额尔宾山中部地区，由巨大岩基及岩株出露于盲起苏至哈尔萨拉一带，近东西向展布，岩性主要有中、细粒花岗闪长岩，中、粗粒花岗闪长岩，中、粗粒似斑状花岗闪长岩等（朱志新等，2008，2011）。依连哈比尔尕山独山子南晚石炭世侵入岩岩性主要为偏碱性钾长花岗岩，为后造山碱性花岗岩。

2. 岩相学

石英闪长岩呈灰色，他形-半自形粒状结构，块状构造。主要矿物成分为长石、角闪石和少量的石英、黑云母。长石含量大约占 70%，其中斜长石约为 50%，钾长石约为 20%。斜长石多为半自形板状，颗粒较大，其长一般为 2 ~ 3mm，而宽则介于 1 ~ 2mm，双晶较发育；钾长石为他形板状，分布在斜长石与斜长石或斜长石与角闪石之间，结晶明显晚于斜长石和角闪石，矿物颗粒明显小于斜长石，其长一般为 1 ~ 2mm，而宽则介于 0.5 ~ 1mm。角闪石含量为 15% ~ 20%，呈半自形-他形颗粒产出，矿物颗粒略小于斜长石，但大于钾长石，常与黑云母共生。石英占 5% ~ 7%，呈他形粒状产出；黑云母含量为 5% ~ 8%，主要分布在角闪石边部，部分产在斜长石矿物的空隙间。副矿物主要为磁铁矿、磷灰石、榍石和锆石。次生矿物为绢云母和绿泥石。

闪长岩：灰白色，半自形-自形粒状结构，块状构造，主要矿物为斜长石（含量为 60% 左右）、角闪石（25%）、石英（5%）、单斜辉石（<5%），副矿物有锆石、磁铁矿、钛铁矿、榍石和磷灰石等。斜长石自形板条状，自形程度较高，环带结构发育，以中长石为主。角闪石为普通角闪石，呈自形长柱状，浅棕色-绿褐色多色性，解理发育。单斜辉石细粒状，边部多被溶蚀。石英呈他形粒状，星散状、填隙状分布。

闪长玢岩：主要出露于阿吾拉勒西段古火山机构周围，如莫斯早特穹隆、乌郎达坂穹隆和巴斯尔干岩群附近。岩石为灰-灰绿色，斑状结构、霏细结构。斑晶为中-更长石和普通角闪石，呈半自形板状，粒径（长轴）为 0.4 ~ 0.8mm，具环带，普遍脱钙化，局部泥化，绢云母化，含量为 20% ~ 25%；角闪石呈半自形长条状，粒径（长轴）为 1 ~ 4mm，多绿泥石化、阳起石化，含量为 10% ~ 20%。基质为微粒状-霏细状的中长石、角闪石组成，极少量石英。副矿物以磁铁矿为主，含量为 2% ~ 5%，另有少量磷灰石和榍石。

钾长花岗岩：半自形-他形粒状结构，块状构造。主要组成矿物为钾长石和石英，其次为斜长石，偶见黑云母。钾长石含量为65%～70%，以正长石为主，微斜长石较少。正长石可见卡式双晶，条纹结构发育，形态以他形粒状为主，粒径为0.2～0.7mm；石英含量为20%～25%，呈他形粒状，粒径为0.1～1.0mm。斜长石含量小于5%，以钠长石为主，聚片双晶发育，中长石较少。暗色矿物较少，主要为黑云母，呈黄褐色，粒径为0.1～0.3mm。岩石蚀变并不强烈；钾长石表面浑浊，发生一定高岭土化，钠长石、中长石有弱的绢云母化；黑云母发生了绿泥石化，并伴有榍石、磁铁矿析出。副矿物为锆石、榍石、磷灰石、磁铁矿等。

钾长花岗斑岩：岩石具有斑状结构，斑晶由石英、长石组成，粒径为1～4mm。石英斑晶呈浑圆状、聚斑状，具不均匀消光；长石斑晶呈半自形-他形，可见以条纹结构发育的正长石和聚片双晶发育的钠长石。基质具有细粒花岗结构，主要由石英（含量为30%～35%）、钾长石（含量为60%～65%，包括正长石和微斜长石）组成，少见钠长石（含量为3%～5%）、黑云母（体积分数低于3%）。副矿物为锆石、磷灰石、磁铁矿等。

花岗闪长岩：中细粒花岗结构，块状构造，主要由钾长石、斜长石、石英、黑云母等组成。其中钾长石多为他形粒状，含量为10%～15%，粒度为1～2mm；斜长石呈自形-半自形柱状、板状，含量为40%～55%，粒度为0.5～3mm，可见简单双晶、聚片双晶、卡钠复合双晶，多数聚片双晶纹细密，环带结构较发育，局部绢云母化；黑云母自形-半自形片状，浅黄或深褐色，含量为5%～10%，粒度为0.2～2.5mm，部分颗粒可见沿解理缝发生绿泥石化而具墨水蓝的异常干涉色；角闪石呈自形-半自形柱状，含量为3%～5%，粒度为1～4mm，局部发生绿泥石化，可见角闪石简单双晶；石英呈他形粒状充填于长石等矿物的粒间，其边界多呈港湾状，具微弱波状消光，含量为20%～30%，粒度为0.2～3mm。岩石中另见锆石、磁铁矿等副矿物。

似斑状花岗闪长岩：似斑状结构、花岗结构，块状构造。斑晶由中长石（含量约10%）、普通角闪石（3%～5%）组成。中长石呈半自形-自形宽板状，粒径（长轴）为1～3mm，多已绢云母化、碳酸盐化；角闪石晶形较破碎，粒径（长轴）为1～3mm，部分绿泥石化。基质以中长石（60%～70%）、石英（10%～15%）和角闪石（5%）为主。中长石为半自形板状，石英为半自形-他形粒状，角闪石呈碎片状，矿物粒径均≤0.03mm。副矿物主要为磁铁矿、榍石、锆石，含量为1%～2%。

石英二长斑岩：岩石具斑状结构，霏细结构，块状构造。斑晶为中-更长石（20%～25%）、正长石（10%～20%）、石英（≤5%）、黑云母（2%～3%）、角闪石（≤2%）。中-更长石呈长板状、宽板状，粒径（长轴）为0.2～1mm，偶见环带，多已绢云母化；正长石呈宽板状，粒径（长轴）为0.2～0.8mm，卡氏双晶发育，表面已部分泥化、高岭土化；石英呈他形粒状，粒径为0.1～0.5mm；黑云母呈长条状，晶型较破碎，长轴为0.04～0.5mm，矿物变形较强，外缘具有较明显的析铁边；角闪石呈半自形碎片状，常为黑云母取代。基质由更长石和石英组成，以更长石为主。更长石为微晶质他形粒状，少数柱状，具微环带消光；石英呈他形粒状，粒径小。

石英正长斑岩：肉红色，斑状结构，块状构造。斑晶主要由斜长石（8%～11%）、钾长石（35%～45%）和少量黑云母、角闪石、辉石组成，有的出现石英斑晶。斜长石自形板状，长径为 1～4mm，中度绢云母化。钾长石半自形板状，长径为 1～3.5mm，具弱绢云母化，见卡氏双晶，有的具环带构造，属正长石。黑云母为斑晶片状，片径为 0.7mm，已蚀变成绿泥石。角闪石柱状，横切面菱形，长径为 0.5～0.7mm，多色性褐色–黄褐色，属普通角闪石。辉石自形柱状，长径为 0.5～0.7mm，属普通辉石。基质占 41%～65%，基质由斜长石（5%～15%）、钾长石（33%～45%）、石英（7%～10%）、黑云母（2%～3%）及少量辉石、角闪石组成，具细粒花岗结构或半自形粒状结构，粒径为 0.1～0.3mm。副矿物种类相对简单，榍石、锆石、磷灰石均有发育。

细粒花岗岩：肉红色，花岗结构，等粒结构，块状构造。矿物以钾长石（30%～40%）、斜长石（15%～20%）、石英（40%）为主，极少量角闪石、黑云母。长石均呈半自形板状、他形粒状，均已不同程度高岭土化。石英呈半自形–他形粒状。黑云母和角闪石呈碎片状，大多已氧化。矿物粒径为 0.2～1mm。

二长花岗斑岩：一般产于岩体中下部或中心部位，灰白～浅肉红色，斑状结构，块状构造。斑晶大小为 3～7mm，以石英（8%～10%）、斜长石（10%～12%）和钾长石（10%～15%）为主，见少量的黑云母斑晶（1%～2%）。个别石英斑晶具熔蚀结构；斜长石斑晶主要为更长石，呈自形–半自形板状，见聚片双晶、卡–钠联晶，多数边部或局部被钾长石、石英、绢云母交代或残蚀，个别完全绢云母化；钾长石斑晶主要为微斜长石，少量为显微条纹长石，呈半自形宽板状或板状，均不同程度地被绢云母、白云母、石英所交代；黑云母斑晶呈板片状，棕褐色，多被绿泥石交代。其基质的结晶程度也相对较高，具有细粒花岗结构，主要由石英、斜长石、钾长石及黑云母构成。

黑云母花岗斑岩：桃红、黄褐色，斑状结构，块状构造。斑晶主要由黑云母（1%～3%）、钠长石（≤1%）、钾长石（≤1%）组成。钠长石呈宽板状，多具连晶；钾长石表面具不均匀的轻微泥化现象；黑云母呈长条状或针状，粒径（长轴）1～2mm。基质以石英、黑云母和钾长石为主。石英为他形微晶，粒径≤0.01mm；钾长石呈长条状微晶，粒径<0.01mm；黑云母呈针状微晶，粒径（长轴）<0.05mm。岩石中矿物具定向排列特征。副矿物包括磷灰石和磁铁矿。

（四）早二叠世

1. 岩性组合

西天山早二叠世中酸性侵入岩主要以后造山花岗岩为主，呈片状分布于博罗科努山北段、阿吾拉勒东段北部、特克斯达坂一带，以宽大岩基的形式存在。在阿吾拉勒西段依兰巴斯陶、那拉提新源林场、额尔宾山尔古提地区有零星出露。

博罗科努岩基沿 NW-SE 向延伸，与博罗科努复背斜核部相吻合，其宽达 20 多千米，面积达 800km²，为研究区最大的岩体，其东界倾入上志留统博罗霍洛山组，南界侵入中泥盆统阿克塔什组，向北与下石炭统大哈拉军山组和上石炭统东图津河组呈侵入接触，岩体边部为华力西晚期碱性岩类侵入，边部可见泥盆统阿克塔什组呈顶垂体在岩体顶部，受科古琴山南坡大断裂错动，岩体北界局部接触带为较平直的接触带，

251

其余接触带产状较为复杂。岩性主要为灰白色中-细粒黑云母斜长花岗岩、似斑状粗粒黑云母花岗岩，与围岩接触带见混合岩化、混染岩化、硅化等蚀变，局部见角岩化、夕卡岩化。阔尔库岩基阔尔库序列呈岩株、岩瘤状分别侵入于赛肯都鲁序列和晚石炭世伊什基里克组中，主要为浅肉红中粒二长花岗岩和肉红色中粒正长花岗岩组合（李永军等，2009）。其那尔萨依序列为特克斯达坂主岩体，分布面积大（杨俊泉等，2009）。由早到晚可识别出花岗闪长岩、二长花岗岩、正长花岗岩3类侵入体。其中，花岗闪长岩被二长花岗岩和正长花岗岩侵入，二长花岗岩则被正长花岗岩脉切入。

新源林场一带二叠纪侵入岩体呈小岩株出露，主要由闪长岩、石英闪长岩、花岗闪长岩、二长花岗岩、花岗岩等组成，岩体侵入古生代地层和前寒武纪地层中（朱志新等，2005）。东部额尔宾山尔古提二叠纪中酸性侵入岩体呈近东西向展布的岩基产出，侵入于晚志留世陆源碎屑岩中，岩性为石英闪长岩、二长花岗岩，为壳源花岗岩。依兰巴斯陶岩体长 4.5km，宽 1.5km，面积为 3.5km²（赵军，2013）。呈舌状岩床产出，东北端向上翘起，倾向北西，倾角为 25°～35°。外接触带见绿帘石化、角岩化，宽约 0.3m。内接触带不发育，仅有厚 0.5～1m 的冷凝边，局部千枚岩化等。岩体具有简单的岩相分带，中心为肉红色石英正长斑岩，边部为石英二长斑岩，岩石中含少量捕房体，呈圆球状，粒径为 1～3cm，灰-灰黑色。

2. 岩相学

石英闪长岩：灰色，他形-半自形粒状结构，块状构造。主要矿物成分为长石、角闪石和少量的石英、黑云母。长石含量大约占 65%，其中斜长石约为 50%，钾长石约为 15%。斜长石多为半自形板状，颗粒较大，其长一般为 1.5～3mm，而宽则介于 1～2mm，双晶较发育；钾长石为他形板状，分布在斜长石与斜长石或斜长石与角闪石之间，结晶明显晚于斜长石和角闪石，矿物颗粒明显小于斜长石，其长一般为 1～2mm，而宽则介于 0.5～1mm。角闪石含量为 15%～20%，多呈半自形-他形颗粒产出，矿物颗粒略小于斜长石，但大于钾长石，常与黑云母共生。石英含量占 5%～7%，呈他形粒状产出；黑云母含量为 5%～10%，主要分布在角闪石边部，部分产在斜长石矿物的空隙间。副矿物主要为磁铁矿、磷灰石、榍石和锆石。次生矿物为绢云母和绿泥石。

石英二长斑岩：灰白色-浅肉红色，斑状结构，霏细结构，块状构造。斑晶为中-更长石（20%～25%）、正长石（15%～20%）、石英（≤5%）、黑云母（2%～3%）、角闪石（≤2%）。中-更长石呈长板状、宽板状，粒径为 0.2～1.5mm，偶见环带；正长石呈宽板状，粒径为 0.2～1.0mm，卡氏双晶发育；石英呈他形粒状，粒径为 0.1～0.5mm；黑云母呈长条状，晶型较破碎，长轴为 0.04～0.5mm，矿物变形较强，外缘具有较明显的析铁边；角闪石呈半自形碎片状，常为黑云母取代。基质由更长石和石英组成，以更长石为主。更长石为微晶质他形粒状，少数柱状，具微环带消光；石英呈他形粒状，粒径小。

花岗闪长岩：中细粒花岗结构，块状构造，主要由钾长石、斜长石、石英、黑云母等组成。其中钾长石多为他形粒状，含量为 10%～15%，粒度为 1～1.5mm；斜长石呈自形-半自形柱状、板状，含量为 40%～55%，粒度为 0.5～2.5mm，可见简单双晶、聚片双晶、卡钠复合双晶，多数聚片双晶纹细密，环带结构较发育；黑云母自形-半自形片状，浅黄或深褐色，含量为 5%~10%，粒度为 0.2~2.5mm；角闪石自形-半自形柱状，含量为 3%~5%，粒度为 1~4mm，可见角闪石简单双晶；石英呈他形粒状充填于长石等矿物的粒间，其边界多呈港湾状，具微弱波状消光，含量为 20%~30%，粒度为 0.2~3mm。岩石中可见锆石、磁铁矿等副矿物。

似斑状花岗闪长岩：似斑状结构、花岗结构，块状构造。斑晶由中长石（约10%）、普通角闪石（3%~5%）组成。中长石呈半自形-自形宽板状，粒径为 1~3mm，多已绢云母化、碳酸盐化。角闪石晶形较破碎，粒径为 1~3mm，部分绿泥石化。基质以中长石（60%~70%）、石英（10%~15%）和角闪石（5%）为主。中长石为半自形板状，石英为半自形-他形粒状，角闪石呈碎片状，矿物粒径均≤0.02mm。副矿物主要为磁铁矿、榍石、锆石，含量为 1%~2%。

中粒二长花岗岩：主要矿物粒径为 0.25mm×3.5mm~2mm×3.5mm；斜长石板状，含量为 25%~30%；钾长石为他形，约 30%；石英为他形粒状，30%~35%。

中细粒正长花岗岩：分布极有限，多呈小脉状穿插于各岩类中。斜长石板条状，粒径为 0.2mm×0.4mm~2.25mm×2.8mm，约占 15%，石英为他形粒状，粒径为 0.25~3mm，占 35%~40%；钾长石为他形半自形板状，粒径为 0.4mm×4.5mm~2mm×4.5mm，占 40%~45%。

二、地球化学特征

1. 晚泥盆世-早石炭世

晚泥盆世-早石炭世中酸性侵入岩样品除来自冯博等（2014）、张东阳等（2009）、杨俊泉等（2008）、李继磊等（2010）和蒋宗胜等（2012）外，其余均为本研究样品，共 67 件。TAS 图（图 7-5）显示，这 67 件样品岩性主要为花岗岩、花岗闪长岩、石英二长岩，个别为闪长岩和二长岩，与 I-型花岗岩组合较为一致。岩石样品在 K_2O-Na_2O图（图 7-6）上，主要落入 I-型花岗岩区域，少数落入 A-型花岗岩区域；但 Zr+Nb+Ce+Y<350ppm，暗示岩石成因类型为 I 型花岗岩系列。

花岗岩 SiO_2 含量为 57.07%~77.99%（平均为 68.60%）；TiO_2 含量为 0.07%~0.93%（平均为 0.45%）；Al_2O_3 含量为 7.39%~19.31%（平均为 14.81%），少数样品含量超过 16%，总体属于准铝质钙碱性花岗岩；MgO 含量为 0.11%~3.40%（平均为 1.35%）；TFeO 为 0.67%~9.53%（平均为 3.39%）；CaO 含量为 0.18%~9.28%（平均为 2.90%）；Na_2O+K_2O 含量为 4.56%~9.57%（平均为 7.61%）；Na_2O/K_2O 比值约为 1。

主量元素的哈克图解（图 7-7）显示，Al_2O_3、CaO、K_2O、Na_2O、MgO、TiO_2、TFeO、P_2O_5 随 SiO_2 含量的增加而线性减少。其中，TiO_2、P_2O_5 随 SiO_2 含量的增加而线性减少的趋势在 SiO_2=62% 处有所减缓，暗示岩浆演化过程中可能有磷灰石、榍石的分离结晶。同时，花岗岩样品总体具有高 Sr 高 Yb（Sr>200×10^{-6}，Yb 平均值>2.0×10^{-6}）的特征，暗示这些特征不可能是少量矿物在源区发生残留引起的，而可能是岩浆演化

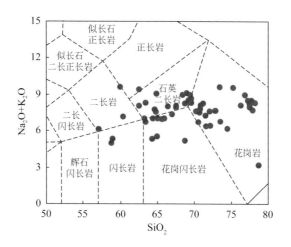

图 7-5　晚泥盆世–早石炭世花岗岩 TAS 图解

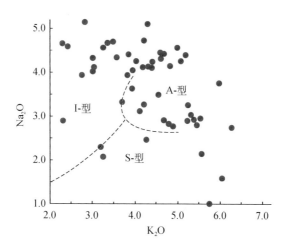

图 7-6　晚泥盆世–早石炭世花岗岩 K_2O-Na_2O

过程中发生了大规模的磷灰石、榍石分离结晶引起的。

　　花岗岩 $\sum$ REE =（23.22 ~ 278.99）$\times 10^{-6}$（平均为 133.29×10^{-6}），其中 LREE =（20.20 ~ 257.32）$\times 10^{-6}$（平均为 122.70×10^{-6}），HREE =（3.02 ~ 22.69）$\times 10^{-6}$（平均为 10.59×10^{-6}）；δEu = 0.12 ~ 1.31（平均为 0.68），$(La/Yb)_N$ 值为 1.96 ~ 18.09（平均为 8.47），$(La/Sm)_N$ 值为 0.91 ~ 10.13（平均为 4.27），$(Gd/Yb)_N$ 值为 0.61 ~ 1.90（平均为 1.36）。轻稀土元素和重稀土元素之间的分馏程度较强（LREE/HREE 值为 3.38 ~ 21.50，平均为 11.67），轻稀土元素内部分馏程度中等，重稀土元素内部分馏程度较弱。从球粒陨石标准化的稀土元素配分曲线图上（图 7-8）可以看出，配分曲线均为缓慢右倾的轻稀土富集型，样品显示强负 Eu 异常至无异常。

　　从花岗岩的不相容元素原始地幔标准化图上（图 7-9）可以看出，Rb、Th、U、K、

Pb、Dy、Y 7 种元素小幅度相对富集，Nb、Ta、Ba、P 适度亏损，Ti、Lu 显著亏损，Zr、Hf 富集不明显。除了上述相对亏损或富集的元素外，样品其余元素的原始地幔标准化比值介于 10～70。总体上，配分曲线相对平滑，曲线形态一致。

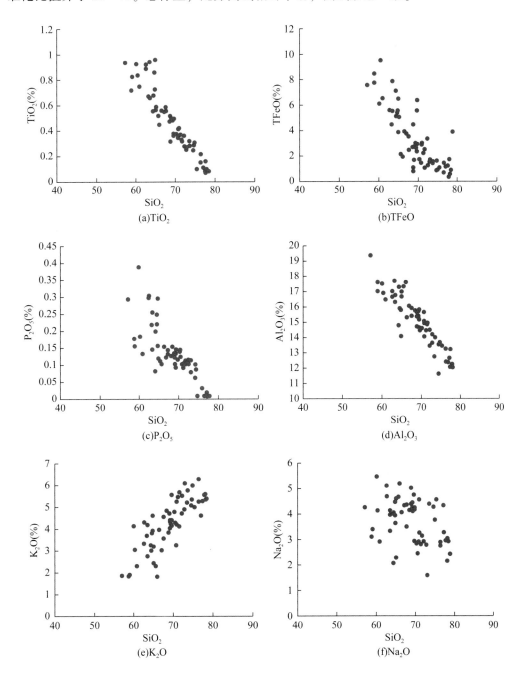

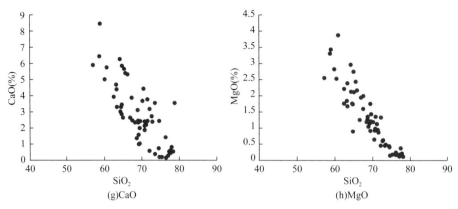

图 7-7　晚泥盆世–早石炭世花岗岩哈克图解

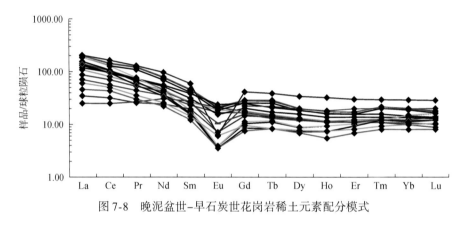

图 7-8　晚泥盆世–早石炭世花岗岩稀土元素配分模式

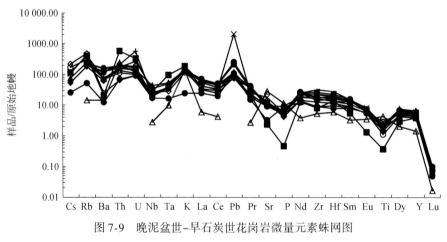

图 7-9　晚泥盆世–早石炭世花岗岩微量元素蛛网图

2. 晚石炭世

晚石炭世中酸性侵入岩样品除来自赵军（2013）和徐学义等（2005，2006）外，其余均为本研究样品，共20件。TAS图（图7-10）显示，这20件样品岩性主要为花岗岩，个别为石英闪长岩和花岗闪长岩，与I-型花岗岩组合较为一致。岩石样品在

K_2O-Na_2O 图（图 7-11）上，主要落入 I-型花岗岩区域，个别落入 S-型花岗岩区域；但 $Zr+Nb+Ce+Y<350ppm$，暗示岩石成因类型为 I-型花岗岩系列。

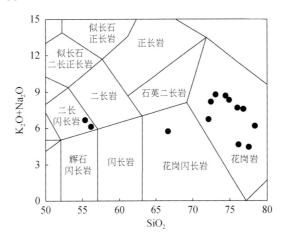

图 7-10 晚石炭世花岗岩 TAS 图解

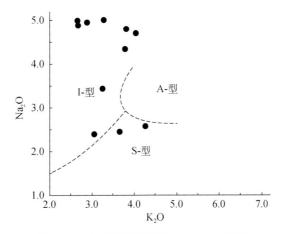

图 7-11 晚石炭世花岗岩 K_2O-Na_2O 图解

侵入岩 SiO_2 含量为 55.36%～78.39%（平均为 69.20%）；TiO_2 含量为 0.06%～1.01%（平均为 0.35%）；Al_2O_3 含量为 9.58%～17.17%（平均为 12.50%），少数样品含量超过 17%，总体属于准铝质钙碱性花岗岩；MgO 含量为 0.11%～3.40%（平均为 1.35%）；TFeO 为 0.82%～7.03%（平均为 2.33%）；CaO 含量为 0.16%～9.39%（平均为 1.94%）；Na_2O+K_2O 含量为 4.43%～8.75%（平均为 6.38%）；Na_2O/K_2O 值<1，可能与矿区侵入岩严重蚀变有关。

主量元素的哈克图解（图 7-12）显示，Al_2O_3、CaO、K_2O、Na_2O、MgO、TiO_2、TFeO、P_2O_5 随 SiO_2 含量的增加而线性减少。样品明显分为两群：花岗岩群和闪长岩群。花岗岩样品总体具有低 Sr 高 Yb（$Sr<200\times10^{-6}$，Yb 平均值$>5.0\times10^{-6}$）的特征，闪长岩样品总体具有高 Sr 低 Yb（$Sr>500\times10^{-6}$，Yb 平均值约为 2.0×10^{-6}）的特征，暗示两者来源可能不一致。

侵入岩 $\sum REE = (39.20 \sim 275.31) \times 10^{-6}$ （平均为 166.90×10^{-6}），其中 $LREE = (31.40 \sim 236.12) \times 10^{-6}$ （平均为 143.22×10^{-6}），$HREE = (7.80 \sim 40.15) \times 10^{-6}$ （平均为 23.69×10^{-6}）；$\delta Eu = 0.03 \sim 1.19$ （平均为 0.41），其中近半数样品 <0.1，暗示样品可能遭受了较强的热液蚀变；$(La/Yb)_N$ 值为 $1.61 \sim 7.18$ （平均为 3.70），$(La/Sm)_N$ 值为 $1.62 \sim 4.14$ （平均为 2.92），$(Gd/Yb)_N$ 值为 $0.63 \sim 1.49$ （平均为 0.95）。轻稀土元素和重稀土元素之间的分馏程度中等（$LREE/HREE$ 值为 $3.42 \sim 10.63$，平均为 6.23），轻稀土元素内部分馏程度较弱，重稀土元素内部基本无分馏。从球粒陨石标准化的稀土元素配分曲线图上（图7-13）可看出，配分曲线均为缓慢右倾的轻稀土富集型，样品显示出强负 Eu 异常。

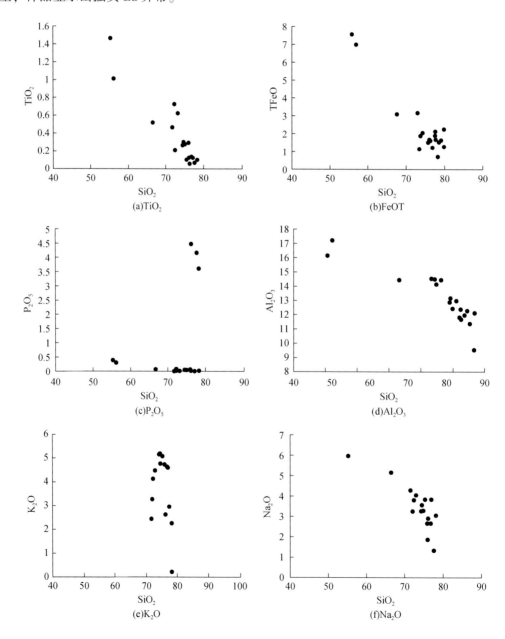

(a)TiO_2

(b)FeOT

(c)P_2O_5

(d)Al_2O_3

(e)K_2O

(f)Na_2O

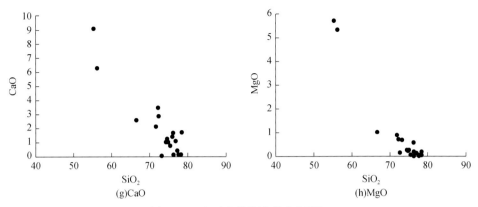

图 7-12　晚石炭世花岗岩哈克图解

从侵入岩的不相容元素原始地幔标准化图上（图 7-14）可以看出，Rb、Th、U、K、Pb、Dy、Y、Zr、Hf、Sm 10 种元素有小幅度的相对富集，Nb、Ta、适度亏损，Ba、P、Ti、Lu 显著亏损。除了上述相对亏损或富集的元素外，样品其余元素的原始地幔标准化比值介于 1～50。总体上，配分曲线相对平滑，曲线形态一致。

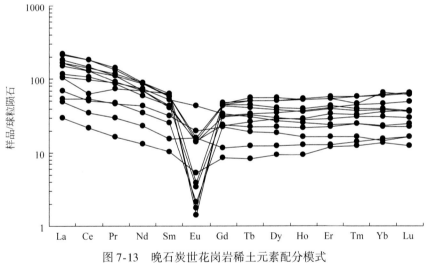

图 7-13　晚石炭世花岗岩稀土元素配分模式

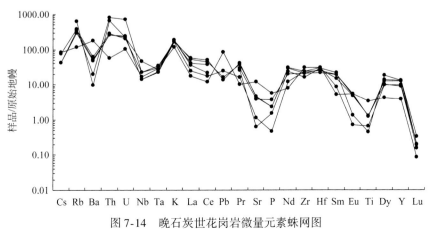

图 7-14　晚石炭世花岗岩微量元素蛛网图

259

3. 早二叠世

早二叠世中酸性侵入岩样品除来自赵军（2013）、王博等（2007）和杨俊泉等（2008），共33件。TAS图（图7-15）显示，这33件样品岩性主要为花岗岩和石英二长岩，个别为花岗闪长岩。岩石样品在K_2O-Na_2O图（图7-16）上，主要落入A-型花岗岩区域，个别落入I-型花岗岩区域；但$Zr+Nb+Ce+Y<200ppm$，暗示岩石成因类型为A-型花岗岩系列。

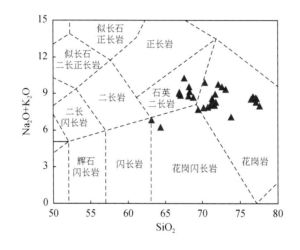

图 7-15　早二叠世花岗岩 TAS 图解

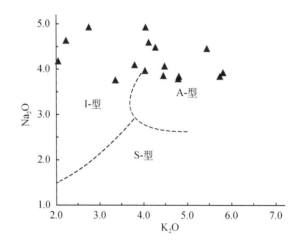

图 7-16　早二叠世花岗岩 K_2O-Na_2O 图解

花岗岩 SiO_2 含量为 63.18%~77.57%（平均为 71.08%）；TiO_2 含量为 0.06%~0.56%（平均为 0.27%）；Al_2O_3 含量为 12.00%~17.52%（平均为 15.00%），含量偏低；MgO 含量为 0.09%~2.78%（平均为 0.78%）；TFeO 为 0.75%~3.83%（平均为 2.07%）；CaO 含量为 0.13%~4.98%（平均为 1.77%），含量偏低；Na_2O+K_2O 含量

为 6.86%~10.26%（平均为 8.53%），含量较高。从 K_2O 含量、Na_2O/K_2O 值和 $FeO/(FeO+MgO)$ 值上中酸性侵入岩明显分为两群：博罗科努山、特克斯达坂岩基为一群，其 Na_2O/K_2O 比值为 1.01~1.49（平均为 1.18），$FeO/(FeO+MgO)$ 值为 0.76~0.96（平均为 0.91），K_2O 含量为 3.35%~5.81%（平均为 4.60%），明显较高；依兰巴斯陶、乌郎达坂、奴拉赛、莫早斯特、圆头山、黑山头、巴尔斯干等铜矿区为一群，其 Na_2O/K_2O 比值为 0.09~1.22（平均为 0.56），$FeO/(FeO+MgO)$ 值为 0.64~0.82（平均为 0.70），K_2O 含量 0.70%~5.43%（平均为 2.92%），明显偏低，暗示除与岩基花岗岩成因上有所差别外，还可能与矿区侵入岩蚀变有关。

主量元素的哈克图解（图 7-17）显示，Al_2O_3、CaO、K_2O、Na_2O、MgO、TiO_2、$TFeO$、P_2O_5 随 SiO_2 含量的增加而线性减少。其中，CaO、Na_2O、$TFeO$ 在岩浆演化过程中出现拐点，暗示可能有长石、富铁黑云母的分离结晶作用出现，并可能有堆晶现象。岩基花岗岩样品总体具有低 Sr 高 Yb（$Sr<200\times10^{-6}$，Yb 平均值$>2.0\times10^{-6}$）的特征，矿区侵入岩样品总体具有高 Sr 低 Yb（$Sr>400\times10^{-6}$，$Yb<1.0\times10^{-6}$）的特征，暗示两者来源可能不一致。

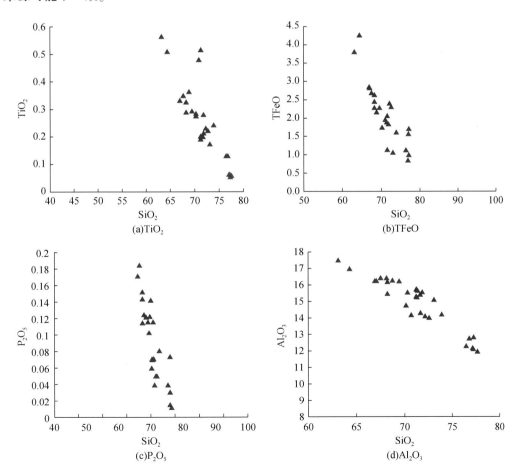

(a)TiO_2

(b)$TFeO$

(c)P_2O_5

(d)Al_2O_3

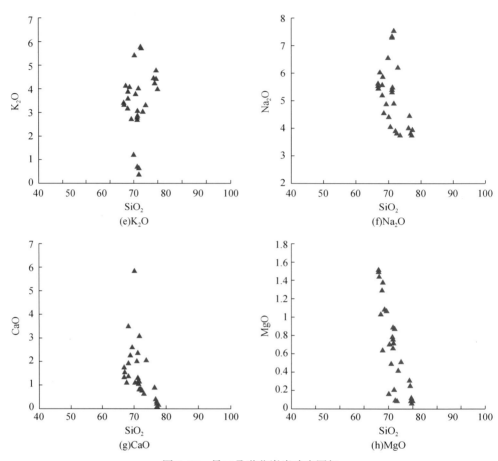

图 7-17 早二叠世花岗岩哈克图解

根据稀土元素特征中酸性侵入岩也明显可以分为两类：一类为花岗岩岩基，$\sum REE =$ $(90.49 \sim 235.99) \times 10^{-6}$（平均为 156.98×10^{-6}），其中 $LREE = (75.31 \sim 227.46) \times 10^{-6}$（平均为 140.42×10^{-6}），$HREE = (8.03 \sim 31.55) \times 10^{-6}$（平均为 16.55×10^{-6}）；$\delta Eu =$ $0.04 \sim 0.99$（平均为 0.30）；$(La/Yb)_N$ 值为 $2.21 \sim 19.81$（平均为 7.58），$(La/Sm)_N$ 值为 $2.18 \sim 5.42$（平均为 3.33），$(Gd/Yb)_N$ 值为 $0.73 \sim 1.77$（平均为 1.19）；轻稀土元素和重稀土元素之间的分馏程度中等（$LREE/HREE$ 值为 $3.92 \sim 26.68$，平均为 10.98），轻稀土元素内部分馏程度较弱，重稀土元素内部基本无分馏；从球粒陨石标准化的稀土元素配分曲线图上（图 7-18）可看出，配分曲线均为缓慢右倾的轻稀土富集型，样品显示出强负 Eu 异常；但特克斯达坂岩基在 δEu、$(La/Yb)_N$、$(La/Sm)_N$、$(Gd/Yb)_N$、$(LREE/HREE)$ 值上均小于博罗科努岩基，显示两岩基间存在有一定的差别。另一类为矿区中酸性侵入岩，$\sum REE = (26.76 \sim 100.49) \times 10^{-6}$（平均为 69.77×10^{-6}），其中 $LREE = (24.90 \sim 97.87) \times 10^{-6}$（平均为 66.46×10^{-6}），$HREE = (1.76 \sim 11.29) \times 10^{-6}$（平均为 3.31×10^{-6}）；$\delta Eu = 0.73 \sim 1.25$（平均为 1.09）；$(La/Yb)_N$ 值为 $3.40 \sim 238.86$（平均为 29.12），$(La/Sm)_N$ 值为 $2.01 \sim 9.03$（平均为 4.80），（Gd/

Yb)$_N$值为 1.18~28.71（平均为 3.44）；轻稀土元素和重稀土元素之间的分馏程度中等（LREE/HREE 值为 7.07~43.65，平均为 24.87），轻稀土、重稀土元素内部分馏程度均较强；从球粒陨石标准化的稀土元素配分曲线图上（图 7-18）可看出，配分曲线均为陡立右倾的轻稀土富集型，样品显示弱负 Eu 异常至无异常。

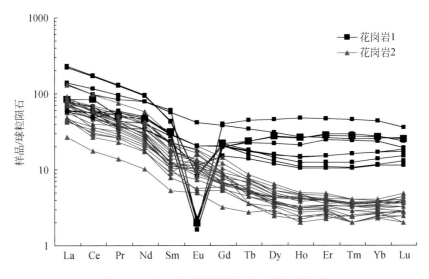

图 7-18　早二叠世花岗岩稀土元素配分模式

　　按照稀土元素划分的方法，两类中酸性岩体在微量元素特征上也有所差别。从不相容元素原始地幔标准化图上（图 7-19）可以看出，两类岩体的 Rb、U、K、Dy、Y、Zr、Hf、Sm 8 种元素均不同程度地相对富集，Nb、Ta 适度亏损，Ba、P、Ti、Lu 显著亏损。但花岗岩岩基具有 Th 的小幅度富集、Sr 的显著亏损和 Pb、Ba 的适度亏损，矿区侵入岩则与之相反。但总体上配分曲线相对平滑。

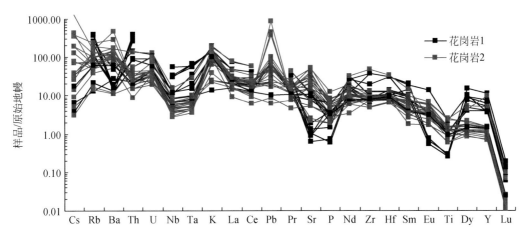

图 7-19　早二叠世花岗岩微量元素蛛网图

三、年龄

晚泥盆世–早石炭世中酸性侵入岩为各种英云闪长岩、花岗闪长岩、花岗岩的混合，岩性较为复杂。各地岩体侵入年龄不一致，具有西老东新的特点（表7-1）。伊犁地块北部博罗科努地区的侵入岩形成年龄为（376~341）Ma，为晚泥盆世末到早石炭世早期；阿吾拉勒西部为331Ma，为早石炭世中期；阿吾拉勒东段（326~318）Ma，为早石炭世晚期。由西往东呈现出明显时代变新的趋势。另外，伊犁地块那拉提地区侵入岩形成年龄为355Ma，属早石炭世早期；乌孙山（伊什基里克山）火山岩形成年龄在（347~343）Ma，属于早石炭世早期。可以看出，中酸性侵入岩年龄东西部存在巨大的差别。

晚石炭世侵入岩主要分布于阿吾拉勒东段、博罗科努山北段、乌孙山科库萨依地区。其中，阿吾拉勒东段年龄为（316~299）Ma，为晚石炭世；博罗科努山北段形成年龄为（317~308）Ma，属晚石炭世早中期；乌孙山科库萨依岩体年龄为314Ma，为晚石炭世早期。

阿吾拉勒西段侵入岩主要分布于各主要铜矿区，如莫早斯特、奴拉赛、群吉萨依、依兰巴斯陶、木兰巴斯陶、黑山头等，岩体位于早二叠世火山穹隆中心（赵军，2013），为次火山斑（玢）岩。根据岩体侵位关系，可以判断其形成时间应晚于火山岩，即不早于早二叠世。但从前人（赵军，2013；刘新等，2012；闫永红等，2013；李晓英等，2012）测试结果来看，均大于300Ma，为晚石炭世产物。从锆石阴极发光图像（赵军，2013；刘新等，2012）来看，测试点均位于核部与边部的结合部位，测试结果应为两者的混合年龄，笔者认为将其作为锆石形成年龄不妥。故本书将阿吾拉勒西段矿区侵入岩形成时间视为早二叠世。

阔尔库、博罗科努山北段、特克斯达坂早二叠世中酸性侵入岩均为岩基，出露面积超过400km^2，岩性均为花岗岩，形成时间为（280~266）Ma，为早中二叠世。

表 7-1　西天山主要花岗岩形成时间

地点	岩石名称	测试方法	年龄（Ma）	资料来源	采样位置
备战铁矿	花岗岩	锆石 LA-ICP-MS U-Pb	307.0±1.2	孙吉明等（2012）	矿区东北部
备战铁矿	花岗岩	锆石 LA-ICP-MS U-Pb	301.4±0.4	韩琼等（2013）	南部隧道口
备战铁矿	花岗岩	锆石 LA-ICP-MS U-Pb	299.0±2.5	本书	南部隧道口
查岗诺尔铁矿	闪长岩	锆石 LA-ICP-MS U-Pb	303.8~305.0	蒋宗胜等（2012）	II矿带
查岗诺尔铁矿	花岗闪长岩	锆石 LA-ICP-MS U-Pb	325.9±2.7	本书	II矿带
智博铁矿	花岗岩	锆石 LA-ICP-MS U-Pb	320.3±2.5		东矿段
智博铁矿	花岗岩	锆石 LA-ICP-MS U-Pb	294.5±1.0	Zhang Xi et al.（2012）	东矿段
智博铁矿	闪长岩	锆石 LA-ICP-MS U-Pb	318.9±1.5		东矿段
智博铁矿	花岗岩	锆石 LA-ICP-MS U-Pb	304.1±1.8		东矿段
敦德铁锌矿	钾长花岗岩	锆石 LA-ICP-MS U-Pb	295.8±0.7	Duan（2014）	矿区南部

地点	岩石名称	测试方法	年龄（Ma）	资料来源	采样位置
敦德铁锌矿	花岗岩	锆石 LA-ICP-MS U-Pb	300.7±2.0	本书	矿区南部
那拉提达格特	闪长岩	锆石 LA-ICP-MS U-Pb	355±9	朱涛等（2012）	
阔尔库岩基	花岗闪长岩	锆石 LA-ICP-MS U-Pb	331±6	李永军等（2007）	
	二长花岗岩	锆石 LA-ICP-MS U-Pb	281±9		
特克斯达坂	花岗闪长斑岩	Rb-Sr 法	347±3	杨俊泉等（2009）	
	二长花岗岩	锆石 LA-ICP-MS U-Pb、黑云母 K-Ar	292～291		
群吉萨依铜矿	花岗斑岩	锆石 LA-ICP-MS U-Pb	302±4	闫永红等（2013）	
达巴特铜矿	花岗斑岩	锆石 LA-ICP-MS U-Pb	288.9±2.3	唐功建等（2008）	
达巴特铜矿	英安斑岩	锆石 LA-ICP-MS U-Pb	315.9±5.9	张作衡等（2006）	
达巴特铜矿	花岗斑岩	锆石 LA-ICP-MS U-Pb	317±8.0	王志良等（2006）	
博罗科努山	闪长岩	锆石 LA-ICP-MS U-Pb	308.2±5.4	朱世新等（2006）	
博罗科努山	辉石闪长岩	锆石 LA-ICP-MS U-Pb	301±7.0	王博等（2007）	
博罗科努山	黑云母花岗岩	锆石 LA-ICP-MS U-Pb	294～285		
博罗科努山	钾长花岗岩	锆石 LA-ICP-MS U-Pb	280～266		
玉希莫勒盖达坂	花岗闪长岩	锆石 LA-ICP-MS U-Pb	315±3、309±3	Wang et al.（2006）	
哈希勒根达坂	黑云母花岗岩	TIMS 锆石 U-Pb	286.8±0.8	徐学义等（2006）	
库勒萨依	花岗闪长斑岩	STIMS 锆石 U-Pb	342.5±2.3	朱志敏等（2012）	特克斯达坂
科库萨依	石英正长斑岩	锆石 LA-ICP-MS U-Pb	314.4±3.7	程春华等（2010）	乌孙山
莱历斯高尔	花岗闪长斑岩	SHRIMP 锆石 U-Pb	362±12	李华芹等（2006）	
		全岩 Rb-Sr 等时线	341±9		
莱历斯高尔	花岗闪长斑岩	锆石 LA-ICP-MS U-Pb	346±1.2	薛春纪等（2011）	
3571	花岗闪长斑岩	锆石 LA-ICP-MS U-Pb	350±0.65		
哈勒尕提	二长花岗岩	锆石 LA-ICP-MS U-Pb	376.4±3.2	顾雪祥等（2014）	
哈勒尕提	花岗闪长岩	锆石 LA-ICP-MS U-Pb	365.6±3.5		
黑山头	花岗岩	锆石 LA-ICP-MS U-Pb	312.9±1.3	赵军（2013）	
乌郎达坂	花岗闪长岩	锆石 LA-ICP-MS U-Pb	311.3±1.4		
莫早斯特	石英二长斑岩	锆石 LA-ICP-MS U-Pb	307.1±1.5		
依兰巴斯陶	石英二长斑岩	锆石 LA-ICP-MS U-Pb	278.2±0.8		
木汗巴斯陶	花岗岩	锆石 LA-ICP-MS U-Pb	319.1±2.4	刘新等（2012）	
群吉萨依	花岗斑岩	锆石 LA-ICP-MS U-Pb	302±4	闫永红等（2013）	
乌郎达坂	花岗岩	锆石 LA-ICP-MS U-Pb	303±4.0	李晓英等（2012）	
依兰巴斯陶	石英二长斑岩	锆石 LA-ICP-MS U-Pb	291.8±3.7		

四、构造背景

1. 晚泥盆世–早石炭世

不同环境花岗岩的微量元素地球化学特征存在明显的不同，其化学成分基本上是由源区成分控制的（Forster et al.，1997），因此可采用元素比值对岩浆源区进行判别。地球化学性质相近的不相容元素 Nb/Ta 值为 3.80～17.38，平均为 10.51，接近于上地壳的相应值（11.4，Taylor and Mclenann，1985），而偏离原始地幔相应值（17.8，McDonough and Sun，1995）较大。另外，岩石中 Cr 和 Ni 的含量极低（分别为 2.4×10^{-6}～160×10^{-6}，3.78×10^{-6}～130×10^{-6}），高于地壳含量，暗示岩浆体系中可能有地幔组分的参与。Ti/Zr 值及 Ti/Y 值变化较大（分别为 2.80～134.99，30～1064.57），大多数分别大于 20 和 100，表明其为壳幔混合体系。Rb/Nb 值（2.57～32.57，平均为 9.87），稍高于上地壳平均值（4.5），但远高于原始地幔平均值，暗示有俯冲流体的加入。另外，花岗岩富集 K、Rb、Th、U、Pb 等大离子亲石元素和 LREE，具有显著的 Ba、Nb、Ta、P、Ti 负异常，相对较高 Th/Ta 值（4.43～56.00，平均为 16.17），远高于原始地幔和地壳，暗示有俯冲带流体的加入。

在 Rb-(Y+Nb)、Rb-Yb+Ta 图（图7-20）中样品基本落入岛弧区域，在 Y-Sr/Y 图上（图略）全部样品落入岛弧火山岩区域，暗示晚泥盆世–早石炭世中酸性侵入岩形成于岛弧环境。但低 Zr/Nb 值（3.16～54.28）与低 Ba/Th 值（2.36～74.99）暗示火山岩岩浆源区受俯冲带流体影响。高 Th/Ce 值（0.10～2.27，平均为 0.54）则显示出洋底沉积物的加入对侵入岩成分产生了极大的影响。在 (La/Yb)$_N$-Yb$_N$ 图 [图7-21（a）] 上基本落入经典岛弧花岗岩区域，在 Rb-Hf-Ta 图上（图7-22）样品基本也进入岛弧花岗岩区域。而在 A/MF-C/MF [图7-21（b）] 上，样品除落入基性岩的部分熔融区外，还落入变质泥岩、变质砂岩的部分熔融区，暗示花岗岩来源较为复杂，原始地幔和基底都有所贡献。

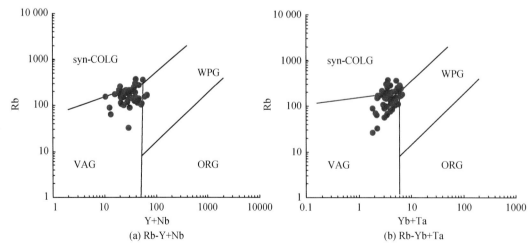

图 7-20   晚泥盆世–早石炭世花岗岩 Rb-Y+Nb、Rb-Yb+Ta 图解

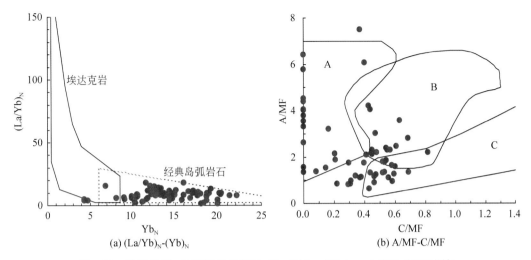

图 7-21　晚泥盆世–早石炭世花岗岩（La／Yb）$_N$-（Yb）$_N$、A／MF-C／MF 图解

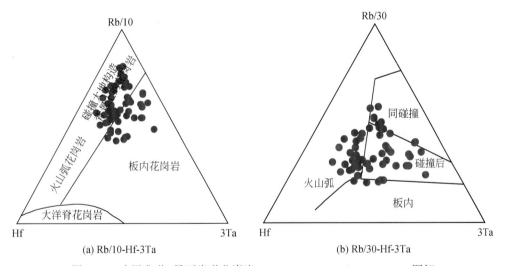

图 7-22　晚泥盆世–早石炭世花岗岩 Rb／10-Hf-3Ta、Rb／30-Hf-3Ta 图解

综上所述，晚泥盆世–早石炭世花岗岩构造环境可能为俯冲碰撞背景下的岛弧环境。

2. 晚石炭世

晚石炭世花岗岩 Nb／Ta 值为 7.50 ～ 23.08，平均 11.83，与上地壳值（11.4，Taylor and Mclenann，1985）相近，低于原始地幔相应值（17.8，McDonough and Sun，1995）。另外，岩石中 Cr、Ni 含量极低（分别为 7.5×10^{-6}，1.73×10^{-6}），说明岩浆体系主要来自地壳序列。Ti／Zr 值及 Ti／Y 值变化较大（分别为 1.28 ～ 12.68，2.93 ～ 248.16），大多数分别小于 10 和 100，表明其主要为壳源岩浆系列；Rb／Nb 值（1.22 ～ 34.10，平均值为 13.84）高于地壳平均值，远高于原始地幔平均值，暗示有俯冲带流体的加入。另外，花岗岩富集 K、Rb、Th、U、Zr、Hf 等大离子亲石元素和 LREE，具有显著的 Ba、Nb、Ta、Sr、P、Ti 负异常，相对较高 Th/Ta 值（3.28 ~ 48.63，平均 23.57）远高于原始地幔和地壳，暗示有俯冲带流体的加入。在 Rb-（Y+Nb）、Rb-Yb+Ta 图（图 7-23）中样品基本落入岛弧区域，在 Y-Sr/Y 图上（图略）样品也进入岛弧火山岩区域，暗示晚石炭世中酸性侵入岩形成于岛弧环境。但低 Zr/Nb 值（0.28 ~ 43.9，平均 16.54）与低 Ba/Th 值（1.41 ~ 260.37，平均 39.55）暗示火山岩岩浆源区受到了俯冲带流体影响。高 Th/Ce 值（0.06 ~ 2.17，平均 0.58）则显示出洋底沉积物加入对侵入岩成分产生了极大的影响。

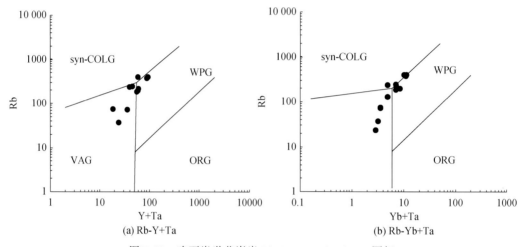

图 7-23　晚石炭世花岗岩 Rb-Y+Ta、Rb-Yb+Ta 图解

在（La/Yb）$_N$-（Yb）$_N$ 图 [图 7-24（a）] 上基本落入经典岛弧花岗岩区域，在 Rb-Hf-Ta 图上（图 7-25）样品基本也进入岛弧或同碰撞花岗岩区域。而在 A/MF-C/MF [图 7-24（b）] 上，样品主要落入变质泥岩部分熔融区，暗示花岗岩来源较为复杂，原始地幔和基底都有所贡献。在 TFeO/（TFeO+MgO）-SiO$_2$（图 7-26）图上，样品点则分布较散。

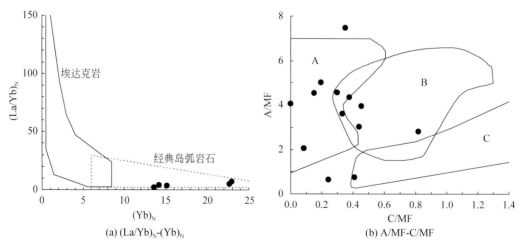

图 7-24　晚石炭世花岗岩（La/Yb）$_N$-（Yb）$_N$、A/MF-C/MF 图解

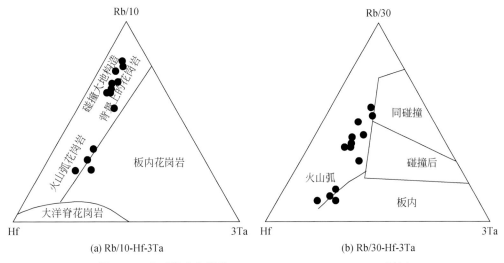

(a) Rb/10-Hf-3Ta　　　　　　　　　(b) Rb/30-Hf-3Ta

图 7-25　晚石炭世花岗岩 Rb/10- Hf-3Ta、Rb/30- Hf-3Ta 图解

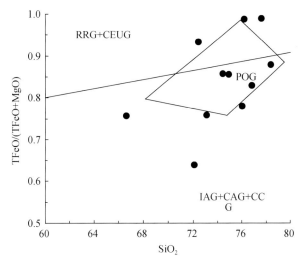

图 7-26　晚石炭世花岗岩 TFeO/(TFeO+MgO)-SiO$_2$图

　　综上所述，晚石炭世花岗岩构造环境可能为同碰撞环境，局部可能有后造山花岗岩形成。

3. 早二叠世

　　早二叠世岩基花岗岩 Nb/Ta 值为 5.62~16.97，平均 9.97，与下地壳值相近，低于原始地幔相应值；岩石中 Cr、Ni 含量极低（分别为 $5.86×10^{-6}$~$118×10^{-6}$，$3.2×10^{-6}$~$12×10^{-6}$），说明岩浆体系主要来自地壳。Ti/Zr 值及 Ti/Y 值变化较大（分别为 1.76~12.47，7.65~177.02），大多数分别小于 10 和 100，表明其来源于壳源岩浆系列；Rb/Nb 值（3.69~19.92，平均为 10.17）稍高于地壳平均值，远高于原始地幔平均值，暗示有俯冲带流体的加入。另外，花岗岩富集 Rb、U、Th、K、Dy、Y、Zr、Hf、Sm 等大离子亲石元素和 LREE，具有显著的 Ba、Nb、Ta、Sr、P、Ti、Pb、Lu 负异常，相对较高 Th/Ta 值（8.42～12.69，平均 10.41）远高于原始地幔和地壳平均值，暗示有俯冲带流体的加入。但低 Zr/Nb 值（3.06～47.96，平均 21.37）与低 Ba/T 值（3.36～99.83，平均 22.06）也暗示火山岩岩浆源区受到了俯冲带流体影响，但影响效果并不显著。高 Th/Ce 值（0.10～0.93，平均 0.38）则显示出洋底沉积物的加入对侵入岩成分产生了极大的影响。

矿区花岗岩 Nb/Ta 值为 11.72～17.90，平均 14.49，介于上地壳与原始地幔相应值之间；岩石中 Cr、Ni 含量极低（分别为 4.86×10^{-6}～8.81×10^{-6}，2.06×10^{-6}～23.3×10^{-6}），说明岩浆体系主要来自地壳。Ti/Zr 值及 Ti/Y 值变化较大（分别为 9.03～26.97，131.90～498.46），大多数分别大于 10 和 100，与地壳相应值较为接近，表明其可能来源于壳源岩浆系列；Rb/Nb 值（1.95～36.984，平均值为 15.42）稍高于地壳平均值，远高于原始地幔平均值，暗示有俯冲带流体的加入。另外，花岗岩富集 Rb、U、K、Dy、Sr、Pb、Ba、Y、Zr、Hf、Sm 等大离子亲石元素和 LREE，具有显著的 Th、Nb、Ta、P、Ti、Lu 负异常，相对较高 Th/Ta 值（2.50～17.67，平均 9.11）远高于原始地幔和地壳平均值，也暗示有俯冲带流体的加入。但高 Zr/Nb 值（14.11～44.22，平均 26.09）与高 Ba/Th 值（17.85～1831.11，平均 400.55）也暗示火山岩岩浆源区明显受到了俯冲带流体影响。低 Th/Ce 值（0.03～0.16，平均 0.08）与下地壳值较为接近。

元素比值和微量元素特征表明，两类岩石具有相似的特征，均来自壳源岩浆系列，受到了俯冲带流体的作用。因此归为一类进行构造环境讨论。

在 Rb-（Y+Nb）、Rb-Yb+Ta 图（图 7-27）中样品基本落入火山岛弧与同碰撞花岗岩结合区域，在 Y-Sr/Y 图上（图略）样品基本进入埃达克岩区域，暗示早二叠世中酸性侵入岩形成于陆内环境。在 $(La/Yb)_N$-$(Yb)_N$ 图［图 7-28（a）］上基本落入埃达克岩区域少量落入岛弧花岗岩区域。在 Rb-Hf-Ta 图上（图 7-29）样品基本也落入岛弧或后碰撞花岗岩区域。而在 A/MF-C/MF［图 7-28（b）］上，样品主要落入变质泥岩部分熔融区，暗示花岗岩主要来自基底。

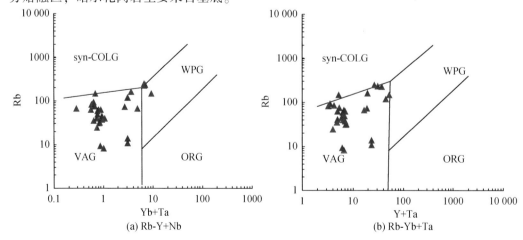

图 7-27　早二叠世花岗岩 Rb-Y+Nb、Rb-Yb+Ta 图解

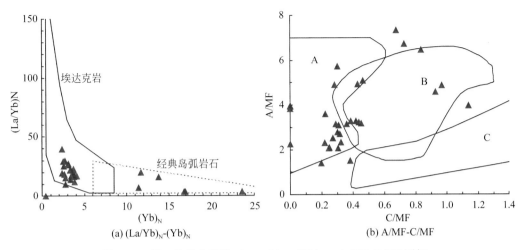

图 7-28　早二叠世花岗岩 （La/Yb）$_N$-（Yb）$_N$、A/MF-C/MF 图解

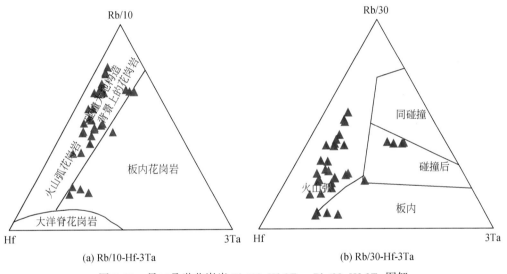

图 7-29　早二叠世花岗岩 Rb/10-Hf-3Ta、Rb/30-Hf-3Ta 图解

　　可以看出，早二叠世花岗岩主要来自基底岩石的部分熔融，但由于受残余俯冲带流体的影响，部分岩石特征（特别是亲石元素和微量元素特征）显现出岛弧花岗岩特征。结合早二叠世火山岩特征，早二叠世花岗岩构造环境可能为后碰撞条件下的陆内拉伸环境，但规模较为有限，可能主要局限于阿吾拉勒西段和伊什基里克山地区。

五、与成矿的关系

　　前文已述，西天山晚古生代铁多金属矿成矿作用除与石炭纪火山作用有关外，还与晚泥盆世–早石炭世中酸性侵入岩有关。铁矿成矿作用与中酸性岩浆侵入作用存在如下关系。

1. 空间上具有亲缘性

目前，西天山仅在哈勒尕提、阔库确科两个矿区发现与中酸性侵入岩有关的铁矿体。两矿区磁铁矿体均位于中酸性岩体与大理岩、灰岩的接触部位。接触部位发育大规模的夕卡岩化，磁铁矿体即位于夕卡岩带中。矿体与围岩接触界限相当模糊，见大量的蚀变现象。矿体呈似层状、透镜状产出，在平剖面上具有膨大缩小、舒缓波状现象，总体呈中等倾斜乃至缓倾斜，倾角一般 20°～45°，局部达 50°～75°，但矿体头部往往比较陡直，局部甚至反倾斜。铁矿体顶、底板均为夕卡岩带或与夕卡岩化带，显示了两者在空间上的亲缘性。

2. 形成时代上一致

哈勒尕提矿区花岗岩体年龄为 357～376Ma。由于测试单位和测试部位不同，不同学者获得的结果有所不同，如高景刚等（2014）获得二长花岗岩年龄为 367Ma，顾雪祥等（2014）获得了花岗闪长岩年龄为 369Ma，姜寒冰等（2014）则获得了二长花岗岩年龄为 362～357Ma。尽管存在差异，但岩体形成时间集中于晚泥盆世–早石炭世是一个不争的事实。

从接触关系上看，铁矿体与岩体几乎同时形成，或稍微晚于岩体形成。铁矿体中普遍见铜、钼、金、铅锌矿化，大多数矿体中可单独圈出铜矿体。铜矿石中普遍见辉钼矿。前人（高景刚等，2014；顾雪祥等，2014）对矿区矿石的描述可以看出，铁、铜、钼矿化为同期不同阶段成矿产物。因此，辉钼矿年龄可代表铜矿体形成年龄，也可代表铁矿体形成年龄。高景刚等（2014）对铜矿石中辉钼矿进行了 Re-Os 年龄测定，获得了 371～370Ma 的等时线年龄。该年龄数值，也代表了铁矿体的形成时间。

该年龄尽管稍微大于高景刚等（2014）获得的 367Ma 岩体年龄，但也在误差范围之内。可以认为，两者（成矿与成岩）在形成时间上几乎是同时形成，成矿作用与中酸性岩体的侵入活动能很好地对应，具有较好的一致性。

3. 物质来源相似

花岗闪长岩（图7-30）的稀土总含量为（$\sum REE$）110.4×10^{-6}～170.4×10^{-6}，平均为 148.89×10^{-6}；$(La/Yb)_N$ 为 7.16～12.38，平均为 9.78；δEu 为 0.27～0.93，平均为 0.59；LREE/HREE 为 9.45～19.55，平均为 13.95；$(La/Sm)_N$ 为 3.02～10.13，平均为 6.36；$(Gd/Lu)_N$ 为 0.64～1.65，平均为 1.14；稀土元素配分模式为弱负 Eu 异常的轻稀土富集右倾型。二长花岗岩的稀土总量为 110.7×10^{-6}～238.08×10^{-6}，平均为 145.40×10^{-6}，略高于花岗闪长岩；$(La/Yb)_N$ 为 8.74～13.45，平均为 10.64；δEu 为 0.27～0.76，平均 0.46；LREE/HREE 为 12.33～17.85，平均为 14.33；$(La/Sm)_N$ 为 4.30～8.93，平均为 6.92；$(Gd/Lu)_N$ 为 0.65～1.38，平均为 0.95；稀土元素配分模式为强负 Eu 异常的轻稀土富集右倾型。石英闪长岩（图7-31）稀土总量为 56.1×10^{-6}～149.3×10^{-6}，平均为 81.45×10^{-6}，低于花岗闪长岩和二长花岗岩；$(La/Yb)_N$ 为 1.27～

12.19，平均为5.59；δEu为0.28～0.67，平均为0.44；LREE/HREE为3.34～15.59，平均为8.81；$(La/Sm)_N$为0.91～5.75，平均为3.07；$(Gd/Lu)_N$为0.93～1.40，平均为1.16；稀土元素配分模式为强负Eu异常的轻稀土富集右倾型。铁铜矿石稀土总量为$63.64×10^{-6}$，低于花岗闪长岩、二长花岗岩和石英闪长岩；$(La/Yb)_N$为7.84；δEu为0.38；LREE/HREE为11.78；$(La/Sm)_N$为10.03；$(Gd/Lu)_N$为0.50；稀土元素配分模式为强负Eu异常的轻稀土富集右倾型。但钼矿化的石英闪长岩右倾程度要小于未矿化的闪长岩脉。

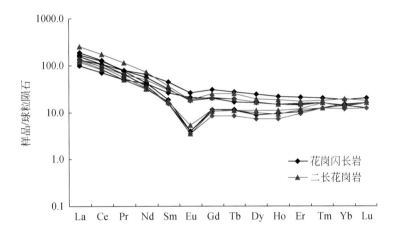

图7-30 西天山哈勒尕提矿区中酸性岩体稀土元素配分模式

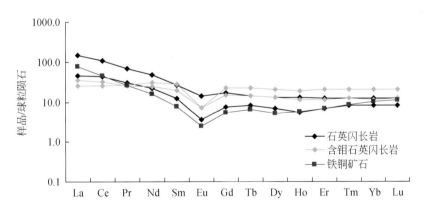

图7-31 西天山哈勒尕提矿区岩脉、矿石稀土元素配分模式

可以看出，铁矿石虽然在稀土元素总量上要小于岩体（花岗闪长岩、二长花岗岩）和岩脉（石英闪长岩），但是仍然具有一些相似之处，如轻重稀土分馏明显、轻稀土内部分馏较强、重稀土基本未出现分馏、铕异常均为负、轻稀土总量大于重稀土、配分模式均为轻稀土富集右倾型等，暗示铁矿化与中酸性岩浆侵位有关。

反映在微量元素地球化学特征上（图7-32），则是铁矿石中除P、Y明显高于岩体和Cs、Rb、Ba明显低于岩体外，其他大部分元素含量均介于岩体两类岩石之间，即低于花岗闪长岩、高于二长花岗岩。花岗闪长岩中有众多小裂隙和小断层，裂隙、断层中可以清晰地看到黄铁矿、黄铜矿及磁铁矿呈定向排列，暗示铁铜主要来自岩体。石英闪长岩脉中见明显的辉钼矿化，石英–辉钼矿脉在岩石中沿裂隙呈线性分布，未见磁铁矿脉发育；闪长岩脉侵位于地层和二长花岗岩中，二长花岗岩中无辉钼矿脉发育；暗示石英闪长岩主要与辉钼矿脉有关，与铁矿化无关。

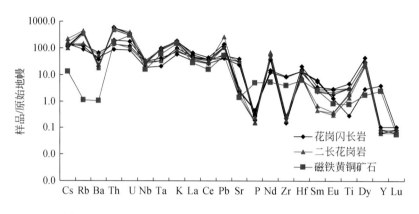

图 7-32　西天山哈勒尕提矿区岩体、矿石微量元素蛛网图

花岗闪长岩 Ta/Hf 值为 0.21～0.95，平均 0.53；Th/Hf 值为 1.83～11.52，平均 6.16；Th/Ta 值为 8.51～12.50，平均 10.42；Nb/Ta 值为 5.00～15.51，平均 10.69；Zr/Hf 值为 0.01～0.64，平均 0.25。二长闪长岩 Ta/Hf 值为 0.29～1.59，平均 1.01；Th/Hf 值为 2.80～18.84，平均 12.04；Th/Ta 值为 9.56～14.10，平均 11.35；Nb/Ta 值为 5.18～13.56，平均 8.37；Zr/Hf 值为 0.01～0.90，平均 0.20。石英闪长岩 Ta/Hf 值为 0.38～1.11，平均 0.71；Th/Hf 值为 2.34～6.00，平均 4.05；Th/Ta 值为 3.74～9.93，平均 3.82；Nb/Ta 值为 7.94～16.54，平均 8.37；Zr/Hf 值为 0.01～0.02，平均 0.02。铁矿石 Ta/Hf 值为 0.99，Th/Hf 值为 10.49，Th/Ta 值为 10.64，Nb/Ta 值为 8.69，Zr/Hf 值为 0.03。这些习性相似的微量元素比值特征表明，铁可能主要来自岩体。另外，铁矿石蛛网图和岩体基本相似外，还有一些细微差别，暗示除岩体外，矿石中铁可能还有围岩的贡献。

4. 构造地质背景一致

磁铁矿、黄铁矿、黄铜矿 Pb 同位素的 $\Delta\gamma$-$\Delta\beta$ 成因分类图解（图 7-33）显示，西天山哈勒尕提主要矿石矿物铅同位素组成基本落入由上地壳与地幔混合组成的俯冲带铅范围，主要与岩浆作用有关。矿石矿物形成可能与地幔流体、地壳的混染有关。矿石 μ 基本较为均一，值为 9.39～9.59，绝大多数值在 9.50 左右。

在 ε_{Sr}（t）-ε_{Nd}（t）协变图（图 7-34）上，哈勒尕提主要矿石矿物 Sr、Nd 同位素主体落入北疆地壳区，少量落入岛弧区，暗示其来源较为复杂。主要矿石矿物 ε_{Sr}（t）变化较大，介于-9.1～51.6，绝大多数在 30～70；ε_{Nd}（t）值变化于-6.7～-2.9，整体为低 ε_{Nd}（t）。活泼元素 Sr 同位素分布较为分散，不活泼元素 Nd 同位素分布较为集

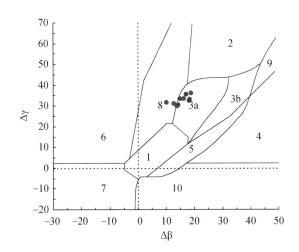

图7-33 西天山哈勒尕提矿石矿物铅同位素组成（底图据文献朱炳泉等，1998）

1-地幔源铅；2-上地壳铅；3-上地壳与地幔混合的俯冲带铅（3a-岩浆作用；3b-沉积作用）；4-化学沉积型铅；
5-海底热水作用铅；6-中深变质作用铅；7-深变质下地壳铅；8-造山带铅；9-古老页岩上地壳铅；10-退变质铅

中。铅同位素组成表明地壳、地幔的混染较为均一，暗示单纯由地壳、地幔的混染组成的成矿元素源区是一个较为均匀的源区。因此，分散的 Sr 同位素组成还可能有一个地幔、地壳之外的来源。集合岛弧区的特点，这个来源可能为俯冲带流体的加入，带来了富放射性的 Sr 同位素。

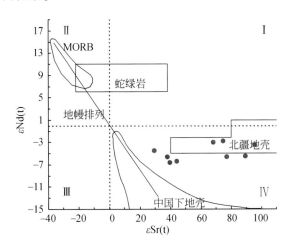

图7-34 西天山哈勒尕提矿石矿物锶–钕同位素组成（底图据文献朱炳泉等，1998）
MORB-洋中脊玄武岩

可以看出，铁矿体在构造背景上，也是与花岗岩一致的。

因此，晚泥盆世–早石炭世中酸性侵入岩与铁成矿作用也有着密切的关系，磁铁矿可能来自于花岗闪长岩的分离结晶。

第二节 基性侵入岩

一、岩相学特征

1. 分布范围及岩性组合

西天山晚古生代基性-超基性侵入岩主要分布于那拉提西段、伊什基里克山中段，少量零星出露于阿吾拉勒山，形成时代为晚石炭世-早二叠世。

那拉提西段基性-超基性侵入岩出露于小哈拉军山一带，如乔勒铁克西和苏鲁地区，岩体以岩株的形式产出；其中一些小岩体沿大断裂产出，以琼阿乌孜岩体、布鲁斯台为代表，岩性主要由辉橄岩、辉长岩组成；丘拉克特勒克岩体由辉长岩和辉绿岩组成（陈江峰等，1995）。伊什基里克山中段基性-超基性侵入岩主要出露于喀拉达拉地区，岩体以岩基的形式产出，由浅色辉长岩、深色辉长岩、橄榄辉长岩和辉绿岩组成（王玉往等，2010；龙灵利等，2012；朱志敏等，2010），侵位于下石炭统大哈拉军山组和上石炭统伊什基里克组火山岩中。阿吾拉勒山基性-超基性侵入岩零星出露于乌朗达坂、克孜库拉、特铁达坂、群吉萨依、备战等矿区，以岩枝、岩脉的形式产出，主要岩性为辉绿玢岩、角闪辉长岩。

2. 岩相学特征

辉绿玢岩：主要分布于乌朗达坂、克孜克特、克孜库拉、特铁达坂、备战、群吉萨依等地，侵入于下二叠统乌郎组地层中，规模较小，呈小岩株、岩脉产出。岩体与围岩接触部位多发育隐爆角砾岩。岩石呈灰绿色，辉绿结构、斑状结构、块状构造。斑晶为中长石，含量约5%，呈长板状，粒径0.5~1.5mm，多聚卡钠复合双晶。基质主要由中长石、辉石、角闪石等矿物组成。中长石含量为60%~65%，自形-半自形，长条状，粒径0.1~0.3mm，呈架状排列，部分已绿泥石化；辉石含量为20%~25%，半自形、他形，短柱状、粒状，多已绿泥石、绿帘石化；角闪石普遍被绿泥石、绿帘石交代，有少量次闪石化，含量为5%~10%。副矿物以磁铁矿为主，含量≤5%，呈半自形-他形粒状，粒径0.02~0.05mm，内部多溶蚀成蜂窝状、网格状。辉石、角闪石和磁铁矿多充填在长石格架中。岩石中发育少量气孔，被方解石充填。

橄长岩：分布于哈拉达拉地区，主要由橄榄石（30%~35%）、斜长石（45%~55%）和辉石（包括斜方辉石和单斜辉石3%~6%）以及少量磁铁矿（含量3%~5%）、角闪石和金云母组成。岩石具有典型的堆晶结构，堆晶矿物为橄榄石和斜长石，橄榄石颗粒之间见明显的三联点堆晶，堆晶间隙矿物含量低于10%。橄榄石沿裂理发生蛇纹石化。橄榄石包裹斜长石的现象比较普遍。斜长石自形程度较高，多呈长条状和板状（粒径1~3mm），一些粗大的斜长石包裹着橄榄石。斜长石多发生弱绢云母化和钠长石化。橄榄石和斜长石之间多呈镶嵌共生结构。除少量辉石与橄榄石镶嵌共生外，斜方辉石、单斜辉石、角闪石、金云母以及磁铁矿为堆晶间隙矿物。

橄榄辉长岩：分布于哈拉达拉和小哈拉军山地区。主要由橄榄石、斜长石、单斜辉石、斜方辉石以及少量角闪石金云母和磁铁矿组成。矿物含量变化较大，如斜长石30%～50%，橄榄石20%～40%，单斜辉石+斜方辉石5%～25%。橄榄石越多，斜长石和辉石含量就越少。角闪石、金云母以及不透明矿物的含量（5%～10%）变化不大。岩石具有典型的堆晶结构，堆晶体是橄榄石和斜长石，堆晶间隙矿物含量变化很大（5%～30%）。橄榄石和斜长石之间能够相互包裹。辉石、金云母以及角闪石主要是以形状不规则的堆晶间隙矿物存在，粒度变化范围较大，从1～3mm到>1cm均有。岩石次生蚀变程度较轻，斜长石见少量的绢云母化和钠黝帘石化，橄榄石堆晶体边部有少量的蛇纹石化。

辉长岩：分布于哈拉达拉、阿吾拉勒西段和小哈拉军山地区。主要由斜长石（45%～50%）、单斜辉石（35%～40%）、磁铁矿（3%～5%）和金云母（3%～5%）组成。除少量样品具有斜长石的堆晶外，辉长岩具有典型的辉长-辉绿结构。具斜长石堆晶体的辉长岩含大量单斜辉石和金云母等堆晶间隙矿物。具辉长-辉绿结构的辉长岩的矿物粒度普遍较小，结晶程度较差。单斜辉石既可呈辉长结构与斜长石共生，也能以辉绿结构的形式充填到斜长石的格架中。辉长岩样品都有一定程度的蚀变，斜长石大多已经发生钠黝帘石化和绢云母化，单斜辉石相对比较新鲜，局部发生了绿泥石化，少量单斜辉石被角闪石交代。金云母边部多被绿泥石交代。

辉绿岩：主要分布于哈拉达拉岩体边部，与辉长岩呈渐变过渡关系，粒度从细粒辉绿岩变为中细粒的辉绿辉长岩到粗粒的辉长岩。主要由斜长石和单斜辉石组成，含微量不透明矿物，偶见角闪石和黑云母。岩石具似斑状结构、辉绿结构。斑晶（20%～25%）主要由斜长石（5%～10%，3～8mm）和辉石（10%～20%，3～5mm）组成，辉石具含长结构；基质具似辉绿结构、交织结构，主要由斜长石（含量约50%，粒径大多为0.2～2mm，板条状斜长石交织并搭成格架，其他矿物充填其中；<0.2mm的斜长石呈结合体，呈带状分布或填于矿物间隙；见绢云母化）和辉石（约20%，0.1～1mm，见绿泥石化）以及3%磁铁矿组成。

二、地球化学特征

测试基性侵入岩10件、收集41件样品测试结果，共计51件，收集资料分别来自薛云兴等（2007）、朱志敏等（2007）、贺鹏丽等（2013）和龙灵利等（2012）的相关学术成果。

1. 主量元素

TAS图［图7-35（a）］显示，这51件样品碱性、亚碱性系列均有，岩石化学定名分别为橄榄辉长岩、碱性辉长岩、亚碱性辉长岩和二长辉长岩，个别为辉长闪长岩、二长闪长岩和副长石辉长岩。在AFM图上［图7-35（b）］，哈拉达拉岩体样品钙碱性、拉斑系列均有分布，阿吾拉勒样品主要为钙碱性系列，显示出两者的差异。

哈拉达拉侵入岩 SiO_2 含量为41.92%～50.90%（平均为47.31%）；TiO_2 含量为

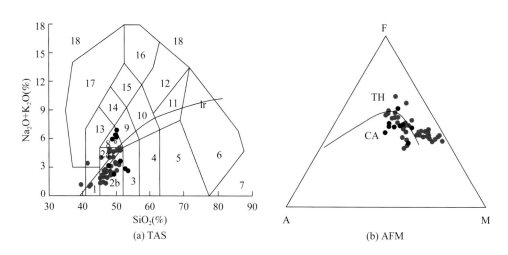

图 7-35　西天山晚古生代基性-超基性侵入岩 TAS 图和 AFM 图

图中红色圈代表哈拉达拉岩体数据，黑色圈代表阿吾拉勒数据

0.31%～2.17%（平均为 1.05%），总体属低钛系列；Al_2O_3 含量为 8.07%～26.57%（平均为 16.86%），MgO 含量为 4.60%～24.08%（平均为 10.51%）；TFeO 为 3.85%～17.66%（平均为 11.01%）；CaO 含量为 5.99%～15.94%（平均为 10.33%）；Na_2O+K_2O 含量为 0.98%～5.09%（平均为 2.87%）；Na_2O/K_2O 值为 0.43～28.33（平均为 6.73）；TFeO/MgO 值为 0.62～2.84（平均为 1.21）。

阿吾拉勒西段侵入岩 SiO_2 含量为 47.86%～53.29%（平均为 52.32%）；TiO_2 含量为 0.36%～1.83%（平均为 1.21%），总体属低钛系列；Al_2O_3 含量为 15.02%～20.24%（平均为 17.42%）；MgO 含量为 4.96%～8.47%（平均为 6.74%）；TFeO 为 4.79%～13.22%（平均为 91.81%）；CaO 含量为 3.36%～14.44%（平均为 8.87%）；Na_2O+K_2O 含量为 2.20%～6.85%（平均为 4.41%）；Na_2O/K_2O 值为 2.47～2104.67（平均为 33.70）；TFeO/MgO 值为 0.88～2.08（平均为 1.45）。

主量元素的哈克图解（图 7-36）显示，随岩浆的演化，哈拉达拉岩体岩石中 Al_2O_3、CaO 含量呈现先升后降的趋势，MgO 为线性降低；TiO_2、K_2O 则呈现两种明显不同的岩浆演化趋势，暗示岩浆可能发生了分异作用；TFeO 为先降后升的演化趋势；P_2O_5、Na_2O 则为带状增大。镜下观察显示侵入岩中均存在大量橄榄石、磁铁矿、斜长石和辉石堆晶，堆晶间充填有细粒金云母、磁铁矿和角闪石。同时，侵入岩样品总体具有高 Sr 高 Yb（Sr>400×10^{-6}，Yb 平均值>10.0×10^{-6}）的特征，表明这些特征不可能是少量矿物在源区发生残留引起的，而可能是岩浆演化过程中发生了岩浆分异作用，从而引起了大规模的矿物分离结晶。磁铁矿的大规模结晶也发生在该阶段，并形成了矿脉。

随岩浆的演化，阿吾拉勒西段岩体岩石中 Al_2O_3、CaO、MgO、TiO_2、K_2O、TFeO、P_2O_5、Na_2O 呈线性变化。侵入岩中虽存在斜长石堆晶现象，但磁铁矿并未大量以堆晶形式出现，而是主要呈细粒充填于堆晶间。同时，侵入岩样品总体具有高 Sr 低 Yb（Sr

$>200\times10^{-6}$，Yb 平均值$<2.0\times10^{-6}$）的特征，与哈拉达拉岩体存在明显的差别，表明这些特征可能是少量矿物在源区发生残留引起的。

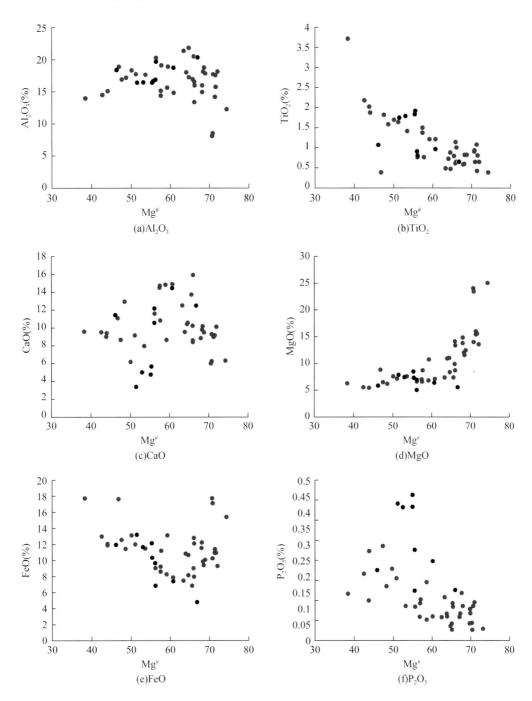

(a)Al_2O_3

(b)TiO_2

(c)CaO

(d)MgO

(e)FeO

(f)P_2O_5

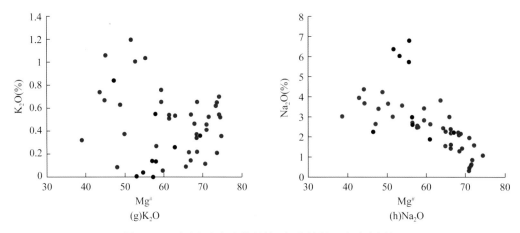

图 7-36　西天山晚古生代基性–超基性侵入岩哈克图解

图中红色圈代表哈拉达拉岩体数据，黑色圈代表阿吾拉勒数据

2. 微量元素

　　哈拉达拉基性侵入岩中 Ba、U、K、Pb、Sr 5 种元素小幅度相对富集，Rb、Th、Nb、Ta、Pr、P、Nd 适度亏损，Lu 显著亏损。除了上述相对亏损或富集的元素外，样品其余元素的原始地幔标准化比值介于 30～80。总体上，配分曲线平滑，曲线形态基本一致。Zr/Nb 值为 10.90～103.83，平均为 32.60；Ta/Hf 值为 0.02～0.12，平均为 0.08；Th/Ta 值为 0.25～8.82，平均为 2.13；Zr/Hf 值为 30.31～45.51，平均为 38.23；Ba/Zr 值为 0.54～8.08，平均为 2.11；Ba/Ce 值为 6.06～14.14，平均为 10.77；Zr/Ce 值为 2.26～14.62，平均为 6.71；K/Ta 值为 8539～88 944，平均为 35 832；Ta/Yb 值为 0.04～0.13，平均为 0.09；Ba/La 值为 14.90～39.35，平均为 24.77。

　　阿吾拉勒西段（图 7-37）角闪辉长岩中 U、K、Pb、Sr 四种元素小幅度相对富集，Nb、Ta、Pr 适度亏损，Lu 显著亏损；其余元素的原始地幔标准化值为介于 5～12；配分曲线总体平滑，曲线形态基本一致；Zr/Nb 值为 13.84～22.45，平均为 17.17；Ta/Hf 值为 0.12～0.17，平均为 0.14；Th/Ta 值为 2.76～8.70，平均为 6.02；Zr/Hf 值为 30.95～37.46，平均为 33.75；Ba/Zr 值为 1.41～5.01，平均为 2.61；Ba/Ce 值为 4.28～10.08，平均为 6.40；Zr/Ce 值为 1.96～3.70，平均为 2.75；K/Ta 值为 9762～49 234，平均为 21964；Ta/Yb 值为 0.05～0.14，平均为 0.08；Ba/La 值为 9.35～21.23，平均为 13.49，与哈拉达拉明显不同。辉绿玢岩 U、Pb、P 元素小幅度相对富集，Ba、K、Sr 适度亏损，Lu 显著亏损；其余元素的原始地幔标准化值为介于 5～10；配分曲线总体平滑，曲线形态基本一致；Zr/Nb 值为 26.33～30.87，平均为 28.04；Ta/Hf 值为 0.08～0.10，平均为 0.09；Th/Ta 值为 2.42～3.14，平均为 2.82；Zr/Hf 值为 38.35～38.87，平均为 38.60；Ba/Zr 值为 0.11～0.36，平均为 0.19；Ba/Ce 值为 0.56～1.36，平均为 0.82；Zr/Ce 值为 3.75～5.07，平均为 4.45；K/Ta 值为 1422～5029，平均为 2805；Ta/Yb 值为 0.15～0.22，平均为 0.18；Ba/La 值为 1.34～3.19，平均为 1.92；与哈拉达拉岩体特征明显不同，也与角闪辉长岩也有所差异。

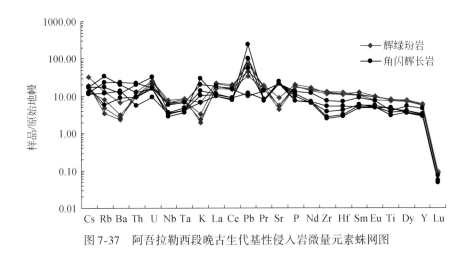

图 7-37 阿吾拉勒西段晚古生代基性侵入岩微量元素蛛网图

3. 稀土元素

哈拉达拉岩体 $\sum REE$ = （12.92～51.10）×10^{-6}（平均为 31.97×10^{-6}），其中 LREE = （9.83～51.05）×10^{-6}（平均为 25.90×10^{-6}），HREE = （2.36～12.56）×10^{-6}（平均为 6.07×10^{-6}）；δEu = 0.91～2.20（平均为 1.31），$(La/Yb)_N$ 值为 1.27～2.98（平均为 2.20），$(La/Sm)_N$ 值为 0.98～1.63（平均为 1.33），$(Gd/Yb)_N$ 值为 0.92～1.61（平均为 1.28）。轻稀土元素和重稀土元素之间的分馏程度较强（LREE/HREE 值为 3.13～5.57，平均 4.39），轻稀土元素内部分馏程度较弱，重稀土元素内部分馏程度较弱。稀土元素配分曲线为缓慢右倾的轻稀土轻微富集型，有弱的正 Eu 异常～无异常。Dy/Yb 值为 1.49～2.09（平均为 1.80），小于 2.5，为尖晶石二辉橄榄岩部分熔融形成。

阿吾拉勒西段（图 7-38）角闪辉长岩 $\sum REE$ = （43.81～78.52）×10^{-6}（平均为 53.46×10^{-6}），其中 LREE = （37.07～68.03）×10^{-6}（平均为 45.38×10^{-6}），HREE = （6.74～10.49）×10^{-6}（平均为 8.08×10^{-6}）；δEu = 0.95～1.12（平均为 1.04），$(La/Yb)_N$ 值为 2.98～3.96（平均为 3.25），$(La/Sm)_N$ 值为 1.62～2.16（平均为 1.90），$(Gd/Yb)_N$ 值为 1.23～1.45（平均为 1.33）；轻稀土元素和重稀土元素之间的分馏程度较强（LREE/HREE 值 4.94～6.49，平均 5.55），轻稀土元素内部分馏程度较弱，重稀土元素内部基本无分馏；稀土元素配分曲线为缓慢右倾的轻稀土富集型，铕异常不明显；Dy/Yb 值为 1.72～1.85（平均为 1.77），小于 2.5，为尖晶石二辉橄榄岩部分熔融形成。辉绿玢岩 $\sum REE$ = （86.68～107.58）×10^{-6}（平均为 97.03×10^{-6}），其中 LREE = （73.03～92.53）×10^{-6}（平均为 82.61×10^{-6}），HREE = （13.65～15.05）×10^{-6}（平均为 14.43×10^{-6}）；δEu = 0.75～0.91（平均为 0.84），$(La/Yb)_N$ 值为 2.86～3.65（平均为 3.26），$(La/Sm)_N$ 值为 1.51～1.93（平均为 1.70），$(Gd/Yb)_N$ 值为 1.74～1.89（平均为 1.82）；轻稀土元素和重稀土元素之间的分馏程度较强（LREE/HREE 值为 5.35～6.15，平均 5.72），轻稀土元素内部分馏程度较弱，重稀土元素内部分馏较弱；稀土元素配分曲线为缓慢右倾的轻稀土富集型，有弱的负 Eu 异常～无异常；Dy/Yb 值为 1.93～2.04（平均为 1.97），小于 2.5，为尖晶石二辉橄榄岩部分熔融形成。

281

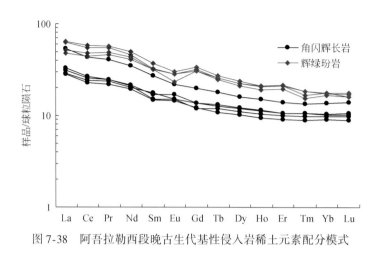

图 7-38　阿吾拉勒西段晚古生代基性侵入岩稀土元素配分模式

三、年龄

西天山晚古生代基性–超基性侵入岩为辉长岩、橄榄辉长岩、辉绿岩，岩性较为复杂。各地岩体侵入年龄并不一致，具有西老东新、南老北新的特点（表 7-2）。但差距并不大，东西最大相差约 25Ma，南北年龄相差约 10Ma。

伊犁盆地南缘小哈拉军山布鲁斯台岩体 ICP-MS 锆石 U-Pb 年龄 317Ma（田亚洲等，2014），为晚石炭世产物，可能代表了南天山洋的关闭时间。琼阿乌孜岩体 Sm-Nd 年龄为 314Ma（倪守斌等，1995），但只有 3 个样品，样品分为辉长岩、斜长石和辉石，可信度不高。特克斯林场辉长斑岩 Ar-Ar 等时线年龄为 326.85Ma（刘友梅等，1994），笔者前往考察过，实际为玄武玢岩，是下石炭统大哈拉军山组的火山岩，代表的是大哈拉军山组在特克斯林场地区的喷发时间，不可信。

哈拉达拉岩体前人研究较多，获得了较多年龄数据，但其年龄均集中于 308 ~ 306Ma，如薛云兴等（2009）、龙灵利等（2012）、朱志敏等（2010）利用不同的测试手段先后对岩体中的辉长岩进行了年龄测试（表 7-2），获得了 308.3Ma、307.3Ma、306.2Ma 的数据；龙灵利等（2012）也对橄榄辉长岩进行了 SHRIMP 锆石 U-Pb 定年，获得了 308.8Ma 的数据。这些数据，具有较好的一致性，代表了岩体的侵位时间。

表 7-2　西天山晚古生代主要基性侵入岩形成时间一览表

矿床名称	岩石名称	测试方法	年龄（Ma）	资料来源	可信度
哈拉达拉	辉长岩	锆石 LA-ICP-MSU-Pb	308.3±1.8	薛云兴等（2009）	可信
哈拉达拉	橄榄辉长岩	SHRIMP 锆石 U-Pb	308.8±1.9	龙灵利等（2012）	可信
哈拉达拉	辉长岩	SHRIMP 锆石 U-Pb	307.3±8.2	龙灵利等（2012）	可信
哈拉达拉	辉长岩	SIMS 锆石 U-Pb	306.2±2.7	朱志敏等（2010）	可信
特克斯林场	辉长斑岩	Ar-Ar 法	326.85±5.5	刘友梅等（1994）	不可信
木汗巴斯陶	角闪辉长岩	锆石 LA-ICP-MSU-Pb	317±2.2	刘新等（2012）	不可信
群吉萨依	辉绿玢岩	锆石 LA-ICP-MSU-Pb	288.4±2.5	赵军（2013）	可信
乌郎达坂	辉绿岩	K-Ar	313.28	姬金炎等（1993）	不可信

阿吾拉勒西段基性侵入岩与早二叠世火山岩伴生在一起，岩体、岩脉位于火山穹隆中心（赵军，2013），侵位于火山岩中，实际形成时间晚于铜矿区早二叠世火山岩。但从前人（刘新等，2012；姬金炎等，1993）测试结果来看，均大于300Ma，为晚石炭世产物。从锆石阴极发光图像（刘新等，2012）来看，测试点均位于核部与边部的结合部位，测试结果应为两者的混合年龄，但作为锆石形成年龄有些不妥。由于辉绿岩Ar含量并不高，K-Ar法在20世纪90年代技术也不成熟，获得的年龄结果会出现较大的偏差，本书暂不采信。故本书将阿吾拉勒西段矿区基性侵入岩形成时间仍然视为早二叠世。

四、构造背景

前人（朱志敏等，2010；龙灵利等，2012）对哈拉达拉岩体构造背景进行过讨论，多认为该岩体的形成是塔里木地幔柱或塔里木大火成岩省的北延。但从岩体性质来看，哈拉达拉、阿吾拉勒西段均为钙碱性岩石，瓦基里塔格则为钾玄岩系列（图7-39），暗示两者可能在背景及成因上有所差别。

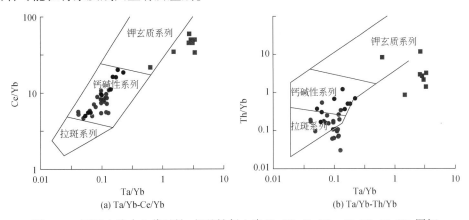

图7-39　西天山晚古生代基性–超基性侵入岩Ta/Yb-Ce/Yb、Ta/Yb-Th/Yb图解
图中红色圈代表哈拉达拉岩体数据，黑色圈代表阿吾拉勒侵入岩数据，
红褐色方块代表瓦基里塔格侵入岩数据。以下同

1. 哈拉达拉岩体

不同的微量元素地球化学特征反映不同构造环境，可用来判别基性岩石（包括火山岩和侵入岩）的形成环境（Rollinson，1993）。哈拉达拉侵入岩具有富集大离子亲石元素（LILE，Ba、K）、相对亏损高场强元素（HFSE，Nb、Ta、Ce）的特征，但Zr、Hf亏损不明显。基性侵入岩Th/Ta值（0.25～8.82，平均2.17）、Th/Nb值（0.03～0.43，平均0.12）较低，均与原始地幔较为接近；但具有高的K/Ta值（8539～88 944，平均35 832），表明岩浆可能来源于俯冲流体交代的地幔源区（Wilson，1989；Pearce and Peate，1995；Elliott et al.，1997）；Ba/Th值（64.99～2151.75，平均755.35）>350，暗示俯冲带流体对岩浆源区的影响较为显著。另外，在不同的判别图解中，玄武岩落入了不同的构造环境范围。例如，在Ta/Yb-Th/Yb图解［图7-39（a）］

上，样品落入大洋岛弧和 MORB 区域；Zr/Y-Zr 图解［图 7-39（b）］中，落入活动陆缘（continental arc）范围；在玄 Ti/100-Zr-Y 图［图 7-40（a）］中，主要落入洋中脊玄武岩和板内玄武岩范围；在 V-Ti 图［图 7-40（b）］中，主要落入岛弧拉斑玄武岩范围。基性侵入岩 Zr 含量均 $<100\times10^{-6}$，低于 MORB；Zr/Y 为 1.48 ~ 7.31（平均为 4.36），稍高于 N-MORB，可能来源于俯冲带流体交代的亏损地幔，导致了基性侵入岩 Zr 含量降低、Zr/Y 值增加，在 Zr/Y-Zr 图中呈现板内玄武岩特征。但该"板内玄武岩"为非地幔柱活动形成的洋岛玄武岩、大陆溢流玄武岩或相应的基性侵入岩，他们之间有着本质的区别。基性侵入岩 Th/Ce 值（0.01 ~ 0.09，平均 0.02）与 N-MORB 相近。

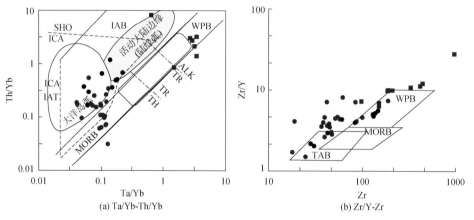

图 7-40　西天山晚古生代基性–超基性侵入岩 Ta/Yb-Th/Yb、Zr/Y-Zr 图解

Nb 和 U 具有相似的总分配系数（HofMann，1988；Sun and McDonough，1989），在地幔部分熔融过程中分异不明显，使熔体中 Nb/U 值与源岩相近，可以反映岩浆源区的地球化学特征。N-MORB、E-MORB 和原始地幔中 Nb/U 值约分别为 50、6 和 34（郭璇和朱永峰，2006）。在哈拉达拉基性侵入岩原始地幔标准化图解中，U 相对 Th 轻微富集，相对 Nb 强烈富集。侵入岩 Nb/U 值为 6.97 ~ 47.50（平均为 21.25），低于 N-MORB 和原始地幔，与下地壳较为接近。U 在流体中活动性较强（Peace and Parkinson，1993），在板片脱水作用过程中主要进入地幔，而 Nb 则主要残留在俯冲板片中。因此，低 Nb/U 值可能是俯冲带流体交代地幔的结果。

Pb 在玄武岩体系中的分配系数比较大（White，2002），但在地幔中不相容性较弱，熔体中富集的 Pb 不可能由部分熔融引起。基性侵入岩 Ce/Pb 值为 1.38 ~ 10.76（平均为 5.47），低于大洋中脊玄武岩（≈25）和原始地幔（≈10）（郭璇和朱永峰，2006）。Pb 在板片脱水产生的流体中具有较强的活动性。实验数据表明（Brenan et al.，1995a，b；Keppler，1996；Ayers，1998），来自俯冲板片的流体中 Ce/Pb 值小于 0.1。因此，基性侵入岩的低 Ce/Pb 值可能反映了俯冲板片流体交代地幔的地球化学特征。

基于此，认为哈拉达拉岩体为同碰撞阶段的陆缘弧。

2. 阿吾拉勒西段

阿吾拉勒西段角闪辉长岩具有富集大离子亲石元素（LILE，K、U）、相对亏损高场强元素（HFSE，Nb、Ta）的特征，但 Zr、Hf 亏损不明显。基性侵入岩 Th/Ta（2.76～8.70，平均6.02）、Th/Nb（0.20～0.65，平均0.43）值较高，高于原始地幔、地壳；高的 K/Ta（9762～49 234，平均21 964）值表明岩浆可能来源于俯冲流体交代的地幔源区（Wilson，1989；Pearce and Peate，1995；Elliott et al.，1997）；Ba/Th（48.55～209.55，平均110.79）值<350，暗示俯冲带流体对岩浆源区的影响不明显。另外，在不同的判别图解中，基性侵入岩落入了不同的构造环境范围。例如，在 Ta/Yb-Th/Yb 图解［图7-40（a）］上，样品落入大洋岛弧区域；Zr/Y-Zr 图解［图7-40（b）］中，落入岛弧玄武岩范围；在玄 Ti/100-Zr-Y 图［图7-41（a）］中，主要落入洋中脊玄武岩和板内玄武岩范围；在 V-Ti 图［图7-41（b）］中，主要落入 MORB 范围。基性侵入岩 Zr 含量均<100×10⁻⁶，低于 MORB；Zr/Y 为 2.04～4.28（平均为3.08），与 N-MORB 相近，可能来源于俯冲带流体轻微交代的亏损地幔，导致了基性侵入岩 Zr 含量降低、Zr/Y 值变化不大，是样品落入岛弧玄武岩区域。基性侵入岩 Th/Ce 值（0.03～0.11，平均0.06）与原始地幔相近。Nb/U 值为3.91～12.17（平均为8.34），低于 N-MORB、原始地幔和下地壳，可能是俯冲带流体交代地幔的结果。Ce/Pb 值为 0.34～14.43（平均4.88），低于大洋中脊玄武岩（≈25）和原始地幔（≈10）（郭璇和朱永峰，2006），反映了俯冲板片流体交代地幔的地球化学特征。

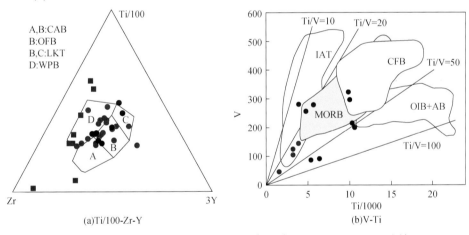

图7-41　西天山晚古生代基性–超基性侵入岩 Ti/100-Zr-Y、V-Ti 图解

阿吾拉勒西段辉绿玢岩具有富集高场强元素（HFSE，Pb、U）、相对亏损高场强元素（LILE，Ba、K）的特征，但 Zr、Hf 亏损不明显。基性侵入岩 Th/Ta（2.42～3.14，平均2.82）值、Th/Nb（0.17～0.20，平均0.18）值较高，与原始地幔、下地壳较为接近；具有低 K/Ta 值（1422～5029，平均2805，<4444），表明岩浆可能来源于原始地幔；Ba/Th（14.91～60.25，平均30.81）值远小于地壳和 MORB。另外，在不同的判别图解中，玄武岩落入了不同的构造环境范围。例如，在 Ta/Yb-Th/Yb 图解［图7-40（a）］上，样品落入活动大陆边缘区域；Zr/Y-Zr 图解［图7-40（b）］中，落入板内玄武岩范围；在玄 Ti/100-Zr-Y 图［图7-41（a）］中，主要落入板内玄武岩范围；在 V-Ti 图［图7-41（b）］中，主要落入 MORB 范围。基性侵入岩 Zr 含量（130～148，平均137.25）稍大于 MORB；Zr/Y 为 4.73～5.50（平均为5.10），稍高于 N-MORB，与下地壳较为

相近，可能来源受地壳混染的原始地幔。基性侵入岩 Th/Ce 值（0.02～0.04，平均0.03）与原始地幔相近。Nb/U 值为 9.27～13.28（平均为 10.90），低于原始地幔，但高于上地壳，可能是壳幔混染的结果。Ce/Pb 值为 1.49～4.72（平均为 3.28），低于大洋中脊玄武岩（≈25）和原始地幔（≈10）（郭璇和朱永峰，2006），反映了俯冲板片流体对原始地幔的交代。流体来自拆沉的俯冲板片脱水作用。

因此，认为阿吾拉勒西段基性侵入岩形成于后碰撞阶段的陆内拉伸环境。

五、与成矿的关系

西天山晚古生代铁矿成矿作用与基性–超基性岩浆侵入作用存在如下关系。

1. 空间及时间上具有亲缘性

目前，西天山仅在哈拉达拉发现与基性侵入岩有关的钒钛磁铁矿体。铁矿体均位于橄榄辉长岩中，由区域 NE-NW 向断裂控制，矿体位于数条 NE-NW 向裂隙中。矿体与围岩接触界限相当模糊，呈渐变关系，见大量的绿帘石化。含矿橄榄辉长岩中矿物晶形较好，晶粒粗大，以辉石、橄榄石为主，橄榄石、辉石中见磁铁矿沿边部出溶（图7-42）。矿体呈脉状、透镜状产出，在平剖面上具有膨大缩小、舒缓波状现象，总体呈中等倾斜，倾角一般为 30°～55°，局部达 50°～75°。铁矿体顶、底板分别为橄榄辉长岩和辉绿辉长岩，显示了铁矿体、基性岩体在空间上的亲缘性。

铁矿脉是富铁基性岩浆分异结晶的产物（林锦富和邓燕华，1996；黄秋岳和朱永峰，2012；高纪璞等，1991），在时间上具有较好的一致性。

2. 物质来源相似

虽然基性侵入岩和铁矿石在稀土元素含量总量及 δEu 上有较大的差距（图7-43），但 LREE/HREE（基性侵入岩为 3.13～5.57，平均 4.39；铁矿石 4.72～10.65，平均 7.68）、$(La/Yb)_N$（基性侵入岩为 1.27～2.98，平均 2.20；铁矿石 2.97～11.32，平均 7.15）、$(La/Sm)_N$（基性侵入岩为 0.98～1.63，平均 1.33；铁矿石 1.56～3.03，平均 2.30）、$(Gd/Yb)_N$（基性侵入岩为 0.92～1.61，平均 1.28；铁矿石为 1.77～3.10，平均 2.44）值上较为接近，均表现为轻重稀土分馏明显、轻、重稀土内部分馏较弱、轻稀土总量大于重稀土、配分模式均为轻稀土富集右倾型等，暗示铁矿化可能与基性岩浆侵位有关。

铁矿石和基性侵入岩虽然在 Th/Ce（前者为 0.06～0.14，平均 0.10，稍大于 MORB；后者 0.01～0.09，平均 0.02，与 N-MORB 相近）、Ba/Th（前者为 22.22～31.36，平均 26.19，未受俯冲带流体影响；后者为 64.99～2151.75，平均 755.35，受俯冲带流体影响明显）值上存在一定的差别，但在 Zr/Y（前者为 3.08～5.71，平均 4.76；后者为 1.48～7.31，平均 4.36，稍高于原始地幔，与下地壳相近）、Nb/U（前者为 2.58～5.00，平均 3.79；后者为 6.97～47.50，平均 21.25，均低于 N-MORB 和原始地幔）、Ce/Pb（前者为 2.17～11.38，平均 6.77；后者为 1.38～10.76，平均 5.47，均位于原始地幔与地壳之间）值上较为接近，表明铁可能主要来自岩体。另外，岩体中有众多小裂隙和小断层，裂隙、断层中可以清晰地看到磁铁矿–辉石脉充填其中（图7-42），也暗示铁主要来自岩体。

图 7-42 哈拉达拉橄榄辉长岩中磁铁矿的显微照片（黄秋岳等，2012）

（a）辉长岩被磁铁矿–辉石脉穿插，标本照片；（b）辉长岩中发育磁铁矿–辉石脉和细小方解石–磁铁
矿脉，单偏光；（c）斜长石和单斜辉石搭成的格架中充填着磁铁矿和黑云母，堆晶结构，单偏光；
（d）穿切辉长岩的方解石–磁铁矿脉，其中含自然金

　　在微量元素地球化学特征上（图7-44），铁矿石明显富集高场强元素（U、Ta、Ti、Pb）、亏损大离子亲石元素（K、Ba、Rb），明显不同于辉长岩和橄长岩，显示两者的不同。暗示除岩体外，矿石中铁可能还有地壳的贡献。

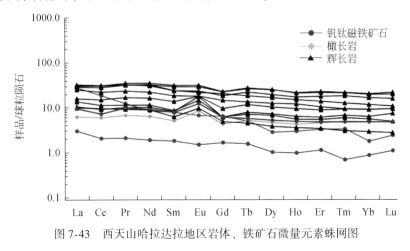

图 7-43 西天山哈拉达拉地区岩体、铁矿石微量元素蛛网图

287

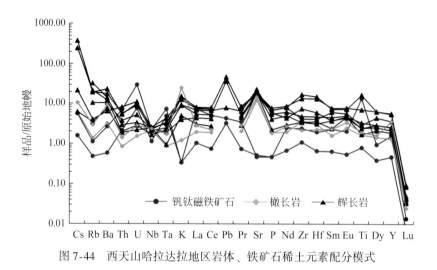

图 7-44　西天山哈拉达拉地区岩体、铁矿石稀土元素配分模式

　　因此，西天山基性侵入岩与铁成矿作用也有着密切的关系，磁铁矿可能来自于橄榄辉长岩的分离结晶。

第八章　成矿模式

第一节　成因信息

西天山晚古生代铁矿床以其铁矿石品位高、伴生组分规模大、矿床数量多在中亚成矿域很具有代表性而引起国内外地学界的注意。许多学者对这些铁矿进行过研究，对矿床成因提出了不同的认识，先后出现了火山岩型铁矿床（徐祖芳，1984）、火山（喷气）沉积改造型矿床（王庆明等，2001）、与火山作用有关的沉积型矿床（单强等，2009）、以岩浆矿床为主的复合型矿床（冯金星等，2010；汪帮耀等，2011a）、以热液交代（夕卡岩化）成矿为主的多成因矿床（洪为等，2012a，b，c；郭新成等，2009；Zhang et al.，2012）、海相火山热液型矿床（王春龙等，2012；蒋宗胜等，2012b；王志华等，2012）、海相火山岩型矿床（陈毓川等，2008）等多种不同的认识。但这些模式都无法全面解释西天山铁矿独特的地质、地球化学特征。本章首先根据区域地质、矿区地质、矿床地质、矿床地球化学等方面的研究成果，总结出矿床成矿信息；然后通过与国内外矿浆型铁矿床地质、地球化学进行对比，确定矿床可能的成因类型；最后建立矿床的成矿模式。

一、有利的成矿背景

西天山晚古生代铁矿大地构造位置处于中国西天山东缘、西天山主干断裂–尼勒克断裂和伊什基里克断裂的南侧、NWW 与 NE 构造复合部位和 EW 与 NE 向构造复合部位。区域上火山作用强且具有多期性、构造活动强烈且活动频繁，岩浆侵入活动期次多且岩石类型多样化，尤其是与铁成矿时代相近的火山岩、侵入岩广泛分布。这些情况均表明，矿床具有十分有利的成矿背景。

另外，构造背景分析表明，晚古生代正是板块汇聚的活跃时期，也是中外天山形成与发展的关键时期，洋陆俯冲碰撞、陆陆碰撞成为这时候的主旋律。在此背景下，俯冲板片脱水并加入地幔楔中，导致岩浆分异，形成富铁岩浆。因此，板块汇聚是西天山铁矿形成的有利成矿背景。

二、独特的矿床地质特征

与国内外铁矿相比较，西天山晚古生代铁矿具有独特的地质特征：①区域发育多个时代的火山岩地层，但铁矿体仅赋存于大哈拉军山组、阿克沙克组、艾肯达坂组、伊什基里克组4个石炭纪地层，矿区普遍发育有与铁矿有关的火山机构，铁矿体位于火山机构中或近火山机构的火山岩中。②赋存于火山岩中的铁矿床主要矿石矿物在不同时代有所不同，早中石炭世以磁铁矿为主，围岩多细碧岩化和角斑岩化，少量以赤铁矿为主；晚石炭世以赤铁矿为主，围岩中暂时没有发现细碧岩化和角斑岩化。③个别铁矿床赋存于基性侵入岩中或中酸性侵入岩与碳酸盐岩的结合部位，赋矿岩性随时代变化有所不同，晚泥盆世–早石炭世为夕卡岩，晚石炭世为基性侵入岩。④火山岩中的铁矿床在区域上呈线性等间距排列，矿床规模较大，以中–大型为主；侵入岩中的铁矿床在区域上多呈孤立岛状分布，矿床规模较小，以小型为主。⑤矿体形态不规则，多为透镜体状、囊状、脉状和似层状，众多火山岩中的铁矿体被花岗岩错断、消失，可作为火山岩中铁矿床勘探的标志。⑥火山岩中铁矿体与围岩的接触界限清晰，无明显过渡现象；侵入岩中铁矿体与围岩接触界限模糊，存在明显的过渡现象。⑦矿石均为原生矿，组成相对简单，主要矿石矿物为磁铁矿或赤铁矿，脉石矿物主要为绿帘石、石榴石、方解石、透辉石等；部分火山岩中铁矿体中见细脉状、浸染状黄铁矿、磁黄铁矿、闪锌矿分布，夕卡岩中铁矿体见稠密浸染状黄铁矿、黄铜矿、磁黄铁矿、闪锌矿、毒砂等分布，基性侵入岩中铁矿体见钛铁矿分布。⑧火山岩中铁矿体围岩蚀变较为简单，主要为绿帘石化、方解石化，局部见透辉石化和石榴石化；夕卡岩中铁矿体围岩蚀变较为复杂，绿帘石化、绢云母化、硅化、绿泥石化、方解石化、透辉石化和石榴石化均有出露；基性侵入岩中铁矿体围岩蚀变也较为简单，以绿帘石化、透辉石化为主。⑨火山岩中铁矿体中铁矿石品位较高，>35%，伴生金、锌，部分矿区金、锌、钴、铜等元素，部分矿区金、锌规模达到大型–超大型，如敦德铁矿；夕卡岩中铁矿体铁矿石品位较高，>30%，伴生有用元素（Cu、Mo、Au、Ag、Zn、Pb、Ga 等）多，伴生元素品位高，哈勒尕提、阔库确科矿区 Cu、Mo、Au、Ag、Zn、Pb 均已达到工业开采品位；基性侵入岩中铁矿体铁矿石品位低，<20%，伴生元素（以 Ti、V 为主）少，品位低，达不到工业开采品位。⑩铁矿体从底板到顶板矿物组合基本无分异现象，较为均一。

三、成矿物质来源的唯一性

成矿元素（主量、微量、稀土元素等）地球化学研究结果表明，区域上石炭纪不同地层的火山岩、伊犁盆地基底和晚石炭世基性侵入岩均能给西天山晚古生代铁矿提供成矿物质，其中大哈拉军山组、艾肯达坂组、阿克沙克组和伊什基里克组火山岩是区域重要的矿源层和赋矿层。磁铁矿 Re-Os 同位素定年结果表明，火山岩中磁铁矿形成时间基本上与火山岩相近但晚于火山岩，铁矿形成与火山作用有关；磁铁矿 O、Fe 同位素组成表明，火山作用提供了区域大部分铁矿（即火山岩中铁矿）所需的成矿元素，与中基性岩浆的大规模分异有关，后期有火山热液的参与；个别铁矿（哈勒尕提、阔库确科）成矿元素来自基底的部分熔融。矿石矿物的元素比值及标型特征（林锦富和邓燕华，1996）显示，哈拉达拉成矿元素（Fe、V、Ti）来自于橄榄辉长岩的结晶分异。可以看出，能给西天山晚古生代铁矿提供成矿物质的地层或岩石较多，但具体到某一矿床，基本上只有一种来源（其他来源的贡献远小于主要来源），即成矿物质来源具有唯一性。

四、铁与其他成矿元素的关系

西天山晚古生代铁矿区除铁外，还赋存其他成矿元素，如查岗诺尔铁矿的铜、敦德铁矿的金和锌、备战铁矿的金、松湖铁矿的钴、式可布台铁矿的铜、阔拉萨依铁矿的铜和锌、哈拉达拉铁矿的钒和钛、哈勒尕提矿区的铜铅锌金银等。

铁和这些成矿元素大多是共生关系，即具有相同的成因、来源，形成时间上也相近；但在一些矿区，铁与这些元素也可以是伴生关系，即成因和来源不同，形成时间上有所差异。现分别叙述如下几个方面。

（一）铜锌钴与铁的伴生关系

这种伴生关系，主要发生在查岗诺尔铁矿的铜与铁、敦德铁矿的锌与铁、松湖铁矿的钴与铁、式可布台铁矿的铜与铁、阔拉萨依铁矿的铜锌与铁上。这些成矿元素与铁在一些地球化学特征上具有明显的不同。

1. 成矿地质特征的差异

查岗诺尔铁矿的伴生元素主要是铜，赋存于矿石矿物黄铜矿中。黄铜矿与方解石一起组成方解石–黄铜矿脉，主要见于Ⅰ铁矿带，呈脉状侵入于安山岩、凝灰岩中，脉长 3～30m，宽 5～100cm，伴随绿泥石化；或呈方解石、黄铜矿团块赋存于安山岩的气孔中。部分地段见方解石–黄铜矿脉穿插于磁铁矿体中（图 8-1）。矿脉极不规则，时断时续，难以计算储量，为后期热液沿岩石小断层、裂隙充填产物。Ⅱ铁矿带附近花岗闪长岩中见黄铜矿脉，脉宽约 50cm，长约 50m，周围见绿泥石化、绢云母化和方解石化，无铁矿化。花岗闪长岩体呈岩株状产出，侵位于Ⅱ铁矿带中，接触带部位形成夕卡岩化，但无磁铁矿体发现。磁铁矿体主要赋存于凝灰岩、安山岩中，呈透镜体状、似层状产出，与围岩接触界线清晰，部分矿体周围见绿帘石化、石榴石化和透辉石化。

敦德铁矿伴生元素主要是锌，赋存于闪锌矿中，与石英、方解石组成石英–闪锌矿脉、方解石–闪锌矿脉，主要见于矿区南部，呈脉状侵入于花岗岩附近的地层中，或呈浸染状侵入于铁矿体中，锌金属量已达大型矿床规模。矿区花岗岩主要为浅肉红色中粗粒钾长花岗岩，出露于矿区西部及西南部，呈北西南东向条带状分布，与中部火山岩地层之间为侵入接触关系。岩体内见黄铜矿、闪锌矿脉，并见明显绿泥石化、萤石化和硅化；在与火山岩（主要是凝灰岩）接触带附近蚀变更加明显，绿泥石化、硅化、绢云母化、方解石化、萤石化大量发育，并见石英–闪锌矿粗脉、方解石–闪锌矿粗脉发育其中并向凝灰岩内部延伸。石英–闪锌矿粗脉、方解石–闪锌矿粗脉附近无磁铁矿脉发育。这暗示锌矿化可能与铁矿化无关，而是独立的成矿作用形成，与岩体侵位有关。磁铁矿体在该矿区主要赋存于火山通道内的凝灰岩、安山岩中，呈筒状、囊状、透镜体状产出，与围岩接触界线清晰，部分矿体周围见绿帘石化、石榴石化和透辉石化。

阔拉萨依矿区伴生元素主要为铜，铜赋存于黄铜矿中，见于矿区东南部可可达地区，与石英组成石英-黄铜矿脉，共发现铜矿体 3 条。3 条矿体均为地表出露矿体，赋存于花岗闪长岩体与大哈拉军山组、阿克沙克组凝灰岩接触带中。接触带内部及周围无磁铁矿脉发育。接触带两侧均已夕卡岩化，见明显的硅化、绿帘石化、绿泥石化、碳酸盐化，铜矿体主要位于硅化蚀变带（硅化凝灰岩）中，成因类型属夕卡岩型-热液充填型。磁铁矿体在该矿区主要赋存于北部的火山通道内，赋矿围岩为凝灰岩、角砾岩化凝灰岩，呈脉状、似层状、透镜体状产出，与围岩接触界线清晰，部分矿体周围见绿帘石化。

式可布台铁矿区伴生元素主要为铜，赋存于黄铜矿、孔雀石中，与黄铁矿组成黄铜矿-黄铁矿脉，侵入矿区围岩（千枚岩、砂岩）及铁矿体中，为后期热液矿化产物。

松湖铁矿区伴生元素主要为钴、铜，赋存于黄铁矿、黄铜矿中。单强等（2009）将松湖铁矿床黄铁矿分为成矿前（草莓黄铁矿）、成矿期（他形-半自形黄铁矿）和成矿后（钴黄铁矿）三类，钴黄铁矿分布极不均匀（图 8-1），其中大部分较破碎，被黄铜矿的细小脉体穿插。部分钴黄铁矿呈自形与黄铜矿共生，还有一部分则分布在大而自形的黄铁矿晶体边缘。与铁矿石品位随矿体深度变化不同的是，铜、钴品位随深度变化较为明显，深部品位远高于地表品位（新疆地质矿产勘查开发局第七地质大队，2007），暗示铜、钴矿化与铁矿化受不同地质作用的控制。钴黄铁矿 Co 含量高、Co/Ni 值高，可能为铁成矿后岩浆—火山热液活动的产物。

图 8-1　磁铁矿体中的钴黄铁矿脉（左图，松湖铁矿）和黄铜矿脉（右图，查岗诺尔铁矿）

2. 成矿年龄的差异

前文已述，赋存这些伴生元素的黄铁矿、黄铜矿和闪锌矿主要呈脉状、浸染状分布于铁矿石中，形成时间明显晚于磁铁矿。部分矿区见独立的锌矿体和铜矿体，如敦德铁矿、阔拉萨依铁矿。独立的锌矿体和铜矿体多呈脉状分布于中酸性侵入岩体周围，矿体周围见明显的绢云母化、硅化和绿泥石化，与矿区铁矿体周围的绿帘石化、透辉石化、石榴石化有着明显的差别。铜、锌矿体形成与矿区中酸性岩体有着直接的关系，形成时间晚于岩体。从年龄结果来看,敦德铁矿火山岩年龄为315Ma,花岗岩年龄约为300Ma,磁铁矿形成时间为308Ma,花岗岩的形成明显晚于矿区铁矿体。因此,锌矿体也晚于铁矿体形成。

3. 形成温度的差异

敦德铁矿区存在独立锌矿体,以脉状、浸染状位于铁矿体下方或穿插于磁铁矿体中。脉状锌矿体一般以方解石-闪锌矿脉或石英方解石脉的形式存在。闪锌矿晶形较好,晶粒粗大,红褐色、黄褐色,透明度较高,能被用来进行包裹体测试。

测试结果表明,闪锌矿中流体包裹体均一温度为180~343℃,平均273℃;与闪锌矿有关的石英中流体包裹体均一温度为184~324℃,平均249℃;与闪锌矿有关的方解石中流体包裹体均一温度为178~312℃,平均241℃。这些数值,集中于210~290℃,属于中温热液产物(图8-2)。敦德铁矿磁铁矿爆裂温度(600℃以下)为326~450℃,属高温,明显高于闪锌矿及同阶段矿物。形成温度的明显差异,也暗示两者成因上的差别。

可以看出,铁与上述伴生元素在成因上明显不同,形成时间也早于伴生元素,应予区别对待。

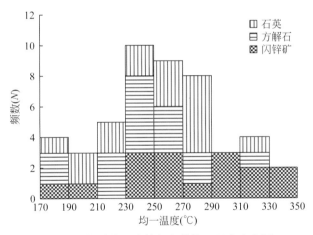

图8-2 敦德铁矿流体包裹体均一温度直方图

(二)铜铅锌金银钒钛与铁的共生关系

除伴生元素外,西天山晚古生代铁矿床中还有众多成矿元素与铁共生,如金银、铜、铅锌、钒钛等。

金与铁的共生成矿,主要见于敦德、备战铁矿区,赋存于黄铁矿、磁黄铁矿中。黄铁矿、磁黄铁矿晶形完整,晶粒粗大,呈脉状、浸染状分布于铁矿体(磁铁矿粒径较细,为细-微粒)中,或错断细粒磁铁矿脉,周围见脉状绿帘石化。黄铁矿、磁黄铁矿脉中可见粗粒磁铁矿呈定向分布。从形成时间上看,黄铁矿、磁黄铁矿晚于细粒磁铁矿，但基本与粗粒磁铁矿同时或稍晚于粗粒磁铁矿，为火山作用后期火山-次火山热液产物。

钒、钛主要见于哈拉达拉地区，赋存于磁铁矿、钛铁矿中。磁铁矿为哈拉达拉铁矿主要矿石矿物，钛铁矿以叶片状出溶于磁铁矿中或以独立矿物出现与磁铁矿共生，两者的形成时间、成因机制相同。

铜银铅锌矿化在西天山晚古生代夕卡岩型矿床中较为常见。哈勒尕提、阔库确科矿区以产铜为主，兼有铁、铅、锌、金、银矿化，其中哈勒尕提矿区金、铁均已达小型规模。铅锌、铜均主要呈独立矿体出现，金、银均无独立矿体。铜主要赋存于黄铜矿、斑铜矿中，铅、锌主要赋存于方铅矿、闪锌矿中，金主要赋存于黄铁矿、磁黄铁矿中，银赋存于砷黝铜矿、斑铜矿中。上述含铜矿物主要出现在铜矿体中，部分出现于铁矿体中，铜矿体中也见少量磁铁矿存在。铁、铜矿体中铁氧化物和铜矿物相互共存，无穿插与切割现象。铅锌矿体与铜、铁矿体位于同一条夕卡岩带，但发育于不同部位，是同一成矿作用不同成矿阶段产物，具有相同的成因。

这种共生关系，成因机制相同，成矿时间上基本相同，赋矿地质体相同，是同一成矿模式、同一成因机制下的不同产物。

第二节　成因类型及成矿模式

一、成因分类

世界上铁矿床主要由 5 种成因类型，即沉积-变质型、夕卡岩型、岩浆分异型、火山热液型、矿浆型。西天山晚古生代铁矿无论是围岩还是矿体基本上无变质现象，矿石也不具有明显的条带状构造，排除了沉积-变质型的可能。该区域铁矿床、矿点、矿化点成带分布，赋矿地层主要为石炭纪火山岩地层（夕卡岩、基性侵入岩中铁矿暂不讨论），与矿浆型铁矿较为相似。但也有一些学者（洪为等，2012a，b，c；段士刚等，2014；Duan et al.，2014）根据矿区石榴石化、透辉石化及绿帘石化发育而将其视为夕卡岩型矿床。本节将在总结矿浆型铁矿地质特征的基础上，通过西天山晚古生代铁矿地质、地球化学特征与世界典型矿浆型铁矿的对比，归纳出矿床可能的成因类型。

1. 矿浆型铁矿床的基本特征

自 20 世纪 50 年代以来，在智利北部古近纪玄武岩中发现了呈矿流产出的拉科磁铁矿床，铁矿体产状、矿石结构构造与玄武岩流基本相同（Richard et al.，2002；Henriquez et al.，2003），如层状和席状矿体、角砾状构造、气孔构造、水平构造、火山烟囱等。之后，在世界众多国家相继发现了类似铁矿床，如伊朗（Morteza et al.，2007）、瑞典（Vollmer et al.，1984；Rudyard et al.，1995）、秘鲁、加拿大、墨西哥、我国的宁芜火山盆地中也发现有众多类似矿浆型铁矿（翟裕生等，1980；徐志刚，2014）。这些铁矿床，具有相似的地质、地球化学特征，其成因除矿浆外无法用其他学说来解释（Park，1961），因此被命名为矿浆型铁矿。

经过近半个世纪的研究，人们发现所有矿浆型铁矿床是地球深部火山岩浆作用的结果，虽然存在一些相似的地质地球化学特征，但由于地质构造背景和火山作用深度的不同，不同矿床在赋矿岩性、矿石矿物组合、地球化学条件等方面存在较大的差异，无法用单一成矿模式来描述所有的矿浆型铁矿床。其特征（Sillitoe et al.，2002；Henriquez et al.，2003；Morteza et al.，2007；Piepjohn et al.，2007；Chen et al.，2010；Lyons，1988；Janolov and Henriquez，1994；Hildebrand，1986；徐志刚，2014；张文佑等，1977；吴利仁等，1978）简述如下。

1）矿浆型铁矿床既可成群集中出现在同一地区，如瑞典基律纳型矿床、智利近太平洋地区及我国的宁芜火山盆地，常绵延数百至上千平方千米，具有相似的矿物组合和地质特征，常沿断裂带等间距分布；也可呈点状分布，不同矿床特征可能有所不同，如云南曼养铁矿等。

2）矿浆型铁矿床在空间上基本分布于火山穹隆构造中，产于陆内裂谷、岛弧环境中。矿体多分布于火山通道口外侧的低洼地带或火山通道内及火山机构内的环状断裂，这些部位是磁铁矿浆流流动、迁移的有利场所。控矿因素主要为火山构造，另外地形也对控矿有一定的影响。

3）矿床主要赋存于火山岩-碎屑岩建造中，矿体大多赋存于凝灰岩、安山岩中，或赋存于与火山作用有关的凝灰质砂岩、沉凝灰岩中，但赋存于灰岩、大理岩、白云岩、火山角砾岩、流纹岩、玄武岩中的矿体很少见，具有明显的岩石控矿特征。成矿多以充填开放式空间（火山通道、断裂、火山洼地等）为主，在地表（包括海底地表，以下同）、近地表条件下进行，火山通道口多有明显的坍塌、崩落现象，具有近同生成矿特征。矿体赋存深度距当时地表一般小于1000m，但个别矿床深度可超过1500m。

4）古近纪是世界上矿浆型铁矿的重要成矿期（如智利），其次是古元古代（如瑞典）。在中国，矿浆型铁矿的主要成矿期为早白垩世，如宁芜火山盆地；其次为石炭纪，如东天山觉罗塔格地区。另外，云南曼养铁矿发生在三叠纪。

5）矿浆型铁矿矿物组合较为简单，主要矿石矿物为磁铁矿、赤铁矿，常伴有黄铁矿、黄铜矿、磁黄铁矿、黄铜矿、闪锌矿和方铅矿等；主要脉石矿物为绿泥石、绿帘石、透辉石、石榴石、方解石，伴有石英、萤石、电气石等；矿物颗粒大小不均，早期矿物颗粒小，后期颗粒大。大部分铁矿区具有铜、金、锌异常，少数具有经济意义。

6）矿床铁矿石量一般>10万t，铁矿石品位一般>35%，其中部分矿床品位很高、储量很大，如智利埃尔拉科、瑞典基鲁纳铁矿床>60%，储量>2000万t。矿床储量的大小，与主要矿体赋存部位有关，赋存于火山洼地的矿床要大于赋存于火山通道、火山断裂中的铁矿床。

7）矿床的成矿流体为矿浆，少量为火山-次火山热液。成矿温度一般高于600℃，最低为400℃，集中于700~800℃。矿床的成因与火山活动有关。

8）矿区常见铁碧玉，呈层状覆盖于铁矿体之上。部分矿区火山岩细碧岩化、角斑岩化。

9）矿区主要围岩蚀变为绿帘石化、透辉石化、石榴石化、绿泥石化。蚀变以脉状蚀变为主，如绿帘石化、透辉石化和石榴石化，位于矿体的边部或以脉状穿插于矿体、围岩中。围岩与矿体的接触界限非常清晰，无过渡带。

10）矿体常呈席状、层状（似层状）、透镜体状、脉状、筒状分布，有时可见水平层理；矿石构造主要为树枝状、球状、瘤状、气孔状、碎渣状、放射状、块状；大部分矿石中磷的含量较高，一般为 2%~5%。

11）矿床铁氧化物 $\delta^{56}Fe$ 多在 0 左右，铁主要来源于火山岩；$\delta^{18}O$ 为 2‰~8‰，氧主要来源于地幔，不同矿区氧化物之间的同位素平衡程度各不相同。矿石铅同位素组成比较复杂，有些矿床富放射性成因铅，显示为上地壳来源；有些矿床铅同位素组成差异较大，有的铅同位素组成很均一。

2. 西天山晚古生代火山岩中铁矿床与矿浆型铁矿对比

从表 8-1 中可见，西天山晚古生代火山岩中铁矿床矿石品位、赋矿岩石、构造背景、矿物组合、矿床规模、围岩蚀变、成矿流体、同位素组成、矿石构造以及与火山岩存在密切关系等特征均与矿浆型铁矿一致，暗示西天山晚古生代火山岩中铁矿床与矿浆型铁矿床具有一致的成因。

表 8-1　西天山晚古生代火山岩中铁矿床与世界矿浆型铁矿特征对比

条件	矿浆型铁矿	西天山晚古生代火山岩中铁矿床
品位	铁矿石全铁品位>35%，埃尔拉科、基鲁纳矿床>60%	铁矿石全铁品位为 38%~45%，式可布台铁矿约为 65%
规模	单个矿床铁矿石量大于 10 万 t，最大可超过 2000 万 t	主要铁矿床均大于 35 万 t，智博、查岗诺尔矿床>400 万 t
矿化范围	常集中分布于同一地区，面积数百平方千米；或呈孤立状出现	西天山晚古生代火山岩分布区>10 000km²
赋矿岩石	主要为凝灰岩、安山岩，少量为凝灰质砂岩、沉凝灰岩	主要为凝灰岩、安山岩，部分矿区为凝灰质砂岩、绢云母千枚岩、板岩
矿体深度	小于 1000m，个别>1500m	<1000m，部分矿床（阔拉萨依、敦德、尼新塔格）未见底
构造背景	陆内裂谷、岛弧	岛弧、大陆边缘火山弧
与火山岩关系	密切，铁矿浆由中基性岩浆分异而来	密切，铁矿浆由玄武安山质岩浆分异而来
与侵入岩关系	一般与矿区侵入岩无直接联系	时间上、空间上与矿区侵入岩无关，部分矿区侵入岩错断铁矿体，对矿体有破坏作用
与沉积岩关系	一般与矿区沉积岩无直接联系	无成因联系，部分沉积岩仅提供岩浆、矿浆上升通道及赋矿空间
控矿因素	火山机构控矿，地形也有一定的影响	火山机构控矿，火山通道口附近洼地、火山通道、火山环状断裂中均有矿体分布
成矿时代	古近纪到古元古代均有分布，主要为第三纪	石炭纪

条件	矿浆型铁矿	西天山晚古生代火山岩中铁矿床
矿体矿石构造	矿体呈席状、层状、透镜体状、脉状、筒状，矿石呈树枝状、球状、瘤状、气孔状、碎渣状、放射状、块状	矿体呈似层状、透镜体状、脉状、筒状，矿石呈树枝状、碎渣状、块状、豹纹状和瘤状
矿物组合	磁铁矿、赤铁矿，常伴有黄铁矿、磁黄铁矿、黄铜矿、闪锌矿、方铅矿	磁铁矿、赤铁矿，常伴有黄铁矿、磁黄铁矿、黄铜矿、闪锌矿
共、伴生元素	大部分铁矿区有铜、金、锌异常	有铜、金、钴、锌异常，不同矿区异常组合不同
围岩蚀变	绿帘石化、透辉石化、绿泥石化、石榴石化、方解石化，蚀变呈脉状	绿帘石化、透辉石化、绿泥石化、石榴石化、方解石化，蚀变呈脉状
成矿流体	铁矿浆和火山热液	铁矿浆、火山-次火山热液
细碧角斑岩化	有	有
同位素	铁氧化物 δ^{56}Fe 多在 0 左右，δ^{18}O 为 2‰ ~ 8‰	磁铁矿 δ^{56}Fe 多在 0 左右，δ^{18}O 为 3‰ ~ 8‰

3. 西天山晚古生代火山岩中磁铁矿分类

实际上，西天山火山岩中磁铁矿矿石结构相差较大，粗粒、细粒、微细粒结构均有，基本不相互混染，在颜色、构造、微观特点上差别较大。因此可细分为两种铁矿类型。

一类为矿浆型铁矿，以查岗诺尔、智博铁矿为代表，铁矿浆从岩浆中分异后沿火山通道向上快速流动，形成层状、似层状、透镜状矿体，矿石构造以块状、角砾状（角砾为磁铁矿团块）、豹纹状、波纹状为主（图 8-3）。矿石表面可见流动构造和细脉、微细脉状黄铁矿，矿石与围岩接触部位界限清晰，无蚀变。磁铁矿粒径较小，为 0.02 ~ 0.1mm，颜色为褐黑色、暗黑色、褐色。

图 8-3 西天山矿浆型典型矿石及与围岩关系

另一类为火山-次火山热液型铁矿，以塔尔塔格、阿克萨依、阔拉萨依铁矿为代表，含矿热液沿火山口环状断裂、断层、火山通道充填交代，形成脉状、筒状矿体，矿石构造以浸染状、块状、晶洞状、脉状、角砾状（角砾为方解石或火山岩）为主（图 8-4），矿石与围岩界线模糊，过渡不明显，但品位一般较贫，围岩蚀变以绿帘石化、钾长石化（塔尔塔格、阿克萨依铁矿）、方解石化（阔拉萨依铁矿）为主，矿石矿物以磁铁矿为主，颗粒较粗，粒径为 0.3 ~ 15mm，个别粒径可达米级（见于敦德铁矿区），颜色为亮黑色、银黑色，矿石中无流动构造。

图 8-4　西天山火山–次火山热液型典型矿石及与围岩关系

　　两类铁矿在微量和稀土元素含量及总量、稀土元素配分模式上均存在较大的差别。矿浆型磁铁矿矿石稀土元素配分模式为平缓右倾型，具有轻微的 Eu 负异常；微量元素具有强 Sr 负异常、Zr 负异常、Hf 正异常和 Y 无异常（图 8-5）。火山–次火山岩热液行磁铁矿石稀土元素配分模式为陡立右倾型，具有明显的 Eu 正异常；微量元素具有弱 Sr 负异常、弱 Zr 负异常、Hf 异常不明显和明显的 Y 正异常（图 8-6），微量、稀土元素含量明显高矿浆型磁铁矿石一个数量级。

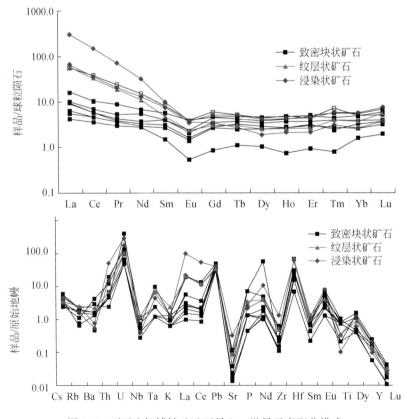

图 8-5　西天山智博铁矿矿石稀土、微量元素配分模式

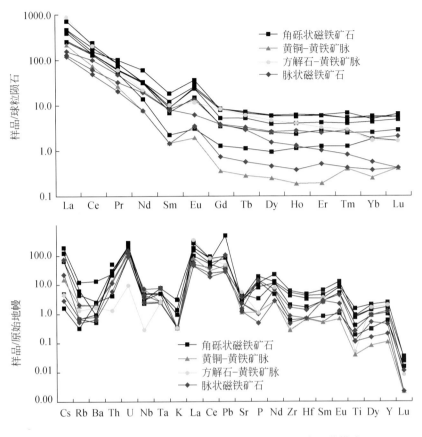

图 8-6 西天山阔拉萨依铁矿矿石稀土、微量元素配分模式

    矿浆型磁铁矿石、火山-次火山热液型磁铁矿矿石可同时出现在同一矿区，即同一矿区可出现不同成因矿体，如备战、查岗诺尔铁矿。两类铁矿在微量和稀土元素含量及总量、稀土元素配分模式、Sr 异常、Zr 异常、Hf 异常和 Y 异常上均存在较大的差别（图 8-7、图 8-8）。

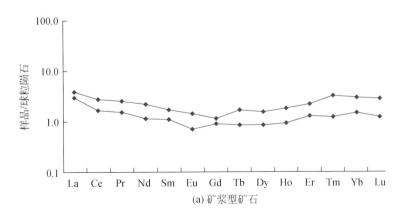

(a) 矿浆型矿石

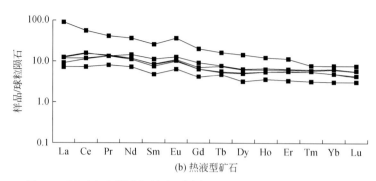

图 8-7　西天山查岗诺尔铁矿不同成因矿石稀土元素配分模式

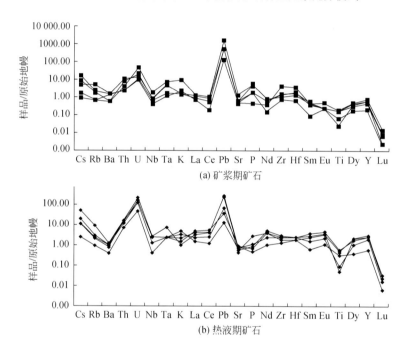

图 8-8　西天山查岗诺尔铁矿不同成因矿石微量元素蛛网图

据此，将西天山火山岩中磁铁矿床划分为矿浆型、火山-次火山热液型、矿浆-火山热液叠加型 3 类，其特征见表 8-2。

表 8-2　西天山火山岩磁铁矿床成因类型及特征

矿床类型及亚类		成矿元素	主要特征	矿床实例
海相火山岩型	矿浆型	Fe-Cu	矿体呈层状、似层状、不规则脉状，距离火山口 1~2.5km，部分矿体上部见碧玉岩和细碧角斑岩；矿石构造主要为致密块状、角砾状，角砾主要为微细粒磁铁矿，磁铁矿粒径较小，0.02~0.1mm，呈暗黑色、黑色、褐色；矿石与围岩界限清晰，接触带无蚀变，见流动构造、树枝状构造；磁铁矿、赤铁矿包裹体爆裂温度>450℃。该类型矿床见少量火山热液型矿体，但规模上远小于矿浆型矿体	查岗诺尔、智博、尼新塔格、松湖

矿床类型及亚类		成矿元素	主要特征	矿床实例
海相火山岩型	火山-次火山热液型	Fe-Zn-Au、Fe	矿体呈脉状、透镜状,距离火山口 0~0.5km;矿石构造为块状、角砾状,角砾主要为方解石、石英等;磁铁矿为中粗粒,粒径 0.3~15mm,颜色呈银黑色、亮黑色;矿石与围岩界限模糊,接触带见高温蚀变矿物,如绿帘石、石榴石、透辉石等,矿石表面无流动构造;磁铁矿包裹体爆裂温度<400℃。少数矿区见少量矿浆型矿体,但规模很小,如阿克萨依	阔拉萨依、塔尔塔格、阿克萨依
	矿浆-火山热液叠加型	Fe-Zn-Au	矿体呈层状、似层状、脉状和陡倾透镜状,距离火山口 0~1.5km;矿体上陡下缓向东有侧伏趋势,具有明显的分层性:上部似层状矿体,中部角砾状矿体,下部为脉状矿体。矿石构造为致密块状、角砾状、脉状、浸染状,粗-微细粒结构;磁铁矿包裹体爆裂温度变化范围大,为270℃~601℃,存在多期性。矿体内伴生金和铅锌,储量较大。矿浆型矿体、热液型矿体均有出现,两者储量相差不大	敦德、备战

4. 西天山晚古生代铁矿成因分类

西天山已发现近100个晚古生代铁矿床(点),以铁矿石的规模计算,查岗诺尔铁矿、智博铁矿、敦德铁矿、备战铁矿均为大型铁矿,其中敦德矿区伴生锌金属量150万 t、金50t,达到大型规模;式可布台铁矿、松湖铁矿、尼新塔格铁矿、阿克萨依铁矿、阔拉萨依铁矿、莫托沙拉铁矿为中型,其他的为小型或矿点。西天山晚古生代火山-侵入岩型铁矿经历了多次构造-火山作用-热液活动,具有多期叠加成矿特征。这些矿床(点)主要分布在石炭纪火山-沉积岩系中,与火山作用有着密切的关系,火山作用可形成矿体、矿源层或提供成矿物质。另外,哈拉达拉钒钛磁铁矿与基性侵入岩有关,哈勒尕提、阔库确科铁矿体与夕卡岩有关。

依据含矿岩系、矿床特征和矿床地球化学资料将西天山火山-侵入岩型铁多金属矿的成因类型划分为海相火山岩型、岩浆分异型、夕卡岩型三类(表8-3)。海相火山岩型又划分出矿浆型、火山-次火山热液型、火山沉积型和矿浆+火山热液叠加型4个亚类。

表8-3　西天山火山–侵入岩型铁多金属矿类型划分

矿床类型及亚类		成矿元素	主要特征	典型矿床实例
海相火山岩型	矿浆型	Fe-Cu、Fe-Cu-Co	产于火山–沉积岩系，受火山断裂和火山通道控制	查岗诺尔铁矿、智博铁矿、尼新塔格铁矿、松湖铁矿
	火山–次火山热液型	Fe-Zn-Au	产于玄武质凝灰岩中，受火山通道控制	塔尔塔格铁矿、阔拉萨依铁矿、阿克萨依铁矿
	火山沉积型	Fe-Mn、Fe	产于火山–沉积岩系，受岩相和古地理控制	莫托沙拉铁矿、式可布台铁矿、波斯勒克铁矿
	矿浆+火山热液叠加型	Fe-Zn-Cu	产于火山–沉积岩系，受火山机构控制，铁、金形成于矿浆期和火山热液期，铜、铅锌形成岩浆热液期	敦德铁矿、备战铁矿
岩浆分异型		V-Ti-Fe	产于基性岩中	哈拉达拉钒钛磁铁矿
夕卡岩型		Fe-Cu-Pb-Zn-Au	产于中酸性侵入体与碳酸盐岩的接触带–夕卡岩带	哈勒尕提铁矿、阔库确科铁矿

二、统一的成矿模式

通过上述分析可以看出：①矿床明显受火山机构控制，矿体形态变化大，矿体与围岩界线清晰，矿床为一次性成矿，矿体本身无分异现象等，表明矿床为快速贯入成矿。②火山岩（主要为玄武岩、玄武质安山岩）哈克图解表明，西天山石炭纪中基性岩浆曾发生过分异现象，形成了两种不同演化趋势的岩浆，其中一种岩浆朝富铁贫硅的方向演化（Fenner趋势），并促使了铁矿浆的形成。导致岩浆分异的原因可能为俯冲带流体的加入，降低了流体（熔体）的温度和黏稠度，也改变了流体（熔体）的性质。③火山通道及通道内铁矿体的发现，矿石具有明显的流动构造、树枝状构造及矿石胶结围岩（包括碳酸盐岩、凝灰岩、安山岩），暗示部分铁矿体为铁矿浆经火山通道溢出通道口形成；角砾状矿石（火山岩浆胶结铁矿石）的发育，则表明部分矿体形成后遭受了后期的火山喷发作用。④部分矿区磁铁矿、赤铁矿原位分析结果表明，矿区存在至少两期成矿作用：矿浆成矿和火山–次火山热液成矿，两期成矿形成的磁铁矿在主量、微量元素的含量及矿物颗粒上具有很大的差别；火山–次火山热液型磁铁矿脉穿差、切断矿浆型磁铁矿。⑤成矿时代与赋矿火山岩形成时代相近，不同类型磁铁矿在地质时代上没有明显的差别。⑥部分矿区（阔拉萨依、敦德）火山集块岩中大量碳酸盐岩（大理岩、灰岩）角砾的存在，也暗示了岩浆、矿浆的快速上升和充填，火山岩或矿浆没有与围岩进行充分的物质、能量交换，围岩对成矿物质的贡献较小。

基于此，笔者初步建立了西天山晚古生代火山岩中铁矿床成矿模式——"矿浆贯入溢出–火山热液叠加模式"（图8-9），其成矿机制、成矿过程简述如下。

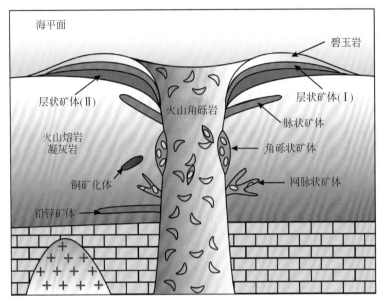

图 8-9 西天山晚古生代火山岩中铁矿床成矿模式

石炭纪西天山阿吾拉勒、伊什基里克山均处于洋陆俯冲碰撞环境。从俯冲洋片中脱落的部分流体交代上覆地幔楔，促使地幔的成分、性质改变，发生部分熔融和岩浆分异，使岩浆中的铁逐步富集，形成铁矿浆。分异的岩浆在构造作用下，发生大规模火山喷发作用，分异出来的铁矿浆沿火山通道、火山断裂充填、溢出，在海盆内低洼地段形成似层状、透镜体状铁矿。随着后期喷发火山通道口的坍塌和新火山通道的形成，大量火山口附近的火山碎屑物、熔岩、凝灰岩及铁矿体坠落堵塞火山通道，被后续火山熔浆、矿浆所胶结，形成火山集块岩、火山角砾岩和含角砾状构造的筒状铁矿体。随着通道内岩浆温度和压力的持续下降，携带铁、金、铜、铅锌的高温岩浆水与岩浆分离，形成火山-次火山热液。火山-次火山热液沿火山通道及火山断裂上升，由于受到集块岩、角砾岩、凝灰岩等岩石的阻挡，只能沿裂隙、断裂原地胶结通道、断裂附近的岩石及原有矿石，并使矿层加富，形成筒状、脉状铁矿体。火山作用停止后，由于碰撞作用的继续，花岗质岩浆上侵，致使岩体顶部及与火山岩、火山凝灰岩接触的外接触带部位叠加形成岩浆热液型锌、铜矿体，叠加在铁矿体中或单独成矿。需要说明的是，目前看到的西天山矿浆型铁矿床可能为所述成矿过程的全部或某一阶段产物，因成矿后矿体保存条件而异。

前人对钒钛磁铁矿床、夕卡岩型铁矿成矿模式和成矿过程描述较多，研究也较深入，本书不再赘述。

三、成矿动力学模型

西天山晚古生代矿浆型铁矿床形成于石炭纪，与石炭纪的大规模火山作用有关。因此，本书仅讨论石炭纪和早二叠世西天山构造演化与成矿的关系。在此基础上，初步建立了西天山晚古生代铁矿的动力学模型（图8-10）。

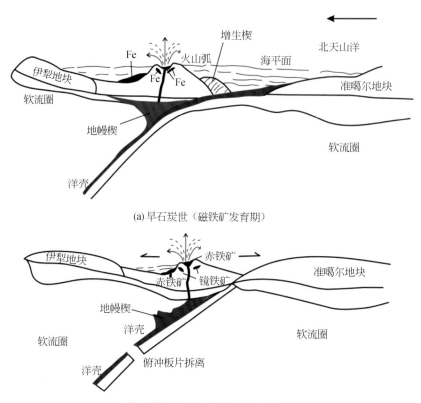

图 8-10　西天山晚古生代铁矿动力学模型

　　早古生代，西天山普遍处于洋–岛环境，天山洋（北天山洋、南天山洋）开始向伊犁地块、塔里木板块、中天山板块（有学者称之为那拉提地块）俯冲。至早石炭世（360～320Ma），天山洋的俯冲作用并没有结束，在伊连哈比尔尕、那拉提等地仍然有残余洋盆的存在。受天山洋俯冲影响，在西天山阿吾拉勒山、伊什基里克山地区形成火山弧，受俯冲带流体交代的地幔楔发生部分熔融和岩浆分异，形成铁矿浆和含铁火山热液，矿浆、热液、火山熔浆上升过程中可能遭受了地壳物质的轻度混染。铁矿浆、火山热液沿火山机构充填溢出，形成铁矿体。但要说明的是，西天山各地俯冲碰撞的时间各不相同，由西向东逐渐变新，东西相差较大，其碰撞方式不是面状碰撞，而可能是点状碰撞，其内因值得深入探讨。

　　晚石炭世（320～310Ma），南、北天山洋关闭，进入陆–陆碰撞阶段。其中北天山洋关闭时间为324～315Ma（韩宝福等，2010）。俯冲末期发生的俯冲板片拆离作用，造成挤压环境下构造应力的短期释放，形成了大陆边缘局部的伸展环境。地幔楔部分熔融所产生岩浆的持续供给和分异，使得深部岩浆房铁矿浆、含铁火山热液持续增加，经火山机构而形成铁矿体。但早期形成磁铁矿床、晚期为赤铁矿床的原因还有待于进一步研究。

　　早二叠世（300～280Ma），陆-陆碰撞结束，进入陆内发展阶段。由于陆壳拉伸作用，在阿吾拉勒山西段、伊什基里克山形成了巨厚的火山岩系，火山岩以玄武岩、流纹岩为主，为双峰式喷发。火山岩虽由地幔部分熔融产生，但岩浆演化过程中并未发生分异。玄武岩来自地幔的部分熔融，流纹岩主要来自基底（前寒武系地层）的重熔作用。因此，该阶段未形成矿浆型铁矿床。

　　这个模式是建立在大量地质、地球化学研究工作基础上，能较好地解释西天山晚古生代矿浆型铁矿床的成因，但还有待大量研究工作来补充和完善。

第九章 成矿潜力分析和找矿预测

第一节 成矿潜力分析

一、找矿标志和找矿模型

(一) 找矿标志

西天山晚古生代铁矿床具有以下找矿标志。

1) 构造背景为晚古生代火山弧、陆缘弧和陆内拉伸带 (陆内裂谷)。前已述及,西天山铁矿床主要赋存于石炭纪的 4 个火山岩地层 (大哈拉军山组、阿克沙克组、艾肯达坂组和伊什基里克组) 中,成矿几乎与火山作用同时或稍晚于火山岩,其中阿吾拉勒山和伊什基里克山早石炭世构造背景为火山弧,晚石炭世为陆缘弧。需要特别说明,由于西天山晚古生代洋陆俯冲碰撞同时出现了伊犁古地块的旋转,西天山同一地层不同地区形成时间有所不同但形成环境一致,如大哈拉军山组就具有穿时性,由西向东年龄逐渐变新,这是岛弧火山岩或火山弧的独特特征,在日本海东侧马里亚纳海沟附近的一系列线性海底热点也出现此类现象。博罗科努地区则是西天山晚古生代洋陆点式碰撞的早期结果,即在晚泥盆世北天山洋与伊犁–赛里木地块就完成了碰撞,形成了一系列陆缘岩浆弧,导致了哈勒尕提、阔库确科等夕卡岩型铁多金属矿的形成。哈拉达拉钒钛磁铁矿床的形成,则是南天山洋闭合后晚石炭世末期陆内拉伸的结果。

2) 较好的航磁异常分布区,航磁强度在 600nT 以上。西天山不同时代岩石磁化率统计结果表明 (表 9-1),沉积岩一般为无磁性岩石,但由火山碎屑组成的沉积岩具有一定的磁性,如砾岩磁化率最高为 180×10^{-5}SI,凝灰质砂岩、砾岩等磁化率平均值可达 249×10^{-5}SI。火山岩磁化率较强,但变化较大,一般具有由酸性到基性逐渐增强的趋势。变质岩以局部变质程度深的混合岩、片麻岩磁性最强,平均值为 1332×10^{-5}SI;志留系片岩、大理岩等磁化率为 $0\sim80\times10^{-5}$SI。由表 9-2 知,磁铁矿石磁性最高,远高于其他岩石、矿石,其次为磁铁矿化岩石 (石榴子石、闪长岩、安山岩),再次为中基性火山岩、侵入岩,中酸性火山岩、侵入岩和沉积岩磁性最低。这些特征说明,磁异常除来自中基性火山岩与侵入岩外,还应考虑磁铁矿床的可能。

表 9-1 区域不同地层岩矿石磁化率统计

时代	岩性	测量次数	磁化率（10^{-5}SI）		
			极小值	极大值	平均值
Ch	云母片岩、片麻岩	116	1	899	163
Ch	角闪片岩、石英片岩	100	0	40	15
Ch	石英片岩、混合岩、片麻岩	70	0	10 000	1 332
Pt12	花岗片麻岩、角闪片麻岩	189	0	30	6
D3	安山玄武岩、玄武岩	282	109	6 720	1 502
	凝灰岩	42	443	2 080	1 038
C-P	含橄玄武岩、安山玄武岩	267	5	6 662	1 770
	玄武岩、玄武玢岩	195	500	10 000	3 123
	蚀变安山岩	14	529	9 285	3 086
	火山角砾岩、安山岩	488	30	4 381	577
	英安岩、安山玢岩	169	0	139	44
	凝灰岩、凝灰质砂岩	325	0	289	46
	二长花岗岩	6	2 333	5 392	3 896
	斜长花岗岩	73	19	964	816
	辉绿岩	5	3 719	12 801	6 614
	石英正长斑岩	106	0	152	42

资料来源：董连慧等，2011

表 9-2 查岗诺尔、备战和莫托沙拉矿区岩、矿磁性测定统计

矿区	岩矿标本名称	标本块数	Ji（10^{-3}A/m）			Jr（10^{-3}A/m）		
			极大值	极小值	常见值	极大值	极小值	常见值
查岗诺尔	磁铁矿	241	503 500	7 860	45 000	103 400	3 400	28 000
	磁铁矿化石榴石	25	31 600	2 500	8 700	11 600	700	5 300
	磁铁矿化辉石安山岩	31	29 000	200	5 000	15 000	300	3 800
	石榴石岩	19	9 000	1 500	2 000	3 850	600	1 000
	安山质凝灰岩	41	7 000	0	2 100	1 800	0	300
	辉石安山岩	26	2 800	0	700	2 100	0	200
	辉绿岩	6	650	0	200	200	0	100
	钠长斑岩	26	500	0	100	300	0	70
	紫色安山火山角砾岩	14	100	0	90	200	0	160
	花岗岩、花岗闪长岩	35	200	0	100	300	0	60
	灰岩、大理岩	6	600	0	100	400	0	670
备战	磁铁矿	31	130 015	4 370	68 285	32 900	280	15 000
	黄铁矿化磁铁矿	5	72 655	341	6 829	9 970	830	2 000
	蛇纹岩	2	19 571	8 945		9 480	1 560	
	闪长岩	16	3 824	<137	1 366～3 414	750	<100	200～400
	辉绿岩	20	1 489	<137	137～1 229	300	<100	100～300

续表

矿区	岩矿标本名称	标本块数	Ji（10^{-3}A/m）			Jr（10^{-3}A/m）		
			极大值	极小值	常见值	极大值	极小值	常见值
备战	霏细岩	61	464	<137	137	1 660	<100	100
	钙质板岩	1			137		100	100
莫托沙拉	大理岩、灰岩	40	269	1	22	58	6	18
	变砂岩、钙质砂岩	28	1 134	2	81、12	1 440	5	34、37
	黑云母斜长片麻岩	13	539	7	182	132	3	39
	超基性岩	9	5 509	1 499	2 540	2 686	89	569
	闪长岩	11	1 035	157	396	826	39	198
	闪长玢岩	23	826	4	32	173	1	17
	二长花岗岩、花岗岩	71	191	0	34	112	2	24
	赤铁矿	1	3 347	58	441	663	149	314
	磁铁矿	1			22 738			1 723
	含磁铁矿闪长岩	4	16 481	8 250	12 189	4 051	788	1 577

资料来源：董连慧等，2011

　　查岗诺尔铁矿区处于阿吾拉勒磁力高北侧，以北为稳定的负磁场区，最低-150nT；以南为正磁场区，最强300nT以上，两类磁场的接触带为一磁力梯级带，梯级带中 ΔT 等值线密集分布，NWW-SEE 向延展，反映出尼勒克深大断裂的位置。ΔT 经垂向导数处理后出现两个异常中心，强度分别为78nT/m 和64nT/m（图 9-1a）上。铁矿床在 1：5 万航磁异常图中异常清晰（图 9-1b）。剖面平面图上呈高背景上叠加的尖峰状异常，最大幅值1215nT。在 ΔT 等值线平面图上，显示异常为规则的圆形，长 1.6km、宽 1.3km。

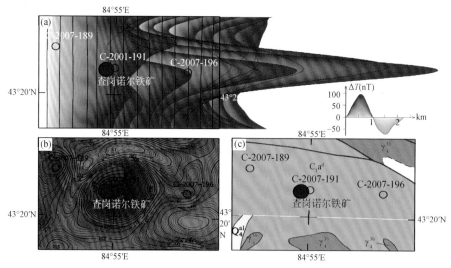

图 9-1　查岗诺尔铁矿区 1：5 万航磁异常、地质剖析图

（a）航磁 ΔT 剖面平面图；（b）航磁 ΔT 等值线平面图；（c）地质矿产图

地面高精度磁测表明，矿区地面磁异常以正值为主，正负差值悬殊，极值超过±25 000nT。低缓异常分布在火山穹隆中心，正异常分布在穹隆中心的北东段，极值在3000nT左右。负异常分布在穹隆中心南西段及穹隆中心，极值在−1700nT左右（图9-1c）。高磁异常主要分布在穹隆两侧和北东端的高山区。根据其出露位置划为5个异常，其中，M4出现在低缓异常区，其余4个异常均出现在高磁异常区（表9-3）。对上述异常进行钻探验证，表明5个磁异常均由磁铁矿体引起。

松湖、智博、备战、阔拉萨依、莫托沙拉、式可布台等铁矿均呈现类型规律，矿区航磁异常强度在600nT以上，大部分表现为800~1500nT，局部磁异常表现出紧密尖锐分布的特征。

表9-3　查岗诺尔铁矿区物探异常一览表

异常编号	异常走向与范围	磁异常特征	地质特征	解释推断
M1	形态、范围控制不够	在沿矿体倾向上出现6000nT以上的正异常，负异常极值在−18 500nT以上，△Z曲线梯度大	磁异常位于安山质凝灰岩中	由东矿区磁铁矿体引起
M2	长约350m，走向北东	±6000nT等值线有3个，负异常中夹两个正异常，极值−25 000~25 000nT	位于安山质凝灰岩中	由西矿区磁铁矿体引起
M3	长900m、宽约300m	△Z极大、小值为19 000、−6100nT	位于安山质凝灰岩中	由磁铁矿体引起
M4	异常呈北西南东走向	△Z极大、小值为3100、−1700nT	第四系覆盖	由北部磁铁矿体引起
M5	长400m、宽280m	△Z极大、小值20 000、−1000nT	第四系覆盖	由磁铁矿体引起，与M4号异常相连

资料来源：董连慧等，2011

3）遥感影像图上铁矿区呈明显的球形。西天山主要铁矿床在遥感影像图上基本都位于环形构造中。智博环形构造（图6-2）在第六章已有叙述。查岗诺尔环形构造位于浑圆状班禅沟环形构造中（图9-2）。班禅沟环形构造外环主要由水环构成，呈近EW向长轴的椭圆状，色调差异不大，主要由基岩与积雪组成，水系呈放射状。其内形成两个二级子环，均由正地形组成，呈锥形突起。东侧子环影像由锥形突起的正地形组成，其形成与火山活动密切相关。火山穹隆中央部位形成破火山口，周围发育一套上石炭统伊什基里克组海相紫红色中酸性火山岩，下部为流纹质玻屑晶屑凝灰岩、熔结凝灰岩，上部分布着紫红色安山质熔结集块岩，之上为紫红色流纹质凝灰角砾岩；晚期有次安山岩体侵入，裂隙中见有黄铁矿化、铜蓝、孔雀石化等。西侧子环由地形冲沟组成，中间为基岩分布区，出露岩性主要为大哈拉军山组中基性火山熔岩和火山碎屑岩，西侧见大量海相碳酸盐岩出露。此环状构造与多组线性构造交汇部位为矿体的形成提供了较大的开放空间，目前也已发现Ⅰ矿带和M4矿体，其铁矿石储量占矿区储量的85%以上。2013年课题组在西侧子环北部冰川覆盖区附近发现火山通道口两个，证实了遥感影像中的环形构造为火山环形构造。

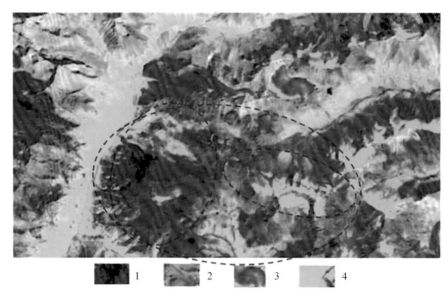

图 9-2　新疆班禅沟一带蚀变矿物异常提取图（张玉明等，2006，有改动）
1-提取的蚀变矿物异常；2-基岩；3-常年积雪或冰川；4-植被

4）晚古生代火山岩（中基性、中酸性火山岩）或基性侵入岩、夕卡岩带分布区。前已所述，西天山晚古生代铁矿床主要赋存于石炭纪火山岩中，主要赋矿地层有 4 个：第一个赋矿地层为下石炭统大哈拉军山组，岩性为中基性火山熔岩（玄武质安山岩、安山岩、玄武岩）、火山碎屑岩夹少量酸性喷出岩，矿体赋存于大哈拉军山组第二、三岩性段安山质、玄武质凝灰岩中，如查岗诺尔、备战、敦德、智博、松湖、尼新塔格、阔拉萨依等矿床；第二个赋矿地层为下石炭统阿克沙克组，岩性为结晶灰岩、砾岩、石灰岩、泥灰岩、砂岩、条带状碧玉岩（袁涛，2003），铁、锰矿体赋存于条带状碧玉岩和细-粉砂岩中，如莫托沙拉、阿克苏等铁锰矿床；第三个赋矿地层为下石炭统艾肯达坂组，岩性为玄武岩、玄武质安山玢岩、粗面安山岩、安山质凝灰岩（郑仁桥等，2014），矿体赋存于粗面安山岩和安山质凝灰岩中，如阿克萨依、塔尔塔格等矿床；第四个赋矿地层为上石炭统伊什基里克组，岩性为流纹岩、安山岩、层安山质火山角砾岩、层安山质凝灰岩、灰岩、安山凝灰质粉砂岩、绢云母千枚岩、绢云母化片岩，赤铁矿体赋存于安山凝灰质粉砂岩、绢云母千枚岩、绢云母化片岩中，矿体顶、底板常见红色碧玉岩和纹层状重晶石、石膏产出（李潇林斌等，2014），如式可布台、波斯勒克等矿床。

另外，基性侵入岩、夕卡岩也是铁矿床的主要赋存部位。特克斯县哈拉达拉地区主要出露基性侵入岩，岩性主要为辉长岩、辉绿岩及橄榄辉长岩，钒钛磁铁矿体赋存于橄榄辉长岩中。西天山博罗科努地区中酸性侵入岩与碳酸盐岩之间常出现夕卡岩带，铁多金属矿体赋存于夕卡岩带内，如哈勒尕提、阔库确科等矿床。

5）火山机构发育区。西天山晚古生代主要铁矿床均位于火山机构或与火山机构有关的小规模断陷盆地内（李凤鸣等，2011）。目前，已经在查岗诺尔铁矿床、阔拉萨依铁矿床、尼新塔格磁铁矿床、敦德铁矿床、式可布台铁矿床、智博铁矿床发现火山通道。其中，在阔拉萨依、敦德、尼新塔格、智博火山通道内发现磁铁矿体。阔拉萨依、敦德、智博磁铁矿体与坍塌的火山集块岩或被磨圆的碳酸盐质集块岩、凝灰岩集结于火山通道内，筒状、脉状矿体与围岩接触界限清晰，无过渡。尼新塔格磁铁矿体与玄武质安山岩、安山岩、火山集块岩共生在一起，铁矿石主要以不同粒径角砾的形式被火山岩胶结，但矿体与围岩接触界限也十分清晰（图9-3）。这些特征说明，铁矿体与火山机构密切相关，铁矿体形成与火山作用有关，但不同矿区、不同矿体在火山机构的部位可能有所不同。

图9-3　尼新塔格矿区角砾状磁铁矿石

6）较强的钠长石化、绿帘石化分布区。西天山晚古生代所有铁矿床均发育绿帘石化，磁铁矿床均发育钠长石化。绿帘石化是高温热液蚀变的产物，在夕卡岩型铁矿中与夕卡岩一起呈面状分布，常与透辉石化、石榴石化一起位于干夕卡岩阶段中，与磁铁矿体联系不紧密，位于铁矿体之外，如哈勒尕提铁矿、阔库确科铁矿；但在与火山岩有关的铁矿床和岩浆分异型磁铁矿床中，绿帘石化常位于铁矿体边缘或安山岩裂隙、断层中，呈细脉状或线性分布，与透辉石脉、石榴石脉很少在一起，如查岗诺尔、备战、敦德、智博、松湖、阔拉萨依、哈拉达拉等铁矿。钠长石化是岩浆分异产物，在磁铁矿床中常分布于铁矿体和围岩（中基性火山熔岩及相应火山凝灰岩）中，以斑晶形式出现，晶形较为完整，晶粒较粗大。不管是铁矿石中还是围岩中钠长石斑晶，其形成应是同期或近于同期的，形成后由于密度较小而浮于岩浆、矿浆之上，随成岩成矿作用而进入岩石和矿石中，在围岩中形成大规模的钠长石化。

（二）找矿模型

前文已述，西天山晚古生代铁矿床分为3大类：火山岩型、岩浆分异型、夕卡岩型。火山岩型铁矿床按主要矿石矿物又可划分为与火山岩有关的磁铁矿床、赤铁矿床、铁锰矿床3个亚类。这3个亚类铁矿床虽然在某些矿床特征、矿床成因方面相同或相近，但由于主要矿石矿物的差异，表现在含矿岩系、侵入岩、围岩蚀变、矿体产状、矿石特征、地表找矿标志、地表找矿标志、物探特征等方面存在一系列的差别，在建立找矿模型时必须予以区分。

因此，笔者建立了与火山岩有关的磁铁矿床、赤铁矿床、铁锰矿床与岩浆分异型钒钛磁铁矿床、夕卡岩型铁多金属矿床5个铁矿综合找矿模型和查岗诺尔1个物探找矿模型，具体见表9-4～表9-8和图9-4，不同类型的矿床找矿模型也有所不同。

表9-4 西天山晚古生代与火山岩有关磁铁矿床综合找矿模型

	分类	主要特征
地质成矿条件和标志	构造环境	阿吾拉勒–伊什基里克石炭纪火山弧、陆缘弧
	矿体产出部位	破火口、火山机构
	含矿地层	下石炭统大哈拉军山组、中上石炭统艾肯达坂组
	含矿岩系和围岩	安山质、玄武质凝灰岩和粗面安山岩
	构造	受基底断裂及火山机构控制；磁铁矿体沿近SN-NE向环形断裂和火山喷发层间界面分布
	侵入岩	矿区附近均见成矿后花岗岩和（花岗）闪长岩，深部钻探也表明大规模闪长岩的侵入活动
	围岩蚀变	主要为绿帘石化、钠长石化、绿泥石化、石榴石化、透辉石化，次为黄铁矿化、碳酸盐化等
	矿体产状和特征	呈厚板状、似层状、透镜状筒状、脉状；除产于火山通道内矿体外，其他矿体产状与顶、底板围岩产状基本一致
	矿石特征	主要为磁铁矿，次为假象赤铁矿、赤铁矿、黄铁矿、黄铜矿等，脉石矿物以石榴石、阳起石为主，次为绿泥石、绿帘石、透闪石等
	地表找矿标志	阳起石–绿帘石化脉、钠长石化带是找矿的直接标志
	找矿历史标志	地面磁铁矿转石
地球物理标志	区域地球物理场特征	铁矿层位于重力梯度带的转折端或高磁异常的过渡带上。1∶5万航磁异常反应明显，为正背景场中叠加的尖峰状异常，异常梯度陡，形态较规则，强度大（大于600nT）
	矿区主要物性特征	磁铁矿磁性强，矿石品位越富磁性越强，近矿岩石及磁铁矿化石榴石岩、凝灰岩及安山岩次之，花岗岩及灰岩磁化强度弱
	主要物探异常特征 — 磁异常平面特征	矿区异常以正值为主。异常可分为低缓异常及高磁异常两类。高磁异常主要分布在穹隆两侧的高山区及穹隆的北东端的高山区
	主要物探异常特征 — 物探找矿标志	区内高强度、大面积、变化梯度大的磁异常区是发现和圈定隐伏磁铁矿体的重要找矿标志

表9-5 西天山晚古生代与火山岩有关铁锰矿床找矿模型

	分类	主要特征
地质成矿条件和标志	构造环境	阿吾拉勒–伊什基里克石炭纪陆缘弧
	矿体产出部位	海底破火口附近低洼地段
	含矿地层	下石炭统阿克沙克组滨浅海相火山沉积地层
	含矿岩系和围岩	主要为黄绿色含砾粗砂岩、黑色赤铁矿层夹碧玉条带、灰绿色粉砂岩、花岗质砾岩、菱锰矿层、灰色钙质砾岩、薄层灰岩

分类		主要特征
地质成矿条件和标志	构造	受岛弧带走滑拉分盆地中的低凹部位控制
	侵入岩	不发育
	围岩蚀变	围岩蚀变不发育，仅可见后期小规模热液活动形成的重晶石化、碳酸盐化、硅化、孔雀石化等
	矿体产状和特征	铁矿体呈层状，倾角小，长度大，呈现上锰下铁的特征。
	矿石特征	矿石矿物主要为赤铁矿、菱锰矿，脉石矿物为石英、方解石、重晶石等；赤铁矿多具显微鳞片结构、鲕状结构；条带状构造、层状构造，菱锰矿具显微球粒结构、微粒状结构；层状构造、条带状构造
	地表找矿标志	碧玉岩–重晶石–赤铁矿条带是找矿的直接标志
	找矿历史标志	地面赤铁矿转石
地球物理标志	地球物理场特征	磁法	地表有弱的磁测异常，其峰值在300nT以上
		电法	具有高极化率异常特征，多在3%~5%
	物化探找矿标志	海相火山–沉积岩中低磁异常是寻找铁矿的主要标志

表9-6　西天山晚古生代与火山岩有关赤铁矿床找矿模型

分类		主要特征
地质成矿条件和标志	构造环境	阿吾拉勒–伊什基里克石炭纪陆缘弧
	矿体产出部位	陆缘火山口、火山机构
	含矿地层	上石炭统伊什基里克组
	含矿岩系和围岩	含矿岩系主要为绢云母千枚岩、绢云母化片岩、流纹质凝灰岩、流纹岩、砂岩及安山岩。围岩为绢云母千枚岩、绢云母化片岩、流纹质凝灰岩、流纹岩
	构造	受基底断裂及火山机构控制；磁铁矿体沿近 SN-NE 向环形断裂和火山喷发层间界面分布
	侵入岩	不发育
	围岩蚀变	围岩蚀变不发育，仅可见后期小规模热液活动形成的重晶石化、碳酸盐化、硅化、孔雀石化等
	矿体产状和特征	铁矿体呈层状、似层状、脉状，倾角小，长度大
	矿石特征	矿石矿物主要为赤铁矿，脉石矿物为石英、方解石、重晶石等；赤铁矿多具显微鳞片结构、鲕状结构；条带状构造、层状构造，菱锰矿具显微球粒结构、微粒状结构；层状构造、条带状构造
	地表找矿标志	碧玉岩–重晶石–赤铁矿条带是找矿的直接标志
	找矿历史标志	地面赤铁矿转石
地球物理标志	地球物理场特征	磁法	地表有弱的磁测异常，其峰值在400nT以上
		电法	具有高极化率异常特征，多在3%~5%
	物化探找矿标志	中酸性火山岩中弱的磁异常是寻找铁矿的主要标志

表9-7　西天山晚古生代钒钛磁铁矿床找矿模型

分类			主要特征
地质成矿条件和标志	构造环境		阿吾拉勒–伊什基里克石炭纪陆缘弧
	矿体产出部位		陆缘拉张带
	含矿地层		无
	含矿岩系和围岩		含矿岩系主要为橄榄辉长岩、辉长岩、辉绿岩。围岩为橄榄辉长岩
	构造		受基底断裂及次级断裂、断层控制
	侵入岩		发育，为橄榄辉长岩、辉长岩、辉绿岩
	围岩蚀变		围岩蚀变发育，主要为绿帘石化、钠长石化和透辉石化等
	矿体产状和特征		铁矿体呈脉状，倾角大，长度大
	矿石特征		矿石矿物主要为磁铁矿、钛铁矿，脉石矿物为绿帘石、透辉石等；矿石多具块状构造，粗晶结构
	地表找矿标志		绿帘石化、透辉石化是找矿的直接标志
	找矿历史标志		地面磁铁矿转石
地球物理标志	地球物理场特征	磁法	航磁异常峰值在450nT左右
		电法	具有高极化率异常特征，多在4.4%~6%
	物化探找矿标志		基性侵入岩中弱的磁异常是寻找铁矿的主要标志

表9-8　西天山晚古生代夕卡岩型铁多金属矿床找矿模型

分类			主要特征
地质成矿条件和标志	构造环境		博罗科努晚泥盆世–早石炭世陆缘弧
	矿体产出部位		中酸性侵入岩与碳酸盐岩的接触部位–夕卡岩带中
	含矿地层		奥陶、志留纪碳酸盐岩
	含矿岩系和围岩		含矿岩系主要为花岗闪长岩、二长花岗岩、石英闪长岩。围岩为灰岩、大理岩
	构造		受基底断裂及次级断裂、层间滑动破碎带控制
	侵入岩		发育，为花岗闪长岩、二长花岗岩、石英闪长岩
	围岩蚀变		围岩蚀变发育，绿帘石化、透辉石化、石榴石化、硅化、钾化、绢云母化、绿泥石化、方解石化、黄铁矿化等均有出露
	矿体产状和特征		同位多期次成矿形成多元素复合型矿床，铁矿体呈脉状，不规则状，倾角大，长度大
	矿石特征		矿石矿物主要为磁铁矿、黄铜矿、辉钼矿、方铅矿、闪锌矿、斑铜矿、黄铁矿，脉石矿物为石英、方解石、绿帘石、绢云母、绿泥石等；矿石多具块状构造，粗晶结构
	地表找矿标志		夕卡岩化是找矿的直接标志
	找矿历史标志		地面磁铁矿转石
地球物理标志	地球物理场特征	磁法	磁异常峰值在800nT左右
		电法	具有高极化率异常特征
	物化探找矿标志		磁异常、多元素化探综合异常、激电异常套合处是铁矿找寻标志

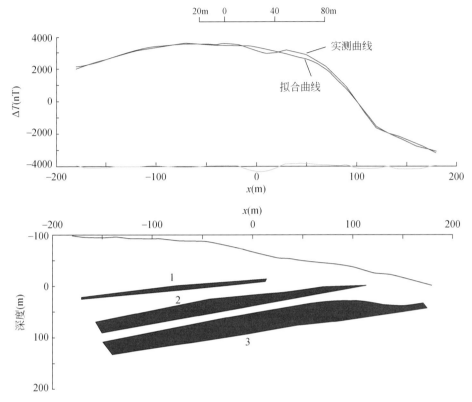

图 9-4　和静县查岗诺尔铁矿床找矿模型图（据董连慧等，2011）

二、找矿潜力

新疆潜力评价组曾对新疆铁矿进行过铁矿成矿潜力的综合评价（董连慧等，2011）。在评价中，将西天山晚古生代铁矿床划分为 3 个区：式可布台-查岗诺尔铁矿区（即阿吾拉勒）、伊什基里克铁矿区、莫托沙拉-库米什铁矿区。这 3 个区，不论是矿床（点）数量还是矿床储量，均占西天山晚古生代铁矿的 98% 以上，代表了西天山晚古生代的主要铁成矿区。根据新疆铁矿潜力评价结果，阿吾拉勒铁矿区预测铁矿石总资源量为 149 714.35 万 t，查明资源量为 51 908.07 万 t；伊什基里克铁矿区、莫托沙拉-库米什铁矿区预测铁矿石总资源量分别为 2671.59 万 t、6579.79 万 t，查明资源量为 1100 万 t、4035 万 t（表 9-9）。

截至 2014 年年底，西天山查明铁矿石资源量超过 1800 万 t，其中晚古生代铁矿床（点）铁矿石查明资源量超过 17500 万 t，阿吾拉勒、伊什基里克、莫托沙拉-库米什铁矿区分别为 165 000 万 t、5000 万 t、4000 万 t，其他约 2000 万 t。查明资源量大于预测总资源量。这并不能说明西天山晚古生代铁矿无潜力可挖。相反，西天山晚古生代铁矿找矿还存在相当大的潜力，其理由如下。

315

表 9-9　西天山与火山岩有关铁矿研究区综合地质特征一览表

研究区名称	研究单元名称	V级成矿远景区及编号	IV级矿带	综合特征	面积（km²）	预测资源储量总量（1000m以浅）	已查明资源储量	预测资源储量（1000m以浅）
伊什基里克铁矿区	阔拉萨依	阔勒萨依Fe成矿远景区（V-1）	伊什基里克Cu-Au-Mo-Fe-Pb-Zn成矿带（Ⅲ-2-③）	大哈拉军山组安山岩-安山质凝灰岩-玄武岩钙碱性火山岩建造。已有矿产：阔拉萨依铁矿、卡拉生布拉克拉萨依北铁矿点以及阔拉萨依北铁矿点	54.13	1993.5	1100	893.5
	吉尔格朗南（ZB-4）	养鹿场-确鹿特一带Fe成矿远景区（V-2）		位于养鹿场-确鹿特一带Fe成矿远景区大哈拉军山组（安山岩-安山质凝灰岩-玄武岩钙碱性火山岩建造）。已有矿产：吉尔格朗南铁矿点	35.84	678.09		678.09
阿吾拉勒铁矿区	铁木里克	铁木里克-武可布台Fe,Cu成矿远景区（V-1）	阿吾拉勒（裂谷带）Fe-Au-Cu-Pb-Zn成矿带（Ⅲ-2-①）	出露地层为上石炭统伊什基里克基性中基性火山碎屑岩建造，有晚石炭世辉绿岩分布，近东西向和北东向断裂发育。处于局部剩余重力高和明显航磁异常高区内，有乙类航磁异常常点10处，有甲乙类航磁异常点1处，矿点5处、矿化点1处；有热液型铁矿点1处	96.95	25 278.16	62	25 216.16
	驹尔都拜			出露地层为上石炭统伊什基里克基性中基性火山碎屑岩建造，有二叠纪闪长花岗岩和花岗岩分布，近东西向和北东向断裂发育。处于局部剩余重力高和航磁异常高区内，有乙类航磁异常常点两处，矿点3处	44.79	12 340.57	17.02	12 323.55
	和静哈拉尕依			出露地层为上石炭统伊什基里克基性中基性火山碎屑岩建造，北西向和北东向断裂发育。处于局部剩余重力高区内，航磁异常相对较弱，有乙类航磁异常常点5处，分布小型海相火山岩型铁矿床1处，矿点两处，矿化点两处	45.17	12 446.41	90.6	12 355.81
	武可布台			出露地层为上石炭统伊什基里克基性中基性火山碎屑岩建造，北西向和北东向断裂发育。处于局部剩余重力高段内，航磁异常明显。有乙类航磁异常常点7处，FeMn累加异常明显。分布中型海相火山岩型铁矿床1处，小型两处，矿点两处	74.56	10 239.51	2958.51	7281.43

续表

研究区名称	研究单元名称	V级成矿远景区及编号	IV级矿带	综合特征	面积（km²）	预测资源储量总量（1000m以浅）	已查明资源储量	预测资源储量（1000m以浅）
	萨海	萨海-尼新塔格 Fe, Cu, Au 成矿远景区（V-2）	阿吾拉勒（裂谷带）Fe- Au- Cu- Pb- Zn 矿带（III-2-①）	出露地层为下石炭统大哈剌军山组一套安山质火山碎屑岩建造，北西向和近东西向断裂发育，分布二叠纪花岗岩和古火山机构。处于重力、航磁梯度北侧，FeMn累加异常明显。分布中型海相火山岩型铁矿床1处	26.63	3600	1000	2600
	松湖			出露地层为下石炭统大哈剌军山组一套安山质火山碎屑岩建造，北西向和近东西向断裂发育，分布二叠纪花岗岩类。处于重力、航磁梯度北侧，存在局部剩余重力高，FeMn累加异常明显。分布中型海相火山岩型铁矿床1处，热液型矿点1处	48.08	8325	3700	4625
阿吾拉勒铁矿区	尼新塔格			出露地层为下石炭统大哈剌军山组一套安山质火山碎屑岩建造，近东西向断裂发育，分布有二叠纪花岗岩类。处于局部剩余重力高、航磁异常北侧，FeMn累加异常较明显。分布中型海相火山岩型铁矿床1处	40.6	4396.99	1709.94	2687.05
	四棵树上游	查岗诺尔-智博 Fe, Cu, Pb, Zn, Au 成矿远景区（V-3）		下石炭统大哈剌军山组一套安山质火山碎屑岩建造，分布二叠纪花岗岩。处于二叠纪花岗岩和航磁梯度带北侧。有海相火山岩型铁矿点1处	36.14	3271.37		3271.37
	玖苏上游			出露地层为下石炭统大哈剌军山组一套安山质火山碎屑岩建造，北东向和近东西向断裂发育。分布海相火山岩型铁矿点1处	38.58	4254.85		4254.85
	查岗诺尔			出露下石炭统大哈拉军山组一套火山碎屑岩建造，北西向断裂构造发育，有古火山机构和二叠纪花岗岩分布。航磁异常弱。有大型海相火山岩型铁矿床1处，矿点1处	90.08	26804.35	15070	11734.35

续表

研究区名称	研究单元名称	V级成矿远景区及编号	IV级矿带	综合特征	面积（km²）	预测资源储量总量（1000m以浅）	已查明资源储量	预测资源储量（1000m以浅）
阿吾拉勒铁矿区	智博	查岗诺尔-智博Fe、Cu、Pb、Zn成矿远景区（V-3）	阿吾拉勒（裂谷带）Fe-Au-Cu-Pb-Zn矿带（III-2-①）	出露下石炭统大哈拉军山组一套火山碎屑岩建造，近东西向断裂构造发育，有二叠纪花岗岩分布，处于古火山机构东侧。存在局部中型海相火山岩型铁矿床1处	60.34	14 042.85	10 000.00	4042.85
	备战	备战Fe、Cu、Pb、Zn、Au成矿远景区（V-4）		出露下石炭统大哈拉军山组一套火山碎屑岩建造，近北西西向断裂构造发育，有晚石炭世花岗岩分布。存在弱航磁异常。有大型海相火山岩型铁矿床1处，矿点4处	63.11	24 714.29	17 300	7414.29
莫托萨拉-库米什主要铁矿研究区	莫托萨拉北	莫托萨拉Fe成矿远景区（V-3）	巴仑台（地块）Fe-Mn-Pb-Zn矿带（IV-1-②）	该区铁矿主要赋存在石炭系地层中，其岩性为火山-沉积岩。铁矿在时间、空间上均与火山-沉积岩有密切关系。区内铁矿已知主要有莫托萨拉北铁矿点1处	12.36	1393.23		1393.23
	莫托萨拉			该区铁矿主要赋存在石炭系地层中，其岩性为火山-沉积岩。铁矿在时间、空间上均与火山-沉积岩有密切关系。矿已知有莫托萨拉中型铁铁锰矿床1处。矿体多为层状，似层状和透镜体状，产状与莫托萨拉中火山-沉积岩地层基本一致，下部为铁矿带，上部为锰矿带	48.76	5186.56	4035	1151.56

1）铁矿潜力评价采用的资料过于陈旧。从参考资料来看，收集的资料大多为2006年前的，尽管成稿时西天山阿吾拉勒铁矿区已取得找矿重大突破，控制铁矿石资源量为78 000万t，其中备战铁矿、智博铁矿、查岗诺尔铁矿铁矿石资源量均已突破20 000万t大关铁矿、敦德铁矿、松湖铁矿查明资源量均为5000万t，另外哈勒尕提铜多金属矿床也已发现并初步控制了铁矿体规模，但评价中均未采用。

2）对铁矿的认识不足。与火山岩有关的铁矿床相交于其他类型的矿床（如沉积变质型、夕卡岩型、岩浆分异型）来讲研究还比较薄弱，且国内此类铁矿床研究多集中于陆相火山岩型或玢岩型，海相火山岩型铁矿非常稀少，国内基本没有可以借鉴的矿山，因此在矿床成因上出现了火山（喷气）沉积改造型、以热液交代（夕卡岩化）成矿为主的多成因型、海相火山热液型、火山岩型等多种观点，没有一个统一的认识，铁矿勘探也在多种认识下反复尝试。近年来认识虽渐趋统一，并取得重大找矿突破，但成矿模式还有待于加强。

3）铁矿预测的范围和深度可能不够。铁矿的预测主要针对已有铁矿区及有限的外围、并在有限的深度范围（1000m以浅）内进行。前已述及，西天山晚古生代铁矿床绝大多数与火山岩有关，在航磁图上与磁异常明显对应，在遥感影像图上位于明显的环形构造内。除已有铁矿区外，尚有大量地区具备这种特征，具有形成铁矿的潜力。潜力评价仅就已有铁矿区及有限外围进行预测，显然是有所遗漏，如塔尔塔格铁矿、阿克萨依铁矿。另外，西天山与火山岩有关的铁矿床具有明显的立体结构，即上部为层状、似层状矿体→中部为囊状、筒状、透镜状矿体→下部为角砾状、脉状矿体。上部矿体位于火山通道口附近的海底火山洼地；中部矿体发育于火山通道上部及火山环状断裂、放射状裂隙内，如敦德铁矿；下部矿体发育于火山通道下部及火山环状断裂、放射状裂隙内，即通道内火山岩与碳酸盐岩的结合部位，如阔拉萨依铁矿。虽然绝大多数铁矿区或外围发现了火山通道口，但目前各矿区发现矿体均比较单一，以中上部为主，中下部矿体较为稀少，其原因就在于对成矿有关的火山通道口研究较少。要完整地评价此类铁矿的成矿潜力，必须了解包括火山通道在内的火山机构的深度。此类矿床最下部矿体可能位于通道内火山岩与碳酸盐岩的结合部位，即赋矿深部近似等于火山岩的厚度。西天山主要含矿的火山岩厚度基本均在1000m以上，即成矿深度可能大于1000m，如查岗诺尔、备战矿区部分钻孔在1000m以下仍见到铁矿体就是最好的例证。因此，预测深度为1000m以浅还值得商榷。

4）还有大量航磁异常没有查证。西天山本身为一个磁异常区，即塔里木盆地北部-天山西部负磁异常区，包括哈尔克山、博罗科努山、科古尔琴山等地区。异常区总体呈北西向，西部宽，东部窄，为一楔形，异常强度为-200 ~ -400nT。其内包括和静-阿齐山北西向负磁异常带、赛里木-巴音沟北西向负磁异常带和伊犁-新源-巩乃斯正磁异常带、伊什基里克正磁异常带。此外在其北部的依连哈比尔尕山地区也存在一条正磁异常带。国家和新疆地方政府先后投入巨资对西天山进行过多轮不同尺度的航空磁测，工作范围基本覆盖了西天山几大铁成矿区，圈出了大量航磁异常。其中，西天山阿吾拉勒1：25万航磁异常总体近东西向展布，与阿吾拉勒山体走向基本一致。由西向东在铁木里克、和统哈拉哈依沟、则克台、阿克萨依、松湖、哈拉库勒、玉西

319

莫勒盖、查岗诺尔、巴仑台卡扎克等地分布多处环形航磁异常和杂乱面状航磁异常带，并有大量晚古生代火山岩和中酸性侵入岩发育。西天山主要铁矿床如铁木里克铁矿床、式可布台铁矿床、塔尔塔格铁矿床、尼新塔格铁矿床、阿克萨依铁矿床、查岗诺尔铁矿床、智博铁矿床、敦德铁矿床、备战铁矿床等多分布在与线性构造和环形构造相关的航磁异常边缘。

但由于山高陆陡和常年的冰雪覆盖，使得异常查证工作变得尤为艰难，目前已被查证的航磁异常只占少数，大多数异常仍处于沉睡状态。

因此，西天山晚古生代铁矿找矿还有巨大的潜力可挖。

这给我们一个很好的提示：将大比例尺遥感影像图与航磁图叠加，对所有航磁异常与环形构造重叠的地区。

第二节　找矿预测

一、预测方法

预测区的圈定采用综合地质信息模式类比法。该方法主要在选定工作程度和研究程度高的典型矿床中，在多个典型矿床的基础上研究其成矿的共性和差异性，建立起该区的预测概念模型，根据建立的概念模型，通过相似类比法圈定预测区，包括预测区定位和预测区边界确定两大类。

1. 综合地质信息法圈定原则

1）判定成矿信息浓集的最小面积最大含矿率的空间范围。

2）采用模式类比法，圈定不同类别的预测区。包括 3 种情况：①地质+综合信息：在有利的含矿建造内，已发现有矿床（点）分布，并有明显化探异常、重砂异常、重力梯度带等异常显示；②综合信息地质+矿床点：在有利的含矿建造内，仅有已知矿床（点）分布，但化探异常、重砂异常、重力梯度带、遥感蚀变等异常显示不明显；③地质+X：在有利的含矿建造内，仅有化探异常、重砂异常、重力等单一信息显示。

3）空间位置的确定首先以地质构造精细分区划分预测单元，以地、物、化、遥成矿信息综合标志确定预测区的界线。

4）基础数据与预测目标尺度对等。

5）预测区的面积不大于 1∶25 万标准图幅面积的 1%，即小于 $140 km^2$。

2. 圈定预测区的边界条件

根据晚古生代火山岩的控矿因素和找矿标志，以及本区资料的翔实程度，最终确定与火山岩有关的铁矿床预测区圈定边界条件为：在含矿建造内，依据磁异常、化探异常及区域性断裂，并适当参考遥感信息特征以及重力或航磁推断的中基性、酸性岩体范围来确定预测区边界。

3. 预测区变量

预测区优选实际上是对一个预测区的求异过程，即通过一定的数学或地质方法将预测区分级，预测区级别划分的主要依据是控制预测区级别的变量（控矿因素或找矿标志），通过控制预测变量的差异性将预测区区分开来，这些变量一般是与矿床的形成以及优劣有密切关系的变量，但并不是控矿的必要条件。根据 4 个预测工作区的成控矿特征，以及在区域上通过横纵对比，初步选择以下变量作为预测区优选的要素组合，如表 9-10 所示。

表 9-10　预测区优选的原始要素组合

序号	预测工作区名称	要素名称				
1	阿吾拉勒	石炭纪火山岩	航磁局部异常	航磁高值点	化探异常	NW-NWW 向大断裂	环形构造
2	伊什基里克	石炭纪火山岩	航磁局部异常	航磁高值点	化探异常	EW 向大断裂	环形构造
3	莫托萨拉-库米什	早石炭世火山-碎屑沉积建造	侵入岩体	铁化探异常	锰化探异常	航磁异常	—
4	博罗科努	夕卡岩带	中酸性侵入岩体	航磁局部异常	铁铜化探异常	碳酸盐岩	—

4. 最小预测区圈定

在综合分析本区地质综合信息的基础上，根据火山岩型矿床的成矿和控矿特点，共圈出最小预测区 17 个（表 9-11）。

表 9-11　西天山晚古生代与火山岩有关铁矿预测工作区统计表

序号	预测工作区名称	预测类型	A 类最小预测区数量（个）	B 类最小预测区数量（个）	C 类最小预测区数量（个）	合计（个）
1	阿吾拉勒	火山岩型	10	2		12
2	伊什基里克	火山岩型	1	1		2
3	莫托萨拉-库米什	海相火山岩型	1		1	2
4	博罗科努	夕卡岩型			1	1

二、靶区优选

靶区优选（target selection）的过程，实际上包容了异常分类、异常解释、异常评价和异常评序等工作，即以地球化学异常模式为基础，以多学科信息的综合为手段，以合理的概念（模型）为指导，实现各级次（层次）靶区的优选，最终达到找矿目的。靶区优选通常有两种方法：第一种为从已发现的大批异常和矿化点中，综合地质、地球物理、地球化学特征，筛选出最有找矿远景的目标区，被称为横向逐步筛选法，其效用应予肯定；第二种为以较大级次（规模）的异常场（异常模式）为背景，综合地质、地球物理、地球化学特征，逐次筛选出面积更小、远景更大的目标区，直至确定勘探靶区。第二种方法被称为逐步缩小靶区法，更能体现成矿客体与成矿体系的内在联系，理应取得更好地找矿效果和找矿效率。本书采用后一种方法。

1. 靶区优选原则

1）优选区位于两大构造单元（准噶尔板块与伊犁–赛里木地块、中天山地块与伊犁地块）的结合部位。

2）尼勒克断裂、伊什基里克断裂、阿吾拉勒南缘断裂的次级断裂为赋矿部位。

3）石炭纪火山岩发育区，火山岩见明显的钠长石化。

4）靶区内或靶区附近见火山通道或其他火山机构。

5）火山岩中见脉状的绿帘石化、透辉石化和石榴石化，部分脉中见黄铁矿化和铜矿化。

6）遥感影像图显示靶区在环形构造中。

7）见明显的磁异常，航磁异常强度在600nT以上，异常线呈现紧密尖锐的特征。

8）具有较高的铁铜或铁锰化探异常。

2. 靶区确定及依据

（1）智博东

智博东位于智博铁矿东部，与东矿带之间为智博冰川。北部为尼勒克深大断裂。

该靶区位于智博环形构造内，对应的1∶5万航磁异常为C–2007–356（图9-5）。异常紧密呈尖峰状，异常性最大可达300nT，为低磁异常区。区内出露大哈拉军山组第三岩性段中基性火山岩，岩性以灰黑色玄武质安山岩、玄武质凝灰岩、安山质凝灰岩和灰绿色玄武岩为主，见大量安山质火山角砾岩、火山集块岩和少量酸性熔岩，火山岩石具有明显的钠长石化。岩石呈有规律的环状、近似环状分布，可能有火山通道口。安山质凝灰岩、安山岩中见铁矿石和铜矿化。主要围岩蚀变为绿帘石化。

该靶区可能为通道相铁矿分布区，建议详细研究后进行深部揭露。

（2）备战东

备战东位于备战东南部冰川下部。北部为尼勒克深大断裂。

该靶区位于备战环形构造内，对应的航磁异常为1∶5万C-2007-388、C-2007-389。异常紧密呈尖峰状，最大可达450nT，为低磁异常区。区内出露大哈拉军山组第三岩性段中基性火山岩，岩性以灰黑色玄武质安山岩、灰黑色玄武质熔结凝灰岩、安山质凝灰岩和火山集块岩为主，后期见辉绿岩和花岗斑岩侵入，火山岩石具有明显的钠长石化。从熔结凝灰岩的流动方向来看，具有从东南向西北（备战铁矿区）流动的趋势（图9-6）。主要围岩蚀变为绿帘石化。

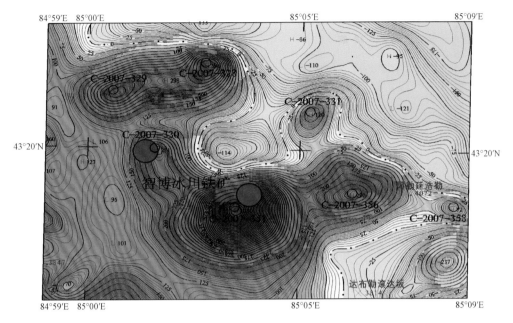

图 9-5　智博地区磁异常分布图（新疆地矿局第三地质大队，2011）

图 9-6　备战矿区南部玄武质熔结凝灰岩（左）和后期辉绿岩（右）

　　综合上述特征，该区域可能为火山通道分布区，具有形成通道相铁矿的可能，建议详细研究后进行深部揭露。实际上，2006 年已发现备战东灿–通道相厚大矿体。

　　（3）坎苏沟

　　坎苏沟位于新源县坎苏村北部，面积约 10km²。该区西邻式可布台铁矿，南部为阿吾拉勒南部断裂带，北邻二叠纪中酸性侵入岩，东接塔尔塔格铁矿床。

　　该靶区位于坎苏沟环形构造内，对应的 1:5 万航磁异常为 C-2007-30、C-2007-31（图 9-7）。异常紧密呈尖峰状，最大可达 470nT，为低磁异常区。该靶区及周围实际为一航磁异常群，由一系列近东西向航磁正低异常组成，在异常群中已发现塔尔塔格中型磁铁矿床。区内出露中上石炭统艾肯达坂组中基性火山岩，岩性以灰黑色玄武质安山岩、灰白色粗面安山岩、灰色霏细岩、紫红色流纹岩及安山质凝灰岩及玄武质熔结凝灰岩为主（图 9-8），含火山角砾岩、火山集块岩，后期见辉绿岩侵入，火山岩石具有明显的钠长石化。主要围岩蚀变为绿帘石化。从岩性组合上看，该靶区内或附近有火山机构。

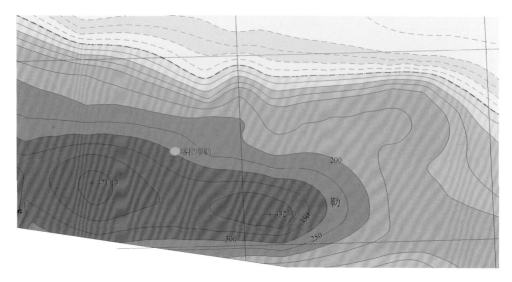

图9-7　坎苏沟航磁异常分布

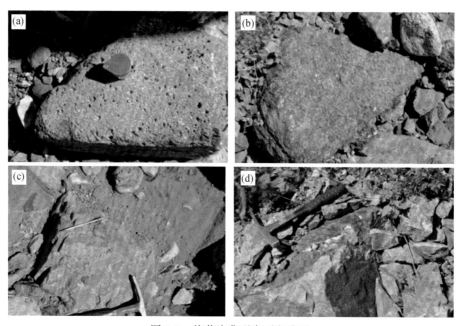

图9-8　坎苏沟典型岩石和矿石

（a）粗面安山岩；（b）玄武质熔结凝灰岩；（c）火山集块岩；（d）磁铁矿脉

　　在冲沟内的多个滚石中见磁铁矿脉，矿石类型与塔尔塔格铁矿相同，均为粗晶浸染状、团块状，在安山岩中呈脉状。因此，该靶区具有形成火山岩型铁矿的条件，建议详细研究后进行地表勘探。

（4）玉希莫勒盖南

玉希莫勒盖南位于玉希莫勒盖环形构造内，对应的 1∶5 万航磁异常为 C-2007-158、C-2007-159。异常紧密呈尖峰状，为低磁异常区。该靶区为玉希莫勒盖火山口。区内出露大哈拉军山组第三岩性段中基性火山岩，岩性以灰黑色玄武质安山岩、黑褐色玄武岩、红褐色粗面安山岩和灰黑色火山集块岩（图 9-9）为主，见少量流纹岩和英安岩，火山岩石具有明显的钠长石化。主要围岩蚀变为绿帘石化。

图 9-9　玉希莫勒盖南部岩石与矿石
（a）粗面安山岩；（b）火山集块岩；（c）含镜铁矿脉的石英岩；（d）镜铁矿石

2013 年，在该靶区内的独库公路旁发现石英-镜铁矿脉一条。脉呈近 EW 向展布，脉宽约 1.2m，脉长约 60m。镜铁矿沿石英裂隙充填。因此，该靶区具有形成火山热液型铁矿的条件，建议详细研究后进行地表勘探。

（5）乔尔玛

乔尔玛靶区位于乔尔玛环形构造内，对应的 1∶5 万航磁异常为 C-2007-147、148、149、151。异常紧密呈尖峰状，为低磁异常区。该靶区为乔尔玛火山口分布区。区内出露大哈拉军山组第三岩性段中基性火山岩，岩性以玄武质安山岩、玄武岩、安山岩、凝灰岩和火山集块岩为主，见少量流纹岩和英安岩，火山岩石具有明显的钠长石化。火山岩裂隙或断层附近火山岩发育脉状绿帘石化。另外，区内出露一些小花岗岩体，与火山岩为侵入接触关系。

该靶区具有形成火山岩型铁矿的条件，建议详细研究后进行地表勘探。目前，已在该靶区发现铁矿化点一处。

（6）昭苏东北

昭苏东北靶区重力场属于西天山异常区中的伊宁地区局部重力异常区。布格重力异常值为（−170～−230）×10⁻⁵m/s²，西高东低，其重力等值线为一个反"Z"字形重力梯级带，反映了区内弧盆型的复式褶皱构造特征。

靶区位于伊宁−库米什正磁场背景杂乱磁场带中。该带磁场具有宏观值高，背景清晰的磁场面貌，是天山地区背景磁场值最高的区域之一，航磁强度为200～500nT，面积较大，并有局部异常叠加及鲜明的线性异常（图9-10）。

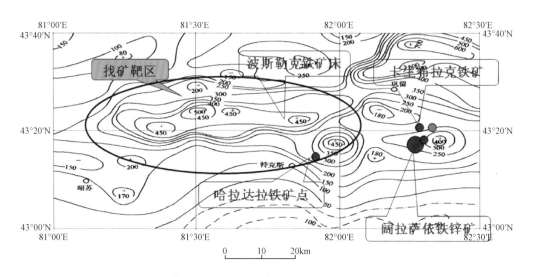

图9-10　昭苏东北航磁异常分布图（新疆有色物探队，2011）

异常区主要出露大哈拉军山组火山岩，岩性以中基性火山熔岩及凝灰岩为主；局部地区见上石炭统伊什基里克组中酸性火山岩，岩性以流纹岩、安山岩为主。大哈拉军山组火山碎屑岩中，见星点状磁铁矿化和绿帘石化，磁性较强。靶区东部伊什基里克组火山岩赋存有赤铁矿体（图9-11），对应航磁异常强度为450nT。该靶区具有形成火山岩型铁矿的条件，建议详细研究后进行地表勘探。

图9-11　波斯勒克赤铁矿体（左）和赤铁矿石（右）

参 考 文 献

白建科，李智佩，徐学义，等．2011.新疆西天山吐拉苏—也里莫墩火山岩带年代学：对加曼特金矿成矿时代的约束．地球学报，32：322-330．

鲍佩声，王希斌，彭根永，等．1999.中国铬铁矿床．北京：科学出版社．

曹晓峰，吕新彪，雷建华，等．2010.新疆库鲁克塔格东缘新元古代大平梁铜多金属矿床地质特征及成因探讨．矿床地质，29（S）：167-168．

曹晓峰．2012.新疆库鲁克塔格地块新元古代—早古生代构造热事件与成矿．武汉：中国地质大学博士学位论文．

车自成，刘良，刘洪福，等．1996.论伊犁古裂谷．岩石学报，12（3）：478-490．

陈丹玲，刘良，车自成，等．2011.中天山骆驼沟火山岩的地球化学特征及其构造环境．岩石学报，17（3）：378-384．

陈富文，李华芹．2004.天山巴音布鲁克地区金锑矿床成矿作用同位素年代学研究．地球学报，25（2）：180-195．

陈根文，邓腾，刘睿，等．2015.西天山阿吾拉勒地区二叠系塔尔得套组双峰式火山岩地球化学研究．岩石学报，31（1）：105-118．

陈江峰，满发胜，倪守斌．1995.西天山菁布拉克基性–超基性岩的Nd、Sr同位素地球化学．地球化学，24：121-127．

陈杰，段士刚，张作衡，等．2013.新疆西天山式可布台铁矿地质、矿物化学和S同位素特征及其对矿床成因的约束．中国地质，（6）：125-132．

陈克强，韦龙明，周志坚，等．2007.新疆西天山博故图金矿地质特征与找矿方向．地质与勘探，43（6）：47-51．

陈衍景，刘玉琳，鲍景新，等．2004a.西天山艾肯达坂组火山岩系同位素定年及其构造意义．矿物岩石，24（1）：52-55．

陈衍景，鲍景新，张增杰，等．2004b.西天山艾肯达坂组火山岩系的元素地球化学特征和构造环境．矿物岩石，24（3）：36-45．

陈毓川，刘德权，唐延龄，等．2008.中国天山矿产及成矿体系．北京：地质出版社．

陈哲夫，梁云海．1991.新疆多旋回构造与板块运动．新疆地质，9（2）：95-107．

陈正乐，万景林，刘健，等．2006.西天山山脉多期次隆升–剥露的裂变径迹证据．地球学报，27（2）：97-106．

成守德，王广瑞，杨树德，等．1986.新疆古板块构造．新疆地质，4（2）：1-26．

成守德，王元龙．1988.新疆大地构造演化基本特征．新疆地质，16（2）：97-107．

成勇，李万平，俞彦龙，等．2013.新疆温泉县托克赛铅锌矿综合找矿模型．现代地质，27（1）：91-98．

程春华，张芳荣，余泉，等．2010.新疆西天山乌孙山地区石英正长斑岩形成时代及其地质意义．资源调查与环境，31（4）：257-263．

储雪蕾，陈锦石，王守信．1984.安徽罗河铁矿的硫同位素温度及意义．地球化学，12（4）：350-356．

储雪蕾，徐九华．1999.汉诺坝等地地幔捕房体的氧同位素．自然科学进展：国家重点实验室通讯，4：373-377．

董连慧，冯京，庄道泽，等．2011.新疆铁矿潜力评价报告．新疆：乌鲁木齐．

董连慧，冯京，庄道泽，等．2011.新疆富铁矿成矿特征及主攻类型成矿模式探讨．新疆地质，

29（4）：416-422.

董连慧，徐兴旺，赵树铭．2012. 新疆库鲁克塔格 1.95Ga 磁铁石英岩建造（BIF）发现及意义．新疆地质，（04）：169-174.

杜维河，李国兴．2007. 河北省承德市大庙斜长岩杂岩体超大型钒钛磁铁矿床研究．河北地质，（4）：14-17.

段年高，苏良赫．1987. 云南曼养铁矿成矿实验研究．现代地质，（02）：253-259.

段士刚，董满刚，张作衡，等．2013. 西天山敦德铁矿床磁铁矿原位 LA-ICP-MS 元素分析及意义．矿床地质，33（6）：1325-1337.

段士刚，张作衡，魏梦元，等．2014. 新疆西天山雾岭铁矿闪长岩地球化学及锆石 U-Pb 年代学．中国地质，41（6）：1757-1770.

方耀奎，叶荣，李福春．1992. 广西凤金牙金矿床中黄铁矿的标型特征及其实际意义．矿物岩石，12（2）：7-15.

费鼎．1986. 天山地区航空磁测概查报告．北京：地质矿产部航空物探总队．

冯博，薛春纪，赵晓波．2014. 西天山卡特巴阿苏大型金铜矿赋矿二长花岗岩岩石学元素组成和时代．地学前缘，21（5）：187-195.

冯金星，石福品，汪帮耀，等．1990. 西天山阿吾拉勒成矿带火山岩型铁矿．北京：地质出版社．

冯先岳．1990. 新疆尼勒克地震断层带．内陆地震，4（3）：354.

高纪璞，李先梓，杨合群，等．1991. 新疆特克斯基性岩体地质特征及找矿方向研究．中国地质科学院西安地质矿产研究所所刊，32：95-124.

高景刚，李文渊，薛春纪，等．2014. 新疆哈勒尕提铜铁矿床的成矿年代学研究．矿床地质，（2）：386-395.

高俊，何国琦，李茂松．1997. 西天山古生代造山过程．地球科学—中国地质大学学报，22（1）：28-32.

高俊，龙灵利，钱青，等．2006. 南天山：晚古生代还是三叠纪碰撞造山带？岩石学报，22（5）：1049-1061.

高俊，钱青，龙灵利，等．2009. 西天山的增生造山过程．地质通报，28（12）：1804-1816.

高俊，肖序常，汤耀庆，等．1995. 西南天山构造地层学初步研究．地层学杂志，19（2）：122-128.

高永利，李永军，孔德义，等．2006. 西天山阿吾拉勒一带阿克沙克组的厘定．新疆地质，24（3）：215-218.

葛松胜，杜杨松，王树星，等．2014. 新疆西天山敦德铁矿区矽卡岩成因：矿物学和稀土元素地球化学约束．现代地质，28（1）：61-72.

顾雪祥，章永梅，彭义伟，等．2014. 西天山博罗科努成矿带与侵入岩有关的铁铜钼多金属成矿系统成岩成矿地球化学与构造–岩浆演化．地学前缘，21（5）：156-175.

郭璇，朱永峰．2006. 新疆新源县城南石炭纪火山岩岩石学和元素地球化学研究．高校地质学报，12（1）：62-73.

韩宝福，郭召杰，何国琦．2010. 钉合岩体与新疆北部主要缝合带的形成时限．岩石学报，26（8）：2233-2246.

韩宝福，季建清，宋彪，等．2004a. 新疆喀拉通克和黄山东含铜镍矿镁铁-超镁铁杂岩体的 SHRIMP 锆石 U-Pb 年龄及其地质意义．科学通报，49（2）：2324-2328.

韩宝福，何国琦，吴泰然，等．2004b. 天山早古生代花岗岩锆石 U-Pb 定年、岩石地球化学特征及其大地构造意义．新疆地质，22（1）：4-11.

韩宝福，何国琦，王式洗，等．1998. 新疆北部后碰撞幔源岩浆活动与陆壳纵向生长．地质论评，

44（4）：396-406.

韩琼，弓小平，毛磊，等.2013.西天山备战铁矿成岩年代厘定及矿床成因研究.新疆地质，31（2）：136-140.

韩润生.2003.初论构造成矿动力学及其隐伏矿定位预测的研究内容和方法.地质与勘探，39（1）：5-9.

郝艳丽，张招崇，王福生，等.2004.峨眉山大火成岩省"高钛玄武岩"和"低钛玄武岩"成因探讨.地质论评，50（3）：587-592.

贺飞，弓小平，韩琼，等.2013.式可布台铁矿地质特征及成矿模式.新疆地质，31（3）：186-189.

贺鹏丽，黄小龙，李洪颜，等.2013.西天山哈拉达拉辉长岩的Fe-Ti富集机制及其构造意义.岩石学报，29（10）：3457-3472.

洪为，张作衡，赵军，等.2012a.新疆西天山查岗诺尔铁矿床矿物学特征及其地质意义.岩石矿物学杂志，31（2）：191-211.

洪为，张作衡，蒋宗胜，等.2012b.新疆西天山查岗诺尔铁矿床磁铁矿和石榴子石微量元素特征对矿床成因的制约.岩石学报，28（7）：2089-2102.

洪为，张作衡，李华芹，等.2012c.新疆西天山查岗诺尔铁矿床成矿时代：来自石榴子石Sm-Nd等时线年龄的信息.矿床地质，31（5）：1067-1074.

胡素芳，钟宏，刘秉光，等.2001.攀西地区红格层状岩体的地球化学特征.地球化学，30：131-138.

胡振兴，牛耀龄，刘益，等.2014.中国蛇绿岩型铬铁矿的研究进展及思考.高校地质学报，20（1）：9-27.

湖北省地质调查院.2006.新疆和静县额尔宾山中段一带1：5万区域地质矿产调查报告.湖北：武汉.

黄圭成，徐德明，雷义均，等.2007.西藏西南部达巴—休古嘎布绿岩带铬铁矿的找矿前景.中国地质，34（4）：668-674.

黄河源，朱庆亮.1993.新疆构造运动期序及特征.新疆地质，11（4）：275-107.

黄河源.1986.天山运动特征及其区域地质意义.新疆地质，4（3）：83-92.

黄河源.1992.新疆深断裂与地震活动.内陆地震，6（4）：340-350.

黄秋岳，朱永峰.2012.哈拉达拉辉长岩以及其中磁铁矿-辉石脉的岩石学和地球化学研究.岩石学报，28（7）：2199-2208.

黄小文，漆亮，刘莹莹.2010.磁铁矿Re-Os定年的可行性探讨.矿床地质，29（S）：825-826.

黄小文，漆亮，刘莹莹，等.2012.黄铁矿Re-Os同位素定年化学前处理若干条件初探.地球化学，41：380-386.

黄小文，漆亮，王怡昌，等.2014.东天山沙泉子铜铁矿床磁铁矿Re-Os定年初探.中国科学（D辑）：地球科学，44（4）：606-615.

姬红星.2007.新疆西天山艾肯达坂组火山岩的地球化学特征.物探与化探，31（3）：218-220.

贾斌，母瑞身，田昌烈，等.2001.塔吾尔别克-阿庇因迪斑岩型金矿特征，地质与资源，10（3）：139-145.

贾志业，薛春纪，屈文俊，等.2011.新疆肯登高尔铜钼矿地质和S、Pb、O、H同位素组成及Re-Os测年.矿床地质，30（1）：74-86.

简平，刘敦一，张旗，等.2003.蛇绿岩及蛇绿岩中浅色岩的SHRIMP U-Pb测年.地学前缘，10（4）：439-456.

姜常义，吴文奎，张学仁，等.1995.从岛弧向裂谷的变迁——来自阿吾拉勒地区火山岩的证据.岩石矿物学杂志，14（4）：289-300.

姜常义，吴文奎，张学仁，等.1996.西天山阿吾拉勒地区岩浆活动与构造演化.西安地质学院学报，

18（2）：18-24.

姜常义，夏昭德，凌锦兰，等.2011.寄主岩浆硫化物和氧化物矿床的镁铁质-超镁铁质岩体对比分析与成矿过程评述.岩石学报，27（10）：3005-3020.

姜寒冰，董福辰，张振亮，等.2014.西天山哈勒尕提含矿花岗岩地球化学、锆石U-Pb年代学及地质意义.新疆地质，（1）：25-34.

蒋宗胜，张作衡，王志华，等.2012.新疆西天山智博铁矿蚀变矿物学、矿物化学特征及矿床成因探讨.矿床地质，31（5）：1051-1066.

金朝.2008.新疆伊犁地块北缘于赞组火山岩年代学和地球化学研究.西安：长安大学硕士学位论文.

荆德龙，张博，汪帮耀，等.2014.新疆西天山尼新塔格铁矿床地质特征与矿床成因.岩石矿物学杂志，33（5）：841-858.

李秉伦，谢奕汉，王英兰.1983.根据矿物中包裹体的研究对玢岩铁矿的新认识.矿床地质，2（2）：25-32.

李昌年.1992.火成岩微量元素岩石学.武汉：中国地质大学出版社.

李大鹏，杜杨松，庞振山，等.2013.西天山阿吾拉勒石炭纪火山岩年代学和地球化学研究.地球学报，34（2）：176-192.

李凤鸣，彭湘萍，石福品，等.2011.西天山石炭纪火山-沉积盆地铁锰矿成矿规律浅析.新疆地质，（2）：55-60.

李华芹，王登红，万阂，等.2006.新疆莱历斯高尔铜钼矿床的同位素年代学研究.岩石学报，22（10）：2437-2443.

李华芹，谢才富，常海亮，等.1998.新疆北部主要有色贵金属成矿作用年代学研究.北京：地质出版社.

李华芹，周肃，蔡红.1997.新疆北部尼勒克铜矿成矿作用年代学研究.地球学报，18（增刊）：185-187.

李继磊，钱青，高俊，等.2010.西天山昭苏东南部阿登套地区大哈拉军山组火山岩及花岗岩侵入体的地球化学特征–时代和构造环境.岩石学报，26（10）：2913-2924.

李锦轶，何国琦，徐新，等.2006c.新疆北部及邻区地壳构造格架及其形成过程的初步探讨.地质学报，80（1）：148-16.

李锦轶，宋彪，王克卓，等.2006a.东天山吐哈盆地南缘二叠纪幔源岩浆杂岩：中亚地区陆壳垂向生长的地质记录.地球学报，27（5）：424-446.

李锦轶，王克卓，李亚萍，等.2006b.天山山脉地貌特征、地壳组成与地质演化.地质通报，25（8）：895-909.

李九玲，张桂兰，苏良赫.1986.与矿浆成矿有关的$FeO-Ca_5(PO4)_3-NaAlSiO_4-CaMgSi_2O_6$模拟实验研究.中国地质科学院矿床地质研究所所刊，（2）：198-204.

李军，陈强，赵献军，等.2012.库地铬铁矿地质特征及西昆仑北蛇绿岩带铬铁矿成矿远景探讨.新疆地质，30（3）：304-306.

李铁军.2013.氧同位素在岩石成因研究的新进展.岩矿测试，32（6）：841-849.

李潇林斌，弓小平，马华东，等.2014.西天山式可布台铁矿火山地球化学特征、成岩时代厘定及其构造意义.中国地质，41（6）：1791-1804.

李晓英，徐学义，孙吉明，等.2012.西天山尼勒克地区浅成花岗质侵入体的地球化学特征及形成时代.地质通报，（12）：1939-1948.

李延河，段超，韩丹，等.2014.膏盐层氧化障在长江中下游玢岩铁矿成矿中的作用.岩石学报，35（4）：1355-1368.

330

李永军，李注苍，佟丽莉，等．2010．论天山古洋盆关闭的地质时限——来自伊宁地块石炭系的新证据．岩石学报，26（10）：2905-2912.

李永军，庞振甲，栾新东，等．2007a．西天山特克斯达坂花岗岩基的解体及钼找矿意义．大地构造与成矿学，31（4）：435-440.

李永军，杨高学，郭文杰，等．2007b．西天山阿吾拉勒阔尔库岩基的解体及地质意义．新疆地质，25（3）：233-236.

李永军，杨高学，李鸿，等．2012．新疆伊宁地块晚泥盆世火山岩的确认及其地质意义．岩石学报，28（4）：1225-1237.

李永军，张天继，栾新东，等．2008．西天山特克斯达坂晚古生代若干不整合的厘定及地质意义．地球学报，29（2）：145-153.

李昱，刘启元，陈九辉，等．2007．天山地壳上地幔的S波速度结构．中国地震，（3）：121-125.

李曰俊，孙龙德，吴浩若，等．2005．南天山西端乌帕塔尔坎群发现石炭-二叠纪放射虫化石．地质科学，40（2）：220-226，236.

李曰俊，王招明，买光荣，等．2002．塔里木盆地艾克提克群中放射虫化石及其意义．新疆石油地质，23（6）：496-500.

李曰俊，杨海军，赵岩，等．2009．南天山区域大地构造与演化．大地构造成矿学，33（1）：94-104.

李志浩．1994．火山喷气热液的化学组成和铁在气液中的性状．昆明理工大学学报，1-13.

李注苍，李永军，李景宏，等．2006．西天山阿吾拉勒一带大哈拉军山组火山岩地球化学特征及构造环境分析．新疆地质，24（2）：120-124.

林锦富，邓燕华．1996．新疆哈拉达拉层状基性岩体的含矿性．桂林工学院学报，16（3）：252-263.

林新多，姚书振，张叔贞．1984．鄂东大冶式铁矿成矿流体性质的探讨．地球科学，27（4）：99-106.

刘春花，尹京武，吴才来，等．2012．新疆拜城县波孜果尔A型花岗岩类矿物学特征及岩浆形成的温度条件．岩石矿物学杂志，31（4）：589-602.

刘静，李永军，王小刚．2006．天山阿吾拉勒一带伊什基里克组火山岩地球化学特征及其构造环境．新疆地质，24（2）：105-108.

刘静．2007．新疆特克斯达坂一带大哈拉军山组火山岩及其构造环境．西安：长安大学硕士学位论文.

刘树文，郭召杰，张志诚，等．2004．中天山东段前寒武纪变质地块的性质：地质年代学和钕同位素地球化学的约束．中国科学（D辑）：地球科学，34（5）：395-403.

刘通，丁海波．2013．新疆西天山敦德铁锌矿伴生金元素赋存状态及矿石特征研究．科技风，28-29.

刘新，钱青，苏文，等．2012．西天山阿吾拉勒西段木汗巴斯陶侵入岩体的地球化学特征、时代及地质意义．岩石学报，28（8）：2401-2413.

刘学良，弓小平，尹得功，等．2014．新疆备战铁矿矽卡岩矿床地球化学特征及其成因意义．新疆大学学报（自然科学版），30（4）：469-475.

刘训．2005．从新疆地学断面的成果讨论中国西北盆-山区的地壳构造演化．地球学报，26（2）：105-112.

刘友梅，杨蔚华，高计元．1994．新疆特克斯县林场大哈拉军山组火山岩年代学研究．地球化学，23（1）：99-104.

刘运际，梁立民，段焕春，等．2002．新疆和静县乔霍特铜矿地质地球化学特征．现代地质，16（2）：159-164.

刘振涛，朱志新，宋松山，等．2008．新疆额尔宾山南缘泥盆纪火山岩地质特征及构造意义．新疆地质，26（3）：53-58.

刘正宏，周裕文.1993. 论塔里木地台北缘中元古宙兴地运动.长春地质学院学报，02：23-31.

龙灵利，高俊，熊贤明，等.2007. 新疆中天山南缘比开（地区）花岗岩地球化学特征及年代学研究.岩石学报，23（4）：719-732.

龙灵利，王玉往，唐萍芝，等.2012. 西天山 CuNi-VTiFe 复合型矿化镁铁-超镁铁杂岩哈拉达拉岩体成岩成矿背景特殊性讨论.岩石学报，28（7）：2015-2028.

卢宗柳，莫江平.2006. 新疆阿吾拉勒富铁矿地质特征和矿床成因.地质与勘探，42（5）：8-11.

罗福忠，柏美祥，陈建波.2003. 新疆伊宁盆地活动断裂新活动特征研究.内陆地震，01：54-58.

罗勇，牛贺才，单强，等.2010. 西天山艾肯达坂二叠纪钾质火山岩的地球化学特征及岩石成因.岩石学报，26（10）：2925-2934.

马瑞士，孙家齐.1997. 东天山构造演化与成矿.北京：地质出版社.

马瑞士，叶尚夫，王赐银，等.1990. 东天山造山带构造格架和演化.新疆地质科学，（2）：21-36.

马中平，夏林圻，徐学义，等.2006. 南天山北部志留系巴音布鲁克组火山-侵入杂岩的形成环境及构造意义.吉林大学学报（地球科学版），36（5）：736-743.

孟庆鹏，柴凤梅，李强，等.2014. 新疆磁海铁（钴）矿区镁铁质岩锆石 U-Pb 年龄、Hf 同位素特征及岩石成因.岩石学报，30（1）：109-124.

莫江平.1999. 新疆预须开普台铁铜矿床地质地球化学研究.有色金属矿产与勘查，8（6）：678-679.

倪守斌，满发胜，陈江峰.1995. 西天山琼阿乌孜超基性岩体的稀土元素和 Sr、Nd 同位素研究.岩石学报，11（1）：65-69.

牛贺才，单强，罗勇.2010. 西天山玉希莫勒盖达坂石英闪长岩的微量元素地球化学及同位素年代学研究.岩石学报，26（10）：2935-2945.

潘明臣，于海峰，王福君，等.2011. 新疆博乐地区下二叠统乌郎组火山岩特征与构造环境分析.地质与资源，20（3）：226-230.

裴云婧.2003. 新疆阿克萨依铁矿矿床成因及成矿模式.成都：成都理工大学硕士学位论文.

彭头平，王岳军，彭冰霞.2005. 一种罕见的岩石——富铁玄武岩/富铁苦橄岩研究进展.地球科学进展，20（5）：525-532.

钱青，高俊，熊贤明，等.2006. 西天山昭苏北部石炭纪火山岩的岩石地球化学特征、成因及形成环境.岩石学报，22（5）：1307-1323.

邱广森.1990. 新疆昭苏—莫托沙拉下石炭统阿克沙克祖及莫托沙拉铁-锰矿沉积环境的特征.新疆地质，8（1）：32-35.

茹艳娇，徐学义，李智佩，等.2012. 西天山乌孙山地区大哈拉军山组火山岩 LA-ICP-MS 锆石 U-Pb 年龄及其构造环境.地质通报，31（1）：50-62.

单强，张兵，罗勇，等.2009. 新疆尼勒克县松湖铁矿床黄铁矿的特征和微量元素地球化学.岩石学报，25（6）：1456-1464.

桑祖南，周永胜，何昌荣.2002. 辉长岩部分熔融实验及地质学意义.地质科学，37（4）：385-392.

沙德铭，金成珠，董连慧，等.2005. 西天山阿希金矿成矿地球化学特征研究.地质与资源，14（2）：118-125.

沙德铭，母瑞身，田昌烈，等.1999. 西天山阿希晚古生代破火山口构造及其控矿意义.地质论评，45（增刊）：1088-1094.

邵青红，刘铭锋，刘兴忠，等.2011. 莫托萨拉铁锰矿床地质特征.西部探矿工程，（2）：131-135.

舒良树，卢华复，印栋浩，等.2001. 新疆北部古生代大陆增生构造.新疆地质，19（1）：59-63.

舒良树，王博，朱文斌.2007. 南天山蛇绿混杂岩中放射虫化石的时代及其构造意义.地质学报，81（9）：1161-1168.

舒良树，朱文斌，王博，等．2013．新疆古块体的形成与演化．中国地质，40（1）：43-60．

宋彪，张玉海，万渝生，等．2002．锆石样品 SHRIMP 样品靶制作、年龄测定及有关现象讨论．地质
　　论评，48（S）：26-30．

宋学信，陈毓川，盛继福，等．1981．论火山-浅成矿浆铁矿床．地质学报，（1）：41-55．

宋志瑞，肖晓林，罗春林，等．2005．新疆伊宁盆地尼勒克地区二叠纪地层研究新进展．新疆地质：
　　334-338．

苏良赫．1984．液相不共溶在岩石学及矿床学中的重要性．地球科学，（1）：1-12．

孙吉明，马中平，徐学义，等．2012．新疆西天山备战铁矿流纹岩的形成时代及其地质意义．地质通
　　报，31（12）：1973-1982．

孙家骢．1988．矿田地质力学方法．昆明工学院学报，13（3）：120-126．

覃志安，陈新邦．1999．莫托萨拉一带稀土元素地球化学特征及其地质意义．地质找矿论丛，14（3）：
　　57-63．

汤耀庆，高俊，赵民，等．1995．西南天山蛇绿岩和蓝片岩．北京：地质出版社，1-133．

唐功建，王强，赵振华．2009．西天山东塔尔别克金矿区安山岩 LA-ICP-MS 锆石 U-Pb 年代学、元素
　　地球化学与岩石成因．石学报，25（6）：1341-1352．

田敬全，胡敬涛，易习正，等．2009．西天山查岗诺尔-备战一带铁矿成矿条件及找矿分析．西部探矿
　　工程，8：88-92．

田亚洲，杨经绥，刘飞，等．2014．新疆布鲁斯台辉长岩岩石学特征及对南天山洋俯冲时限的制约．
　　岩石学报，30（8）：2363-2380．

万天丰．2013．新编亚洲大地构造区划图．中国地质，40（5）：1351-1365．

汪帮耀，胡秀军，王江涛，等．2011．西天山查岗诺尔铁矿矿床地质特征及矿床成因研究．矿床地质，
　　30（3）：385-402．

王博，舒良树，Cluzel D，等．2006．新疆伊犁北部石炭纪火山岩地球化学特征及其地质意义．中国地
　　质，33（3）：498-508．

王博，舒良树，Dominqe CLUZEL，等．2007．伊犁北部博罗霍努岩体年代学和地球化学研究及其大地
　　构造意义．岩石学报，23（8）：1885-1900．`

王超，刘良，罗金海，等．2007．西南天山晚古生代后碰撞岩浆作用：以阔克萨彦岭地区巴雷公花岗
　　岩为例．岩石学报，23（8）：1830-1840．

王春龙，王义天，董连慧，等．2012．新疆西天山松湖铁矿床稀土和微量元素地球化学特征及其意义．
　　矿床地质，31（5）：1038-1050．

王赐银，马瑞士，舒良树，等．1994．东天山造山带区域变质作用及其构造环境研究．南京大学学报
　　（自然科学），30（3）：494-503．

王核，彭省临，赖健清．2001．论新疆喇嘛苏铜矿床的多因复成成矿作用．大地构造与成矿学，
　　25（2）：149-154．

王江涛．2003．新疆大小金沟金矿成矿地质条件及找矿方向．新疆地质，21：257-258．

王坤，邢长明，任钟元，等．2013．攀枝花镁铁质层状岩体磷灰石中的熔融包裹体：岩浆不混熔的证
　　据．岩石学报，29（10）：3503-3518．

王庆明，林卓斌，黄诚，等．2001．西天山查岗诺尔地区矿床成矿系列和找矿方向．新疆地质，
　　19（4）：263-267．

王润三，王焰，李惠民．1998．南天山榆树沟构高压麻粒岩地体锆石 U-Pb 定年及其地质意义．地球化
　　学，27（6）：522-527．

王世新，等．2005．新疆特克斯县科克苏南一带 1∶5 万区域地质矿产调查报告．新疆：乌鲁木齐．

王玉往，王京彬，王莉娟，等 . 2006a. 东天山地区两类钒钛磁铁矿床含矿岩石对比 . 岩石学报，22（5）：1425-1436.

王玉往，王京彬，王莉娟，等 . 2006b. 岩浆铜镍矿与钒钛磁铁矿的过渡类型—新疆哈密香山西矿床 . 地质学报，80（1）：61-73.

王玉往，王京彬，王莉娟，等 . 2008. 新疆尾亚含矿岩体锆石 U-Pb 年龄、Sr-Nd 同位素组成及其地质意义 . 岩石学报，（4）：781-792.

王玉往，王京彬，王莉娟，等 . 2010. CuNi-VTiFe 复合型矿化镁铁-超镁铁杂岩体岩相学及岩石地球化学特征：以新疆北部为例 . 岩石学报，26（2）：401-412.

王曰伦，王风桐 . 1980. 式可布台铁矿床中的火山弹 . 中国地质科学院报天津地质矿产研究所分刊，1（2）：43-48.

王志良，毛景文，杨建民，等 . 2004. 新疆巴音布鲁克乔霍特铜矿区钾长花岗岩中钾长石的$^{40}Ar-^{39}Ar$年龄及其地质意义 . 岩石矿物学杂志，23（1）：12-18.

魏梦元，郭安校，罗新涛 . 2013. 新疆和静敦德铁锌矿床地质特征及成因探讨 . 新疆地质，31（增刊）：91-95.

吴利仁 . 1978. 我国东部中生代陆相火山岩宁芜型铁矿形成的基本原理 . 地质与勘探，（6）：61-69.

夏林圻，夏祖春，徐学义，等 . 2004. 天山石炭纪大火成岩省与地幔柱 . 中国区域地质，23（9-10）：903-910.

夏林圻，夏祖春，徐学义，等 . 2008. 天山及邻区石炭纪-早二叠世裂谷火山岩岩石成因 . 西北地质，41（4）：1-68.

夏林圻，张国伟，夏祖春，等 . 2002. 天山古生代洋盆开启、闭合时限的岩石学约束—来自震旦纪、石炭纪火山岩的证据 . 地质通报，21（2）：55-62.

夏群科，曹宏，陈道公，等 . 2001. 地幔氧同位素不均一性：女山单斜辉石巨晶的激光氟化分析 . 科学通报，46（19）：1602-1608.

肖序常，汤耀庆，冯益民，等 . 1992. 新疆北部及邻区大地构造 . 北京：地质出版社 .

谢昕，徐夕生，邢光福 . 2003. 浙东早白垩世火山岩组合的地球化学及其成因研究 . 岩石学报，（03）：85-98.

新疆地矿局第三地质大队 . 2011. 新疆西天山查岗诺尔铁矿普查 . 新疆：乌鲁木齐 .

新疆地质矿产勘查开发局第二区调大队 . 2005. 新疆温泉保尔浩若一带 1：5 万区域地质矿产调查 . 新疆：乌鲁木齐 .

新疆地质矿产勘查开发局第七地质大队 . 2005. 新疆博罗科努山一带 1：5 万区域地质矿产调查 . 新疆：乌鲁木齐 .

新疆维吾尔自治区地质矿产局 . 1993. 新疆区域地质志 . 北京：地质出版社 .

新疆维吾尔自治区地质矿产局 . 1999. 新疆维吾尔自治区岩石地层 . 北京：中国地质大学出版社 .

新疆物化探大队 . 1996. 新疆和静县额尔宾山协力万财一带 1：5 万区域地质矿产调查报告 . 新疆：乌鲁木齐 .

新疆有色物探队 . 2012. 特克斯县阔拉萨依铁锌矿外围铁多金属矿普查报告 .

熊绍云，余朝丰，李玉文，等 . 2011. 伊犁盆地下石炭统阿克沙克组沉积特征及演化 . 石油学报，32（5）：797-805.

徐学义，李向民，马中平，等 . 2006. 北天山巴音沟蛇绿岩形成于早石炭世：来自辉长岩 LA-ICPMS 锆石 U-Pb 年龄的证据 . 地质学报，80（8）：1168-1176.

徐学义，马中平，夏林圻，等 . 2005. 北天山巴音沟蛇绿岩斜长花岗岩锆石 SHRIMP 测年及其意义 . 地质论评，51（5）：523-527.

徐义刚，梅厚钧，许继峰，等．2003．峨眉山大火成岩省中两类岩浆分异趋势及其原因．科学通报，48（4）：383-387.

徐祖芳．1984．新疆查铁矿主体矿赋矿岩石的成因探讨．新疆地质，2（2）：30-47.

薛春纪，陈波，贾志业，等．2011．新疆西天山莱历斯高尔-3571斑岩铜钼矿田地质地球化学和成矿年代．地学前缘，18（1）：149-165.

薛春纪，姬金生，张连昌，等．1997．北祁连镜铁山海底喷流沉积铁铜矿床．矿床地质，16（1）：21-30.

薛云兴，朱永峰．2009．西南天山哈拉达拉岩体的锆石SHRIMP年代学及地球化学研究．岩石学报，25（6）：1353-1363.

解广轰．2005．大庙斜长岩和密云环斑花岗岩的岩石学和地球化学：兼论全球岩体型斜长岩和环斑花岗岩类的时空分布及其意义．北京：科学出版社．

闫斌．2009．陡山沱组盖帽白云岩和黑色页岩的铁同位素特征及其古海洋意义．北京：中国地质科学院硕士学位论文．

闫晓兰．2014．伊犁地块航磁异常与石炭纪铁矿床成因．地球物理学进展，29（1）：346-354.

闫永红，薛春纪，张招崇，等．2013．西天山阿吾拉勒西段群吉萨依花岗斑岩地球化学特征及其成因．岩石矿物学杂志，32（2）：139-153.

杨经绥，熊发挥，郭国林，等．2011．东波超镁铁岩体：西藏雅鲁藏布江缝合带西段一个甚具铬铁矿前景的地幔橄榄岩体．岩石学报，27（11）：3207-3222.

杨俊泉，李永军，张素荣，等．2009．西天山特克斯达坂一带晚古生代花岗岩类的地球化学特征及其构造意义．地质通报，28（6）：746-752.

杨天南，李锦轶，孙桂华，等．2006．中天山早泥盆世陆弧：来自花岗质糜棱岩地球化学及SHRIMP U-Pb定年的证据．岩石学报，22（1）：41-48.

杨天奇．1992．新疆库鲁克塔格地区大小金沟金矿化区成矿作用模式及找矿．长春地质学院学报，（3）：290-296.

姚国龙，覃志安，朱恺军，2000．新疆莫托萨拉铁锰矿硅质岩特征及其成因探讨．地质找矿论丛，15（4）：307-313.

姚培慧．1996．中国铬矿志．北京：冶金工业出版社．

叶海敏，叶现韬，张传林．2013．新疆西天山尼勒克二叠纪火山岩的地球化学特征及构造意义．岩石学报，29（10）：3389-3401.

伊发源，漆树基，左学义，等．2004．京希金矿床地质特征、找矿标志及成因探讨．新疆地质，22（4）：366-369.

尹意求，谢昕，王见薷，等．2006．新疆温泉县北达巴特岩体的地质地球化学特征．桂林工学院学报，26（4）：449-455.

尹赞勋，张守信，谢翠华．1978．论述褶皱幕．北京：科学出版社．

袁家铮．1990．梅山铁矿矿石类型及成因-高温实验结果探讨．现代地质，4（4）：77-84.

袁涛．2003．新疆西天山莫托沙拉铁锰矿床与式可布台铁矿床地质特征对比．地质找矿论丛，18（增刊）：88-92.

曾亚参，朱星南，王功恪．1983．论天山旋回有关的若干问题．新疆地质，1（1）：67-92.

翟伟，孙晓明，贺小平，等．2006a．新疆阿希低硫型金矿稀有气体同位素地球化学及其成矿意义．岩石学报，22（10）：2590-2596.

翟伟，孙晓明，高俊，等．2006b．新疆阿希金矿床赋矿围岩—大哈拉军山组火山岩SHRIMP锆石年龄及其地质意义．岩石学报，22（5）：1399-1404.

翟伟，杨荣勇，漆树基. 1999. 新疆伊宁县伊尔曼德热泉型金矿床地质特征及成因. 矿床地质，18（1）：47-54.

翟裕生，林新多，迟三川，等. 1980. 长江中下游内生铁矿床成因类型及成矿系列探讨. 地质与勘探，（3）：9-14.

翟裕生，石准立，林新多，等. 1993. 矿田构造学. 北京：地质出版社.

翟裕生. 1996. 关于构造流体成矿作用研究的几个问题. 地学前缘，3（4）：230-233.

张成和，丁天府. 1984. 试论新疆天山地区石炭纪海相火山岩型铁矿成矿条件. 西北地质，（3）：10-19.

张东阳，张招崇，艾羽，等. 2009. 西天山莱历斯高尔一带铜（钼）矿成矿斑岩年代学、地球化学及其意义. 岩石学报，25（6）：1319-1331.

张东阳，张招崇，薛春纪，等. 2010. 西天山喇嘛苏铜矿成矿斑岩的岩石学）地球化学特征及成因探讨. 岩石学报，26（3）：680-694.

张芳荣，程春华，余泉，等. 2009. 西天山乌孙山一带大哈拉军山组火山岩 LA-ICP-MS 锆石 U-b 定年. 新疆地质，27（3）：231-235.

张贺，刘敏，赵军，等. 2012. 新疆阿吾拉勒山奴拉赛铜矿床流体包裹体和稳定同位素研究. 矿床地质，31（5）：1087-1100.

张鸿翔. 2009. 我国特色成矿系统的研究进展与重点关注的科学问题，地球科学进展，24（5）：563-568.

张继恩，肖文交，韩春明，等. 2009. 西准噶尔野鸭沟地区褶皱冲断构造的特征及意义. 地质通报，28（12）：1894-1903.

张理刚. 1985. 稳定同位素在地质科学中的应用. 西安：陕西科学技术出版社.

张良臣，吴乃元. 1985. 天山地质构造及演化史. 新疆地质，3（3）：1-14.

张文佑，从柏林，李继亮，等. 1977. 铁矿的形成与富集. 北京：地质出版社.

张玄杰，郑广如，范子梁，等. 2011. 新疆西天山东段航磁推断断裂构造特征. 物探与化探，35（4）：448-454.

张玄杰，郑广如，范子梁，等. 2012. 新疆西天山东段航磁异常特征及找矿效果. 地球物理学报，27（1）：335-342.

张玉明，张保平，宋迎蔚，等. 2006. 遥感异常提取法在西天山班禅沟一带铜、铁找矿中的应用. 新疆地质，24（4）：450-453.

张云孝，李向东，张冀. 2000. 西天山喀拉达拉基性岩体及其构造背景. 新疆地质，18（3）：258-265.

张招崇，董书云，黄河，等. 2009. 西南天山二叠纪中酸性侵入岩的地质学和地球化学：岩石成因和构造背景. 地质通报，28（12）：1827-1839.

张招崇，侯通，李厚民，等. 2014. 岩浆-热液系统中铁的富集机制探讨. 岩石学报，30（5）：1189-1204.

张作衡，洪为，蒋宗胜，等. 2012. 新疆西天山晚古生代铁矿床的地质特征、矿化类型及形成环境. 矿床地质，31（5）：941-964.

张作衡，毛景文，王志良，等. 2006a. 新疆西天山达巴特铜矿床地质特征和成矿时代研究. 地质论评，52（5）：683-689.

张作衡，王志良，毛景文，等. 2006b. 西天山菁布拉克基性杂岩体的地球化学特征. 地质学报，80（7）：1005-1016.

张作衡，毛景文，王志良，等. 2007a. 新疆西天山阿希金矿床流体包裹体地球化学特征. 岩石学报，

23（10），2403-2414.

张作衡，王志良，王彦斌，等．2007b．新疆西天山菁布拉克基性杂岩体闪长岩锆石 SHRIMP 定年及其地质意义．矿床地质，26（4）：353-360.

张作衡，王志良，陈伟十，等．2009．西天山达巴特斑岩型铜矿床流体地球化学特征和成矿作用，岩石学报，25（6）：1310-1318.

赵长缨，荆振华，王惠民，等．2006．新疆新源县一带大哈拉军山组火山岩形成环境探讨．陕西地质，24（1）：37-44.

赵军，张作衡，张贺，等．2013．新疆阿吾拉勒山西段下二叠统陆相火山岩岩石地球化学特征成因及构造背景．地质学报，87（4）：525-541.

赵军．2013．新疆阿吾拉勒成矿带西段铜矿成矿环境与成矿规律研究．西安：长安大学博士学位论文.

赵晓波，薛春纪，门启浩，等．2014．西天山塔乌尔别克金矿成矿作用：Re-Os 年龄和 S-Pb 同位素示踪．地学前缘，21（5）：176-186.

赵一鸣．2013．中国主要富铁矿床类型及地质特征．矿床地质，32（4）：685-704.

郑广如，张玄杰，范子梁，等．2011．高精度航磁调查在新疆西天山地区的应用．物探与化探，35（2）：188-191.

郑仁乔，段士刚，张作衡，等．2014．新疆西天山阿克萨依铁矿床地质及地球化学特征．矿床地质，33（2）：225-241.

郑永飞，陈江峰．2000．稳定同位素地球化学．北京：科学出版社.

郑勇，黄文海，周义，等．2014．新疆备战铁矿侵入岩的地球化学特征成岩时代及地质意义．地球科学与环境学报，36（2）：38-50.

周二斌．2011．豆荚状铬铁矿床的研究现状及进展．岩石矿物学杂志，30（3）：530-542.

朱炳泉，刘北玲，李献华．1998．大陆与大洋地幔 Nd-Sr-Pb 同位素特征与三组分混合-四体系再循环模式．中国科学（B辑），（10）：1092-1102.

朱杰辰，孙文鹏．1987．新疆天山地区震旦系同位素地质研究．新疆地质，5（1）：55-61.

朱明田，武广，解洪晶，等．2010．新疆西天山莱历斯高尔斑岩型铜钼矿床辉钼矿 Re-Os 同位素年龄及流体包裹体研究．岩石学报，26（12）：3667-3682.

朱涛，马中平，徐学义，等．2012．中天山南缘那拉提构造带达格特闪长岩的年龄地球化学特征及其构造意义．地质通报，31（12）：1965-1972.

朱永峰，安芳，薛云兴，等．2010．西南天山特克斯科桑溶洞火山岩的锆石 U-Pb 年代学研究．岩石学报，26：2255-2263.

朱永峰，张立飞，古丽冰，等．2005．西天山石炭纪火山岩 SHRIMP 年代学及其微量元素地球化学究．科学通报，50（18）：2004-2014.

朱永峰，周晶，宋彪，等．2006a．新疆大哈拉军山组火山岩的形成时代问题及其解体方案．中国地质，33（3）：487-497.

朱永峰，宋彪．2006b．新疆天格尔糜棱岩化花岗岩的岩石学及其 SHRIMP 年代学研究：兼论花岗岩中热液锆石边的定年．岩石学报，22（1）：135-144.

朱永峰．2009．中亚成矿域地质矿产研究的若干重要问题．岩石学报，25（6）：1297-1302.

朱志敏，赵振华，熊小林，等．2010．西天山特克斯晚古生代辉长岩岩石地球化学．岩石矿物学杂志，29（6）：675-690.

朱志新，等．2005.1：25 万新源县幅（K 44C001004）区域地质调查报告．新疆：乌鲁木齐.

朱志新，李锦轶，王克卓，等．2008a．新疆塔里木北缘色日牙克依拉克一带泥盆纪花岗质侵入体的确定及其地质意义．岩石学报，24（5）：971-976.

朱志新，董连慧，张晓帆，等.2008b.新疆南天山盲起苏晚石炭世侵入岩的确定及对南天山洋盆闭合时限的限定.岩石学报，24（12）：2761-2766.

朱志新，李锦轶，董连慧，等.2011.新疆西天山古生代侵入岩的地质特征及构造意义.地学前缘，18（2）：170-179.

朱志新，王克卓，郑玉洁，等.2006a.新疆伊犁地块南缘志留纪和泥盆纪花岗质侵入体锆石 SHRIMP 定年及其形成时构造背景的初步探讨.岩石学报，22（5）：1193-1200.

朱志新，王克卓，徐达，等.2006b.依连哈比尔尕山石炭纪侵入岩锆石 SHRIMP U-Pb 测年及其地质意义.地质通报，25（8）：986-991.

左国朝，张作衡，王志良，等.2008.新疆西天山地区构造单元划分、地层系统及其构造演化.地质论评，54（6）：748-769.

查向平.2010.硅酸盐岩石中微量碳酸盐碳氧同位素在线分析及其地球化学应用.合肥：中国科技大学出版社.

Allen M B, Windley B F, Zhang C. 1992. Plalaeozoic collisional tectonics and magmatism of the Chinese TianShan, Central Asia. Tectonophysics, 220：89-115.

Arai S, Yurimoto H. 1995. Possible sub-arc origin of podiform chromitites. Island Arc, 4：104-111.

Arai S. 1997. Origin of podiform chromitites. J. Southeast Asian Earth Sci., 15：303-310.

Ayers J. 1998. Trace element modeling of aqueous fluid-peridotite interaction in the mantle wedge of subduction zones. Contrib. Mineral. Petrol., 132：390-404.

Ballhaus C. 1998. Origin of podiform chromite deposits by magma mingling. Earth and Planetary Science Letters, 156：185-193.

Bindeman I N, Davis A M, Drake M J. 1998. Iron microprobe study of plagioclase-basalt partition experiments at natural concentration levels of trace elements. Geochim Cosmochim Acta, 62：1175-1193.

Bowen N L. 1928. The Evolution of the Igneous Rocks. Princeton：Princeton University Press.

Bowers J R, Kerrick D M, Furlong K P. 1990. Conduction model for the thermal evolution of the Cupsuptic aureole, Maine. Am J Sci, 290：644-665.

Brenan J M, Shaw H F, Ryerson F J. 1995a. Experimental evidence for the origin of lead enrichment in convergent-margin magmas. Nature, 378：54-56.

Brenan J M, Shaw H F, Ryerson F J, et al. 1995b. Mineral-adqueous fluid partition of trace element at 900℃ and 2.0 Gpa：Constraints on the trace element chemistry of mantle and deep crustal fluids. Geochim. Cosmochim. Acta, 59：3331-3350.

Caran S, Coban H, Flower M F J, et al. 2010. Podiform chromitites and mantle peridotites of the Antalya ophiolite, Isparta Angle（SW Turkey）：Implications for partial melting and melt-rock interaction in oceanic and subduction-related settings. Lithos, 114：307-326.

Cawthorn R G, McCarthy T S. 1980. Variations in Cr content of magnetite from the upper zone of the Bushveld Complex：Evidence for heterogeneity and convection currents in magma chambers. Earth Planet Sci Lett, 46：335-343.

Charlier B, Duchesne J C, Vander A J. 2006. Magma chamber processes in the Tellnes ilmenite deposit（Rogaland Anorthosite Province, SW Norway and the formation of Fe-Ti ores in massif-type anorthosites. Chemical Geology, 234（3）：264-290.

Charlier B, Namur O, Toplis M J, et al. 2011. Large-scale silicate liquid immiscibility during differentiation of tholeiitic basalt to granite and the origin of the Daly gap. Geology, 39（10）：907-910.

Charlier B, Skår ∅, Korneliussen A, et al. 2007. Ilmenite composition in the Tellnes Fe-Ti deposit, SW

Norway: Fractional crystallisation, postcumulus evolution and ilmenite-zircon relation. Contributions to Mineralogy and Petrology, 154 (2): 119-134.

Chou I M, Eugster H P. 1997. Solubility of magnetite in supercritical chloride solutions. Amer. J. Sci., 277 (10): 1296-1314.

Ciobanu C L, Cook N J. 2004. Skarn textures and a case study: the Ocnadefier-Dognecea orefield, Banat, Romania. Ore Geology Reviews, 24: 315-370.

Clayton R N, Mayeda T K. 1963. The use of bromine pentafluoride in the extraction of oxygen from oxides and silicates for isotopic analysis. Geochim et Cosmochim Acta, 27: 43-52.

Compstton W, Williams I S, Kirschvink J L, et al. 1992. Zircon U-Pb ages for the Early Cambrian time scale. Journal of the Geological Society, London, 149: 171-184.

Compstton W, Williams I S, Meyer C. 1984. U-Pb geochronology of zircons from lunar 73217 using a sensitive high mass-resolution ion microprobe. Journal of Geophysical Research, 89 (Supp.): 325-534.

Coney P J, Jones D L, Monger J W H. 1980. Cordileran suspectterranes. Nature, 288: 329-333.

Dickinson W R. 2008. Accretionary Mesozoic-Cenozoic expansion of the Cordilleran continental margin in California and adjacent Oregon. Geosphere, 4: 329-353.

Dixon S, Rutherford M J. 1979. Plagiogranites as late-stage immiscible liquids in ophiolite and mid-ocean ridge suites: An experimental study. Earth and Planetary Science Letters, 45 (1): 45-60.

Dong H, Xing C M, Wang C Y. 2013. Textures and mineral compositions of the Xinjie layered intrusion, SW China: Implications for the origin of magnetite and fractionation process of Fe-Ti-rich basaltic magmas. Geoscience Frontiers, 4 (5): 503-515.

Duan S G, Zhang Z H, Jiang Z S, et al. 2014. Geology, geochemistry and geochronology of the Dunde iron-zinc ore deposit in western Tianshan, China. Ore Geology Reviews, 57: 441-461.

Edward S J. 1990. Harzburgite and refractory melts in the Lewis Hills Massif, Bay of islands ophiolite complex: The base-elements and precious-metals story. The Canadian Mineralogist, 28 (3): 537-552.

Edwards S, Pearce J, Freeman J. 2000. New insights concerning the influence of water during the formation of podiform chromite//Dilek Y, Moorese E M, Elthon D, et al. Ophiolites and Oceanic Crust: New Insights From Field Studies and the Ocean Drilling Program. Geological Society Special Paper, Boulder, Colorado, 349: 139-147.

Einaudi M T, Meinert L D, Newberry R J. 1981. Skarn deposits. Economic. Geology, 75th Anniv, 317-391.

Elliott T T, Plank A, Zindler W, et al. 1997. Element transport from slab to volcanic front at the Mariana arc. J. Geophys. Res., 102 (B7), 14: 991-1019. doi: 10.1029/97JB00788.

Fenner C N. 1929. The crystallisation of basalt. Am J Sci, 18: 223-253.

Fernando Henriquez, Richardh Silitoe, Janolov Nystrom, et al. 2003. New Field evidence bearing on the origin of the EI LACO magnetite deposits, Northern Chile: a discussion. Economic Geology, 98: 1497-1502.

Fleck R J, Criss R E. 1985. Strontium an doxygen isotopic variations in Mesozoic and Tertiary plutons of central Idaho. Contributions to Mineralogy and Petrology, 90: 291-308.

Forster H J, Tisehendorf G, Trumbull R B. 1997. An evolution of the Rb vs. (Y + Yb) discrimination diagram to infertectonic setting of silica igneous rocks. Lithos, 40: 261-293.

Frei R, Nägler T F, Schönberg R, et al. 1998. Re-Os, Sm-Nd, U-Pb, and step wise lead leaching isotope systematics in shear-zone hosted gold mineralization: Genetic tracing and age constraints of crustal hydrothermal activity. Geochim Cosmochim Acta, 62: 1925-1936.

Frietsch R, Perdahl J A. 1995. Rare-earth elements in apatite and magnetite in Kiruna-type iron-ores and some other iron-ore types. Ore Geology Reviews, 9 (6): 489-510.

Fulignati P, Kamenetsky V, Marianelli P, et al. 2001. Melt inclusion record of immiscibility between silicate, hydrosaline, and carbonate melts: Applications to skarn genesis at Mount Vesuvius. Geology, 29: 1043-1046.

Gao J, Klemd R. 2003. Formation of HP-LT Rocks and their tectonic implications in the western Tianshan orogen, NW China: geochemical and age constraints. Lithos, 66: 1-22.

Gao J, Lims, Xiao X C, et al. 1998. Paleozoic tectonic evolution of the Tianshan orogen, northwestern China. Tectonophysics, 287 (1-4): 213-231.

Gao J, Long L L, Klemd R, et al. 2009. Tectonic evolution of the South Tianshan orogen and adjacent regions, NW China: Geochemical and age constraints of granitoid rocks. International Journal of Earth Sciences, doi 10. 1007/s00531-008-0370-8.

Glen R A, Vandenberg A H M. 1987. Thin-skinned tectonics in part of the Lachlan Fold Belt near Delegate, southeastern Australia. Geology, 15: 1070-1073.

González-Jiménez J M, Proenza J A, Gervilla F, et al. 2011. High-Cr and high-Al chromitites from the Sagua de Tánamo district, MayaríCristal Ophiolitic Massif (eastern Cuba): Constraints on their origin from mineralogy and geochemistry of chromian spinel and platinum-group elements . Lithos, 125: 101-121.

Gray D R, Foster D A. 1997. Orogenic concepts-application and definition: Lachlanfold belt, eastern Australia. American Journal of Science, 297: 859-891.

Han B F, Guo Z J, Zhang Z C, et al. 2010. Age, geochemistry and tectonic implications of a Late Paleozoic stitching pluton in the North TianShan suture zone, western China. Geological Society of America Bulletin, 122: 627-640.

Hart S R, Dunn T. 1993. Experimental cpx/melt partitioning of 24 trace elements. Contrib Mineral Petrol. , 113: 1-8.

Henriquez F, Martin R F. 1978. Crystal-growth textures in magnetite flows and feeder dykes, EI Laco, Chile. Canadian Mineralogist, 16: 581-589.

Henriquez F, Naslund H R, Nystrom J O, et al. 2003. New field evidence bearing on the origin of the El Laco magnetite deposit, northern Chile: A discussion. Economic Geology, 98 (7): 1497-1502.

Hoefs J. 2009. Stable Isotope Geochemistry. Berlin: Springer.

Hofmann A W. 1988. Chemical differentiation of the Earth: the relation between mantle, continental crust, and oceanic crust. Earth Planet. Sci. Lett. , 90: 297-314.

Holser W T, Magaritz M, Ripperdan R L. 1996. Global isotopic events//Walliser O H. Global Events and Event Stratigraphy in the Phanerzoic. Berlin: Springer-Verlag.

Hopson C, Wen J, Tillton G, et al. 1989. Paleozoic plutonism in East Junggar, Bogdashan, and eastern Tianshan, NW China. EOS, Transaction of American Geophysical Union, 70: 1403-1404.

Hou T, Zhang Z C, Encarnacion J, et al. 2010. Geochemistry of Late Mesozoic dioritic porphyries associated with Kiruna-style and stratabound carbonate-hosted Zhonggu iron ores, Middle-Lower Yangtze Valley, eastern China: Constraints on petrogenesis and iron sources. Lithos, 119 (3-4): 330-344.

Huayong Chen, Alanh Clark, Kurtis Kyser, et al. 2010. Evolution of the Giant Marcona-Mina Justa Iron Oxide-Copper-Gold District, South-Central Peru. Economic Geology, 105: 155-185.

Huppert H E, Spark R S J. 1998. The generation of granitcc magmas by intrusion of basalt into continental crust. Journal of Petrology, 29 (3): 559-624.

Hébert R, Bezard R, Guilmette C, et al. 2012. The Indus-Yarlung Zangbo ophiolites from Nanga Parbat to Namche Barwa syntaxes, southern Tibet: First synthesis of petrology, geochemistry, and geochronology with incidences on geodynamic reconstructions of Neo-Tethys. Gondwana Research, 22: 377-397.

Irvine T N. 1977. Origin of chromitite layers in the Muskox intrusion and other stratiform intrusions: A new interpretation. Geology, 5: 273-277.

Ishihara S, Sasaki A. 1989. Sulfur isotope ratios of the magnetite-series and ilmenite-series granitoids of the Sierra Nevada batholith—A reconnaissance study. Geology, 17: 788-791.

Jakobsen J K, Veksler I V, Tegner C, et al. 2005. Immiscible iron- and silica-rich melts in basalt petrogenesis documented in the Skaergaard intrusion. Geology, 33 (11): 885-888.

Jiang Z S, Zhang Z H, Wang Z H, et al. 2014. Geology, geochemistry and geochronology of the Zhibo iron deposit in the western Tianshan, NW China: constraints on metal logenesis and tectionic setting. Ore Geology Review, 57: 406-424.

Jones D L, Howell D G, Coney P J, et al. 1983. Recognition, character and analysis of techono stratigraphic terranes in western North America//Hashimoto M, Uyeda S. Accretion Tectonics in the Circum-Pacific Regions. Tokyo: Terra Scientific Publishing Company, 21-35.

Karsten Piepjohn, Solveig Estrada, Lutz Reinhardt, et al. 2007. Origin of iron-oxide and silicate melt rocks in Paleogene sediments of southern Ellesmere Island, Canadian Arctic Archipelago, Nunavut. Can. J. Earth Sci. , 44: 1005-1013.

Keppler H. 1996. Constraints from partitioning experiments on the compositions of subduction-zone fluids. Nature, 380: 237-240 .

Koděr P, Rankin A H, Lexa J. 1998. Evolution of fluids responsible for iron skarn mineralisation: An example from the Vyhne Klokoc deposit, Western Carpathians, Slovakia. Mineralogy and Petrology, 64: 119-147.

Kolker A. 1982. Mineralogy and geochemistry of Fe-Ti oxide and apatite (nelsonite) deposits and evaluation of the liquid immiscibility hypothesis. Econ. Geol. , 77 (5): 1146-1158.

Leeman W P, Lindstrom D J. 1978. Partitioning of Ni^{2+} between basaltic and synthetic melts and olivines- an experimental study. Chimica et Cosmochimica Acta, 42: 801-816.

Leybourne M L, Wangoner N V, Ayres L. 1999. Partial melting of a refracory subducted slab in a paleoproterozoic island arc: Implications for global chemical cycles. Geology, 27 (8): 731-734.

Li Y J, Sun L D, Wu H R, et al. 20005. Permo-Carboniferous radiolarians from the Wupata´erkan Group, western South Tianshan, Xinjiang, China. Acta Geologica Sinica, 79: 16-23.

Li YJ, Wang Z M, Wu H R, et al. 2002. Discovery of radiolarian fossils from the Aiketik Group distributed at the western end of the South Tianshan Mountains of China and its implications. Acta Geologica Sinica, 76: 146-153.

Liu Y S, Hu Z, Gao S, et al. 2008. In situ analysis of major and trace elements of anhydrous minerals by LA-ICP-MS without applying an internal standard. Chemical Geology, 257 (1-2): 34-43.

Ludwig K R. 1980. Calculation of uncertain ties of U-Pb isotope data. Earth Planet Sci Lett, 46: 212-220.

Ludwig K R. 2003. User´s manual for Isoplot 3. 00: A geochronological toolkit for Microsoft Excel. Berkeley Geochronology Center, Special Publication, (4): 37-41.

Lyon J I. 1983. Volcanogenie Iron Oxide Deposits, Cerrode Mereado and Vicinity, Durango, Mexico. Economic Geology, 83: 1886-1906.

Matveev M, Ballhaus C. 2002. Role of water in the origin of podi-form chromitite deposits. Earth and Planetary

Science Letters, 203：235-243.

McBirney A R, Naslund H R. 1990. The differentiation of the Skaergaard intrusion. Adiscussion of Hunter HandSparks SJ. Contributions to Mineralogy and Petrology, 104（2）：235-240.

McDonough W F, Sun S S. 1995. The composition of the Earth. Chemical Geology, 120（3-4）：223-253.

Meinert L D, Dipple G M, Nicolescu S. 2005. World skarn deposits. Economic Geology, one hundredth anniversary volume：299-336.

Meinert L D. 1984. Mineralogy and petrology of iron skarns in western British Columbia, Canada. Economic Geology, 79：869-882.

Meinert L D. 1992. Skarns and skarn deposits. Geoscience Canada, 19：145-162.

Mei-Fu Zhou, Robinson P T, Malpas J, et al. 2005. REE and PGE geological constraints on the formation of dunites in the Luobusa ophiolite, Sourthern Tibet. Jour. Petrol. , 46：615-639.

Metcalfe I. 2013. Gondwana dispersion and Asian accretion：Tectonic and palaeogeographic evolution of eastern Tethys. Journal of Asian Earth Sciences, 66：1-33.

Mittwede S K. 1988. Ultramafites, melanges, and stitching granites as suture markers in the central Piedmont of the southern Appalachians. Journal of Geology, 96：693-707.

Morteza Jami, Alistairc Dunlop, Davidr Cohen. 2007. Fluid Inclusion and Stable Isotope Study of the Esfordi Apatite-Magnetite Deposit, Central Iran. Economic Geology, 102：1111-1128.

Namur O, Charlier B, Toplis M J, et al. 2010. Crystallization sequence and magma chamber processes in the ferrobasaltic Sept Iles layered intrusion, Canada. Journal of Petrology, 51（6）：1203-1236.

Naslund H R. 1983. The effect of oxygen fugacity on liquid immiscibility in iron- bearing silicate melts. Amer. J. Sci. , 283（10）：1034-1059.

Nystrm J O, Henriquez F. 1994. Magmatic features of iron ores of the Kiruna- type in Chile and Sweden Ore textures and magnetite geochemistry . Economic Geology, 89 820-839.

Ohmoto H, Goldhaber M B. 1997. Sulfur and carbon isotopes//Barnes H L. Geochemistry of Hydrothermal Ore Deposits. 3rd Edition. New York：John Wiley and Sons, 517-612.

Ohmoto H. 1986. Stable isotope geochemistry of ore deposits. Reviews in Mineralogy, 16（1）：491-559.

Osborn E F. 1959. Role of oxygen pressure in the crystallisation and differentiation of basaltic magmas. Am J Sci, 257：609-647.

Pang K N, Li CS, Zhou M F, et al. 2009. Mineral compositional Panzhihua layered gabbroic intrusion, SW China. Lithos, 110（1-4）：199-214.

Pang K N, Zhou M F, Lindsley D, et al. 2008. Origin of Fe-Ti oxide ores in mafic intrusions：Evidence from the Panzhihua intrusion, SW China. J. Petrol. , 49（2）：295-313.

Parak T. 1985. Phosphorus in different types of ore, sulfides in the iron deposits and the type and origin of ores at Kiruna . Economic Geology, 80：646-665.

Park C F. 1961. A magnetite " flow " in northern Chile. Econ. Geol. , 56（2）：431-436.

Peace J A, Parkinson I J. 1993. Trace element models for mantle melting：Application to volcanic arc petrogenesis//Prichard H M, et al. Magmatic Processes and Plate Tectonics. Geolgical Society Special Publication, 1993, 76：373 403.

Pearce J A, Lippard S J, Roberts S. 1984. Characteristics and tectonic significance of supra- subduction zone ophiolites. Geological Society, London, Special Publications, 16：77-94.

Pearce J A, Peate D W. 1995. Tectonic implications of the composition of volcanic arc magmas. Annual Review of Earth and Planetary Sciences, 23（1）：251-285.

Pearce J A. 2008. Geochemical fingerprinting of oceanic basalts with applications to ophiolite classification and the search for Archean oceanic crust. Lithos, 100: 14-48.

Phanerozoic continental growth, and metallogeny of Central Asia. International Journal of Earth Sciences, doi 10. 1007/s00531-008-0407-2.

Philpotts A R. 1967. Origin of certain iron-titanium Oxide and apatite rocks. Econ. Geol. , 62 (3): 303-315.

Philpotts A R. 1977. Arehaean Variolites-quenched immiscible liquidsm, Discussion. Can. J, Earth. Sci. 14: 211-215.

Philpotts A R. 1979. Silicate liquid-immscibility in tholeitic basalts. J Petrol, 20: 99-118.

Philpotts A R. 1982. Compositions of immiscible liquids in Voloanic Rocks. Contrb. Mineral Petro. , 80: 201-218.

Pirajno F. 2009. Hydrothermal Processes and Mineral Systems. Berlin, Germany: Springer.

Popp R K, Gilbert M C, Craig J R. 1977a. Stability of Fe-Mg amphiboles with respect to oxygen fugacity. American Mineralogist, 62: 1-12.

Popp R K, Gilbert M C, Craig J R. 1977b. Stability of Fe-Mg amphiboles with respect to sulfur fugacity. American Mineralogist, 62: 13-30.

Qi L, Zhou M F, Wang C Y, et al. 2007. Evaluation of a technique for determining Re and PGEs in geological samples by ICP-MS coupled with a modified Carius tube digestion. Geochemical Journal, 41: 407-414.

Qi L, Zhou M F, Gao J, et al. 2010. An improved Carius tube technique for determination of low concentrations of Re and Os in pyrites. Journal of Analytical Atomic Spectrometry, 25: 585-589.

Reese J F, Mosher S, Connelly J, et al. 2000. Mesoproterozoic chronostratigraphy of the southeastern Llano uplift, central Texas. Geological Society of America Bulletin, 112: 278-291.

Ren R, Han B F, Ji Q J, et al. 2010. U-Pb ages pectraof detrital zircon from the Tekes River, Xinjiang, China, and implications for tectonomagmatic evolution of the South TianShan orogen. Gondwana Research, doi: 10. 1016/j. gr. 2010. 07. 005.

Richardh Silitoe. 2002. New Field evidence bearing on the origin of the EI LACO magnetite deposits, Northern Chile—a reply. Economic Geology, 97: 1101-1109.

Robert S. 1986. Hildebrand. Kiruna-type Deposits: Their Origin and Relationship to Intermediate Subvolcanic Plutons in the great bear magmatic zone, Northwest Canada. Economic Geology, 81: 640-659.

Robertson A H. 2012. Late Palaeozoic-Cenozoic tectonic development of Greece and Albania in the context of alternative reconstructions of Tethys in the Eastern Mediterranean region. International Geology Review, 54: 373-454.

Robinson P T, Bai W J, Malpas J, et al. 2004. Ultra-high pressure minerals in the Luobusa Ophiolite, Tibet, and their tectonic implications. Malpas J, Fletcher C J N, Ali J R, et al. Aspects of the Tectonic Evolution of China. Geological Society of London, 247-271.

Robinson P T, Zhou M F, Malpas J, et al. 1997. Podiform chromitites: Their composition, origin and environment of formation. Episodes, 20: 247-252.

Rollinson H R. 1993. Using Geochemical Data: Evaluation, Presentation, Interpretation. Essex: Longman Scientific Technical, 1-352.

Rubatto D. 2002. Zircon trace element geochemistry: partitioning with garnet and the link between U-Pb ages and metamorphism. Chem. Geol. 184: 123-138.

Schermer E R, Howell D G, Jones D L. 1984. The origin of allochthonous terranes: Perspectives on the

Growth and Shaping of Continents. Annual Reviewof Earth and Planetary Sciences, 12: 107-113.

Schoenberg R, Nägler T F, Kramers J D. 2000. Precise Os isotope ratio and Re- Os isotope dilution measurements down to the picogram level using multicollector inductively coupled plasma mass spectrometry. Int J Mass spectrom, 197: 85-94.

Shafaii Moghadam H, Corfu F, Stern R J. 2013. U-Pb zircon ages of Late Cretaceous Nain-Dehshir ophiolites, central Iran. Journal of the Geological Society, 170: 175-184.

Shafaii Moghadam H, Stern R J. 2011. Geodynamic evolution of Upper Cretaceous Zagros ophiolites: Formation of oceanic lithosphere above a nascent subduction zone. Geological Magazine, 148: 762-801.

Shellnutt J G, Zhou M F. 2007. Permian peralkaline, peraluminous and metaluminous A-type granitesinthePanxi district, SW China: Their relationship to the Emeishan mantle plume. Chemical Geology, 243 (3-4): 286-316.

Snyder D, Carmichael I S E, Wiebe R A. 1993. Experimental study of liquid evolution in a Fe-rich, layered mafic intrusion: Constraints Fe-Ti oxide precipitation on the T-fO_2 and T-P paths of tholeiitic magmas. Contrib. Mineral. Petrol., 113 (1): 73-86.

Stampfli G M, Borel G D. 2002. A plate tectonic model for the Paleozoic and Mesozoic constrained by dynamic plate boundaries and restored synthetic oceanic isochrones. Earth and Planetary Science Letters, 196: 17-33.

Su W, Gao J, Klemd R, et al. 2010. U-Pb zircon geochronology of Tianshan eclogites in NW China: Implication for the collision between the Yili and Tarim blocks of the southwestern Altaids. European Journal of Mineralogy, 22 (4): 2022-2040. doi: 10. 1127/0935-1221/2010/0022-2040.

Sun S S, McDonough W F. 1989. Chemical and isotopc systematic of oceanic basalts: Implication for mantle composition and processes//Saunders A D and Norry M J. Magmatism in the Ocean Basins. Geol. Soc. Spec. Publ., 42: 313 345.

Taylor S R, McLennan S M. 1985. The Continental Crust: Its Composition and Evolution. Blackwell Scientific, Oxford.

Uysal I, Tarkian M, Sadiklar M B, et al. 2007. Platium-group-element geochemistry and mineralogy of ophiolitic chromites from the Kop Mountains, NE Turkey. Can. Mineral., 45: 355-377.

VanStaal C R, Dewey J F, MacNiocaill C, et al. 1998. The CambrianSilurian tectonic evolution of the northern Appalachians and British Caledonides: History of acomplex, west and southwest Pacific-type segment of Iapetus//Blundell D J, Scott A C. Lyell: The Past is the Key to the Present. Geological Society, London, Special Publications, 143: 199-242.

Veksler I V, Dorfman A M, Borisov A, et al. 2007. Liquid immiscibility and evolution of basaltic magma. Journal of Petrology, 49: 2177-2186.

Veksler I V, Dorfman A M, Borisov A, et al. 2008. Liquid unmixing kinetics and the extent of immiscibility in the system K_2O-CaO-FeO-Al_2O_3-SiO_2. Chemical Geology, 256 (3-4): 119-130.

Wang C Y, Zhou M F. 2013. New textural and mineralogical constraints on the origin of the Hongge Fe-Ti-Voxide deposit, SW China. Mineralium Deposita, 48 (6): 787-798.

Wendt I, Carl C. 1991. The statistical distribution of the mean squared weighted deviation. Chem Geol, 86: 275-285.

White W M. 2000. Geochemistry. http://www. geo. comell. edu/geology/classes, 701 [OL], 2000.

White W M. 2002. Chemistry. http://www. geo. cornell. Edu/geology/classes/geo455/Chapter. HT ML.

Williams I S, Claesson S. 1987. Isotopic evidence for the Precambrian provenance and Caledonian metamorphism of high ggrade paragneisses from the Seve Nappes, Scandinvian Caledides：Ⅱ：Ion microprobe zircon U-Th-Pb. Contributions to Mineralology and Petrology，97：205-217.

Williams I S. 1998. U-Th-Pb geochemistry by ion microprobe//McKibben M A, Shanks Ⅲ W C, Ridley W I. Applications of microanalytical techniques to understanding mineraling process. Reviews in Economic Geology，7：1-35.

Wilson M. 1989. Igneous Petrogenesis. London：Unwin Hyman，1-466.

Windley B F, Allen M B, Zhang C, et al. 1990. Paleozoic accretion and Cenozoic redeformation of the Chinese TianShan rage, Central Asia. Geology，18（2）：128-131.

Windley B F. 1984. The Evolving Continents. New York：John Wiley，399.

Xi Zhang, Jingquan Tian, Jun Gao, et al. 2012. Geochronology and geochemistry of granitoid rocks from the Zhibo syngenetic volcanogenic iron ore deposit in the Western Tianshan Mountains（NW- China）：Constraints on the age of mineralization and tectonic setting. Gondwana Research，22：585-596.

Xia L Q, Xu X Y, Xia Z C, et al. 2004. Petrogenesis of Carboniferous rift- related volcanic rocks in the Tianshan, northwestern China. Geological Society of America Bulletin，116：419-433.

Xiao W J, Han C M, Yuan C, et al. 2008. Middle Cambrian to Permian subduction-related accretionary orogenesis of northern Xinjiang, NW China：Implications for the tectonic evolution of central Asia. Journal of Asian Earth Sciences，32：102-117.

Xiao W J, Windley B F, Huang B C, et al. 2009. End-Permianto Mid-Triassic termination of the accretionary processes of the southern Altaids：Implications for the geodynamic evolution, Phanerozoic continental growth, and metallogeny of Central Asia. International Journal of Earth Sciences，98：1219-1220.

Xing C M, Wang C Y, Zhang M J. 2012. Olatile and C-H-O isotopic compositions of giant Fe-Ti- Voxide deposits in the Panxi region and their implications for the sources of volatiles and the origin of Fe-Ti oxide ores. Science China（Earth Sciences），55：1782-1795.

Xu Y G, Chung S L, Jahn B M, et al. 2001. Petrologic and geochemical constraints on the petrogenesis of Permian Triassic Emeishan flood basalts in southwestern China. Lithos，58：145-168.

Yongsheng Liu, Shan Gao, Hongling Yuan, et al. 2004. U-Pb zircon ages and Nd, Sr, and Pb isotopes of lower crustal xenoliths from North China Craton：Insights on evolution of lower continental crust. Chemical Geology，211（1-2），Pages 87-109.

Zhai W, Sun X M, Sun W D, et al. 2009. Geology geochemistry and genesis og Axi：A Paleozoic low-sulfidation type epithermal gold deposit in Xinjiang, China. J. ore Geology Reviews，36：265-281.

Zhang L F, Ai Y L, Li X P, et al. 2007. Triassic collision of western Tianshan orogenic belt, China：Evidence from SHRIMP U-Pb dating of zircon from HP/UHP eclogitic rocks. Lithos，96：266-280.

Zhang Q, Wang C Y, Liu D Y, et al. 2008. A brief review of ophiolites in China. Journal of Asian Earth Sciences，32：308-324.

Zhang X, Tian J Q, Gao J, et al. 2012. Geochronology of granitoid rocks from the Zhibo syngenetic volcanogenic iron ore deposit in the western Tianshan mountains（NW- China）：constraints on the age of mineralization and tectonic setting. Gondwana Research，22：585-596.

Zhang Z H, Hong W, Jiang Z S, et al. 2014. Geological characteristics and meta uogenesis of iron deposits in western Tianshan, China. Ore Geology Review，57：425-440.

Zhang Z H, Wan g Z L, Wang L S, et al. 2008. Metallogenic epoeh and ore- forming environment of the lamasu skarn-porphyritic Cu-Zn deposits, Western Tianshan, Xinjiang, NW China. Acta Geologica Sinica，82（4）：731-740.

Zhao B, Zhao J, Li Z, et al. 2003. Characteristics of melt inclusions in skarn minerals from Fe, Cu (Au) and Au (Cu) ore deposits in the region from Daye to Jiujiang. Science in China Series D: Earth Sciences, 46: 481-497.

ZhengYongfeng. 1991. Sulfur isotopic fractionation between sulpbate and sulphide in hydrothermal ore deposits: disequilibrium vs equilibrium processes. Terra Nova, 3: 510-516.

Zhou M F, Arndt N T, Malpas J, et al. 2008. Two magma series and associated ore deposit types in the Permian Emeishan large igneous province, SW China. Lithos, 103 (3-4): 352-368.

Zhou M F, Bai W J. 1992. Chromite deposits in China and their origin . Mineralium Deposita, 27: 192-199.

Zhou M F, Chen W T, Wang C Y, et al. 2013. Two stages of immiscible liquid separation in theformation of Panzhihua-type Fe-Ti-V oxide deposits, SW China. Geoscience Frontiers, 4 (5): 481-502.

Zhou M F, Robinson P T, Lesher C M, et al. 2005. Geochemistry, petrogenesis and metallogenesis of the Panzhihua gabbroic layered intrusion and associated Fe-Ti-V oxide deposits, Sichuan Province, SW China. Journal of Petrology, 46 (11): 2253-2282.

Zhou M F, Robinson P T. 1994. High-chromium and high-aluminum podiform chromitites, western China relationship to partial melting and melt/rock interaction in the upper mantle . Intel. Geol. Rev. , 36: 678-686.

Zhou Meifu, Malpas J, Robinson P, et al. 2001. Crystal-lization of podiform chromitites from silicate magmas and the formation of nodular textures. Resource Geology, 51 (1): 1-6.

Zhou Meifu, Robinson P T, Bai Wenji. 1994. Formation of podiform chromitites by melt/rock interaction in the upper mantle. Min-eralium Deposita, 29: 98-101.

Zhou Meifu, Robinson P, Malpas J, et al. 1996. Podiform chromititesin the Luobusa ophiolite (South Tibet): Implications for melt-rock interaction and chromite segregation in the upper mantle. Journal ofPetrology, 37: 3-21.

Zhou Meifu, Robinson P. 1997. Origin and tectonic environment of podiform chromite deposits. Economic Geology, 92: 259-262.

Zhu Y F, Xuan G , Song B, et al. 2009. Petrology, Sr-Nd-Hf isotopic geochemistry and zircon chronology of the Late Palaeozoic volcanic rocks in the southwestern Tianshan Mountains, Xinjiang, NW China. Journal of the Geological Society, London, 166: 1085-1099.

附　　表

附表一　西天山石炭纪火山岩主量元素含量　　　　　　（单位:%）

元素	SH7-1A	SH7-1B	SH7-1C	SH9-1A	SH9-1B	601-6	SHAn-1	CG113	CG2011-1	样品
	单强等（2009）							蒋宗胜等（2012）		
SiO_2	55.42	56.19	54.93	60.44	55.83	64.59	61.73	59.00	75.9	78.46
TiO_2	0.85	0.88	0.89	0.74	0.88	0.82	0.85	1.15	0.35	0.14
Al_2O_3	17.41	17.65	17.14	16.48	16.70	15.51	16.45	15.12	10.73	12.59
Fe_2O_3	10.22	9.85	10.61	7.54	9.92	7.57	7.49	5.91	1.16	0.67
FeO								2.80	2.17	0.48
MnO	0.13	0.12	0.13	0.10	0.26	0.10	0.14	0.09	0.05	0.02
CaO	1.49	1.73	1.67	1.02	2.21	1.05	2.94	1.70	0.38	0.57
MgO	4.04	3.25	3.93	2.38	4.64	2.22	2.85	4.31	2.4	0.7
K_2O	2.20	1.99	2.34	7.08	0.96	2.82	1.45	2.38	3.42	4.28
Na_2O	5.45	5.93	5.57	1.95	5.35	2.31	4.37	4.90	1.53	0.43
P_2O_5	0.11	0.12	0.12	0.09	0.12	0.04	0.09	0.49	0.04	0.03
LOI	2.55	2.17	2.56	2.04	2.99	2.79	1.54	2.22	2.1	1.51
总含量	99.87	99.88	99.90	99.86	99.85	99.83	99.90	100.07	100.23	99.88

元素	CG79	ZB404	ZB377	ZB431	ZB416	ZB327	CG55	CG102	ZB382	ZB401
	蒋宗胜等（2012）									
SiO_2	61.52	52.70	53.35	53.52	55.65	57.33	67.37	71.91	68.3	68.72
TiO_2	0.60	0.74	0.92	0.87	0.76	0.83	0.45	0.61	0.38	0.41
Al_2O_3	15.70	13.14	15.05	17.29	13.52	16.87	12.51	13.55	15.8	15.73
Fe_2O_3	1.19	1.58	1.79	5.17	1.33	1.19	1.32	1.69	0.3	0.32
FeO	3.22	4.81	3.59	5.77	4.62	1.83	2.39	1.11	2.35	1.63
MnO	0.18	0.15	0.15	0.17	0.23	0.08	0.16	0.02	0.04	0.05
CaO	4.13	11.44	11.70	1.80	7.05	6.79	4.03	0.43	4.16	1.57
MgO	2.48	9.54	6.86	4.53	8.05	4.51	3.51	0.21	1.25	1.69
K_2O	4.95	0.88	0.70	1.86	4.78	3.66	3.78	4.66	1.29	2.05
Na_2O	5.18	2.68	3.68	6.24	2.35	4.34	2.82	4.54	4.36	5.88

续表

元素	CG79	ZB404	ZB377	ZB431	ZB416	ZB327	CG55	CG102	ZB382	ZB401
	蒋宗胜等（2012）									
P_2O_5	0.15	0.14	0.21	0.20	0.14	0.19	0.1	0.12	0.11	0.09
LOI	0.48	1.81	1.26	2.31	1.24	2.04	1.15	0.47	0.8	1.09
总含量	99.78	99.61	99.26	99.73	99.72	99.66	99.59	99.32	99.14	99.23

元素	CG80	CG-87	CG93	CG97	CG2011-3	ZB430	ZB422	ZB440	安山岩	安山岩
	蒋宗胜等（2012）								冯金星等（2010）	
SiO_2	45.92	46.71	47.41	49.12	49.97	46.54	46.97	50.98	59.37	58.46
TiO_2	0.61	0.75	1.39	1.37	1.2	1.44	1.17	0.85	0.7	1.38
Al_2O_3	10.12	15.21	14.33	14.76	14.04	15.87	14.2	16.93	13.35	19.85
Fe_2O_3	3.1	0.38	1.16	3.29	0.34	2.44	2.87	3.57	9.26	6.06
FeO	11.03	5.84	7.22	5.19	6.97	7.67	5.48	11.36		
MnO	0.53	0.75	0.2	0.26	1.19	0.34	0.15	0.09	0.25	0.18
CaO	8.84	7.25	8.75	8.31	6.74	9.79	7.75	4	12.13	5.62
MgO	13.37	14.77	9.52	7.75	11.66	8.81	9.52	0.74	4.19	2.92
K_2O	1.17	2.24	3.39	3.36	3.01	2.47	2.12	4.28	0.26	2.13
Na_2O	1.29	0.57	1.63	2.65	1.37	0.74	3.9	4.81	0.09	3.13
P_2O_5	0.16	0.14	0.42	0.55	0.27	0.3	0.95	0.14	0.4	0.28
LOI	1.64	3.93	3.34	3.12	2.92	2.46	3.39	1.5	2.64	1.43
总含量	97.78	98.54	98.76	99.73	99.68	98.87	98.47	99.25	99.58	99.59

元素	安山岩	粗面安山岩	粗面安山岩	粗面安山岩	玄武质粗面安山岩	粗面安山岩	粗面安山岩	粗面安山岩	安山岩	安山岩
	冯金星等（2010）									
SiO_2	57.46	59.9	54.76	58.03	53.13	58.16	56.97	57.79	60.45	57.54
TiO_2	1.41	1.02	0.8	0.56	2.38	1.33	0.72	0.72	0.64	0.61
Al_2O_3	20.42	20.83	16.76	15.07	15.17	15.72	15.76	17.06	17.96	15.19
Fe_2O_3	6.32	4.54	8.91	7.23	9.35	7.53	2.72	6.14	6.27	6.71
FeO										
MnO	0.17	0.18	0.28	0.27	0.15	0.12	0.32	0.08	0.06	0.13
CaO	5.58	3.61	5.61	5.34	8.34	4.61	7.49	4.03	2.2	7.61
MgO	2.89	1.89	4.73	3.49	4.16	3.42	3.16	4.17	2.93	4.25
K_2O	2.01	2.91	0.76	6.68	2.17	1.63	5.19	1.94	1.78	0.42
Na_2O	3.53	4.9	7.22	3.16	4.04	5.73	4.11	5.46	6.22	5.32
P_2O_5	0.22	0.21	0.16	0.17	1.12	0.55	0.13	0.15	0.14	0.09

元素	安山岩	粗面安山岩	粗面安山岩	粗面安山岩	玄武质粗面安山岩	粗面安山岩	粗面安山岩	粗面安山岩	安山岩	安山岩
	冯金星等（2010）									
LOI	1.09	1.39	2.76	1.49	2.17	1.52	3.05	2.52	1.7	1.74
总含量	99.72	100.32	100.2	99.56	100.07	100.32	99.62	100.06	100.35	99.61

元素	粗面岩	玄武质安山岩	流纹岩	流纹岩	流纹岩	流纹岩	流纹岩	粗面玄武岩	玄武岩	玄武岩
	冯金星等（2010）									
SiO_2	61.92	55.43	70.87	69.21	69.22	74.32	73.95	49.29	45.76	48.4
TiO_2	0.68	0.53	0.4	0.43	0.43	0.23	0.21	2.13	0.52	0.47
Al_2O_3	18.11	16.15	14.99	15.18	15.18	12.69	12.52	13.46	11.36	7.41
Fe_2O_3	3.12	6.42	3.34	3.74	3.77	1.88	2.61	11.91	16.53	20.09
FeO										
MnO	0.07	0.12	0.14	0.12	0.12	0.09	0.13	0.33	0.95	0.78
CaO	3.13	10.62	1.25	1.13	1.14	1.18	1.45	8.01	6.76	12.1
MgO	3.28	1.5	1.09	1.47	1.45	0.64	0.85	8.46	16.25	9.47
K_2O	0.59	0.94	1.19	3.18	3.17	5.51	3.67	2.9	1.42	0.76
Na_2O	8.41	4.9	6.62	5.43	5.4	3.41	4.57	2.68	0.32	0.21
P_2O_5	0.14	0.11	0.1	0.11	0.11	0.04	0.04	0.83	0.13	0.31
LOI	0.65	2.79	1.31	1.07	0.59	0.61	0.65	5.57	3.73	3.85
总含量	100.1	99.51	100.13	99.87	99.67	100.03	100.26	99.67	99.68	99.57

元素	玄武岩	AK-28	AK-47	AK-74	AK-121	11SK-Z-001	11SK-Z-003	11SK-Z-004	11SK-Z-006	11SK-Z-007
	冯金星等（2010）	郑仁乔等（2014）				李潇林斌等（2014）				
SiO_2	49.28	57.06	49.39	50.69	50.95	51.9	62.8	62.5	66.6	61.1
TiO_2	0.9	0.96	0.74	2.61	0.81	0.50	0.32	0.65	0.86	0.58
Al_2O_3	16.48	17.1	15.48	14.95	17.98	9.83	9.82	15.65	15.74	15.89
Fe_2O_3	6.62	2.32	5.68	5.35	1.85	20.22	20.00	10.79	7.92	6.18
FeO		3.52	4.15	3.84	2.51	16.68	0.05	1.70		2.73
MnO	0.55	0.78	0.9	0.21	0.93	1.05	0.27	0.08	0.40	0.15
CaO	6.65	3.28	4.43	4.51	5.68	1.40	0.39	1.51	0.60	3.15
MgO	15.63	2.57	3.59	5.6	6.47	0.63	0.22	0.56	0.28	3.17
K_2O	1.6	0.26	5.29	4.18	3.27	0.14	0.18	0.85	0.18	2.65

续表

元素	玄武岩	AK-28	AK-47	AK-74	AK-121	11SK-Z-001	11SK-Z-003	11SK-Z-004	11SK-Z-006	11SK-Z-007
	冯金星等(2010)	郑仁乔等(2014)				李潇林斌等(2014)				
Na_2O	2.09	6.25	1.22	1.66	3.8	3.08	2.44	4.42	5.06	2.48
P_2O_5	0.19	0.03	0.56	1.23	0.08	0.12	0.12	0.12	0.16	0.09
LOI	3.2	4.17	5.67	4.13	4.85	0.00	0.00	0.00	0.00	0.00
总含量	99.68	98.31	97.1	98.96	99.18	105.60	96.60	98.80	97.80	98.10

元素	11SK-Z-008	11SK-Z-009	11SK-Z-010	TS197	TS199	TS200	TS202	TS207	TS191	TS194
	李潇林斌等(2014)			郭璇等(2006)						
SiO_2	65.1	64.3	58.2	64.86	61.77	55.68	61.24	59.58	74.4	80.97
TiO_2	0.56	0.42	0.96	0.64	0.59	0.72	0.62	0.75	0.2	0.2
Al_2O_3	16.22	12.01	16.20	14.9	15.19	17.19	15.12	16.58	12.19	9.13
Fe_2O_3	5.00	5.42	11.79	4.45	3.01	4.36	4.72	6.19	1.99	1.37
FeO	2.00	0.93	3.45	0.84	3.29	2.61	3.65	0.84	0.34	0.31
MnO	0.11	0.07	0.07	0.08	0.23	0.36	0.16	0.23	0.04	0.03
CaO	2.76	1.19	2.24	1.32	1.59	1.28	0.97	1.71	0.4	0.57
MgO	2.13	5.86	1.39	1.09	2.72	4.93	2.39	3.09	0.04	0.1
K_2O	1.94	2.14	4.50	4.68	4.43	3.68	4.78	4.72	7.9	3.88
Na_2O	2.88	2.67	2.77	5.32	4.85	5.28	4.72	4.1	2.08	2.58
P_2O_5	0.07	0.07	0.15	0.21	0.21	0.27	0.21	0.12	0.02	0.02
LOI	0.00	0.00	0.00	1.19	2.16	3.07	1.14	2.07	0.51	0.66
总含量	98.70	95.10	101.70	99.58	100.04	99.43	99.72	99.98	100.11	99.82

元素	TS191	TS194	TS205	TS076	TS082	TS088	英安岩	流纹岩	DV1-1	DV1-2
	郭璇等(2006)						刘静等(2006)		钱青等(2006)	
SiO_2	74.4	80.97	73.53	49.16	47.74	48.7	67.22	72.81	47.17	47.59
TiO_2	0.2	0.2	0.47	0.95	1.12	0.98	0.61	0.39	1.45	1.43
Al_2O_3	12.19	9.13	10.73	13.24	12.69	10.92	14.82	12.92	17.11	16.87
Fe_2O_3	1.99	1.37	3.18	3.91	6.36	2.57	2.25	1.62	9.61	9.57
FeO	0.34	0.31	0.77	6.06	4.33	6.95	2.41	2.34		
MnO	0.04	0.03	0.07	0.2	0.16	0.19	0.13	0.08	0.15	0.16
CaO	0.4	0.57	1.12	10.03	11.23	13.01	2.01	1.69	4.24	5.04
MgO	0.04	0.1	0.61	10.61	8.97	9.45	1.57	0.59	9.48	9.09

元素	TS191	TS194	TS205	TS076	TS082	TS088	英安岩	流纹岩	DV1-1	DV1-2
	郭璇等（2006）						刘静等（2006）		钱青等（2006）	
K_2O	7.9	3.88	3.32	1.88	1.95	2.1	4.98	4.88	3.07	3.19
Na_2O	2.08	2.58	4.95	0.94	0.75	0.88	3.9	2.6	2.64	2.15
P_2O_5	0.02	0.02	0.13	0.21	0.22	0.22	0.12	0.08	0.7	0.7
LOI	0.51	0.66	1.13	2.33	3.87	3.18	0	0	4.07	3.56
总含量	100.11	99.82	100.01	100.13	99.6	99.76	100.02	100	99.69	99.35

元素	DV2-1	DV3-1	DV5-1	DV5-2	DV5-3	NZS23	DV6-1	DV6-2	DV7-1	DV8-1
	钱青等（2006）									
SiO_2	52.33	51.71	51.7	52.86	49.57	51.98	52.22	49.69	46.1	47.39
TiO_2	1.13	1.39	1.16	1.19	1.12	1.1	1.21	1.23	1.44	1.38
Al_2O_3	16.97	16.6	16.96	17.12	16.31	16.74	16.8	16.64	16.1	16.01
Fe_2O_3	9.21	9.72	9.2	9.14	8.74	8.65	8.3	9.68	11.33	10.85
FeO										
MnO	0.13	0.13	0.13	0.09	0.12	0.13	0.13	0.14	0.2	0.18
CaO	3.91	3.62	3.35	3.22	3.03	4.1	4	2.55	7.81	7.97
MgO	9.3	8.8	8.63	7.59	10.81	8.38	4.89	7.35	7.16	6.56
K_2O	3.1	3.21	3.16	3.27	3.05	3.13	4.9	4.34	3.78	4.12
Na_2O	1.53	1.65	1.66	1.75	1.59	1.76	2.52	2.24	0.83	0.61
P_2O_5	0.49	0.69	0.53	0.55	0.51	0.54	0.52	0.55	0.33	0.31
LOI	1.76	2.07	2.9	2.51	4.61	3.23	3.97	4.81	4.62	4.62
总含量	99.86	99.59	99.38	99.29	99.46	99.74	99.46	99.22	99.7	99.47

元素	DV17-2	DV17-1	DV16-4	DV16-2	DV16-1	NZS4	DV15-1	DV14-1	DV12-1	DV11-2
	钱青等（2006）									
SiO_2	48.86	50.73	44.01	45.64	44	44.84	46.27	45.75	46.99	48.29
TiO_2	1.44	1.35	1.99	3.13	3.18	3.34	1.43	1.52	1.63	1.83
Al_2O_3	15.57	16.13	15.64	14.21	14.39	13.68	16.6	16.64	16.2	15.92
Fe_2O_3	10.42	9.43	13.36	15.38	15.59	15.98	11.37	11.98	12.1	12.06
FeO										
MnO	0.2	0.18	0.2	0.29	0.4	0.25	0.18	0.16	0.14	0.18
CaO	8.52	7.59	6.93	4.45	4.17	3.61	8.01	6.75	6.2	6.05

续表

元素	DV17-2	DV17-1	DV16-4	DV16-2	DV16-1	NZS4	DV15-1	DV14-1	DV12-1	DV11-2
	钱青等（2006）									
MgO	5.15	5.28	8	5.47	7.26	6.97	8.64	9.01	10.7	8.21
K₂O	4.09	4.92	3.68	4.63	3.86	4.11	3.4	3.51	2.95	3.81
Na₂O	1.28	0.69	0.42	1.31	1.37	1.85	0.33	0.57	0.4	0.85
P₂O₅	0.35	0.34	0.39	1.9	1.98	2.05	0.23	0.22	0.28	0.32
LOI	3.64	3.3	4.96	2.86	3.04	2.84	3.2	3.59	2.11	2.49
总含量	99.52	99.94	99.58	99.27	99.24	99.52	99.66	99.7	99.7	100.01

元素	DV11-1	DV10-2	DV10-1	NZS10	NZS12	玄武岩	蚀变玄武岩	杏仁状玄武岩	强蚀变玄武岩	杏仁状玄武岩
	钱青等（2006）					李注苍等（2006）				
SiO₂	47.39	47.85	47.1	47.13	52.44	48.78	48.78	51.91	50.37	46.78
TiO₂	1.78	1.86	1.37	1.79	1	1.23	1.23	0.99	0.76	0.81
Al₂O₃	16.07	14.93	17.22	17.27	17.86	18.06	18.06	10.85	11	11.69
Fe₂O₃	12.39	12.25	10.76	12.25	9.63	3.63	3.63	2.49	1.77	0.54
FeO						5.35	5.35	7.48	7.5	7.7
MnO	0.17	0.21	0.14	0.13	0.12	0.25	0.25	0.16	0.18	0.12
CaO	5.06	5.8	6.52	6.01	3.52	4.67	4.67	8.38	11.85	6.61
MgO	9.71	8.17	9.12	9.35	8.14	5.4	5.4	10.88	9.65	9.98
K₂O	3.41	4.19	3.47	3.13	3.2	4.22	4.22	2.64	1.76	2.01
Na₂O	1.03	1.11	0.82	0.45	1.34	0.79	0.79	0.61	0.44	0.42
P₂O₅	0.32	0.38	0.2	0.36	0.33	0.15	0.15	0.24	0.2	0.12
LOI	2.67	3.08	3.33	1.65	1.94			3.2	3.78	13.17
总含量	100	99.83	100.05	99.52	99.52	92.53	98.87	99.83	99.26	99.95

元素	橄榄玄武岩	玄武质自碎斑熔岩	玄武岩	斑状玄武岩	斑状玄武岩	斑状玄武岩	斑状玄武岩	玄武岩	玄武岩	玄武岩
	程春华等（2010）							阿种明等（2006）		
SiO₂	47.94	48.72	51.8	47.74	48.9	50.3	49.76	50.22	51.59	50.43
TiO₂	1.86	1.64	1.34	1.21	1.71	1.37	1.92	1.25	1.58	1.53
Al₂O₃	16.44	14.49	16.59	14.06	16.76	16.45	17.82	16.87	17.07	17.66
Fe₂O₃	4.58	5.62	6.08	10.92	9.82	5.05	1.68	5.09	8.72	2.07
FeO	5.37	5.18	2.94	1.27	2.54	4.6	7.16	3.92	1.76	6.87

元素	橄榄玄武岩	玄武质自碎斑熔岩	玄武岩	斑状玄武岩	斑状玄武岩	斑状玄武岩	斑状玄武岩	玄武岩	玄武岩	玄武岩
	程春华等（2010）								阿种明等（2006）	
MnO	0.15	0.19	0.14	0.17	0.12	0.25	0.17	0.19	0.14	0.01
CaO	5.19	3.69	2.35	4.3	4.08	4.96	2.23	4.14	1.56	6.51
MgO	6.95	6.86	4.76	6.76	3.9	5.52	6.05	7.1	4.66	8.81
K_2O	0.58	1.21	2.11	0.57	1.51	1	2.15	1.39	6.52	3.86
Na_2O	3.24	2.88	5.13	5.51	4.38	5.51	3.75	5.12	1.52	1
P_2O_5	0.3	0.2	0.3	0.2	0.32	0.3	0.1	0.3	0.46	0.17
LOI	7.24	9.24	6.13	7.23	5.83	4.57	8.55	4.08	4.47	1.32
总含量	99.84	99.92	99.66	99.94	99.87	99.88	99.54	99.67	100.05	100.24

元素	玄武岩	玄武岩	Ⅷ08	Ⅷ09	Ⅷ05	BZ-04-03	玄武岩-1	玄武岩-2	13KL-9	12KL-17
	阿种明等（2006）		王晓刚等（2007）			本书				
SiO_2	49.59	48.51	45.96	49.57	50.66	38.3	45.0	45.0	49.6	47.4
TiO_2	1.25	1.26	3.22	2	0.58	0.93	1.26	1.20	1.16	1.08
Al_2O_3	15.47	16.2	13.11	15.37	17.84	14.85	16.85	17.10	15.02	18.35
Fe_2O_3	2.53	2.5	2.02	3.26	2.08	12.95	1.13	1.22	3.01	6.54
FeO	5.06	5.89	14.61	10.38	7.37	0.14	10.13	10.20	9.82	11.09
MnO	0.19	0.16	0.23	0.19	0.17	13.3	0.12	0.13	0.15	0.15
CaO	4.27	5.08	6.65	5.94	8.52	6.82	8.51	8.36	2.28	4.88
MgO	7.02	8.24	10.96	9.24	9.55	0.66	6.15	5.97	7.41	3.31
K_2O	2.41	1.94	2.65	3.1	2.25	5.62	4.22	4.24	4.76	5.36
Na_2O	2.16	2.2	0.46	0.68	0.82	0.25	0.54	0.60	0.63	1.20
P_2O_5	0.42	0.32	0.13	0.19	0.16	0.04	0.17	0.16	0.48	0.47
LOI	4.64	2.07								
总含量	99.93	99.5	100	99.92	100	>110.0	94.1	94.2	94.3	99.8

元素	12KL-19-1	12KL-19-2	12玄武岩-1	11ZB-18	11ZB-8-1	11ZB-16	11BZ-5-1	11BZ-18	11BZ-54	11BZ-5
	本书									
SiO_2	46.2	43.9	45.3	51.7	50.2	42.1	64.45	55.42	63.72	70.96
TiO_2	0.93	0.91	1.19	0.81	0.65	0.74	0.31	0.71	0.94	0.31
Al_2O_3	19.09	19.02	20.1	17.45	15.95	15.60	13.81	16.23	14.58	13.49

元素	12KL-19-1	12KL-19-2	12玄武岩-1	11ZB-18	11ZB-8-1	11ZB-16	11BZ-5-1	11BZ-18	11BZ-54	11BZ-5
	本书									
Fe_2O_3	3.71	4.82	7.33	3.44	5.70	3.79	3.96	10.01	2.95	2.23
FeO	7.86	7.76	13.70	11.88	15.23	13.12	0.90	4.10	1.92	0.39
MnO	0.18	0.19	0.20	0.10	0.19	0.26	0.02	0.09	0.11	0.01
CaO	3.99	4.35	4.41	3.92	3.43	5.75	5.83	1.32	4.27	2.67
MgO	10.61	12.30	2.46	0.87	5.71	19.50	0.83	4.44	3.44	0.58
K_2O	2.08	2.04	4.47	4.25	5.77	0.18	0.32	2.51	0.52	2.99
Na_2O	0.94	1.04	1.99	5.51	0.51	0.09	5.42	6.56	7.73	3.27
P_2O_5	0.24	0.24	0.51	0.12	0.08	0.12	0.072	0.12	0.22	0.067
LOI							3.03	2.18	0.74	3.02
总含量	95.8	96.6	101.7	100.1	103.4	101.3	98.08	99.62	99.22	99.69

元素	12BZ-9	11Cg-7	B-32	11CG-28	DD-86	DD-121	DD-135	DD-136	11SH-42	11SH-33
	本书									
SiO_2	66.5	61.90	51.36	58.3	70.96	67.35	70.99	66.64	65.05	61.95
TiO_2	0.21	0.51	1.13	0.56	0.33	0.38	0.35	0.65	0.50	0.63
Al_2O_3	10.70	17.81	16.45	13.40	14.37	16.20	14.75	15.78	14.24	15.89
Fe_2O_3	3.81	0.97	8.34	4.71	1.02	1.09	1.06	0.70	4.11	5.99
FeO		0.26	4.94	3.55	1.19	1.62	1.81	1.33	0.26	2.58
MnO	0.07	0.02	0.15	0.18	0.06	0.04	0.06	0.06	0.04	0.07
CaO	7.63	5.06	7.98	7.50	2.58	3.12	1.87	4.95	2.78	1.42
MgO	3.17	0.06	5.06	3.50	0.56	1.41	0.51	0.92	0.23	2.15
K_2O	0.93	0.11	1.20	5.82	3.23	1.89	3.87	2.84	6.15	0.92
Na_2O	4.23	10.27	2.97	3.79	4.20	4.41	3.63	4.54	3.21	6.78
P_2O_5	0.04	0.123	0.411	0.16	0.08	0.11	0.08	0.11	0.110	0.072
LOI	0.69	3.12	3.82	1.31	0.98	2.39	0.99	1.89	3.05	3.38
总含量	100.29	99.95	98.98	99.53	100.89	102.47	101.44	101.46	99.56	99.28

元素	12SH-22	12SH-24	11ZB-19	11Zb-31	11Zb-26	BZ-03	12BZ-9	11BZ-5-1	11BZ-5	13BS-15
	本书									
SiO_2	62.2	60.0	60.2	62.31	54.60	73.2	66.5	64.45	70.96	74.7

元素	12SH-22	12SH-24	11ZB-19	11Zb-31	11Zb-26	BZ-03	12BZ-9	11BZ-5-1	11BZ-5	13BS-15
	本书									
TiO$_2$	0.60	0.62	0.53	0.61	0.95	0.34	0.21	0.31	0.31	0.18
Al$_2$O$_3$	16.85	15.40	15.35	13.24	17.25	13.1	10.7	13.81	13.49	11.35
Fe$_2$O$_3$	4.49	4.97	5.21	10.74	8.60	0.44	3.81	3.96	2.23	2.72
FeO	1.96	2.50	3.00	1.42	2.19			0.9	0.39	0.48
MnO	0.05	0.10	0.18	0.04	0.11	0.01	0.07	0.02	0.01	0.02
CaO	1.36	5.37	5.87	1.45	1.49	6.83	7.63	5.83	2.67	0.17
MgO	1.25	0.90	4.06	1.39	3.66	0.02	3.17	0.83	0.58	0.02
K$_2$O	4.82	3.82	0.79	4.41	5.10	1.48	0.93	0.32	2.99	8.15
Na$_2$O	5.89	1.28	6.78	4.39	4.90	3.15	4.23	5.42	3.27	1.4
P$_2$O$_5$	0.06	0.10	0.08	0.144	0.139	0.06	0.04	0.072	0.067	0.01
LOI	1.62	6.39	0.67	0.70	2.97	1.27	0.69	3.03	3.02	0.34
总含量	100.01	99.10	99.90	99.51	99.85	100	100.29	98.08	99.69	99.25

元素	13BS-12	CG-07	CG-24	B-31	12玄武岩-2	13ZBX-3	11ZB-15	SH2-1B	SH3-1B	
	本书									
SiO$_2$	78.2	90.6	66.2	68.8	79.9	74.6	71.1	67.71	67.63	
TiO$_2$	0.16	0.01	0.56	0.53	0.67	0.29	0.18	0.54	0.54	
Al$_2$O$_3$	9.97	0.31	15.65	15.05	7.55	11.95	13.45	14.64	14.56	
Fe$_2$O$_3$	3.29	1.55	2.49	2.75	2.68	2.88	3.25	4.9	4.7	
FeO	0.44			0.39	0.96	1.9	0.81			
MnO	0.03	0.08	0.18	0.01	0.02	0.07	0.06	0.03	0.04	
CaO	0.4	3.82	4.13	2.44	1.13	0.19	3.95	0.22	0.67	
MgO	0.51	0.16	2.45	1.05	0.94	1.58	0.35	1.01	0.76	
K$_2$O	0.05	0.01	1.4	0.6	2.05	2.63	2.53	7.29	7.23	
Na$_2$O	5.78	0.03	5.77	5.6	1.56	2.95	4.38	2.15	2.26	
P$_2$O$_5$	0.03	0.04	0.19	0.085	0.24	0.05	0.03	0.1	0.1	
LOI	0.53	3.21	0.77	2.37	1.66	1.76	0.42	1.31	1.4	
总含量	99.03	99.95	99.99	99.31	99.04	99.02	99.85	99.9	99.89	

西天山晚古生代铁矿床：特征与成矿预测

附表二　西天山石炭纪火山岩微量元素含量

（单位：×10⁻⁶）

样品	Cs	Rb	Ba	Th	U	Nb	Ta	Pb	Sr	P	Zr	Hf	Y	Ni	Cr	Sc	Co	V	备注
玄武岩1		56.9	850	2.21	0.55	10.2	0.62	1.38	554	2139.44	179.00	4.48	29.80	19.1	73.8	31.1	15.4	221	
玄武岩2		31.4	166	6.63	1.07	5.69	0.43	1.7	627	742.25	125.00	3.89	30.00	56.8	363	38.4	33.8	251	
玄武岩3		53.2	478	2.89	0.97	14.5	0.82	5.47	339	2314.08	426.00	9.21	31.60	70.2	103	24.8	35.7	228	
玄武岩4		64.7	338	6.39	4.35	7.39	0.63	70.7	42.6	1440.85	382.00	10.10	41.80	21.3	5.13	20.9	14.5	230	
玄武岩5		39.8	106	4.93	7.04	3.75	0.4	3.44	418	567.61	171.00	4.83	30.20	35.6	172	36.8	14.6	286	李大鹏等（2013）
玄武岩6		25.6	105	11.80	9.56	3.93	0.4	3.04	271	523.94	199.00	5.84	31.30	96.8	667	28.9	26.4	214	
玄武岩7		51	234	8.04	4.68	10.4	0.87	12.2	793	960.56	344.00	9.12	48.80	40.9	18.6	20.9	18	131	
玄武岩8	0.77	71.8	111	2.17	0.58	10.2	0.72	1.54	397	1833.8	117.00	2.69	29.00	150	285	25.4	22.5	216	
玄武岩9	0.51	66.9	67.3	2.10	2.4	10.4	0.71	1.99	421	1877.46	221.00	5.80	34.90	112	277	25.6	17	225	
玄武岩10	0.98	114	286	2.79	0.8	5.81	0.12	3	398	2314.08	223.00	5.30	39.80	72.5	171	23.2	19.7	201	
玄武岩11	1.04	74.30	373.0	5.85	1.66	5.85	0.43		466.00	1353.52	128.00	3.50	27.40		73.20			180	
CG80	0.45	33.90	341.00	2.30	1.28	2.17	0.22	4.28	66.50	698.59	52.30	1.62	12.20	17.40	98.10	27.20	20.40	142.00	
CG93	0.15	30.50	290.00	2.21	0.65	6.41	0.40	65.70	105.3	1833.8	146.0	3.98	18.80	196.00	475.0	22.90	37.9	235.0	
CG2011-3	0.34	48.70	1685.00	2.22	0.95	5.26	0.42	36.30	307.0	1178.87	96.5	2.86	22.50	43.20	246.0	29.50	10.9	222.0	
CG-87	0.24	17.10	315.00	1.27	0.85	2.83	0.23	240.00	163.0	611.27	58.8	1.71	16.40	56.90	96.10	30.90	26.1	151.0	
CG97	0.26	51.10	931.00	2.76	0.96	7.11	0.40	19.80	582.0	2401.41	188.0	4.94	19.80	157.00	456.0	26.20	35.7	233.0	
ZB430	2.22	50.30	241.00	0.76	0.30	3.97	0.29	12.50	279.0	1309.86	114.0	2.99	24.50	191.00	316.0	36.90	60.1	280.0	蒋宗胜等（2012）
ZB422	1.43	111.00	1747.00	9.52	3.24	4.35	0.26	11.20	825.0	4147.89	200.0	5.68	27.60	79.40	282.0	33.70	31.1	277.0	
ZB440	0.88	82.80	856.00	0.82	0.34	3.71	0.27	5.49	77.3	611.27	81.1	2.51	17.40	13.90	5.88	21.00	11.3	220.0	
CG113	0.62	50.50	608.00	5.77	1.67	8.05	0.57	6.51	107.0	2139.44	184.00	5.47	42.00	11.10	26.90	19.20			
CG79	0.37	100.00	745.00	5.11	1.23	5.33	0.41	1.15	73.7	654.93	137.00	4.19	18.90	6.23	19.10	4.68			
ZB404	0.45	40.50	186.00	11.70	6.42	3.83	0.37	5.15	210.0	611.27	113.00	3.71	23.80	806.0	31.00	15.00			
ZB377	1.28	45.90	99.00	5.00	3.35	4.59	0.38	3.29	343.0	916.9	146.00	4.29	28.70	324.0	36.70	13.40			

续表

样品	Cs	Rb	Ba	Th	U	Nb	Ta	Pb	Sr	P	Zr	Hf	Y	Ni	Cr	Sc	Co	V	备注
ZB431	0.64	68.70	557.00	2.74	2.19	5.46	0.39	2.10	136.0	873.24	111.00	3.43	29.80	18.4	26.70	8.82			
ZB416	0.80	145.00	917.00	11.40	7.73	3.78	0.34	21.90	232.0	611.27	108.00	3.34	20.90	522.0	31.40	17.50			
ZB327	1.83	158.00	629.00	2.35	3.37	4.64	0.33	11.00	281.0	829.58	90.10	2.87	26.50	17.60	30.90	8.41			蒋宗胜等（2012）
CG55	0.61	89.5	980	4.81	1.49	6.57	0.47	4.87	205	436.62	126	3.5	17.6	7.88	15.2	10.7	5.89	60.8	
CG102	0.35	82.9	662	9.04	2.73	11.9	0.76	1.97	34.1	523.94	304	8.24	34.2	1.25	1.21	10.8	1.11	37.3	
CG2011-1	4.73	92.1	442	3.19	1.13	3.2	0.28	1.5	42.6	174.65	139	4.69	37.1	4.78	1.64	9.7	2.09	19.4	
CG2011-2	11.9	190	391	13.2	3.03	7.12	0.79	2.6	43	130.99	82.8	3.23	18.7	1.16	1.16	3.5	1.05	31.2	
ZB382	0.6	36.1	224	2.51	0.9	3.64	0.31	5.83	424	480.28	131	3.63	7.25	9.56	18.3	4.7	7.42	50	
ZB401	0.68	61.5	285	8.05	2.28	8.31	0.68	0.98	172	392.96	156	4.59	17	4.22	8.49	8	3.18	40	
DV16-2	0.31	27.00	459.00	1.63	0.55	13.30	0.83	8.07	462	1702.82	398	10.30	67.80	35.40	1.22	26.30	29.7	97	钱青等（2006）
DV16-1	0.10	26.10	615.00	1.74	0.57	13.18	0.78	6.61	568	8295.77	415	11.00	71.40	22.10	1.40	27.80	29	102	
NZS4	0.14	30.30	570.00	1.96	0.67	13.30	0.71	7.72	710	8645.07	420.00	9.71	75.90		0.29	26.30	24.50	100.00	
H-91	0.90	61.62	493.80	2.21	1.18	8.64	0.49	15.25	302.10	3623.94	238.50	5.40	19.43	128.50	271.50	34.18	44.12	231.70	
H-85	0.21	5.72	454.5	1.32	3.4	1.58	0.13	29.2	237.10	567.61	37.63	1.11	8.06	30.32	57.32	35.8	17.53	152.10	
H-86	0.48	3.17	169.2	2.3	1.8	1.24	0.08	13.9	36.84	1353.52	38.21	1.13	7.36	33.92	19.87	34.8	41.90	135.40	
H-2	0.57	86.90	730.0	2.3	0.99	4.03	0.27	161.30	237.70	829.58	84.57	2.33	19.96	31.47	40.04	40.3	28.62	250.30	
ZB13-4B	6.55	38.08	126.8	1.0	0.35	5.00	0.33	3.58	406.90	2052.11	126.1	3.18	24.84	128.68	254.80	37.5	53.10	294.1	冯金星等（2010）
PG-5A	0.11	20.63	50.8	2.2	3.40	3.36	0.21	0.84	21.99	349.3	46.9	1.44	15.74	25.08	37.01	29.8	8.66	102.2	
H-84	0.3	8.25	53.65	2.84	1.22	3.65	0.25	31.36	691.1	1746.48	86.69	2.34	18.89	227.50	37.74	19.46	8.35		
H-79	3.36	72.65	437.40	2.34	2.07	5.25	0.38	17.09	389.4	1222.54	117.00	3.28	26.71	358.20	37.29	59.99	18.91		
H-81	4.01	82.03	399.30	2.55	2.11	5.41	0.40	13.07	452	960.56	121.80	3.50	24.82	557.60	40.57	74.13	19.46		
H-80	2.62	37.67	1531.00	5.02	1.09	7.51	0.58	9.87	296.4	916.9	140.30	3.92	17.56	23.48	32.29	12.97	8.13		
H-87	0.28	15.04	203.30	6.62	2.01	5.68	0.47	78.61	257.8	698.59	124.60	3.73	14.08	96.65	35.02	28.56	10.95		

续表

样品	Cs	Rb	Ba	Th	U	Nb	Ta	Pb	Sr	P	Zr	Hf	Y	Ni	Cr	Sc	Co	V	备注
B-362	0.42	142.00	944.70	4.73	2.03	4.40	0.34	50.96	134.5	742.25	95.52	2.87	20.09	21.04	33.83	18.39	7.15		
ZB13-1B	0.57	48.48	466.6	3.08	0.94	9.43	0.57	3.24	550.2	2401.41	227.9	5.31	14.91	94.25	31.56	23.13	4.14		
PC-4B	0.84	188.3	1220	3.71	5.07	5.06	0.37	9.49	225.2	567.61	91.32	2.88	26.61	10.78	31.25	9.53	6.59		
PC-10-7B	0.64	63.08	206	3.30	1.40	5.25	0.41	2.52	244.7	654.93	112.5	3.16	13.45	19.74	29.52	17.14	6.27		冯金星等（2010）
PC-10-5B	1.12	71.39	179.5	4.23	1.16	6.38	0.50	2.61	170.8	611.27	123.3	3.53	18.38	20.48	29.5	13.41	4.34		
PC-10-2A	0.23	26.71	130.8	2.67	1.01	3.98	0.31	5.21	589.7	480.28	77.76	2.28	15.96	116.8	33.7	19.97	1.3		
PC-10-1B	0.3	15.04	60.89	2.60	1.30	3.98	0.31	4.04	491.5	392.96	76.77	2.29	13.03	185	36.31	13.83	3.29		
H-3	0.51	90.17	1257	4.18	0.93	4.63	0.34	6.78	124.6	742.25	103.4	2.95	8.22	17.22	13.47	32.65	7.12	79.53	
H-4	0.59	118.4	876	5.24	1.22	5.23	0.41	10.55	133.4	785.92	118.1	3.49	19.98	17.89	16.79	32.72	22.76	126.5	
H-82	0.26	7.38	135.2	4.57	1.74	4.59	0.43	13.88	49.4	436.62	118.6	3.59	13	23.82	16.37	27.57	9.36	38.27	
H-83	0.62	23.38	553.9	5.59	1.58	5	0.46	9.32	57.62	480.28	130.4	3.94	15.47	24.08	27.84	28.42	9.42	46.88	
H-77	0.64	74.63	710.6	5.74	1.51	5.83	0.52	3.98	33.5	480.28	139.9	4.39	11.15	22.05	28.54	27.02	6.07	27.94	
H-13	0.29	45.31	416.7	7.71	1.96	6.02	0.53	5.13	38.34	174.65	145.9	4.6	11.27	21.91	19.45	27.28	8.91	12.92	
H-12	0.24	28.46	294.1	6.39	1.81	5.91	0.51	2.97	35.46	174.65	143.2	4.42	13.97	19.04	15.6	25.69	5.56	12.75	
TS076	1.47	20.79	142.2	2.5	0.97	4.18	0.44	8.59	377.80	916.9	74.8	2.18	15.44						
TS082	2.02	20.01	195.9	2.57	0.76	3.67	0.40	8.37	331.30	916.9	72.5	2.21	15.59						郭璇等（2006）
TS088	1.17	14.39	282.9	2.88	0.89	3.78	0.42	8.18	446.50	960.56	80.4	2.51	16.65						
TS140	2.01	71.44	611	6.53	1.78	5.44	0.59	9.23	477	1701.89	140.6	3.58	21.39						
TS097	2.06	75.86	522.4	6.14	1.72	8.38	0.82	11.69	522.5	611.27	152.4	4.23	18.12						
TS098	1.7	84.33	505.6	4.66	1.31	7.6	0.83	9.09	428.4	742.25	124.9	3.49	20.89						

样品	Cs	Rb	Ba	Th	U	Nb	Ta	Pb	Sr	P	Zr	Hf	Y	Ni	Cr	Sc	Co	V	备注
TS103	2.82	57.85	286.3	3.38	0.95	5.52	0.55	5.91	411.6	523.94	102.9	2.98	22.33						
TS107	1.07	19.08	515.8	3.20	0.94	4.73	0.46	8.00	813.5	916.9	112.9	3.19	24.99						
TS197-1	7.56	248.6	337.9	10.11	3.39	7.8	0.88	8.12	148.7	916.4	231.8	5.97	22.87						
TS197	7.81	267.7	453.7	12.19	3.65	5.77	0.73	12.58	175	916.4	210.1	5.9	23.89						
TS200	2.48	177.5	532	11.16	3.26	6.62	0.76	12.58	192.9	1178.23	205.4	5.59	22.47						
TS207	4.88	164.3	814	7.77	3.37	10.84	0.94	20.98	679.7	523.66	141.4	4.25	20.36						郭璩等(2006)
TS207-1	6.01	153.7	670.5	7.14	3.71	10.89	1.07	19.01	642.8	523.66	165.4	4.89	27.07						
TS130	1.99	120.9	630.4	10.43	1.6	6.32	1.04	7.09	110	261.97	112.3	3.33	16.57						
TS131	3.78	129.1	679.3	10.26	2.52	5.84	0.82	21.18	163.9	305.63	130.1	3.9	19.17						
TS191	3.16	26.14	1011	13.29	3.73	11.31	1.29	13.45	222.9	87.28	369.1	8.01	26.18						
TS194	3.35	151.6	501.7	13.06	2.52	11.52	0.59	17.83	235.3	87.28	300.6	8.23	24.31						
杏仁状玄武岩	0.31	13.00	156.00	1.60	0.85	6.60	0.87	0.93	305.00	936.00	95.0	2.50	18.60						邵铁全等(2006)
强蚀变玄武岩	0.37	7.00	125.0	1.40	0.67	5.30	0.43	11.31	473.00	965.00	73	1.40	13.10						
蚀变玄武岩	0.39	49.00	324.0	7.9	1.80	9.60	0.51	17.31	360.00	746.00	173	4.80	18.40						
杏仁状玄武岩	0.15	21.00	2718.0	3.0	0.89	6.40	0.79	11.93	292.00	543.00	88.00	2.00	17.19						
安山玢岩		17	40.3	4.30	1.3	15	0.51		312	1204	191	5.40	20.5						
安山岩		61	229	4.20	1.1	8.7	0.45		388	840	136	3.70	2.7						
BZ-04-03	2.86	72.1	577	1.75	4.76	10.9	0.7	35.1	162.0	1091.55	184	5.3	25.8	235.00	1300			178	
11SH-26	0.79	97.5	1650	5.0	7.9	4.7	0.35	10.0	119.5	590	83.9	2.5	27.6	39.00	109.00	19	13.8	114	
11BZ-6	0.83	19.3	190	1.7	0.4	8.7	0.51	3.1	751	1740	90.3	2.7	18.5	86.00	68.60	90	23.1	182	本书

续表

样品	Cs	Rb	Ba	Th	U	Nb	Ta	Pb	Sr	P	Zr	Hf	Y	Ni	Cr	Sc	Co	V	备注
11BZ-3	1.35	92.3	520	1.0	0.8	5.7	0.34	3.0	446	1600	46.7	1.5	16.6	85.00	66.40	71	24.2	212	
凝2	0.98	75.4	420	5.8	1.9	6.6	0.62	4.8	258	2070	152.0	4.2	37.8	41.00	100.00	2	26.4	189	
11Zh-9	0.44	34.0	810	6.8	8.7	3.5	0.35	10.0	89.5	720	101.5	3.3	45.6	34.00	55.00	22	7.8	40	
11Cg-1	0.46	30.9	750	5.1	2.4	5.4	0.30	45.0	81.4	2700	156.5	4.3	17.0	128.00	95.80	119	10.4	118	
12 玄武岩-1	6.37	86.9	384	1.55	0.72	3.5	0.30	1.0	114	2226.76	66	1.7	21.5						
12 玄武岩-2	6.93	71.8	2050	9.01	14.25	56.9	0.36	18.0	116.5	1047.89	306	7.0	24.6						
玄武岩-1	9.14	15.3	87.3	0.44	0.21	1.9	0.3	7.6	533	742.25	89	2.2	22.3						
玄武岩-2	8.89	16.8	83.9	0.39	0.18	1.7	0.2	7.9	698	698.59	82	2.0	20.4						本书
13KL-9	6.23	22.7	104.5	5.14	1.68	8.4	0.6	9.8	382	2095.77	172	4.3	33.6						
12KL-17	6.32	50.2	245	1.56	0.66	4.4	0.3	4.1	436	2052.11	66	1.5	20.3						
11SH-18	2.64	150.5	320	7.9	2.2	7.3	0.51	5.1	39.3	460	146.5	4.4	13.9						
11BZ-27	0.28	52.3	190	2.8	1.3	3.1	0.25	2.2	143.0	480	68.4	2.0	17.1						
11BZ-18	5.83	144.5	190	3.4	1.1	4.3	0.35	0.8	73.3	560	111.0	3.2	18.1	33	24.1	2.5	22.5		
11BZ-54	0.10	11.8	50	4.2	5.7	8.3	0.58	8.2	86.6	1000	233	6.6	33.8						
CG-19	2.36	168.5	819	4.7	1.5	6.8	0.50	1.25	50.00	436.62	147.00	4.20	30.5						
11Cg-7	<0.05	0.6	10	4.2	0.9	9.8	0.64	5.2	81.9	540	66.4	2.2	10.1	3	7.1	3.8	0.7		
B-32	2.18	65.7	250	2.0	0.4	9.2	0.52	3.6	799	1920	85.6	2.3	20.6	22.4	27.0	10.6	1.39		

样品	Cs	Rb	Ba	Th	U	Nb	Ta	Pb	Sr	P	Zr	Hf	Y	Ni	Cr	Sc	Co	V	备注
11CG-28	0.20	113.0	734	6.80	1.72	5.4	0.7	1.5	99.0	698.59	119	3.0	17.7	90	17.6	9.4	3.7		
DD-86	0.81	103.00	470	11.20	4.74	5.36	0.50	5.78	195	349.11	147	4.25	18.1						
DD-121	3.51	76.80	321	2.83	0.99	2.97	0.28	8.17	520	480.02	100	2.91	9.1						
DD-135	2.65	128.00	540	9.98	3.35	4.92	0.44	16.70	240	349.11	153	4.30	17.1						
DD-136	1.38	99.40	416	10.20	2.72	6.43	0.51	35.00	394	480.02	214	5.80	22.8						
DD-147		121.00	525	10.80	3.35	5.54	0.52	53.90	238	349.11		4.72	18.9						
11SH-42	1.40	109.0	810	7.1	2.4	7.2	0.57	0.9	46.3	480.28	119.0	3.5	6.2	10	9.2	3.2	3.3		本书
11SH-33	0.45	16.2	160	2.2	2.0	3.7	0.29	0.7	180.5	314.37	66.0	2.0	12.3	5	16.4	7.1	20.7		
12SH-22	0.40	85.7	638	5.85	3.48	5.9	0.5		6.06	261.97	19.1	115	23.8	2.6	10	17.7	57.1		
12SH-24	7.59	157.5	306	3.89	1.32	4.6	0.4		3.00	436.62	10.8	112	16.3	4.3	20	14.9	10.2		
11Zb-31	0.52	130.5	760	1.8	1.9	3.7	0.26	2.10	64.4	628.7	79.2	2.5	22.9	8	19.4	2.3	1.8		
11Zb-26	1.30	73.6	650	1.4	1.3	5.2	0.38	3.00	86.4	606.9	90.2	2.7	21.1	6	17.2	4.4	16.9		
11Zb-19	0.43	75.0	510	2.9	2.5	4.5	0.38	2.20	116.5	711.69	103.5	3.5	22.2	<1	19.0	4.6	5.8		
BZ-03	0.15	38.0	262	6.49	1.94	6.4	0.5		56.1	261.972	161	4.8	23.6		<10			28	
12BZ-9	0.30	19.9	119.0	12.30	2.65	6.1	0.6		331	174.648	148	3.7	20.1	2.6	20	9.6	6.0	37	
11BZ-5-1	0.23	7.3	90	9.3	2.4	4.3	0.49	5.2	342	330	83.1	2.8	13.9	6.4	4	5.8	24.0	41	
11BZ-5	1.83	103.00	600	10.9	3.4	5.4	0.57	3.6	376	320	104.0	3.2	15.3	1.6	3	4.5	5.2	27	
13BS-15	0.75	178.5	695	21.1	4.28	16.7	1.4	6.3	45.9	43.66	325	9.3	30.2	2.2	20	2.9	0.4	10	
13BS-12	0.14	1.2	20.6	18.05	3.4	17.8	1.4	4.5	41.4	130.99	301	8.6	47.9	10.3	20	3.8	5.2	41	

续表

样品	Cs	Rb	Ba	Th	U	Nb	Ta	Pb	Sr	P	Zr	Hf	Y	Ni	Cr	Sc	Co	V	备注
CG-07	0.09	0.6	2.0	0.11	0.17	0.2	0.1		32.3	174.65	2	0.2	1.2		<10			12	本书
CG-24	1.11	62.3	393	12.70	5.26	12.6	1.0		221	829.58	316	8.8	43.9		<10			54	
B-31	0.73	33.0	80	12.5	3.7	5.7	0.52	2.9	870.0	168.5	2.6	0.3	19.8	5	6.8	8.3	7.3	14.00	
13ZBX-3	5.04	137.5	75.3	6.44	1.92	6.2	0.50	2.12	5.40	218.31	20.2	227	39.0	1.1	<10	9.9	2.8	10	
英安岩	2.7	151.4	1220.3	17.5		15	0.8		340.5	523.94	261.5	7.6	37.35		13.7	10		48	刘静等(2006)
流纹岩	4.9	171.4	806.1	16.2		13.2	1.1		139.8	349.30	222.6	6.7	35.21		9.1	8.5		20.4	
AK-28	0.67	10.1	49.3	5.53	1.81	4.37	0.31	1.31	56.3	130.99	92.1	2.76	10.7	8.92	7.9	13.8	10.4	84.1	郑仁乔等(2014)
AK-47	1.35	34.6	738	2.81	2.57	2.49	0.23	11.6	88.4	2445.07	59.5	1.77	19	31.1	2.69	24.2	33.8	90.6	
AK-74	1.97	30.9	1305	2.20	0.75	15.9	0.98	12.6	807	5370.42	228	5.21	23.2	48.4	101	18.6	27.5	209	
AK-121	5.01	213	1569	2.88	1.24	1.95	0.19	3.24	278	349.3	61.2	1.85	16.2	18.1	31.7	24.7	7.32	162	
11SK-Z001		86.2	283.0	1.2		7.6	0.56		9.00	410	128.0	5.06	31.6	13.56					李潇林斌等(2014)
11SK-Z003		79.1	331.0	5.9		8.0	0.43		18.80	335	102.0	3.50	23.7	13.70					
11SK-Z004		232.0	999.0	9.7		9.9	1.56		19.60	424	162.0	5.64	16.9	16.02					
11SK-Z006		226.0	1960.0	6.7		10.75	0.57		26.38	466	224.0	7.09	40.3	15.22					
11SK-Z007		111.0	447.0	8.3		8.3	0.62		268.00	396	156.0	4.18	24.0	18.35					
11SK-Z008		127.0	498.0	9.6		9.1	0.60		272.00	118	159.0	4.34	19.6	15.14					
11SK-Z009		80.6	171.0	5.36		8.3	1.09		50.38	252	119.0	3.80	30.8	9.71					
11SK-Z010		77.4	508.0	5.0		6.8	0.26		112.00	678	74.9	2.36	23.6	22.86					

附表三　西天山石炭纪火山岩稀土元素含量

（单位：×10⁻⁶）

样品	La	Ce	Pr	Nd	Sm	Eu	Gd	Tb	Dy	Ho	Er	Tm	Yb	Lu	备注
玄武岩1	24.8	52.9	7.61	31.4	6.16	2.05	5.75	1.08	5.52	1.08	3.37	0.52	2.87	0.42	
玄武岩2	23.9	50.9	7.03	29.6	6.82	1.58	5.41	1.01	6.05	1.2	3.5	0.51	3.3	0.56	
玄武岩3	39.1	80.4	10	39.6	8.31	2.51	7.1	1.04	5.98	1.32	3.64	0.53	3.05	0.43	
玄武岩4	33	55.3	6.35	25.9	7.05	1.98	6.56	1.29	7.47	1.73	4.84	0.71	4.7	0.75	
玄武岩5	6.58	21.6	3.36	14.8	3.96	1.19	4.33	0.79	4.66	1.14	3.31	0.61	3.54	0.67	李大鹏等（2013）
玄武岩6	4.64	19.9	4	19.9	4.34	1.27	4.97	0.9	4.89	1.26	3.89	0.63	3.84	0.68	
玄武岩7	29.2	60.3	7.8	34.7	7.52	3.03	7.67	1.53	8.44	1.78	5.26	0.89	5.23	0.78	
玄武岩8	20.60	43.20	4.15	16.84	5.24	1.58	4.68	0.99	5.47	1.11	2.93	0.45	2.48	0.38	
玄武岩9	32.20	78.00	3.97	20.11	9.84	3.17	7.59	1.44	7.25	1.37	3.72	0.58	3.15	0.50	
玄武岩10	26.10	61.70	4.57	32.14	8.90	2.29	7.49	1.37	7.53	1.61	4.35	0.73	3.93	0.60	
玄武岩11	17.60	38.40	4.82	18.43	5.40	1.48	5.05	0.91	4.70	1.15	3.47	0.46	2.98	0.51	
12玄武岩1	16.7	32.3	4.30	16.4	4.03	1.39	3.90	0.62	3.81	0.88	2.52	0.34	2.25	0.37	
12玄武岩2	29.4	56.1	7.49	25.4	5.20	0.94	4.39	0.78	4.58	0.96	2.69	0.40	2.68	0.40	
玄武岩1	5.3	14.0	2.17	10.2	3.10	1.21	3.77	0.60	3.83	0.82	2.43	0.35	2.14	0.33	
玄武岩2	4.8	12.7	2.03	9.6	2.79	1.11	3.54	0.57	3.44	0.77	2.31	0.31	1.97	0.32	
13KL-9	31.6	65.4	8.31	32.0	6.92	1.50	6.74	0.97	5.50	1.18	3.52	0.52	2.99	0.49	
12KL-17	17.8	35.8	4.62	18.8	4.16	1.56	3.96	0.59	3.29	0.69	2.01	0.25	1.67	0.28	
BZ-04-03	13.0	32.3	4.44	17.1	3.90	1.12	4.09	0.79	4.22	0.86	2.38	0.36	2.32	0.32	本书
11BZ-6	24.9	51.9	6.1	25.7	5.3	1.6	4.4	0.7	3.9	0.8	2.2	0.3	1.8	0.3	
B-04-3	13.0	32.3	4.44	17.1	3.90	1.12	4.09	0.79	4.22	0.86	2.38	0.36	2.32	0.32	
11SH-26	26.0	38.7	4.6	21.4	5.7	2.2	5.7	0.9	4.9	1.0	2.7	0.4	2.4	0.4	
11BZ-6	24.9	51.9	6.1	25.7	5.3	1.6	4.4	0.7	3.9	0.8	2.2	0.3	1.8	0.3	
11BZ-3	17.3	38.5	4.8	21.7	4.6	1.5	4.2	0.6	3.8	0.7	2.1	0.3	1.7	0.3	

续表

样品	La	Ce	Pr	Nd	Sm	Eu	Gd	Tb	Dy	Ho	Er	Tm	Yb	Lu	备注
凝2	12.6	33.8	4.6	22.2	6.3	2.1	6.9	1.1	7.3	1.5	4.3	0.6	3.7	0.6	
11Zb-9	61	102.70	14.2	69.2	15.9	3.5	11.4	1.5	8.1	1.4	3.6	0.5	3.1	0.5	
11Cg-1	48.0	102.50	12.7	54.1	9.3	2.3	5.4	0.6	3.2	0.5	1.3	0.2	0.9	0.1	
11BZ-18	8.7	17.3	2.1	9.6	2.5	0.5	2.5	0.4	2.9	0.6	1.9	0.3	1.7	0.3	
11BZ-54	2.0	8.5	1.6	9.4	3.3	0.9	3.8	0.7	5.2	1.2	4.2	0.8	4.9	0.8	
GS9	16.40	39.90	5.10	20.60	4.10	0.94	3.40	0.67	3.80	0.81	2.40	0.43	2.80	0.40	本书
Zh1	44.00	80.80	8.90	31.90	5.90	0.54	5.20	0.98	5.70	1.30	3.80	0.65	4.40	0.70	
11Cg-7	13.0	28.3	3.3	13.0	2.6	0.5	1.9	0.3	2.0	0.5	1.5	0.3	1.8	0.3	
B-32	24.1	50.7	6.0	25.5	5.1	1.6	4.3	0.6	3.8	0.8	2.1	0.3	1.9	0.3	
11CG-28	11.3	24.7	2.95	11.3	2.89	0.74	2.88	0.46	2.92	0.62	1.70	0.28	1.88	0.27	
DD-86	16.4	32.6	3.81	13.9	2.82	0.76	2.91	0.48	2.87	0.61	2.04	0.28	2.18	0.34	
DD-121	13.8	25.4	2.91	10.6	2.04	0.61	1.79	0.27	1.51	0.29	0.89	0.13	0.77	0.12	
DD-135	14.4	28.3	3.49	13.0	2.63	0.69	2.81	0.44	2.78	0.57	1.92	0.28	2.06	0.31	
DD-136	11.1	27.9	3.58	14.8	3.50	0.64	3.72	0.58	3.66	0.77	2.32	0.36	2.36	0.35	
DD-147	15.8	28.4	3.41	12.4	2.56	0.58	2.55	0.44	2.88	0.61	2.00	0.28	2.18	0.33	
11SH-42	6.6	14.4	1.8	7.7	1.8	0.4	1.8	0.3	1.9	0.4	1.4	0.2	1.5	0.2	
11SH-33	39.4	46.6	3.9	14.8	2.9	0.7	2.9	0.5	3.5	0.8	2.2	0.4	2.1	0.3	
12SH-22	43.7	63.0	6.06	19.1	3.57	0.95	3.13	0.55	3.58	0.79	2.24	0.42	2.45	0.39	
12SH-24	13.4	26.2	3.00	10.8	2.65	0.82	2.54	0.42	2.52	0.54	1.63	0.25	1.59	0.26	

续表

样品	La	Ce	Pr	Nd	Sm	Eu	Gd	Tb	Dy	Ho	Er	Tm	Yb	Lu	备注
11Zb-31	2.0	4.7	0.8	4.7	2.2	0.6	2.7	0.5	3.4	0.7	2.3	0.4	2.2	0.4	
11Zb-26	7.9	17.2	2.5	13.1	4.7	1.4	5.2	0.9	6.1	1.2	3.5	0.5	3.1	0.5	
11Zb-19	10.8	20.3	2.6	11.8	3.3	1.2	3.6	0.6	4.4	0.9	2.8	0.5	2.7	0.4	
11SH-42	6.6	14.4	1.8	7.7	1.8	0.4	1.8	0.3	1.9	0.4	1.4	0.2	1.5	0.2	
BZ-03	2.1	5.8	0.94	4.8	1.72	0.48	2.56	0.6	3.44	0.78	2.31	0.37	2.56	0.36	
12BZ-9	7.8	17.8	2.25	9.1	2.38	0.36	2.64	0.47	2.77	0.66	2	0.32	2.23	0.44	
11BZ-5-1	17.7	34.9	3.8	14.7	3.1	0.6	2.7	0.4	2.8	0.6	1.7	0.3	1.8	0.3	
11BZ-5	18.8	36.8	3.9	14.8	2.9	0.6	2.4	0.4	2.7	0.6	1.9	0.3	2.1	0.3	本书
13BS-12	17	48.8	6.21	23.2	6.27	0.48	5.97	1.22	7.22	1.68	5.11	0.82	5.71	0.93	
13BS-15	10.1	27.6	3.84	15.1	3.88	0.42	3.94	0.76	4.81	1.18	3.74	0.71	4.87	0.84	
CG-07	1.1	1.9	0.23	0.8	0.2	0.1	0.22	0.04	0.17	0.03	0.09	0.01	0.09	0.01	
CG-24	16.9	34.8	4.32	17.4	4.02	0.86	5.03	1.07	6	1.46	4.31	0.64	4.2	0.64	
B-31	2.8	11.1	1.7	8.7	2.6	0.3	2.5	0.4	2.8	0.6	1.9	0.3	1.9	0.3	
12玄武岩-2	29.4	56.1	7.49	25.4	5.2	0.94	4.39	0.78	4.58	0.96	2.69	0.4	2.68	0.4	
13ZBX-3	19.0	43.0	5.40	20.2	4.47	0.63	4.43	0.83	5.80	1.40	4.31	0.70	4.69	0.78	
ZB382	9.5	25.3	2.21	9.16	1.91	0.53	1.79	0.26	1.35	0.26	0.68	0.11	0.73	0.1	
ZB401	15.6	28.9	3.69	14.3	2.87	0.75	2.7	0.43	2.91	0.61	1.79	0.32	2.37	0.35	
DV16-2	42.40	100.30	15.05	70.80	15.45	4.86	15.10	2.47	13.87	2.61	7.23	1.01	6.29	0.97	钱青等（2006）
DV16-1	44.90	107.20	15.65	72.80	16.67	5.02	15.53	2.61	14.76	2.75	7.84	1.05	6.63	1.02	
NZS4	44.70	108.20	16.65	76.30	18.48	5.25	17.72	2.76	14.97	3.05	8.24	1.14	7.39	1.13	
玄武岩	12.00	23.70	3.71	15.30	3.71	1.18	4.02	0.74	5.03	1.02	3.01	0.46	2.55	0.36	李注苍等（2006）
安山岩	18.3	32.1	3.6	15.5	3.17	0.65	2.65	0.48	3.48	0.72	2.19	0.33	2.18	0.29	
安山玢岩	15.5	27	3.52	16.2	3.65	1.13	3.57	0.61	3.88	0.72	2.38	0.36	2.15	0.31	

续表

样品	La	Ce	Pr	Nd	Sm	Eu	Gd	Tb	Dy	Ho	Er	Tm	Yb	Lu	备注
流纹岩	29.25	47.98	5.66	22.5	4.5	0.92	3.6	0.64	4.39	0.89	2.79	0.41	2.73	0.37	李注苍等(2006)
英安岩1	29.77	51.53	6.68	27.97	5.87	1.4	5.09	0.88	5.85	1.14	3.46	0.51	3.12	0.42	
英安玢岩	22.5	37.9	4.65	18.2	4.1	0.82	3.56	0.65	4.54	0.92	3.03	0.45	2.93	0.4	
英安岩2	21.6	38.2	4.9	20.1	4.4	1.09	4.21	0.76	5.1	1	3.14	0.44	2.85	0.38	
杏仁状玄武岩	7.76	17.97	2.74	12.28	3.32	1.07	3.36	0.60	3.49	0.70	1.87	0.28	1.78	0.27	
强蚀变玄武岩	6.80	17.68	2.70	10.22	2.26	0.84	2.68	0.45	2.78	0.58	1.56	0.24	1.48	0.23	
蚀变玄武岩	25.74	49.89	6.75	23.69	4.72	1.17	4.24	0.68	3.82	0.75	2.04	0.33	2.00	0.31	邵铁全等(2006)
杏仁状玄武岩	11.24	22.96	3.15	12.18	2.96	0.92	3.24	0.59	3.75	0.76	2.20	0.37	2.24	0.34	
安山玢岩	25.25	48.58	6.26	23.17	4.87	1.42	4.75	0.7	3.85	0.83	2.12	0.35	2.21	0.37	
安山岩	15.08	32.47	4.93	18.52	4.51	1.29	4.53	0.79	4.66	0.95	2.68	0.43	2.68	0.40	
霏细岩	64.11	119.2	13.66	48.52	9.91	1.61	9.27	1.51	9.11	1.95	5.4	0.93	5.95	0.93	郭璇等(2006)
TS076	9.18	19.83	3.27	12.28	3.10	0.89	3.12	0.53	3.13	0.61	1.77	0.27	1.45	0.23	
TS082	10.38	21.53	3.47	13.30	3.54	0.90	3.21	0.55	3.42	0.65	1.85	0.26	1.61	0.27	
TS088	10.28	21.86	3.41	12.86	3.28	0.89	3.21	0.54	3.21	0.61	1.80	0.27	1.50	0.24	
TS140	19.19	42.75	5.86	22.64	5.64	1.09	4.83	0.75	4.31	0.86	2.46	0.36	2.26	0.36	
TS097	16.61	35.85	4.87	18.46	4.39	1.14	3.71	0.6	3.73	0.71	2.06	0.33	1.94	0.3	
TS098	14.17	30.64	4.02	16.81	3.88	1.16	3.79	0.64	4.17	0.87	2.35	0.34	2.33	0.32	
TS103	10.3	22.1	2.93	12.49	3.27	0.97	3.68	0.65	4.33	0.93	2.53	0.37	2.5	0.36	
TS107	11.13	25.69	3.86	14.35	4.37	1.21	4.21	0.72	4.49	0.88	2.67	0.4	2.39	0.38	
TS197-1	14.05	33.87	4.27	16.73	4.24	1.08	4.09	0.71	4.06	0.79	2.22	0.32	1.97	0.31	
TS197	16.47	37.42	5.08	20.42	5.1	1.18	4.79	0.74	4.7	0.93	2.47	0.37	2.19	0.36	
TS200	16.82	41.75	5.55	22.42	5.49	1.18	4.67	0.7	4.21	0.85	2.36	0.36	2.5	0.41	
TS207	30.89	50.24	6.91	26.14	5.95	1.86	5.69	0.91	5.55	1.03	2.93	0.48	3.07	0.48	

续表

样品	La	Ce	Pr	Nd	Sm	Eu	Gd	Tb	Dy	Ho	Er	Tm	Yb	Lu	备注
TS207-1	29.26	48.05	6.26	23.59	5.86	1.82	6.02	0.95	5.58	1.07	2.95	0.45	3.01	0.48	郭璇等(2006)
TS130	15.58	30.39	3.07	10.95	2.29	0.61	2.39	0.43	2.78	0.61	1.84	0.28	2.04	0.33	
TS131	18.14	31.82	4.23	15.52	3.67	0.94	3.28	0.53	3.37	0.74	2.1	0.35	2.2	0.36	
TS191	30.95	78.01	9.73	37.4	9.12	2.01	7.65	1.42	9.37	1.98	5.66	0.88	5.51	0.87	
TS194	26.89	58.39	6.47	24.26	6.11	1.18	5.16	1.03	6.97	1.51	4.57	0.76	5.16	0.79	
ZB430	10.90	27.50	3.82	18.00	4.38	1.36	4.89	0.73	4.58	0.92	2.47	0.40	2.49	0.33	
ZB422	46.10	105.00	13.60	62.10	13.20	3.62	11.30	1.30	6.16	1.05	2.59	0.34	2.16	0.30	
ZB440	3.57	9.90	1.14	5.90	1.63	0.40	2.23	0.37	2.56	0.63	1.78	0.30	2.10	0.30	
CG80	12.80	22.00	2.29	9.15	1.91	0.37	2.23	0.35	2.30	0.46	1.28	0.19	1.28	0.17	
CG-87	2.53	10.60	2.02	11.40	3.00	0.72	3.43	0.49	2.99	0.58	1.67	0.24	1.83	0.24	
CG93	26.70	63.40	8.30	36.00	6.66	2.02	5.65	0.72	4.01	0.74	1.79	0.27	1.66	0.23	
CG97	28.80	67.70	8.78	38.20	7.17	1.96	6.01	0.75	3.89	0.76	1.90	0.29	1.93	0.22	
CG2011-3	4.71	15.90	2.60	14.10	3.95	0.54	4.73	0.70	4.44	0.87	2.35	0.35	2.51	0.32	
CG113	16.70	40.30	5.88	29.20	7.45	2.09	7.92	1.24	7.75	1.60	4.48	0.72	4.94	0.70	蒋宗胜等(2012)
CG79	6.73	16.60	2.13	9.97	2.51	0.45	3.12	0.48	3.23	0.69	1.98	0.34	2.48	0.34	
ZB404	5.89	21.10	3.40	16.50	4.20	1.11	4.24	0.69	4.40	0.93	2.56	0.42	2.98	0.42	
ZB377	7.69	24.60	3.83	19.00	4.92	1.30	5.29	0.80	5.28	1.10	3.04	0.48	3.29	0.45	
ZB431	10.90	23.30	3.00	14.20	4.18	1.15	5.53	0.88	5.55	1.14	2.97	0.44	2.98	0.37	
ZB416	5.62	21.20	3.13	14.90	3.56	0.81	4.09	0.55	3.61	0.76	2.12	0.37	2.46	0.35	
ZB327	5.02	16.4	2.49	11.80	3.28	1.16	4.12	0.71	4.89	1.04	2.87	0.49	3.20	0.43	
CG55	14.1	29.4	3.42	14.2	3.08	0.69	3.26	0.47	3.04	0.63	1.83	0.29	2.16	0.29	
CG102	4.86	12.6	1.71	8.52	2.26	0.36	3.35	0.65	4.78	1.19	3.91	0.76	5.41	0.78	
CG2011-1	12.7	27.8	3.68	17.2	4.34	0.46	5.3	0.89	6.23	1.33	3.9	0.65	4.61	0.66	

续表

样品	La	Ce	Pr	Nd	Sm	Eu	Gd	Tb	Dy	Ho	Er	Tm	Yb	Lu	备注
CG2011-2	26.6	48.8	5.1	18.5	3.13	0.52	3.19	0.47	3.15	0.68	2.05	0.35	2.58	0.36	蒋宗胜等（2012）
ZB382	9.5	25.3	2.21	9.16	1.91	0.53	1.79	0.26	1.35	0.26	0.68	0.11	0.73	0.1	
ZB401	15.6	28.9	3.69	14.3	2.87	0.75	2.7	0.43	2.91	0.61	1.79	0.32	2.37	0.35	
玄武岩1	16.65	30.55	3.18	12.44	2.19	0.78	2.32	0.27	1.53	0.31	1.04	0.15	1.11	0.18	
玄武岩2	19.82	36.31	3.87	15.99	2.93	0.85	3.07	0.33	1.67	0.30	0.91	0.13	1.03	0.17	
玄武岩3	7.20	17.24	2.33	11.36	3.09	0.94	4.04	0.60	3.81	0.77	2.31	0.31	2.11	0.31	
安山岩1	17.45	35.41	4.13	18.05	3.97	1.26	4.66	0.64	3.76	0.74	2.22	0.31	2.11	0.31	
安山岩2	10.5	26.65	3.59	17.83	4.6	1.33	5.73	0.86	5.4	1.07	3.21	0.44	3.05	0.44	
安山岩3	11.02	26.47	3.5	16.73	4.35	1.22	5.43	0.81	5.18	1.02	3.11	0.43	2.92	0.42	
粗面安山岩1	8.46	20.18	2.5	11.54	2.9	0.83	3.88	0.56	3.62	0.74	2.27	0.32	2.22	0.33	
粗面安山岩2	21.75	43.16	4.86	19.92	3.68	1.23	4.09	0.48	2.79	0.57	1.92	0.28	2.15	0.33	
粗面安山岩3	7.86	20.04	2.78	13.52	3.41	1.01	4.23	0.62	4.02	0.84	2.74	0.41	2.98	0.47	
粗面安山岩4	33.62	74.48	8.61	35.75	6.41	1.81	6.61	0.74	3.62	0.64	1.79	0.22	1.44	0.2	
粗面安山岩5	5.28	16.8	2.56	13.05	3.91	1.06	5.22	0.81	5.32	1.09	3.34	0.46	3.21	0.46	冯金星等（2010）
粗面安山岩6	8.31	19.07	2.26	9.96	2.21	0.7	2.78	0.39	2.51	0.52	1.64	0.24	1.69	0.26	
粗面安山岩7	28.41	57.5	5.91	23.65	4.36	1.08	5.03	0.65	3.89	0.77	2.39	0.33	2.28	0.32	
玄武质安山岩	12.36	25.79	2.97	12.92	2.97	1.56	3.83	0.54	3.33	0.67	2	0.26	1.84	0.27	
安山岩4	8.33	17.15	2.02	9.09	2.28	0.9	3.03	0.44	2.71	0.54	1.63	0.22	1.58	0.24	
粗面英安岩1	5.18	12.64	1.66	7.67	1.88	0.67	2.65	0.36	2.39	0.51	1.64	0.24	1.81	0.28	
粗面英安岩2	6.58	16.5	2.12	9.5	2	0.64	2.54	0.28	1.66	0.34	1.12	0.16	1.24	0.2	
粗面英安岩3	14.64	35.04	4.28	18.81	4.28	1.37	5.04	0.68	4.27	0.86	2.69	0.38	2.77	0.41	

续表

样品	La	Ce	Pr	Nd	Sm	Eu	Gd	Tb	Dy	Ho	Er	Tm	Yb	Lu	备注
流纹岩 1	3.46	7.25	1.1	5.23	1.42	0.37	1.97	0.32	2.43	0.54	1.79	0.28	2.05	0.31	冯金星等 (2010)
流纹岩 2	5.23	13.11	1.65	7.5	1.88	0.51	2.54	0.42	2.87	0.65	2.18	0.32	2.35	0.36	
流纹岩 3	1.71	4.73	0.62	2.82	0.8	0.25	1.37	0.26	1.99	0.45	1.52	0.24	1.87	0.28	
流纹岩 4	1.51	4.08	0.57	2.98	0.97	0.22	1.47	0.25	1.91	0.45	1.67	0.29	2.3	0.37	
流纹岩 5	8.13	20.78	2.5	10.59	2.42	0.31	2.89	0.45	3	0.6	1.96	0.31	2.33	0.37	
AK-28	7.74	20.6	2.71	12.1	2.94	0.91	3.48	0.62	3.93	0.82	2.35	0.41	2.8	0.46	郑仁乔等 (2014)
AK-47	18.5	39.8	4.77	20.3	4.27	1.5	4.92	0.74	4.18	0.8	2.25	0.36	2.32	0.37	
AK-74	42.8	121	16.3	70	12.3	3.31	9.96	1.18	5.61	0.99	2.37	0.34	1.85	0.27	荆德龙等 (2014)
AK-121	10.4	22.5	2.4	9.5	2.27	0.89	3.28	0.51	3.12	0.66	1.85	0.31	1.87	0.32	
3	12.5	26.8	3.1	12.6	2.7	0.64	2.5	0.49	3	0.61	2	0.32	2.3	0.37	
4	9.87	21.08	2.69	12.44	3.09	0.96	3.69	0.55	3.41	0.69	1.99	0.29	1.58	0.27	
11SK-Z001	22.40	41.80	5.40	23.50	5.20	1.40	4.80	0.82	5.00	1.10	3.20	0.52	3.50	0.64	李潇林斌等 (2014)
11SK-Z003	45.50	75.10	8.40	32.90	6.40	2.80	5.50	0.88	4.40	0.83	2.30	0.35	2.20	0.39	
11SK-Z004	8.10	17.10	2.00	8.30	1.90	0.51	1.90	0.37	2.50	0.62	1.90	0.34	2.30	0.42	
11SK-Z006	11.90	33.50	4.90	23.20	5.50	2.00	5.50	1.00	6.00	1.40	3.90	0.64	4.20	0.74	
11SK-Z007	17.80	35.20	4.40	18.60	4.20	0.98	3.90	0.66	3.90	0.82	2.30	0.38	2.50	0.45	
11SK-Z008	23.80	46.80	5.60	23.10	4.80	1.20	3.90	0.61	3.30	0.70	1.90	0.31	1.90	0.33	
11SK-Z009	111.00	171.00	20.00	79.50	15.00	2.40	11.40	1.50	6.80	1.20	2.80	0.38	2.60	0.46	
11SK-Z010	26.60	52.90	7.10	33.50	7.90	2.70	6.40	0.95	4.60	0.82	2.10	0.29	1.80	0.33	
英安岩	31.3	65.03	8.06	33.28	7.11	1.52	6.3	1.15	7.93	1.66	5.24	0.8	5.09	0.69	刘静等 (2006)
流纹岩	34.85	63.71	7.53	31.37	6.9	1.32	6.19	1.13	7.79	1.63	5.03	0.76	4.91	0.66	

附表四　西天山二叠纪火山岩微量元素含量

(单位：×10⁻⁶)

元素	WT03-1	WT03-2	WT03-3	WT03-4	WT03-5	WT03-6	WT03-7	WT04-2	WT04-5	WT04-7	1	2	3	4
	叶海敏等(2013)										潘名臣等(2011)			
Cs											13.25	3.93	1.01	2.15
Rb	116.50	170.60	81.14	58.96	63.49	61.55	89.53	50.35	85.79	79.55	21.93	117.9	104	131.8
Ba	1153	937.00	1037.00	1077.00	977.00	1010.00	1115.00	286.00	1166.00	1099.00	366.3	528.2	705.2	527.9
Th	3.29	3.41	4.18	3.96	4.14	3.95	3.99	2.13	4.17	4.19	2.33	3.84	3.89	31.88
U	0.76	0.79	0.94	1.01	0.93	0.89	0.93	0.84	0.97	1.08	1.1	1.86	1.11	11.44
Nb	5.86	5.60	5.32	5.21	5.35	5.18	5.27	3.71	5.40	5.46	4.22	2.34	1.69	11.1
Ta	0.33	0.31	0.31	0.30	0.30	0.29	0.30	0.27	0.30	0.31	0.36	0.18	0.14	0.94
Pb											14.16	20.2	13.31	9.03
Sr	1157	1627.00	1915.00	1992.00	1979.00	1904.00	1892.00	472.00	2330.00	1974.00	606.9	278.7	279.2	203.6
P	2312.82	2618.29	2880.12	2749.20	2836.48	2792.84	2792.84	1440.06	2836.48	2836.48	1396.42	1003.68	829.12	2618.29
Zr	149.4	151.4	183.2	180.2	186.5	177.4	178.70	99.79	184.20	184.10	121.1	68.01	50.64	256.8
Hf	3.77	3.87	4.66	4.60	4.77	4.49	4.59	2.94	4.68	4.70	3.68	2.39	1.86	9.55
Y	23.73	23.61	29.52	27.46	27.96	27.41	28.07	31.71	27.64	26.58	20.5	16.89	11.72	36.54
Cr	116.2	127.00	78.84	77.63	75.56	62.97	67.76	28.86	69.99	71.20	46.46	3.3	42.65	44.83
Co											4.56	36.6	5.57	9.64
Ni	66.32	58.77	38.96	33.88	35.99	35.80	37.09	2.62	37.25	36.84	0.47	1.56	0.76	13.76
Sc	23.1	22.56	23.06	21.99	22.52	21.69	22.17	17.54	22.15	21.94	10.86	6.46	8.34	8.1
V	227.5	230.10	227.00	222.70	222.60	219.10	219.90	28.52	225.90	223.50	69.04	59.8	59.8	55.26

续表

元素	潘名臣等（2011）		叶海敏等（2013）								潘名臣等（2011）			
	WT03-1	WT03-2	WT03-3	WT03-4	WT03-5	WT03-6	WT03-7	WT04-2	WT04-5	WT04-7	1	2	3	4
La	30.92	33.71	40.09	39.88	41.09	40.44	40.66	12.97	41.80	40.90	12.06	9.91	6.99	29.71
Ce	73.21	80.18	97.81	97.21	99.83	99.24	98.68	31.20	101.20	99.66	30.9	24.71	17.3	71.11
Pr	9.93	11.03	13.61	13.53	13.90	13.71	13.75	4.40	14.50	14.24	4.23	3.33	2.33	8.85
Nd	41.94	46.49	58.26	57.42	59.07	57.48	58.30	20.06	61.81	61.09	19.9	15.92	11.3	39.11
Sm	7.85	8.62	10.57	10.36	10.66	10.58	10.49	4.95	10.92	10.70	4.52	3.81	2.74	8.51
Eu	2.35	2.48	3.00	2.87	2.93	2.95	2.95	1.55	3.01	2.95	1.67	1.33	0.93	1.89
Gd	6.56	7.09	8.33	8.07	8.45	8.35	8.44	5.08	8.60	8.44	5.6	4.52	3.37	9.87
Tb	0.91	0.93	1.13	1.10	1.13	1.11	1.13	0.89	1.13	1.11	0.8	0.61	0.45	1.39
Dy	4.75	4.62	5.78	5.44	5.60	5.49	5.60	5.75	5.69	5.47	4.89	3.74	2.67	8.24
Ho	0.91	0.85	1.09	1.02	1.04	1.03	1.06	1.25	1.08	1.04	0.97	0.75	0.54	1.7
Er	2.50	2.29	3.00	2.81	2.82	2.81	2.90	3.56	2.91	2.80	2.82	2.18	1.6	5.05
Tm	0.37	0.34	0.45	0.42	0.43	0.42	0.44	0.53	0.42	0.40	0.39	0.3	0.23	0.72
Yb	2.28	2.06	2.79	2.56	2.59	2.56	2.64	3.39	2.69	2.59	2.66	2.06	1.55	4.95
Lu	0.34	0.31	0.42	0.38	0.40	0.40	0.39	0.54	0.40	0.39	0.4	0.32	0.23	0.76

元素	潘名臣等（2011）			叶海敏等（2013）										
	5	6	7	ZK-03	WT04-21	WT09-1	WT09-2	WT09-3	WT09-5	WT09-6	WT09-7	WT010-1	WT010-2	WT010-3
Cs	0.69	0.46	0.43											
Rb	65.01	58.13	6.55	186.00	75.06	70.66	62.85	53.85	30.22	40.00	28.35	86.44	197.10	72.51

续表

元素	潘名臣等（2011）			ZK-03	WTO04-21	叶海敏等（2013）								
	5	6	7			WTO09-1	WTO09-2	WTO09-3	WTO09-5	WTO09-6	WTO09-7	WTO10-1	WTO10-2	WTO10-3
Ba	596	369.4	40.22	506.80	1173.00	492.60	496.80	507.90	297.90	271.40	183.10	388.80	599.50	184.70
Th	20.04	5.97	1.84	8.45	4.22	2.63	2.57	2.77	3.25	2.75	2.93	0.70	0.70	3.70
U	5.87	1.9	0.97	2.66	0.93	0.81	0.78	0.92	1.03	0.85	1.00	0.24	0.27	0.99
Nb	6.89	8.19	8.64	6.26	5.34	9.40	9.24	10.00	10.13	4.58	9.15	2.44	2.51	9.44
Ta	0.83	0.51	0.5	0.45	0.31	0.56	0.54	0.59	0.60	0.34	0.55	0.19	0.19	0.58
Pb	5.6	5.7	20											
Sr	26.17	74.51	129.6	285.10	2131.00	451.70	351.80	252.10	311.30	292.60	232.70	394.40	462.10	96.50
P	87.28	2138.27	2574.65	1614.61	2836.48	2443.74	2443.74	2618.29	2618.29	960.04	2356.46	916.40	960.04	2792.84
Zr	187	193.2	172.4	177.4	181.80	211.60	209.20	225.70	231.90	198.20	204.70	96.71	98.82	220.40
Hf	6.67	5.11	3.87	4.82	4.65	4.78	4.63	5.05	5.17	4.54	4.52	2.47	2.51	5.15
Y	9.27	24.94	19.95	29.94	27.19	25.32	25.01	26.43	28.32	28.90	25.27	23.42	23.87	28.18
Cr	36	20	298	86.08	68.33	96.69	91.10	104.30	68.20	110.50	54.85	164.10	169.60	70.99
Co	34	39	3.42											
Ni	29	17	9.24	21.6	34.40	42.38	38.80	43.13	26.22	86.40	31.79	71.56	70.06	18.66
Sc	26	29	5.47	32.54	21.64	27.73	27.23	28.32	27.93	29.30	25.53	34.32	34.30	26.14
V	326	311	29.6	267.2	213.40	221.90	217.50	225.90	228.10	201.30	209.30	253.90	249.20	219.60
La	8.73	16.85	21.1	16.21	41.59	29.80	27.71	27.88	30.58	14.51	31.90	6.94	5.51	32.45
Ce	19.55	43.65	50.41	36.77	101.50	65.12	63.25	65.56	69.31	33.35	68.31	17.75	14.24	71.23

续表

元素	潘名臣等（2011）				叶海敏等（2013）									
	5	6	7	ZK-03	WT04-21	WT09-1	WT09-2	WT09-3	WT09-5	WT09-6	WT09-7	WT010-1	WT010-2	WT010-3
Pr	2.04	5.75	6.34	5.01	14.48	8.51	8.31	8.65	9.04	4.76	8.77	2.70	2.26	9.45
Nd	7.96	25.83	27.52	21.73	61.81	34.04	34.00	35.01	37.26	21.04	34.38	12.94	11.38	38.52
Sm	1.54	5.71	5.52	5.10	10.86	6.55	6.52	6.92	7.47	4.98	6.41	3.52	3.36	7.26
Eu	0.43	1.44	1.6	1.24	3.02	1.73	1.78	1.72	2.11	1.70	1.78	1.24	1.25	1.99
Gd	1.93	6.16	5.93	5.01	8.42	5.94	5.89	6.18	6.74	5.05	5.84	3.66	3.60	6.60
Tb	0.27	0.9	0.79	0.86	1.13	0.88	0.88	0.92	0.97	0.88	0.88	0.68	0.68	0.99
Dy	1.7	5.18	4.34	5.25	5.65	5.02	4.92	5.25	5.51	5.53	4.94	4.31	4.38	5.54
Ho	0.36	1.06	0.83	1.12	1.05	0.99	0.99	1.05	1.10	1.19	0.99	0.91	0.92	1.13
Er	1.16	3.1	2.37	3.09	2.86	2.78	2.70	2.86	3.00	3.27	2.74	2.44	2.55	3.06
Tm	0.18	0.44	0.32	0.48	0.42	0.40	0.40	0.42	0.44	0.50	0.39	0.38	0.39	0.43
Yb	1.37	2.93	2.14	3.01	2.69	2.52	2.47	2.62	2.78	3.17	2.52	2.31	2.42	2.82
Lu	0.21	0.45	0.32	0.47	0.39	0.40	0.38	0.40	0.43	0.49	0.37	0.36	0.37	0.42

元素	叶海敏等（2013）								赵军（2013）					
	WT010-6	WT010-7	WT011-1	WT011-2	WT011-3	WT012-1	WT012-2-1	WT012-2-2	NLS61	NLS61-2	NLS-118	NLS-119	QJS-117	QJS-118
Cs									43.7	25.8	5.18	8.9	0.78	0.65
Rb	103.40	108.40	188.20	188.70	191.40	13.70	232.80	85.68	105	86.4	22.7	30.9	46.2	36.9
Ba	513.90	498.60	500.80	428.80	499.80	143.60	1177.00	1831.00	1896	1876	658	794	484	250
Th	6.35	4.74	8.47	11.00	9.66	0.47	11.51	5.91	1.44	1.35	1.44	1.45	11.8	12.2

续表

元素	叶海敏等（2013）								赵军（2013）					
	WT010-6	WT010-7	WT011-1	WT011-2	WT011-3	WT012-1	WT012-2-1	WT012-2-2	NLS61	NLS61-2	NLS-118	NLS-119	QJS-117	QJS-118
U	1.18	1.21	2.47	3.30	3.08	0.34	3.36	1.80	0.45	0.42	0.58	0.61	3.86	3.84
Nb	5.35	5.22	6.16	8.06	6.94	4.32	8.28	6.55	13.4	14	14	14.4	8.46	8.79
Ta	0.45	0.42	0.44	0.57	0.49	0.33	0.60	0.52	0.71	0.69	0.69	0.74	0.6	0.59
Pb									22.4	30.2	30.8	21.8	32.3	12.7
Sr	302.60	147.50	234.90	289.40	310.40	337.70	294.70	365.80	886	1070	815	1015	118	109
P	785.49	785.49	1614.61	2094.63	1832.80	1352.78	2181.91	4014.71	3840.16	4058.35	4232.90	4189.26	2050.99	2094.63
Zr	128.1	127.9	176	229.9	200.3	149.1	242.1	207.5	221	231	229	256	242	249
Hf	3.47	3.48	4.84	6.28	5.41	3.49	6.47	5.21	5.23	5.45	5.39	5.85	6.69	6.9
Y	19.14	20.05	31.82	39.12	35.3	36.48	42.73	41.72	23.7	24.6	31.4	31.7	38.4	40.1
Cr	28.37	36.9	74.77	48.06	81.26	315.7	51.42	24.52	126	134	192	123	43.7	31.5
Co									23.1	21	43.2	34.7	38.3	30.4
Ni	2.25	2.59	22	13.64	25.22	211.7	12.65	5.09	59.2	59.6	59.7	47.8	22.6	17.3
Sc	10.34	9.97	30.77	29.55	32.97	36.02	30.07	27.71	27	27.6	24.7	23.8	26	26.6
V	42.48	45.59	244	203.9	268.1	234.5	214.8	99.53	241	254	288	262	220	227
La	24.72	17.64	12.17	20.79	15.57	6.96	18.72	21.60	41.00	38.50	46.80	44.60	27.3	18.4
Ce	49.61	37.15	30.21	49.02	37.79	20.67	44.21	52.62	87.90	83.10	103.00	99.10	58.4	46.5
Pr	5.98	4.78	4.31	6.65	5.27	3.48	5.91	7.67	11.90	11.50	12.60	12.00	7.12	6.05
Nd	22.66	19.03	19.26	28.94	23.60	17.22	25.41	35.25	45.50	42.20	50.30	49.20	29.8	26.9
Sm	4.08	3.85	4.82	6.78	5.77	5.05	6.11	8.27	8.40	8.05	9.43	9.24	6.41	6.34

续表

元素	潘名臣等 (2011)		叶海敏等 (2013)						赵军 (2013)					
	WTO10-6	WTO10-7	WTO011-1	WTO011-2	WTO011-3	WTO012-1	WTO012-2-1	WTO012-2-2	NLS61	NLS61-2	NLS-118	NLS-119	QJS-117	QJS-118
Eu	1.17	1.01	1.02	1.55	1.25	1.33	1.24	4.91	2.22	2.20	2.50	2.46	1.4	1.29
Gd	3.81	3.56	4.83	6.58	5.67	5.19	6.12	8.31	8.54	8.40	8.04	7.76	6.83	6.69
Tb	0.57	0.56	0.85	1.13	0.98	1.00	1.10	1.36	0.98	0.98	1.17	1.15	1.13	1.1
Dy	3.30	3.41	5.43	7.07	6.23	6.39	6.99	8.17	5.38	5.08	6.09	5.97	6.77	6.76
Ho	0.71	0.74	1.17	1.48	1.32	1.35	1.52	1.72	1.00	0.94	1.08	1.10	1.35	1.36
Er	2.08	2.14	3.35	4.15	3.70	3.62	4.22	4.65	2.83	2.73	3.17	3.20	4.16	4.18
Tm	0.33	0.34	0.51	0.65	0.59	0.52	0.67	0.67	0.34	0.33	0.39	0.37	0.55	0.58
Yb	2.25	2.33	3.28	4.07	3.68	3.22	4.13	4.21	2.00	2.02	2.42	2.49	3.7	4.09
Lu	0.38	0.37	0.50	0.61	0.56	0.49	0.62	0.64	0.32	0.31	0.36	0.36	0.57	0.59

元素	潘名臣等 (2011)		陈根文等 (2015)								赵军 (2013)			
	7~3	9~8	TRD13	TRD14	TRD15	TRD16	TRD01	TRD02	TRD03	TRD05	TRD07	TRD08	TRD09	TRD10
Rb	40.9	55	37.8	31.3	52.6	70.2	109	114	80.4	140	222	387	211	292
Ba	455	260	425	466	499	457	555	652	548	932	357	509	215	371
Th	3.9	6.4	2.92	3.26	1.23	1.43	6.29	5.93	6.64	8.77	15.03	18.16	17.07	17.8
U	1.1	0.89	0.8	1.02	0.54	0.57	2.23	2.41	1.94	2.67	4.34	5.26	4.01	4.33
Nb	5.2	11.9	8.42	14.9	9.1	9.33	9.91	9.34	8.13	13.5	13.5	17.3	16.6	16.4
Ta	0.7	1.31	0.5	0.81	0.53	0.53	0.69	0.67	0.59	0.91	1	1.3	1.35	1.24
Pb	8.7	10.5	28.8	28.5	58.8	34.3	4.57	7.03	4.4	10.5	4.89	5.14	4.73	6.09

续表

元素	潘名臣等（2011）		陈根文等（2015）											
	7~3	9~8	TRD13	TRD14	TRD15	TRD16	TRD01	TRD02	TRD03	TRD05	TRD07	TRD08	TRD09	TRD10
Sr	379	178	605	708	436	507	82	63	115	203	46.1	64	60.6	49.4
P	1090.95	3272.86	2269.18	3578.33	2225.55	2269.18	4538.37	3883.80	4014.71	1832.80	261.83	43.64	43.64	43.64
Zr	69	299	165	257	174	180	261	213	202	386	414	455	481	503
Hf	3.64	8.43	3.45	4.83	4.02	3.82	5.72	4.64	4.17	7.52	8.19	9.62	10.4	10.2
Y	17.4	37.5	29.3	31	31.2	30.5	50.1	44	57.9	46.5	56.8	47.9	34.5	39.4
Cr	58.7	57.5	109	113	153	8.86	19.9	9.83	18.3	18.1	0.7	7	1.5	2
Co	23.6	27	13	1.59	1.83	2.99	1.22	1.46	3.35	4.05	15.7	24	24.9	66.7
Ni	51.3	54	5.32	5.01	6.45	3.89	6.02	4.35	13	10.7	1.54	2.48	1.72	1.98
Sc			14.4	9.98	12.8	9.16	2.18	2.39			18.6	11.4	7.63	7.21
V	225	116	70.5	59.7	63.6	25.2	8.51	7.95	17.1	21				
La	10.60	30.20	20.7	38.3	20.5	19.1	23.9	22.8	26.7	20.6	34	30.2	33.1	28.9
Ce	22.40	63.80	45.1	81.4	45	42.1	57.2	55.7	62	51.5	67.7	51.8	72.3	60.4
Pr	2.16	5.14	6.11	10.1	6.13	5.73	8.36	7.92	8.92	7.46	9.02	7.42	7.48	7.15
Nd	15.20	33.40	26.2	40.5	26.7	25.4	38.1	35.6	40.7	33.6	38.2	28.7	28.2	27.7
Sm	3.52	6.25	5.9	7.79	6.16	5.83	9.07	8.5	10.98	8.48	8.61	5.78	5.43	5.41
Eu	1.23	2.08	1.88	2.3	1.96	1.88	3.29	3.3	3.51	2.62	0.56	0.24	0.27	0.25
Gd	3.33	5.49	5.91	7.2	6.38	6.15	9.89	9.54	11.79	8.76	9.39	5.98	4.97	5.05
Tb	0.53	0.50	0.99	1.13	1.09	1.05	1.67	1.55	1.95	1.56	1.65	1.22	0.87	0.94
Dy	3.22	4.59	6.15	6.61	6.63	6.35	10.3	9.35	11.5	9.78	10.5	8.95	5.63	6.71

续表

元素	潘名臣等（2011）		陈根文等（2015）											
	7~3	9~8	TRD13	TRD14	TRD15	TRD16	TRD01	TRD02	TRD03	TRD05	TRD07	TRD08	TRD09	TRD10
Ho	0.64	0.81	1.21	1.26	1.3	1.27	2.1	1.84	2.15	1.96	2.19	2.1	1.25	1.63
Er	1.64	2.17	3.39	3.48	3.54	3.46	5.71	4.86	5.5	5.45	6.39	6.62	4	5.8
Tm	0.43	0.33	0.5	0.52	0.52	0.53	0.88	0.71	0.8	0.87	1.04	1.13	0.7	1.02
Yb	1.77	2.37	3.36	3.53	3.38	3.39	5.87	4.56	5.07	5.63	7.12	8.02	4.99	7.69
Lu	0.19	0.29	0.51	0.53	0.49	0.5	0.88	0.7	0.76	0.85	1.12	1.23	0.81	1.26

元素	陈根文等（2015）		潘名臣等（2011）		赵军（2013）									
	TRD11	TRD12	7~13	9~6	109-4	109-15	109-17	109-1	109-13	ZBQJ4	ZBQJ-27	ZBQJ-28	KZTB9	KZTB10
Cs	0.48				0.27	0.43	0.46	0.49	0.99	0.48	0.93	0.55	2.42	2.78
Rb	234	194	148	128	67.3	126	133	146	172	69.8	81	81.8	326	335
Ba	302	337	522	401	686	557	624	1226	874	461	419	398	1384	1357
Th	18.44	18.93	17.3	14.7	5.08	7.01	7.85	8	15.8	13.1	13.6	11.9	15.8	15.7
U	4.66	4.9	4.35	4.16	1.92	1.63	1.75	1.89	3.69	3.88	4.93	3.11	3.21	2.91
Nb	16.6	17.7	19.4	25	6.54	5.64	5.52	6.66	8.69	18.8	22.4	19.5	11.3	9.95
Ta	1.21	1.34	2.18	2.82	0.46	0.42	0.39	0.58	0.66	1.2	1.55	1.2	0.92	0.83
Pb	3.85	4.44	9.75	8.09	2.8	4.69	6.56	46	17	5.9	18.4	15.8	4	19.2
Sr	43.8	41.8	34.2	53.2	167	41.9	48.5	67.6	59.9	40.8	43.9	89.7	34.6	37.6
P	43.64	43.64	218.19	218.19	1221.87	698.21	829.12	305.47	392.74	305.47	305.47	305.47	87.28	87.28
Zr	453	434	441	445	168	192	265	172	302	580	665	718	176	166
Hf	9.87	9.12	12.09	9.4	4.59	5.51	6.99	5.06	8.7	13.4	15.1	15.2	6.12	5.97

续表

元素	TRD11	TRD12	7~13	9~6	109-4	109-15	109-17	109-1	109-13	ZBQJ4	ZBQJ-27	ZBQJ-28	KZTB9	KZTB10
	陈根文等(2015)		潘名臣等(2011)						赵军(2013)					
Y	54	66	45.7	35.7	31.3	24.5	24.9	16.3	31.5	36.2	39.9	38.1	26	24.9
Cr	1.5	5	6.6	11.2	201	7.8	16.5		92	18			215	5.5
Co	42	28.6	25.9	22.9	2	2.27	4.35		17.3				38	15.6
Ni	1.8	1.54	2.98	7.74	4.89	2.69	3.54	3	47	18	2	2	88	3.01
Sc	8.45	6.44	27.4	26.1	5.68	4.25	12.2	2	14	24	1	3	31	29.4
V					24.9	8.69	6.18		97				196	
La	49.3	29.2	38.7	47	19.8	10.4	9.87	8.41	27.3	50.1	20.2	40.7	2.83	2.57
Ce	99.9	62.9	85.4	86.9	40.1	19.4	22.3	16.4	56.4	98.8	39.5	80.9	5.48	5.8
Pr	11.6	8.13	9.72	7.96	5.34	3.59	3.31	2.16	7.6	11.7	5.68	9.61	1.11	1.05
Nd	45.4	32.9	42.7	32.7	23.4	15.5	14.5	7.58	27.6	39.4	21.7	34.6	4.78	4.26
Sm	9.17	7.66	8.92	4.81	4.65	3.62	3.56	1.8	6.16	6.99	4.88	6.26	1.14	1.2
Eu	0.3	0.25	0.9	0.5	1.33	0.77	0.69	0.64	1.14	1.48	0.65	1.27	0.2	0.16
Gd	8.42	8.62	7.44	4.38	4.85	3.59	3.62	3.1	7.01	7.64	4.66	5.56	2.19	2.22
Tb	1.53	1.81	1.06	0.74	0.85	0.63	0.64	0.47	1.01	1.12	0.94	1.04	0.44	0.39
Dy	10	12.3	7.23	5.24	4.9	3.84	3.96	3.05	5.99	6.7	6.27	6.29	3.57	3.24
Ho	2.13	2.64	1.46	1.13	1.02	0.79	0.86	0.62	1.33	1.45	1.32	1.24	0.94	0.88
Er	6.5	7.73	4.78	3.73	3.29	2.62	2.77	2.06	4.18	4.58	4.51	4.17	3.51	3.14
Tm	1.05	1.25	0.9	1.03	0.46	0.37	0.4	0.33	0.6	0.67	0.68	0.58	0.52	0.49
Yb	7.5	8.37	5.93	5.16	3.11	2.81	2.99	2.28	3.96	4.49	4.86	4.26	3.78	3.61
Lu	1.13	1.28	0.99	0.83	0.49	0.45	0.45	0.34	0.62	0.68	0.75	0.66	0.6	0.56

附表五　西天山二叠纪火山岩主量元素含量

（单位:%）

元素	WT03-1	WT03-2	WT03-3	WT03-4	WT03-5	WT03-6	WT03-7	WT04-5	WT04-7	1	2	3	4
		潘名臣等 (2011)		叶海敏 (2013)						潘名臣等 (2011)			
SiO_2	47.72	51.58	51.71	49.87	51.36	51.56	51.79	51.11	51.18	46.82	49.85	50.91	57.04
TiO_2	1.48	1.5	1.56	1.51	1.55	1.55	1.55	1.57	1.53	1.65	0.93	0.76	1.17
Al_2O_3	15.56	15.2	15.85	15.63	15.76	15.95	15.72	15.81	15.66	17.98	17.22	16.63	14.32
Fe_2O_3	9.71	10.49	10.41	10.21	10.62	10.75	10.58	10.7	10.35	4.73	4.83	5.11	5.72
FeO										8.38	7.32	7.32	6.92
MnO	0.21	0.12	0.23	0.22	0.19	0.18	0.15	0.14	0.14	0.13	0.38	0.35	0.19
CaO	9.3	6.89	7.77	8.23	7.61	8.05	7.18	6.99	7.95	9.36	8.52	7.76	4.93
MgO	3.97	4.23	4.05	3.99	4.17	3.88	4.11	3.91	3.92	6.29	5.29	5.1	2.49
K_2O	3.21	3.91	3.1	3.11	2.94	2.81	3.39	3.73	3.48	0.84	2.08	2.81	3.41
Na_2O	2.97	3.2	3.36	3.49	3.6	3.45	3.45	3.35	3.22	3.5	3.36	3.06	3.21
P_2O_5	0.53	0.6	0.66	0.63	0.65	0.64	0.64	0.65	0.65	0.32	0.23	0.19	0.6
LOI	5.47	2.18	1.15	3.02	1.38	1.02	1.3	1.88	1.78	0	0	0	0
总含量	100.12	99.9	99.84	99.92	99.83	99.84	99.85	99.85	99.84	100	100	100	100

元素	5	6	7	ZK-03	WT04-21	WT09-1	WT09-2	WT09-3	WT09-5	WT09-6	WT09-7	WT010-1	WT010-2
	潘名臣等 (2011)			叶海敏 (2013)									
SiO_2	80.05	57.46	53.22	54.91	51.04	50.89	50.91	49.73	52.48	50.95	53.16	48.09	47.79
TiO_2	0.17	0.99	1.3	1.06	1.53	1.31	1.29	1.4	1.35	1.25	1.25	1.24	1.27
Al_2O_3	10.45	17.21	15.51	15.28	15.83	16.22	15.95	16.92	15.65	16.53	15.64	17.59	17.99
Fe_2O_3	1.15	5.19	4.5	9.79	10.5	10.38	10.3	12.22	9.97	9.99	10.87	10.21	10.34
FeO	0.95	4.56	4.77										
MnO	0.04	0.42	0.15	0.48	0.23	0.42	0.39	0.66	0.16	0.16	0.18	0.32	0.5
CaO	0.42	1.85	10.48	5.32	7.4	5.03	5.43	2.83	5.92	9.05	4.62	8.4	6.03

续表

元素	潘名臣等（2011）			叶海敏（2013）									
	5	6	7	ZK-03	WTO04-21	WTO09-1	WTO09-2	WTO09-3	WTO09-5	WTO09-6	WTO09-7	WTO10-1	WTO10-2
MgO	0.31	1.7	0.79	3.44	4.3	5.7	5.62	5.01	4.88	5.65	4.49	6.63	6.89
K₂O	3.4	2.74	0.23	3.93	3.59	1.92	1.7	1.47	0.9	1.26	0.89	1.59	2.43
Na₂O	3.05	7.39	8.48	2.51	3.14	4.42	4.66	5.43	5.44	2.6	5.9	2.67	3
P₂O₅	0.02	0.49	0.59	0.37	0.65	0.56	0.56	0.6	0.6	0.22	0.54	0.21	0.22
LOI	0	0	0	2.85	1.63	3.09	3.11	3.66	2.57	2.21	2.34	2.96	3.48
总含量	100	100	100	99.95	99.85	99.92	99.92	99.94	99.9	99.88	99.88	99.91	99.93

元素	叶海敏（2013）									赵军（2013）			
	WTO10-3	WTO11-1	WTO11-2	WTO11-3	WTO12-1	WTO12-2-1	WTO12-2-2	WTO10-6	WTO10-7	NLS61	NLS61-2	NLS-118	NLS-119
SiO₂	48.84	54.93	57.67	50.74	47.45	54.14	56.47	67.42	67.92	47.7	49.35	49.47	49.73
TiO₂	1.62	1.06	1.16	1.18	1.98	1.2	2.04	0.44	0.43	1.57	1.59	1.57	1.63
Al₂O₃	14.6	14.43	14.58	15.83	18.15	16.63	14.66	15.77	15.55	15.57	15.85	15.89	16.26
Fe₂O₃	10.29	10.74	9.87	10.99	12.17	9.81	8.89	3.75	3.86	8.58	6.91	7.58	7.03
FeO										2.95	3.11	4.13	3.47
MnO	0.51	0.54	0.3	0.63	1.32	0.7	0.35	0.11	0.09	0.13	0.12	0.14	0.14
CaO	6.6	3.63	5.34	4.79	2.75	3.08	5.89	2.84	1.58	8.3	7.91	8.89	8.44
MgO	4.68	4.74	2.81	5.34	5.97	2.45	3.04	1.02	1.06	3.46	3.23	4.1	3.67
K₂O	1.49	3.75	3.63	3.57	0.32	4.93	3.27	3.37	3.45	3.11	2.78	1.42	1.79
Na₂O	3.39	2.93	2.69	3.25	5.2	3.57	2.54	3.91	4.67	3.68	4.44	3.45	4.3
P₂O₅	0.64	0.37	0.48	0.42	0.31	0.5	0.92	0.18	0.18	0.88	0.93	0.97	0.96
LOI	7.72	2.79	1.33	3.15	4.32	2.9	1.82	1.08	1.09	3.05	2.89	1.2	1.65
总含量	100.38	99.91	99.86	99.91	99.94	99.9	99.89	99.88	99.88	98.98	99.11	98.81	99.07

续表

元素	QJS-117	QJS-118	7~3	9~8	TRD13	TRD14	TRD15	TRD16	TRD01	TRD02	TRD03	TRD05	WT04-2
	赵军 (2013)		潘名臣等 (2011)					陈根文等 (2015)					
SiO_2	52.52	54.41	51.38	45.73	49.11	51.82	49.33	49.75	54.29	61.44	56.32	62.76	62.91
TiO_2	1.08	1.08	0.77	1.43	1.56	1.49	1.7	1.7	2.14	1.83	1.9	1.22	0.77
Al_2O_3	15.27	15.96	16.48	13.58	17.71	16.38	16.5	16.63	15.46	13.51	13.44	15.16	16.87
Fe_2O_3	5.99	4.65	7.91	7.57	4.81	5.85	8.98	8.34	8.01	6.83	5.71	3.74	5.45
FeO	4.38	4.33	1.82	1.52	5.9	4.31	3.22	3.6	1.5	1.25	2.33	2.27	
MnO	0.38	0.31	0.19	0.11	0.27	0.18	0.24	0.18	0.16	0.12	0.24	0.18	0.02
CaO	3.45	3.29	9.32	11.44	7.18	8.24	6.15	5.53	4.9	3.16	5.59	1.98	5.25
MgO	5.23	4.47	2.22	3.3	5.73	4.97	4.91	5.05	1.04	1.14	2.1	1.92	1.94
K_2O	1.78	1.23	1.24	1.23	1.41	1.53	1.49	1.96	3.39	3.84	2.23	3.79	1.41
Na_2O	5.89	6.7	4.42	6.02	3.35	2.94	4.37	4.15	5.48	4.19	4.6	4.79	4.24
P_2O_5	0.47	0.48	0.25	0.75	0.52	0.82	0.51	0.52	1.04	0.89	0.92	0.42	0.33
LOI	2.41	2.26	3.85	7.58	2.45	1.38	2.53	2.53	2.38	1.75	4.38	1.65	0.69
总含量	98.85	99.17	99.85	100.26	100	99.97	99.92	99.94	99.8	99.97	99.76	99.89	99.87

元素	TRD07	TRD08	TRD09	TRD10	TRD11	TRD12	7~13	9~6	109-4	109-15	109-17	109-1	109-13
	陈根文等 (2015)						潘名臣等 (2011)		赵军 (2013)				
SiO_2	70.82	74.27	75.57	74.74	75.7	75.99	72.3	72.34	63.48	63.15	62.99	71.08	70.13
TiO_2	0.28	0.13	0.14	0.15	0.13	0.13	0.23	0.35	0.58	0.48	0.49	0.33	0.48
Al_2O_3	12.82	12.04	11.99	12.33	12.03	12.07	13.35	13.48	15.68	14.2	14.24	14.68	12.76
Fe_2O_3	4.98	2.35	2.26	2.13	2.17	2.25	2.08	1.63	3	4.72	4.89	1.43	4.85
FeO	0.33	0.16	0.16	0.48	0.2	0.16	0.63	0.84	2.53	0.25	0.32	1.2	0.14
MnO	0.07	0.01	0.01	0.01	0.02	0.02	0.033	0.033	0.15	0.07	0.08	0.06	0.17
CaO	0.31	0.07	0.34	0.08	0.4	0.33	0.64	1.42	1.87	3.84	3.73	0.63	0.54

续表

元素	TRD07	TRD08	TRD09	TRD10	TRD11	TRD12	7~13	9~6	109-4	109-15	109-17	109-1	109-13
			陈根文等（2015）				潘名臣等（2011）			赵军（2013）			
MgO	0.05	0.1	0.03	0.02	0.02	0.03	0.088	0.12	1.97	0.1	0.11	0.5	0.82
K_2O	6.74	9.58	5.63	7.58	6.16	5.26	6.27	5.83	3.35	5	5.09	5.93	5.14
Na_2O	2.78	0.65	3.07	1.99	2.59	3.09	3.18	3.22	5.46	4.56	4.46	3.77	3.48
P_2O_5	0.06	0.01	0.01	0.01	0.01	0.01	0.05	0.05	0.28	0.16	0.19	0.07	0.09
LOI	0.5	0.38	0.47	0.27	0.44	0.51	0.58	0.6	1.13	3.01	3	0.67	0.91
总含量	99.75	99.76	99.7	99.8	99.85	99.84	99.43	99.91	99.48	99.54	99.59	100.35	99.51

元素	ZBQJ4	ZBQJ-27	ZBQJ-28	KZTB9	KZTB10
		赵军（2013）			
SiO_2	68.77	70.34	70.5	74.47	73.21
TiO_2	0.49	0.53	0.52	0.2	0.17
Al_2O_3	14.09	13.62	14.2	11.3	11.43
Fe_2O_3	1.82	2.16	1.87	0.54	0.61
FeO	1.28	0.96	0.7	0.34	0.34
MnO	0.11	0.04	0.05	0.08	0.1
CaO	1.4	0.99	0.81	1.65	1.86
MgO	0.39	0.26	0.24	0.07	0.1
K_2O	3.53	4.18	4.49	8.23	8.35
Na_2O	5.53	5.01	5.21	0.98	0.94
P_2O_5	0.07	0.07	0.07	0.02	0.02
LOI	0.86	0.82	0.43	1.44	1.73
总含量	98.34	98.98	99.09	99.32	98.86

附表六　西天山泥盆纪火山岩主量元素含量

（单位:%）

编号	SiO$_2$	TiO$_2$	Al$_2$O$_3$	Fe$_2$O$_3$	FeO	MnO	CaO	MgO	K$_2$O	Na$_2$O	P$_2$O$_5$	LOI	总含量	备注
1	73.66	0.2	12.9	0.34	1.72	0.08	0.57	0.61	6.77	1.42	0.27	8.19	106.73	
2	65	0.52	15.01	0.9	2.55	0.09	1.81	1.6	4.01	3.01	0.23	7.02	101.75	
3	66.98	0.54	15.02	1.35	2.85	0.1	2.24	1.78	2.85	3.48	0.29	6.33	103.81	
4	75.88	0.15	12.39	0.18	4.15	0.05	0.23	0.53	7.69	0.46	0.27		101.98	
5	72.89	0.27	12.6	0.57	1.72	0.09	0.68	0.68	5.66	2.32	0.28	2.24	100	
6	72.03	0.18	11.76	0.35	1.46	0.09	0.61	0.24	5.72	1.38	0	6.18	100	
7	70.79	0.25	13.31	0.7	1.45	0.04	0.44	0.12	4.13	3.9	0	4.86	99.99	刘振涛等（2008）
8	50.12	0.8	15.24	3.32	5.36	0.16	9.01	7.33	0.15	2.36	0.38	4.54	98.77	
9	55.12	1.12	15.84	3.81	4.42	0.18	1.79	6.22	2.61	2.32	0.33	5.01	98.77	
10	47.13	0.7	13.83	4.15	3.95	0.23	13.2	6.01	0.94	1.84	0.12	6.87	98.97	
11	49.49	0.29	14.48	6.1	2.6	0.11	7.74	5.32	0.47	2.36	0.29	9.54	98.79	
12	45.39	0.81	14.53	1.78	4.13	0.2	10.91	9.88	0.08	0.8	0.13	8.67	97.31	
13	51.3	0.5	20.17	4.25	2.87	0.25	8.7	3.28	0.19	3.87	0.17	4.54	100.09	
14	45.62	0.6	13.8	4.2	3.71	0.1	12.66	7.14	0.58	3.07	0.13	6.99	98.6	
15	44.15	0.38	10.88	5.4	1.49	0.27	11.92	9.33	0.06	0.85	0.19	13.91	98.83	
YZ9-1	64.18	0.72	16.4	5.08	0.27	0.11	1.82	0.46	1.52	6.4	0.24	2.64	99.84	
YZ11-1	66.64	0.44	13.75	3.58	0.76	0.3	4.48	0.38	3.02	2.57	0.15	3.17	99.24	
YZ13-1	70.45	0.24	14.74	3	0.84	0.03	0.58	0.89	5.18	3.69	0.02	1.21	100.87	
YZ6-2	69.82	0.29	15.45	3.13	0.74	0.04	1.29	0.44	5.77	0.62	0.02	2.35	99.96	
YZ13-2	71.57	0.25	15.02	2.99	0.24	0.05	0.34	0.27	5.76	2.94	0.02	1.15	100.6	
YZ6-3	70.53	0.26	14.25	3.16	0.75	0.06	1.97	0.38	5.46	0.7	0.02	2.54	100.08	
YZ6-1	71.44	0.26	14.52	2.61	0.9	0.06	1.89	0.32	5.33	0.26	0.03	2.68	100.3	李永军等（2012）

附表七　西天山泥盆纪火山岩微量元素含量

（单位：×10⁻⁶）

样品	YZ9-1	YZ11-1	YZ13-1	YZ6-2	YZ13-2	YZ6-3	YZ6-1	1	2	3	4	5	6
来源	李永军等（2012）							刘振涛等（2008）					
Rb	51.1	100	89.2	185	146	178	174						
Ba	304.00	223.00	850.00	832.00	908.00	876.00	629.00						
Th	3.49	4.24	30.68	34.27	21.72	32.13	29.49						
Nb	12.24	15.43	36.86	41.79	39.48	39.35	38.99						
Ta	0.88	1.20	3.23	3.68	3.53	3.44	3.34						
Sr	284	191.00	63.40	50.20	28.50	62.20	58.90						
Zr	168.0	134.0	291.0	325.0	304.0	295.0	305.00						
Hf	4.33	3.55	12.23	13.29	12.96	12.30	12.16						
Y	14.62	12.50	23.84	38.53	18.18	34.20	35.70						
Cr	17.42	12.27	46.38	1.16	2.01	2.22	1.35						
Co	9.7	5.18	3.77	2.44	1.92	2.88	1.70						
Ni	13.68	14.18	24.19	0.10	0.05	0.25	0.15						
Sc	9.6	8.17	2.25	6.10	1.49	5.55	6.21						
La	20.84	17.75	36.38	50.34	26.89	40.95	46.14	21.30	31.60	27.60	27.20	32.20	45.10
Ce	34.24	31.41	73.64	94.92	51.00	82.91	93.59	37.94	53.97	49.49	46.48	69.61	71.97
Pr	4.52	3.57	8.13	11.28	6.19	9.25	10.25	3.56	5.71	5.38	4.22	5.88	8.69
Nd	19.34	14.01	31.72	42.93	23.73	35.44	39.22	22.29	62.75	32.58	35.58	49.29	33.78
Sm	3.89	2.80	6.00	8.36	4.32	6.94	7.66	3.11	4.25	4.48	4.31	6.55	5.52
Eu	1.15	0.85	1.12	1.48	0.86	1.28	1.26	0.73	1.21	1.21	0.84	1.55	0.96
Gd	4.20	3.26	6.90	9.64	4.91	8.32	8.64	1.91	2.52	3.12	3.21	4.86	3.47
Tb	0.59	0.44	0.92	1.36	0.67	1.18	1.23	0.55	0.61	0.75	0.63	1.02	0.07
Dy	3.27	2.53	5.34	8.11	4.00	7.22	7.29	3.39	3.14	3.83	2.88	4.79	3.49

样品	YZ9-1	YZ11-1	YZ13-1	YZ6-2	YZ13-2	YZ6-3	YZ6-1	1	2	3	4	5	6
来源			李水军等（2012）					刘振涛等（2008）					
Ho	0.65	0.52	1.07	1.63	0.84	1.48	1.48	0.74	0.62	0.76	0.63	0.96	0.53
Er	1.95	1.53	3.33	5.05	2.58	4.54	4.55	2.01	1.57	1.92	1.57	2.36	1.66
Tm	0.29	0.22	0.48	0.74	0.39	0.68	0.67	0.39	0.32	0.37	0.34	0.46	0.17
Yb	1.95	1.53	3.34	5.14	2.73	4.63	4.69	3.63	2.11	2.28	2.19	2.72	1.76
Lu	0.31	0.24	0.51	0.78	0.42	0.71	0.71	4.39	0.29	0.32	0.33	0.41	0.21

样品	7	8	9	10	11	12
来源			刘振涛等（2008）			
La	24.60	15.30	11.40	13.70	17.80	17.20
Ce	47.05	23.28	21.74	23.93	24.59	26.54
Pr	4.30	3.43	2.89	3.15	2.98	3.06
Nd	35.32	7.72	20.06	13.29	13.12	15.43
Sm	4.92	0.20	3.11	2.59	2.16	3.02
Eu	0.85	0.63	1.12	0.75	0.61	0.95
Gd	3.82	1.04	2.52	3.04	2.52	2.52
Tb	0.94	0.07	0.61	0.60	0.46	0.07
Dy	5.23	2.61	2.88	2.96	2.44	2.96
Ho	1.14	0.46	0.64	0.54	0.44	0.45
Er	2.79	1.49	1.57	1.75	1.49	1.49
Tm	0.54	0.15	0.35	0.25	0.19	0.18
Yb	3.51	1.84	1.67	1.41	1.41	1.41
Lu	0.51	0.23	0.26	0.25	0.23	0.18

附表八　西天山晚古生代中酸性侵入岩主量元素含量

（单位：%）

样品	SiO_2	TiO_2	Al_2O_3	Fe_2O_3	FeO	MnO	CaO	MgO	K_2O	Na_2O	P_2O_5	LOI	总含量	备注
KT57	67.78	0.48	14.69	1.44	1.58	0.05	1.92	1.15	4.03	4.05	0.13	2.35	99.81	冯博等（2014）
KT58	65.09	0.45	14.9	0.72	1.95	0.04	2.18	1.1	4.59	3.94	0.12	4.51	99.79	
KT59	65.84	0.57	15.43	1.73	1.93	0.06	2.38	1.53	3.48	4.23	0.14	2.25	99.77	
KT60	66.52	0.48	14.78	0.47	1.27	0.04	2.96	0.99	4.52	4.27	0.12	3.26	99.8	
KT61	66.93	0.47	14.88	1	1.78	0.04	2.33	1.17	3.9	4.12	0.13	2.89	99.81	
KT62	67.64	0.47	15.22	1.34	1.78	0.06	1.51	1.17	4.21	4.04	0.13	2.03	99.78	
KT63	67.39	0.47	14.83	1.15	1.6	0.03	2.25	1.08	4.28	4	0.12	2.45	99.81	
D3-1	76.55	0.41	7.19	1.24	2.72	0.1	3.39	2.41	0.73	2.36	0.19	1.94	99.26	
D7-3	65.76	0.54	14.97	0.09	2.38	0.08	3.71	1.91	4.44	3.4	0.13	1.7	99.13	
D8-1	70.21	0.32	14.54	0.63	1.97	0.08	2.36	0.91	4.04	3.06	0.09	0.86	99.1	
D9-2	70.31	0.35	14.08	1.1	2.31	0.07	0.52	1.28	4.57	2.83	0.11	1.58	99.13	张东阳等（2009）
D10-1	69.03	0.35	14.51	0.05	2.96	0.08	2.29	0.93	4.11	3.19	0.12	1.5	99.15	
D12-1	69.43	0.41	13.7	0.76	2.18	0.1	2.04	1.3	5.12	2.84	0.12	1.22	99.24	
D14-1	69.91	0.36	14.13	0.53	1.77	0.07	2.11	1.09	5.36	2.75	0.1	1	99.19	
LLK-1	67.55	0.37	15.29	0.3	2.05	0.08	2.33	0.85	5.38	2.86	0.14	2.02	99.24	
LLK-7	58.49	0.62	16.3	0.92	3.36	0.11	4.3	1.68	3.41	3.07	0.2	6.82	99.32	
LLK-15	69.96	0.24	13.59	0.44	1.31	0.06	2.57	0.54	4.7	2.66	0.11	3.06	99.26	
LLK-9	58.67	0.51	12.65	1.89	4.19	0.15	5.21	1.89	2.89	2.07	0.14	8.58	98.89	
LLK-12	66.64	0.32	14.73	0.68	0.82	0.07	4.15	0.58	4.03	2.32	0.13	4.76	99.24	
LLK-13	61.97	0.65	16.63	0.42	4.62	0.13	2.88	2.02	2.9	3.87	0.19	2.54	98.87	
HLGT-07	68.20	0.31	15.45	1.3		0.02	9.21	3.86	0.01	0.02	0.01	1.59	100.80	本书
HLGT-08	65.7	0.54	15.70	4.15		0.08	2.58	1.88	2.96	4.24	0.12	1.87	99.97	
HLGT-09-1	77.3	0.08	12.10	0.74		0.01	0.53	0.11	5.51	2.93	0.01	0.63	99.99	

续表

样品	SiO₂	TiO₂	Al₂O₃	Fe₂O₃	FeO	MnO	CaO	MgO	K₂O	Na₂O	P₂O₅	LOI	总含量	备注
HLGT-09-2	77.6	0.08	12.10	0.74		0.01	0.47	0.11	5.29	3.01	0.01	0.49	99.97	
10HL-9	77.1	0.08	11.80	0.72	0.32	0.01	0.51	0.08	5.30	2.88	0.01	0.70	99.22	
11HL-70	76.6	0.08	12.45	0.91	0.45	0.01	0.47	0.10	5.19	3.23	0.01	1.45	100.55	
11HL-9	61.6	0.64	16.20	5.32	2.84	0.09	4.23	2.29	2.68	3.83	0.14	2.27	99.45	
11HL-58	38.0	0.34	16.30	6.07	0.84	1.09	32.5	0.63	0.06	0.02	0.06	4.61	100.35	
11HL-71	77.2	0.10	11.90	1.16	0.71	0.04	0.76	0.18	5.52	2.12	0.01	1.20	100.35	
11HL-18-1	59.3	0.82	16.55	6.76	3.29	0.15	4.86	2.46	2.99	4.04	0.18	1.46	99.77	
11HL-29	64.5	0.44	17.15	1.17	0.90	0.13	5.22	2.08	1.81	5.06	0.10	1.53	99.33	
11HL-8-2	57.4	0.80	16.55	5.55	3.23	0.10	8.18	3.31	1.86	3.32	0.15	3.23	100.65	
11HL-18-2	45.9	0.47	11.85	2.06	0.39	0.67	30.2	2.11	0.01	0.04	0.13	6.06	99.63	本书
11HL-30	64.4	0.51	16.95	1.27	1.03	0.14	5.51	2.36	2.25	4.57	0.11	1.83	100.05	
11HL-26	65.1	0.16	13.90	0.48	0.39	0.41	8.49	1.25	0.17	4.74	0.03	4.28	99.11	
11CG-33	62.5	0.54	14.29	5.45	2.04	0.12	6.03	2.86	3.16	2.01	0.08	1.72	99.01	
12KT-1	71.59	0.31	13.56	1.78		0.01	0.33	0.42	5.05	4.28	0.076	1.52	99.02	
12KT-6	72.65	0.28	13.15	1.03		0.01	0.72	0.37	4.95	4.15	0.061	1.55	99.02	
12KT-8	73.65	0.30	13.42	1.06		0.01	0.18	0.11	5.89	3.70	0.084	1.09	99.58	
12KT-9	74.51	0.21	12.07	1.65		0.01	0.11	0.13	6.12	2.67	0.031	1.40	99.02	
11KK-1	65.1	0.55	14.95	2.78	1.41	0.14	5.18	1.21	3.87	3.96	0.15	1.47	99.54	
11KK-4	75.1	0.15	12.95	0.49	0.32	0.05	1.34	0.21	5.14	2.85	0.03	1.49	99.90	
11KK-11	77.0	0.07	13.05	0.42	0.06	0.04	0.39	0.12	3.46	4.66	0.02	0.46	99.80	
LLSG-01-1	71.0	0.27	12.25	1.62		0.05	3.39	0.46	5.56	0.96	0.11	3.43	100.05	
LLSG-01-2	73.4	0.24	11.40	1.86		0.03	2.35	0.42	5.25	0.80	0.10	2.35	100.90	
LLSG-02	70.5	0.26	13.15	1.74		0.05	2.27	0.59	5.85	1.54	0.10	3.24	100.00	

续表

样品	SiO_2	TiO_2	Al_2O_3	Fe_2O_3	FeO	MnO	CaO	MgO	K_2O	Na_2O	P_2O_5	LOI	总含量	备注
LLSG-03	70.5	0.27	13.05	1.45		0.04	3.04	0.41	5.39	0.88	0.10	3.41	99.95	本书
LLSG-05	67.5	0.36	13.95	1.93		0.05	3.49	1.12	4.60	2.72	0.11	3.86	100.05	
LLSG-06	68.3	0.30	14.20	1.20		0.05	3.54	0.79	5.40	0.65	0.10	4.57	99.97	
12SH-21	67.3	0.36	14.11	3.53	2.24	0.08	0.94	1.67	4.08	4.59	0.10	1.98	99.02	
12SH-26	67.6	0.35	13.98	4.06	2.55	0.08	0.97	1.38	4.28	4.12	0.09	1.92	99.07	
12BZ-14	76.12	0.13	12.08	1.18	0.52	0.03	0.47	0.10	4.73	3.76	0.013	0.41	99.02	
12BZ-15	73.64	0.30	12.98	1.28	0.60	0.02	1.28	0.23	5.39	3.52	0.047	0.66	99.40	
11BZ-51	78.00	0.11	12.05	1.22	0.26	0.01	1.79	0.19	0.26	5.85	0.020	0.60	100.10	
11BZ-30	71.69	0.21	13.96	1.85	0.26	0.02	2.94	0.14	4.29	3.75	0.033	0.68	99.60	
BZ-ZK005-1	68.5	0.54	14.85	3.26	0.34	0.01	2.74	1.06	0.56	5.29	0.09	2.35	105.10	
11BZ-21	52.93	1.40	15.43	4.49	3.22	0.06	8.98	5.45	0.63	5.73	0.395	4.49	100.05	
12DD-21-3	76.90	0.07	11.28	1.44	0.41	0.79	0.13	0.02	3.08	1.31	4.35	0.01	99.08	
12DD-21-4	75.50	0.06	11.56	1.80	0.59	1.00	0.16	0.03	2.73	1.86	4.66	0.01	99.03	
12DD-21	75.23	0.13	12.22	1.35	0.55	0.03	1.74	0.21	4.88	2.85	0.019	0.56	99.26	
12DD-21-2	77.50	0.11	9.49	1.50	0.95	0.85	0.16	0.05	2.37	3.02	3.76	0.01	99.02	
DD-117	74.77	0.27	12.94	1.11	0.62	0.04	1.06	0.27	5.41	3.28	0.05	0.60	101.03	
DD-118	75.05	0.28	12.44	1.02	0.79	0.04	1.08	0.29	5.01	3.29	0.05	0.67	100.81	
DD-119	76.76	0.14	11.94	0.57	0.31	0.03	1.13	0.17	4.87	2.67	0.01	1.41	101.36	
ZB360	59.4	0.73	16.02	4.32	2.53	0.1	5.56	3.76	2.26	2.83	0.13	1.77	99.41	蒋宗胜等（2012）

续表

样品	SiO_2	TiO_2	Al_2O_3	Fe_2O_3	FeO	MnO	CaO	MgO	K_2O	Na_2O	P_2O_5	LOI	总含量	备注
ADTL1	74.51	0.1	13.25	1.34		0.02	0.18	0.14	4.94	4.52	0.01	0.36	99.37	李继磊等(2010)
ADTL2	76.14	0.11	12.16	1.35		0.01	0.21	0.15	4.56	4.27	0.01	0.38	99.36	
ADTL9	76.26	0.16	11.79	1.43		0.03	0.59	0.34	2.78	5.06	0.02	0.88	99.34	
1	68.42	0.4	14.52	0.99	1.96	0.08	1.77	0.88	3.15	4.41	0.14		96.72	杨俊泉等(2008)
2	66.85	0.502	15.28	1.58	2.95	0.08	1.3	1.21	3.74	4.29	0.149		97.39	
3	62.2	0.919	16.23	2.16	1.83	0.097	2.74	0.834	4.41	4.27	0.281		95.97	
4	63.7	0.715	15.46	1.74	3.95	0.103	3.36	1.69	3.86	3.57	0.215		98.36	
5	63.16	0.839	15.47	2.14	3.36	0.093	3.19	1.69	3.73	3.85	0.243		97.77	
6	62.8	0.571	16.04	1.63	3.47	0.123	2.51	2.63	2.34	4.43	0.114		96.66	
7	62.04	0.923	15.9	2.22	3.45	0.106	3.19	1.61	4.09	4.02	0.249		97.8	
8	60.61	0.894	16.41	2.25	3.42	0.096	1.65	2.14	4.16	4.94	0.286		96.86	
9	62.05	0.882	16.44	2.94	2.96	0.112	3.86	1.72	3.32	4.64	0.3		99.22	
10	58	0.894	16.88	3.14	3.1	0.119	2.26	2.71	4	5.26	0.373		96.74	
11	57.6	0.703	17.18	3.11	4.83	0.139	6.27	3.22	1.8	3.05	0.174		98.08	
12	55.14	0.9	18.66	2.5	5.07	0.118	5.63	2.45	1.79	4.1	0.282		96.64	
13	77.34	0.059	11.96	0.081	1.88	0.035	0.204	0.094	4.02	3.97	0.013		99.66	
14	76.44	0.056	12.7	0.398	0.641	0.048	0.357	0.123	4.41	3.83	0.073		99.08	
15	76.56	0.064	12.04	0.431	1.34	0.018	0.126	0.072	4.75	3.77	0.031		99.2	
16	76.12	0.063	12.04	0.294	1.31	0.027	0.256	0.091	4.75	3.81	0.016		98.78	

续表

样品	SiO$_2$	TiO$_2$	Al$_2$O$_3$	Fe$_2$O$_3$	FeO	MnO	CaO	MgO	K$_2$O	Na$_2$O	P$_2$O$_5$	LOI	总含量	备注
1	76.14	0.3	11.85	0.09	1.9	0.05	1.46	0.56	4.99	2.67	0.09	0.63	100.73	徐学义等(2005)
2	74.74	0.11	12.86	0.06	1.25	0.03	0.79	0.08	5.28	3.8	0.04	0.6	99.64	
3	71.2	0.61	14.07	1.06	1.13	0.033	0.04	0.67	4.58	3.94		0.32	97.65	
4	68.88	0.45	13.95	0.79	2.42	0.024	2.14	0.86	2.47	4.1		0.33	96.41	
5	54.95	0.99	16.8	1.87	5.2	0.15	6.39	5.2	2.39	3.58	0.33	2.16	100.01	
11KL01-1h	66.82	0.33	16.22	2	1.06	0.06	1.56	1.45	3.35	5.47	0.17	1.41	101.03	李晓英等(2012)
11KL01-2h	66.42	0.33	16.14	1.71	1.31	0.05	1.78	1.49	3.41	5.54	0.17	1.39	100.73	
11KL01-3h	66.72	0.33	16.2	1.96	1.06	0.05	1.36	1.52	3.44	5.66	0.17	1.42	101.09	
11WL01-1h	71.04	0.19	15.26	1.01	1.07	0.04	1.33	0.72	2.72	5.33	0.07	1.18	100.95	
11WL01-2h	71.04	0.19	15.2	1.04	0.98	0.04	1.16	0.76	2.88	5.41	0.06	1.17	100.91	
11WL01-3h	70.79	0.2	15.24	1.17	0.96	0.04	1.2	0.79	2.82	5.31	0.07	1.12	100.63	
11WL01-4h	71.24	0.2	15.34	1.03	1.14	0.04	0.87	0.72	0.42	7.57	0.07	1.09	100.61	
XJ701	72.79	0.24	14.06	1.77		0.05	2.09	0.51	3.3	3.72	0.08	0.78	99.37	王博等(2007)
XJ702	69.39	0.47	13.93	3.9		0.08	2.03	0.49	3.72	4.02	0.12	0.66	98.82	
XJ694	71.4	0.23	14.01	2.66		0.05	0.88	0.1	5.75	3.9	0.04	0.29	99.3	
XJ695	71.35	0.22	13.78	2.54		0.06	0.8	0.09	5.64	3.78	0.05	0.33	98.64	

样品	SiO$_2$	TiO$_2$	Al$_2$O$_3$	Fe$_2$O$_3$	FeO	MnO	CaO	MgO	K$_2$O	Na$_2$O	P$_2$O$_5$	LOI	总含量	备注
NLS-120	60.58	0.54	16.8	2.65	1.29	0.07	4.52	2.67	2.13	4.45	0.17	3.54	99.41	
BS-2	61.9	0.49	16.34	2.06	2.26	0.08	4.79	1.97	1.97	4.03	0.27	3.01	99.17	
NLS11	66.29	0.27	13.95	0.33	0.41	0.06	5.56	0.16	1.17	6.24	0.11	4.79	99.34	
NLS26	68.12	0.27	13.64	0.16	0.97	0.07	2.98	0.21	3.85	4.69	0.11	2.36	97.43	
NLS-47	68.61	0.27	15.2	1.34	0.52	0.03	1.13	0.7	5.3	4.36	0.1	1.58	99.14	赵军（2013）
NLS-111	65.37	0.28	14.81	1.62	0.75	0.05	3.4	0.62	3.74	5.04	0.11	3.37	99.16	
NLS-115	68.39	0.29	15.98	1.4	1.02	0.04	2.61	1.06	2.71	4.86	0.12	1.16	99.64	
NLS-123	66.24	0.35	15.69	1.32	0.93	0.03	2.24	1.05	3.96	4.44	0.12	2.73	99.1	
BS-4	71.73	0.17	14.85	0.72	0.43	0.02	0.69	0.42	3.03	6.15	0.05	1.03	99.29	
BS-6	66.08	0.34	16.07	1.9	0.95	0.09	1.13	1.02	4.08	5.96	0.18	1.15	98.95	
BST-2	66.53	0.32	16.05	1.53	1.22	0.05	1.93	1.27	3.12	5.49	0.14	1.57	99.22	
BST-4	67.22	0.32	15.96	1.79	0.83	0.04	1.39	1.37	3.57	5.84	0.15	1.26	99.74	
WL-2	70.52	0.21	15.29	0.71	1.2	0.04	1.16	0.87	0.69	7.47	0.07	1.22	99.45	
WL-3	70.04	0.2	15.38	1.2	0.84	0.05	1.07	0.88	3.04	5.43	0.07	1.17	99.37	
HSTD-2	70.44	0.51	15.55	0.63	0.49	0.02	2.38	0.66	0.74	7.31	0.14	1.3	100.17	
HSTD-5	70.31	0.51	15.57	0.34	0.75	0.02	2.38	0.66	0.74	7.26	0.14	1.18	99.86	
YTS-2	75.51	0.13	12.16	0.58	0.61	0.07	0.94	0.31	4.43	4.02	0.04	0.72	99.52	
YTS-10	75.92	0.13	12.64	0.14	0.75	0.05	0.45	0.25	4.22	4.45	0.04	0.54	99.58	
NL07-16	72.23	0.73	14.52	1.39		0.1	3.6	0.71	3.44	3.26	0.12	0.6	100.7	刘新等（2012）

附表九　西天山晚古生代中酸性侵入岩微量元素含量

（单位：×10⁻⁶）

样品	KT57	KT58	KT59	KT60	KT61	KT62	KT63	D3-1	D7-3	D8-1	D9-2	D10-1	D12-1	D14-1
来源	冯博等（2014）							张东阳等（2009）						
Cs								0.82	3.41	1.7	3.07	2.38	3.35	3.77
Rb	129	143	125	139	132	133	124	32.62	217.2	114.6	146.4	152.1	270.5	373.9
Ba	862	1089	678	1075	850	845	809	85.4	599	431	600	508	501	607
Th	13.4	16.4	14.7	14	16.9	17.6	17	5.89	8.92	14.3	13.15	13.91	11.3	15.22
U	2.8	3.32	3.69	2.99	2.52	11.8	3.75	1.9	2.53	5.58	2.81	2.96	2.27	2.28
Nb	16.9	15.8	16.8	17.3	17.3	13.8	13.9	11.94	15.83	24.41	20.37	30.81	18.99	22.33
Ta	1.54	1.45	1.4	1.51	1.55	1.55	1.48	0.67	1.09	2.05	1.57	2.16	1.34	1.62
Pb	46.5	41.8	21.3	13.2	17.8	15.7	39.1	20.03	43.38	20.15	14.14	21.57	375.2	21.39
Sr	214	225	224	185	208	199	251	67.64	147	244.1	152.1	270.5	373.9	357
P	567.61	523.94	611.27	523.94	567.61	567.61	523.94	829.58	567.61	392.96	480.28	523.94	523.94	436.62
Zr	242	252	310	356	288	159	197	99.9	142.6	141.2	132.7	207.8	183.5	181.4
Hf	5.52	6.03	7.4	8.49	6.88	4.82	5.46	2.39	3.29	3.53	3.27	4.71	4.05	4.11
Y	25.7	23.8	25.5	29.4	26.4	23.2	24	17.32	17.27	19.26	20.74	29.58	26.56	18.56
La	47.7	44.1	41.7	40.7	47.7	43.8	48.6	16.91	20.72	23.14	31.18	40.33	28.32	25.89
Ce	87.4	79.3	77.3	78.3	89	81.7	82.5	34.54	43.19	52.98	57.9	80.67	59.3	49.81
Pr	11.3	10.2	9.97	10.4	11.5	9.79	9.57	4.12	4.94	5.31	6.65	9.08	6.84	5.6
Nd	35.4	31.8	31.2	33.6	36.4	32.9	32.1	16.35	19.21	19.3	24.11	33.42	25.52	20.48
Sm	6.7	6.02	5.95	6.61	6.89	6.1	6.5	3.46	3.92	3.92	4.64	6.64	5.71	3.96
Eu	1.15	1.05	1.09	1.36	1.22	1.11	1.07	0.95	1.19	0.89	0.87	1.24	1.35	1.06
Gd	5.66	5.13	5.08	5.71	5.78	5.03	5.01	3.34	3.56	3.56	4.06	5.97	4.99	3.62

续表

样品	KT57	KT58	KT59	KT60	KT61	KT62	KT63	D3-1	D7-3	D8-1	D9-2	D10-1	D12-1	D14-1
来源	冯博等（2014）							张东阳等（2009）						
Tb	1.01	0.92	0.913	1.05	1.05	0.764	0.73	0.5	0.53	0.55	0.62	0.91	0.76	0.55
Dy	4.96	4.55	4.65	5.42	4.98	4.38	4.11	3.09	3.13	3.5	3.87	5.48	4.61	3.25
Ho	0.96	0.88	0.91	1.06	0.96	0.98	0.94	0.62	0.62	0.68	0.75	1.04	0.87	0.64
Er	2.74	2.52	2.64	3.03	2.76	2.48	2.45	1.76	1.78	20.6	2.21	3.04	2.51	1.96
Tm	0.54	0.5	0.53	0.59	0.54	0.44	0.44	0.27	0.27	0.32	0.34	0.46	0.39	0.3
Yb	3.24	3.05	3.26	3.56	3.27	2.67	2.75	1.6	1.71	2.09	2.2	2.89	2.33	1.97
Lu	0.44	0.41	0.46	0.48	0.45	0.46	0.4	0.22	0.25	0.31	0.32	0.4	0.34	0.3

样品	LLK-1	LLK-7	LLK-15	LLK-9	LLK-12	LLK-13	HLGT-08	HLGT-09-1	HLGT-09-2	10HL-9	11HL-70	11HL-9	11HL-58	11HL-71
来源	张东阳等（2009）						本书							
Cs	5.89	6.94	5.36	5.19	5.38	2.87	4.73	3.69	3.46	3.10	5.42	4.52	0.90	7.15
Rb	357	301.7	190.6	190	281	186.9	110.0	250	239	216	249	95.8	6.2	284
Ba	635	172	471	238	353	489	457	143.0	139.5	140	120	360	10	160
Th	16.7	5.49	9.53	5.84	13.34	6.21	26.4	48.4	50.0	42.5	47.1	12.9	43.0	41.0
U	4.57	1.9	2.06	1.91	1.97	2.62	4.30	6.86	6.95	6.3	8.4	2.1	3.6	6.1
Nb	26.95	19.01	14.16	16.69	20.53	18.42	23.4	19.8	20.0	18.9	24.6	18.3	35.1	24.0
Ta	2.18	1.16	1.67	1.38	1.72	1.06	2.5	3.9	4.0	3.65	3.34	1.35	4.04	3.76
Pb	19.53	13.79	14.6	40.38	9.7	19.83				19.1	19.2	11.0	18.1	48.0
Sr	301.7	190.6	190	281	186.9	435	261	49.6	54.1	30	40	660	270	60

续表

样品	LLK-1	LLK-7	LLK-15	LLK-9	LLK-12	LLK-13	HLGT-08	HLGT-09-1	HLGT-09-2	10HL-9	11HL-70	11HL-9	11HL-58	11HL-71
来源			张东阳等 (2009)							本书				
P	611.27	873.24	480.28	611.27	567.61	829.58	523.94	43.66	43.66	15.7	14.6	22.9	14.2	15.2
Zr	235.6	180.7	99.21	125.4	162.5	164	198	90	97	3.2	3.3	2.1	3.8	3.1
Hf	5.67	4.07	2.93	3.04	4.02	3.71	6.1	4.2	4.2	2.3	2.5	4.6	4.1	2.6
Y	28.45	20.74	16.94	23.05	22.4	20.47	29.1	17.4	17.4	0.3	0.4	0.4	0.5	0.4
La	43.06	29.17	22	22.02	30.82	26.45	61.0	37.2	44.3	32.9	28.3	31.7	6.0	30.5
Ce	84.65	56.54	43.35	47.62	59.96	52.69	108.0	65.9	77.8	58.0	50.4	58.3	15.4	51.8
Pr	9.39	6.42	4.96	5.71	6.8	6.14	10.50	6.06	7.16	5.2	4.6	6.0	2.5	4.6
Nd	34.73	24.5	18.47	22.03	25.2	23.35	33.7	17.2	19.8	15.7	14.6	22.9	14.2	15.2
Sm	6.53	4.8	3.69	4.45	4.98	4.52	5.45	2.42	2.73	2.3	2.5	4.6	4.1	2.6
Eu	1.44	1.06	0.91	1.04	1.12	1.24	1.04	0.22	0.22	0.2	0.2	1.1	0.4	0.3
Gd	5.89	4.35	3.39	4.33	4.49	4.27	5.01	2.07	2.24	1.7	2.1	4.2	4.5	2.3
Tb	0.88	0.65	0.52	0.68	0.66	0.62	0.90	0.40	0.42	0.3	0.4	0.7	0.8	0.4
Dy	5.38	3.93	3.18	4.28	4.1	3.8	4.69	2.16	2.19	1.8	2.4	4.1	4.9	2.7
Ho	1.08	0.77	0.64	0.88	0.82	0.76	1.01	0.51	0.51	0.4	0.5	0.8	1.0	0.6
Er	3.04	2.23	1.78	2.46	2.36	2.15	2.81	1.64	1.64	1.5	1.8	2.4	3.2	1.9
Tm	0.46	0.34	0.26	0.36	0.36	0.34	0.44	0.30	0.30	0.3	0.3	0.4	0.5	0.4
Yb	3.01	2.21	1.7	2.3	2.31	2.14	3.08	2.41	2.43	1.9	2.2	2.1	3.2	2.3
Lu	0.44	0.32	0.24	0.34	0.34	0.32	0.45	0.40	0.40	0.3	0.4	0.4	0.5	0.4

续表

样品	11HL-18-1	11HL-29	11HL-8-2	11HL-18-2	11HL-30	11HL-26	HLGT-07	KT13-1	KT13-2	KT13-6	KT12-5	KT13-3	KT13-4	KT13-5
来源								本书						
Cs	4.09	4.18	4.38	0.24	4.59	0.43	0.12	1.18	1.40	1.08	1.22	1.05	0.97	0.95
Rb	82.4	66.8	56.8	0.5	74.9	4.6	0.2	195.0	196.0	172.0	184.0	101.0	136.0	107.5
Ba	460	210	310	10	260	30	1.5	1330	1190	1310	1010	1020	935	886
Th	11.9	14.8	7.4	6.8	17.1	10.8	0.14	11.95	13.75	15.85	16.20	13.20	13.80	10.15
U	2.5	3.4	1.8	1.0	3.7	2.5	1.60	2.17	3.26	2.82	3.41	2.68	1.68	2.10
Nb	21.1	20.3	13.3	30.1	21.6	15.8	1.0	13.9	11.4	12.9	12.9	12.2	14.4	11.1
Ta	1.36	1.49	0.87	1.82	1.72	1.99	0.1	1.3	0.9	1.0	1.1	1.1	1.2	0.9
Pb	9.7	10.6	7.7	25.6	7.6	5.6		5.12	6.37	3.84	6.95	5.69	7.81	4.23
Sr	810	450	660	570	480	140	1.5	102.5	119.0	187.0	89.4	197.0	82.7	184.5
P	29.4	22.1	18.7	11.2	25.8	10.2	43.66	331.83	231.18	266.34	279.53	125.79	267.34	259.13
Zr	2.5	1.6	1.7	2.5	1.7	1.6	4	274	208	205	194	212	253	238
Hf	6.5	3.9	3.9	2.9	4.7	1.8	<0.2	6.8	5.3	5.3	5.1	5.4	6.5	5.9
Y	0.5	0.3	0.3	0.3	0.4	0.2	0.5	27.5	24.3	19.6	26.4	22.9	28.6	20.8
La	31.8	35.9	23.2	8.3	39.8	11.0	1.7	68.2	32.3	33.7	39.0	44.5	44.7	45.6
Ce	64.6	67.8	43.8	19.6	77.0	26.6	3.0	125.5	59.1	63.7	70.4	88.2	86.1	89.6
Pr	7.2	6.4	4.6	2.4	7.4	2.8	0.24	14.05	6.50	6.89	7.56	9.92	9.61	9.74
Nd	29.4	22.1	18.7	11.2	25.8	10.2	0.6	43.6	19.8	21.0	23.0	31.7	29.3	30.1
Sm	6.5	3.9	3.9	2.9	4.7	1.8	0.09	7.33	3.37	3.70	4.06	5.31	5.43	5.21
Eu	1.5	0.8	1.2	0.4	1.0	0.2	0.05	0.74	0.43	0.59	0.65	0.98	0.96	1.00

续表

样品	11HL-18-1	11HL-29	11HL-8-2	11HL-18-2	11HL-30	11HL-26	HLGT-07	KT13-1	KT13-2	KT13-6	KT12-5	KT13-3	KT13-4	KT13-5
来源							本书							
Gd	6.1	3.4	4.0	2.9	4.0	1.5	0.10	5.13	3.06	3.10	3.61	4.24	4.56	3.88
Tb	1.0	0.5	0.7	0.5	0.6	0.3	0.02	0.77	0.51	0.47	0.61	0.68	0.75	0.59
Dy	5.9	3.2	4.1	3.1	3.9	1.7	0.09	4.45	3.18	2.95	3.88	3.85	4.63	3.46
Ho	1.2	0.7	0.8	0.6	0.8	0.3	0.02	0.96	0.77	0.61	0.88	0.82	0.99	0.68
Er	3.4	2.0	2.5	1.8	2.3	1.1	0.05	2.74	2.52	1.96	2.59	2.21	2.97	2.00
Tm	0.5	0.3	0.4	0.3	0.4	0.2	0.01	0.43	0.37	0.31	0.43	0.36	0.45	0.30
Yb	3.0	2.0	2.2	1.8	2.3	1.3	0.05	2.57	2.57	1.99	2.74	2.10	2.84	2.02
Lu	0.5	0.3	0.3	0.3	0.4	0.2	0.01	0.44	0.41	0.35	0.45	0.33	0.43	0.31

样品	KT13-7	KT13-11	KT13-12	11KK-1	11KK-4	11KK-11	LLSG-01-1	LLSG-01-2	LLSG-02	LLSG-03	LLSG-05	LLSG-06	12SH-21	12SH-26
来源							本书							
Cs	1.20	1.04	1.56	3.32	5.26	1.71	5.48	5.27	4.45	6.60	4.68	5.90	1.53	1.48
Rb	198.0	154.0	148.5	117.0	176.0	114.0	217	208	216	201	146.5	257	168.5	149.5
Ba	1115	432	960	610	310	360	501	483	501	453	787	574	710	617
Th	13.45	16.65	16.30	10.2	40.1	14.3	14.35	12.40	15.65	13.65	13.00	20.1	16.00	13.15
U	2.14	2.31	4.42	2.5	4.2	1.1	4.50	3.26	5.43	2.91	5.07	5.23	3.42	2.69
Nb	12.4	11.5	13.1	23.4	32.7	30.0	21.9	19.6	20.4	19.4	22.1	16.2	6.1	5.6
Ta	1.1	1.2	1.2	2.30	3.52	3.24	2.5	2.4	2.7	2.1	2.2	1.7	0.6	0.6
Pb	6.12	8.25	7.52	30.3	18.7	20.2							3.65	3.26

样品	KT13-7	KT13-11	KT13-12	11KK-1	11KK-4	11KK-11	LLSG-01-1	LLSG-01-2	LLSG-02	LLSG-03	LLSG-05	LLSG-06	12SH-21	12SH-26
来源							本书							
Sr	78.2	48.0	174.0	273	157.0	91.0	98.6	84.9	152.0	102.0	141.5	91.4	3.82	3.82
P	366.76	135.35	354.68	660	120	110	436.62	436.62	436.62	873.24	436.62	480.28	436.62	393.0
Zr	191	95	217	73.9	118.0	53.5	170	202	166	150	178	146	12.9	12.1
Hf	4.9	3.0	6.0	2.9	4.2	2.4	5.0	5.8	5.0	4.5	5.3	4.3	229	222
Y	20.8	9.3	19.9	25.8	26.4	17.7	27.5	26.5	23.8	22.7	20.9	18.5	2.19	2.36
La	23.8	25.1	45.0	22.9	21.8	14.1	32.2	23.8	29.9	30.1	34.4	49.8	18.1	
Ce	43.1	46.6	87.6	55.0	51.2	36.5	60.5	45.6	56.3	57.5	60.8	84.2	36.3	
Pr	4.53	4.64	9.53	6.5	6.3	2.8	6.62	5.19	6.22	6.30	6.57	8.29	3.82	
Nd	13.8	13.5	28.8	26.9	25.8	10.3	23.0	18.6	22.0	21.9	22.3	25.9	12.9	
Sm	2.72	2.01	5.01	5.6	5.9	2.3	4.32	3.66	3.94	3.92	3.98	3.69	2.64	
Eu	0.34	0.36	0.91	1.2	0.6	0.3	0.92	0.80	0.83	0.76	0.79	0.74	0.65	
Gd	2.63	1.55	3.61	5.3	5.2	2.5	4.25	4.05	3.75	3.68	3.82	3.21	2.32	
Tb	0.48	0.22	0.56	0.9	0.9	0.5	0.78	0.78	0.67	0.66	0.67	0.60	0.38	
Dy	3.50	1.45	3.08	5.2	5.7	3.8	4.07	3.92	3.67	3.40	3.14	2.89	2.19	
Ho	0.74	0.31	0.68	1.1	1.1	0.8	0.91	0.87	0.77	0.70	0.68	0.61	0.52	
Er	2.16	0.95	2.03	3.1	3.4	2.3	2.51	2.52	2.23	2.03	1.90	1.67	1.47	
Tm	0.34	0.16	0.30	0.5	0.5	0.4	0.39	0.39	0.35	0.30	0.29	0.26	0.25	
Yb	2.05	1.10	1.95	2.7	3.2	2.3	2.83	2.70	2.41	2.22	2.10	1.87	1.71	
Lu	0.33	0.22	0.30	0.4	0.5	0.4	0.41	0.40	0.36	0.32	0.30	0.28	0.29	

续表

样品	11CG-33	11BZ-30	11BZ-21	11BZ-51	DD-117	DD-118	DD-119	12DD-21-2	12DD-21-3	12DD-21-4	BZ-ZK005-1	花岗闪长岩	闪长岩	闪长岩
来源					本书							蒋宗胜等（2012）		
Cs	0.50	1.14	0.59	0.17	1.36	1.38	2.42	2.16	3.63	3.88	0.77			
Rb	87.2	128.5	23.2	7.8	213.00	185.00	244.00	196.00	366.00	399.00	36.2			
Ba	587	320	120	30	360	342	140	122.5	88.8	98.4	78.6			
Th	8.65	8.6	2.1	8.0	22.40	22.50	67.60	43.4	62.8	59.3	13.55			
U	2.49	2.9	0.9	1.8	4.97	4.86	15.10	11.40	13.30	14.55	4.13			
Nb	5.4	14.1	9.7	6.4	9.99	9.92	15.70	10.6	12.0	11.7	8.2			
Ta	0.6	1.24	0.64	0.50	0.96	0.91	1.39	1.10	1.60	1.40	0.7			
Pb	3.3	5.1	2.0	0.6	2.93	2.55	4.50	5.0	6.7	6.8				
Sr	333	150	1840	100	96.5	89.8	24.1	123.5	143.0	176.5	394			
P	349.3	31.4	19.7	6.0	218.31	218.31	43.66	16 416.9	18 992.96	20 346.48	392.958			
Zr	132	1.6	3.5	1.8	230	264	263	123	131	130	311			
Hf	3.6	6.1	4.7	1.5	6.76	7.64	9.43	5.2	6.0	5.7	8.5			
Y	25.5	0.6	0.4	0.3	60.2	55.6	44.2	59.5	89.6	95.5	24.0			
La	17.3	39.1	12.8	7.1	36.0	39.5	16.6	43.0	50.6	53.3		16.49	3.49	23.32
Ce	36.2	79.3	33.2	13.3	78.8	88.1	31.2	91.4	112.5	113.0		36.74	8.63	52.67
Pr	4.23	8.5	4.3	1.5	10.30	11.00	4.38	10.25	13.05	12.30		4.27	1.21	6.24
Nd	15.7	31.4	19.7	6.0	39.0	40.8	15.9	31.3	41.3	39.5		18.00	6.10	25.57
Sm	3.71	6.1	4.7	1.5	8.56	8.55	3.79	6.49	9.23	8.84		4.10	1.72	5.36
Eu	0.87	0.8	1.1	0.3	0.90	0.81	0.12	0.19	0.08	0.10		0.99	0.67	0.88

样品	11CG-33	11BZ-30	11BZ-21	11BZ-51	DD-117	DD-118	DD-119	12DD-21-2	12DD-21-3	12DD-21-4	BZ-ZK005-1	花岗闪长岩	闪长岩	闪长岩
来源	李继磊等（2010）				本书						杨俊泉等（2008）	蒋宗胜等（2012）		
Gd	3.82	4.8	4.5	1.7	9.00	8.70	4.64	6.20	9.36	9.01		5.10	2.29	6.05
Tb	0.66	0.8	0.7	0.3	1.59	1.46	0.96	1.22	1.80	1.84		0.75	0.34	0.84
Dy	4.05	5.5	4.6	2.3	10.10	9.35	7.05	8.50	12.30	12.35		4.69	2.15	5.03
Ho	0.86	1.2	0.9	0.5	2.18	1.96	1.59	2.01	2.84	2.95		0.96	0.43	1.00
Er	2.58	3.6	2.6	1.9	6.91	6.34	5.35	6.50	8.72	9.17		3.02	1.29	3.11
Tm	0.41	0.6	0.4	0.3	0.97	0.90	0.81	1.09	1.44	1.44		0.42	0.17	0.44
Yb	2.54	3.7	2.3	2.2	6.33	6.14	5.73	7.53	9.50	9.90		3.00	1.21	3.02
Lu	0.41	0.6	0.4	0.3	0.92	0.87	0.91	1.19	1.54	1.61		0.45	0.17	0.44
样品	ADTL1	ADTL2	ADTL9	ADTL4	1	2	3	4	5	6	7	8	9	10
来源	李继磊等（2010）				杨俊泉等（2008）									
Cs	1.18	1.16	1.48	7.43	87.6	26	62.4	16.5	3.15	6.4	9.1	18.6	146	14.3
Rb	169	164	104	144	804	188	411	209	74.2	229	101	88	378	353
Ba	168	155	209	952										
Th	18.7	18.2	17.2	12.7	6.22	18.3	9.1	22.2	19.3	15.4	20.3	64.7	15.2	14.6
U	3.54	2.98	3.47	2.76	2.69	2.21	7	2.22	1.52	3.57	1.97	1.51	16.1	4.75
Nb	21.7	23.7	18.9	16.2										
Ta	1.66	1.67	1.51	1.26	0.4	0.4	1.09	0.4	0.4	0.4	0.4	0.4	1.96	0.4
Pb	13.6	13.5	9.29	22										

续表

样品	ADTL1	ADTL2	ADTL9	ADTL4	1	2	3	4	5	6	7	8	9	10
来源		李继磊等（2010）							杨俊泉等（2008）					
Sr	21	19.1	58.8	363	643	626	538	543	454	452	593	441	190	526
P	43.66	43.66	87.32	611.27	611.27	650.56	1226.90	938.73	1060.99	497.75	1087.18	1248.73	1309.86	1628.59
Zr	197	236	199	242	146	65.7	125	69.2	43.1	62.9	58.6	72.1	156	82
Hf	7.3	7.55	6.69	6.5	3.63	1.79	3.66	2.6	1.2	2.03	1.81	1.86	4.77	2.06
Y	44.8	42.6	32	20.2	12.3	14.2	18.7	13.3	4.73	13.5	6.48	6.56	17.2	14.9
La	48.9	57.6	38.8	34.4	13.4	10.6	19.4	5.23	5.17	8.71	3.99	4.53	44.1	14.1
Ce	101	116	78.9	66.9	26.8	18	38.6	10	8.5	15.5	7.38	7.99	69.9	23.6
Pr	12.1	13.8	9.01	7.73	3.4	2.18	4.26	1.43	0.52	2.47	0.74	0.73	7.62	3.04
Nd	44.5	51	32.9	26.5	16.3	9.9	20.8	7.49	3.49	11.9	5.14	4.31	27.1	15.2
Sm	8.84	9.68	6.01	5	3.3	2.64	3.96	1.55	0.87	2.64	1.44	1.43	5.42	3.38
Eu	0.356	0.354	0.345	1.02	0.92	1.11	1.24	0.78	0.59	0.99	0.58	0.68	0.94	1.17
Gd	8.32	8.89	5.78	4.21	3	3.06	3.95	2.59	1.06	2.93	1.26	1.29	3.67	3.61
Tb	1.41	1.42	0.971	0.657	0.48	0.5	0.68	0.45	0.2	0.51	0.23	0.23	0.57	0.62
Dy	8.45	8.13	5.82	3.76	2.94	3.36	4.52	3.23	1.11	3.15	1.48	1.53	3.5	3.73
Ho	1.78	1.7	1.23	0.731	0.52	0.58	0.81	0.64	0.2	0.6	0.24	0.19	0.69	0.71
Er	4.85	4.62	3.38	2.05	1.7	1.81	2.76	2.07	0.64	1.69	0.71	0.8	1.91	2.1
Tm	0.738	0.692	0.528	0.32	0.26	0.26	0.4	0.32	0.1	0.26	0.11	0.12	0.3	0.32
Yb	4.75	4.44	3.43	2.07	1.45	1.46	2.36	1.66	0.7	1.65	0.7	0.77	2.15	1.88
Lu	0.716	0.663	0.527	0.315	0.18	0.2	0.3	0.22	0.073	0.2	0.075	0.087	0.25	0.23

续表

样品	11	12	13	14	15	16	1	3	5	11KL01-1h	11KL01-2h	11KL01-3h	11WL01-1h	11WL01-2h
来源	杨俊泉等（2008）						徐学义等（2005）			李晓英等（2012）				
Cs										1.25	1.25	1.1	0.47	0.3
Rb	9.8	68.8	252	238	149	230	233	399	71	63.9	63.8	68.2	39.6	24.9
Ba	116	540	115	109	118	83.4	424	67	670	823	812	803	546	367
Th	22.4	11.6	25.5	32.4	30.2	22.6	24	56	5.1	2.82	2.77	3.12	2.27	0.75
U							4.3	4.6	1.1	0.87	0.97	0.93	1.01	0.78
Nb	4.34	3.14	24.3	21.9	40.4	23.2	16	33	14	3.56	3.42	3.4	6.11	4.99
Ta	0.4	0.4	2.8	2.63	2.38	2.3	1.22	1.43	1.35	0.29	0.22	0.22	0.41	0.3
Pb										8.91	9.52	9.96	3.94	1.59
Sr	284	794	21.9	18.5	28.4	13	79	13	589	660	651	514	327	115
P	759.72	1231.27	56.76	318.73	135.35	69.86	352	141	1326	742.25	742.25	742.25	305.63	261.97
Zr	71	126	74.4	74.8	218	95.3	234	176	606	91	98.5	93.8	84.3	86
Hf	5.19	4.06	3.89	3.49	9.32	4.18	8.3	9	12	2.33	2.59	2.62	2.46	2.53
Y	25.3	13.6	23.6	28.6	50.2	34.8	40.94	60.06	36.51	6.6	6.74	6.41	5.98	3.73
La	8.51	16.6	18.5	14.2	31.2	19.9	28.11	24.55	25.86	18.8	19.9	21.8	17.7	6.4
Ce	17.6	31	41.7	34.8	59.6	51.5	66.57	38.63	60.86	40.4	41.9	44.4	30.1	10.8
Pr	3.67	3.46	4.01	3.29	7.83	4.66	8.13	6.91	8.27	4.99	5.4	5.26	3.32	1.28
Nd	14.8	15.4	18.7	15.5	35.9	21.4	27.21	31.76	34.27	19.1	20	20	11.2	4.71
Sm	4.02	3	4.08	3.46	8.95	4.61	6.44	9.45	7.65	3.18	3.36	3.21	1.65	0.79

续表

样品	11	12	13	14	15	16	1	3	5	11KL01-1h	11KL01-2h	11KL01-3h	11WL01-1h	11WL01-2h
来源	杨俊泉等(2008)						徐学义等(2005)			李晓英等(2012)				
Eu	1.85	0.96	0.13	0.091	0.11	0.11	0.78	0.22	2.47	0.93	1.01	1	0.66	0.28
Gd	5.06	3.28	4	3.97	7.9	4.43	6.04	9.27	6.7	1.83	2.09	2.2	1.38	0.64
Tb	0.97	0.5	0.82	0.84	1.61	0.85	1.17	2.04	1.11	0.27	0.26	0.26	0.18	0.1
Dy	6.61	3.28	5.47	6.61	11.1	6.79	7.39	13.65	6.68	1.3	1.31	1.28	1.05	0.72
Ho	0.98	0.63	1.14	1.41	2.58	1.44	1.52	2.83	1.37	0.26	0.25	0.24	0.22	0.11
Er	3.93	1.64	3.95	4.67	7.35	4.47	4.54	8.66	3.76	0.61	0.62	0.62	0.65	0.36
Tm	0.52	0.26	0.6	0.72	1.12	0.68	0.75	1.15	0.6	0.089	0.086	0.084	0.085	0.062
Yb	2.95	1.7	3.8	4.37	6.93	4.28	4.93	10.33	3.65	0.59	0.59	0.062	0.54	0.44
Lu	0.37	0.2	0.47	0.58	0.88	0.62	0.72	1.49	0.55	0.11	0.093	0.076	0.098	0.067

样品	11WL01-3h	11WL01-4h	XJ701	XJ702	XJ694	XJ695	NLS11	NLS26	NLS-47	NLS-111	NLS-115	NLS-123	BS-2	BS-4
来源	李晓英等(2012)		王博等(2007)				徐学义等(2005)			赵军(2013)			李晓英等(2012)	
Cs	0.46	0.21					13.6	41	12.6	11.1	6.29	6.33	2.54	2.32
Rb	40.3	8.12	73	67.33	162	120.2	35	94.3	147	77	41.5	63.7	32.2	44.6
Ba	642	190	134.3	124.6	330.3	1152	705	3296	1995	1225	757	1050	793	760
Th	2.04	1.96	7.68	7.499	12.19	11.54	1.32	1.8	1.97	1.65	2.12	1.9	3.71	2.64
U	1.06	0.68	1.965	1.295	2.516	2.674	0.4	0.66	0.74	0.54	0.67	0.74	0.96	1.6
Nb	6.26	6.01	8.563	8.768	8.131	11.58	2.77	3.73	3.99	2.91	3.44	2.04	3.2	6.24

续表

样品	11WL101-3h	11WL101-4h	XJ701	XJ702	XJ694	XJ695	NLS11	NLS26	NLS-47	NLS-111	NLS-115	NLS-123	BS-2	BS-4
来源	李晓英等（2012）		王博等（2007）				赵军（2013）							
Ta	0.42	0.4	0.854	0.608	1.447	1.206	0.19	0.27	0.29	0.23	0.26	0.15	0.21	0.41
Pb	3.68	13.6					68.9	81.5	7.07	5.01	13	11.8	8	13.3
Sr	334	156	40.44	19.81	231.6	251.8	233	341	308	443	875	604	1070	303
P	305.63	305.63	349.30	523.94	174.65	218.31	480.28	480.28	436.62	480.28	523.94	523.94	1178.87	218.31
Zr	88.3	88.1	410.7	414.5	110.7	533.8	82.1	99.8	106	90.1	97.2	90.2	109	113
Hf	2.64	2.49	9.486	9.55	3.21	10.56	2.37	3.02	3	2.76	2.84	2.71	2.99	3.39
Y	6.43	6.16	18.13	15.93	18.06	43.3	4.65	3.25	4.98	5.11	4.76	4.87	7.1	5.56
La	16.4	10.9	18.35	33	52.07	54.77	10	10.6	16.8	18.9	18.7	14.8	30.5	16.9
Ce	28.3	22.6	37.36	71.59	103.6	106.2	20.7	18.9	30.5	35.1	35.9	28.4	59.9	33.4
Pr	3.17	2.74	4.222	8.925	11.69	12.11	2.57	2.46	3.55	3.83	4.24	3.64	6.96	3.63
Nd	10.8	9.72	15.48	35.96	42.58	43.49	9.1	8.13	12.3	13.4	15.5	13.6	26.2	12
Sm	1.67	1.83	3.36	8.295	6.416	6.315	1.56	1.33	1.87	1.83	2.72	2.12	4.23	1.85
Eu	0.58	0.51	0.637	2.323	0.468	0.471	0.59	0.9	0.57	0.63	0.68	0.66	1.17	0.46
Gd	1.37	1.27	3.05	7.651	4.373	4.104	1.84	1.83	1.24	1.3	1.72	1.54	2.87	1.27
Tb	0.19	0.18	0.498	1.238	0.65	0.572	0.16	0.13	0.19	0.19	0.19	0.2	0.31	0.18
Dy	1.08	1.08	2.914	7.538	3.588	3.171	0.86	0.61	0.82	0.89	0.95	0.93	1.57	0.9
Ho	0.24	0.23	0.574	1.48	0.676	0.591	0.17	0.12	0.15	0.16	0.17	0.16	0.27	0.18
Er	0.67	0.57	1.666	4.222	1.992	1.729	0.53	0.42	0.46	0.49	0.5	0.48	0.77	0.53

续表

样品	11WL01-3h	11WL01-4h	XJ701	XJ702	XJ694	XJ695	NLS11	NLS26	NLS-47	NLS-111	NLS-115	NLS-123	BS-2	BS-4
来源	李晓英等(2012)		王博等(2007)				赵军(2013)				李新光等(2014)			刘新等(2012)
Tm	0.1	0.093	0.26	0.623	0.307	0.263	0.07	0.05	0.05	0.06	0.07	0.05	0.1	0.08
Yb	0.66	0.61	1.84	4.16	2.22	1.88	0.44	0.37	0.39	0.43	0.48	0.4	0.63	0.53
Lu	0.12	0.1	0.283	0.641	0.376	0.321	0.05	0.06	0.07	0.07	0.07	0.06	0.09	0.08

样品	BS-6	BST-2	BST-4	WL-2	WL-3	HSTD-2	HSTD-5	YTS-2	YTS-10	NLS-120		NLS-123	BS-2	NL07-16
来源				赵军(2013)							李新光等(2014)			刘新等(2012)
Cs	1.09	2.3	1.16	0.16	0.57	0.12	0.1	0.85	1.17	4.17				2.63
Rb	59.8	49	40.4	9.16	38.1	13.6	10.9	85.6	84.5	31.3		64.10	175.00	73.3
Ba	977	803	813	77.6	421	89.6	84.8	801	787	516		42.40	135.00	1255
Th	2.86	2.38	2.28	1.49	1.74	4.81	4.75	2.13	2.25	1.27		18.40	18.50	4.82
U	0.92	0.85	0.47	0.75	0.96	2.22	2.17	0.92	0.79	0.5		5.10	5.80	2.13
Nb	4.39	2.55	2.69	4.7	4.72	4.99	4.97	2.11	2.37	3.58		6.30	7.30	11.68
Ta	0.27	0.17	0.19	0.33	0.34	0.38	0.38	0.18	0.2	0.2		0.62	0.72	1.18
Pb	18.9	15.7	9.47	1.15	1.9	4.29	4.22	161	11.6	3.1				15.62
Sr	313	768	457	113	223	170	154	46.5	53.9	1094		33.30	33.40	251.3
P	785.92	611.27	654.93	305.63	305.63	611.27	611.27	174.65	174.65	742.25		567.61	654.93	523.94
Zr	116	93	101	87.1	87.3	140	143	54.4	57.3	99		148.00	173.00	345.3
Hf	3.37	2.88	3.13	2.65	2.83	3.93	4.02	2.05	2.08	2.77		4.40	5.90	9.31

续表

样品	BS-6	BST-2	BST-4	WL-2	WL-3	HSTD-2	HSTD-5	YTS-2	YTS-10	NLS-120	8	9	10	NL07-16
来源					赵军（2013）						李新光等（2014）			刘新等（2012）
Y	6.02	6.7	6.35	5.82	6.58	23.2	23.1	4.04	3.08	6.99		12.7	15.3	17.65
La	19.7	16.8	13.5	10.9	14.6	14.1	13.6	11.5	21.7	17.3	6.4	14.4	16.7	11.79
Ce	36.5	33.4	24.3	16.3	21.9	34.9	29.7	18	36.4	38.2	13.9	30.8	35.7	21.52
Pr	4.89	3.94	3.53	2.14	2.99	5.47	5.28	2.45	4.05	4.72	1.7	3.3	3.9	2.78
Nd	17.8	15.5	14.1	7.83	10.3	22.6	21.6	8.03	12.7	18.8	7.3	11.8	14.1	10.71
Sm	2.7	2.57	2.37	1.37	1.7	4.34	4.22	1.17	1.5	3.37	2	2.1	2.6	2.28
Eu	0.76	0.77	0.74	0.41	0.53	1.17	1.17	0.32	0.3	1.04	0.37	0.34	0.56	0.9
Gd	1.7	1.82	1.58	1.11	1.31	4.13	4.04	1.17	1.05	2.45	2.2	1.9	2.3	2.34
Tb	0.24	0.27	0.25	0.16	0.22	0.64	0.63	0.13	0.13	0.28	0.6	0.3	0.45	0.45
Dy	1.14	1.22	1.14	0.91	1.08	3.9	3.84	0.8	0.66	1.46	3.6	1.9	2.7	3.06
Ho	0.21	0.22	0.22	0.18	0.23	0.8	0.81	0.13	0.13	0.26	0.73	0.41	0.53	0.69
Er	0.64	0.63	0.64	0.55	0.65	2.42	2.41	0.42	0.39	0.73	2.5	1.3	1.7	2.03
Tm	0.08	0.09	0.09	0.08	0.09	0.4	0.4	0.06	0.05	0.1	0.42	0.23	0.29	0.34
Yb	0.49	0.59	0.55	0.54	0.6	2.7	2.72	0.42	0.37	0.63	2.9	1.6	1.9	2.45
Lu	0.08	0.09	0.09	0.08	0.11	0.43	0.45	0.07	0.05	0.1	0.48	0.26	0.3	0.4

附表十 西天山晚古生代基性侵入岩主量元素含量

（单位：%）

样品	SiO_2	TiO_2	Al_2O_3	Fe_2O_3	FeO	MnO	CaO	MgO	K_2O	Na_2O	P_2O_5	LOI	总含量	备注
TKS1145	45.65	0.59	14.63	12.15		0.18	8.65	14.59	0.18	2.05	0.08	0.76	99.51	
TKS1147	46.01	0.57	15.74	11.48		0.17	8.8	13.72	0.19	2.17	0.08	0.59	99.52	
TKS1148	46.65	0.72	17.79	10.83		0.16	9.46	10.86	0.28	2.4	0.14	0.22	99.51	
TKS1156	46.72	0.86	17.06	10.59		0.17	10.4	10.88	0.21	2.23	0.09	0.3	99.51	
TKS1158	47.52	0.74	19.83	8.94		0.12	11.34	6.47	0.33	2.65	0.11	1.49	99.54	贺鹏丽
TKS1149	50.18	1.97	14.74	11.93		0.19	8.82	5.27	0.72	4.28	0.13	1.29	99.52	（2013）
TKS1150	49.38	2.14	14.26	12.86		0.2	9.36	5.4	0.79	3.87	0.21	1.05	99.52	
TKS1151	50.55	1.84	14.76	11.77		0.18	9.26	5.22	1.1	3.61	0.28	0.96	99.53	
TKS1152	50.5	1.19	14.59	7.86		0.13	14.74	6.88	0.59	2.6	0.08	0.34	99.5	
TKS1153	49.58	1.35	14.9	8.55		0.13	14.49	6.52	0.71	2.52	0.12	0.65	99.52	
TKS1154	49.38	1.47	14.16	9.13		0.14	14.32	6.97	0.81	2.42	0.08	0.63	99.51	
TKS1155	49.77	0.77	16.52	6.7		0.13	13.41	7.18	0.52	2.94	0.05	1.54	99.53	
TKS1157	49.13	1.11	13.08	7.88		0.15	15.66	8.6	0.4	2.14	0.06	1.33	99.54	
TKS1159	49.06	1.18	15.26	8.11		0.15	14.57	6.63	0.56	2.78	0.07	1.14	99.51	
H902-2	37.53	0.36	11.59	8.12	7.3	0.18	5.94	23.62	0.036	1.02	0.041	5.26	99.847	
H902-4	44.77	0.73	18.32	6.06	5.45	0.12	10.42	8.39	0.12	2.4	0.13	3.28	99.82	龙灵利
H902-9	46.29	0.37	18.59	9.73	8.75	0.16	10.92	8.67	0.15	2.61	0.049	0.61	99.759	（2012）
H902-1	45.74	0.46	20.32	4	3.6	0.089	11.92	7	0.15	3.64	0.076	4.36	99.765	
H902-6	47.13	1.55	16.83	6.28	5.65	0.16	12.68	6.02	0.43	4.14	0.17	1.47	99.72	

续表

样品	SiO$_2$	TiO$_2$	Al$_2$O$_3$	Fe$_2$O$_3$	FeO	MnO	CaO	MgO	K$_2$O	Na$_2$O	P$_2$O$_5$	LOI	总含量	备注
H902-10	40.96	3.63	13.65	9.73	8.75	0.45	9.43	6.16	0.38	2.97	0.15	1.42	99.81	龙灵利(2012)
H902-12	43.87	1.15	18.02	7.01	6.3	0.19	8.31	10.32	0.58	3.27	0.18	3.79	99.84	
XTT827	44.49	0.63	17.42	9.07		0.14	9.79	13.09	0.41	1.54	0.12	3.21	99.91	
XTT829	46.69	0.3	25.67	3.48		0.07	13.36	4.52	0.26	2.18	0.06	3.33	99.94	朱志敏等(2007)
XTT830	44.77	0.63	17.2	10.02		0.15	9.05	13.65	0.27	1.9	0.09	2.13	99.85	
XTT833	45.14	0.8	18.18	9.2		0.14	9.92	11.27	0.46	2.09	0.15	2.53	99.87	
XTT835	48.46	0.38	24.49	3.79		0.06	14.52	4.53	0.24	2.04	0.04	1.28	99.83	
XTT836	46.06	0.64	20.07	8.91		0.12	10	9.75	0.28	2.32	0.12	1.58	99.83	
07TS33	44.34	0.42	17.1	10.83		0.16	8.78	15.12	0.75	0.57	0.04	1.73	99.84	
07TS23	44.9	0.61	16.31	12.69		0.19	8.52	13.86	0.43	1.41	0.04	0.93	99.88	
07TS28	46.32	0.81	17.63	9.65		0.15	9.56	11.72	0.51	1.27	0.09	2.09	99.8	
07TS29	45.96	0.8	17.36	9.83		0.16	9.23	12.25	0.58	1.38	0.11	2.16	99.82	
07TS30	47.62	0.46	21.3	8.01		0.13	10.2	8.24	0.6	1.5	0.08	1.72	99.85	
07TS31	45.5	1.04	13.68	11.11		0.18	8.78	15.5	0.59	0.62	0.06	2.77	99.83	薛云兴等(2007)
07TS32	44.9	0.78	15.14	10.63		0.17	8.84	15.05	0.57	0.83	0.11	2.84	99.87	
07TS37	40.79	0.89	8.12	16.45		0.24	5.95	22.41	0.68	0.43	0.1	3.8	99.84	
07TS48	41.14	0.89	7.92	17.41		0.24	5.88	23.63	0.67	0.29	0.06	1.72	99.84	
07TS24	47.54	1.37	16.98	11.17		0.16	7.66	7.27	1.06	3.45	0.11	3.12	99.9	
07TS25	46.06	1.62	17.5	12.67		0.17	5.93	7.16	1.2	3.5	0.22	3.78	99.8	

续表

样品	SiO$_2$	TiO$_2$	Al$_2$O$_3$	Fe$_2$O$_3$	FeO	MnO	CaO	MgO	K$_2$O	Na$_2$O	P$_2$O$_5$	LOI	总含量	备注
07TS26	46.27	1.57	16.99	11.57		0.16	8.78	6.82	1.03	2.88	0.19	3.55	99.81	薛云兴等（2007）
07TS45	47.63	1.75	16.32	12.23		0.2	8.38	6.26	0.67	3.31	0.29	2.78	99.81	
母岩浆	45.22	0.97	15.49	11.86		0.18	8.22	13.03	0.7	1.56	0.11	2.5	99.84	
瓦-1	43.09	4.24	11.06	15.87		0.19	11.48	9.88	0.81	2.27	0.331	0.06	99.49	本书
瓦矿-2	45.71	4.06	12.59	14.57		0.17	8.61	5.78	1.68	4.07	0.639	2.39	100.46	
瓦矿-3	45.46	4.05	14.18	12.90		0.22	8.30	4.23	2.11	4.33	0.951	2.87	99.82	
瓦矿-7	48.09	1.93	16.11	7.79		0.05	7.37	1.54	1.50	7.08	0.745	6.68	99.05	
瓦矿-8	38.22	8.06	5.70	20.40		0.20	14.86	10.65	0.39	1.20	0.107	0.20	100.09	
瓦矿-10	39.10	3.78	3.77	20.06		0.22	13.21	17.20	0.17	0.57	0.104	1.17	99.53	
瓦矿-12	55.48	0.43	20.47	3.20		0.17	1.87	0.45	3.78	10.32	0.064	2.33	99.03	
瓦矿-15	83.38	0.33	6.94	0.82		0.02	1.10	0.51	0.07	4.41	0.119	1.50	99.26	
瓦-1-1	41.81	4.46	10.62	14.91		0.21	11.07	7.43	1.68	3.27	0.757	3.62	100.09	
瓦-15	82.86	0.26	5.92	1.18		0.04	1.51	0.87	0.07	3.84	0.003	2.39	99.03	
BZ-05	69.4	0.36	14.9	3.03		0.02	2.4	0.4	4.13	4.22	0.07	0.79	99.98	
Ssc21-1	49.84	3.02	13.16	15.7		0.21	8.28	3.28	1.21	2.70	0.57	1.68	99.63	余星等（2009）
Ssc21-5	46.4	3.16	14.59	16.12		0.22	6.57	4.13	1.89	3.23	0.62	3.67	100.6	
Ssc21-17	48.99	3.13	13.64	16.39		0.21	8.72	3.55	0.6	2.96	0.6	1.74	100.52	
Ssc22-2	47.19	3.76	13.65	17.52		0.16	8.27	2.66	1.61	2.69	0.7	1.72	99.94	
Ssc22-5	46.46	3.66	13.24	17.97		0.23	8.51	3.59	1.29	3.80	0.66	0.93	100.34	

样品	SiO$_2$	TiO$_2$	Al$_2$O$_3$	Fe$_2$O$_3$	FeO	MnO	CaO	MgO	K$_2$O	Na$_2$O	P$_2$O$_5$	LOI	总含量	备注
Ssc22-7	44.91	3.52	12.92	17.23		0.27	10.49	3.24	0.86	2.38	0.66	3.66	100.14	
Ssc22-11	45.13	3.53	13.16	17.37		0.27	10.27	3.02	1.01	2.46	0.67	3.37	100.25	余星等 (2009)
Ssc22-17	42.1	3.79	13.89	15.36		0.27	9.54	2.23	1.01	4.61	0.73	6.69	100.23	
Ssc24-2	50.42	2.85	13.25	15.77		0.21	7.77	3.29	0.94	2.83	0.56	1.64	99.54	
Ssc24-4	50.86	2.88	13.22	15.29		0.21	7.85	3.33	0.9	2.88	0.57	1.46	99.46	
SI14	67.19	0.66	13.66	2.89	3.07	0.06	2.12	0.8	4.87	3.38	0.20	0.88	99.78	
S99	66.42	0.50	14.71	1.23	4.4	0.06	1.54	1.26	4.43	3.64	0.16	1.44	99.79	于峻川 (2011)
S79-3	68.21	0.60	13.62	2.31	2.98	0.05	1.64	1.18	4.63	3.3	0.18	1.02	99.72	
S102-1	67.37	0.61	13.56	1.39	5.07	0.1	1.72	1.09	3.99	3.17	0.19	1.52	99.78	
NI07-15	52.45	0.65	19.92	4.84		0.09	12.33	5.48	0.42	2.16	0.16	1.54	100	
NI1-1	48.75	0.95	18.43	7.3		0.19	14.24	6.33	0.32	1.85	0.25	0.88	99.49	
NI1-4	51.87	0.8	19.3	6.8		0.1	12.03	4.9	0.2	2.58	0.16	1.16	99.9	刘新等 (2012)
NI4-5	49.89	0.89	16.4	9.41		0.2	10.26	6.76	0.6	2.91	0.28	1.5	99.1	
NI6-1	47.2	1.06	18.1	11.85		0.14	11.27	5.71	0.89	2.2	0.22	1.14	99.79	
QJS54	46.42	1.76	15.23	5.13	4.99	0.26	5.23	6.72	0.06	6.28	0.39	4.83	97.3	
QJS59	46.32	1.63	15.2	6.19	6.75	0.3	3.13	7.33	0.07	5.91	0.4	3.3	96.53	赵军 (2013)
QJS61	46.79	1.67	15.35	4.76	6.63	0.51	4.67	6.92	0.1	5.62	0.39	3.61	97.02	
QJS63	46.08	1.72	15.33	5.33	6.63	0.48	4.47	7.96	0.2	5.38	0.43	3.61	97.62	

409

附表十一　西天山晚古生代基性侵入岩微量元素含量

（单位：×10⁻⁶）

样品	H902-2	H902-4	H902-9	H902-1	H902-6	H902-10	H902-12	XTT829	XTT830	XTT833	XTT836	07TS33	07TS23	07TS28
来源	龙灵利（2012）							朱志敏等（2007）				薛云兴等（2007）		
Cs	0.191	0.689	0.2	1.29	12.2	7.94	63.3					0.34	3.64	3.82
Rb	0.869	2.56	2.21	3.41	12.4	12.2	22.4	7.48	13.54	20.72	6.69	1.87	11.1	13.81
Ba	22.5	45.3	53.3	41.5	123	162	110	55.35	85.11	97.25	73.03	65.51	86.07	129.2
Th	0.071	0.697	0.16	0.133	0.479	0.456	0.539	0.16	0.17	0.25	0.32	0.12	0.04	0.08
U	0.032	0.234	0.046	0.061	0.19	0.21	0.181	0.07	0.06	0.07	0.11	0.06	0.14	0.07
Nb	1.52	1.63	1.75	1.55	1.49	1.83	1.95	0.67	1.17	1.76	1.61	1.68	2.79	2.33
Ta	0.035	0.079	0.038	0.06	0.101	0.176	0.167	0.06	0.09	0.13	0.14	0.07	0.16	0.12
Pb								0.47	6.72	8.66	1.47			
Sr	263	366	410	439	393	371	453	785	400.6	426.1	483.8	313.1	399.5	406.9
P	178.92	567.30	213.83	331.65	741.85	654.57	785.49	261.83	392.74	654.57	523.66	174.55	174.55	392.74
Zr	41.7	84.5	39.2	61.9	152	190	86.4	19.01	38.45	46.83	54.3	24.57	50.89	46.48
Hf	0.945	1.86	1.1	1.36	4.12	4.64	2.2	0.51	0.98	1.28	1.47	0.7	1.4	1.27
Y	5.97	11.9	8.58	7.68	25.2	26	21.3	4.71	9.81	16.64	11.67	16.64	11.67	15.61
Cr	60	127	42.9	60.3	144	16.6	92.8	103.7	204.2	173.4	51.39	115.5	245.3	323.5
Co								18.87	62.75	57.97	55.07			
Ni								38.59	353.3	306.1	123.3	339.4	332.8	270.2
Sc								7.19	15.07	16.89	10.8			
V								44.12	102.7	143.4	124.7			

续表

样品	H902-2	H902-4	H902-9	H902-1	H902-6	H902-10	H902-12	XTT829	XTT830	XTT833	XTT836	07TS33	07TS23	07TS28
来源	龙灵利 (2012)							朱志敏等 (2007)				薛云兴等 (2007)		
La	1.34	3.04	2.1	2.7	5.6	5.1	5.7	2.02	3.75	5.35	4.78	1.95	3.36	4.56
Ce	3.35	7.5	4.9	5.8	14.1	13.0	14.3	5.056	9.295	14.07	11.93	3.96	7	10.58
Pr	0.563	1.26	0.798	0.893	2.39	2.21	2.24	0.737	1.403	2.2	1.806	0.79	1.14	1.68
Nd	2.65	6	3.98	4.41	11.8	11	10.5	3.538	6.784	11.04	8.441	3.66	5.48	7.89
Sm	0.702	1.67	1.07	1.11	3.46	3.26	2.72	0.836	1.69	2.744	2.032	1.03	1.57	2.17
Eu	0.416	0.801	0.793	0.669	1.32	1.24	1.02	0.468	0.755	0.96	0.837	0.58	0.65	0.81
Gd	0.81	1.64	1.11	1.13	3.52	3.48	2.92	0.901	1.867	3.205	2.083	1.11	1.84	2.37
Tb	0.175	0.355	0.251	0.228	0.75	0.724	0.623	0.152	0.305	0.528	0.354	0.19	0.32	0.4
Dy	1.07	2.15	1.58	1.48	4.75	4.7	3.78	0.894	1.905	3.299	2.16	1.19	2.02	2.55
Ho	0.219	0.445	0.312	0.275	0.9	0.915	0.752	0.187	0.373	0.664	0.468	0.25	0.44	0.55
Er	0.683	1.22	0.882	0.795	2.71	2.81	2.27	0.525	1.012	1.814	1.282	0.71	1.23	1.41
Tm	0.113	0.198	0.149	0.133	0.411	0.416	0.358	0.073	0.142	0.259	0.187	0.11	0.19	0.2
Yb	0.716	1.26	0.915	0.82	2.5	2.58	2.14	0.46	0.937	1.575	1.192	0.72	1.26	1.27
Lu	0.11	0.2	0.162	0.112	0.385	0.418	0.316	0.067	0.148	0.225	0.187	0.11	0.19	0.2

样品	07TS29	07TS30	07TS31	07TS32	07TS37	07TS48	07TS25	母岩浆	瓦-1	瓦-2	瓦-3	瓦-7	瓦-8	瓦-10
来源	薛云兴等 (2007)								本书					
Cs	4.17	3.56	3.65	3.53	4.93	2.81	2.16	2.62	0.27	0.92	0.65	0.24	0.22	0.07
Rb	15.97	13.57	11.31	15.23	8.75	5.11	56.37	11.65	19.20	41.80	49.40	10.70	10.10	3.93

续表

样品	07TS29	07TS30	07TS31	07TS32	07TS37	07TS48	07TS25	母岩浆	瓦-1	瓦-2	瓦-3	瓦-7	瓦-8	瓦-10
来源	薛云兴等（2007）								本书					
Ba	129	144.4	78.36	157.3	103.5	84.85	151	89.52	391.00	733.00	813.00	188.00	183.00	66.70
Th	0.08	0.08	0.09	0.12	0.08	0.2	0.22	0.09	3.07	6.90	8.44	1.83	1.78	0.73
U	0.09	0.08	0.13	0.09	0.11	0.14	0.17	0.09	0.89	1.52	1.95	0.37	0.42	0.33
Nb	2.04	1.64	2.71	2.08	2.53	2.49	3.92	1.91	42.90	60.80	87.00	37.10	37.00	12.30
Ta	0.12	0.07	0.15	0.11	0.13	0.12	0.23	0.1	4.44	5.97	8.84	4.35	4.28	1.25
Pb									3.60	9.22	12.20	5.30	5.41	1.27
Sr	386.9	473.8	414.2	423.4	240.8	227.3	703.7	314	782.00	742.00	927.00	287.00	281.00	167.00
P	480.02	349.11	261.83	480.02	436.38	261.83	960.04	480.02	1445.21	2790	4152.25	3252.82	467.18	454.08
Zr	39.56	17.88	57.61	41.65	44.17	43.75	99.42	36.44	212	326	413	192	189	97.7
Hf	1.07	0.59	1.52	1.15	1.14	1.13	2.54	0.98	5.21	7.88	9.53	5.93	5.68	3.25
Y	15.23	10.41	13.3	11.73	12.61	11.45	21.86	10.45	21.40	30.60	37.20	19.50	19.30	13.70
Cr	258.8	104.4	239.4	421.7	165.5	100.7	302.1	180.57						
Co														
Ni	264	96.5	316.9	371.8	488.8	614.6	146	260.9						
Sc														
V									30.5	50	65	17.1	16.8	12
La	4.06	3.67	3.35	4.28	4.21	3.37	7.88	3.19						

样品	07TS29	07TS30	07TS31	07TS32	07TS37	07TS48	07TS25	母岩浆	瓦-1	瓦-2	瓦-3	瓦-7	瓦-8	瓦-10
来源	薛云兴等 (2007)								本书					
Ce	9.12	7.92	7.17	9.43	9.47	7.28	19.11	7.12	66	103	131	44	43.6	29.4
Pr	1.43	1.26	1.18	1.44	1.45	1.17	2.92	1.13	8.22	13.4	17.3	6.04	6.07	4.09
Nd	6.75	5.43	5.66	6.44	5.46	5.11	12.76	5.15	34.6	52.3	70	28.1	27.8	19.1
Sm	2.01	1.41	1.65	1.71	1.75	1.38	3.56	1.43	7.04	10.3	13.5	6.55	6.58	4.79
Eu	0.74	0.67	0.67	0.68	0.52	0.55	1.18	0.56	2.73	3.45	4.54	2.33	2.06	1.56
Gd	1.98	1.42	1.78	1.69	1.72	1.41	3.64	1.49	6.83	9.23	12.66	6.61	5.99	4.82
Tb	0.33	0.24	0.31	0.29	0.3	0.25	0.61	0.25	1.02	1.28	1.72	0.944	0.945	0.665
Dy	2.12	1.52	2.09	1.83	1.94	1.65	3.8	1.63	4.82	6.6	8.41	4.34	4.11	3.12
Ho	0.45	0.32	0.44	0.38	0.4	0.35	0.79	0.34	0.84	1.18	1.44	0.805	0.745	0.545
Er	1.28	0.87	1.25	1.04	1.14	0.99	2.19	0.95	2.14	3.22	3.82	1.75	1.78	1.15
Tm	0.19	0.12	0.2	0.16	0.17	0.15	0.31	0.14	0.255	0.382	0.413	0.218	0.204	0.126
Yb	1.22	0.73	1.27	1.06	1.09	1	2.03	0.91	1.45	2.26	2.64	1.3	1.28	0.837
Lu	0.18	0.11	0.2	0.16	0.17	0.16	0.32	0.14	0.199	0.321	0.358	0.191	0.176	0.122

样品	瓦-12	瓦-15	玄武岩脉	Ssc21-1	Ssc21-5	Ssc21-17	Ssc22-2	Ssc22-5	Ssc22-7	Ssc22-11	Ssc22-17	Ssc24-2	Ssc24-4	S114
来源	本书			余星等 (2009)										于峻川 (2011)
Cs	1.21	0.01	0.26											7.38

续表

样品	瓦-12	瓦-15	玄武岩脉	Ssc21-1	Ssc21-5	Ssc21-17	Ssc22-2	Ssc22-5	Ssc22-7	Ssc22-11	Ssc22-17	Ssc24-2	Ssc24-4	S114
来源	本书			余星等（2009）										干峻川（2011）
Rb	103.00	0.26	10.10	22.82	36.80	16.85	29.47	23.77	15.59	16.95	16.61	18.19	18.95	146
Ba	2030.00	422.00	931.00	657.00	716.00	744.00	605.00	635.00	704.00	668.00	586.00	1127.00	981.00	830
Th	47.40	11.90	7.23	6.99	7.47	5.92	5.76	5.60	5.60	5.57	5.61	7.16	7.18	17.6
U	13.80	0.37	1.85	1.69	1.80	1.44	1.33	1.45	1.44	1.61	1.92	1.73	1.73	4.76
Nb	212.00	22.40	81.50	24.92	26.22	23.01	28.08	27.83	27.07	27.44	28.85	24.68	24.77	32.8
Ta	11.20	0.91	7.57	1.58	1.72	1.46	1.80	1.82	1.79	1.80	1.89	1.63	1.64	1.98
Pb	38.30	6.12	3.94											68.6
Sr	1990.00	113.00	740.00	528.00	283.00	633.00	321.00	384.00	534.00	454.00	236.00	681.00	698.00	125
P	279.44	519.58		2539.61	2792.14	2649.71	3109.66	2897.40	2983.80	3017.32	3405.39	2495.06	2537.12	882.36
Zr	963	150	444	267	286	232	289	279	281	284	289	267	274	482
Hf	21.8	5.13	10.7	6.22	6.85	5.45	6.83	6.71	6.66	6.61	6.78	6.57	6.59	11.7
Y	35.00	21.90	37.4	36.56	39.24	33.69	38.92	37.97	38.61	37.98	40.52	36.06	37.25	41
Cr														8.06
Co														5.3
Ni														4.58
Sc				21.04	21.77	21.52	28.74	25.85	25.86	25.37	26.06	22.39	22.04	5.09

续表

样品	瓦-12	瓦-15	玄武岩脉	Ssc21-1	Ssc21-5	Ssc21-17	Ssc22-2	Ssc22-5	Ssc22-7	Ssc22-11	Ssc22-17	Ssc24-2	Ssc24-4	S114
来源	本书			余星等（2009）										于峻川（2011）
V														15.4
La	141	16	64.8	37.22	39.25	33.43	36.68	36.01	37.12	36.37	39.04	38.99	39.5	50.1
Ce	246	31.8	132	81.59	85	73.14	83.24	82.68	80.67	82.04	84.05	84.33	85.34	102
Pr	20.6	3.77	18.1	10.08	10.71	9.19	10.57	10.84	10.79	10.23	10.6	10.48	11.68	11.6
Nd	57.4	14.8	73.9	42.19	44.78	37.65	43.5	44.56	43.9	43.06	44.77	43.74	47.65	44.5
Sm	7.46	3.38	14.5	8.4	8.69	7.59	8.92	9.08	9.09	8.76	9.23	8.61	9.1	8.6
Eu	2.58	1.25	4.55	2.41	2.47	2.35	2.92	2.93	2.76	2.84	2.96	2.46	2.47	1.47
Gd	6.94	3.81	12.75	8.45	9.01	7.94	9.04	8.98	9.09	8.80	9.45	8.57	8.84	8.06
Tb	1.1	0.657	1.75	1.4	1.39	1.24	1.46	1.45	1.42	1.41	1.54	1.36	1.44	1.31
Dy	5.65	4.23	8.31	7.15	7.98	6.7	7.78	7.93	7.7	7.44	8.12	7.55	7.75	7.62
Ho	1.22	0.777	1.45	1.4	1.48	1.27	1.53	1.49	1.47	1.48	1.54	1.47	1.45	1.44
Er	3.78	1.98	3.75	3.66	3.89	3.37	3.96	3.8	3.88	3.81	4.04	3.81	3.82	4.04
Tm	0.604	0.27	0.482	0.53	0.58	0.49	0.57	0.55	0.56	0.56	0.6	0.56	0.57	0.63
Yb	4.12	1.45	2.62	3.44	3.78	3.19	3.62	3.51	3.49	3.44	3.76	3.65	3.56	4.21
Lu	0.572	0.179	0.346	0.54	0.58	0.48	0.57	0.57	0.55	0.55	0.59	0.56	0.56	0.64

续表

样品	S99	S79-3	S102-1	QJS54	QJS59	QJS61	QJS63	NL07-15	NL1-1	NL1-4	NL4-5	NL6-1
来源	于峻川（2011）			赵军（2013）				刘新等（2012）				
Cs	2.68	6.12	4.64	0.62	0.53	0.43	1.06	0.57	0.37	0.57	0.4	0.57
Rb	93.4	151	102	2.23	3.12	5.3	8.18	11.16	7.59	3.71	14.63	21.91
Ba	838	1449	686	16.4	18.6	21.8	48.2	84.48	98.49	63.31	161.8	141.4
Th	13.4	17.8	16.7	1.1	0.84	0.84	0.8	1.74	0.47	0.8	1.86	1.09
U	3.64	4.39	3.97	0.53	0.51	0.42	0.37	0.68	0.2	0.33	0.35	0.34
Nb	42.2	32.1	31.7	5.62	4.73	4.47	4.84	2.66	2.4	2.51	4.26	2.04
Ta	2.53	2	2.02	0.35	0.29	0.3	0.33	0.2	0.17	0.17	0.28	0.15
Pb	30.5	69.7	100	6.18	18	12.8	8.23	2.2	10.11	43.39	1.83	18.85
Sr	95.3	129	96.9	91.2	117	115	190	453.2	457.8	519.7	440.1	455.9
P	710.08	795.70	844.05	1702.82	1746.48	1702.82	1877.46	698.59	1091.55	698.59	1222.54	960.56
Zr	537	431	460	148	130	138	133	59.71	30.64	43.19	83.54	28.23
Hf	13.4	10.8	11.5	3.83	3.39	3.55	3.45	1.67	0.99	1.3	2.23	0.9
Y	49.2	39.7	44.7	26.9	25.8	27	28.1	13.96	15.03	14.7	21.21	12.9
Cr	5.85	13.4	9.9	96.27	73.5	70.37	230.1					
Co	3.06	5.23	3.35	16.51	20.82	17.61	33.82	64.9	45.2	44.1	13.6	11.7
Ni	3	8.05	5.04	31.44	26.23	18.59	64.24	96.7	83.8	84.5	23.3	14
Sc	5.81	6.21	5.16	31.51	37.53	20.53	33.49	35.3	36.3	32.3	10.5	8.47

续表

样品	S99	S79-3	S102-1	QJS54	QJS59	QJS61	QJS63	NL07-15	NL1-1	NL1-4	NL4-5	NL6-1
来源	于峻川 (2011)			赵军 (2013)				刘新等 (2012)				
V	9.1	17.4	16.6	199.6	324.6	297.3	215.1	282	279	258	86.9	90.1
La	42.4	59.7	47.5	12.2	11.2	14.9	15.1	7.79	7.42	6.77	12.7	6.66
Ce	92.7	115	99.5	29.2	26.9	33.3	35.5	16.14	15.64	14.78	26.41	14.03
Pr	10.5	13.2	11.3	4.5	4.27	5.02	5.32	2.27	2.28	2.18	3.79	2.03
Nd	40.3	49.9	43	19.9	18.7	20.9	22.8	9.56	9.84	9.27	16	8.93
Sm	8.08	9.45	8.57	4.65	4.64	4.81	5.47	2.25	2.53	2.61	3.99	2.19
Eu	1.58	1.65	1.43	1.58	1.3	1.58	1.67	0.85	0.95	0.84	1.23	0.82
Gd	7.95	8.64	7.63	6.05	6.02	6.27	6.67	2.38	2.71	2.73	3.91	2.41
Tb	1.37	1.34	1.27	0.92	0.89	0.93	0.97	0.43	0.46	0.47	0.65	0.39
Dy	8.51	7.42	7.64	5.43	5.16	5.47	5.8	2.72	2.91	3.01	3.93	2.51
Ho	1.71	1.42	1.57	1.13	1.04	1.14	1.15	0.57	0.61	0.62	0.82	0.51
Er	4.92	3.95	4.63	3.39	3.13	3.34	3.4	1.6	1.7	1.69	2.24	1.44
Tm	0.78	0.6	0.74	0.41	0.38	0.45	0.45	0.24	0.26	0.26	0.33	0.22
Yb	5	3.99	4.67	2.82	2.66	2.77	2.85	1.57	1.69	1.63	2.18	1.45
Lu	0.75	0.58	0.69	0.39	0.39	0.42	0.43	0.24	0.26	0.25	0.34	0.22

附表十二　西天山主要磁铁矿矿床磁铁矿 Re-Os 同位素数据

样品	187Re/188Os	1σ	187Os/188Os	1σ	普通 Os (ng/g)	1σ	187Re	1σ	187Os	1σ	Re (ng/g)	1σ	模式年龄 (Ma)	1σ
12KL-3	744.849	18.93	4.018	0.07	0.012	0.000	1.159	0.015	0.0062	0.0001	1.85	0.02	230	4
12KL-5	464.353		2.478	0.02	0.018	0.000	1.120	0.029	0.0056	0.0001	1.79	0.05	231	5
12KL-6	318.764	8.41	1.742	0.02	0.033	0.002	1.368	0.033	0.0077	0.0001	2.18	0.05	369	6
12KL-8	770.746	18.03	4.154	0.06	0.011	0.000	1.154	0.035	0.0060	0.0001	1.84	0.06	260	4
12KL-20	2321.298	56.86	12.157	0.24	0.004	0.000	1.247	0.028	0.0065	0.0001	1.99	0.04	198	4
11CG-23	73.083	4.6	0.500		0.059	0.003	0.571	0.013	0.0032	0.0001	0.91	0.02	417	13
11CG-15	214.402	8.7	1.243	0.02	0.020	0.001	0.577	0.014	0.0033	0.0001	0.92	0.02	327	6
11CG-20	78.990	3.1	0.532	0.01	0.052	0.002	0.561	0.014	0.0030	0.0001	0.90	0.02	433	10
11CG-9	420.268	19.2	2.422	0.03	0.193	0.012	11.018	0.259	0.0637	0.0019	17.60	0.41	353	10
11CG-29	802.095	20.4	4.670	0.02	0.084	0.002	8.983	0.204	0.0512	0.0008	14.35	0.33	402	5
11SH-6	654.5		4.37	0.07	0.025		2.176	0.036	0.0121	0.0003	3.48	0.06	444	9
11SH-7	254.7	5.6	1.67	0.03	0.015	0.000	0.510	0.005	0.0029	0.0000	0.81	0.01	354	4
11SH-4	816.4	23.6	4.74	0.04	0.022	0.001	2.341	0.029	0.0131	0.0001	3.74	0.05	362	3
11SH-5	1039.4	44.5	6.35	0.15	0.019	0.001	2.577	0.060	0.0143	0.0001	4.12	0.10	372	3
11SH-2	3631.7	104.8	19.46	0.35	0.007	0.000	3.209	0.047	0.0170	0.0003	5.13	0.08	320	6
11SH-3	8306.1	250.1	46.54	0.56	0.028	0.001	31.110	0.809	0.1682	0.0019	49.70	1.29	342	4
12DD-5	6832.4	477.3	34.97		0.002	0.000	2.151	0.039	0.0111	0.0001	3.44	0.06	286	4
12DD-7	790.3	42.9	4.12	0.10	0.010	0.000	1.073	0.046	0.0057	0.0001	1.71	0.07	296	6
12DD-10	1598.8	63.1	8.74	0.14	0.009	0.000	2.008	0.021	0.0104	0.0002	3.21	0.03	321	7
12DD-14	2347.1	184.5	14.65	0.58	0.002	0.000	0.592	0.015	0.0032	0.0001	0.95	0.02	211	8
12DD-15	1236.1	42.6	6.84	0.17	0.006	0.000	0.925	0.012	0.0050	0.0001	1.48	0.02	248	6
12DD-26	5006.5	525.1	27.20	1.39	0.002	0.000	1.210	0.038	0.0064	0.0001	1.93	0.06	210	5
DD12-1	6 0847.1	3508.6	320.55	14.18	0.002	0.000	16.091	0.388	0.0833	0.0012	25.64	0.62	329	4

附表十三 西天山敦德、查岗诺尔岩体 LA-ICP-MS 锆石 U-Pb 年龄数据

点号	Th (×10⁻⁶)	U (×10⁻⁶)	Th/U	$^{207}Pb/^{206}Pb$ 比值	1σ	$^{207}Pb/^{235}U$ 比值	1σ	$^{206}Pb/^{238}U$ 比值	1σ	$^{207}Pb/^{206}Pb$ 年龄(Ma)	1σ	$^{207}Pb/^{235}U$ 年龄(Ma)	1σ	$^{206}Pb/^{238}U$ 年龄(Ma)	1σ	误差(%)
								12DD-20								
1	113	265	0.43	0.056	0.003	0.378	0.021	0.049	0.001	431.5	118.5	325.3	15.1	309.8	6.3	5
2	85	178	0.48	0.076	0.007	0.495	0.037	0.049	0.001	1083.3	178.7	408.2	25.2	307.6	5.1	29
3	148	355	0.42	0.055	0.002	0.363	0.013	0.048	0.001	409.3	89.8	314.1	9.6	303.2	3.9	4
4	106	230	0.46	0.053	0.002	0.351	0.017	0.048	0.001	316.7	104.6	305.8	13.1	303.0	4.6	1
5	132	218	0.61	0.068	0.003	0.499	0.022	0.054	0.001	853.7	88.7	411.1	15.0	336.4	4.0	20
6	125	309	0.40	0.066	0.007	0.380	0.039	0.042	0.001	809.3	223.0	326.9	28.9	262.9	7.0	22
7	82	183	0.45	0.055	0.003	0.362	0.018	0.048	0.001	398.2	114.8	313.9	13.7	303.8	4.8	4
8	148	255	0.58	0.058	0.003	0.381	0.019	0.047	0.001	538.9	105.5	328.0	13.7	299.1	3.6	10
9	41	97	0.42	0.052	0.003	0.348	0.022	0.049	0.001	298.2	148.1	303.3	16.7	305.7	5.3	1
10	43	99	0.43	0.057	0.004	0.356	0.021	0.047	0.001	505.6	159.2	309.0	15.8	296.9	4.5	5
11	74	137	0.54	0.056	0.003	0.372	0.017	0.048	0.001	464.9	101.8	320.9	12.7	302.3	3.8	6
12	58	110	0.53	0.055	0.003	0.366	0.020	0.048	0.001	427.8	124.1	316.4	14.8	305.2	4.7	4
13	79	184	0.43	0.054	0.002	0.346	0.013	0.047	0.001	366.7	95.4	301.4	9.8	296.8	3.7	2
14	75	130	0.58	0.056	0.003	0.366	0.021	0.048	0.001	450.0	126.8	316.8	15.7	299.9	5.4	6
15	56	115	0.48	0.060	0.003	0.392	0.018	0.048	0.001	590.8	109.2	335.9	13.2	304.6	3.8	10
16	104	213	0.49	0.059	0.002	0.392	0.017	0.048	0.001	553.7	92.6	335.5	12.2	304.2	3.5	10
17	190	442	0.43	0.056	0.003	0.361	0.016	0.047	0.001	435.2	112.0	313.2	12.2	298.1	3.9	5
18	106	259	0.41	0.052	0.002	0.345	0.014	0.048	0.001	305.6	90.7	301.1	10.7	300.4	3.6	1
19	138	298	0.46	0.053	0.002	0.336	0.014	0.047	0.001	309.3	125.0	294.4	10.4	293.0	4.0	1
20	137	310	0.44	0.053	0.002	0.344	0.011	0.047	0.001	342.7	77.8	299.9	8.7	295.2	3.7	2

续表

表2

点号	Th (×10⁻⁶)	U (×10⁻⁶)	Th/U	207Pb/206Pb 比值	1σ	207Pb/235U 比值	1σ	206Pb/238U 比值	1σ	207Pb/206Pb 年龄 (Ma)	1σ	207Pb/235U 年龄 (Ma)	1σ	206Pb/238U 年龄 (Ma)	1σ	误差 (%)
1	43	96	0.45	0.054	0.004	0.387	0.028	0.053	0.001	361.2	164.8	332.0	20.5	330.9	8.1	1
2	103	169	0.61	0.050	0.003	0.365	0.020	0.053	0.001	183.4	126.8	315.9	14.9	334.6	6.1	6
3	58	112	0.52	0.059	0.003	0.428	0.023	0.053	0.001	568.6	127.8	361.7	16.2	333.4	5.5	9
4	94	152	0.61	0.054	0.004	0.380	0.026	0.051	0.001	376.0	162.9	326.8	19.4	321.0	6.1	2
5	100	156	0.64	0.054	0.004	0.375	0.022	0.051	0.001	372.3	152.8	323.7	16.2	323.5	4.8	1
6	94	129	0.73	0.059	0.005	0.425	0.040	0.053	0.001	550.0	204.5	359.8	28.5	331.3	8.7	9
8	62	110	0.56	0.054	0.005	0.382	0.035	0.052	0.001	387.1	210.2	328.3	25.6	324.2	6.6	2
9	57	116	0.49	0.054	0.003	0.372	0.019	0.051	0.001	376.0	122.2	320.8	13.9	319.0	4.9	1
10	48	102	0.47	0.056	0.003	0.408	0.026	0.053	0.001	457.5	135.2	347.1	18.7	330.7	7.2	5
11	107	194	0.55	0.056	0.005	0.402	0.037	0.052	0.001	472.3	214.8	342.7	26.8	326.6	5.5	5
12	132	172	0.77	0.055	0.005	0.394	0.039	0.052	0.001	394.5	216.6	337.3	28.3	329.6	7.8	3
13	63	149	0.42	0.055	0.003	0.394	0.021	0.052	0.001	420.4	152.8	337.1	15.0	328.9	5.1	3
14	53	110	0.49	0.051	0.003	0.369	0.022	0.053	0.001	239.0	144.4	319.1	16.3	333.7	5.2	5
15	140	192	0.73	0.054	0.002	0.382	0.017	0.052	0.001	364.9	100.0	328.7	12.2	324.9	5.1	2
16	50	103	0.48	0.054	0.004	0.380	0.028	0.052	0.001	368.6	205.5	327.3	20.6	326.7	5.9	1
17	59	104	0.57	0.055	0.003	0.385	0.022	0.053	0.001	394.5	135.2	330.5	16.1	330.1	5.4	1
18	52	102	0.50	0.055	0.004	0.396	0.026	0.053	0.001	420.4	158.3	338.7	19.2	332.5	5.4	2
19	63	121	0.52	0.054	0.003	0.367	0.019	0.050	0.001	368.6	134.2	317.1	13.8	316.6	4.6	1
20	118	208	0.57	0.054	0.003	0.382	0.020	0.052	0.001	350.1	114.8	328.8	14.5	324.5	4.5	1

附表十四　西天山主要铁矿区火山岩 SHRIMP 锆石 U-Pb 年龄数据

测点	普通 ^{206}Pb (%)	U (×10^{-6})	Th (×10^{-6})	$^{232}Th/^{238}U$	$^{206}Pb^*$ (×10^{-6})	$^{207}Pb^*/^{206}Pb^*$	误差 (%)	$^{207}Pb^*/^{235}U$	误差 r (%)	$^{206}Pb^*/^{238}U$	误差 (%)	$^{206}Pb/^{238}U$ 年龄 (Ma)	误差 (±)	$^{207}Pb/^{206}Pb$ 年龄 (Ma)	误差 (±)
SH1-1	0.33	294	201	0.71	13.0	0.0539	3.5	0.381	3.7	0.05119	1.1	322	±3.6	368	±79
SH1-2	0.09	213	113	0.55	9.46	0.0540	3.5	0.384	3.8	0.05158	1.4	324	±4.5	372	±78
SH1-3.1	—	164	105	0.66	7.10	0.0545	2.5	0.379	2.8	0.05047	1.2	317	±3.8	392	±56
SH1-4.1	—	169	146	0.89	7.78	0.0578	2.6	0.428	2.9	0.05372	1.2	337	±4.0	521	±57
SH1-5.1	0.52	250	139	0.57	11.1	0.0512	4.7	0.361	4.8	0.05110	1.2	321	±3.7	252	±110
SH1-6.1	—	259	161	0.64	11.5	0.0526	2.1	0.375	2.4	0.05164	1.2	325	±3.7	313	±49
SH1-7.1	0.08	317	164	0.53	14.1	0.0531	2.4	0.378	2.6	0.05161	1.1	324	±3.6	331	±54
SH1-8.1	0.11	347	165	0.49	15.7	0.0537	2.2	0.389	2.5	0.05258	1.1	330	±3.6	359	±50
SH1-9.1	0.01	314	163	0.54	14.0	0.0539	3.6	0.387	3.8	0.05209	1.2	327	±3.8	367	±82
SH1-10.1	0.83	394	350	0.92	17.6	0.0517	5.4	0.369	5.5	0.05168	1.1	325	±3.6	274	±120
SH1-11.1	0.00	454	296	0.67	20.3	0.0549	1.7	0.393	2.0	0.05201	1.1	327	±3.5	406	±38
SH1-12.1	0.35	296	201	0.70	13.2	0.0532	4.2	0.379	4.3	0.05167	1.2	325	±3.7	336	±95
SH1-13.1	0.40	313	205	0.68	13.8	0.0515	3.5	0.365	3.6	0.05132	1.1	323	±3.6	265	±79
SH1-14.1	0.12	442	277	0.65	19.4	0.0539	1.6	0.379	1.9	0.05096	1.1	320	±3.4	367	±36
SH1-15.1	0.24	307	185	0.62	13.6	0.0525	2.8	0.373	3.1	0.05145	1.3	323	±4.1	309	±63
CHA1-1.1	0.18	75	44	0.61	3.05	0.0526	5.6	0.345	5.9	0.04756	1.6	299.5	±4.8	311	±130
CHA1-2.1	—	207	127	0.63	9.34	0.0544	2.3	0.394	2.6	0.05246	1.2	329.6	±3.8	388	±52
CHA1-3.1	0.00	380	138	0.38	23.5	0.0552	1.5	0.548	1.9	0.07199	1.1	448.2	±4.7	422	±34

续表

测点	普通 ^{206}Pb (%)	U (×10^{-6})	Th (×10^{-6})	^{232}Th/^{238}U	^{206}Pb* (×10^{-6})	^{207}Pb*/^{206}Pb*	误差 (%)	^{207}Pb*/^{235}U	误差 r (%)	^{206}Pb*/^{238}U	误差 (%)	^{206}Pb/^{238}U 年龄 (Ma)	误差 (±)	^{207}Pb/^{206}Pb 年龄 (Ma)	误差 (±)
CHA1-4.1	0.03	439	168	0.40	24.2	0.0539	1.8	0.476	2.1	0.06402	1.1	400.0	±4.3	365	±40
CHA1-5.1	0.04	343	227	0.68	14.4	0.0526	2.4	0.355	2.7	0.04890	1.1	307.8	±3.4	311	±55
CHA1-6.1	—	382	213	0.58	17.1	0.0525	1.9	0.378	2.2	0.05217	1.1	327.8	±3.5	309	±44
CHA1-7.1	0.01	434	229	0.55	17.8	0.0532	2.3	0.351	2.5	0.04777	1.1	300.8	±3.2	339	±52
CHA1-8.1	0.44	725	430	0.61	13.2	0.0494	2.9	0.144	3.1	0.02116	1.1	135.0	±1.5	167	±67
CHA1-9.1	—	488	270	0.57	8.45	0.0495	2.4	0.138	2.6	0.02018	1.1	128.8	±1.4	172	±55
CHA1-10.1	—	519	277	0.55	9.1	0.0497	3.0	0.140	3.2	0.02043	1.1	130.3	±1.5	180	±70
CHA1-11.1	0.06	730	670	0.95	13.5	0.0487	2.2	0.144	2.5	0.02149	1.1	137.1	±1.5	136	±52
CHA1-12.1	0.36	455	309	0.70	20.7	0.0511	2.7	0.372	3	0.05275	1.2	331.4	±4.0	247	±63
CHA1-13.1	0.10	327	283	0.89	14.8	0.0518	2.7	0.377	2.9	0.05272	1.1	331.2	±3.6	277	±61
CHA1-14.1	0.19	595	295	0.51	32.3	0.0543	1.9	0.471	2.2	0.06296	1.1	393.6	±4.1	384	±43
CHA1-15.1	0.08	133	90	0.70	6.25	0.0540	7.2	0.406	7.3	0.05456	1.4	342.4	±4.5	369	±160

说明：1. 普通 ^{206}Pb（%）指普通铅中的 ^{206}Pb 占全铅 ^{206}Pb 的百分数，Pb* 表示放射性成因铅；

2. 应用实测 ^{204}Pb 和 Cumming 和 Richard（1975）的模式铅成分校正普通铅；

3. 表中所有误差为 1σ；

4. 加权平均年龄的误差为 2σ。

附　图

附图一　查岗诺尔矿区附图说明

附图1-1 块状磁铁矿石，灰黑色，细粒结构，矿石中见少量星点状黄铁矿和细脉状方解石，为矿浆期矿石。

附图1-2 磁铁矿石，自形粒状结构，磁铁矿内见多条裂纹，磁铁矿间裂隙多为方解石充填。

附图1-3 豹纹状构造，为矿浆期产物，石榴石聚晶呈圆形包体被细粒磁铁矿胶结，石榴石为矿浆中硅酸盐成分结晶而成。

附图1-4 聚晶结构，石榴石明显有两类，粗粒石榴石具有明显的环带构造，不同粗粒石榴石相互连接（其间充填少量石榴石、磁铁矿细粒），形成石榴石聚晶，聚晶外围为细粒石榴石，被细粒磁铁矿胶结。

附图1-5 浸染状构造，细粒块状磁铁矿石间分布有浸染状黄铁矿。磁铁矿呈灰褐色，为矿浆期产物；黄铁矿呈黄白色、黄褐色，为热液期产物。

附图1-6 黄铁矿、黄铜矿交代磁铁矿和透明矿物。黄铜矿呈黄铜黄色，粗粒结构；黄铁矿呈黄白色，细粒结构；磁铁矿呈浅灰色，细粒结构。

附图1-7 脉状构造，脉状石榴石沿磁铁矿石裂隙充填并交代石榴石，铁矿石中也见方解石细脉，石榴石脉旁见绿泥石脉和方解石脉。

附图1-8 流动构造，细粒磁铁矿脉分布于硅酸盐熔浆中，磁铁矿脉被后期小断层错动。

附图1-9（a）安山岩中长石和辉石斑晶中心充填磁铁矿，磁铁矿呈粗晶位于长石晶体旁，或呈细小晶体分布于辉石晶体中；6.3×，单偏光。

附图1-9（b）玄武安山岩基质中充填磁铁矿，磁铁矿占基质的一半以上，4×，正交偏光。

附图1-9（c）玄武安山岩基质中斜长石、角闪石和磁铁矿构成交织结构，磁铁矿占基质的一半以上；6.3×，单偏光。

附图1-9（d）玄武安山岩基质中的斜长石、角闪石和磁铁矿构成交织结构，磁铁矿占基质的一半以上；16×，正交偏光。

附图1-9（e）玄武安山岩基质中的斜长石、单斜辉石（阳起石化、绿泥石化）和磁铁矿构成交织结构，磁铁矿占基质的一半以上；6.3×，单偏光。

附图1-9（f）玄武安山岩基质中的斜长石、磁铁矿和角闪石（阳起石化、绿泥石化）构成交织结构，磁铁矿占基质的一半以上；6.3×，正交偏光。

附图1-9（g）玄武安山岩基质绕过斜长石斑晶呈定向排列，基质为斜长石微晶、磁铁矿和角闪石构成交织结构，磁铁矿占基质的一半以上；6.3×，单偏光。

附图1-9（h）玄武安山岩基质绕过斜长石斑晶呈定向排列，基质为斜长石微晶和磁铁矿构成交织结构，磁铁矿占基质的一半以上，6.3×，正交偏光。

附图1-1　块状构造（手标本）

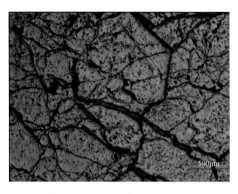

附图1-2　块状构造（镜下）

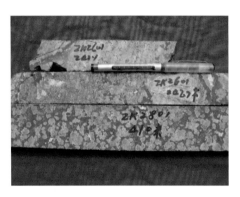

附图1-3　豹纹状构造（手标本）

附图1-4　豹纹状构造（镜下）

附图1-5　浸染状构造（手标本）

附图1-6　浸染状构造（镜下）

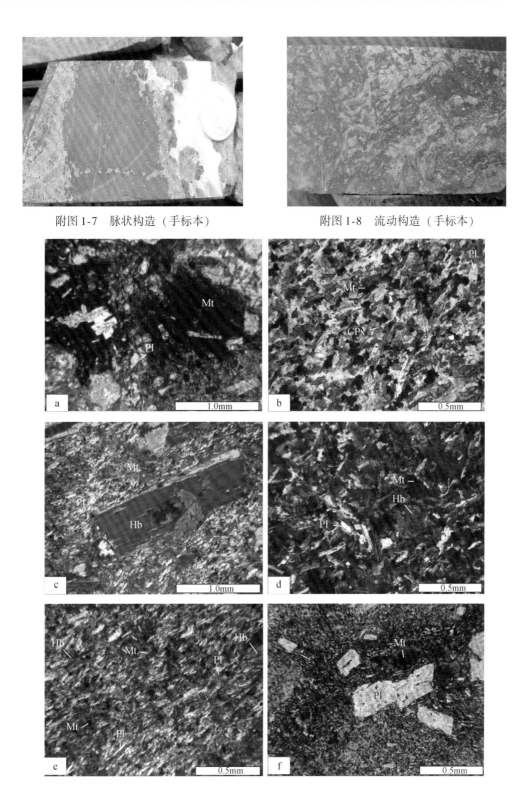

附图 1-7　脉状构造（手标本）　　　　　附图 1-8　流动构造（手标本）

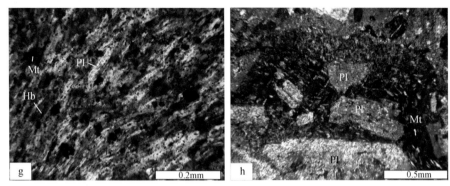

附图1-9　玄武安山岩中的出溶磁铁矿（镜下）（冯金星等，2010）

附图二　智博矿区附图说明

附图2-1 角砾状构造，安山岩、凝灰岩角砾被细粒磁铁矿胶结；角砾多被钾长石化、绿泥石化、绿帘石化；磁铁矿呈浅灰色，细粒，为矿浆期产物。

附图2-2 火山岩呈碎斑状、碎渣状分布，被磁铁矿胶结包围。

附图2-3 树枝状构造，磁铁矿呈细长树枝状分布，其间充填有岩屑；矿石表面见黄铁矿团块，磁铁矿为矿浆期产物。

附图2-4 树枝状构造，磁铁矿呈细长树枝状分布，相邻磁铁矿搭成三角形骨架，其间充填火山岩岩屑。

附图2-5 流动构造，磁铁矿呈细长树枝状分布于火山熔浆中，其熔浆中见后期热液黄铁矿呈稠密浸染状、团块状分布，磁铁矿为矿浆期产物。

附图2-6 流动构造，磁铁矿呈细长树枝状分布于火山熔浆中，其熔浆中见后期热液黄铁矿呈团块状分布，磁铁矿为矿浆期产物。

附图2-7 角砾状构造，石榴石绿帘石细脉沿矿石裂隙充填，形成磁铁矿角砾，磁铁矿为矿浆期产物。

附图2-8 角砾状构造，磁铁矿呈角砾状分布，其间被石榴石、绿帘石充填交代。

附图2-9 流动构造，磁铁矿呈细脉状分布于细碧角斑岩化安山岩中，磁铁矿为矿浆期产物。

附图2-10 流动构造，磁铁矿呈细粒脉状分布。磁铁矿有两期：一期为由 NW 向 NE 流动，另一期为由东向西流动，两期交汇部位见黄铁矿晶体。磁铁矿为矿浆期产物。

附图2-11 流动构造，磁铁矿石整体呈层纹状流动，粒径较细，为矿浆期产物。

附图2-12 火山岩与块状细粒磁铁矿石界限清晰，无明显过渡；铁矿石中见团块状黄铁矿。

附图2-13 细碧角斑岩化火山岩。块状构造，岩石中见细粒角闪石和隐晶质长英质。

附图2-14 石英角斑岩呈脉状分布于火山岩中，石英角斑岩、火山岩中见绿帘石脉。

附图2-15 两期磁铁矿。早期磁铁矿呈浅灰褐色团块状分布，颗粒较细，为矿浆期磁铁矿；后期磁铁矿呈黑色、亮白色脉分布于早期磁铁矿中，颗粒较粗，为热液期磁铁矿。矿石中见绿帘石化。

　　附图 2-16 两期磁铁矿。早期磁铁矿呈灰黑色团块、针状分布，颗粒较细，为矿浆期磁铁矿；后期磁铁矿呈灰色脉切穿早期磁铁矿石，颗粒较粗，为热液期磁铁矿。矿石中见绿帘石化和细脉状黄铁矿。

　　附图 2-17 自形—半自形粒状单斜辉石，细粒磁铁矿交代单斜辉石；4×，单偏光。

　　附图 2-18 玄武岩间粒结构，单斜辉石为富 Ti 种属，细粒磁铁矿交代单斜辉石；4×，正交偏光。

　　附图 2-19 玄武岩间粒结构，绿泥石交代单斜辉石，细粒磁铁矿交代单斜辉石；4×，单偏光。

　　附图 2-20 自形—半自形粒状单斜辉石，细粒磁铁矿交代单斜辉石；4×，正交偏光。

附图 2-1　角砾状构造（手标本）

附图 2-2　角砾状构造（镜下）

附图 2-3　树枝状构造（手标本）

附图 2-4　树枝状构造（镜下）

附图 2-5　流动构造（手标本）

附图 2-6　流动构造（镜下）

附图 2-7　角砾状构造（手标本）

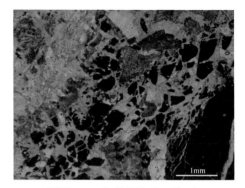

附图 2-8　角砾状构造（镜下）

附图 2-9　流动构造（手标本 1）

附图 2-10　流动构造（镜下）

附图 2-11　流动构造（手标本 2）

附图 2-12　铁矿体与火山岩界限（手标本）

附图 2-13　细碧角斑岩化火山岩

附图 2-14　石英角斑岩（手标本）

附图 2-15　两期磁铁矿（手标本）

附图 2-16　两期磁铁矿（手标本）

附图 2-17　玄武岩中磁铁矿 1（镜下）

附图 2-18　玄武岩中磁铁矿 2（镜下）

附图 2-19　玄武岩中磁铁矿 3（镜下）

附图 2-20　玄武岩中磁铁矿 4（镜下）

附图三　其他矿区附图说明

附图 3-1　流动构造，由流动的火山熔浆中不同成分熔浆快速冷凝而成。备战矿区。

附图 3-2　流动构造，由流动的铁矿浆沿火山通道及快速冷凝结晶而成。备战矿区。

附图 3-3　砾屑灰岩，由打碎的灰岩碎屑重新胶结结晶而成，碎屑呈似竹叶状、方形分布。砾屑灰岩的发现，表明阿吾拉勒地区早石炭世为近赤道附近一动荡的海相环境，备战矿区。

附图3-4 磁铁矿脉，由矿液沿晶屑凝灰岩与灰岩之间的小断层充填而成。备战矿区。

附图3-5 块状构造，细粒磁铁矿石呈块状分布，细粒磁铁矿中包裹少量石英角斑岩残块，磁铁矿为矿浆期产物；后期热液磁铁矿沿矿石裂隙充填、交代磁铁矿，形成脉状、稠密浸染状构造。备战矿区。

附图3-6 石英角斑岩，白色，块状构造，隐晶质结构。由流动的长英质熔浆遇海水快速冷凝而成。备战矿区。

附图3-7 磁黄铁矿、黄铁矿、黄铜矿沿裂隙充填交代磁铁矿。备战矿区。

附图3-8 磁黄铁矿、黄铁矿在块状磁铁矿石中出溶交代磁铁矿。备战矿区。

附图3-9 巨粒磁铁矿，粒径>30cm，晶面见明显的生长纹。敦德矿区。

附图3-10 自形粗粒磁铁矿，粒径>3cm，周围见明显的方解石脉。敦德矿区。

附图3-11 闪锌矿、方解石呈稠密浸染状、脉状分布于晶屑凝灰岩中。敦德矿区。

附图3-12 萤石呈脉状分布于花岗岩体与凝灰岩接触带的花岗岩内。敦德矿区。

附图3-13 赤铁矿沿火山集块岩裂隙充填，形成脉状赤铁矿体，周围可见明显的火山岩角砾，粒径>6.6cm。式可布台矿区。

附图3-14 赤铁矿体呈层状分布于千枚岩中。式可布台矿区。

附图3-15 赤铁矿石，假千枚状构造，为赤铁矿交代千枚岩而成。式可布台矿区。

附图3-16 似眼球状构造，眼球为红色碧玉岩，周围被赤铁矿、碧玉岩条带包裹。式可布台矿区。

附图3-17 块状构造。方解石聚晶呈团块状分布于磁铁矿石中；团块呈圆形、椭圆形，方解石晶形完整，为矿液熔蚀碳酸盐岩后重结晶而成，为与磁铁矿同期产物，但形成时间稍晚于磁铁矿。阔拉萨依矿区。

附图3-18 块状磁铁矿石。磁铁矿细粒，灰褐色。矿石裂隙面见黄铁矿化。阔拉萨依矿区。

附图3-19 黄铁矿沿磁铁矿石裂隙充填交代，形成脉状构造。阔拉萨依矿区。

附图3-20 角砾状构造。角砾成分为大理岩，磨圆较好。角砾之间被粗粒磁铁矿胶结。阔拉萨依矿区。

附图3-21 块状磁铁矿石，表明见气孔，裂隙面见少量黄铁矿呈脉状分布。磁铁矿呈灰褐色，细粒。松湖矿区。

附图3-22 浸染状构造，黄铁矿呈浸染状分布于块状磁铁矿石中，磁铁矿呈灰黑色，粗粒。松湖矿区。

附图3-23 黄铁矿呈脉状分布于块状磁铁矿石中；磁铁矿呈灰黑色，粗粒。松湖矿区。

附图3-24 火山熔浆残留体呈团斑状分布于晶屑凝灰岩中，团斑内见细粒磁铁矿出溶。松湖矿区。

附图3-25 磁铁矿呈团块状、碎渣状，被火山熔浆胶结，形成角砾状构造。尼新塔格矿区。

附图 3-26 磁铁矿呈团块状、碎渣状，被火山灰胶结，形成角砾状构造。尼新塔格矿区。

附图 3-27 重晶石脉、赤铁矿脉、碧玉岩脉呈互层状交替出现，形成条带状构造。波斯勒克矿区。

附图 3-28 钒钛磁铁矿呈脉状分布于安山岩裂隙中。波斯勒克矿区。

附图 3-1　火山熔浆的流动构造（备战）

附图 3-2　磁铁矿石中的流动构造（备战）

附图 3-3　砾屑灰岩（备战）

附图 3-4　沿岩石裂隙分布的磁铁矿脉（备战）

附图 3-5　块状构造中的黄铁矿（备战）

附图 3-6　石英角斑岩（备战）

附图 3-7　脉状构造（备战）

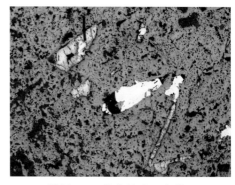

附图 3-8　块状构造（备战）

附图 3-9　巨粒磁铁矿（敦德）

附图 3-10　自形粗粒磁铁矿（敦德）

附图 3-11　闪锌矿石（敦德）

附图 3-12　岩体中的萤石脉（敦德）

附图 3-13　火山集块岩中铁矿体（式可布台）

附图 3-14　千枚岩中铁矿体（式可布台）

附图 3-15　赤铁矿石（式可布台）

附图 3-16　碧玉岩和赤铁矿体（式可布台）

附图 3-17　块状矿石（阔拉萨依）

附图 3-18　块状矿石（阔拉萨依）

附图 3-19　脉状黄铁矿（阔拉萨依）

附图 3-20　角砾状矿石（阔拉萨依）

附图 3-21　块状矿石（松湖）

附图 3-22　浸染状黄铁矿（松湖）

附图 3-23　脉状黄铁矿（松湖）

附图 3-24　矿浆出溶（松湖）

附图 3-25　角砾状构造（尼新塔格）

附图 3-26　角砾状构造（尼新塔格）

附图 3-27　条带状赤铁矿石（波斯勒克）

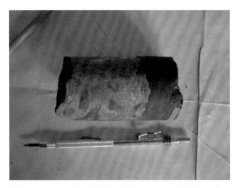

附图 3-28　脉状钒钛磁铁矿石（波斯勒克）